中国国家标准汇编

2005年修订-5

中国标准出版社

2006

图书在版编目（CIP）数据

中国国家标准汇编．5：2005年修订/中国标准出版社总编室编．—北京：中国标准出版社，2006

ISBN 7-5066-4260-3

Ⅰ．中…　Ⅱ．中…　Ⅲ．国家标准-汇编-中国-2005

Ⅳ．T-652．1

中国版本图书馆CIP数据核字（2006）第113948号

中国标准出版社出版发行
北京复兴门外三里河北街16号
邮政编码：100045
网址 www.spc.net.cn
电话：68523946　68517548
中国标准出版社秦皇岛印刷厂印刷
各地新华书店经销

*

开本 880×1230　1/16　印张 40.75　字数 1 130 千字
2006年11月第一版　2006年11月第一次印刷

*

定价　180.00　元

出 版 说 明

1.《中国国家标准汇编》是一部大型综合性国家标准全集，自 1983 年起，按国家标准顺序号以精装本、平装本两种装帧形式陆续分册汇编出版。《汇编》在一定程度上反映了我国建国以来标准化事业发展的基本情况和主要成就，是各级标准化管理机构，工矿企事业单位，农林牧副渔系统，科研、设计、教学等部门必不可少的工具书。

2. 由于标准的动态性，每年有相当数量的国家标准被修订，这些国家标准的修订信息无法在已出版的《汇编》中得到反映。为此，自 1995 年起，新增出版在上一年度被修订的国家标准的汇编本。

3. 修订的国家标准汇编本的正书名、版本形式、装帧形式与《中国国家标准汇编》相同，视篇幅分设若干册，但不占总的分册号，仅在封面和书脊上注明“2005 年修订-1，-2，-3，……”等字样，作为对《中国国家标准汇编》的补充。读者配套购买则可收齐前一年新制定和修订的全部国家标准。

4. 修订的国家标准汇编本的各分册中的标准，仍按顺序号由小到大排列(不连续)；如有遗漏的，均在当年最后一分册中补齐。

5. 2005 年度发布的修订国家标准分 20 册出版。本分册为“2005 年修订-5”，收入新修订的国家标准 49 项。

中国标准出版社

2006 年 9 月

目　　录

ICS 29.020
K 04

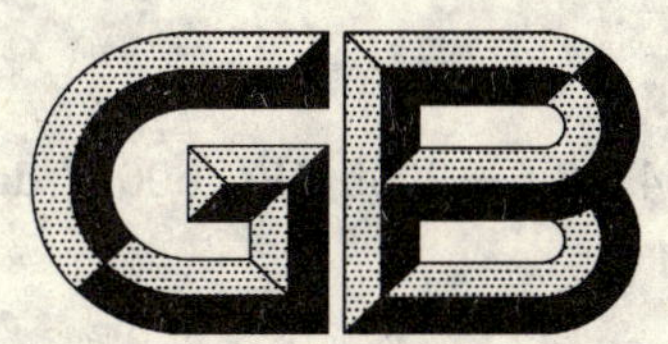

中华人民共和国国家标准

GB/T 4728.5—2005/IEC 60617 database
代替 GB/T 4728.5—2000

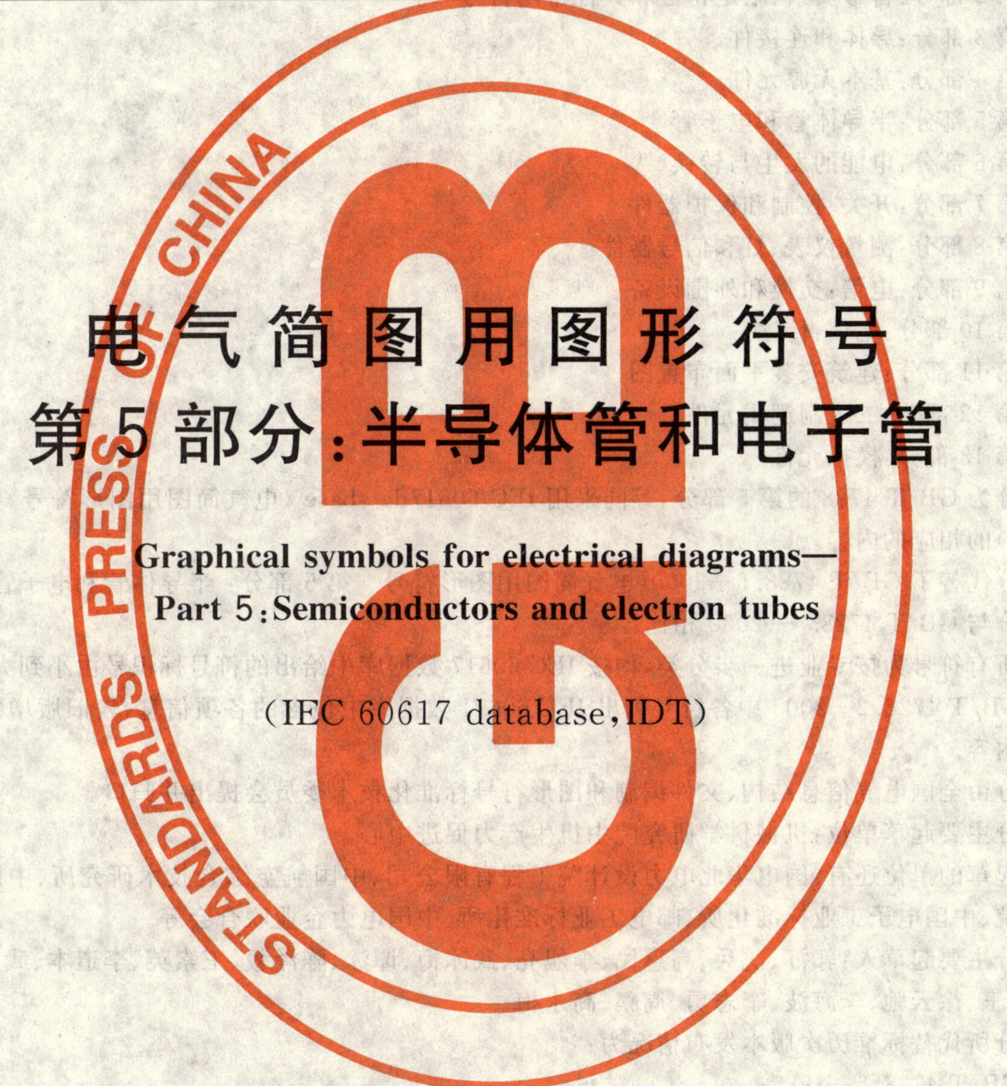

电气简图用图形符号 第5部分：半导体管和电子管

Graphical symbols for electrical diagrams—Part 5: Semiconductors and electron tubes

(IEC 60617 database, IDT)

2005-03-03 发布 2005-08-01 实施

中华人民共和国国家质量监督检验检疫总局
中国国家标准化管理委员会 发布

前　言

GB/T 4728《电气简图用图形符号》包括 13 个部分：

——第 1 部分：一般要求

——第 2 部分：符号要素、限定符号和其他常用符号

——第 3 部分：导体和连接件

——第 4 部分：基本无源元件

——第 5 部分：半导体管和电子管

——第 6 部分：电能的发生与转换

——第 7 部分：开关、控制和保护器件

——第 8 部分：测量仪表、灯和信号器件

——第 9 部分：电信：交换和外围设备

——第 10 部分：电信：传输

——第 11 部分：建筑安装平面布置图

——第 12 部分：二进制逻辑元件

——第 13 部分：模拟元件

本部分为 GB/T 4728 的第 5 部分，等同采用 IEC 60617database《电气简图用图形符号》数据库标准(英文版)的相应的内容。

本部分代替了 GB/T 4728.5—2000《电气简图用图形符号　第 5 部分：半导体管和电子管》。

本部分与 GB/T 4728.5—2000 相比：

——所有符号为按专业进一步分类，均按 IEC 60617 数据库中给出的符号标识号由小到大排列；

——GB/T 4728.2—2005 中各符号列出 IEC 60671 数据库中包含的各项信息，较旧版增加了多项内容。

本部分由全国电气信息结构、文件编制和图形符号标准化技术委员会提出并归口。

本部分主要起草单位：机械科学研究院中机生产力促进中心。

参加起草的单位还有：国电华北电力设计院工程有限公司、中国航空综合技术研究所、中国航天科工集团二院、中国电子工业标准化所、邮电工业标准化所、中国电力企业联合会等。

本部分主要起草人：郭汀、沈兵、高惠民、李旭亮、武冰梅、谭泳、陈泽毅、王素英、李道本、武晶、于明、李萍、季慧玉、徐云驰、李海波、李志勇、周鹏、高永梅。

本部分所代替标准历次版本发布情况为：

——GB/T 4728.5—1985；

——GB/T 4728.5—2000。

电气简图用图形符号
第5部分:半导体管和电子管

S00057

名　　　称:三极闸流晶体管,未规定类型
Triode thyristor, type unspecified
状　　　态:标准
发 布 日 期:2001-07-01
上版标准序号:GB/T 4728.5(ed.2.0)05-04-04
关　 键　 词:半导体,闸流管
采 用 符 号:S00613,S00619
应 用 注 释:A00184
形 状 类 别:等边三角形,直线
功 能 类 别:Q 受控切换或改变
应 用 类 别:电路图
备　　　注:若不需指定控制极的类型时,本符号用于表示反向阻断三极闸流晶体管

S00613

名　　　称:半导体区,具有一处接触
Semiconductor region, one connection
状　　　态:标准
发 布 日 期:2001-07-01
上版标准序号:GB/T 4728.5(ed.2.0)05-01-01
关　 键　 词:接触,欧姆接触,半导体区,半导体,晶体管
用　　　于:S00057,S00653,S00641,S00616,S00648,S00663,S00651,S00662,S00665,S00657,S00646,S00661,S00654,S00614,S00655,S00660,S00645,S00658,S00659,S00664,S00649,S00650,S00656,S00652,S00615
形 状 类 别:直线
功 能 类 别:功能要素或属性
应 用 类 别:电路图
备　　　注:垂直线表示半导体区,水平线表示欧姆接触

S00614

名　　　　称：半导体区，具有多处接触
S emiconductor region，several connections
状　　　　态：标准
发 布 日 期：2001-07-01
上版标准序号：GB/T 4728.5(ed.2.0)05-01-02
关　键　词：欧姆接触，半导体区，半导体，晶体管
形　　　　式：形式 1
其 他 形 式：S00615，S00616
采 用 符 号：S00613
形 状 类 别：直线
功 能 类 别：功能要素或属性
应 用 类 别：电路图
备　　　　注：示出两处接触

S00615

名　　　　称：半导体区，具有多处接触
Semiconductor region，several connections
状　　　　态：标准
发 布 日 期：2001-07-01
上版标准序号：GB/T 4728.5(ed.2.0)05-01-03
关　键　词：欧姆接触，半导体区，半导体，晶体管
形　　　　式：形式 2
其 他 形 式：S00614，S00616
采 用 符 号：S00613
形 状 类 别：直线
功 能 类 别：功能要素或属性
应 用 类 别：电路图
备　　　　注：示出两处接触

S00616

名　　　　称：半导体区，具有多处接触
Semiconductor region，several connections
状　　　　态：标准
发 布 日 期：2001-07-01
上版标准序号：GB/T 4728.5(ed.2.0)05-01-04
关　键　词：欧姆接触，半导体区，半导体，晶体管

形　　　式：形式 3
其 他 形 式：S00614，S00615
用　　　于：S00666，S00667，S00672，S00668，S00670，S00671，S00669
采 用 符 号：S00613
形 状 类 别：直线
功 能 类 别：功能要素或属性
应 用 类 别：概念要素或限定符号
备　　　注：示出两处接触

S00617

名　　　称：耗尽型器件导电沟道
Conduction channel for depletion devices
状　　　态：标准
发 布 日 期：2001-07-01
上版标准序号：GB/T 4728.5(ed.2.0)05-01-05
关　键　词：导电沟道，耗尽型，半导体，晶体管
用　　　于：S00682，S00672，S00683，S00677，S00678，S00671，S00679
形 状 类 别：直线
功 能 类 别：功能要素或属性
应 用 类 别：电路图

S00618

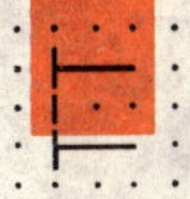

名　　　称：增强型器件导电沟道
Conduction channel for enhancement devices
状　　　态：标准
发 布 日 期：2001-07-01
上版标准序号：GB/T 4728.5(ed.2.0)05-01-06
关　键　词：导电沟道，增强型，半导体，晶体管
用　　　于：S00673，S00676，S00674，S00675，S00681，S00680
形 状 类 别：直线
功 能 类 别：功能要素或属性
应 用 类 别：电路图

S00619

名　　　称：整流结
Rectifying junction

状　　　　态：标准
发 布 日 期：2001-07-01
上版标准序号：GB/T 4728.5(ed.2.0)05-01-07
关　键　词：结,整流器,半导体
用　　　　于：S00057,S00378,S00653,S00641,S00648,S00651,S00662,S00657,S00646,S00661,S00654,S00647,S00655,S00660,S00645,S00658,S00650,S00656
被替代的符号：S01364
形 状 类 别：等边三角形,直线
功 能 类 别：功能要素或属性
应 用 类 别：电路图

S00620

名　　　　称：影响半导体层的结,影响 N 层的 P 区
Junction which influences a semiconductor layer, P-region which influences an N-layer
状　　　　态：标准
发 布 日 期：2001-07-01
上版标准序号：GB/T 4728.5(ed.2.0)05-01-09
关　键　词：场效应管,栅,结,N 层,P 区,半导体,晶体管
用　　　　于：S00671
应 用 注 释：A00176
形 状 类 别：箭头,直线
功 能 类 别：功能要素或属性
应 用 类 别：电路图

S00621

名　　　　称：影响半导体层的结,影响 P 层的 N 区
Junction which influences a semiconductor layer, N-region which influences a Player
状　　　　态：标准
发 布 日 期：2001-07-01
上版标准序号：GB/T 4728.5(ed.2.0)05-01-10
关　键　词：场效应管,栅,结,N 区,P 层,半导体,晶体管
用　　　　于：S00672
应 用 注 释：A00176
形 状 类 别：箭头,直线
功 能 类 别：功能要素或属性
应 用 类 别：电路图

S00622

名　　称：导电型沟道，P型衬底上的N型沟道
　　　　Conductivity type of the channel，N-type channel on a P-type substrate
状　　态：标准
发布日期：2001-07-01
上版标准序号：GB/T 4728.5(ed.2.0)05-01-11
关 键 词：导电沟道，场效应管，IGFET，绝缘栅，N型沟道，半导体，晶体管
用　　于：S00676，S00674，S00677
应用注释：A00177
形状类别：箭头，直线
功能类别：功能要素或属性
应用类别：电路图
备　　注：P型衬底上的N型沟道，示出耗尽型IGFET

S00623

名　　称：导电型沟道，N型衬底上的P型沟道
　　　　Conductivity type of the channel，P-type channel on an N-type substrate
状　　态：标准
发布日期：2001-07-01
上版标准序号：GB/T 4728.5(ed.2.0)05-01-12
关 键 词：导电沟道，场效应管，IGFET，绝缘栅，P型沟道，半导体，晶体管
用　　于：S00673，S00675，S00678，S00679
应用注释：A00177
形状类别：箭头，直线
功能类别：功能要素或属性
应用类别：电路图
备　　注：N型衬底上的P型沟道，示出增强型IGFET

S00624

名　　称：绝缘栅
　　　　Insulated gate
状　　态：标准
发布日期：2001-07-01
上版标准序号：GB/T 4728.5(ed.2.0)05-01-13
关 键 词：场效应管，栅，IGFET，绝缘栅，半导体，晶体管
用　　于：S00682，S00673，S00676，S00674，S00683，S00677，S00675，S00678，S00681，S00680，S00679
形状类别：直线

功 能 类 别：功能要素或属性
应 用 类 别：电路图
备 注：具有多栅的示例见符号 S00679

S00625

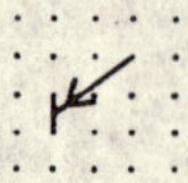

名 称：不同导电型区上的发射极，N 区上的 P 型发射极
Emitter on a region of dissimilar conductivity type，P emitter on an N region
状 态：标准
发 布 日 期：2001-07-01
上版标准序号：GB/T 4728.5(ed.2.0)05-01-14
关 键 词：二极管，发射极，半导体，晶体管
用 于：S00626，S00682，S00667，S00663，S00670，S00683，S00681，S00680，S00669，S00687
应 用 注 释：A00178
形 状 类 别：箭头，直线
功 能 类 别：功能要素或属性
应 用 类 别：电路图

S00626

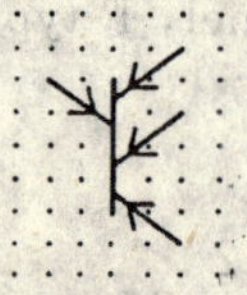

名 称：不同导电型区上的发射极，N 区上的 P 型发射极
Emitters on a region of dissimilar conductivity type，P emitters on an N region
状 态：标准
发 布 日 期：2001-07-01
上版标准序号：GB/T 4728.5(ed.2.0)05-01-15
关 键 词：二极管，发射极，半导体，晶体管
采 用 符 号：S00625
应 用 注 释：A00178
形 状 类 别：箭头，直线
功 能 类 别：功能要素或属性
应 用 类 别：电路图

S00627

名 称：不同导电型区上的发射极，P 区上的 N 型发射极
Emitter on a region of dissimilar conductivity type，N emitter on a P region
状 态：标准
发 布 日 期：2001-07-01

上版标准序号：GB/T 4728.5(ed.2.0)05-01-16
关　　键　　词：二极管，发射极，半导体，晶体管
用　　　　　于：S00682，S00666，S00668，S00665，S00683，S00681，S00680，S00628，S00664
应 用 注 释：A00178
形 状 类 别：箭头，直线
功 能 类 别：功能要素或属性
应 用 类 别：电路图

S00628

名　　　　称：不同导电型区上的发射极，P区上的N型发射极
Emitters on a region of dissimilar conductivity type，N emitters on a P region
状　　　　态：标准
发 布 日 期：2001-07-01
上版标准序号：GB/T 4728.5(ed.2.0)05-01-17
关　　键　　词：二极管，发射极，半导体，晶体管
采 用 符 号：S00627
应 用 注 释：A00178
形 状 类 别：箭头，直线
功 能 类 别：功能要素或属性
应 用 类 别：电路图

S00629

名　　　　称：不同导电型区上的集电极
Collector on a region of dissimilar conductivity type
状　　　　态：标准
发 布 日 期：2001-07-01
上版标准序号：GB/T 4728.5(ed.2.0)05-01-18
关　　键　　词：二极管，集电极，半导体，晶体管
用　　　　　于：S00668，S00630，S00663，S00665，S00664，S00687
应 用 注 释：A00179
形 状 类 别：直线
功 能 类 别：功能要素或属性
应 用 类 别：电路图

S00635

名　　　称：集电极与相同导电型区之间的本征区
Intrinsic region between a collector and a region of similar conductivity type
状　　　态：标准
发 布 日 期：2001-07-01
上版标准序号：GB/T 4728.5(ed.2.0)05-01-24
关　键　词：集电极，本征区，NIN，PIP，半导体区，半导体，晶体管
用　　　于：S00670
应 用 注 释：A00182
形 状 类 别：直线，平行四边形
功 能 类 别：功能要素或属性
应 用 类 别：电路图
备　　　注：示出 PIP 或 NIN 结构

S00636

名　　　称：肖特基效应
Schottky effect
状　　　态：标准
发 布 日 期：2001-07-01
上版标准序号：GB/T 4728.5(ed.2.0)05-02-01
关　键　词：二极管，肖特基，半导体，晶体管
应 用 注 释：A00150
形 状 类 别：直线
功 能 类 别：功能要素或属性
应 用 类 别：电路图

S00637

名　　　称：隧道效应
Tunnel effect
状　　　态：标准
发 布 日 期：2001-07-01
上版标准序号：GB/T 4728.5(ed.2.0)05-02-02
关　键　词：二极管，半导体，隧道
用　　　于：S00645
应 用 注 释：A00150

形 状 类 别：直线
功 能 类 别：功能要素或属性
应 用 类 别：电路图

S00638

名　　　称：单向击穿效应
Unidirectional breakdown effect
状　　　态：标准
发 布 日 期：2001-07-01
上版标准序号：GB/T 4728.5(ed.2.0)05-02-03
别　　　名：齐纳效应
关　键　词：二极管，半导体，齐纳
用　　　于：S00651，S00662，S00665，S00646，S00661，S00660
应 用 注 释：A00150
形 状 类 别：直线
功 能 类 别：功能要素或属性
应 用 类 别：电路图

S00639

名　　　称：双向击穿效应
Bidirectional breakdown effect
状　　　态：标准
发 布 日 期：2001-07-01
上版标准序号：GB/T 4728.5(ed.2.0)05-02-04
关　键　词：二极管，半导体
用　　　于：S00647
应 用 注 释：A00150
形 状 类 别：直线
功 能 类 别：功能要素或属性
应 用 类 别：电路图

S00640

名　　　称：反向效应
Backward effect
状　　　态：标准
发 布 日 期：2001-07-01

上版标准序号：GB/T 4728.5(ed.2.0)05-02-05
别　　　名：单隧道效应
关　键　词：二极管，半导体，隧道
用　　　于：S00648
应 用 注 释：A00150
形 状 类 别：直线
功 能 类 别：功能要素或属性
应 用 类 别：电路图

S00641

名　　　称：半导体二极管，一般符号
Semiconductor diode，general symbol
状　　　态：标准
发 布 日 期：2001-07-01
上版标准序号：GB/T 4728.5(ed.2.0)05-03-01
关　键　词：二极管，半导体
用　　　于：S00304，S00685，S00643，S01328，S00895，S00785，S00907，S01327，S01263，S00644，S00642，S00906，S01326
采 用 符 号：S00613，S00619
形 状 类 别：等边三角形，直线
功 能 类 别：K 处理信号或信息
应 用 类 别：电路图

S00642

名　　　称：发光二极管(LED)，一般符号
Light emitting diode (LED)，general symbol
状　　　态：标准
发 布 日 期：2001-07-01
上版标准序号：GB/T 4728.5(ed.2.0)05-03-02
关　键　词：二极管，LED，光电发射设备，半导体
用　　　于：S00380，S00691，S00692
采 用 符 号：S00127，S00641
形 状 类 别：箭头，等边三角形，直线
功 能 类 别：E 提供辐射能或热能
应 用 类 别：电路图

S00643

名　　　　称：热敏二极管
　　　　　　　Temperature sensing diode
状　　　　态：标准
发 布 日 期：2001-07-01
上版标准序号：GB/T 4728.5(ed.2.0)05-03-03
关　键　词：二极管，半导体，热
采 用 符 号：S00641
形 状 类 别：字符，等边三角形，直线
功 能 类 别：B 把变量转换为信号
应 用 类 别：电路图

S00644

名　　　　称：变容二极管
　　　　　　　Variable capacitance diode
状　　　　态：标准
发 布 日 期：2001-07-01
上版标准序号：GB/T 4728.5(ed.2.0)05-03-04
关　键　词：电容器，二极管，半导体
采 用 符 号：S00567，S00641
形 状 类 别：等边三角形，直线
功 能 类 别：K 处理信号或信息
应 用 类 别：电路图

S00645

名　　　　称：隧道二极管
　　　　　　　Tunnel diode
状　　　　态：标准
发 布 日 期：2001-07-01
上版标准序号：GB/T 4728.5(ed.2.0)05-03-05
别　　　　名：江崎二极管
关　键　词：二极管，江崎，半导体，隧道
采 用 符 号：S00613，S00619，S00637
形 状 类 别：等边三角形，直线
功 能 类 别：K 处理信号或信息
应 用 类 别：电路图

S00646

名　　　称：单向击穿二极管
Breakdown diode，unidirectional
状　　　态：标准
发 布 日 期：2001-07-01
上版标准序号：GB/T 4728.5(ed.2.0)05-03-06
别　　　名：齐纳二极管，电压调整二极管
关　键　词：二极管，半导体，电压调整管，齐纳
用　　　于：S00651
采 用 符 号：S00613，S00619，S00638
形 状 类 别：等边三角形，直线
功 能 类 别：R 限制或稳定
应 用 类 别：电路图

S00647

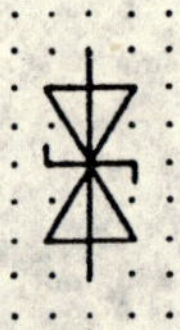

名　　　称：双向击穿二极管
Breakdown diode，bidirectional
状　　　态：标准
发 布 日 期：2001-07-01
上版标准序号：GB/T 4728.5(ed.2.0)05-03-07
关　键　词：二极管，半导体
采 用 符 号：S00619，S00639
形 状 类 别：等边三角形，直线
功 能 类 别：R 限制或稳定
应 用 类 别：电路图

S00648

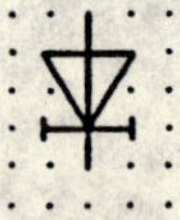

名　　　称：反向二极管(单隧道二极管)
Backward diode (unitunnel diode)
状　　　态：标准
发 布 日 期：2001-07-01
上版标准序号：GB/T 4728.5(ed.2.0)05-03-08

关　　键　　词：二极管，半导体
采　用　符　号：S00613，S00619，S00640
形　状　类　别：等边三角形，直线
功　能　类　别：K 处理信号或信息
应　用　类　别：电路图

S00649

名　　　　　称：双向二极管
Bidirectional diode
状　　　　　态：标准
发　布　日　期：2001-07-01
上版标准序号：GB/T 4728.5(ed. 2.0)05-03-09
关　　键　　词：二极管，半导体
用　　　　　于：S00652
采　用　符　号：S00613
形　状　类　别：等边三角形，直线
功　能　类　别：K 处理信号或信息
应　用　类　别：电路图

S00650

名　　　　　称：反向阻断二极闸流晶体管
Reverse blocking diode thyristor
状　　　　　态：标准
发　布　日　期：2001-07-01
上版标准序号：GB/T 4728.5(ed. 2.0)05-04-01
关　　键　　词：二极管，半导体，闸流晶体管
采　用　符　号：S00613，S00619
形　状　类　别：等边三角形，直线
功　能　类　别：Q 受控切换或改变
应　用　类　别：电路图

S00651

名　　　　　称：逆导二极闸流晶体管
Reverse conducting diode thyristor
状　　　　　态：标准
发　布　日　期：2001-07-01

上版标准序号：GB/T 4728.5(ed.2.0)05-04-02
关　　键　　词：二极管，半导体，闸流晶体管
采　用　符　号：S00613，S00619，S00638，S00646
形　状　类　别：等边三角形，直线
功　能　类　别：Q 受控切换或改变
应　用　类　别：电路图

S00652

名　　　　　称：双向二极闸流晶体管；双向二极晶闸管
Bidirectional diode thyristor；Diac
状　　　　　态：标准
发　布　日　期：2001-07-01
上版标准序号：GB/T 4728.5(ed.2.0)05-04-03
关　　键　　词：双向交流开关元件，半导体，闸流晶体管
采　用　符　号：S00613，S00649
形　状　类　别：等边三角形，直线
功　能　类　别：Q 受控切换或改变
应　用　类　别：电路图

S00653

名　　　　　称：反向阻断三极闸流晶体管，N 栅(阳极侧受控)
Reverse blocking triode thyristor，N-gate (anode-side controlled)
状　　　　　态：标准
发　布　日　期：2001-07-01
上版标准序号：GB/T 4728.5(ed.2.0)05-04-05
关　　键　　词：半导体，闸流晶体管
采　用　符　号：S00613，S00619
形　状　类　别：等边三角形，直线
功　能　类　别：Q 受控切换或改变
应　用　类　别：电路图

S00654

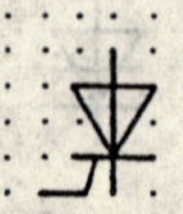

名　　　　　称：反向阻断三极闸流晶体管，P 栅(阴极侧受控)
Reverse blocking triode thyristor，P-gate (cathode-side controlled)
状　　　　　态：标准

发 布 日 期：2001-07-01
上版标准序号：GB/T 4728.5(ed.2.0)05-04-06
关　　键　　词：半导体，闸流晶体管
采 用 符 号：S00613，S00619
形 状 类 别：等边三角形，直线
功 能 类 别：Q 受控切换或改变
应 用 类 别：电路图

S00655

名　　　　称：可关断三极闸流晶体管，未指定栅极
Turn-off thyristor，gate not specified
状　　　　态：标准
发 布 日 期：2001-07-01
上版标准序号：GB/T 4728.5(ed.2.0)05-04-07
关　　键　　词：半导体，闸流晶体管
采 用 符 号：S00613，S00619
形 状 类 别：等边三角形，直线
功 能 类 别：Q 受控切换或改变
应 用 类 别：电路图

S00656

名　　　　称：可关断三极闸流晶体管，N 栅(阳极侧受控)
Turn-off triode thyristor，N-gate (anode-side)
状　　　　态：标准
发 布 日 期：2001-07-01
上版标准序号：GB/T 4728.5(ed.2.0)05-04-08
关　　键　　词：半导体，闸流晶体管
采 用 符 号：S00613，S00619
形 状 类 别：等边三角形，直线
功 能 类 别：Q 受控切换或改变
应 用 类 别：电路图

S00657

名　　　　称：可关断三极闸流晶体管，P 栅(阴极侧受控)
Turn-off triode thyristor，P-gate (cathode-side controlled)

状　　　态：标准
发 布 日 期：2001-07-01
上版标准序号：GB/T 4728.5(ed.2.0)05-04-09
关　　键　词：半导体，闸流晶体管
采 用 符 号：S00613,S00619
形 状 类 别：等边三角形，直线
功 能 类 别：Q 受控切换或改变
应 用 类 别：电路图

S00658

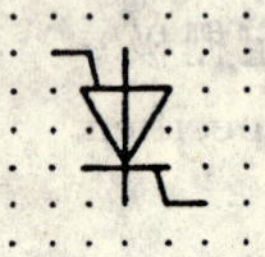

名　　　称：反向阻断四极闸流晶体管
　　　　　　Reverse blocking thyristor，tetrode type
状　　　态：标准
发 布 日 期：2001-07-01
上版标准序号：GB/T 4728.5(ed.2.0)05-04-10
关　　键　词：半导体，闸流晶体管
采 用 符 号：S00613,S00619
形 状 类 别：等边三角形，直线
功 能 类 别：Q 受控切换或改变
应 用 类 别：电路图

S00659

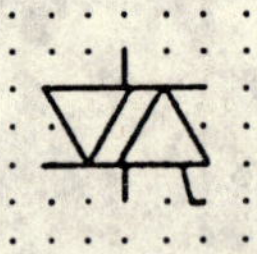

名　　　称：双向三极闸流晶体管
　　　　　　Bidirectional triode thyristor；Triac
状　　　态：标准
发 布 日 期：2001-07-01
上版标准序号：GB/T 4728.5(ed.2.0)05-04-11
关　　键　词：半导体，闸流晶体管，三端双向可控硅开关元件
采 用 符 号：S00613
形 状 类 别：等边三角形，直线
功 能 类 别：Q 受控切换或改变
应 用 类 别：电路图

S00660

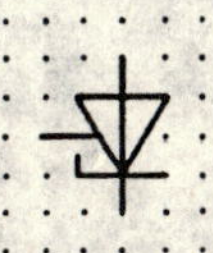

名　　　称：逆导三极闸流晶体管，未指定栅极
　　　　　　Reverse conducting triode thyristor，gate not specified
状　　　态：标准
发 布 日 期：2001-07-01
上版标准序号：GB/T 4728.5(ed.2.0)05-04-12
关　键　词：半导体，闸流晶体管
采 用 符 号：S00613，S00619，S00638
形 状 类 别：等边三角形，直线
功 能 类 别：Q 受控切换或改变
应 用 类 别：电路图

S00661

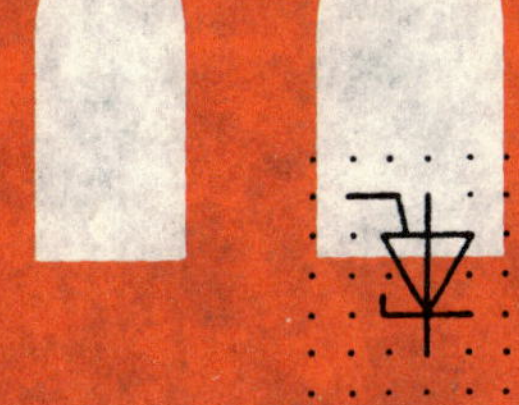

名　　　称：逆导三极闸流晶体管，N 栅(阳极侧受控)
　　　　　　Reverse conducting triode thyristor，N-gate (anode-side controlled)
状　　　态：标准
发 布 日 期：2001-07-01
上版标准序号：GB/T 4728.5(ed.2.0)05-04-13
关　键　词：半导体，闸流晶体管
采 用 符 号：S00613，S00619，S00638
形 状 类 别：等边三角形，直线
功 能 类 别：Q 受控切换或改变
应 用 类 别：电路图

S00662

名　　　称：逆导三极闸流晶体管，P 栅(阴极侧受控)
　　　　　　Reverse conducting triode thyristor，P-gate (cathode-side controlled)
状　　　态：标准
发 布 日 期：2001-07-01
上版标准序号：GB/T 4728.5(ed.2.0)05-04-14
关　键　词：半导体，闸流晶体管
采 用 符 号：S00613，S00619，S00638
形 状 类 别：等边三角形，直线

功　能　类　别：Q 受控切换或改变
应　用　类　别：电路图

S00663

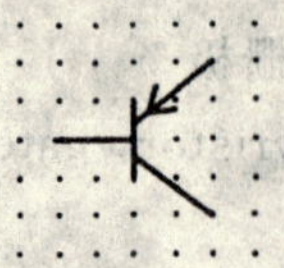

名　　　　称：PNP 晶体管
　　　　　　　PNP transistor
状　　　　态：标准
发　布　日　期：2001-07-01
上版标准序号：GB/T 4728.5(ed.2.0)05-05-01
关　　键　　词：PNP,半导体,晶体管
采　用　符　号：S00613,S00625,S00629
形　状　类　别：箭头,直线
功　能　类　别：K 处理信号或信息
应　用　类　别：电路图

S00664

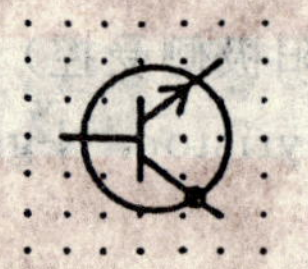

名　　　　称：集电极接管壳的 NPN 晶体管
　　　　　　　NPN transistor with collector connected to the envelope
状　　　　态：标准
发　布　日　期：2001-07-01
上版标准序号：GB/T 4728.5(ed.2.0)05-05-02
关　　键　　词：NPN,半导体,晶体管
采　用　符　号：S00016,S00062,S00613,S00627,S00629
形　状　类　别：箭头,圆,点,直线
功　能　类　别：K 处理信号或信息
应　用　类　别：电路图

S00665

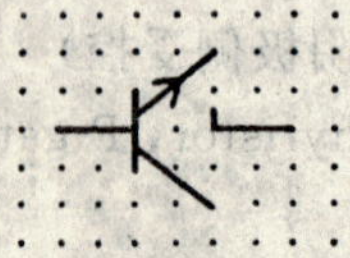

名　　　　称：NPN 雪崩晶体管
　　　　　　　NPN avalanche transistor
状　　　　态：标准
发　布　日　期：2001-07-01
上版标准序号：GB/T 4728.5(ed.2.0)05-05-03

关　　键　　词：雪崩，NPN，半导体，晶体管
采 用 符 号：S00613，S00627，S00629，S00638
形 状 类 别：箭头，直线
功 能 类 别：K 处理信号或信息
应 用 类 别：电路图

S00666

名　　　　称：具有 P 型双基极的单结晶体管
Unijunction transistor with P-type base
状　　　　态：标准
发 布 日 期：2001-07-01
上版标准序号：GB/T 4728.5(ed.2.0)05-05-04
关　　键　　词：P 型双基极，半导体，晶体管，单结
采 用 符 号：S00616，S00627
形 状 类 别：箭头，直线
功 能 类 别：K 处理信号或信息
应 用 类 别：电路图

S00667

名　　　　称：具有 N 型双基极的单结晶体管
Unijunction transistor with N-type base
状　　　　态：标准
发 布 日 期：2001-07-01
上版标准序号：GB/T 4728.5(ed.2.0)05-05-05
关　　键　　词：N 型双基极，半导体，传输器件，单结
采 用 符 号：S00616，S00625
形 状 类 别：箭头，直线
功 能 类 别：K 处理信号或信息
应 用 类 别：电路图

S00668

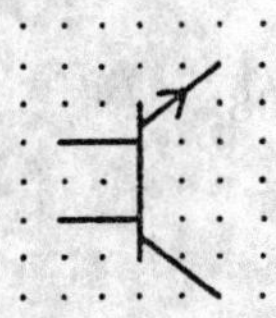

名　　　　称：具有横向偏压基极的 NPN 晶体管
NPN transistor with transverse biased base
状　　　　态：标准

发 布 日 期：2001-07-01
上版标准序号：GB/T 4728.5(ed.2.0)05-05-06
关 键 词：NPN，半导体，晶体管，横向偏压基极
采 用 符 号：S00616，S00627，S00629
形 状 类 别：箭头，直线
功 能 类 别：K 处理信号或信息
应 用 类 别：电路图

S00669

名 称：与本征区有接触的 PNIP 晶体管
PNIP transistor with connection to the intrinsic region
状 态：标准
发 布 日 期：2001-07-01
上版标准序号：GB/T 4728.5(ed.2.0)05-05-07
关 键 词：本征区，PNIP，半导体，晶体管
采 用 符 号：S00616，S00625，S00634
形 状 类 别：箭头，直线，平行四边形
功 能 类 别：K 处理信号或信息
应 用 类 别：电路图

S00670

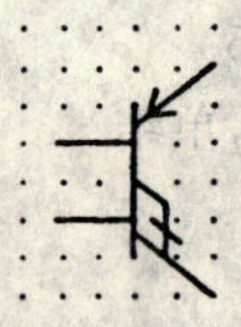

名 称：与本征区有接触的 PNIN 晶体管
PNIN transistor with connection to the intrinsic region
状 态：标准
发 布 日 期：2001-07-01
上版标准序号：GB/T 4728.5(ed.2.0)05-05-08
关 键 词：本征区，PNIN，半导体，晶体管
采 用 符 号：S00616，S00625，S00635
形 状 类 别：箭头，直线，平行四边形
功 能 类 别：K 处理信号或信息
应 用 类 别：电路图

S00671

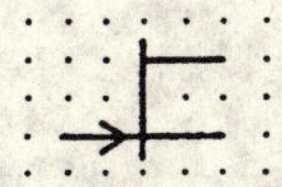

名　　　称：N 型沟道结型场效应晶体管
Junction field effect transistor with N-type channel
状　　　态：标准
发 布 日 期：2001-07-01
上版标准序号：GB/T 4728.5(ed.2.0)05-05-09
关　键　词：场效应晶体管，结型场效应，N 型沟道，半导体，晶体管
采 用 符 号：S00616，S00617，S00620
应 用 注 释：A00164
形 状 类 别：箭头，直线
功 能 类 别：K 处理信号或信息
应 用 类 别：电路图

S00672

名　　　称：P 型沟道结型场效应晶体管
Junction field effect transistor with P-type channel
状　　　态：标准
发 布 日 期：2001-07-01
上版标准序号：GB/T 4728.5(ed.2.0)05-05-10
关　键　词：场效应晶体管，结型场效应，P 型沟道，半导体，晶体管
采 用 符 号：S00616，S00617，S00621
应 用 注 释：A00164
形 状 类 别：箭头，直线
功 能 类 别：K 处理信号或信息
应 用 类 别：电路图

S00673

名　　　称：绝缘栅场效应晶体管(IGFET)，增强型，单栅，P 型沟道，衬底无引出线
Insulated gate field effect transistor IGFET enhancement type, single gate, P-type channel without substrate connection
状　　　态：标准
发 布 日 期：2001-07-01
上版标准序号：GB/T 4728.5(ed.2.0)05-05-11
关　键　词：增强型，场效应晶体管，IGFET，绝缘栅，P 型沟道，半导体，晶体管
用　　　于：S00675
采 用 符 号：S00618，S00623，S00624

形 状 类 别：箭头，直线
功 能 类 别：K 处理信号或信息
应 用 类 别：电路图
备　　　注：具有多栅的示例见符号 S00679

S00674

名　　　称：绝缘栅场效应晶体管(IGFET)，增强型，单栅，N 型沟道，衬底无引出线
Insulated gate field effect transistor IGFET enhancement type, single gate, N-type channel without substrate connection
状　　　态：标准
发 布 日 期：2001-07-01
上版标准序号：GB/T 4728.5(ed.2.0)05-05-12
关　键　词：增强型，场效应晶体管，IGFET，绝缘栅，N 型沟道，半导体，晶体管
用　　　于：S00676
采 用 符 号：S00618，S00622，S00624
形 状 类 别：箭头，直线
功 能 类 别：K 处理信号或信息
应 用 类 别：电路图

S00675

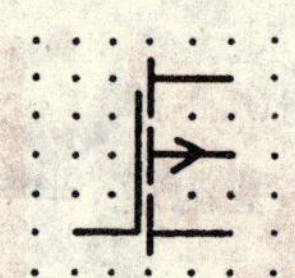

名　　　称：绝缘栅场效应晶体管(IGFET)，增强型，单栅，P 型沟道，衬底有引出线
Insulated gate field effect transistor IGFET enhancement type, single gate, P-type channel with substrate connection brought out
状　　　态：标准
发 布 日 期：2001-07-01
上版标准序号：GB/T 4728.5(ed.2.0)05-05-13
关　键　词：增强型，场效应晶体管，IGFET，绝缘栅，P 型沟道，半导体，晶体管
采 用 符 号：S00618，S00623，S00624，S00673
形 状 类 别：箭头，直线
功 能 类 别：K 处理信号或信息
应 用 类 别：电路图

S00676

名　　　称：绝缘栅场效应晶体管(IGFET)，增强型，单栅，N 型沟道，衬底与源极内部连接
Insulated gate field effect transistor IGFET enhancement type, single gate, N-type channel with substrate internally connected to source

状　　　　态：标准
发 布 日 期：2001-07-01
上版标准序号：GB/T 4728.5(ed.2.0)05-05-14
关　　键　词：增强型，场效应晶体管，IGFET，绝缘栅，N 型沟道，半导体，晶体管
采 用 符 号：S00618，S00622，S00624，S00674
形 状 类 别：箭头，直线
功 能 类 别：K 处理信号或信息
应 用 类 别：电路图

S00677

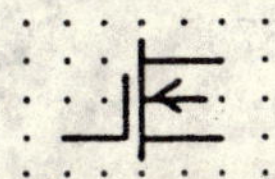

名　　　　称：绝缘栅场效应晶体管(IGFET)，耗尽型，单栅，N 型沟道，衬底无引出线
Insulated gate field effect transistor IGFET, depletion type, single gate, N-type channel without substrate connection
状　　　　态：标准
发 布 日 期：2001-07-01
上版标准序号：GB/T 4728.5(ed.2.0)05-05-15
关　　键　词：耗尽型，场效应晶体管 IGFET，绝缘栅，N 型沟道，半导体，晶体管
采 用 符 号：S00617，S00622，S00624
形 状 类 别：箭头，直线
功 能 类 别：K 处理信号或信息
应 用 类 别：电路图

S00678

名　　　　称：绝缘栅场效应晶体管(IGFET)，耗尽型，单栅，P 型沟道，衬底无引出线
Insulated gate field effect transistor IGFET, depletion type, single gate, P-type channel without substrate connection
状　　　　态：标准
发 布 日 期：2001-07-01
上版标准序号：GB/T 4728.5(ed.2.0)05-05-16
关　　键　词：耗尽型，场效应晶体管，IGFET，绝缘栅，P 型沟道，半导体，晶体管
用　　　　于：S00679
采 用 符 号：S00617，S00623，S00624
形 状 类 别：箭头，直线
功 能 类 别：K 处理信号或信息
应 用 类 别：电路图

S00679

名　　　　称：绝缘栅场效应晶体管(IGFET)，耗尽型，双栅，P 型沟道，衬底有引出线
Insulated gate field effect transistor IGFET，depletion type，two gates，P-type channel with substrate connection brought out
状　　　　态：标准
发 布 日 期：2001-07-01
上版标准序号：GB/T 4728.5(ed.2.0)05-05-17
关　　键　　词：耗尽型，效应晶体管，IGFET，绝缘栅，P 型沟道，半导体，晶体管
采 用 符 号：S00617，S00623，S00624，S00678
应 用 注 释：A00183
形 状 类 别：箭头，直线
功 能 类 别：K 处理信号或信息
应 用 类 别：电路图

S00680

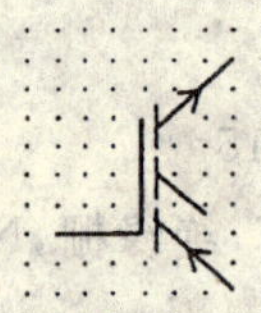

名　　　　称：绝缘栅双极晶体管(IGBT)增强型，P 型沟道
Insulated-gate bipolar transistor (IGBT) enhancement type，P-type channel
状　　　　态：标准
发 布 日 期：2001-07-01
上版标准序号：GB/T 4728.5(ed.2.0)05-05-18
关　　键　　词：双极晶体管，增强型，IGBT，绝缘栅，P 型沟道，半导体，晶体管
采 用 符 号：S00618，S00624，S00625，S00627，S00631
形 状 类 别：箭头，直线
功 能 类 别：K 处理信号或信息
应 用 类 别：电路图

S00681

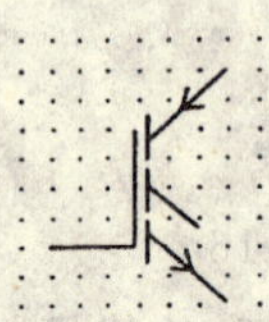

名　　　　称：绝缘栅双极晶体管(IGBT)增强型，N 型沟道
Insulated-gate bipolar transistor (IGBT) enhancement type，N-type channel
状　　　　态：标准
发 布 日 期：2001-07-01
上版标准序号：GB/T 4728.5(ed.2.0)05-05-19
关　　键　　词：双极晶体管，增强型，IGBT，绝缘栅，N 型沟道，半导体，晶体管

采 用 符 号：S00618，S00624，S00625，S00627，S00631
形 状 类 别：箭头，直线
功 能 类 别：K 处理信号或信息
应 用 类 别：电路图

S00682

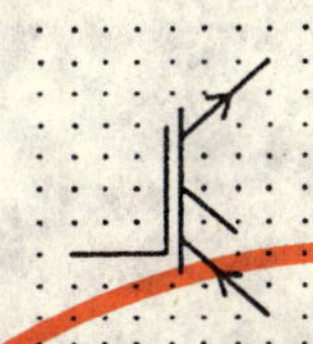

名　　　　称：绝缘栅双极晶体管(IGBT)耗尽型，P 型沟道
Insulated-gate bipolar transistor (IGBT) depletion type，P-type channel
状　　　　态：标准
发 布 日 期：2001-07-01
上版标准序号：GB/T 4728.5(ed.2.0)05-05-20
关　　键　　词：双极晶体管，耗尽型，IGBT，绝缘栅，P 型沟道，半导体，晶体管
采 用 符 号：S00617，S00624，S00625，S00627，S00631
形 状 类 别：箭头，直线
功 能 类 别：K 处理信号或信息
应 用 类 别：电路图

S00683

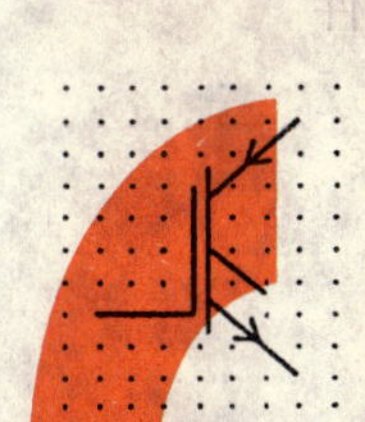

名　　　　称：绝缘栅双极晶体管(IGBT)耗尽型，N 型沟道
Insulated-gate bipolar transistor (IGBT) depletion type，N-type channel
状　　　　态：标准
发 布 日 期：2001-07-01
上版标准序号：GB/T 4728.5(ed.2.0)05-05-21
关　　键　　词：双极晶体管，耗尽型，IGBT，绝缘栅，N 型沟道，半导体，晶体管
采 用 符 号：S00617，S00624，S00625，S00627，S00631
形 状 类 别：箭头，直线
功 能 类 别：K 处理信号或信息
应 用 类 别：电路图

S00684

名　　　　称：光敏电阻(LDR)；光敏电阻器
Light dependent resistor (LDR)；Photo resistor

状　　　态：标准
发 布 日 期：2001-07-01
上版标准序号：GB/T 4728.5(ed.2.0)05-06-01
关　　键　词：光敏器件，光电导器件，光敏器件，电阻
采 用 符 号：S00127，S00555
形 状 类 别：箭头，矩形
功 能 类 别：B 把变量转换为信号
应 用 类 别：电路图

S00685

名　　　称：光电二极管
　　　　　　Photodiode
状　　　态：标准
发 布 日 期：2001-07-01
上版标准序号：GB/T 4728.5(ed.2.0)05-06-02
关　　键　词：二极管，光电导器件，光敏器件
采 用 符 号：S00127，S00641
形 状 类 别：箭头，等边三角形，直线
功 能 类 别：B 把变量转换为信号
应 用 类 别：电路图

S00686

名　　　称：光生伏打电池
　　　　　　Photovoltaic cell
状　　　态：标准
发 布 日 期：2001-07-01
上版标准序号：GB/T 4728.5(ed.2.0)05-06-03
关　　键　词：光敏器件，光电器件，半导体
采 用 符 号：S00127，S00898
形 状 类 别：箭头，直线
功 能 类 别：B 把变量转换为信号
应 用 类 别：电路图

S00687

名　　　称：光电晶体管
Phototransistor
状　　　态：标准
发 布 日 期：2001-07-01
上版标准序号：GB/T 4728.5(ed.2.0)05-06-04
关　键　词：光敏器件，光电晶体管，PNP，半导体
用　　　于：S00691，S00692
采 用 符 号：S00127，S00625，S00629
形 状 类 别：箭头，直线
功 能 类 别：B 把变量转换为信号
应 用 类 别：电路图
备　　　注：示出 PNP 型

S00688

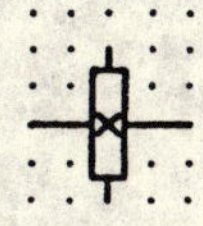

名　　　称：具有四根引出线的霍尔发生器
Hall generator with four connections
状　　　态：标准
发 布 日 期：2001-07-01
上版标准序号：GB/T 4728.5(ed.2.0)05-06-05
关　键　词：霍尔发生器，磁敏器件
采 用 符 号：S00123
形 状 类 别：直线，矩形
功 能 类 别：B 把变量转换为信号
应 用 类 别：电路图

S00689

名　　　称：磁[电]阻器
Magnetoresistor
状　　　态：标准
发 布 日 期：2001-07-01
上版标准序号：GB/T 4728.5(ed.2.0)05-06-06
关　键　词：磁敏器件，磁[电]阻器，电阻

用　　　　于：S00690
采 用 符 号：S00083，S00123，S00555
形 状 类 别：直线，矩形
功 能 类 别：B 把变量转换为信号
应 用 类 别：电路图
备　　　　注：示出线性型

S00690

名　　　　称：磁耦合器件
　　　　　　Magnetic coupling device
状　　　　态：标准
发 布 日 期：2001-07-01
上版标准序号：GB/T 4728.5(ed.2.0)05-06-07
别　　　　名：磁隔离器
关　　键　　词：耦合器件，隔离器，磁敏器件
采 用 符 号：S00084，S00123，S00583，S00689
形 状 类 别：半圆，线，矩形
功 能 类 别：T 保持性质不变的变换
应 用 类 别：电路图

S00691

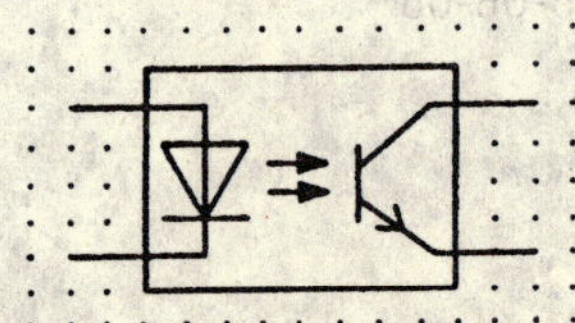

名　　　　称：光电耦合器
　　　　　　Optocoupler
状　　　　态：标准
发 布 日 期：2001-07-01
上版标准序号：GB/T 4728.5(ed.2.0)05-06-08
别　　　　名：光隔离器
关　　键　　词：耦合器件，隔离器，光敏器件
采 用 符 号：S00642，S00687
形 状 类 别：箭头，等边三角形，直线，矩形
功 能 类 别：T 保持性质不变的变换
应 用 类 别：电路图
备　　　　注：示出发光二极管和光电晶体管

S00692

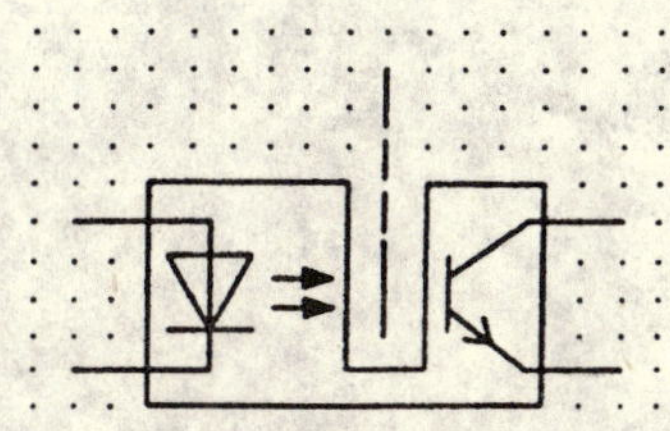

名　　　　称：具有光阻挡槽的光耦合器
Optical coupling device with slot for light-barrier
状　　　　态：标准
发 布 日 期：2001-07-01
上版标准序号：GB/T 4728.5(ed.2.0)05-06-09
关　键　词：耦合器件，光敏器件
采 用 符 号：S00642，S00687
形 状 类 别：箭头，描述形状，等边三角形，线
功 能 类 别：T 保持性质不变的变换
应 用 类 别：电路图
备　　　　注：本符号示出带有机械阻挡的发光二极管和光电晶体管。

S00693

名　　　　称：充气管壳
Gas-filled envelope
状　　　　态：标准
发 布 日 期：2001-07-01
上版标准序号：GB/T 4728.5(ed.2.0)05-07-01
关　键　词：电子管，管壳
用　　　　于：S00374，S00375，S00790，S00780，S00772，S00769，S00791，S00771
采 用 符 号：S00062，S00116
形 状 类 别：圆，点
功 能 类 别：功能要素或属性
应 用 类 别：概念要素或限定符号

S00694

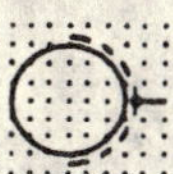

名　　　　称：有外屏蔽的管壳
Envelope with external screen (shield)
状　　　　态：标准
发 布 日 期：2001-07-01
上版标准序号：GB/T 4728.5(ed.2.0)05-07-02
关　键　词：电子管，管壳，屏蔽

采 用 符 号：S00062，S00065
形 状 类 别：圆，半圆
功 能 类 别：功能要素或属性
应 用 类 别：概念要素或限定符号

S00695

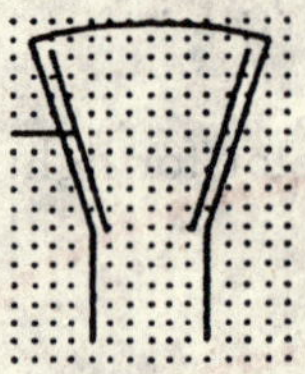

名　　　称：管壳，内表面有导电涂层
　　　　　　Envelope，conductive coating on internal surface
状　　　态：标准
发 布 日 期：2001-07-01
上版标准序号：GB/T 4728.5(ed.2.0)05-07-03
关　键　词：电子管，管壳
形 状 类 别：描述，直线
功 能 类 别：功能要素或属性
应 用 类 别：概念要素或限定符号

S00696

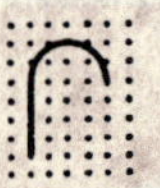

名　　　称：热阴极，间热式
　　　　　　Hot cathode，indirectly heated
状　　　态：标准
发 布 日 期：2001-07-01
上版标准序号：GB/T 4728.5(ed.2.0)05-07-04
关　键　词：阴极，电子管
其 他 形 式：S00697
用　　　于：S00751，S00746，S00745，S00755，S00763，S00749，S00765，S00757，S00756，S00759，S00748，S00767，S00747，S00753，S00750
形 状 类 别：半圆，直线
功 能 类 别：功能要素或属性
应 用 类 别：概念要素或限定符号

S00697

名　　　称：热阴极，间热式
　　　　　　Hot cathode，indirectly heated
状　　　态：废除——仅供参考

发 布 日 期：2001-07-01
废 除 日 期：2002-10-23
上版标准序号：GB/T 4728.5(ed.2.0)05-07-05
关　键　词：阴极，电子管
形　　　式：其他形式
其 他 形 式：S00696
形 状 类 别：直线
功 能 类 别：功能要素或属性
应 用 类 别：概念要素或限定符号
备　　　注：因废除而取消

S00698

名　　　称：热阴极，直热式
Hot cathode, directly heated
状　　　态：标准
发 布 日 期：2001-07-01
上版标准序号：GB/T 4728.5(ed.2.0)05-07-06
别　　　名：间热式热阴极热丝(子)；热偶热丝(子)
关　键　词：阴极，电子管，热丝(子)
其 他 形 式：S00699
用　　　于：S00776，S00751，S00746，S00745，S00955，S00744，S00954，S00957，S00755，S00763，S00761，S00749，S00765，S00771，S00757，S00956，S00756，S00759，S00748，S00767，S00747，S00753，S00750
形 状 类 别：半圆，直线
功 能 类 别：功能要素或属性
应 用 类 别：概念要素或限定符号

S00699

名　　　称：热阴极，直热式
Hot cathode, directly heated
状　　　态：废除——仅供参考
发 布 日 期：2001-07-01
废 除 日 期：2002-10-23
上版标准序号：GB/T 4728.5(ed.2.0)05-07-07
别　　　名：间热式热阴极热丝(子)；热偶热丝(子)
关　键　词：阴极，电子管，热丝(子)
形　　　式：其他形式
其 他 形 式：S00698

形 状 类 别：直线
功 能 类 别：功能要素或属性
应 用 类 别：概念要素或限定符号
备　　　注：因废除而取消

S00700

名　　　称：光电阴极
　　　　　　Photoelectric cathode
状　　　态：标准
发 布 日 期：2001-07-01
上版标准序号：GB/T 4728.5(ed.2.0)05-07-08
关　键　词：阴极，电子管，光电
用　　　于：S00777
形 状 类 别：半圆，直线
功 能 类 别：功能要素或属性
应 用 类 别：概念要素或限定符号

S00701

名　　　称：冷阴极
　　　　　　Cold cathode
状　　　态：标准
发 布 日 期：2001-07-01
上版标准序号：GB/T 4728.5(ed.2.0)05-07-09
别　　　名：离子加热阴极
关　键　词：阴极，电子管
用　　　于：S00773，S00772，S00770，S00769，S00774，S00775
形 状 类 别：圆，直线
功 能 类 别：功能要素或属性
应 用 类 别：概念要素或限定符号

S00702

名　　　称：复合电极
　　　　　　Composite electrode
状　　　态：废除——仅供参考
发 布 日 期：2001-07-01
废 除 日 期：2002-10-23

上版标准序号：GB/T 4728.5(ed.2.0)05-07-10
关　　键　　词：阳极，阴极，电极，电子管
用　　　　　于：S00793，S00792，S00772，S00770，S00794
应　用　注　释：A00165
形　状　类　别：圆，直线
功　能　类　别：功能要素或属性
应　用　类　别：概念要素或限定符号
备　　　　　注：作为阳极和/或冷阴极的复合电极。因废除而取消

S00703

名　　　　　称：阳极
　　　　　　　　Anode
状　　　　　态：标准
发　布　日　期：2001-07-01
上版标准序号：GB/T 4728.5(ed.2.0)05-07-11
别　　　　　名：板极；收集极(微波器件)
关　　键　　词：阳极，收集极，电子管
用　　　　　于：S00746，S00745，S00773，S00777，S00744，S00764，S00779，S00755，S00763，S00770，S00769，S00771，S00757，S00756，S00774，S00718，S00759，S00758，S00748，S00747，S00753，S00754，S00775，S00760，S00778
形　状　类　别：直线
功　能　类　别：功能要素或属性
应　用　类　别：概念要素或限定符号

S00704

名　　　　　称：荧光靶
　　　　　　　　Fluorescent target
状　　　　　态：废除——仅供参考
发　布　日　期：2001-07-01
废　除　日　期：2002-10-23
上版标准序号：GB/T 4728.5(ed.2.0)05-07-12
关　　键　　词：阳极，电子管
用　　　　　于：S00748
应　用　注　释：A00166
形　状　类　别：直线
功　能　类　别：功能要素或属性
应　用　类　别：概念要素或限定符号
备　　　　　注：因废除而取消

S00705

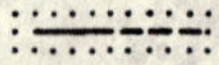

名　　　称：栅极
Grid
状　　　态：标准
发 布 日 期：2001-07-01
上版标准序号：GB/T 4728.5(ed.2.0)05-07-13
关　键　词：电子管，栅极
用　　　于：S00751，S00746，S00745，S00744，S00717，S00782，S00748，S00747，S00750
形 状 类 别：直线
功 能 类 别：功能要素或属性
应 用 类 别：概念要素或限定符号

S00706

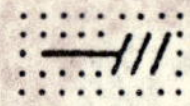

名　　　称：离子扩散屏势垒
Ion diffusion barrier
状　　　态：废除——仅供参考
发 布 日 期：2001-07-01
废 除 日 期：2002-10-23
上版标准序号：GB/T 4728.5(ed.2.0)05-07-14
关　键　词：电子管，溶液离子
用　　　于：S00793，S00794
形 状 类 别：直线
功 能 类 别：功能要素或属性
应 用 类 别：概念要素或限定符号
备　　　注：因废除而取消

S00707

名　　　称：横向偏转电极
Lateral deflecting electrodes
状　　　态：标准
发 布 日 期：2001-07-01
上版标准序号：GB/T 4728.5(ed.2.0)05-08-01
关　键　词：阴极射线管，电极，电子管，电视显像管
其 他 形 式：S00708
用　　　于：S00781，S00784，S00782，S00750，S00783
形 状 类 别：直线
功 能 类 别：功能要素或属性
应 用 类 别：概念要素或限定符号
备　　　注：示出一对电极

S00708

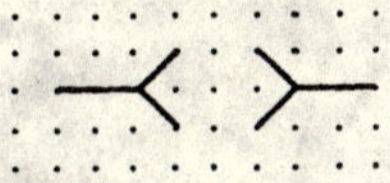

名　　　称：横向偏转电极
　　　　　　Lateral deflecting electrodes
状　　　态：废除——仅供参考
发 布 日 期：2001-07-01
废 除 日 期：2002-10-23
上版标准序号：GB/T 4728.5(ed.2.0)05-08-02
关　键　词：阴极射线管，电极，电子管，电视显像管
形　　　式：其他形式
其 他 形 式：S00707
形 状 类 别：直线
功 能 类 别：功能要素或属性
应 用 类 别：概念要素或限定符号
备　　　注：示出一对电极。因废除而取消

S00709

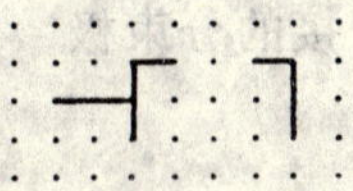

名　　　称：强(亮)度调制极
　　　　　　Intensity modulating electrode
状　　　态：标准
发 布 日 期：2001-07-01
上版标准序号：GB/T 4728.5(ed.2.0)05-08-03
关　键　词：阴极射线管，电子管，电视显像管
用　　　于：S00755，S00763，S00749，S00757，S00756，S00759，S00767，S00753
应 用 注 释：A00167
形 状 类 别：直线
功 能 类 别：功能要素或属性
应 用 类 别：概念要素或限定符号

S00710

名　　　称：孔形聚焦极
　　　　　　Focusing electrode with aperture
状　　　态：标准
发 布 日 期：2001-07-01
上版标准序号：GB/T 4728.5(ed.2.0)05-08-04
别　　　名：聚束板极
关　键　词：阴极射线管，电子管，电视显像管
用　　　于：S00751，S00755，S00763，S00749，S00757，S00756，S00759，S00767，S00753，S00750

应用注释：A00168
形状类别：直线，矩形
功能类别：功能要素或属性
应用类别：概念要素或限定符号

S00711

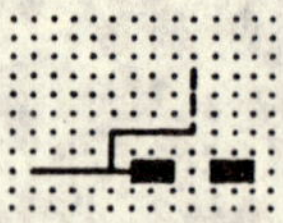

名　　称：分束极
Beam-splitting electrode
状　　态：标准
发布日期：2001-07-01
上版标准序号：GB/T 4728.5(ed.2.0)05-08-05
关 键 词：阴极射线管，电子枪，电子管
用　　于：S00750
形状类别：直线，矩形
功能类别：功能要素或属性
应用类别：概念要素或限定符号
备　　注：与电子枪最末聚束极内部连接的分束极

S00712

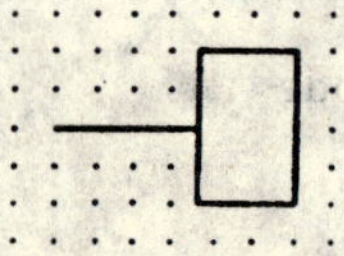

名　　称：圆筒聚焦极
Cylindrical focusing electrode
状　　态：标准
发布日期：2001-07-01
上版标准序号：GB/T 4728.5(ed.2.0)05-08-06
别　　名：漂移空间极，电子透镜元件
关 键 词：阴极射线管，电子管，电子透镜
用　　于：S00749，S00753
应用注释：A00168
形状类别：直线，矩形
功能类别：功能要素或属性
应用类别：概念要素或限定符号

S00713

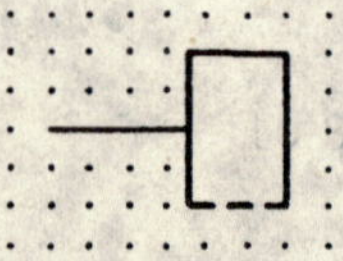

名　　称：有栅网的圆筒聚焦极
Cylindrical focusing electrode with grid

状　　　态：废除——仅供参考
发 布 日 期：2001-07-01
废 除 日 期：2002-10-23
上版标准序号：GB/T 4728.5(ed.2.0)05-08-07
关　　键　　词：阴极射线管，电极，电子管，电视显像管
形 状 类 别：直线，矩形
功 能 类 别：功能要素或属性
应 用 类 别：概念要素或限定符号
备　　　注：因废除而取消

S00714

名　　　称：多孔电极
Multi-aperture electrode
状　　　态：废除——仅供参考
发 布 日 期：2001-07-01
废 除 日 期：2002-10-23
上版标准序号：GB/T 4728.5(ed.2.0)05-08-08
关　　键　　词：阴极射线管，电极，电子管，电视显像管
应 用 注 释：A00167
形 状 类 别：直线
功 能 类 别：功能要素或属性
应 用 类 别：概念要素或限定符号
备　　　注：因废除而取消

S00715

名　　　称：分层电极
Quantizing electrode
状　　　态：废除——仅供参考
发 布 日 期：2001-07-01
废 除 日 期：2002-10-23
上版标准序号：GB/T 4728.5(ed.2.0)05-08-09
别　　　名：取样电极
关　　键　　词：阴极射线管，电子枪，电子管
形 状 类 别：圆，直线
功 能 类 别：功能要素或属性
应 用 类 别：概念要素或限定符号
备　　　注：因废除而取消

S00716

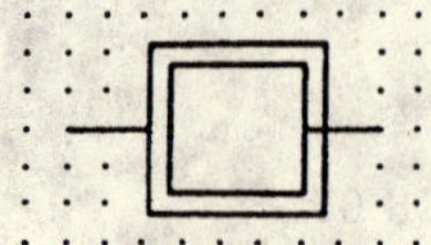

名　　　　称：径向偏转电极
　　　　　　　Radial deflecting electrodes
状　　　　态：废除——仅供参考
发 布 日 期：2001-07-01
废 除 日 期：2002-10-23
上版标准序号：GB/T 4728.5(ed.2.0)05-08-10
关　　键　词：阴极射线管，电极，电子管，电视显像管
形 状 类 别：直线，正方形
功 能 类 别：功能要素或属性
应 用 类 别：概念要素或限定符号
备　　　　注：示出一对电极。因废除而取消

S00717

名　　　　称：具有次级发射的栅极
　　　　　　　Grid with secondary emission
状　　　　态：废除——仅供参考
发 布 日 期：2001-07-01
废 除 日 期：2002-10-23
上版标准序号：GB/T 4728.5(ed.2.0)05-08-11
关　　键　词：阴极射线管，电子管，栅极，电视显像管
采 用 符 号：S00705
形 状 类 别：半圆，直线
功 能 类 别：功能要素或属性
应 用 类 别：概念要素或限定符号
备　　　　注：因废除而取消

S00718

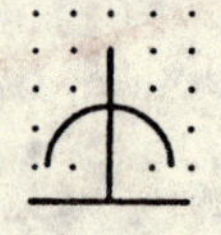

名　　　　称：具有次级发射的阳极
　　　　　　　Anode with secondary emission
状　　　　态：废除——仅供参考
发 布 日 期：2001-07-01
废 除 日 期：2002-10-23
上版标准序号：GB/T 4728.5(ed.2.0)05-08-12

别　　　名：电子倍增电极
关　键　词：阳极，电子管
采用符号：S00703
形状类别：半圆，直线
功能类别：功能要素或属性
应用类别：概念要素或限定符号
备　　　注：因废除而取消

S00719

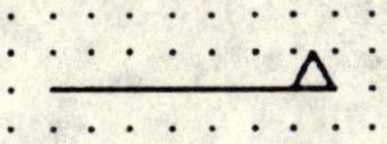

名　　　称：光发射极
Photo-emissive electrode
状　　　态：废除——仅供参考
发布日期：2001-07-01
废除日期：2002-10-23
上版标准序号：GB/T 4728.5(ed.2.0)05-08-13
关　键　词：电极，电子管
形状类别：等边三角形，直线
功能类别：功能要素或属性
应用类别：概念要素或限定符号
备　　　注：因废除而取消

S00720

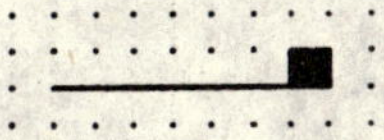

名　　　称：贮存极
Storage electrode
状　　　态：废除——仅供参考
发布日期：2001-07-01
废除日期：2002-10-23
上版标准序号：GB/T 4728.5(ed.2.0)05-08-14
关　键　词：电极，电子管
用　　　于：S00723，S00722，S00721
形状类别：直线，正方形
功能类别：功能要素或属性
应用类别：概念要素或限定符号
备　　　注：因废除而取消

S00721

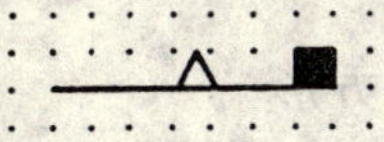

名　　　称：光发射贮存极
Photo-emissive storage electrode
状　　　态：废除——仅供参考

发 布 日 期：2001-07-01
废 除 日 期：2002-10-23
上版标准序号：GB/T 4728.5(ed.2.0)05-08-15
关　键　词：电极，电子管
采 用 符 号：S00720
形 状 类 别：等边三角形，直线，正方形
功 能 类 别：功能要素或属性
应 用 类 别：概念要素或限定符号
备　　　注：因废除而取消

S00722

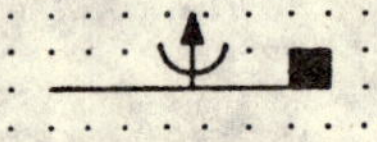

名　　　称：沿箭头方向具有次级发射的贮存极
Storage electrode with secondary emission in the direction of the arrow
状　　　态：废除——仅供参考
发 布 日 期：2001-07-01
废 除 日 期：2002-10-23
上版标准序号：GB/T 4728.5(ed.2.0)05-08-16
关　键　词：电极，电子管
采 用 符 号：S00720
形 状 类 别：箭头，半圆，直线，正方形
功 能 类 别：功能要素或属性
应 用 类 别：概念要素或限定符号
备　　　注：因废除而取消

S00723

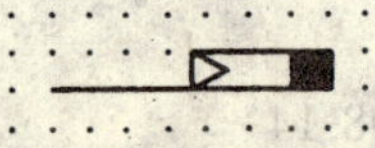

名　　　称：光导贮存极
Photo-conductive storage electrode
状　　　态：废除——仅供参考
发 布 日 期：2001-07-01
废 除 日 期：2002-10-23
上版标准序号：GB/T 4728.5(ed.2.0)05-08-17
关　键　词：电极，电子管
采 用 符 号：S00720
形 状 类 别：等边三角形，直线，矩形，正方形
功 能 类 别：功能要素或属性
应 用 类 别：概念要素或限定符号
备　　　注：因废除而取消

S00724

名　　　称：电子枪组件
　　　　　　Electron gun assembly
状　　　态：废除——仅供参考
发 布 日 期：2001-07-01
废 除 日 期：2002-10-23
上版标准序号：GB/T 4728.5(ed.2.0)05-09-01
关　键　词：阴极，电子枪，微波管
形　　　式：简化形式
其 他 形 式：S00696，S00698
用　　　于：S00752，S00764，S00758，S00754，S00760
形 状 类 别：半圆，直线
功 能 类 别：功能要素或属性
应 用 类 别：概念要素或限定符号
备　　　注：示出管壳和间热式阴极简化符号。因废除而取消

S00725

名　　　称：反射极
　　　　　　Reflector
状　　　态：废除——仅供参考
发 布 日 期：2001-07-01
废 除 日 期：2002-10-23
上版标准序号：GB/T 4728.5(ed.2.0)05-09-02
关　键　词：电极，微波管
用　　　于：S00752，S00751
形 状 类 别：直线
功 能 类 别：功能要素或属性
应 用 类 别：概念要素或限定符号
备　　　注：因废除而取消

S00726

名　　　称：开式慢波结构非发射底极
　　　　　　Non-emitting sole for open slow-wave structure
状　　　态：废除——仅供参考
发 布 日 期：2001-07-01

废 除 日 期：2002-10-23
上版标准序号：GB/T 4728.5(ed.2.0)05-09-03
关　　键　　词：微波管
用　　　　于：S00764,S00763,S00759,S00760
形 状 类 别：直线
功 能 类 别：功能要素或属性
应 用 类 别：概念要素或限定符号
备　　　　注：因废除而取消

S00727

名　　　　称：闭式慢波结构非发射底极
Non-emitting sole for closed slow-wave structure
状　　　　态：废除——仅供参考
发 布 日 期：2001-07-01
废 除 日 期：2002-10-23
上版标准序号：GB/T 4728.5(ed.2.0)05-09-04
关　　键　　词：微波管
用　　　　于：S00767
形 状 类 别：圆弧,直线
功 能 类 别：功能要素或属性
应 用 类 别：概念要素或限定符号
备　　　　注：因废除而取消

S00728

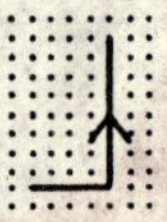

名　　　　称：发射底极
Emitting sole
状　　　　态：废除——仅供参考
发 布 日 期：2001-07-01
废 除 日 期：2002-10-23
上版标准序号：GB/T 4728.5(ed.2.0)05-09-05
关　　键　　词：微波管
用　　　　于：S00761,S00762
形 状 类 别：箭头,直线
功 能 类 别：功能要素或属性
应 用 类 别：概念要素或限定符号
备　　　　注：箭头表示电子流方向。因废除而取消

S00729

名　　　　称：开式慢波结构
Open slow-wave structure
状　　　　态：废除——仅供参考
发 布 日 期：2001-07-01
废 除 日 期：2002-10-23
上版标准序号：GB/T 4728.5(ed.2.0)05-09-06
关　键　词：微波管
用　　　　于：S00764,S00755,S00763,S00761,S00762,S00756,S00759,S00758,S00730,S00760
形 状 类 别：箭头,直线
功 能 类 别：功能要素或属性
应 用 类 别：概念要素或限定符号
备　　　　注：箭头表示能量流方向。因废除而取消

S00730

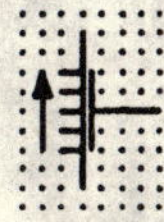

名　　　　称：静电聚焦单电极
Single electrode for electrostatic focusing
状　　　　态：废除——仅供参考
发 布 日 期：2001-07-01
废 除 日 期：2002-10-23
上版标准序号：GB/T 4728.5(ed.2.0)05-09-07
关　键　词：微波管
用　　　　于：S00757
采 用 符 号：S00729
形 状 类 别：箭头,直线
功 能 类 别：功能要素或属性
应 用 类 别：概念要素或限定符号
备　　　　注：沿开式慢波结构静电聚焦电极。因废除而取消

S00731

名　　　　称：闭式慢波结构
Closed slow-wave structure
状　　　　态：标准
发 布 日 期：2001-07-01
上版标准序号：GB/T 4728.5(ed.2.0)05-09-08

关　键　词：微波管
用　　　于：S00765
采 用 符 号：S00062
形 状 类 别：圆，直线
功 能 类 别：功能要素或属性
应 用 类 别：概念要素或限定符号
备　　　注：本符号示出管壳

S00732

名　　　称：管内谐振腔
Cavity resonator forming an integral part of the tube
状　　　态：标准
发 布 日 期：2001-07-01
上版标准序号：GB/T 4728.5(ed.2.0)05-09-09
关　键　词：微波管
用　　　于：S00752，S00751
采 用 符 号：S00063，S01172
形 状 类 别：点，半圆，椭圆
功 能 类 别：功能要素或属性
应 用 类 别：概念要素或限定符号

S00733

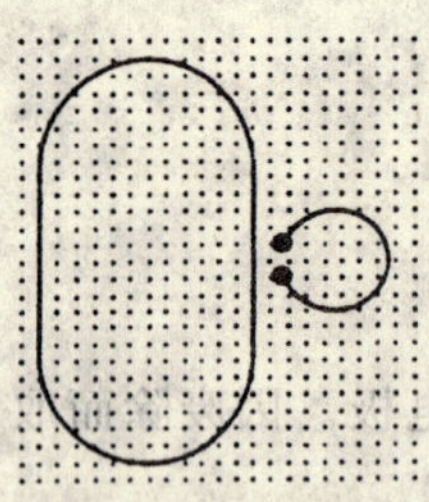

名　　　称：管外(部分或全部在管外)谐振腔
Cavity resonator, partly or wholly external to the tube
状　　　态：标准
发 布 日 期：2001-07-01
上版标准序号：GB/T 4728.5(ed.2.0)05-09-10
关　键　词：微波管
用　　　于：S00753，S00754
采 用 符 号：S00063，S01172
形 状 类 别：圆弧，点，椭圆

功 能 类 别：功能要素或属性
应 用 类 别：概念要素或限定符号

S00734

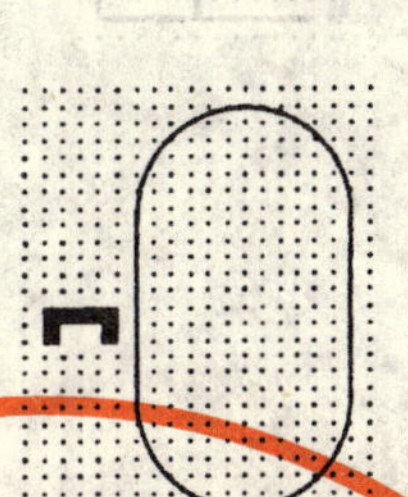

名　　　　称：产生横向场的永磁铁
Permanent magnet producing a transverse field
状　　　　态：废除——仅供参考
发 布 日 期：2001-07-01
废 除 日 期：2002-10-23
上版标准序号：GB/T 4728.5(ed.2.0)05-09-11
关　键　　词：磁电管，微波管
采 用 符 号：S00063，S00210
形 状 类 别：描述，椭圆
功 能 类 别：功能要素或属性
应 用 类 别：概念要素或限定符号
备　　　　注：产生横向场的永磁铁(在正交场或磁控管中)。因废除而取消

S00735

名　　　　称：产生横向场的电磁铁
Electromagnet producing a transverse field
状　　　　态：废除——仅供参考
发 布 日 期：2001-07-01
废 除 日 期：2002-10-23
上版标准序号：GB/T 4728.5(ed.2.0)05-09-12
关　键　　词：磁电管，微波管
采 用 符 号：S00063，S00583
形 状 类 别：半圆，椭圆
功 能 类 别：功能要素或属性
应 用 类 别：概念要素或限定符号
备　　　　注：产生横向场的电磁铁(在正交场或磁控管中)。因废除而取消

S00736

名　　　　称：四极
　　　　　　Tetrapole
状　　　　态：废除——仅供参考
发 布 日 期：2001-07-01
废 除 日 期：2002-10-23
上版标准序号：GB/T 4728.5(ed.2.0)05-09-13
关　 键 　词：电极，微波管
用　　　　于：S00737
形 状 类 别：圆弧，直线
功 能 类 别：功能要素或属性
应 用 类 别：概念要素或限定符号
备　　　　注：因废除而取消

S00737

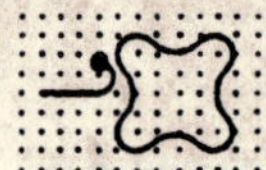

名　　　　称：有耦合环的四极
　　　　　　Tetrapole with loop coupler
状　　　　态：废除——仅供参考
发 布 日 期：2001-07-01
废 除 日 期：2002-10-23
上版标准序号：GB/T 4728.5(ed.2.0)05-09-14
关　 键 　词：电极，微波管
形　　　　式：简化形式
其 他 形 式：S00736
采 用 符 号：S00736，S01209
形 状 类 别：圆弧，点，直线
功 能 类 别：功能要素或属性
应 用 类 别：概念要素或限定符号
备　　　　注：因废除而取消

S00738

名　　　　称：慢波耦合件
　　　　　　Slow-wave coupler
状　　　　态：废除——仅供参考
发 布 日 期：2001-07-01

废 除 日 期：2002-10-23
上版标准序号：GB/T 4728.5(ed.2.0)05-09-15
关　　键　　词：耦合，微波管
用　　　　　于：S00757，S00756
形 状 类 别：直线
功 能 类 别：功能要素或属性
应 用 类 别：概念要素或限定符号
备　　　　　注：因废除而取消

S00739

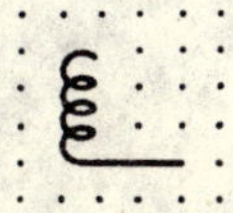

名　　　　　称：螺旋耦合件
Helical coupler
状　　　　　态：废除——仅供参考
发 布 日 期：2001-07-01
废 除 日 期：2002-10-23
上版标准序号：GB/T 4728.5(ed.2.0)05-09-16
关　　键　　词：耦合，微波管
采 用 符 号：S00583
形 状 类 别：圆弧
功 能 类 别：功能要素或属性
应 用 类 别：概念要素或限定符号
备　　　　　注：因废除而取消

S00740

名　　　　　称：X 射线管阳极
X-ray tube anode
状　　　　　态：标准
发 布 日 期：2001-07-01
上版标准序号：GB/T 4728.5(ed.2.0)05-10-01
关　　键　　词：阳极，电子管，电极
用　　　　　于：S00776
形 状 类 别：直线
功 能 类 别：功能要素或属性
应 用 类 别：概念要素或限定符号

S00741

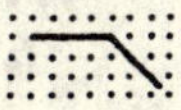

名　　　　　称：启动极
Starting electrode

状　　　态：废除——仅供参考
发 布 日 期：2001-07-01
废 除 日 期：2002-10-23
上版标准序号：GB/T 4728.5(ed.2.0)05-10-02
别　　　名：触发极，引燃极
关　键　词：电子管，汞弧整流管
用　　　于：S00779，S00771，S00778
形 状 类 别：直线
功 能 类 别：功能要素或属性
应 用 类 别：概念要素或限定符号
备　　　注：因废除而取消

S00742

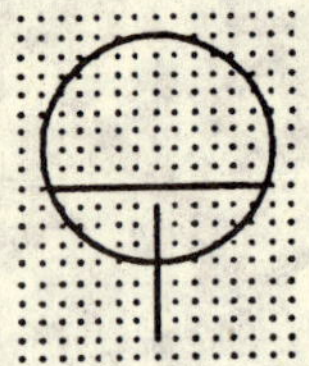

名　　　称：液体(池)阴极
Pool cathode
状　　　态：废除——仅供参考
发 布 日 期：2001-07-01
废 除 日 期：2002-10-23
上版标准序号：GB/T 4728.5(ed.2.0)05-10-03
关　键　词：阴极，电子管
用　　　于：S00779，S00743，S00778
采 用 符 号：S00062
形 状 类 别：圆，直线
功 能 类 别：功能要素或属性
应 用 类 别：概念要素或限定符号
备　　　注：本符号示出管壳。因废除而取消

S00743

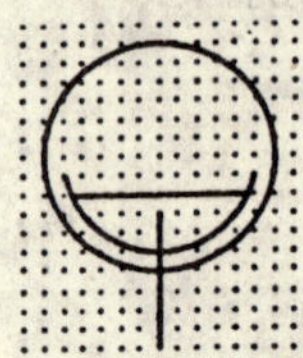

名　　　称：绝缘液体(池)阴极
Insulated pool cathode
状　　　态：废除——仅供参考
发 布 日 期：2001-07-01
废 除 日 期：2002-10-23
上版标准序号：GB/T 4728.5(ed.2.0)05-10-04

关　　键　　词：阴极，电子管，汞弧整流管
采　用　符　号：S00062，S00742
形　状　类　别：圆弧，圆，直线
功　能　类　别：功能要素或属性
应　用　类　别：概念要素或限定符号
备　　　　　注：本符号示出管壳。因废除而取消

S00744

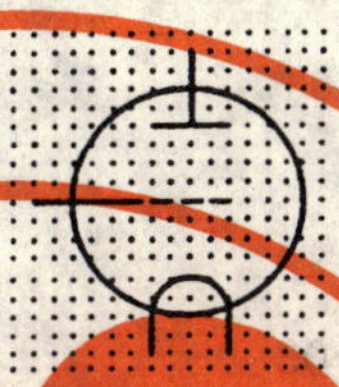

名　　　　　称：直热式阴极三极管
Triode，with directly heated cathode
状　　　　　态：标准
发　布　日　期：2001-07-01
上版标准序号：GB/T 4728.5(ed.2.0)05-11-01
关　　键　　词：电子管
采　用　符　号：S00062，S00698，S00703，S00705
应　用　注　释：A00248
形　状　类　别：圆，半圆，直线
功　能　类　别：K 处理信号或信息
应　用　类　别：电路图

S00745

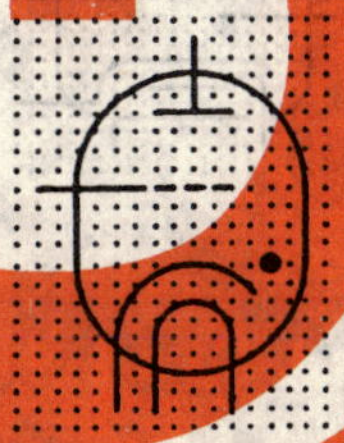

名　　　　　称：间热式阴极充气三极管
Triode，gasfilled with indirectly heated cathode
状　　　　　态：标准
发　布　日　期：2001-07-01
上版标准序号：GB/T 4728.5(ed.2.0)05-11-02
别　　　　　名：闸流管
关　　键　　词：闸流管，三极管
采　用　符　号：S00063，S00116，S00696，S00698，S00703，S00705
应　用　注　释：A00248
形　状　类　别：点，半圆，直线
功　能　类　别：K 处理信号或信息
应　用　类　别：电路图

S00746

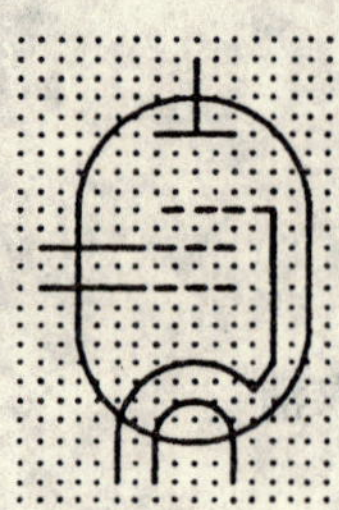

名　　称：五极管
Pentode
状　　态：标准
发布日期：2001-07-01
上版标准序号：GB/T 4728.5(ed.2.0)05-11-03
关　键　词：电子管
采用符号：S00063,S00696,S00698,S00703,S00705
应用注释：A00248
形状类别：半圆,直线,椭圆
功能类别：K 处理信号或信息
应用类别：电路图
备　　注：抑制极与阴极间有内连接的间热式阴极五极管

S00747

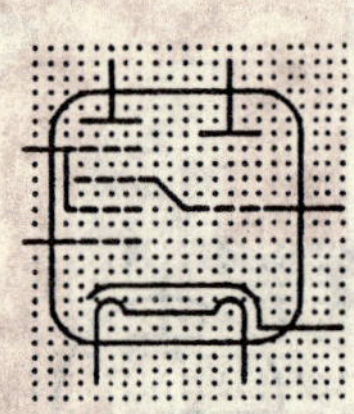

名　　称：三极一六极管
Triode hexode
状　　态：废除——仅供参考
发布日期：2001-07-01
废除日期：2002-10-23
上版标准序号：GB/T 4728.5(ed.2.0)05-11-04
关　键　词：电子管
采用符号：S00063,S00696,S00698,S00703,S00705
应用注释：A00248
形状类别：半圆,直线,正方形
功能类别：K 处理信号或信息
应用类别：电路图
备　　注：间热式三极一六极管。因废除而取消

S00748

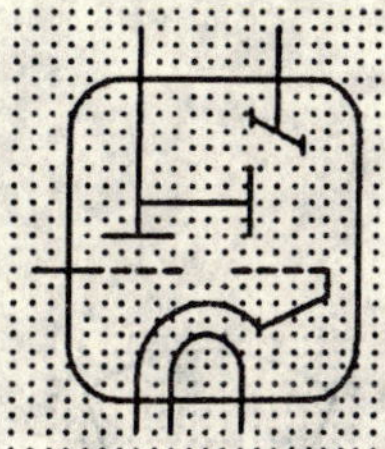

名　　　称：调谐指示管
Tuning indicator
状　　　态：废除——仅供参考
发 布 日 期：2001-07-01
废 除 日 期：2002-10-23
上版标准序号：GB/T 4728.5(ed.2.0)05-11-05
别　　　名：电眼
关　键　词：电子管
采 用 符 号：S00696,S00698,S00703,S00704,S00705
应 用 注 释：A00248
形 状 类 别：半圆,直线,正方形
功 能 类 别：K 处理信号或信息,P 提供信息
应 用 类 别：电路图
备　　　注：间热式阴极调谐指示管(电眼)。因废除而取消

S00749

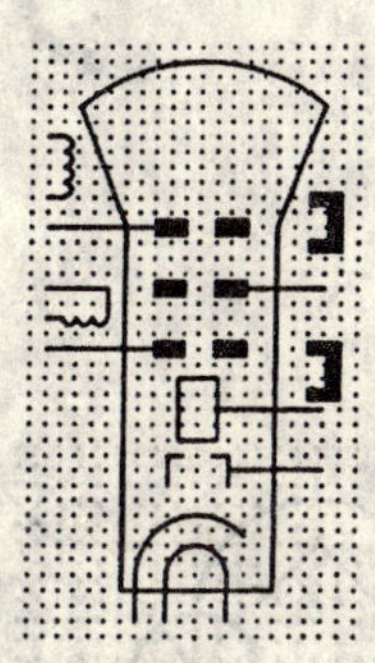

名　　　称：具有电磁偏移的阴极射线管
Cathode-ray tube with electromagnetic deviation
状　　　态：标准
发 布 日 期：2001-07-01
上版标准序号：GB/T 4728.5(ed.2.0)05-12-01
别　　　名：显像管
关　键　词：阴极射线管,电子管,电视显像管
采 用 符 号：S00210,S00583,S00696,S00698,S00709,S00710,S00712
应 用 注 释：A00248
形 状 类 别：描述
功 能 类 别：K 处理信号或信息,P 提供信息
应 用 类 别：电路图
备　　　注：本符号中示出：

——永磁聚焦和离子捕集
——亮度调制极
——间热式阴极

S00750

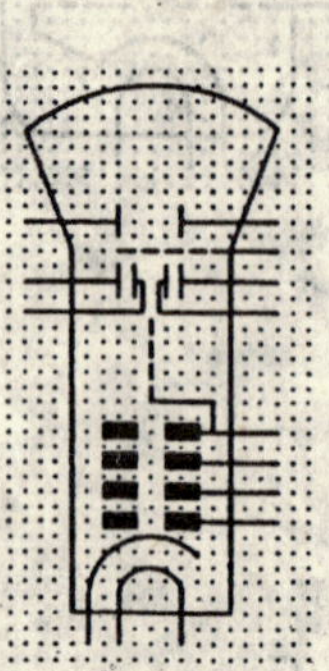

名　　称：分束型双束阴极射线管
Double-beam cathode-ray tube，split-beam type
状　　态：标准
发布日期：2001-07-01
上版标准序号：GB/T 4728.5(ed.2.0)05-12-02
关　键　词：阴极射线管，电子管
采用符号：S00696，S00698，S00705，S00707，S00710，S00711
应用注释：A00248
形状类别：描述
功能类别：K 处理信号或信息，P 提供信息
应用类别：电路图
备　　注：本符号中示出：
——静电偏转
——间热式阴极

S00751

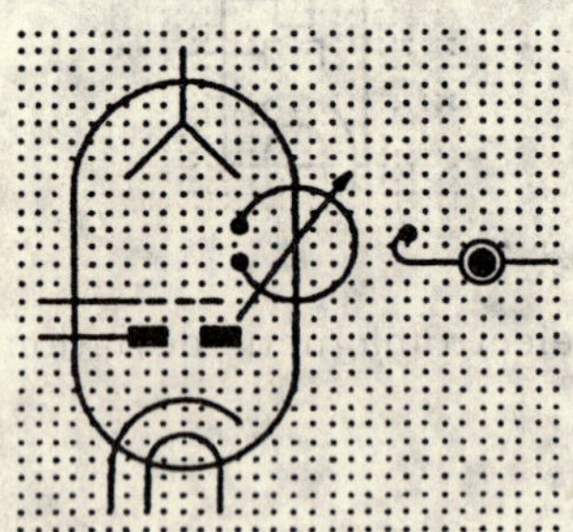

名　　称：反射速调管
Reflex klystron
状　　态：废除——仅供参考
发布日期：2001-07-01
废除日期：2002-10-23
上版标准序号：GB/T 4728.5(ed.2.0)05-13-01
关　键　词：电子管，速调管，微波管
其他形式：S00752
采用符号：S00063，S00081，S00696，S00698，S00705，S00710，S00725，S00732，S01209

应 用 注 释：A00248
形 状 类 别：箭头，圆弧，点，直线，椭圆
功 能 类 别：E 提供辐射能或热能，K 处理信号或信息
应 用 类 别：电路图
备 注：本符号中示出：
——间热式阴极
——聚束板极
——栅极
——可调管内谐振腔
——反射极
——耦合环耦合，同轴输出
因废除而取消

S00752

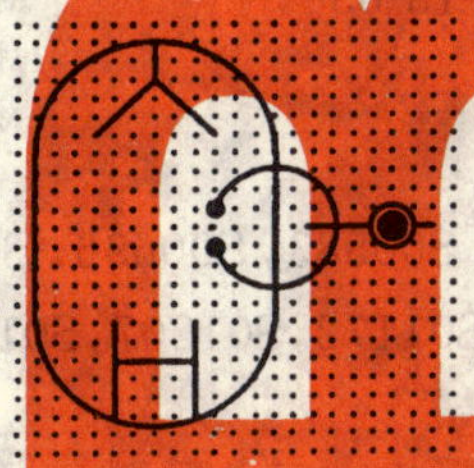

名 称：反射速调管
Reflex klystron
状 态：废除——仅供参考
发 布 日 期：2001-07-01
废 除 日 期：2002-10-23
上版标准序号：GB/T 4728.5(ed.2.0)05-13-02
关 键 词：电子管，速调管，微波管
形 式：简化形式
其 他 形 式：S00751
采 用 符 号：S00063，S00724，S00725，S00732，S01142，S01203，S01204
应 用 注 释：A00248
形 状 类 别：圆，点，半圆，直线，椭圆
功 能 类 别：E 提供辐射能或热能，K 处理信号或信息
应 用 类 别：电路图
备 注：本符号中示出：
——间热式阴极
——聚束板极
——栅极
——可调管内谐振腔
——反射极
——耦合环耦合，同轴输出
因废除而取消

S00753

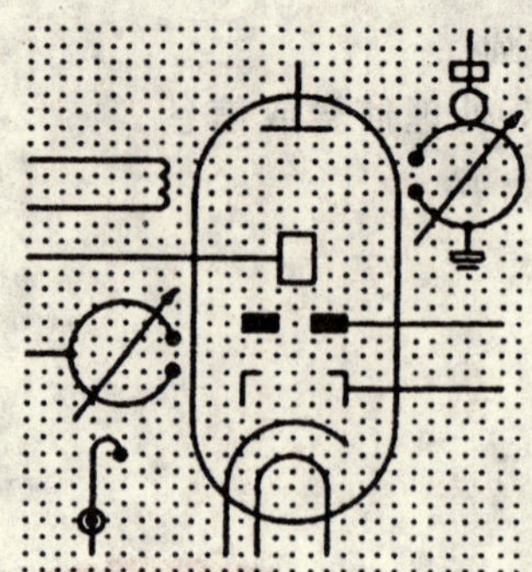

名　　　称：反射速调管
Reflex klystron
状　　　态：标准
发 布 日 期：2001-07-01
上版标准序号：GB/T 4728.5(ed.2.0)05-13-03
关　键　词：电子管，速调管，微波管
其 他 形 式：S00754
采 用 符 号：S00063，S00081，S00200，S00583，S00696，S00698，S00703，S00709，S00710，S00712，S00733，S01138，S01142，S01172，S01207，S01209
应 用 注 释：A00248
形 状 类 别：箭头，圆弧，圆，点，直线，矩形
功 能 类 别：E 提供辐射能或热能，K 处理信号或信息
应 用 类 别：电路图
备　　　注：本符号中示出：
——间热式阴极
——强度调制极
——聚束板极
——管外调谐输入谐振腔
——漂移空间极
——直流连接的外调谐输出谐振腔
——收集极
——聚焦线圈
——耦合环耦合，同轴波导输入
——窗口耦合，矩形波导输出

S00754

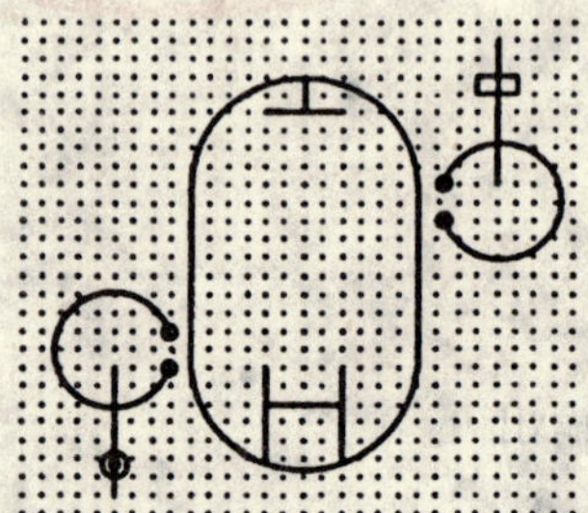

名　　　称：反射速调管
Reflex klystron

状　　　　态：废除——仅供参考
发 布 日 期：2001-07-01
废 除 日 期：2002-10-23
上版标准序号：GB/T 4728.5(ed.2.0)05-13-04
关　 键　 词：电子管，速调管，微波管
形　　　　式：简化形式
其 他 形 式：S00753
采 用 符 号：S00063，S00703，S00724，S00733，S01138，S01142，S01172，S01203，S01204
应 用 注 释：A00248
形 状 类 别：圆弧，圆，点，直线，椭圆
功 能 类 别：E 提供辐射能或热能，K 处理信号或信息
应 用 类 别：电路图
备　　　　注：本符号中示出：
——间热式阴极
——强度调制极
——聚束板极
——管外调谐输入谐振腔
——漂移空间极
——直流连接的外调谐输出谐振腔
——收集极
——聚焦线圈
——耦合环耦合，同轴波导输入
——窗口耦合，矩形波导输出
因废除而取消

S00755

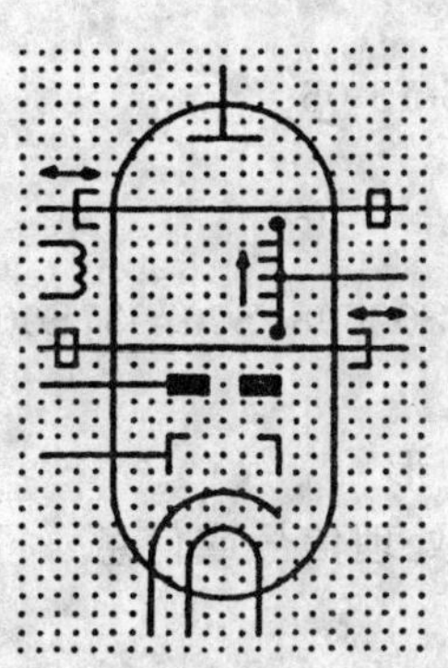

名　　　　称：O 型前向行波放大管
O-type forward travelling wave amplifier tube
状　　　　态：废除——仅供参考
发 布 日 期：2001-07-01
废 除 日 期：2002-10-23
上版标准序号：GB/T 4728.5(ed.2.0)05-13-05
关　 键　 词：放大器，电子管，微波管
其 他 形 式：S00758
采 用 符 号：S00063，S00583，S00696，S00698，S00703，S00709，S00710，S00729，S01138，S01179
应 用 注 释：A00248

形 状 类 别：圆，点，半圆，直线，椭圆，矩形
功 能 类 别：E 提供辐射能或热能，K 处理信号或信息
应 用 类 别：电路图
备　　　注：本符号中示出：
——间热式阴极
——强度调制极
——聚束板极
——直流连接的慢波结构
——收集极
——聚焦线圈
——探针耦合，矩形波导输入、输出，各矩形波导都具有滑动短路器
因废除而取消

S00756

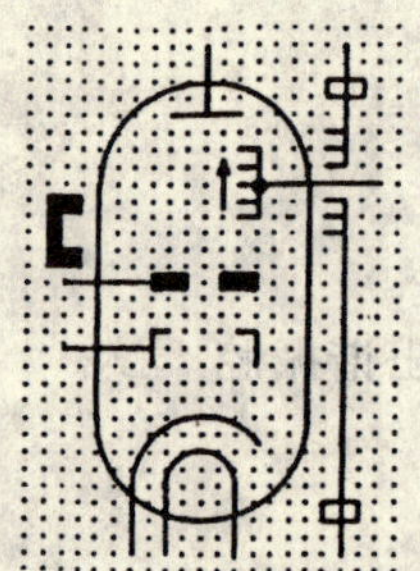

名　　　称：O 型前向行波放大管
O-type forward travelling wave amplifier tube
状　　　态：废除——仅供参考
发 布 日 期：2001-07-01
废 除 日 期：2002-10-23
上版标准序号：GB/T 4728.5(ed.2.0)05-13-06
关　键　词：放大器，电子管，微波管
其 他 形 式：S00758
采 用 符 号：S00063，S00210，S00696，S00698，S00703，S00709，S00710，S00729，S00738，S01138
应 用 注 释：A00248
形 状 类 别：箭头，半圆，直线，椭圆，矩形
功 能 类 别：E 提供辐射能或热能，K 处理信号或信息
应 用 类 别：电路图
备　　　注：本符号中示出：
——间热式阴极
——强度调制极
——聚束板极
——直流连接的慢波结构
——收集极
——永磁聚焦线圈
——慢波耦合，矩形波导输入、输出
因废除而取消

S00757

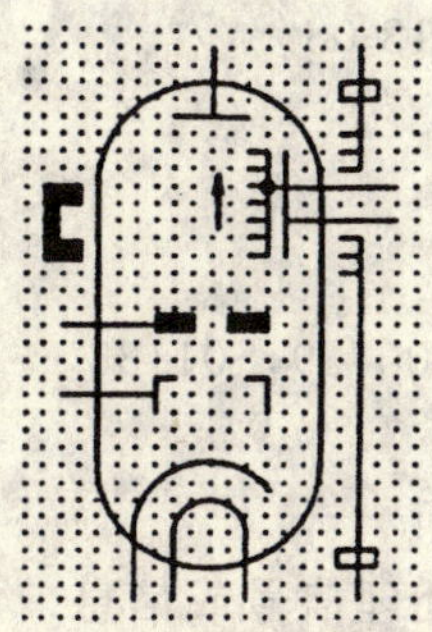

名　　　　称：O 型前向行波放大管
　　　　　　　O-type forward travelling wave amplifier tube
状　　　　态：废除——仅供参考
发 布 日 期：2001-07-01
废 除 日 期：2002-10-23
上版标准序号：GB/T 4728.5(ed.2.0)05-13-07
关　 键　 词：放大器，电子管，微波管
其 他 形 式：S00758
采 用 符 号：S00063，S00210，S00696，S00698，S00703，S00709，S00710，S00730，S00738，S01138
应 用 注 释：A00248
形 状 类 别：箭头，半圆，直线，椭圆，矩形
功 能 类 别：E 提供辐射能或热能，K 处理信号或信息
应 用 类 别：电路图
备　　　　注：本符号中示出：
　　　　　　　——间热式阴极
　　　　　　　——强度调制极
　　　　　　　——聚束板极
　　　　　　　——直流连接的慢波结构
　　　　　　　——静电聚焦极
　　　　　　　——收集极
　　　　　　　——慢波耦合，矩形波导输入、输出
　　　　　　　因废除而取消

S00758

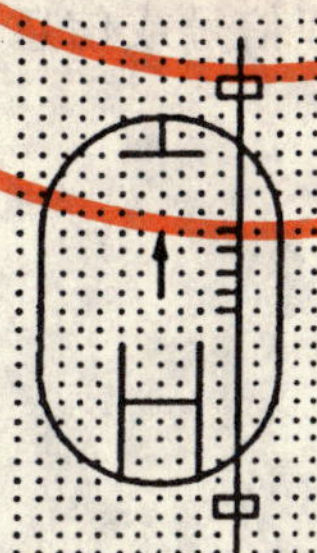

名　　　　称：O 型前向行波放大管
　　　　　　　O-type forward travelling wave amplifier tube
状　　　　态：废除——仅供参考
发 布 日 期：2001-07-01

废 除 日 期：2002-10-23
上版标准序号：GB/T 4728.5(ed.2.0)05-13-08
关　　键　　词：放大器，电子管，微波管
形　　　　　式：简化形式
其 他 形 式：S00755，S00756，S00757
采 用 符 号：S00063，S00703，S00724，S00729，S01138
应 用 注 释：A00248
形 状 类 别：箭头，半圆，直线，椭圆，矩形
功 能 类 别：E 提供辐射能或热能，K 处理信号或信息
应 用 类 别：电路图
备　　　　　注：因废除而取消

S00759

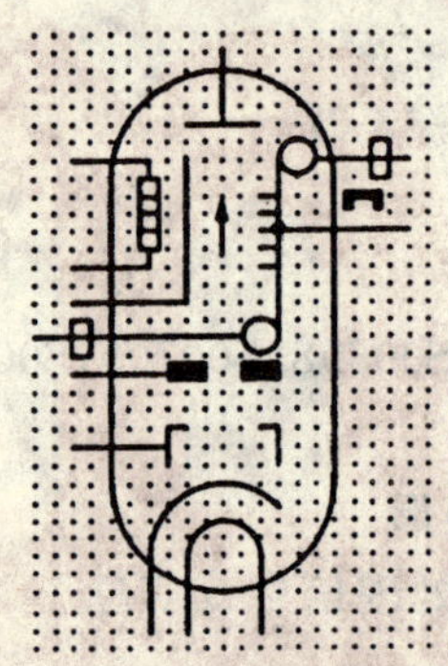

名　　　　　称：M 型前向行波放大管
M-type forward travelling wave amplifier tube
状　　　　　态：废除——仅供参考
发 布 日 期：2001-07-01
废 除 日 期：2002-10-23
上版标准序号：GB/T 4728.5(ed.2.0)05-13-09
关　　键　　词：放大器，电子管，微波管
其 他 形 式：S00760
采 用 符 号：S00063，S00210，S00566，S00696，S00698，S00703，S00709，S00710，S00726，S00729，S01138，S01207
应 用 注 释：A00248
形 状 类 别：箭头，圆，半圆，直线，椭圆，矩形
功 能 类 别：E 提供辐射能或热能，K 处理信号或信息
应 用 类 别：电路图
备　　　　　注：本符号中示出：
——间热式阴极
——强度调制极
——聚束板极
——预热非反射底极
——直流连接的慢波结构
——收集极
——永磁横向场磁铁
——窗口耦合，矩形波导输入、输出
因废除而取消

S00760

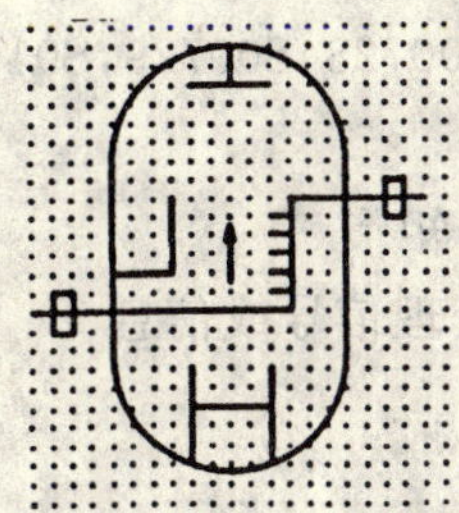

名　　　　称：M型前向行波放大管
M-type forward travelling wave amplifier tube
状　　　　态：废除——仅供参考
发　布　日　期：2001-07-01
废　除　日　期：2002-10-23
上版标准序号：GB/T 4728.5(ed.2.0)05-13-10
关　　键　　词：放大器，电子管，微波管
形　　　　式：简化形式
其　他　形　式：S00759
采　用　符　号：S00063，S00703，S00724，S00726，S00729，S01138
应　用　注　释：A00248
形　状　类　别：箭头，半圆，直线，椭圆，矩形
功　能　类　别：E 提供辐射能或热能，K 处理信号或信息
应　用　类　别：电路图
备　　　　注：本符号中示出：
——间热式阴极
——强度调制极
——聚束板极
——预热非反射底极
——直流连接的慢波结构
——收集极
——永磁横向场磁铁
——窗口耦合，矩形波导输入、输出
因废除而取消

S00761

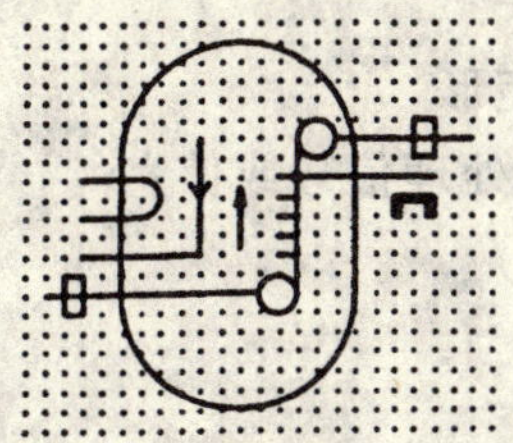

名　　　　称：M型返波放大管
M-type backward travelling wave amplifier tube
状　　　　态：废除——仅供参考
发　布　日　期：2001-07-01
废　除　日　期：2002-10-23
上版标准序号：GB/T 4728.5(ed.2.0)05-13-11
关　　键　　词：放大器，电子管，微波管

其 他 形 式：S00762
采 用 符 号：S00063，S00210，S00698，S00728，S00729，S01138，S01207
应 用 注 释：A00248
形 状 类 别：箭头，圆，半圆，直线，椭圆，矩形
功 能 类 别：E 提供辐射能或热能，K 处理信号或信息
应 用 类 别：电路图
备 注：本符号中示出：
——灯丝加热反射底极
——直流连接的慢波结构
——永磁横向场磁铁
——窗口耦合，矩形波导输入、输出
因废除而取消

S00762

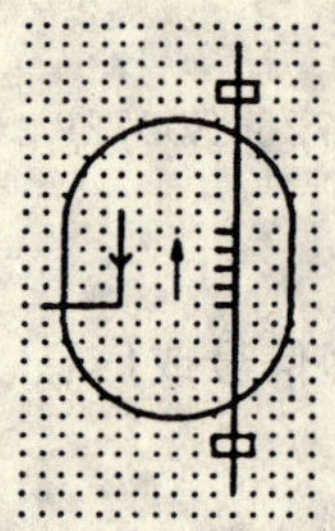

名 称：M 型返波放大管
M-type backward travelling wave amplifier tube
状 态：废除——仅供参考
发 布 日 期：2001-07-01
废 除 日 期：2002-10-23
上版标准序号：GB/T 4728.5(ed.2.0)05-13-12
关 键 词：放大器，电子管，微波管
形 式：简化形式
其 他 形 式：S00761
采 用 符 号：S00063，S00728，S00729，S01138
应 用 注 释：A00248
形 状 类 别：箭头，半圆，直线，椭圆，矩形
功 能 类 别：E 提供辐射能或热能，K 处理信号或信息
应 用 类 别：电路图
备 注：本符号中示出：
——灯丝加热反射底极
——直流连接的慢波结构
——永磁横向场磁铁
——窗口耦合，矩形波导输入、输出
因废除而取消

S00763

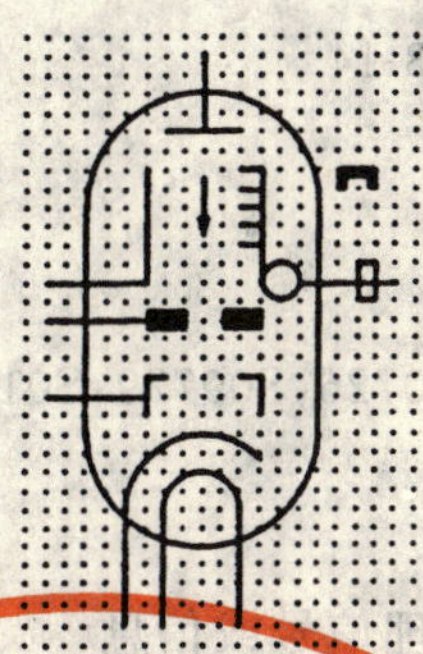

名　　　称：M 型返波振荡管
M-type backward travelling wave oscillator tube
状　　　态：废除——仅供参考
发 布 日 期：2001-07-01
废 除 日 期：2002-10-23
上版标准序号：GB/T 4728.5(ed.2.0)05-13-13
关　键　词：放大器，电子管，微波管
其 他 形 式：S00764
采 用 符 号：S00063，S00210，S00696，S00698，S00703，S00709，S00710，S00726，S00729，S01138，S01207
应 用 注 释：A00248
形 状 类 别：箭头，圆，半圆，直线，椭圆，矩形
功 能 类 别：E 提供辐射能或热能，K 处理信号或信息
应 用 类 别：电路图
备　　　注：本符号中示出：
——间热式阴极
——强度调制极
——聚束板极
——非反射底极
——经波导直流连接的慢波结构
——收集极
——永磁横向场磁铁
——窗口耦合，矩形波导输出
因废除而取消

S00764

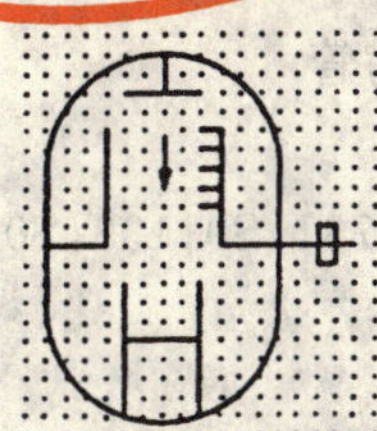

名　　　称：M 型返波振荡管
M-type backward travelling wave oscillator tube
状　　　态：废除——仅供参考
发 布 日 期：2001-07-01

废 除 日 期：2002-10-23
上版标准序号：GB/T 4728.5(ed.2.0)05-13-14
关　键　词：放大器，电子管，微波管
形　　　式：简化形式
其 他 形 式：S00763
采 用 符 号：S00063，S00703，S00724，S00726，S00729，S01138
应 用 注 释：A00248
形 状 类 别：箭头，半圆，直线，椭圆，矩形
功 能 类 别：E 提供辐射能或热能，K 处理信号或信息
应 用 类 别：电路图
备　　　注：本符号中示出：
——间热式阴极
——强度调制极
——聚束板极
——非反射底极
——经波导直流连接的慢波结构
——收集极
——永磁横向场磁铁
——窗口耦合，矩形波导输出
因废除而取消

S00765

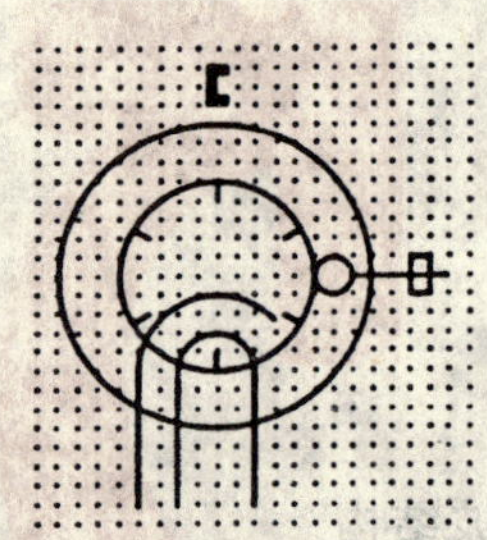

名　　　称：磁控振荡管
Magnetron oscillator tube
状　　　态：废除——仅供参考
发 布 日 期：2001-07-01
废 除 日 期：2002-10-23
上版标准序号：GB/T 4728.5(ed.2.0)05-13-15
关　键　词：电子管，磁电管，微波管，振荡管
其 他 形 式：S00766
采 用 符 号：S00210，S00696，S00698，S00731，S01138，S01207
应 用 注 释：A00248
形 状 类 别：圆，半圆，直线，矩形
功 能 类 别：E 提供辐射能或热能
应 用 类 别：电路图
备　　　注：本符号中示出：
——间热式阴极

——经波导直流连接的闭式慢波结构
——永磁场磁铁
——窗口耦合,矩形波导输出
因废除而取消

S00766

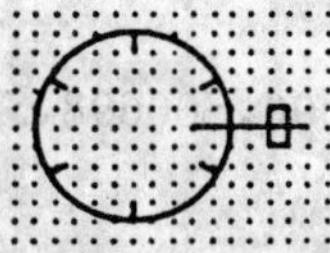

名　　　　称:磁控振荡管
Magnetron oscillator tube
状　　　　态:废除——仅供参考
发 布 日 期:2001-07-01
废 除 日 期:2002-10-23
上版标准序号:GB/T 4728.5(ed.2.0)05-13-16
关　键　词:电子管,磁电管,微波管,振荡管
形　　　　式:简化形式
其 他 形 式:S00765
采 用 符 号:S01138
应 用 注 释:A00248
形 状 类 别:圆,直线,矩形
功 能 类 别:E 提供辐射能或热能
应 用 类 别:电路图
备　　　　注:本符号中示出:
——间热式阴极
——经波导直流连接的闭式慢波结构
——永磁场磁铁
——窗口耦合,矩形波导输出
因废除而取消

S00767

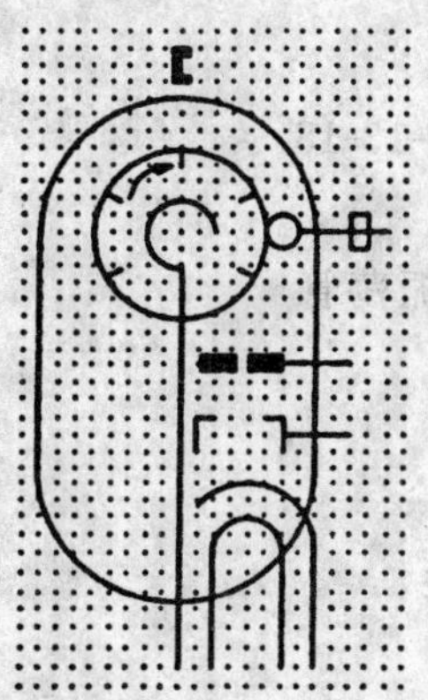

名　　　　称:返波振荡管
Backward travelling wave oscillator tube

状　　　　态：废除——仅供参考
发 布 日 期：2001-07-01
废 除 日 期：2002-10-23
上版标准序号：GB/T 4728.5(ed.2.0)05-13-17
别　　　　名：电压可调磁控管
关　　键　词：电子管，磁电管，微波管，振荡管
其 他 形 式：S00768
采 用 符 号：S00063，S00095，S00210，S00696，S00698，S00709，S00710，S00727，S01138，S01207
应 用 注 释：A00248
形 状 类 别：箭头，圆，半圆，直线，椭圆，矩形
功 能 类 别：E 提供辐射能或热能
应 用 类 别：电路图
备　　　　注：本符号中示出：
——间热式阴极
——强度调制极
——聚束板极
——非反射底极
——经波导直流连接的闭式慢波结构
——非反射底极
——永磁场磁铁
——窗口耦合，矩形波导输出
因废除而取消

S00768

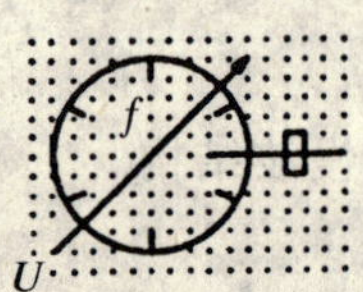

名　　　　称：返波振荡管
Backward travelling wave oscillator tube
状　　　　态：废除——仅供参考
发 布 日 期：2001-07-01
废 除 日 期：2002-10-23
上版标准序号：GB/T 4728.5(ed.2.0)05-13-18
别　　　　名：电压可调磁控管
关　　键　词：电子管，磁电管，微波管，振荡管
形　　　　式：简化形式
其 他 形 式：S00767
采 用 符 号：S00081，S01138
形 状 类 别：箭头，字符，圆，直线，矩形
功 能 类 别：E 提供辐射能或热能
应 用 类 别：电路图
备　　　　注：本符号中示出：

——间热式阴极
——强度调制极
——聚束板极
——非反射底极
——经波导直流连接的闭式慢波结构
——非反射底极
——永磁场磁铁
——窗口耦合,矩形波导输出
因废除而取消

S00769

名　　　称:冷阴极充气管
Cold-cathode tube, gas-filled
状　　　态:标准
发 布 日 期:2001-07-01
上版标准序号:GB/T 4728.5(ed.2.0)05-14-01
别　　　名:稳压管
关　键　词:冷阴极管,稳压管
用　　　于:S00770,S01217
采 用 符 号:S00062,S00116,S00693,S00701,S00703
应 用 注 释:A00248
形 状 类 别:圆,点,直线
功 能 类 别:R 限制或稳定
应 用 类 别:电路图

S00770

名　　　称:多极充气稳压管
Voltage stabilizer, gas-filled, stabilizing several voltages
状　　　态:废除——仅供参考
发 布 日 期:2001-07-01
废 除 日 期:2002-10-23

上版标准序号：GB/T 4728.5(ed.2.0)05-14-02
关　　键　　词：冷阴极管，稳压管
采　用　符　号：S00063，S00116，S00701，S00702，S00703，S00769
应　用　注　释：A00165，A00248
形　状　类　别：圆，点，直线，椭圆
功　能　类　别：R 限制或稳定
应　用　类　别：电路图
备　　　　　注：因废除而取消

S00771

名　　　　　称：具有离子热阴极的触发管
Trigger tube with ionically heated cathode
状　　　　　态：废除——仅供参考
发　布　日　期：2001-07-01
废　除　日　期：2002-10-23
上版标准序号：GB/T 4728.5(ed.2.0)05-14-03
关　　键　　词：电子管，触发管
采　用　符　号：S00062，S00116，S00693，S00698，S00703，S00741
应　用　注　释：A00248
形　状　类　别：字符，点，半圆，直线
功　能　类　别：R 限制或稳定
应　用　类　别：电路图
备　　　　　注：具有离子热阴极和辅助加热的触发管。因废除而取消

S00772

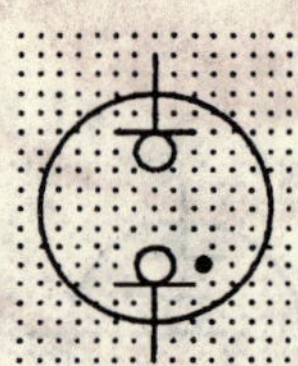

名　　　　　称：对称的冷阴极充气管
Cold-cathode gas-filled tube，symmetrical
状　　　　　态：废除——仅供参考
发　布　日　期：2001-07-01
废　除　日　期：2002-10-23
上版标准序号：GB/T 4728.5(ed.2.0)05-14-04
别　　　　　名：氖指示管
关　　键　　词：冷阴极管，电子管
采　用　符　号：S00062，S00116，S00693，S00701，S00702

应 用 注 释：A00248
形 状 类 别：圆，点，直线
功 能 类 别：P 提供信息
应 用 类 别：电路图
备　　　 注：因废除而取消

S00773

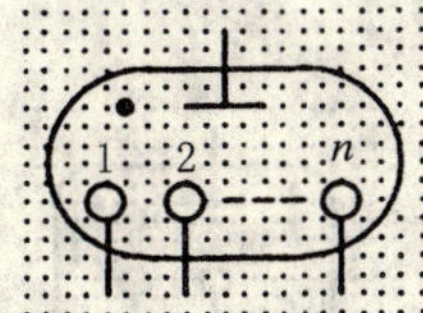

名　　　 称：字符显示管，多冷阴极充气
　　　　　　 Character display tube, multi cold-cathode gas-filled
状　　　 态：废除——仅供参考
发 布 日 期：2001-07-01
废 除 日 期：2002-10-23
上版标准序号：GB/T 4728.5(ed.2.0)05-14-05
关　键　词：冷阴极管，电子管
采 用 符 号：S00063，S00116，S00701，S00703
应 用 注 释：A00248
形 状 类 别：圆，点，直线，椭圆
功 能 类 别：P 提供信息
应 用 类 别：电路图
备　　　 注：在所示的阴极上可以标出所显示的字符。因废除而取消

S00774

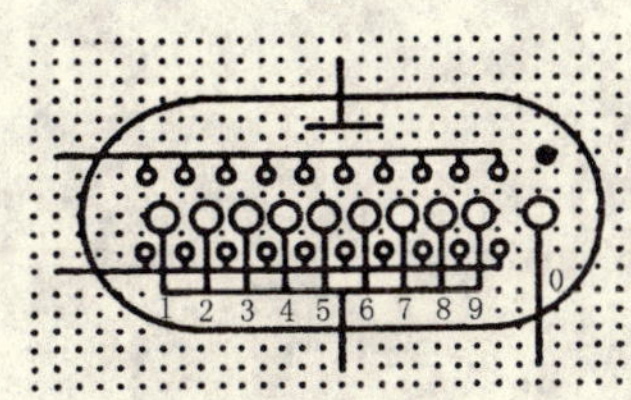

名　　　 称：计数管
　　　　　　 Counting tube
状　　　 态：废除——仅供参考
发 布 日 期：2001-07-01
废 除 日 期：2002-10-23
上版标准序号：GB/T 4728.5(ed.2.0)05-14-06
关　键　词：计数器，电子管
其 他 形 式：S00775
采 用 符 号：S00063，S00116，S00701，S00703
应 用 注 释：A00172，A00248
形 状 类 别：圆，点，直线，椭圆
功 能 类 别：P 提供信息

应 用 类 别：电路图
备　　　注：本符号中示出：
——一套主阴极
——两套导向阴极
——一个输出极
因废除而取消

S00775

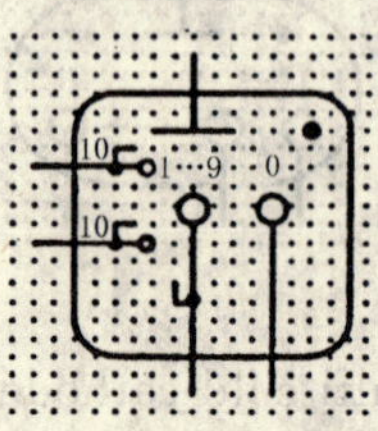

名　　　称：计数管
Counting tube
状　　　态：废除——仅供参考
发 布 日 期：2001-07-01
废 除 日 期：2002-10-23
上版标准序号：GB/T 4728.5(ed.2.0)05-14-07
关　键　词：计数器，电子管
形　　　式：简化形式
其 他 形 式：S00774
采 用 符 号：S00116，S00701，S00703
应 用 注 释：A00172
形 状 类 别：字符，圆，点，直线
功 能 类 别：P 提供信息
应 用 类 别：电路图
备　　　注：本符号中示出：
——一套主阴极
——两套导向阴极
——一个输出极
因废除而取消

S00776

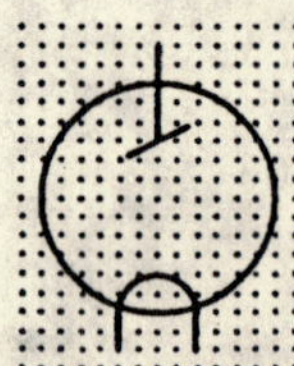

名　　　称：直热式阴极 X 射线管
X-ray tube with directly heated cathode
状　　　态：标准
发 布 日 期：2001-07-01

上版标准序号：GB/T 4728.5(ed.2.0)05-14-08
关　　键　　词：电子管，X射线管
采　用　符　号：S00062，S00698，S00740
形　状　类　别：圆，半圆，直线
功　能　类　别：E 提供辐射能或热能
应　用　类　别：电路图

S00777

名　　　　称：光电管；光电发射二极管
Phototube；Photoemissive diode
状　　　　态：废除——仅供参考
发　布　日　期：2001-07-01
废　除　日　期：2002-10-23
上版标准序号：GB/T 4728.5(ed.2.0)05-14-09
关　　键　　词：电子管，光电
采　用　符　号：S00062，S00700，S00703
形　状　类　别：圆，半圆，直线
功　能　类　别：E 提供辐射能或热能
应　用　类　别：电路图
备　　　　注：因废除而取消

S00778

名　　　　称：引燃管
Ignitron
状　　　　态：废除——仅供参考
发　布　日　期：2001-07-01
废　除　日　期：2002-10-23
上版标准序号：GB/T 4728.5(ed.2.0)05-14-10
关　　键　　词：电子管，汞弧整流管
采　用　符　号：S00062，S00703，S00741，S00742
形　状　类　别：圆，直线
功　能　类　别：Q 受控切换或改变
应　用　类　别：电路图
备　　　　注：因废除而取消

S00779

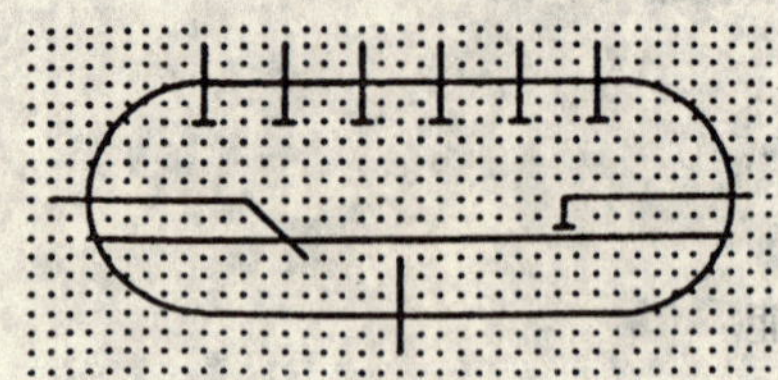

名　　　　称：具有多主阳极的整流管
　　　　　　　Rectifier with several main anodes
状　　　　态：废除——仅供参考
发 布 日 期：2001-07-01
废 除 日 期：2002-10-23
上版标准序号：GB/T 4728.5(ed.2.0)05-14-11
关　键　词：电子管，汞弧整流管
采 用 符 号：S00063，S00703，S00741，S00742
形 状 类 别：半圆，直线
功 能 类 别：Q 受控切换或改变
应 用 类 别：电路图
备　　　　注：示出具有六个主阳极，一个引燃极和一个激励阳极的整流管。因废除而取消

S00780

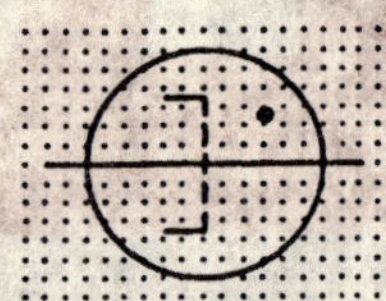

名　　　　称：发射/接收管
　　　　　　　Transmit/receive tube
状　　　　态：废除——仅供参考
发 布 日 期：2001-07-01
废 除 日 期：2002-10-23
上版标准序号：GB/T 4728.5(ed.2.0)05-14-12
别　　　　名：T.R.管
关　键　词：电子管
采 用 符 号：S00062，S00116，S00693
形 状 类 别：字符，圆，点
功 能 类 别：K 处理信号或信息
应 用 类 别：电路图
备　　　　注：因废除而取消

S00781

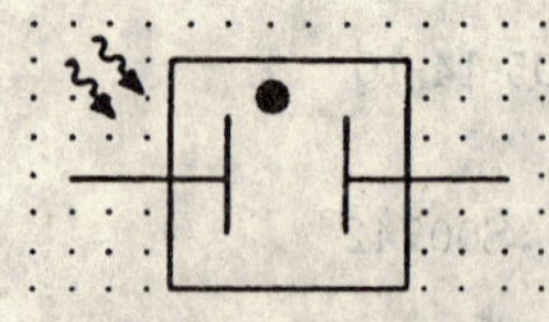

名　　　　称：电离室
　　　　　　　Ionization chamber
状　　　　态：标准

发 布 日 期：2001-07-01
上版标准序号：GB/T 4728.5(ed.2.0)05-15-01
关 键 词：辐射探测器
采 用 符 号：S00059,S00116,S00129,S00707
形 状 类 别：箭头，点，直线，矩形
功 能 类 别：B 把变量转换为信号
应 用 类 别：电路图

S00782

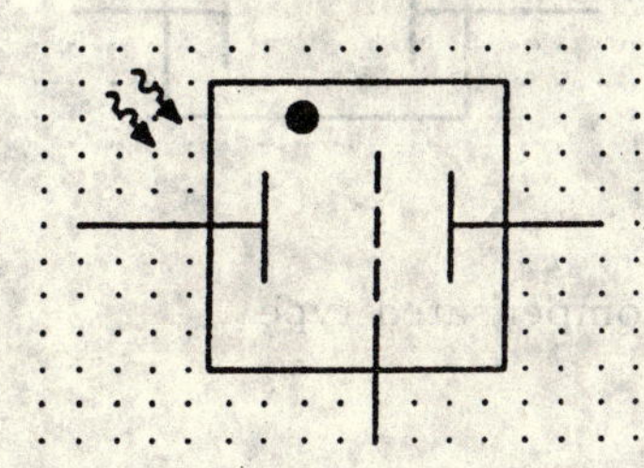

名 称：带栅极的电离室
Ionization chamber with grid
状 态：废除——仅供参考
发 布 日 期：2001-07-01
废 除 日 期：2002-10-23
上版标准序号：GB/T 4728.5(ed.2.0)05-15-02
关 键 词：辐射探测器
采 用 符 号：S00116,S00129,S00705,S00707
形 状 类 别：箭头，点，直线，矩形
功 能 类 别：B 把变量转换为信号
应 用 类 别：电路图
备 注：因废除而取消

S00783

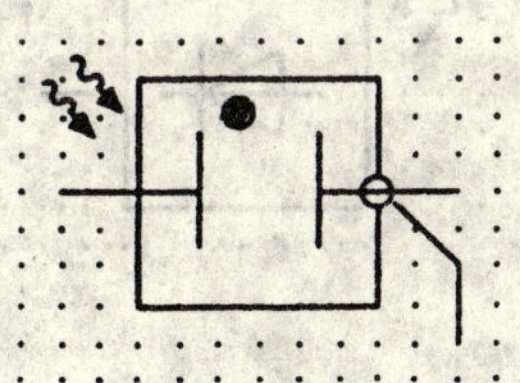

名 称：带保护环的电离室
Ionization chamber with guard ring
状 态：废除——仅供参考
发 布 日 期：2001-07-01
废 除 日 期：2002-10-23
上版标准序号：GB/T 4728.5(ed.2.0)05-15-03
关 键 词：辐射探测器
采 用 符 号：S00007,S00059,S00116,S00129,S00707
形 状 类 别：箭头，点，直线，矩形
功 能 类 别：B 把变量转换为信号

应 用 类 别：电路图
备　　　注：因废除而取消

S00784

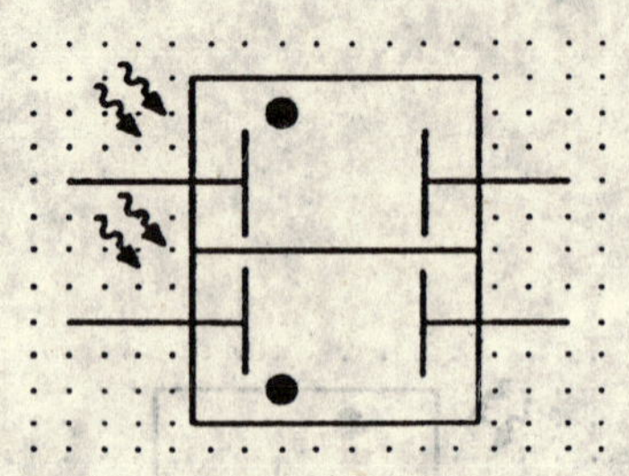

名　　　称：补偿型电离室
　　　　　　Ionization chamber，compensated type
状　　　态：废除——仅供参考
发 布 日 期：2001-07-01
废 除 日 期：2002-10-23
上版标准序号：GB/T 4728.5(ed.2.0)05-15-04
关　键　词：辐射探测器
采 用 符 号：S00060，S00116，S00129，S00707
形 状 类 别：箭头，点，直线，矩形
功 能 类 别：B 把变量转换为信号
应 用 类 别：电路图
备　　　注：因废除而取消

S00785

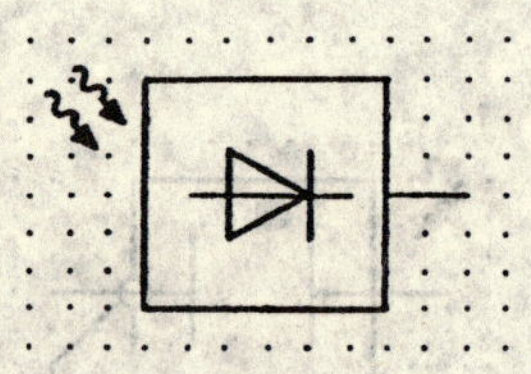

名　　　称：半导体探测器件
　　　　　　Detector，semiconductor type
状　　　态：标准
发 布 日 期：2001-07-01
上版标准序号：GB/T 4728.5(ed.2.0)05-15-05
关　键　词：辐射探测器，半导体
采 用 符 号：S00059，S00118，S00129，S00641
形 状 类 别：箭头，等边三角形，直线，矩形
功 能 类 别：B 把变量转换为信号
应 用 类 别：电路图

S00786

名　　　称：闪烁体探测器件
Scintillator detector
状　　　态：废除——仅供参考
发 布 日 期：2001-07-01
废 除 日 期：2002-10-23
上版标准序号：GB/T 4728.5(ed.2.0)05-15-06
关　键　词：辐射探测器
采 用 符 号：S00127,S00129
形 状 类 别：箭头,直线,矩形
功 能 类 别：B 把变量转换为信号
应 用 类 别：功能图
备　　　注：因废除而取消

S00787

名　　　称：契仑柯夫探测器件
Cerenkov detector
状　　　态：废除——仅供参考
发 布 日 期：2001-07-01
废 除 日 期：2002-10-23
上版标准序号：GB/T 4728.5(ed.2.0)05-15-07
关　键　词：探测器件,辐射探测器
采 用 符 号：S00127,S00129
形 状 类 别：箭头,直线,矩形
功 能 类 别：B 把变量转换为信号
应 用 类 别：功能图
备　　　注：因废除而取消

S00788

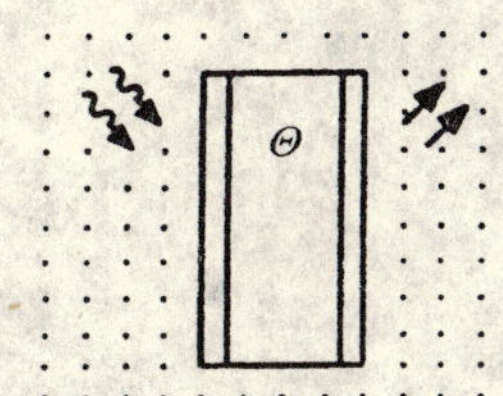

名　　　称：热致发光探测器件
Thermoluminescence detector

状　　　态：废除——仅供参考
发 布 日 期：2001-07-01
废 除 日 期：2002-10-23
上版标准序号：GB/T 4728.5(ed.2.0)05-15-08
关　键　词：探测器件，辐射探测器
采 用 符 号：S00127，S00129
形 状 类 别：箭头，字符，直线，矩形
功 能 类 别：B 把变量转换为信号
应 用 类 别：功能图
备　　　注：因废除而取消

S00789

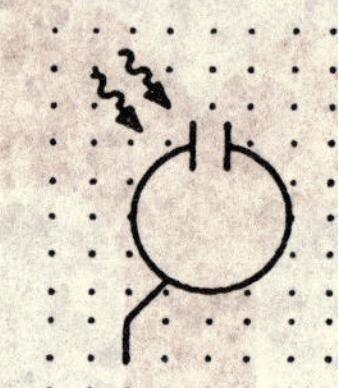

名　　　称：法拉第杯
Faraday cup
状　　　态：废除——仅供参考
发 布 日 期：2001-07-01
废 除 日 期：2002-10-23
上版标准序号：GB/T 4728.5(ed.2.0)05-15-09
关　键　词：探测器件，辐射探测器
采 用 符 号：S00062，S00129，S00567
形 状 类 别：箭头，圆，直线
功 能 类 别：B 把变量转换为信号
应 用 类 别：电路图
备　　　注：因废除而取消

S00790

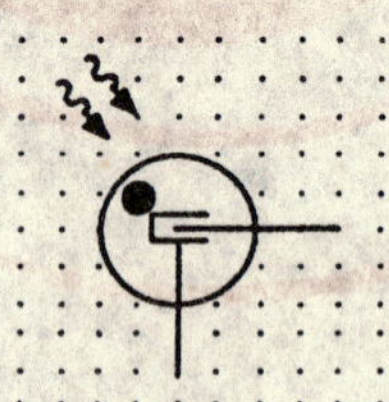

名　　　称：计数管
Counter tube
状　　　态：废除——仅供参考
发 布 日 期：2001-07-01
废 除 日 期：2002-10-23
上版标准序号：GB/T 4728.5(ed.2.0)05-15-10
关　键　词：计数器，辐射探测器

采 用 符 号：S00062,S00116,S00129,S00693
形 状 类 别：箭头,圆,点,直线
功 能 类 别：B 把变量转换为信号
应 用 类 别：电路图
备　　　注：因废除而取消

S00791

名　　　称：带保护环计数管
Counter tube with guard ring
状　　　态：废除——仅供参考
发 布 日 期：2001-07-01
废 除 日 期：2002-10-23
上版标准序号：GB/T 4728.5(ed.2.0)05-15-11
关　键　词：计数器,探测器件,辐射探测器
采 用 符 号：S00007,S00062,S00116,S00129,S00693
形 状 类 别：箭头,圆,点,直线
功 能 类 别：B 把变量转换为信号
应 用 类 别：电路图
备　　　注：因废除而取消

S00792

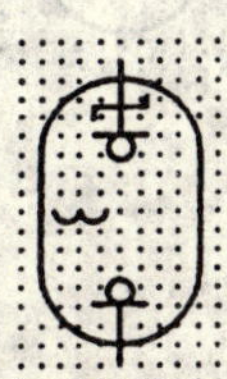

名　　　称：电荷累计管
Coulomb accumulator
状　　　态：废除——仅供参考
发 布 日 期：2001-07-01
废 除 日 期：2002-10-23
上版标准序号：GB/T 4728.5(ed.2.0)05-16-01
别　　　名：电化学阶跃函数器件
关　键　词：累加器,电化学器件
采 用 符 号：S00063,S00115,S00135,S00702
应 用 注 释：A00169
形 状 类 别：圆,半圆,直线
功 能 类 别：K 处理信号或信息
应 用 类 别：电路图
备　　　注：因废除而取消

S00793

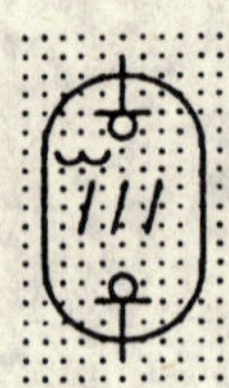

名　　　称：溶液离子二极管
Solion diode
状　　　态：废除——仅供参考
发 布 日 期：2001-07-01
废 除 日 期：2002-10-23
上版标准序号：GB/T 4728.5(ed.2.0)05-16-02
关　键　词：二极管，电化学器件
采 用 符 号：S00063，S00115，S00702，S00706
形 状 类 别：圆，半圆，直线
功 能 类 别：K 处理信号或信息
应 用 类 别：电路图
备　　　注：因废除而取消

S00794

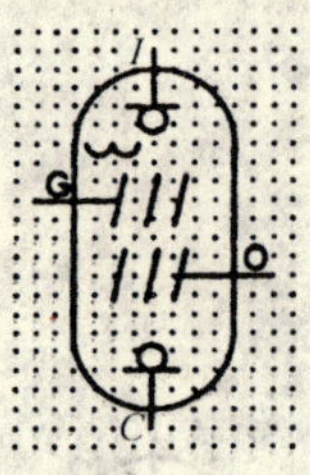

名　　　称：溶液离子四极管
Solion tetrode
状　　　态：废除——仅供参考
发 布 日 期：2001-07-01
废 除 日 期：2002-10-23
上版标准序号：GB/T 4728.5(ed.2.0)05-16-03
关　键　词：放大器，电化学器件
采 用 符 号：S00063，S00115，S00702，S00706
形 状 类 别：圆，半圆，直线
功 能 类 别：K 处理信号或信息
应 用 类 别：电路图
备　　　注：所示字母不是符号的一部分：
I＝输入极
G＝屏栅极
O＝输出极
C＝公共极
因废除而取消

S00795

名　　　　称：导电单元
　　　　　　　Conductivity cell
状　　　　态：废除——仅供参考
发 布 日 期：2001-07-01
废 除 日 期：2002-10-23
上版标准序号：GB/T 4728.5(ed.2.0)05-16-04
关　键　词：电化学器件
采 用 符 号：S00115
应 用 注 释：A00171
形 状 类 别：圆弧，直线
功 能 类 别：W 导引或输送，X 连接物
应 用 类 别：电路图
备　　　　注：测量液体导电性元件。因废除而取消

S01364

名　　　　称：整流结
　　　　　　　Rectifying junction
状　　　　态：废除——仅供参考
废 除 日 期：1996-06
上版标准序号：GB/T 4728.5(ed.2.0)05-A-01
关　键　词：结，半导体
替 代 符 号：S00619
形 状 类 别：等边三角形，直线
功 能 类 别：功能要素或属性
应 用 类 别：概念要素或限定符号
备　　　　注：旧形式，以 S00619 代替

应用注释

应用注释 A00150

这是一个半导体器件特有的限定符号。如有必要,可在器件符号旁加注限定符号或将限定符号作为符号的一部分,以表示器件在电路中的特殊功能或基本特性。

应用于:S00636,S00637,S00638,S00639,S00640

应用注释 A00164

栅极和源极的引线应绘在一条直线上。

应用于:S00671,S00672

应用注释 A00165

符号 S00702 的引出线可以水平画出。见符号 S00770。

应用于:S00702,S00770

应用注释 A00166

如果不会引起混淆,则可使用符号 S00703。

应用于:S00704

应用注释 A00167

如果不会引起混淆,则可使用符号 S00705。

应用于:S00709,S00714

应用注释 A00168

如果不会引起混淆,则可使用符号 S00709。

应用于:S00710,S00712

应用注释 A00169

具有阶跃函数符号阳极标注的电极,表示从低阻到高阻状态的阶跃。

应用于:S00792

应用注释 A00171

导电管是测量液体导电性的元件。

应用于:S00795

应用注释 A00172

若有需求,可用箭头表示放电旋转方向。

应用于:S00774, S00775

应用注释 A00176

用电场影响半导体层的结,例如在结型场效应半导体管。

应用于:S00620, S00621

应用注释 A00177

本符号表示绝缘栅场效应半导体管(IGFET)的沟道导电型。

应用于:S00622, S00623

应用注释 A00178

带箭头的斜线表示发射极。

应用于:S00625, S00626, S00627, S00628

应用注释 A00179

斜线表示集电极。

应用于:S00629, S00630

应用注释 A00180

短斜线表示沿垂直线从 P 到 N,或从 N 到 P 的转变点。欧姆接触不应画在短斜线上。

应用于:S00631

应用注释 A00181

本征区位于相连斜线之间。

该区域的任何欧姆连接都应在短斜线之间,而不应画在短斜线上。

应用于:S00632, S00633

应用注释 A00182

长斜线表示集电极。

应用于:S00634, S00635

应用注释 A00183

在多栅的情况下,主栅和源极的引出线应当绘制在一直线上。

应用于:S00679

应用注释 A00184

如果没有必要指定栅极的类型,则本符号用于表示反向阻断三极闸流晶体管。

应用于:S00057

应用注释 A00248

表示任何一种管子符号仅需要用上述符号要素来表达即可,而对于图样或简图的用途,还需要有关恰当的说明和/或必须表明电路连接的细则。

应用于：S00744，S00745，S00746，S00747，S00748，S00749，S00750，S00751，S00752，S00753，S00754，S00755，S00756，S00757，S00758，S00759，S00760，S00761，S00762，S00763，S00764，S00765，S00766，S00767，S00769，S00770，S00771，S00772，S00773，S00774

中 文 索 引

ICS 47.020.30
U 50

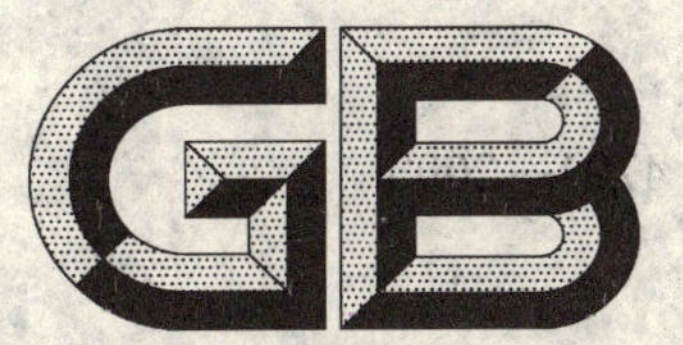

中华人民共和国国家标准

GB/T 4791—2005
代替 GB/T 4791—1984

船舶管路附件图形符号

Graphical symbols for pipeline accessory of ships

2005-09-14 发布　　　　2006-04-01 实施

中华人民共和国国家质量监督检验检疫总局
中国国家标准化管理委员会　发布

前　言

本标准代替 GB/T 4791—1984《船舶管路附件图形符号》。

本标准与 GB/T 4791—1984 相比主要有以下变化：

a）管子和管子接头符号表中增加了 5 个符号，4 个符号删除；

b）阀、阀箱、旋塞符号表中增加了 7 个符号，竖形止回阀的符号删除；

c）将原标准表 3 和表 6 中表述的符号合并成表 4。

本标准由中国船舶工业集团公司提出。

本标准由全国海洋船标准化技术委员会船舶基础分技术委员会归口。

本标准起草单位：中国船舶工业集团公司第七〇八研究所。

本标准主要起草人：卫昱锋，王鹏。

本标准于 1966 年 7 月首次发布为 CB 510—1966，1975 年 10 月第一次修订为 CB 510—1975，1984 年 11 月第二次修订为 GB/T 4791—1984。

船舶管路附件图形符号

1 范围

本标准规定了船舶管路附件的图形符号。

本标准适用于船舶设计、建造、检验和修理的管路附件图形符号的标识。

2 图形符号

2.1 基本符号按表1。

表 1 基本符号

序号	名称	符号
2.1.1	管子	
2.1.2	带流向指示的管子	
2.1.3	阀件	
2.1.4	器具	
2.1.5	指示和测量仪表	
2.1.6	遥测指示和测量仪表	

2.2 管子和管子接头符号按表2。

表 2 管子和管子接头符号

序号	名称	符号
2.2.1	单流向管	 或 
2.2.2	双流向管	 或 
2.2.3	不连接交叉管	

表 2（续）

序号	名　　称	符　　号
2.2.4	连接交叉管	
2.2.5	T 型管	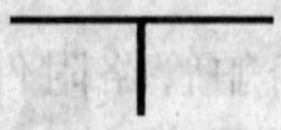
2.2.6	上行管	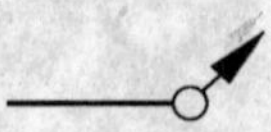
2.2.7	下行管	
2.2.8	来自上层管	
2.2.9	来自下层管	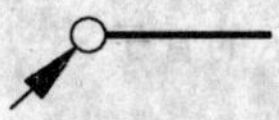
2.2.10	伸缩管	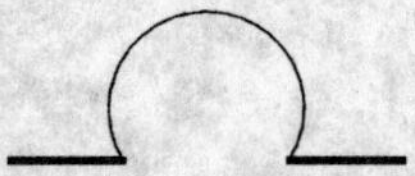
2.2.11	挠性管	
2.2.12	法兰接头	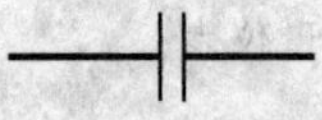
2.2.13	套管接头	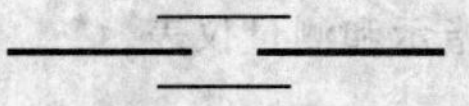
2.2.14	螺纹接头	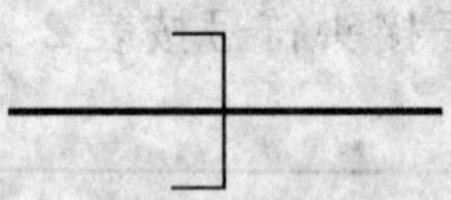
2.2.15	焊接接头	
2.2.16	快速接头	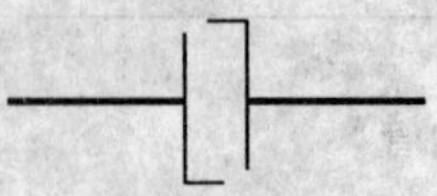
2.2.17	波形伸缩接头	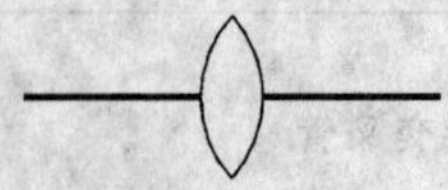

表 2（续）

序号	名　称	符　号
2.2.18	尾端软管接头	
2.2.19	伸缩接头	
2.2.20	可滑伸缩接头	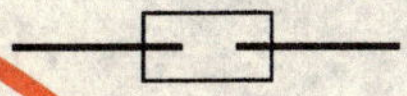
2.2.21	有支点伸缩接头	
2.2.22	异径管接头	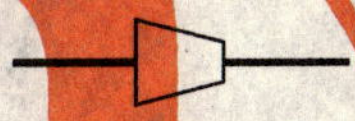 或 
2.2.23	偏心异径接头	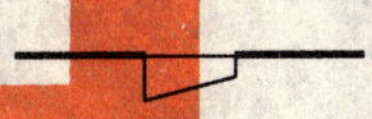 或 
2.2.24	节流孔板	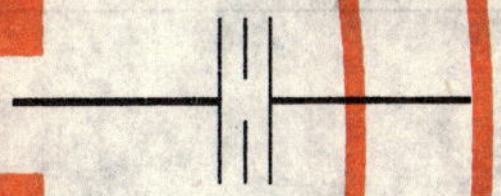
2.2.25	螺纹管盖(管堵)	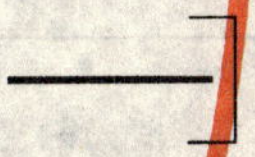
2.2.26	法兰管盖(盲板法兰)	
2.2.27	双联盲板法兰(盲通法兰)	
2.2.28	通舱管件(水密)	
2.2.29	通舱管件(非密)	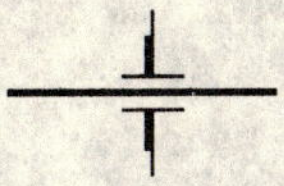
2.2.30	单面管座板	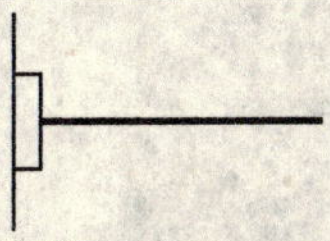
2.2.31	双面管座板	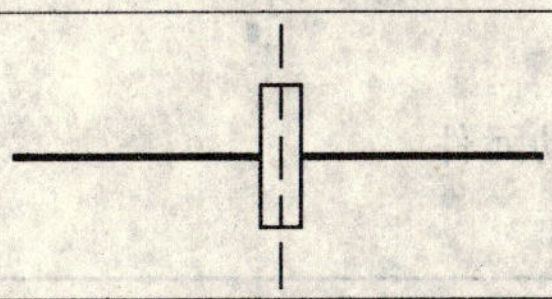

2.3　控制和调节元件符号按表3。

表3　控制和调节元件符号

序号	名　称	符　号
2.3.1	手动元件	
2.3.2	远程元件	
2.3.3	弹簧	
2.3.4	重锤	
2.3.5	浮球	
2.3.6	活塞	
2.3.7	温度元件	
2.3.8	膜片元件	
2.3.9	电动元件	M
2.3.10	电磁元件	
2.3.11	气动元件	A
2.3.12	液动元件	H

2.4 阀、阀箱、旋塞符号按表4。

表4 阀、阀箱、旋塞符号

序号	名称	符号	备用符号	
			俯视	侧视
2.4.1	直通截止阀			
2.4.2	直角截止阀			
2.4.3	三通截止阀			
2.4.4	直通止回阀	a		
2.4.5	直角止回阀	a		
2.4.6	直通截止止回阀	a		
2.4.7	直角截止止回阀	a		
2.4.8	三通截止止回阀	a		
2.4.9	直通止回舌阀	a		
2.4.10	直角止回舌阀	a		
2.4.11	蝶阀			

表 4（续）

序号	名　称	符　号	备用符号	
			俯　视	侧　视
2.4.12	球阀			
2.4.13	闸阀		—	
2.4.14	直通防浪阀	a		
2.4.15	斜角防浪阀	a		
2.4.16	可闭立式直通防浪阀	a	—	—
2.4.17	可闭立式斜角防浪阀	a	—	—
2.4.18	直通消防栓			—
2.4.19	直角消防栓			—
2.4.20	直通减压阀	a		—
2.4.21	直角减压阀	a		—
2.4.22	信号安全阀			—

表 4（续）

序号	名　　称	符　　号	备用符号	
			俯　视	侧　视
2.4.23	直通安全阀			
2.4.24	直角安全阀		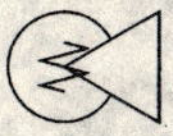	
2.4.25	直通自闭阀			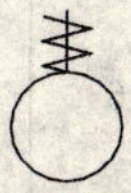
2.4.26	直角自闭阀			
2.4.27	快开直通截止阀	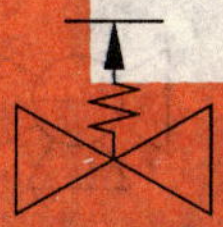		
2.4.28	快开直角截止阀	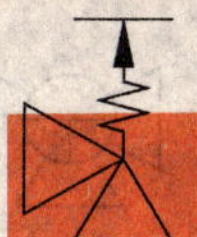		
2.4.29	快关直通截止阀		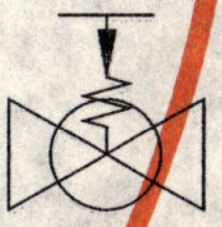	
2.4.30	快关直角截止阀			
2.4.31	直通调节阀			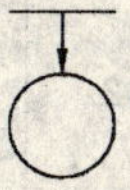
2.4.32	直角调节阀		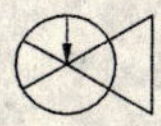	
2.4.33	软管接头阀	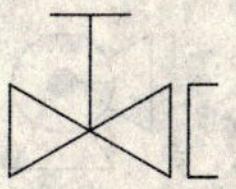	—	—

表 4（续）

序号	名　　称	符　　号	备用符号	
			俯　视	侧　视
2.4.34	流量调节阀	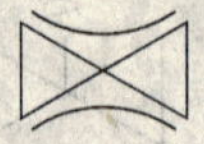	—	—
2.4.35	电磁阀		—	—
2.4.36	直通旋塞		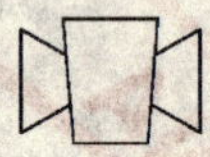	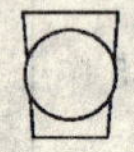
2.4.37	直角旋塞		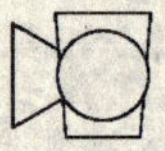	
2.4.38	三路 L 型旋塞		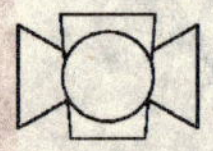	
2.4.39	三路 T 型旋塞		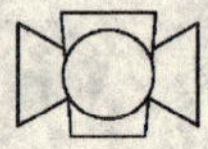	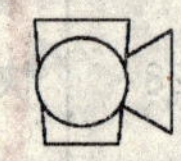
2.4.40	四路四通旋塞		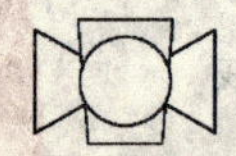	
2.4.41	四路二通四通旋塞			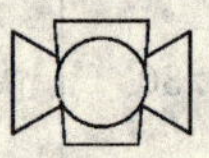
2.4.42	底接式旋塞	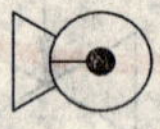		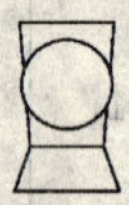
2.4.43	直通底接式旋塞	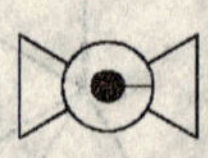	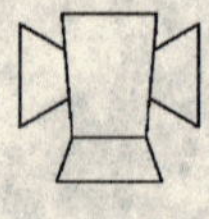	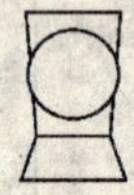
2.4.44	直角底接式旋塞	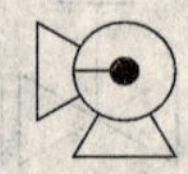		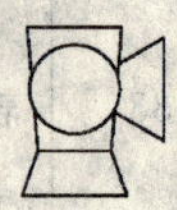

表 4（续）

序号	名　称	符　号	备用符号	
			俯　视	侧　视
2.4.45	三路底接式旋塞			
2.4.46	手动膨胀阀	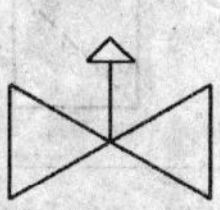		
2.4.47	自动膨胀阀			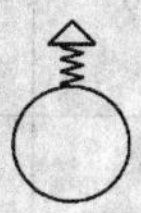
2.4.48	两联截止阀箱	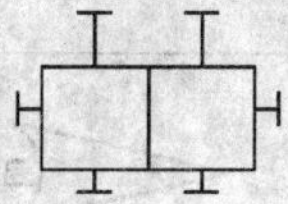	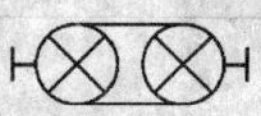	
2.4.49	两联截止止回阀箱	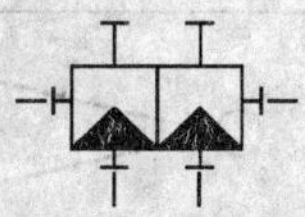		
2.4.50	两联排出截止阀箱		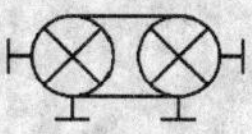	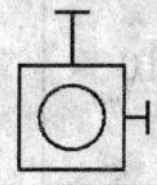
2.4.51	两联双排截止阀箱	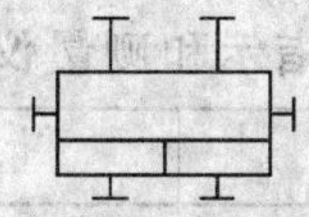	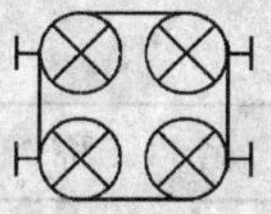	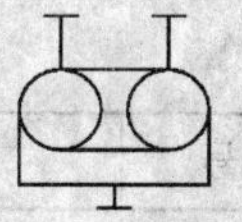
[a] 箭头表示流向，但不必在设计图样上绘出。				

2.5　器具符号按表 5 。

表 5　器具符号

序号	名　称	符　号	备用符号	
			俯　视	侧　视
2.5.1	单联滤器（水、油、空气）			—
2.5.2	双联滤器（水、油）	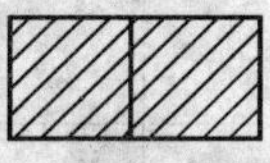	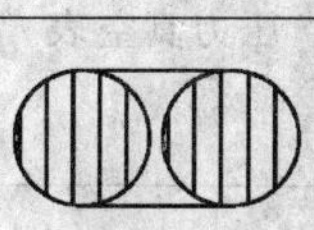	—
2.5.3	吸入口（或吸入滤网）	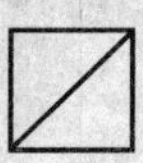		—

表 5（续）

序号	名　称	符　号	备用符号	
			俯　视	侧　视
2.5.4	带滤网吸入止回阀			—
2.5.5	泥箱			—
2.5.6	分离器(蒸汽、空气、油)			—
2.5.7	疏水器			—
2.5.8	传话器	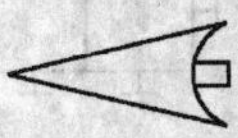	—	—
2.5.9	气笛或雾笛	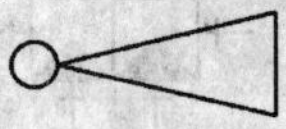	—	—
2.5.10	散热器	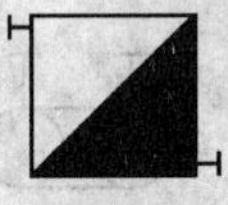		

2.6　指示和测量仪表符号按表 6。

表 6　指示和测量仪表符号

序号	名　称	符　号
2.6.1	压力表	 P 或 
2.6.2	真空表	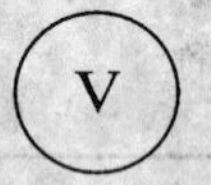 V 或 
2.6.3	压力真空表	 PV 或 
2.6.4	温度表	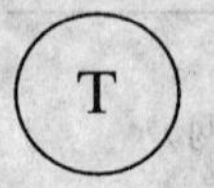 T 或 

表 6（续）

序号	名　称	符　号
2.6.5	遥测温度表	T 或
2.6.6	压力开关	PS
2.6.7	压力传感器	PT
2.6.8	温度开关	TS
2.6.9	温度传感器	TT
2.6.10	差示压力表	Pd
2.6.11	液位计	LI
2.6.12	液位开关	LS
2.6.13	液位传感器	LT
2.6.14	流量计	F
2.6.15	黏度计	VI
2.6.16	汞温度表	
2.6.17	液流指示器	
2.6.18	观察口(窗)	

表 6（续）

序号	名 称	符 号
2.6.19	自动报警器	
2.6.20	计数器	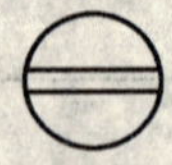
2.6.21	记录器	
2.6.22	浓度计	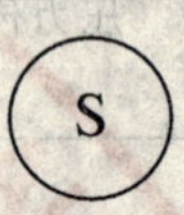 S
2.6.23	气体分析器	 CO_2 [a]
2.6.24	湿度计	 H_2O

[a] 圆圈内标注待测气体化学名称。

2.7 管头附件按表 7 。

表 7 管头附件

序号	名 称	符 号	备用符号
			俯 视
2.7.1	水（空）舱帽形空气管头		
2.7.2	油舱帽形空气管头 （带金属丝网）		
2.7.3	水舱鹅颈空气管头		
2.7.4	油舱鹅颈空气管头 （带金属丝网）	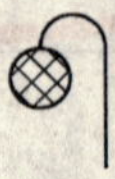	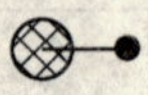
2.7.5	油舱可闭鹅颈空气管头 （带金属丝网）		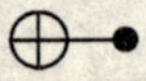
2.7.6	测深或注入管头		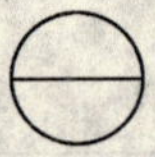

表 7（续）

序号	名　　称	符　　号	备用符号
			俯　视
2.7.7	自闭测深头		
2.7.8	开式甲板漏水口 （圆形或椭圆形）		
2.7.9	可闭甲板漏水口		
2.7.10	水封甲板漏水口		
2.7.11	水封可闭甲板漏水口		
2.7.12	漏斗		—
2.7.13	水封管	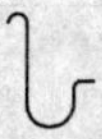	—
2.7.14	喇叭管口		—

2.8　卫生附件符号按表 8 。

表 8　卫生附件符号

序号	名　　称	符　　号	备用符号	
			俯　视	侧　视
2.8.1	龙头（阀与旋塞）	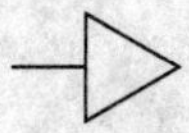	—	—
2.8.2	旋转放水阀	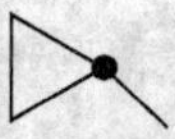	—	—
2.8.3	面盆自闭龙头（阀）	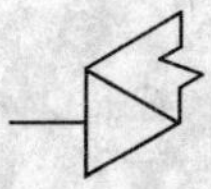	—	—
2.8.4	浮球阀	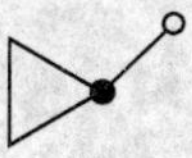	—	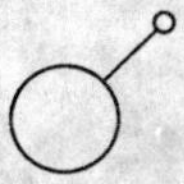

表 8（续）

序号	名　称	符　号	备用符号	
			俯视	侧视
2.8.5	直通便器冲洗阀		—	
2.8.6	直角便器冲洗阀	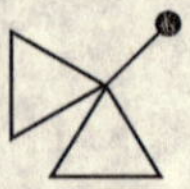		
2.8.7	冷热水混合阀	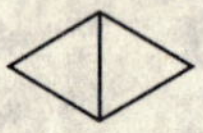	—	—
2.8.8	带喷嘴旋转混合阀	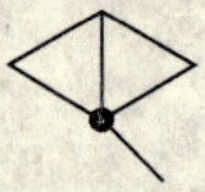	—	—
2.8.9	浴缸淋浴及排出嘴组合附件	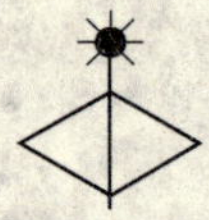	—	—
2.8.10	浴缸手持喷头及排出嘴组合附件	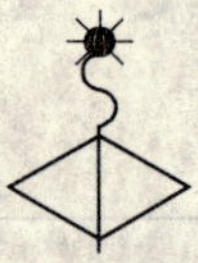	—	—
2.8.11	淋浴莲蓬头		—	

ICS 19.020
K 04

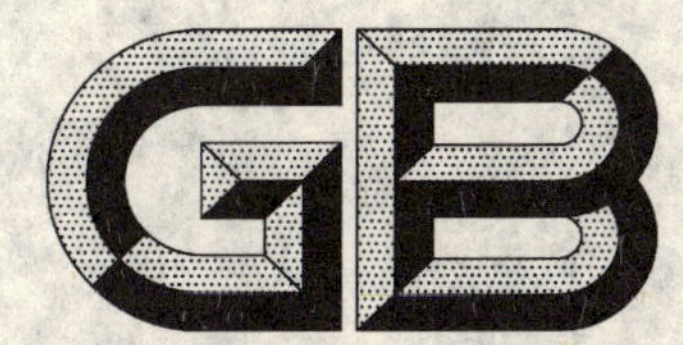

中华人民共和国国家标准

GB/T 4797.1—2005
代替 GB/T 4797.1—1984

电工电子产品自然环境条件 温度和湿度

Environmental conditions appearing in nature of electric and electronic products—Temperature and humidity

(IEC 60721-2-1:2002, Classification of environmental conditions —Part 2: Environmental conditions appearing in nature —Temperature and humidity, MOD)

2005-03-03 发布　　2005-08-01 实施

中华人民共和国国家质量监督检验检疫总局
中国国家标准化管理委员会　发布

前　言

GB/T 4797《电工电子产品自然环境条件》分为六个部分：

——第1部分：电工电子产品自然环境条件　温度和湿度

——第2部分：电工电子产品自然环境条件　海拔与气压　水深与水压

——第3部分：电工电子产品自然环境条件　生物

——第4部分：电工电子产品自然环境条件　太阳辐射与温度

——第5部分：电工电子产品自然环境条件　降水和风

——第6部分：电工电子产品自然环境条件　尘、沙、盐雾

本部分为GB/T 4797的第1部分，本部分修改采用IEC 60721-2-1:2002《环境条件分类　第2-1部分：自然环境条件——温度和湿度》。

本部分根据IEC 60721-2-1:2002重新起草。在附录E中列出了本部分章条编号与IEC 60721-2-1:2002章条编号对照一览表。

考虑到我国实际环境条件，在采用IEC 60721-2-1:2002时，本部分做了一些修改，有关技术性差异已编入正文中并在它们所涉及的条款页边空白处用垂直单线标识；IEC 60721-2-1:2002中的修正内容在其所涉及条款的页边空白处用垂直双线标识。在附录F中给出了这些技术性差异和编辑性差异及其原因的一览表以供参考。

本部分是对GB/T 4797.1—1984的修订，自实施之日起代替GB/T 4797.1—1984。

本部分与GB/T 4797.1—1984相比，主要有以下差异：

——一致性程度不同(1984年版为参照采用，本版为修改采用)。

——“本标准”改为“本部分”。

——把“目的”的内容并入范围。

——增加规范性引用文件(本版2)。

——本部分按GB/T 1.1—2000的规定编写，对图、表、附录等作了编辑性修改。

——本部分中增加了IEC规定的统计的户外气候类型的内容，包括相应的数据。

——在5.1后增加注的内容；增加5.5内容(本版5.1的注及5.5)。

——附录A内容变为：统计的户外气候类型的地理概况。包括1984年版附录A中的A.1，将1984年版附录A中的A.2的内容移入正文。

——附录B内容变为：潮湿空气的相图。

——附录C代替1984版的附录B。

——增加附录D和附录E。

GB/T 4797是电工电子产品环境条件系列标准之一，下面列出这些国家标准的预计结构及其对应的国际标准。

GB/T 4796—2001　电工电子产品环境参数分类及其严酷程度分级(idt IEC 60721-1:1990)

GB/T 4797.1—2005　电工电子产品自然环境条件　温度和湿度(IEC 60721-2-1:2002,IDT)

GB/T 4797.2—1986*　电工电子产品自然环境条件　海拔与气压　水深与水压

GB/T 4797.3—1986　电工电子产品自然环境条件　生物

GB/T 4797.4—1989　电工电子产品自然环境条件　太阳辐射与温度

GB/T 4797.5—1992　电工电子产品自然环境条件　降水与风(neq IEC 60721-2-2:1988)

GB/T 4797.6—1995　电工电子产品自然环境条件　尘、沙、盐雾(neq IEC 60721-2-5:1991)

GB/T 4798.1—2005　电工电子产品应用环境条件　贮存(IEC 60721-3-1:1997,MOD)

GB/T 4798.2—1996　电工电子产品应用环境条件　运输(neq IEC 60721-3-2:1985 及修正件 1:1991,修正件 2:1993)

GB/T 4798.3—1990*　电工电子产品应用环境条件　有气候防护场所固定使用

GB/T 4798.4—1990*　电工电子产品应用环境条件　无气候防护场所固定使用(neq IEC 60721-3-4)

GB/T 4798.5—1987*　电工电子产品应用环境条件　地面车辆使用(neq IEC 60721-3-5:1985)

GB/T 4798.6—1996　电工电子产品应用环境条件　船用(idt IEC 60721-3-6:1987)

GB/T 4798.7—1987*　电工电子产品应用环境条件　携带和非固定使用(eqv IEC 60721-3-7:1986)

GB/T 4798.9—1997　电工电子产品应用环境条件　产品内部的微气候(idt IEC 60721-3-9:1993)

GB/T 4798.10—1991　电工电子产品应用环境条件　导言(neq IEC 60721-3-0:1984)

GB/T 11804—2005　电工电子产品环境条件　术语

本部分的附录 A、附录 B、附录 C、附录 D 和附录 E 均为资料性附录。

本部分由中国电器工业协会提出。

本部分由全国电工电子产品环境条件与环境试验标准化技术委员会(CSBTS/TC8)归口。

本部分起草单位:广州电器科学研究院。

本部分主要起草人:祁黎、李务平。

本部分历次版本发布情况为:

GB/T 4797.1—1984。

* 本部分出版时,标有 * 的标准已有修订版正在报批过程中。

电工电子产品自然环境条件
温度和湿度

1 范围

GB/T 4797 的本部分给出了用温度和湿度参数表示的户外气候类型，作为产品应用时选择适当温度和湿度严酷等级时的背景资料。

除了海拔高度超过 5000 米的地区外，这些气候类型包括了全国所有的地区。

在确定产品应用环境条件时，本部分也可以作为背景材料使用。

当为产品应用标准选择温度和湿度的严酷等级时，应选用 GB/T 4796—2001 中给出的数据。

2 规范性引用文件

下列文件中的条款通过 GB/T 4797 的本部分的引用而成为本部分的条款。凡是注日期的引用文件，其随后所有的修改单(不包括勘误的内容)或修订版均不适用于本部分，然而，鼓励根据本部分达成协议的各方研究是否使用这些文件的最新版本。凡是不注日期的引用文件，其最新版本适用于本部分。

GB/T 4796—2001 电工电子产品环境参数分级及其严酷程度分级(idt IEC 60721-1:1990)

GB/T 11804—2005 电工电子产品环境条件 术语

3 概述

电工电子产品几乎在我国各种气候条件下使用，产品应能承受恶劣气候环境的影响，这就要求在设计阶段预先掌握产品所要遇到的气候条件的详细资料。

已经收集和统计了世界范围内多年的户外温度和湿度数据，这些数据可以通过气候图很方便地表示出来。我国的相关数据是基于 1961～1980 年全国各地的室外温度和湿度数据。

除室外温度外，某一产品所受到的温度影响还与很多其他环境参数有关，例如，太阳辐射、风速、临近设备的加热等。

温度的影响取决于温度、湿度变化和潮湿空气中的杂质等因素。

温度和湿度的极值虽然一天中出现的时间很短，但是影响却很大。而在某些场合，例如产品的热时间常数较大，或者有水汽渗透作用的其他情况下，某时期内的温度和湿度的平均值将可能更为重要。因此，本部分采用两种平均值指标：

——仅在较短时间内出现的年极值的平均值；

——在较长时间内出现的日平均值的年极值的平均值。

为了把极少出现的情况也考虑在内，本部分也给出了多年观测的绝对极值。

温度的影响还与太阳辐射、风速、临近设备的加热等条件有关；湿度的影响也与温度及温度的变化和空气中的杂质有关。

本部分没有考虑可靠性问题，只是给出了温度和湿度的极值及其组合值。如果要研究可靠性问题，还应掌握温度和湿度的整个统计分布资料。在考虑水汽通过材料扩散的情况时，也需要这方面资料。

4 温度和湿度统计资料的表达方法

4.1 统计的户外气候类型

要使一种产品在限定的地理区域内使用，就应从该地的统计气候图中找到户外温度和湿度值，并根据这些数据设计产品，使产品能在这类气候环境中正常工作。

全世界范围内不同的户外温度和湿度条件可以通过规定几种能够覆盖全世界气候条件的气候类型（以下称“统计的户外气候”）来表达。

4.2 统计的户外气候组

为使一种产品能够在具有不同气候类型的地理区域内使用，可将统计的户外气候适当地归并为四个主要气候组。

归并为四个气候组的目的在于限制温度和湿度的分级，使产品能在更大的范围内通用。

5 统计的户外气候的说明

5.1 环境参数

在本部分中，统计的户外气候由以下几个环境参数规定：

——气温；

——相对湿度。

某一温度下的相对湿度定义为实际水汽压力与同一温度下饱和水汽压力之间的比值。

在气压不变的条件下，空气绝对湿度（单位体积空气中的实际含水量）由气温和相对湿度给出。

注：附录B给出了潮湿空气的基本相图。

5.2 气候图

5.2.1 概述

本部分提供的气候图（图1～图16）确定了户外气候类型的范围。图上有三条界限线，第一条是日平均值的年极值的平均值，第二条是年极值的平均值，第三条是绝对极值。

5.2.2 表示温度和湿度的日平均值的年极值的平均值的界限线

在气候图上，以横坐标表示气温，以纵坐标表示相对湿度，将对地理区域有代表性的某一地方一年中的逐日平均气温和相应的相对湿度标在图上，再将图中出现的最边缘的点连接起来，就得到了表示日平均值的年极值的界限线。然后将多年（至少10年）中每一年的界限线取平均线。并将这些平均线加以平滑，使它们与气温、相对湿度和绝对湿度的等值线保持平行，就得到了气候图中的界限线。

如果产品是短期暴露（每次几小时），则其所遇到的超过界限线的气温和湿度及其组合的环境条件的概率就比较高，可达5%左右。然而，假如产品需要长期暴露才能达到周围环境的气温时，那么产品不会受到短期暴露时所遇到那种比界限线更加严酷的温度条件的影响。

5.2.3 表示温度和湿度年极值的平均值的界限线

与5.2.2中的绘图方法一样，也是将对地理区域有代表性的某一地方一年中所有的气温和相应的相对湿度标于图上，再将图中出现的最边缘的点连接起来，就得到了表示温度和湿度年极值的界限线。然后将多年（至少10年）中每一年的界限线取平均线，并将这些平均线加以平滑，使它们与气温、相对湿度和绝对湿度的等值线保持平行，就得到了气候图中的界限线。

虽然从气候图中读取的气温、相对湿度和绝对湿度的极端界限值并不能精确地表示出年极值的平均值，但是对于气候图的实际应用来说，从气候图中读取的极端界限值还是可以假定地表示年极值的平均值。

产品处于超出界限线之外的气温和相对湿度的组合环境条件的概率，取决于产品暴露于户外的时间长短。长期暴露在户外达几年时间的产品，可以预期它会短期地遇到比界限线更加极端的气温和更加极端的温、湿度组合环境条件。

若产品只是短期暴露于户外，那么产品可能遇到比界限线更加极端的气温和湿度的概率是很小的。

低温年极值的出现时间通常为10 h左右，而高温年极值的出现时间更短，通常为5 h。因此，从统计的角度来看，低温极值出现的概率约为0.1%，而高温极值出现的概率约为0.05%。

5.2.4 表示温度和湿度绝对极值的界限线

与5.2.2中的绘图方法一样，将对地理区域有代表性的某一地方多年(至少10年)内所有的气温和相应的相对湿度标于图上，再将图中出现的最边缘的点连接起来，就得到了表示温度和湿度绝对极值的界限线。

将这些界限线加以平滑，使它们与气温、相对湿度和绝对湿度的等值线保持平行。

绝对极值的出现情况极少，而且出现的时间很短；仅在特殊应用中予以考虑。例如，通信设备在最恶劣气候条件下的有效运行。

5.3 统计的户外气候分类

下列图表给出了统计的户外气候所定义的气候类型。

表1给出了各种气候类型(包括仅适用于我国)的温度和湿度的日平均值的年极值的平均值。表2给出了各种气候类型(包括仅适应于我国)的温度和湿度的年极值的平均值。表3给出了各种气候类型(包括仅适用于我国)的温度和湿度的绝对极值。附录D中图D.1绘出了我国六种气候类型的区域分布。

表中所有仅适用于我国的数据均基于1961～1980年的气象观测。如果观测时间有所增加，表3中相应的温度和湿度的绝对极值有可能会更大些。

表1 日平均值极值划分的各种气候类型

气候类型	温度和湿度的日平均值的年极值的平均值				对应的气候图编号
	低温/℃	高温/℃	RH≥95%时的最高温度/℃	最大绝对湿度/g·m^{-3}	
极端寒冷(不包括南极洲中央)	−55	+26	+18	14	1
寒冷	−45	+25	+13	12	2
寒温	−29	+29	+18	15	3
暖温	−15	+30	+20	17	4
干热	−10	+35	+23	20	5
中等干热	0	+35	+24	22	6
极干热	+8	+43	+26	24	7
湿热	+12	+35	+28	27	8
(恒定)湿热	+17	+35	+31	30	9
寒冷*	−40	+25	+15	17	10
寒温Ⅰ*	−29	+29	+18	19	11
寒温Ⅱ*	−26	+22	+6	10	12
暖温*	−15	+32	+24	24	13
干热*	−15	+35	—	13	14
亚湿热*	−5	+35	+25	25	15
湿热*	+7	+35	+26	26	16
注：带*号的气候类型为我国的气候分类，仅适用于我国。					

表 2 年极值划分的各种气候类型

气候类型	温度和湿度的年极值的平均值				对应的气候图编号
	低温/℃	高温/℃	RH≥95%时的最高温度/℃	最大绝对湿度/g·m⁻³	
极端寒冷（不包括南极洲中央）	−65	+32	+20	17	1
寒冷	−50	+32	+20	18	2
寒温	−33	+34	+23	20	3
暖温	−20	+35	+25	22	4
干热	−20	+40	+27	24	5
中等干热	−5	+40	+27	25	6
极干热	+3	+55	+28	27	7
湿热	+5	+40	+31	30	8
（恒定）湿热	+13	+35	+33	36	9
寒冷*	−50	+35	+20	18	10
寒温Ⅰ*	−33	+37	+23	21	11
寒温Ⅱ*	−33	+31	+12	11	12
暖温*	−20	+38	+26	26	13
干热*	−22	+40	+15	17	14
亚湿热*	−10	+40	+27	27	15
湿热*	+5	+40	+28	28	16

注：带*号的气候类型为我国的气候分类，仅适用于我国。

表 3 绝对极值划分的各种气候类型

气候类型	温度和湿度的绝对极值				对应的气候图编号
	低温/℃	高温/℃	RH≥95%时的最高温度/℃	最大绝对湿度/g·m⁻³	
极端寒冷（不包括南极洲中央）	−75	+40	+24	20	1
寒冷	−60	+40	+27	22	2
寒温	−45	+40	+28	25	3
暖温	−30	+40	+28	25	4
干热	−30	+45	+30	27	5
中等干热	−15	+45	+31	30	6
极干热	−10	+60	+31	30	7
湿热	0	+45	+35	36	8
（恒定）湿热	+4	+40	+37	40	9

表 3(续)

气候类型	温度和湿度的绝对极值				对应的气候图编号
	低温/℃	高温/℃	RH≥95%时的最高温度/℃	最大绝对湿度/g·m^{-3}	
寒冷*	−55	+40	+23	22	10
寒温Ⅰ*	−40	+40	+26	25	11
寒温Ⅱ*	−45	34	+15	15	12
暖温*	−30	+45	+28	29	13
干热*	−30	+45	+20	20	14
亚湿热*	−15	+45	+29	29	15
湿热*	0	+40	+29	29	16

注:带 * 号的气候类型为我国的气候分类,仅适用于我国。

图 1～图 9 给出了表示全世界范围内 9 种统计的户外气候类型的气候图。图 10～图 16 给出了根据我国气候类型的分类,表示我国范围内的 6 种统计的户外气候类型的气候图。

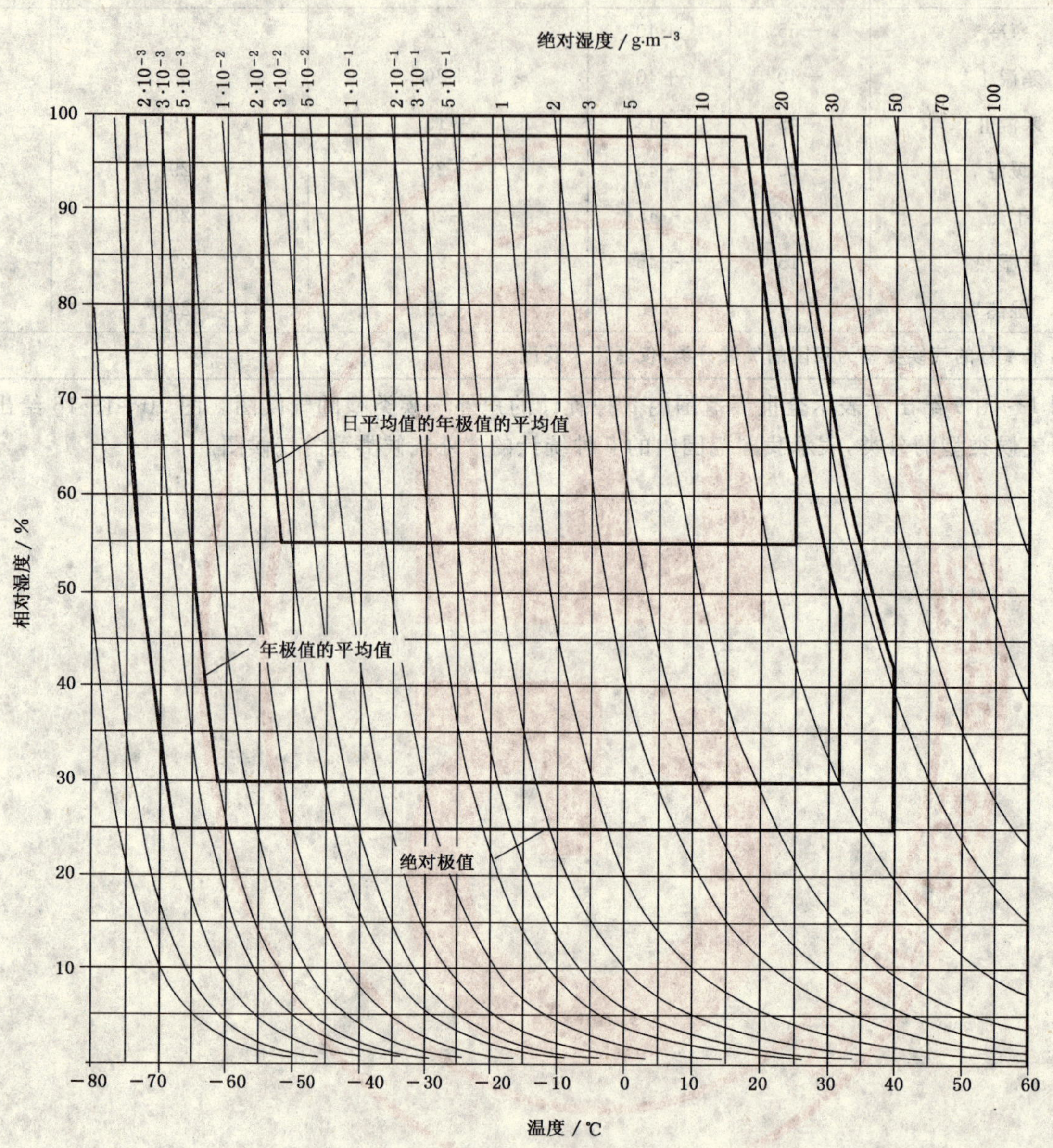

图 1　统计的户外气候——极端寒冷

（不包括南极洲中央）

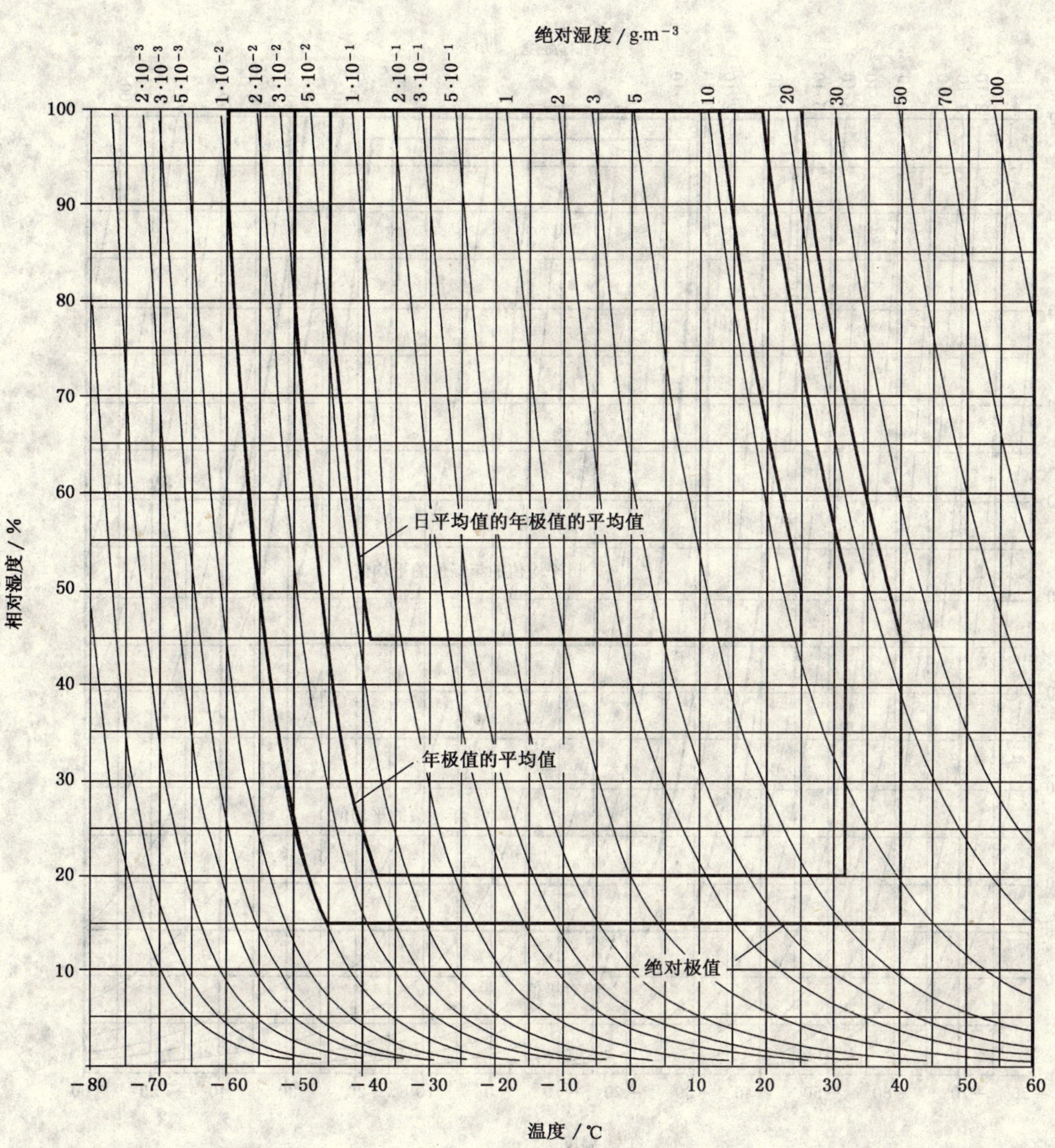

图 2　统计的户外气候——寒冷

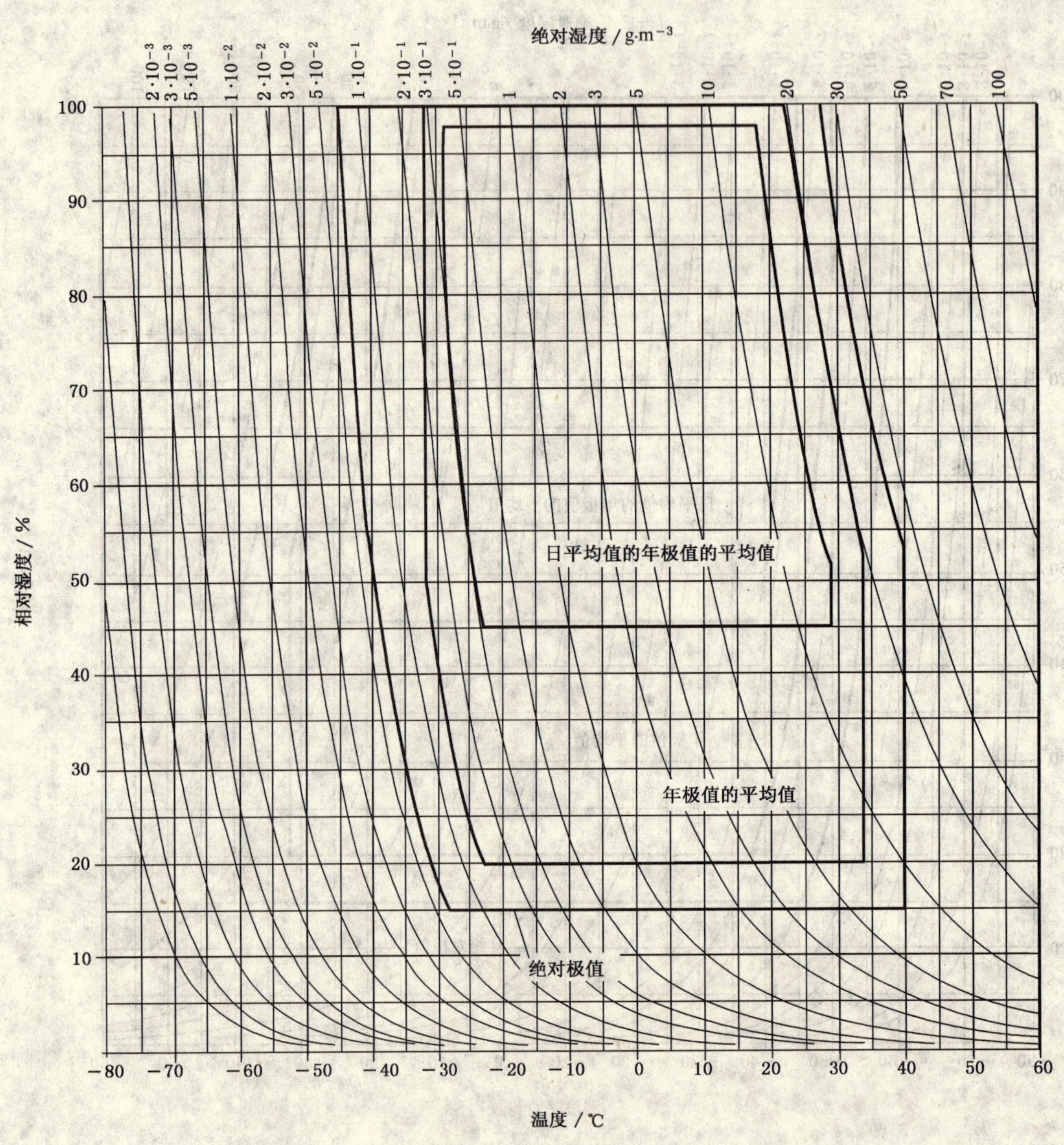

图 3 统计的户外气候——寒温

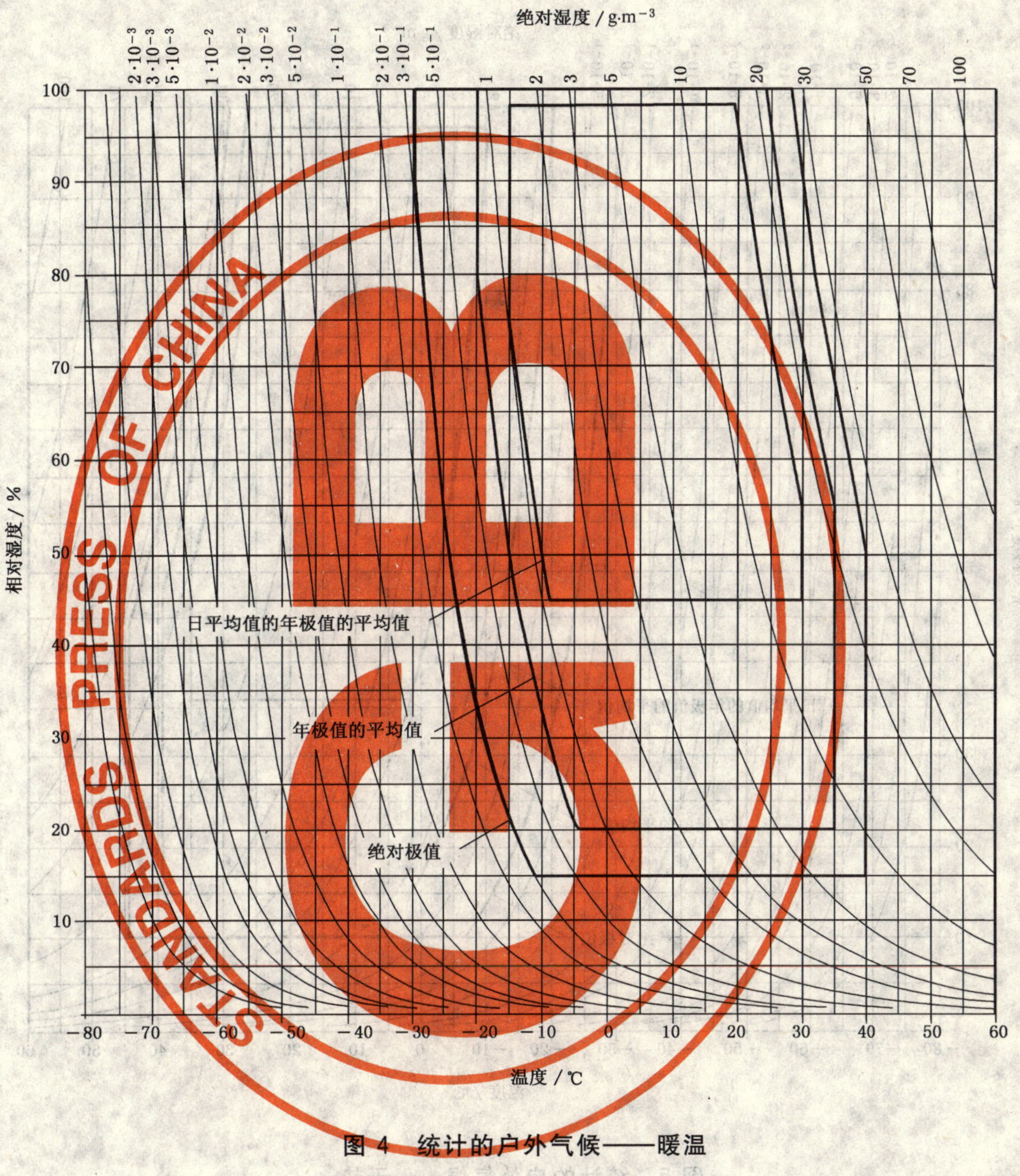

图 4　统计的户外气候——暖温

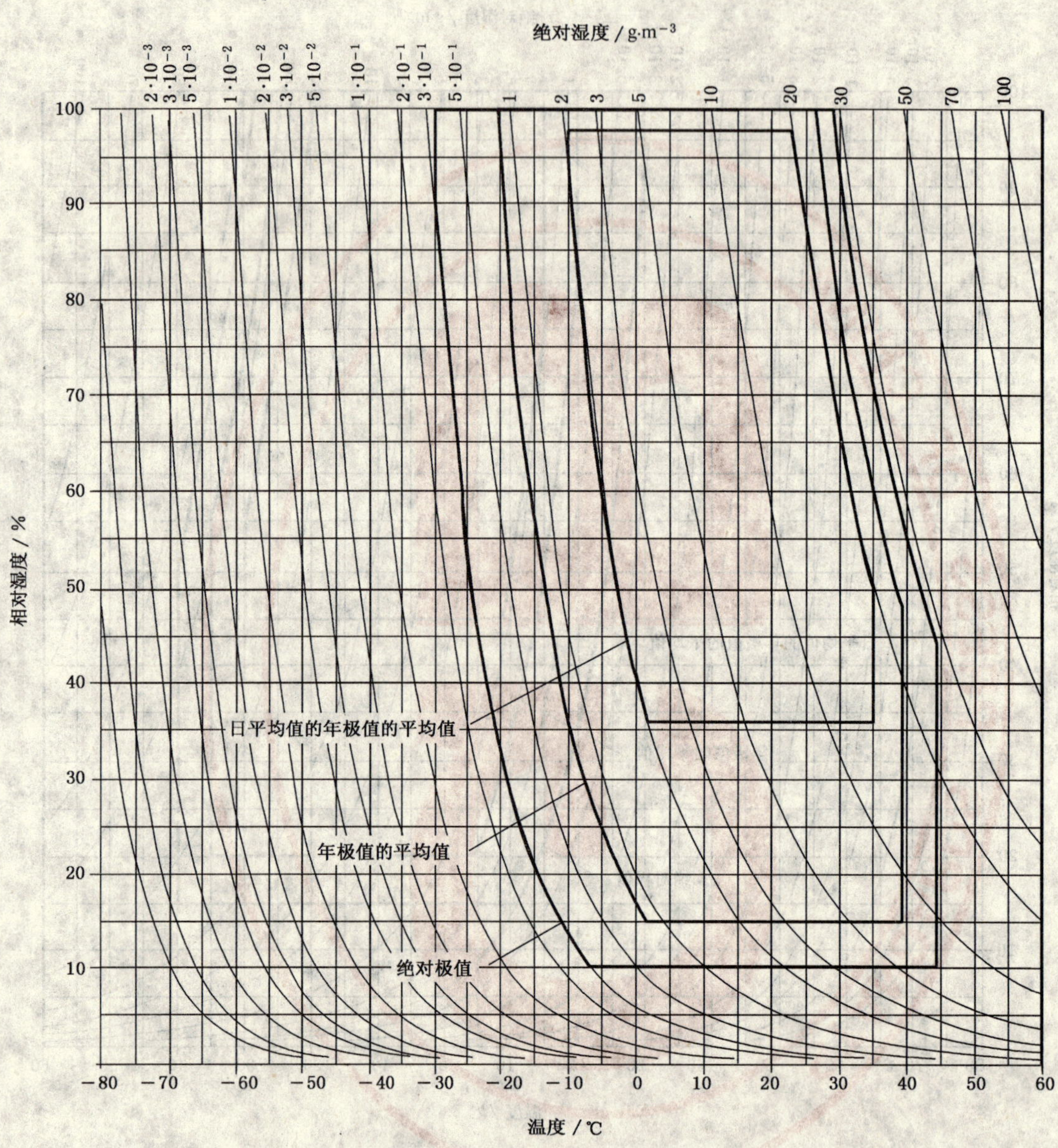

图 5　统计的户外气候——干热

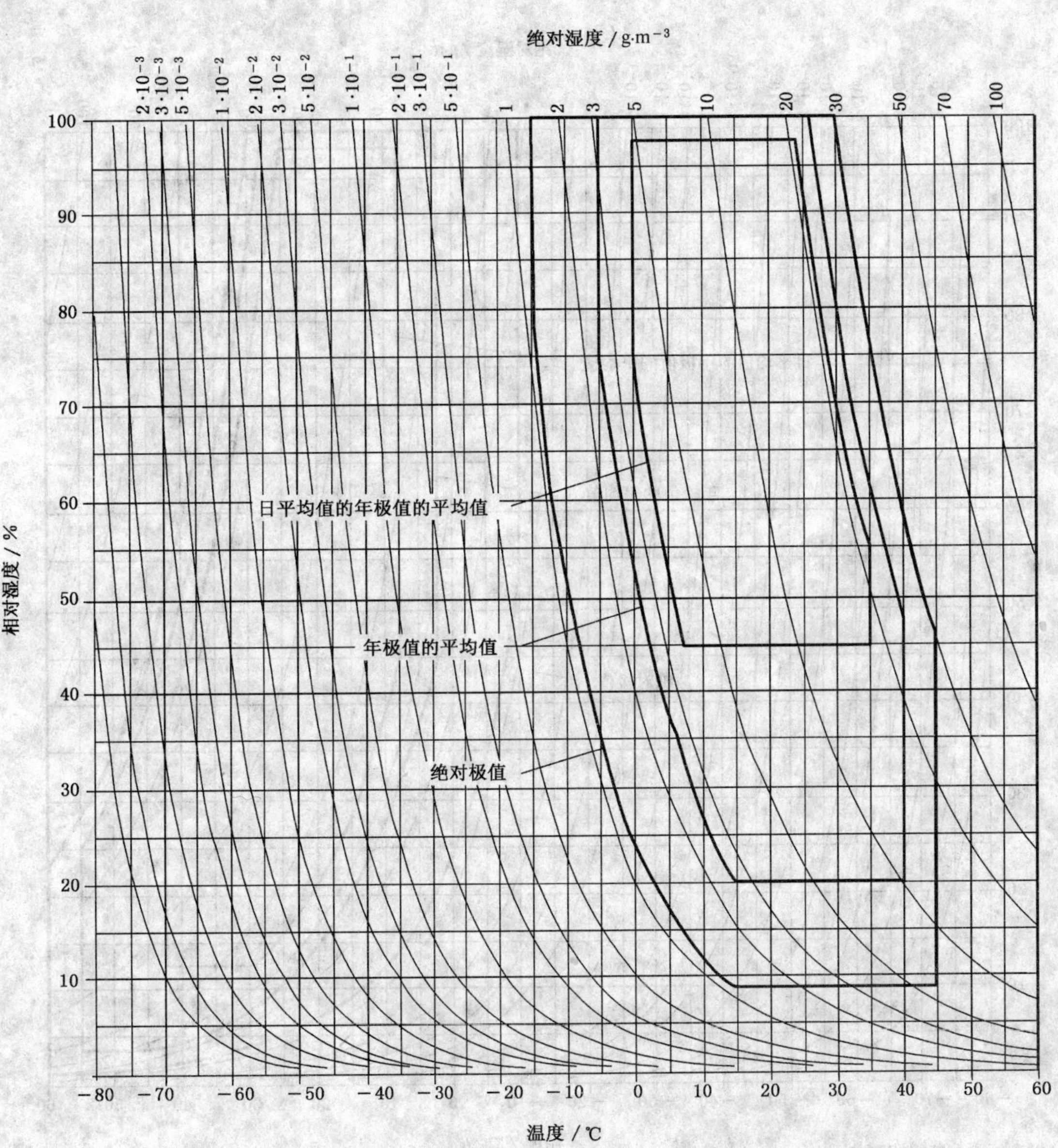

图 6 统计的户外气候——中等干热

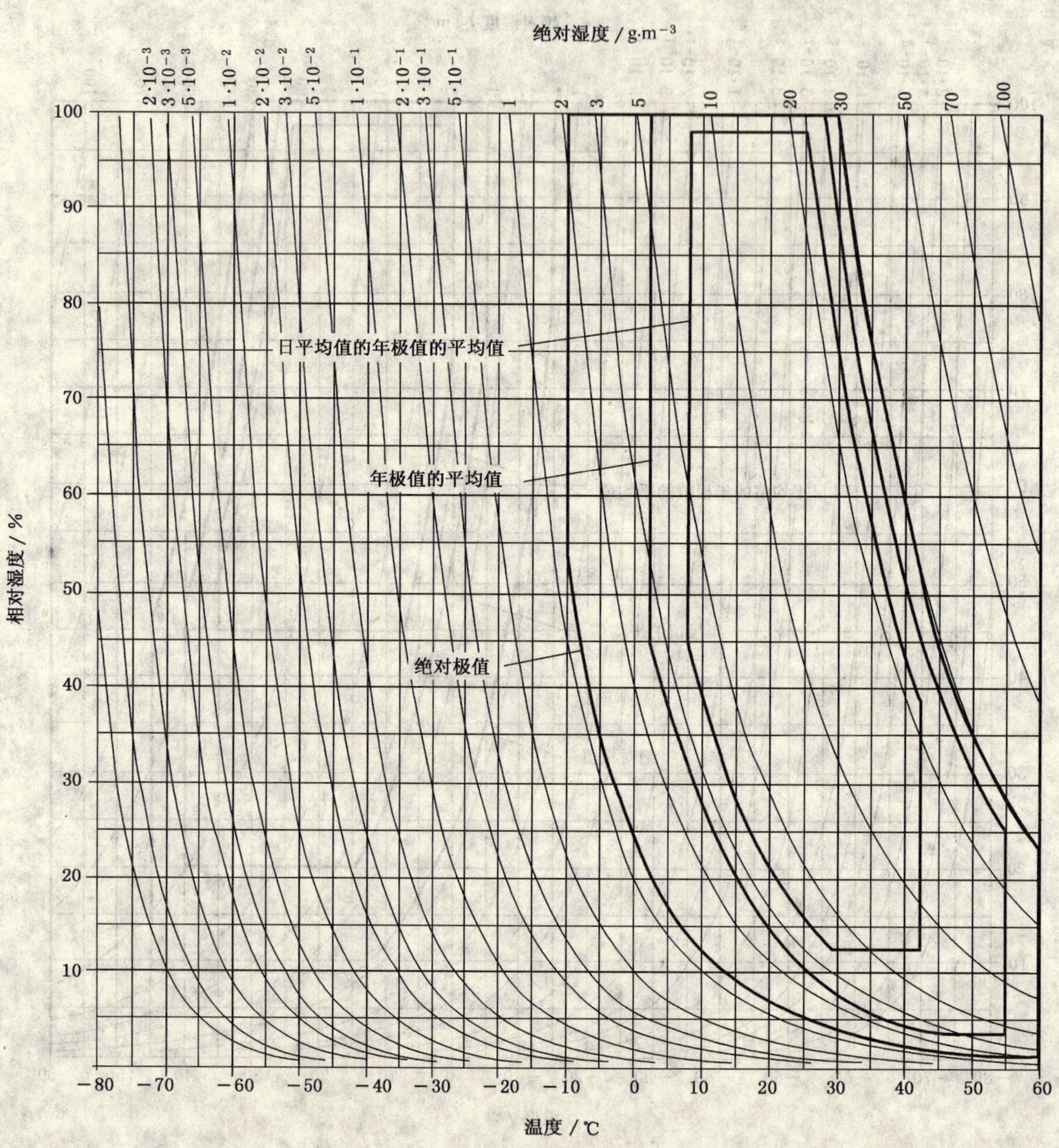

图 7 统计的户外气候——极端干热

图 8 统计的户外气候——湿热

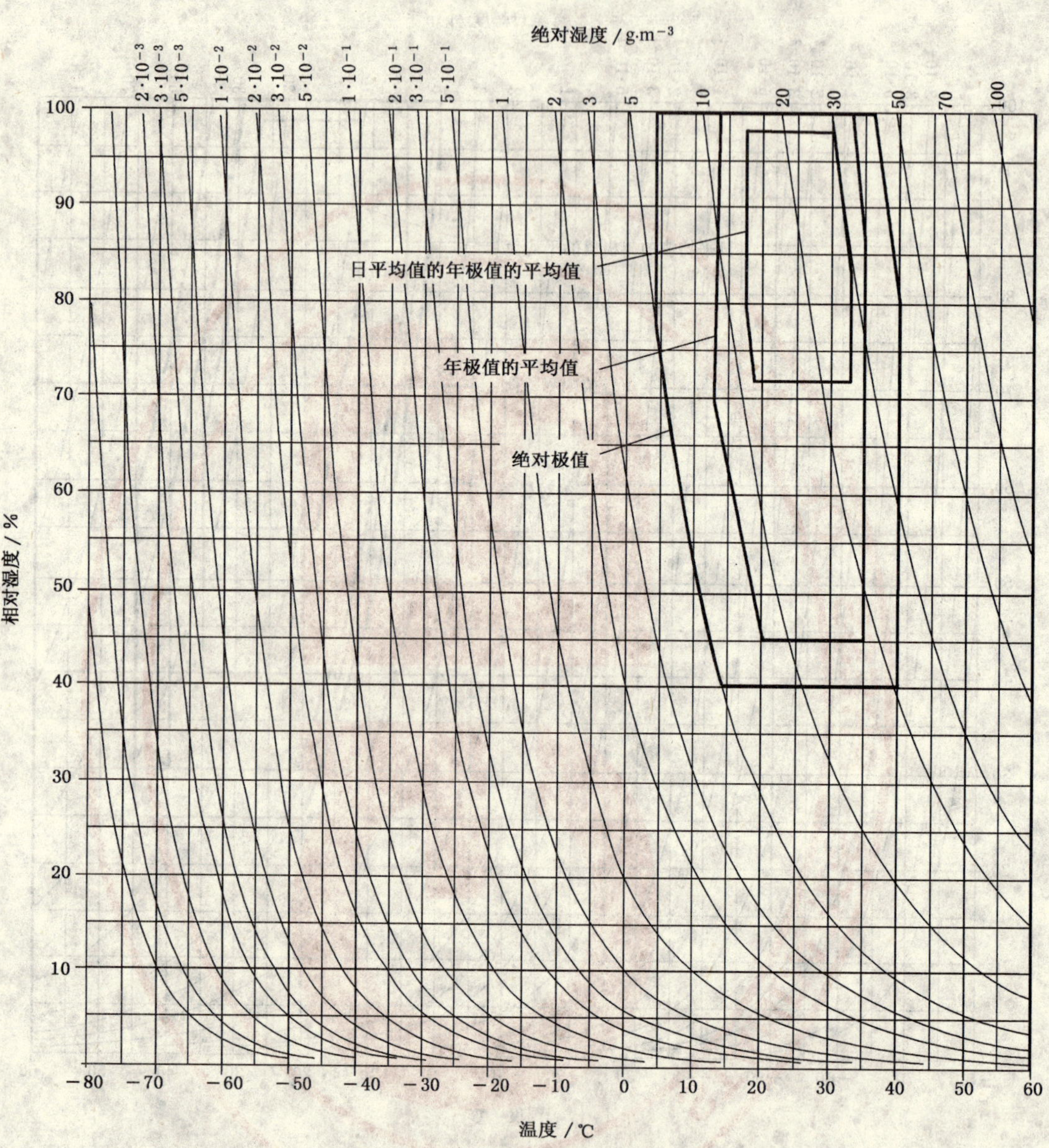

图 9　统计的户外气候——(恒定)湿热

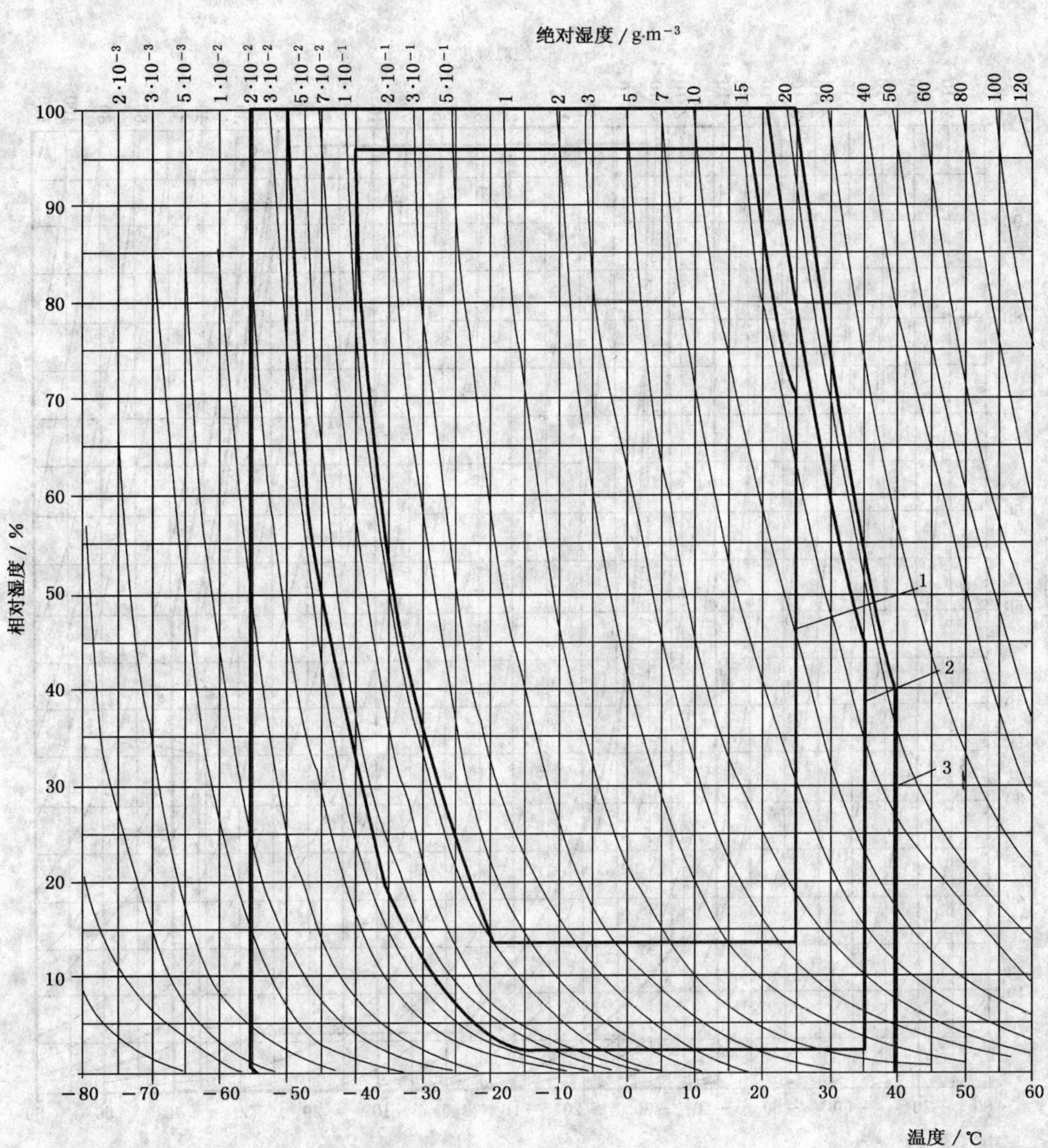

1——温度和死活度的日平均值的年极值的平均值的界限线；

2——温度和湿度的年极值的平均值的界限线；

3——温度和湿度的绝对极值的界限线。

注：图 11～图 16 中的 1、2、3 界限线的含义同上。

图 10　统计的户外气候——寒冷

（仅适用于中国）

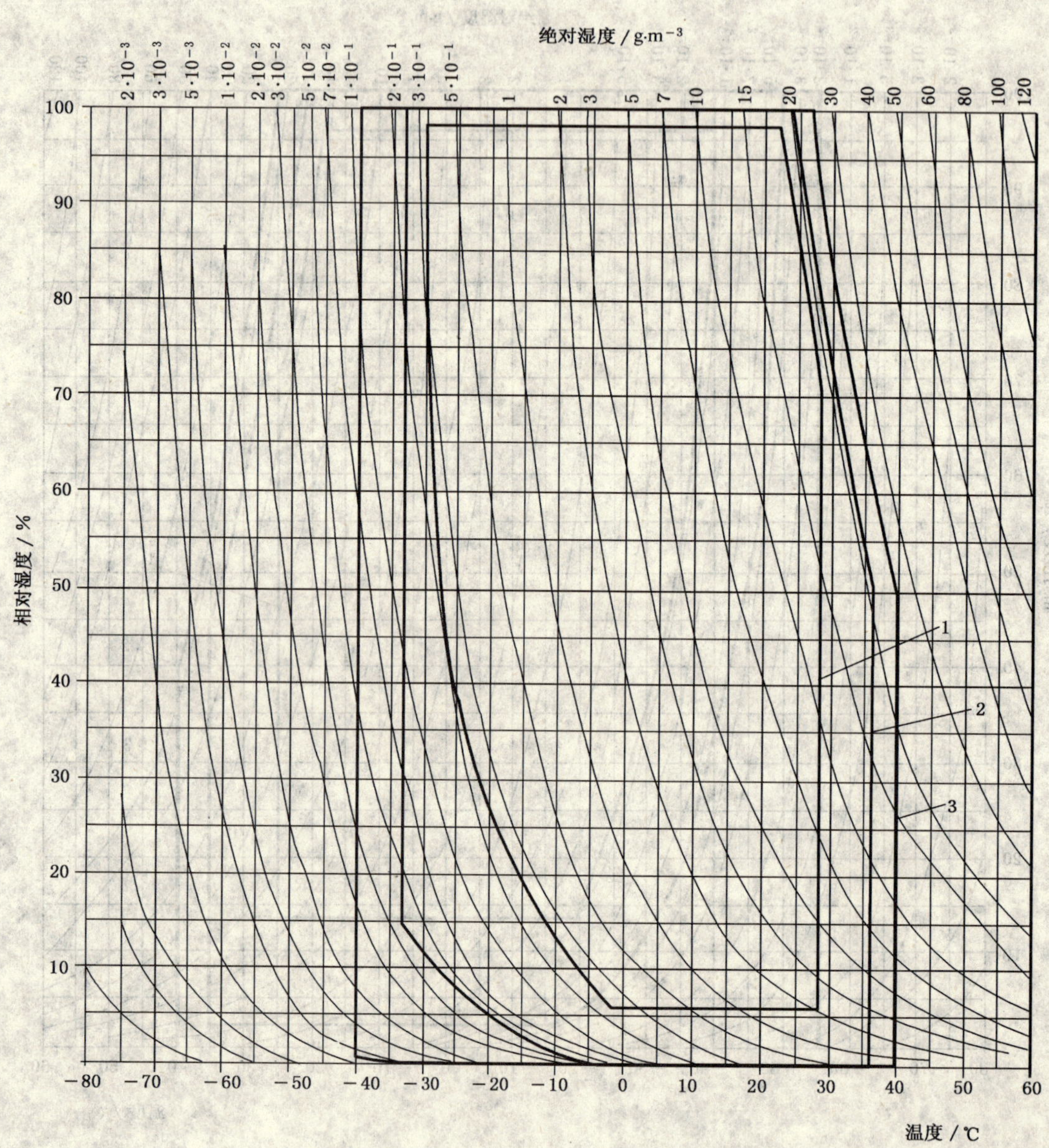

图 11　统计的户外气候——寒温Ⅰ
（仅适用于中国）

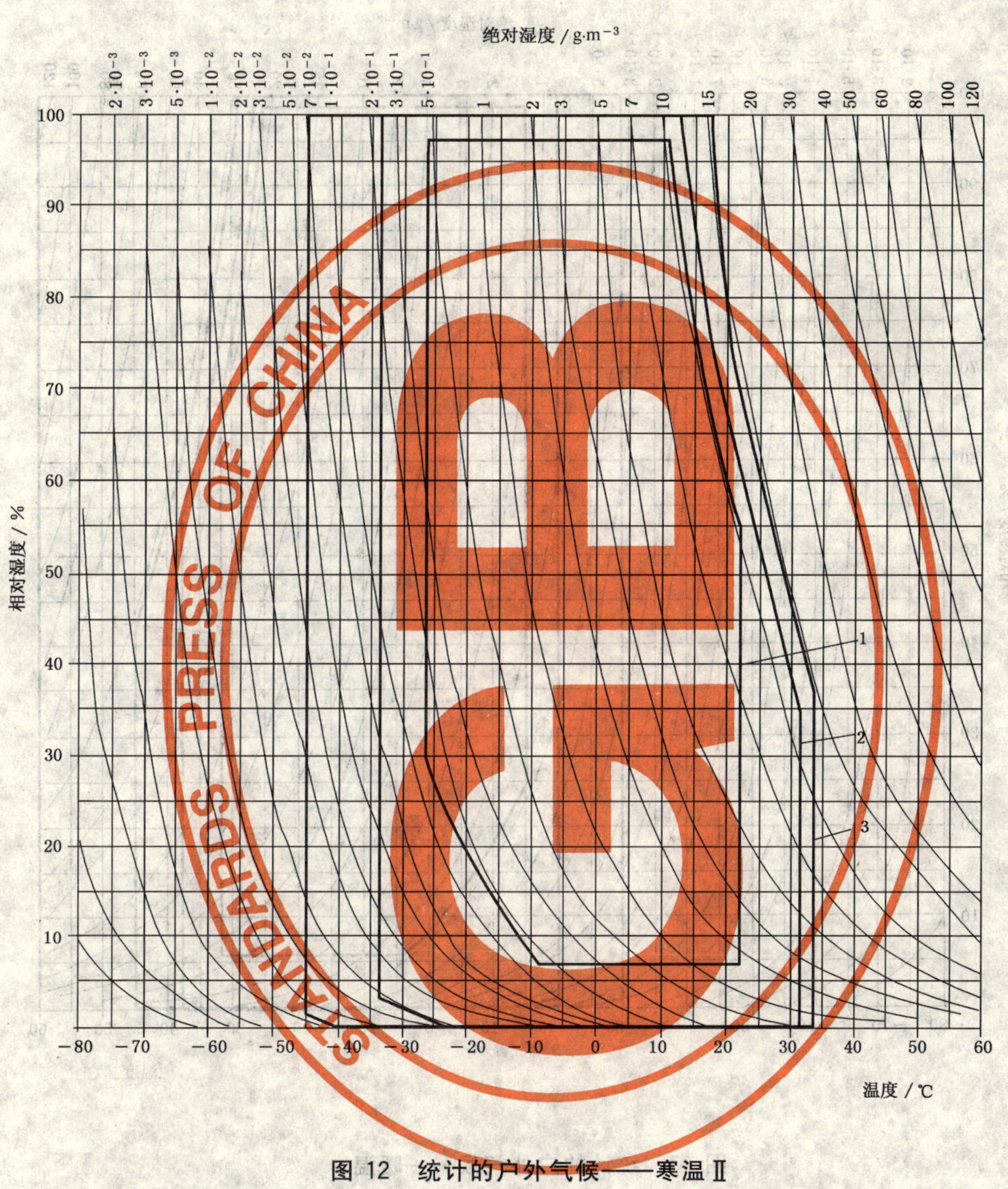

图 12 统计的户外气候——寒温 Ⅱ

（仅适用于中国）

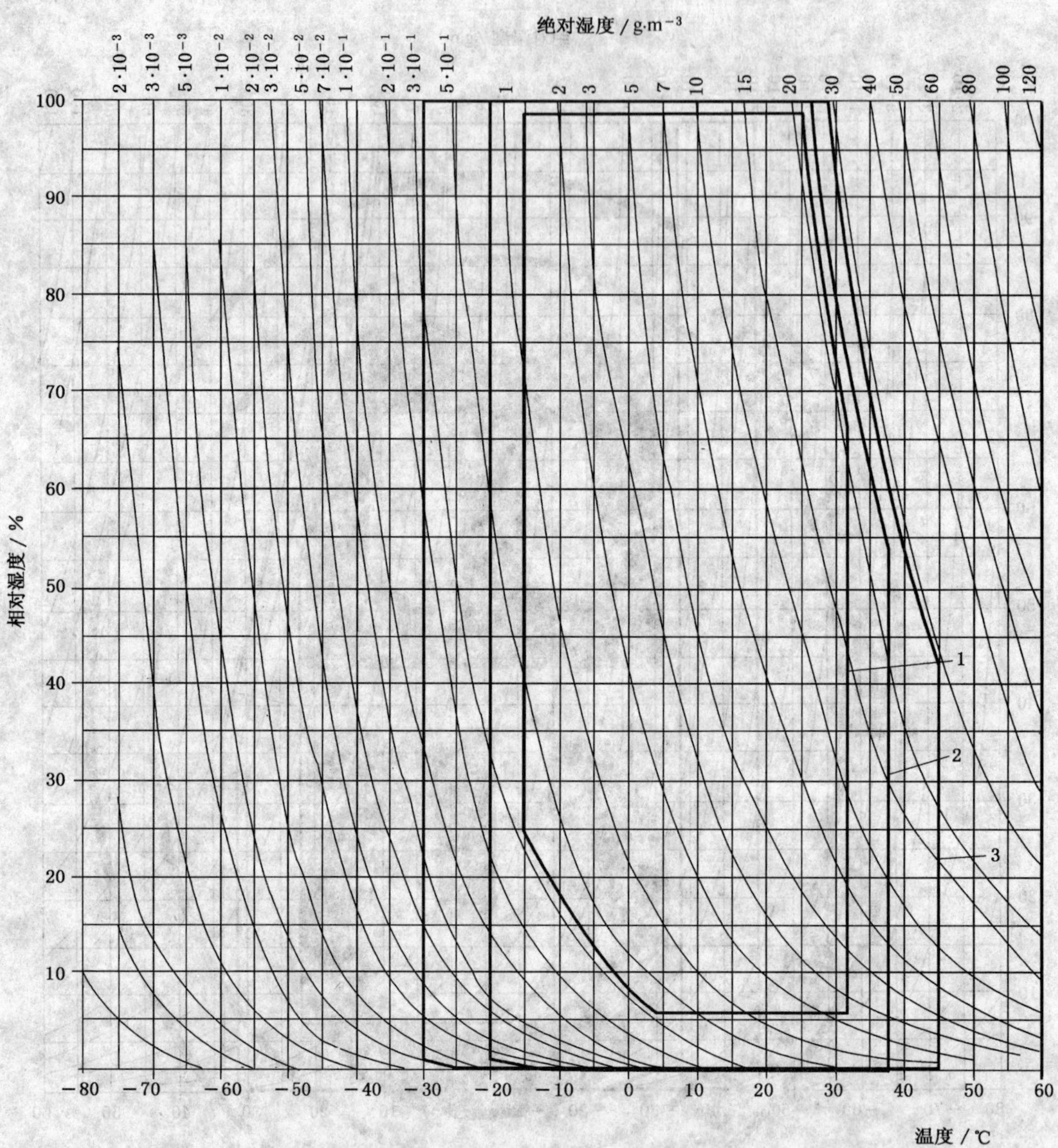

图 13 统计的户外气候——暖温

（仅适用于中国）

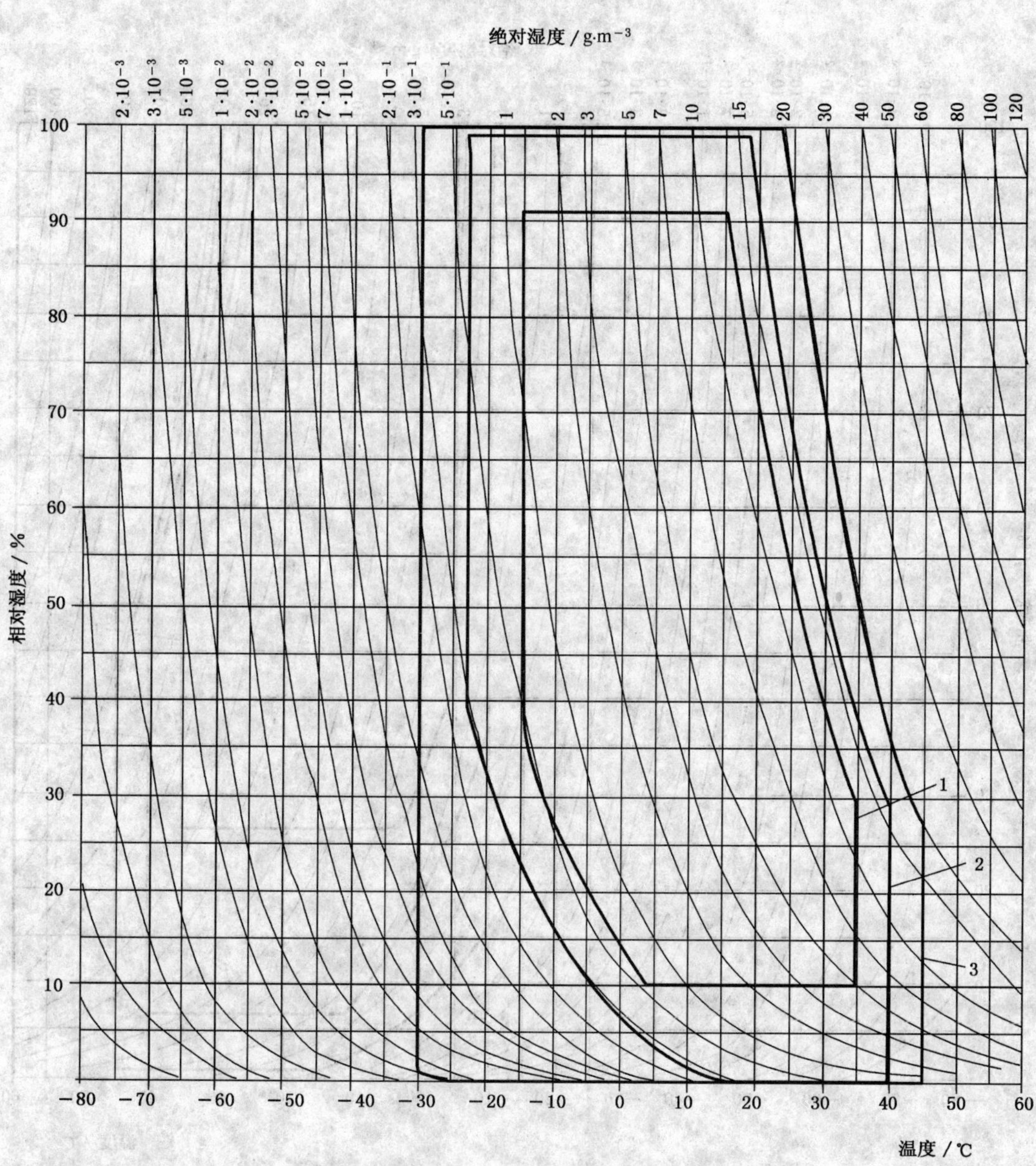

图 14 统计的户外气候——干热

（仅适用于中国）

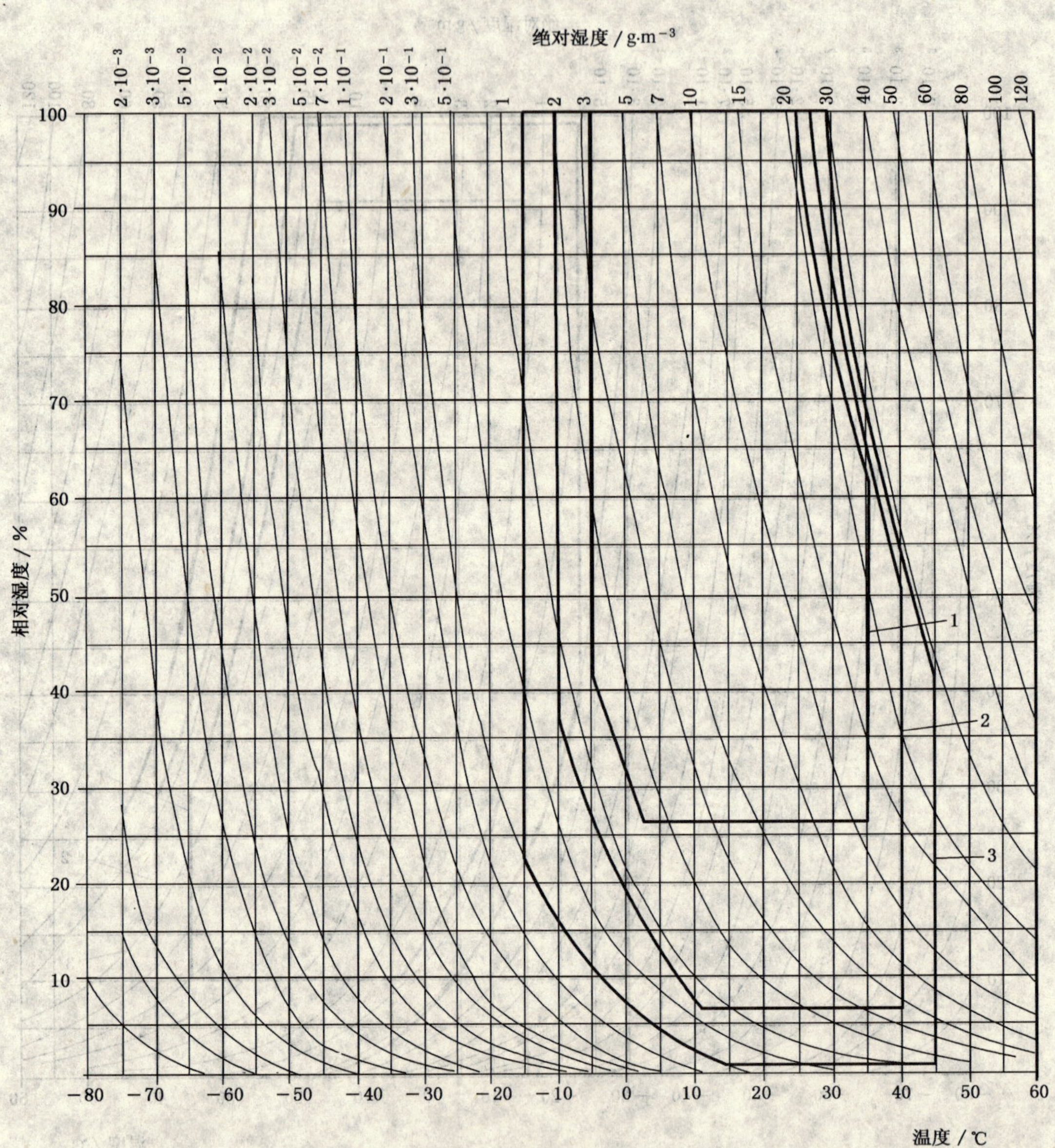

图 15 统计的户外气候——亚湿热
（仅适用于中国）

图 16 统计的户外气候——湿热
（仅适用于中国）

5.4 统计的户外气候类型的分组

世界范围内统计的户外气候类型分为四组：

a) 有限组：仅限于暖温气候类型；

b) 一般组：包括寒温、暖温、干热和中等干热气候类型；

c) 通用组：包括除极端寒冷和极干气候类型外的全部其他气候类型；

d) 世界组：包括所有的统计气候类型。

我国范围内统计的户外气候类型依据世界范围内的分类，分为三组：

a) 有限组*：仅限于暖温气候类型；

b) 一般组*：包括寒温、暖温、干热和亚热气候类型；

c) 通用组*：包括我国六种气候类型。

注：带*表示仅适用于中国。

表4给出了各气候组(包括仅适用于我国的气候组)的温度和湿度的日平均值的年极值的平均值。表5给出了各气候组(包括仅适用于我国的气候组)的温度和湿度的年极值的平均值。表6给出了各气候组(包括仅适用于我国的气候组)的温度和湿度的绝对极值。

5.5 统计的户外气候的地理调查

统计的户外气候的地理区域分布情况如附录A中的图A.1～图A.3所示。

表4 日平均值极值划分的户外气候组

气候组	温度和湿度的日平均值的年极值的平均值			
	低温/℃	高温/℃	RH≥95%时的最高温度/℃	最大绝对湿度/g·m^{-3}
有限组	−15	+30	+20	17
一般组	−29	+35	+24	22
通用组	−45	+35	+31	30
世界组	−55	+43	+31	30
有限组*	−15	+32	+24	24
一般组*	−29	+35	+25	25
通用组*	−40	+35	+26	26
注：带*号表示仅适用于中国。				

表5 年极值划分的气候组

气候组	温度和湿度的年极值的平均值			
	低温/℃	高温/℃	RH≥95%时的最高温度/℃	最大绝对湿度/g·m^{-3}
有限组	−20	+35	+25	22
一般组	−33	+40	+27	25
通用组	−50	+40	+33	36
世界组	−65	+55	+33	36
有限组*	−20	+38	+26	26
一般组*	−33	+40	+27	27
通用组*	−50	+40	+28	28
注：带*号表示仅适用于中国。				

表 6　绝对极值划分的气候组

气候组	温度和湿度的绝对极值			
	低温/℃	高温/℃	RH≥95%时的最高温度/℃	最大绝对湿度/g·m⁻³
有限组	−30	+45	+28	25
一般组	−45	+45	+31	30
通用组	−60	+45	+37	40
世界组	−75	+60	+37	40
有限组*	−30	+45	+28	29
一般组*	−45	+45	+29	29
通用组*	−55	+45	+29	29
注：带 * 号表示仅适用于中国。				

附 录 A
（资料性附录）
世界户外气候统计地理分布参考图

A.1 范围

本附录给出了世界地理区域内统计的户外气候类型的区域分布图。

主要包括两幅彩色地图和一幅黑白地图，彩色地图之一表示气候类型及其组合的分布情况，彩色地图之二表示气候组的分布情况，黑白地图表示我国六种气候类型的区域分布。气候类型和气候组的定义见5.3和5.4。

A.2 目的

彩色地图用不同颜色表示世界地理区域内不同的统计的户外气候类型及气候组的分布情况，黑白地图用文字标明我国六种气候类型的区域分布。

通过这两幅彩色地图和一幅黑白地图，本部分的应用者可以了解产品在贮存、运输、安装或使用中最常遇到的户外气候条件的地理分布情况。

A.3 概述

分布图所给出的基本信息，如统计的户外气候类型及其分布情况，通过以下途径得到：

——将统计的户外气候在实际地理区域中应用情况的调查表送至各国家委员，然后对其反馈信息进行总结；

——经气象学家和工程师处理过的从世界各地气象站收集得到的20年间的气象资料。

A.4 户外气候的说明

A.4.1 一般注意事项

用一定颜色标志的某种气候类型或气候组能够代表所涉及地区的气候条件的特征。

从一种气候类型到另一种气候类型的过渡并没有明显的地理上的分界线，而且，在很多区域内，实际气候条件的严酷程度往往超过了某一气候类型的范围，只有两种气候类型的组合才更好地反映该地实际的气候条件。为此，给出了两种气候类型的组合并标于适当的位置。

位于标志区域内的某地的准确气候资料可从该地气象站获得。

A.4.2 两幅地图中所用到的标志

图中细线标志的区域表示平均海拔高于2 000 m的地区，这些地区要比其邻近地区寒冷，但总体上具有相同的气候特征。

图中用点标志的区域表示两个连续的气候类型（图中交替出现的气候类型）之间季节分明的地区，尤其是在湿热和干热气候类型之间。

宽线标志区表示温度和湿度具有周期性极值的区域（图中的温湿区域），其主要限于湿热/中等干热气候类型的组合，也见于极干热气候类型。

A.4.3 表示不同气候类型的地图（图A.1）

一种颜色表示一种气候类型，或在必要地方表示两种气候类型的组合。

两种气候类型的组合是指某地区内的实际气候是两种气候类型的混合。在这一地区内，当进行产品设计、建筑或测试时，这两种气候类型的严酷程度均应考虑在内。

表A.1列出了各种气候类型及其组合，并用一定颜色标志在图中。

A.4.4 表示不同气候组的地图(图 A.2)

不同气候组的标志同5.4。这里给出的是一个全面的气候组分布图,因此,在用不同颜色标志时,采用了额外的标志系统,不同的气候组标志如下:

——一种颜色表示有限组;

——两种颜色表示一般组;

——三种颜色表示通用组;

——四种颜色表示世界性组。

表 A.1 户外气候类型及其组合

户外气候类型		两种户外气候类型的组合		
名　称	符　号	名　称	符　号	所属户外气候组
极端寒冷 (南极中央除外)	EC			
寒冷	C			
寒温	CT			
暖温	WT			有限组
干热	WDr	干热/寒温	WDr/CT	一般组
中等干热	MWDr	中等干热/寒温 中等干热/暖温	MWDr/CT MWDr/WT	一般组 一般组
极干热	EWDr			
湿热	Wda	湿热/寒温 湿热/中等干热	Wda/CT Wda/MWDr	通用组 通用组
恒定湿热	WdaE	恒定湿热/中等干热	WdaE/MWDr	通用组

A.4.5 表示我国不同气候类型的区域分布图(A.3)

图A.3给出了我国6种气候类型的区域分布,不同气候类型之间用实线分隔,其中寒温气候类型又分为寒温Ⅰ和寒温Ⅱ,二者之间用虚线分隔。

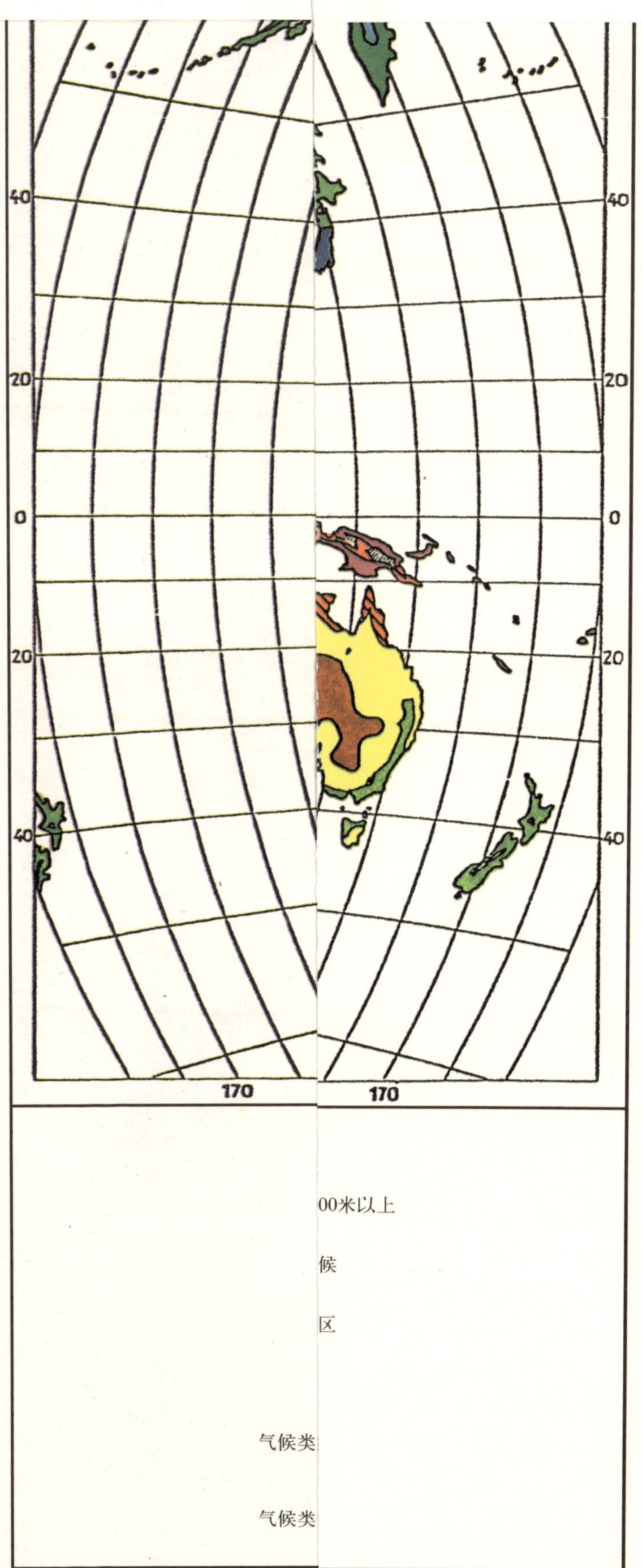

40
20
0
20
40
170
170
00米以上
候
区
气候类
气候类

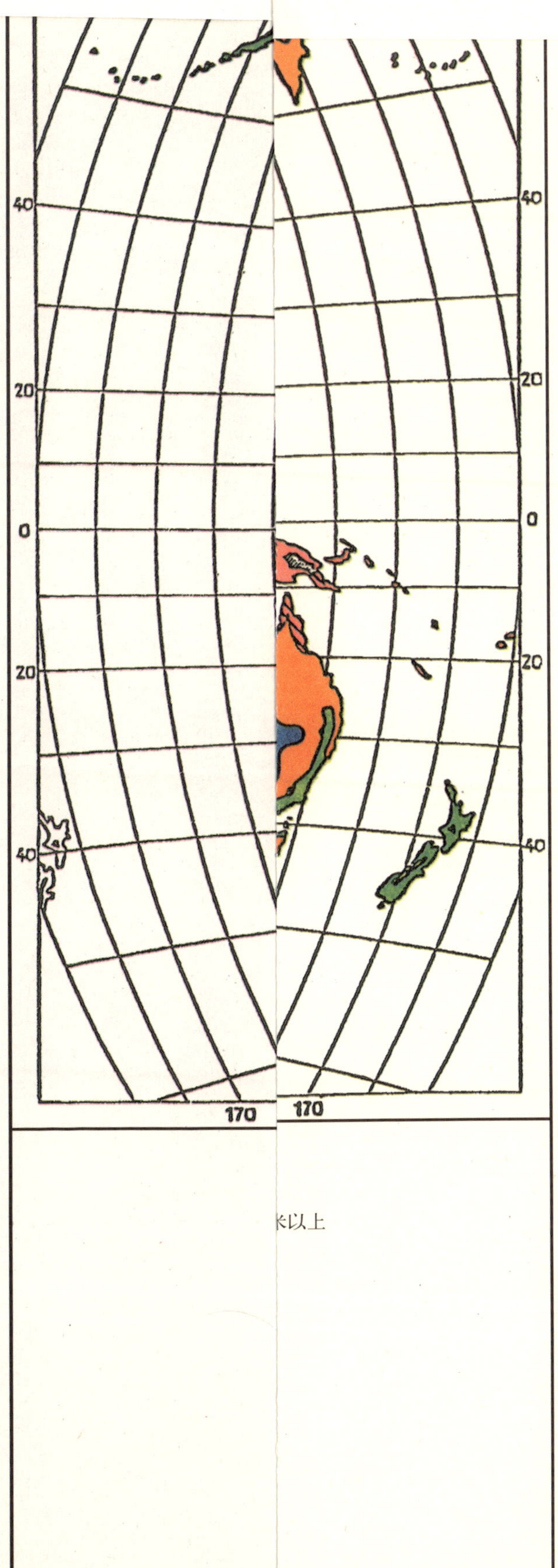
40
20
0
20
40
170
170
40
20
0
20
40
米以上

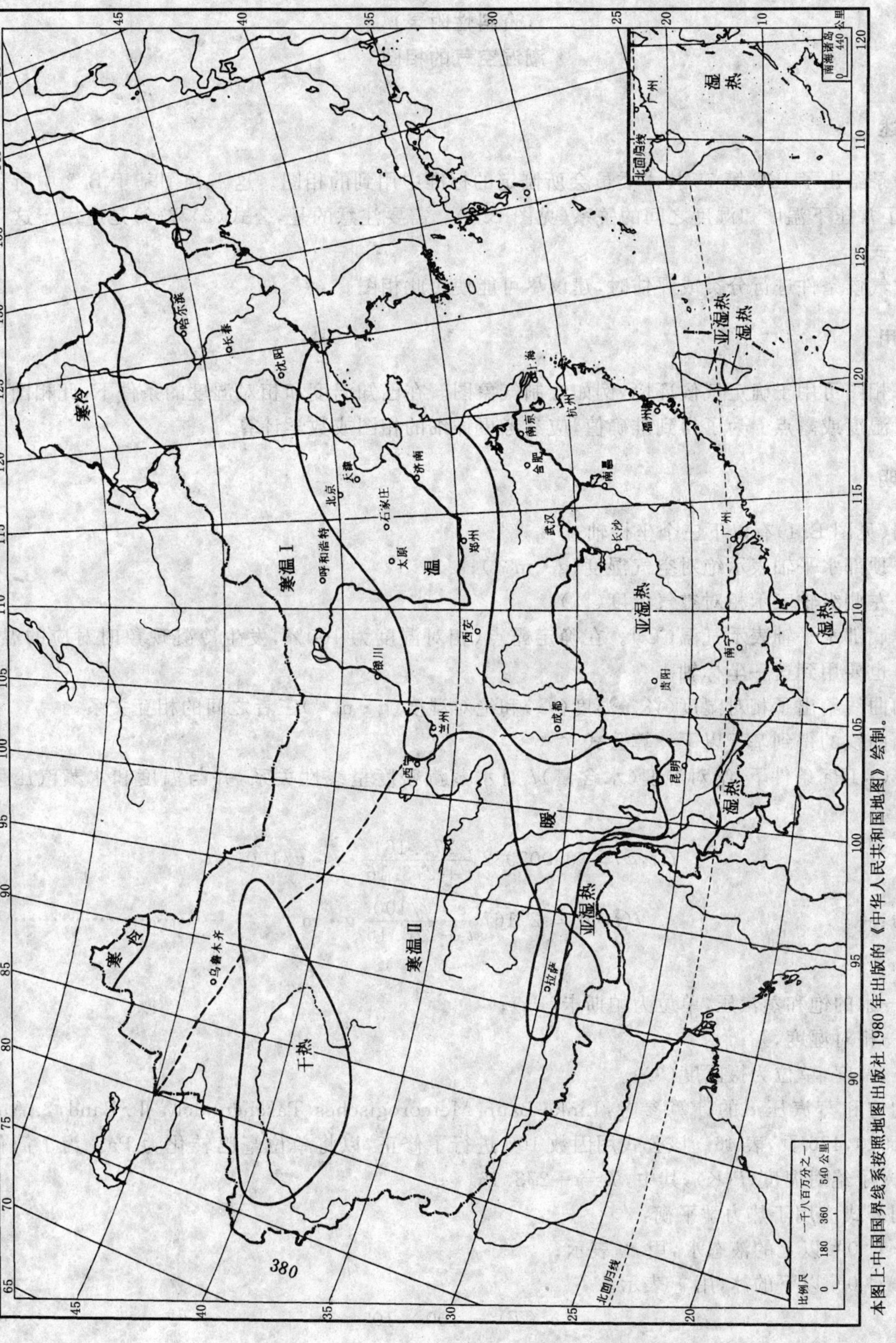

本图上中国国界线系按照地图出版社1980年出版的《中华人民共和国地图》绘制。

图 A.3 中国6中气候类型的区域分布图

附 录 B
（资料性附录）
潮湿空气的相图

B.1 概述

本附录给出了 IEC 第 75 技术委员会所制定的标准中用到的相图。这一相图基于 B.3 中所列出公式，给出了常压下温度和湿度之间的关系（见图 B.1）。需要注意的是，公式(2)和(3)是应用于这一相图的近似公式。

在对气候条件进行分类或评估时，建议尽可能使用此相图。

B.2 应用

这一相图可用于确定气候环境，例如绘制气象图。在已知温度和相对湿度的条件下，此相图可用于确定绝对湿度或露点。为了得到准确值，应参考更详细的相图或数学计算。

B.3 说明

相图（见图 B.1）有以下三个坐标轴：

——顶部水平轴表示绝对空气湿度（$g \cdot m^{-3}$）；

——左侧纵轴表示相对空气湿度（%）；

——底部水平轴表示气温（℃）。在确定露点（相对湿度为 100%，发生冷凝现象时对应的温度）时也要用到这一坐标轴。

相图曲线给出了相对湿度（%）、温度（℃）和绝对湿度（$g \cdot m^{-3}$）三者之间的相互关系。

相图曲线的得到基于以下计算公式：

在 0℃，1Pa 条件下，绝对湿度（水含量）l 对水蒸汽密度呈线性关系，并与温度和水蒸汽压呈线性关系。

$$l(t,\varphi) = 0.007932\,\frac{273.16}{t+273.16} \cdot e \cdot \varphi/100$$

或简化为：

$$l(t,\varphi) = 2.167\,\frac{e \cdot \varphi/100}{t+273.16}\ \mathrm{g \cdot m^{-3}} \qquad \cdots\cdots(1)$$

其中：

e——水的饱和蒸汽压，单位为帕斯卡（Pa）；

φ——相对湿度，%；

t——温度，单位为摄氏度（℃）。

水的饱和蒸汽压 e 的计算参考：Linke-Baur：Meteorogisches Taschenbuch，Ⅱ. Band，2. Auflage，Leipzig 1970，476 页，表 46。该公式用因数 100 进行了修正，以将单位毫巴转化为 Pa。为了简化这一公式，引入了绝对温度 T(K)，其中，$T=t+273.16$。

下列公式应用于热力学平衡：

——对 0℃以上的液态水，用 e_w 表示；

——对 0℃以下的冰，用 e_i 表示。

$$e_w(T) = 100 \times 10^n \qquad \cdots\cdots(2)$$

其中，

$$n = -7.90298\left(\frac{373.16}{T}-1\right) + 5.02808\log\frac{373.16}{T} - 1.3816\times10^{-7}\left[10^{11.344\left(1-\frac{T}{373.16}\right)}-1\right]$$

$$+8.132\,8\times10^{-3}\left[10^{-3.491\,49\left(\frac{373.16}{T}-1\right)}-1\right]+\log 1\,013.246$$

$$e_{\mathrm{i}}(T)=100\times10^{m} \qquad \cdots\cdots(3)$$

其中，

$$m=-9.097\,18\left(\frac{273.16}{T}-1\right)-3.566\,54\log\frac{273.16}{T}+0.876\,793\left(1-\frac{T}{273.16}\right)+\log 6.107\,14$$

B.4 应用示例

图 B.2 给出了一个应用相图的例子。

——已知 IEC 60721-3-3 中规定的气候条件 3K2，求在低温和高相对湿度条件下对应的绝对湿度。

找出相图中相对湿度 75%，温度 15℃所对应的点 X，从 X 点开始，沿着一条曲线上行作线，并使所作的线与 X 点最接近的恒定绝对湿度曲线相平行；平行线与顶部坐标轴交于 9.5 g·m^{-3}，即所求的绝对湿度。

——在以上条件下求露点。

从上面得到的绝对湿度值向下作一条垂直线，交温度坐标轴于 10℃，即所求的露点。

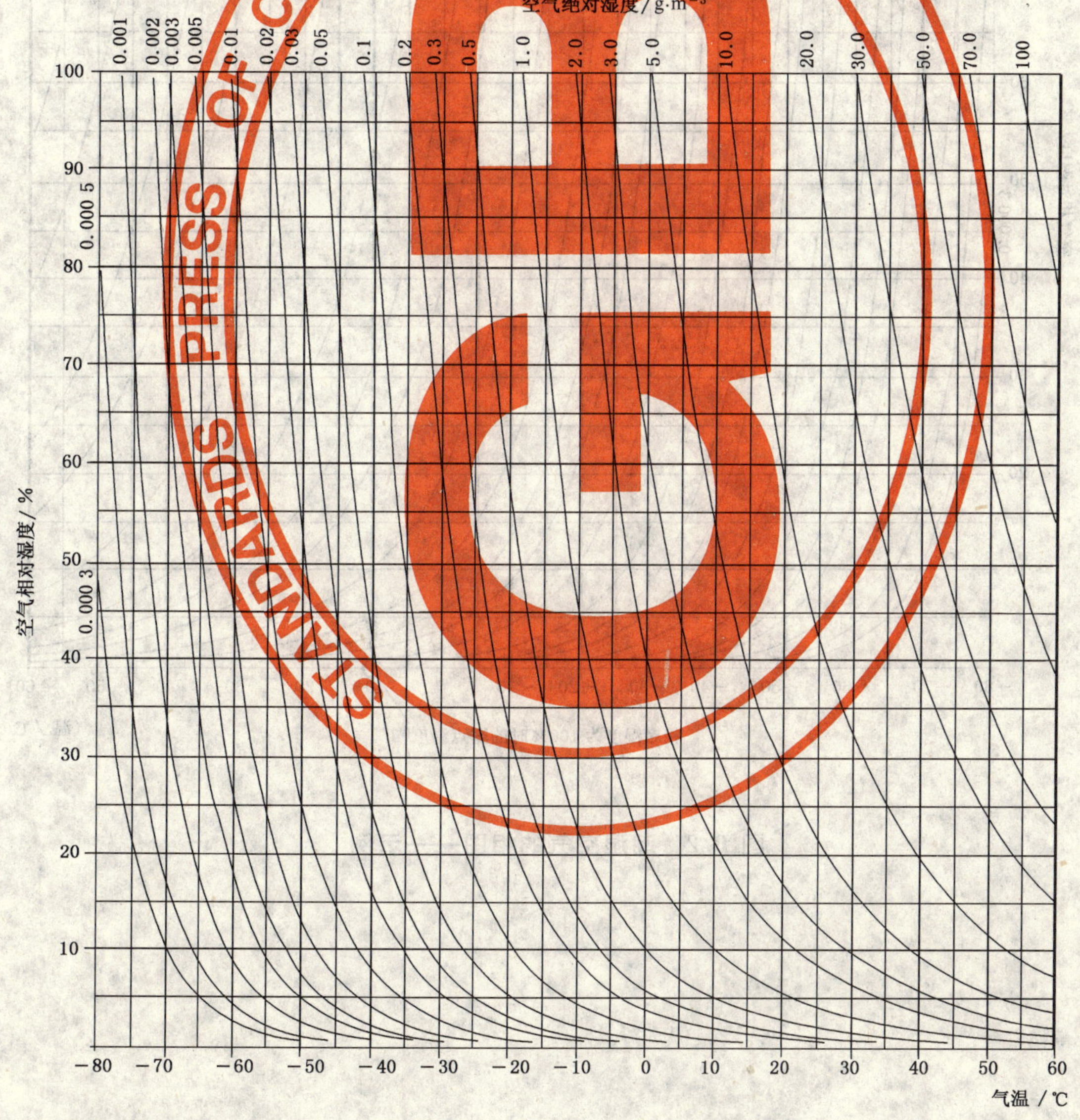

图 B.1 潮湿空气的相图

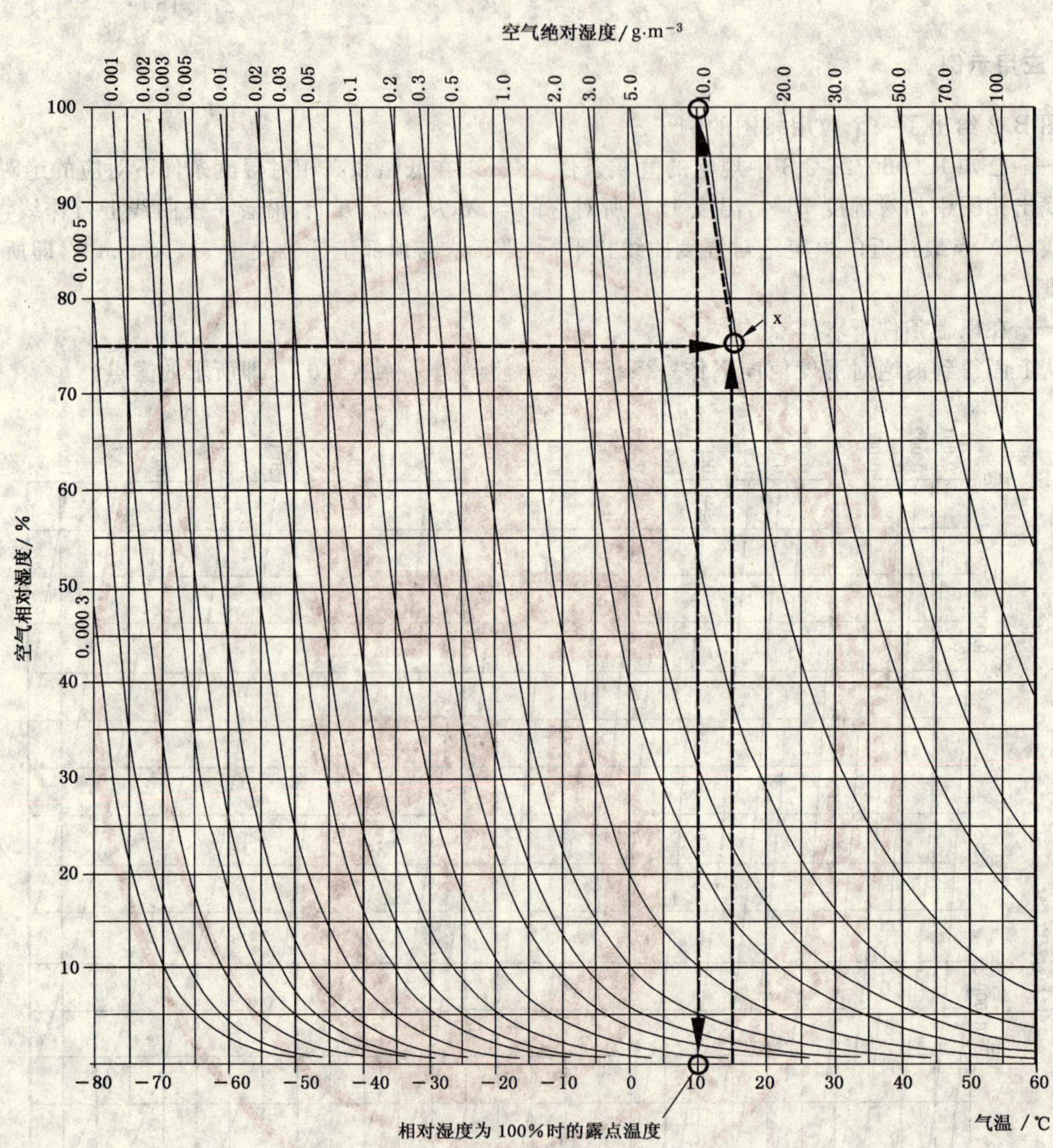

图 B.2 潮湿空气的相图——示例

附 录 C
（资料性附录）
中国 197 个台站 1961～1980 年的气象资料

C.1 197 个台站 1961～1980 年的气象资料

本部分的制定，涉及到 12 项参数；气候图的绘制，涉及到 18 项参数。这些参数值都来源于 197 个台站 1961～1980 年的气象资料。为了提供给有关标准参考，特将 163 个台站的 21 项参数值列于表C.1 和表 C.2。

C.1.1 资料表符号说明

C.1.1.1 温度和湿度的绝对极值

T_M——高温，T_m——低温，℃；

$T_{(RH)}$——相对湿度≥95％时的最高温度，℃；

e_M——最大绝对湿度，g·m^{-3}；

e_m——最小绝对湿度，g·m^{-3}；

R_M——最大相对湿度，％；

R_m——最小相对湿度，％。

C.1.1.2 温度和湿度的年极值平均值

$\overline{T}_M$——高温，$\overline{T}_m$——低温，℃；

$T_{(\overline{RH})}$——相对湿度≥95％时的最高温度，℃；

$\bar{e}_M$——最大绝对湿度，g·m^{-3}；

$\bar{e}_m$——最小绝对湿度，g·m^{-3}；

$\overline{R}_M$——最大相对湿度，％；

$\overline{R}_m$——最小相对湿度，％。

C.1.1.3 日平均温度和湿度的年极值平均值

$\overline{T}_{日M}$——高温，$\overline{T}_{日m}$——低温，℃；

$\overline{T}_{(\overline{RH})日}$——相对湿度≥95％时的最高温度，℃；

$\bar{e}_{日M}$——最大绝对湿度，g·m^{-3}；

$\bar{e}_{日m}$——最小绝对湿度，g·m^{-3}；

$\overline{R}_{日M}$——最大相对湿度，％；

$\overline{R}_{日m}$——最小相对湿度，％。

C.1.2 资料表使用说明

C.1.2.1 根据 T_M、T_m、$T_{(RH)}$、e_M 和 $\overline{T}_M$、$\overline{T}_m$、$T_{(\overline{RH})}$、$\bar{e}_M$ 以及 $\overline{T}_{日M}$、$\overline{T}_{日m}$、$\overline{T}_{(\overline{RH})日}$、$\bar{e}_{日M}$这 12 个参数值可以审定本部分，亦可判别这些台站地区的气候类型。

C.1.2.2 根据 T_M、T_m、e_M、e_m、R_M、R_m 和 $\overline{T}_M$、$\overline{T}_m$、$\bar{e}_M$、$\bar{e}_m$、$\overline{R}_M$、$\overline{R}_m$ 以及 $\overline{T}_{日M}$、$\overline{T}_{日m}$、$\bar{e}_{日M}$、$\bar{e}_{日m}$、$\overline{R}_{日M}$、$\overline{R}_{日m}$这 18 个参数值就可以绘制出该地区的气候图。

表 C.1 163 个台站一览表

站 名	北 纬 (°)	(′)	东 经 (°)	(′)	海拔高度/m
气候类型:寒冷					
漠 河	53	28	122	22	297.1
呼 玛	51	43	126	33	178.1
嫩 江	49	10	125	14	243.0
伊 春	47	43	128	54	232.4
图里河	50	30	121	28	733.4
海拉尔	49	13	119	45	614.0
阿尔山	47	10	119	57	1 027.8
阿勒泰	47	44	88	05	736.9
巴音布鲁克	43	02	84	09	2 458.1
气候类型:寒温Ⅰ					
博克图	48	46	121	55	738.7
海 伦	47	26	126	58	239.4
富 锦	47	14	131	59	65.0
齐齐哈尔	47	23	123	55	147.2
哈尔滨	45	41	126	37	172.4
通 河	45	58	128	44	108.6
虎 林	45	46	132	58	100.2
牡丹江	44	34	129	36	242.5
长 春	43	54	125	13	238.5
延 吉	42	53	129	28	178.2
临 江	41	43	126	55	333.3
沈 阳	41	46	123	26	43.3
呼和浩特	40	49	111	41	1 065.0
化 德	41	54	114	00	1 484.4
二连浩特	43	39	112	00	966.0
满都拉庙	42	32	110	08	1 223.5
通 辽	43	36	122	16	179.8
鲁 北	44	34	120	54	265.8
赤 峰	42	16	118	58	572.8
锡林浩特	43	57	116	04	990.8
拐子湖	41	22	102	22	960.0
老东庙	42	13	101	22	936.3
多 伦	42	11	116	28	1 245.4

表 C.1(续)

站　　名	北纬(°)	北纬(′)	东经(°)	东经(′)	海拔高度/m
气候类型:寒温Ⅰ					
巴彦毛道	40	45	104	30	1 328.1
林　　东	43	59	119	24	483.4
吉兰泰	39	47	105	45	1 031.8
河　　曲	39	17	111	16	1 032.0
榆　　林	38	14	109	42	1 057.5
银　　川	38	29	106	13	1 112.2
盐　　池	37	47	107	24	1 349.9
张　　掖	38	56	100	26	1 483.2
酒　　泉	39	46	98	29	1 478.2
野马街	41	35	96	53	1 963.7
敦　　煌	40	09	94	41	1 139.6
北塔山	45	22	90	32	1 650.5
乌鲁木齐	43	47	87	37	918.3
奇　　台	44	01	89	34	796.4
中　　宁	37	29	105	40	1 184.6
气候类型:寒温Ⅱ					
刚　　查	37	20	100	08	3 302.4
大柴旦	37	51	95	22	3174.2
同　　德	35	16	100	39	3 290.4
伍道梁	35	13	93	05	4613.2
冷　　湖	38	50	93	23	2 733.0
沱沱河	33	57	92	37	4 533.1
茫　　崖	37	51	91	39	2 892.7
索　　县	31	54	93	47	3 951.0
噶　　尔	32	30	80	05	4 279.3
帕　　里	27	44	89	05	4 301.2
班　　戈	31	22	90	01	4 701.0
那　　曲	31	29	92	04	4 508.0
甘　　孜	31	37	100	00	3 394.2
理　　塘	30	00	100	16	3 948.9
五台山	39	02	113	32	2 895.8
气候类型:暖温					
丹　　东	40	03	124	20	15.1

表 C.1(续)

站名	北纬 (°)	(′)	东经 (°)	(′)	海拔高度/m
气候类型:暖温					
西宁	36	37	107	46	2 262.2
北京	39	48	116	28	32.3
石家庄	39	04	114	26	82.3
沧县	38	20	116	55	11.4
太原	37	47	112	33	779.6
运城	35	02	111	01	375.9
济南	36	41	116	59	57.8
昌潍	36	42	119	05	44.1
泰山	36	15	117	06	1 533.7
延安	36	36	109	30	958.8
西安	34	18	108	56	398.0
华山	34	29	110	07	2 064.9
兰州	36	03	103	53	1 518.3
郑州	34	43	113	39	111.4
驻马店	32	59	114	02	85.2
安阳	36	07	114	22	76.4
宝鸡	34	21	107	08	616.2
阜阳	32	56	115	50	38.6
徐州	34	17	117	18	43.7
康定	30	03	101	57	2 617.0
巴塘	30	00	99	06	2 859.1
峨嵋山	29	31	103	21	3 047.4
西昌	27	54	102	16	1 592.1
威宁	26	52	104	17	2 236.2
德钦	28	30	98	54	3 594.9
丽江	26	52	100	26	2 394.4
元谋	25	44	101	52	1 119.7
腾冲	25	07	98	29	1 648.7
昆明	25	01	102	41	1 892.5
林芝	29	34	94	28	3 001.0
昌都	31	09	97	10	3 307.0
隆子	28	25	92	28	3 860.0
拉萨	29	40	91	08	3 650.1
黄山	30	08	118	09	1 840.4
南岳	27	15	112	45	1 265.9
庐山	29	35	115	59	1 164.0
九仙山	25	43	118	06	1 650.0

表 C.1(续)

站名	北纬 (°)	北纬 (′)	东经 (°)	东经 (′)	海拔高度/m
气候类型:干热					
哈密	42	49	93	31	738.7
铁干里克	40	38	87	42	847.1
库车	41	43	82	57	1 100.1
喀什	39	28	75	59	1 290.7
和田	37	08	79	56	1 374.7
吐鲁番	42	56	89	12	34.5
莎车	38	26	77	16	1 231.2
若羌	39	02	88	10	888.3
库尔勒	41	45	86	08	931.5
气候类型:亚湿热					
汉中	33	04	107	02	509.3
安康	32	43	109	02	291.2
射阳	33	46	120	15	6.7
南京	32	00	118	48	12.5
上海	31	10	121	26	8.6
合肥	31	52	117	14	31.0
光化	32	23	111	40	91.0
宜昌	30	42	111	05	131.0
汉口	30	38	114	04	23.5
长沙	28	12	113	05	45.9
零陵	26	14	111	37	170.0
南昌	28	36	115	55	49.9
赣州	25	51	114	57	124.7
南宁	22	49	108	21	72.7
梧州	23	29	111	18	120.5
柳州	24	21	109	24	97.5
百色	23	54	106	36	175.2
龙州	22	22	106	45	129.4
桂林	25	20	110	18	166.7
安庆	30	31	117	02	44.0
芷江	27	27	109	38	266.5
贵阳	26	29	106	39	1 153.3
榕江	25	58	108	32	287.4

表 C.1(续)

站名	北纬 (°)	北纬 (′)	东经 (°)	东经 (′)	海拔高度/m
气候类型:亚湿热					
兴仁	25	26	105	11	1 379.3
雅安	29	59	103	00	629.4
成都	30	40	104	01	507.6
重庆(沙坪坝)	29	31	106	29	351.5
宜宾	28	48	104	36	341.6
平武	32	25	104	31	877.4
南充	30	48	106	05	297.7
吉安	27	05	114	55	78.0
杭州	30	14	120	10	43.2
温州	28	01	120	40	7.1
福州	26	05	119	17	85.4
厦门	24	27	118	04	63.4
平潭	25	31	119	47	24.7
舟山	30	02	122	07	35.7
南城	27	33	116	36	80.9
韶关	24	48	113	35	68.3
梅县	24	18	116	07	83.6
广州	23	08	113	19	7.6
汕尾	22	47	115	22	5.5
河源	23	44	114	41	41.1
汕头	23	24	116	41	1.2
连县	24	47	112	23	97.6
北海	21	29	109	06	16.0
阳江	21	52	111	58	23.3
气候类型:湿热					
上川岛	21	41	112	48	2.9
元江	23	36	101	59	397.8
勐定	23	34	99	05	511.4
允景洪	21	52	101	04	552.9
湛江	21	13	110	24	27.7
海口	20	02	110	21	14.9
西沙	16	50	112	20	5.4

表 C.2　163 个台站 21 项参数资料表

站名	T_M	T_m	e_M	e_m	R_M	R_m	$T_{(RH)}$	$\overline{T}_M$	$\overline{T}_m$	$\overline{e}_M$	$\overline{e}_m$	$\overline{R}_M$	$\overline{R}_m$	$T_{(\overline{RH})}$	$\overline{T}_{\text{日}M}$	$\overline{T}_{\text{日}m}$	$\overline{e}_{\text{日}M}$	$\overline{e}_{\text{日}m}$	$\overline{R}_{\text{日}M}$	$\overline{R}_{\text{日}m}$	$\overline{T}_{(\overline{RH})\text{日}}$
寒冷																					
漠河	36.8	−52.3	20.2	0.0	100	3	20.7	34.2	−46.6	17.5	0.083	100	8	19.2	23.7	−38.9	15.7	0.140	96	31	16.0
呼玛	38.0	−48.2	21.4	0.089	100	1	22.7	34.6	−43.4	18.9	0.103	100	6	20.3	25.9	−38.0	17.1	0.181	96	24	16.7
嫩江	37.4	−43.7	22.6	0.0	100	0	23.2	33.9	−40.7	19.8	0.117	100	5	21.1	25.7	−40.3	17.9	0.261	96	22	16.5
伊春	35.1	−43.1	21.8	0.093	100	2	23.0	33.1	−38.9	19.5	0.138	100	8	21.0	25.6	−32.3	17.8	0.295	96	27	13.4
图里河	35.1	−50.2	21.0	0.093	100	0	20.8	31.7	−45.5	16.7	0.093	100	6	17.9	21.3	−38.3	14.5	0.201	95	34	14.5
海拉尔	36.5	−43.6	20.7	0.092	100	0	20.1	33.8	−40.4	17.3	0.132	99	6	17.9	23.6	−34.9	15.4	0.256	93	21	13.7
阿尔山	34.1	−45.7	19.5	0.0	100	0	19.8	31.0	−42.0	12.2	0.108	98	7	16.3	22.9	−36.5	14.4	0.234	95	27	10.0
阿勒泰	37.6	−43.5	15.5	0.093	100	1	18.5	35.2	−36.5	13.8	0.237	99	5	13.4	28.8	−30.6	12.3	0.353	95	14	—
巴音布鲁克	28.0	−46.6	9.8	0.093	100	0	10.1	25.5	−40.9	9.1	0.151	99	7	7.2	15.4	−35.1	8.3	0.247	94	34	−5.8
寒温Ⅰ																					
博克图	35.6	−37.5	20.1	0.089	100	0	20.5	32.4	−33.6	17.4	0.231	100	4	18.7	22.9	−29.4	15.5	0.327	96	22	14.7
海伦	37.7	−40.3	24.0	0.088	100	0	24.4	33.7	−35.4	21.0	0.219	100	4	22.3	26.0	−30.8	18.8	0.320	98	22	18.3
富锦	36.1	−37.8	22.8	0.182	100	2	24.5	33.6	−32.6	20.6	0.285	100	8	22.1	26.8	−27.5	19.0	0.389	97	28	19.0
齐齐哈尔	40.1	−36.4	23.3	0.087	100	0	24.5	35.5	−32.4	20.7	0.250	100	3	22.3	28.1	−27.0	19.0	0.382	95	21	15.1
哈尔滨	36.4	−38.1	27.0	0.182	100	0	24.6	34.0	−33.4	21.8	0.272	100	5	23.0	27.4	−27.6	20.1	0.433	97	22	17.3
通河	34.8	−40.4	23.7	0.087	100	2	24.3	33.1	−36.0	21.5	0.219	100	8	23.1	26.3	−28.9	20.1	0.387	97	31	13.9
虎林	34.6	−33.9	22.6	0.261	100	3	24.6	31.0	−31.5	20.8	0.312	100	8	22.7	25.9	−26.1	19.5	0.410	97	29	18.4
牡丹江	36.3	−38.3	23.7	0.085	100	0	23.1	34.2	−32.7	20.2	0.250	100	5	21.4	27.0	−25.7	18.8	0.434	94	24	16.0
长春	36.4	−36.5	24.5	0.169	100	0	25.4	33.7	−29.8	21.8	0.308	100	4	23.3	27.2	−24.9	20.3	0.454	97	22	18.8
延吉	37.6	−32.7	23.0	0.158	100	0	23.9	35.1	−28.4	21.1	0.323	100	4	22.3	26.7	−21.9	19.2	0.339	95	21	17.5
临江	36.5	−34.8	22.6	0.255	100	6	24.5	33.5	−31.6	20.7	0.323	99	10	22.7	25.9	−25.3	19.3	0.469	96	29	18.0
沈阳	35.7	−30.5	26.5	0.239	100	0	26.0	33.8	−26.1	23.1	0.347	100	5	24.2	29.4	−20.3	21.5	0.510	95	22	19.8
呼和浩特	36.9	−31.2	21.5	0.162	100	1	24.6	33.6	−26.3	18.4	0.292	99	5	20.3	26.6	−20.7	16.5	0.255	94	17	10.9
化德	34.1	−35.9	17.2	0.0	100	0	19.7	81.7	−30.6	15.5	0.165	100	1	17.3	23.8	−26.1	14.3	0.364	96	14	8.6
二连浩特	39.9	−38.1	26.3	0.0	100	0	20.4	37.1	−32.5	17.2	0.083	99	0	16.8	28.8	−27.1	14.2	0.345	90	10	—
满都拉庙	38.6	−35.3	18.1	0.0	100	0	20.0	35.7	−30.5	15.8	0.043	99	0	17.1	27.8	−24.6	13.4	0.382	91	9	−4.0
通辽	38.9	−30.5	24.7	0.078	100	0	26.1	36.2	−27.5	22.1	0.251	99	1	23.2	28.2	−22.2	20.1	0.415	96	16	15.0
鲁北	40.6	−29.5	23.3	0.0	100	0	23.5	37.6	−25.6	20.7	0.203	99	2	21.6	28.5	−21.1	18.5	0.373	94	15	17.3
赤峰	39.2	−28.8	20.0	0.0	100	0	22.4	36.7	−25.3	18.7	0.173	98	0	20.1	29.0	−18.9	17.2	0.345	94	14	18.0
锡林浩特	37.0	−39.0	18.1	0.0	100	0	20.0	34.9	−34.5	16.5	0.185	99	1	16.1	26.5	−27.9	14.6	0.389	92	15	5.5

表 C.2(续)

站名	T_M	T_m	e_M	e_m	R_M	R_m	$T_{(RH)}$	$\overline{T}_M$	$\overline{T}_m$	$\overline{e}_M$	$\overline{e}_m$	$\overline{R}_M$	$\overline{R}_m$	$T_{(\overline{RH})}$	$\overline{T}_{日M}$	$\overline{T}_{日m}$	$\overline{e}_{日M}$	$\overline{e}_{日m}$	$\overline{R}_{日M}$	$\overline{R}_{日m}$	$\overline{T}_{(\overline{RH})日}$
拐子湖	43.1	−32.4	19.0	0.0	100	0	19.2	40.5	−27.5	15.9	0.108	96	1	10.3	31.8	−20.1	13.4	0.325	82	8	—
老东庙	41.6	−36.4	18.2	0.0	100	0	20.0	40.0	−28.6	15.2	0.105	96	0	13.9	31.4	−21.2	13.3	0.312	80	10	—
多伦	33.7	−38.5	18.0	0.0	100	0	19.0	31.7	−33.1	16.5	0.173	100	1	17.8	22.9	−26.5	14.8	0.410	98	6	10.0
巴彦毛道	38.0	−30.7	17.1	0.0	100	0	18.7	36.0	−26.3	14.7	0.139	98	0	15.5	28.6	−20.7	13.0	0.396	88	8	—
林东	40.2	−31.6	21.7	0.075	100	0	22.3	36.8	−28.0	19.2	0.190	99	1	20.6	27.7	−21.4	17.4	0.366	94	15	16.8
吉兰泰	40.9	−31.2	20.0	0.074	100	0	21.9	38.3	−25.2	16.7	0.189	98	1	14.6	30.2	−18.5	15.1	0.394	87	12	—
河曲	38.2	−26.9	22.0	0.0	100	0	22.5	36.0	−22.8	19.1	0.242	99	1	20.4	28.7	−17.5	17.4	0.429	94	15	14.7
榆林	37.6	−30.0	21.2	0.170	100	0	23.4	35.4	−24.5	19.0	0.346	100	3	20.9	27.5	−18.0	17.4	0.544	95	18	5.2
银川	36.4	−27.7	22.0	0.163	100	0	23.5	34.8	−21.8	19.6	0.371	100	2	19.9	27.1	−16.1	17.4	0.660	94	18	14.5
盐池	38.1	−28.5	18.8	0.0	100	0	21.5	35.3	−24.9	17.1	0.224	100	1	18.8	27.1	−17.9	15.8	0.502	95	13	12.3
张掖	38.6	−27.3	19.8	0.083	100	0	18.8	36.0	−23.9	16.6	0.409	98	1	15.4	26.8	−17.6	13.9	0.651	91	18	11.2
酒泉	36.1	−28.0	19.2	0.077	100	0	19.3	34.2	−24.2	16.0	0.374	99	1	13.8	25.7	−18.4	13.3	0.635	92	13	7.1
野马街	34.5	−31.6	12.2	0.0	100	0	17.3	31.8	−28.1	10.9	0.115	93	0	12.0	24.4	−22.1	9.9	0.372	86	8	—
敦煌	40.8	−28.5	20.2	0.0	99	0	17.3	37.4	−22.5	16.4	0.439	96	1	15.3	29.2	−16.0	12.6	0.661	84	13	—
北塔山	32.8	−33.5	12.3	0.0	100	0	14.6	30.9	−28.9	10.8	0.177	100	1	11.3	24.3	−23.9	9.5	0.327	95	12	−0.8
乌鲁木齐	42.1	−32.8	22.6	0.0	100	0	17.2	39.4	−28.2	15.2	0.393	100	5	11.3	31.6	−24.4	12.7	0.594	95	15	2.2
奇台	40.5	−40.4	16.1	0.093	100	0	17.5	38.4	−34.6	14.2	0.257	100	2	14.7	28.7	−28.5	12.3	0.446	96	20	−5.4
中宁	37.4	−25.6	23.3	0.150	100	0	21.6	35.7	−20.5	18.5	0.328	100	0	18.7	28.3	−19.3	16.8	0.631	94	18	15.3
寒温Ⅱ																					
刚察	25.0	−31.0	11.9	0.077	100	0	12.2	22.3	−27.4	10.5	0.131	99	0	9.0	15.3	−19.5	9.4	0.315	91	15	5.8
大柴旦	29.9	−33.6	11.3	0.0	100	0	11.3	28.2	−29.7	9.4	0.077	97	0	4.5	21.5	−20.7	8.6	0.202	84	10	—
同德	28.1	−36.2	12.9	0.0	100	0	13.4	25.5	−31.2	11.1	0.076	100	0	12.0	16.0	−20.2	10.2	0.213	93	13	2.1
伍道梁	23.2	−33.2	8.1	0.0	100	0	7.3	18.6	−30.7	7.6	0.091	99	1	5.4	9.9	−22.3	6.8	0.253	97	8	1.4
冷湖	33.1	−33.3	13.8	0.0	100	0	2.5	31.3	−30.0	9.2	0.018	92	0	−9.4	22.6	−19.6	7.4	0.213	70	7	—
托托河	23.3	−33.7	8.6	0.0	100	0	7.8	20.1	−30.9	7.7	0.063	100	0	5.8	11.2	−22.0	7.1	0.239	91	14	−3.0
茫崖	30.0	−32.9	9.0	0.0	100	0	5.7	27.8	−26.8	7.8	0.066	96	0	3.4	18.9	−19.3	6.7	0.275	78	8	—
索县	25.6	−36.8	10.4	0.0	100	0	10.1	22.6	−26.7	9.1	0.019	100	0	8.3	14.7	−18.5	8.2	0.252	91	9	0.6
噶尔	27.6	−34.5	8.8	0.0	100	0	10.7	25.1	−29.5	7.9	0.042	98	0	4.8	16.8	−19.9	6.9	0.195	81	8	1.6
帕里	19.3	−30.1	10.1	0.0	100	0	8.3	16.5	−24.9	8.4	0.014	100	0	7.3	9.3	−15.1	7.6	0.346	93	12	1.9
班戈	22.9	−42.9	8.1	0.0	100	0	7.9	19.7	−30.2	7.4	0.028	99	0	4.9	12.4	−21.5	6.8	0.187	89	7	−0.6
那曲	22.6	−41.2	10.7	0.0	100	0	9.1	20.0	−32.4	8.2	0.008	100	0	6.5	11.9	−22.9	7.5	0.152	92	9	1.3

表 C.2(续)

站名	T_M	T_m	e_M	e_m	R_M	R_m	$T_{(RH)}$	$\overline{T}_M$	$\overline{T}_m$	$\overline{e}_M$	$\overline{e}_m$	$\overline{R}_M$	$\overline{R}_m$	$T_{(\overline{RH})}$	$\overline{T}_{日M}$	$\overline{T}_{日m}$	$\overline{e}_{日M}$	$\overline{e}_{日m}$	$\overline{R}_{日M}$	$\overline{R}_{日m}$	$\overline{T}_{(\overline{RH})日}$
甘孜	29.1	−28.7	15.2	0.0	100	0	13.3	27.4	−20.4	11.8	0.139	99	0	11.7	18.3	−12.3	10.3	0.622	91	15	—
理塘	24.1	−26.0	10.4	0.0	100	0	9.5	22.1	−22.4	9.3	0.158	100	0	8.8	14.4	−11.3	8.4	0.459	95	16	1.7
五台山	20.0	−39.2	12.9	0.0	100	0	14.9	17.8	−34.8	11.7	0.061	100	1	13.5	13.4	−30.1	10.7	0.217	100	12	12.1
暖温																					
丹东	37.2	−23.8	26.0	0.160	100	0	26.8	32.4	−20.5	23.3	0.332	100	5	25.0	26.6	−16.4	23.5	0.530	99	21	24.3
北京	40.6	−27.4	28.3	0.0	100	0	27.8	37.1	−16.5	26.0	0.144	99	1	26.2	29.8	−10.4	23.8	0.399	97	11	20.7
石家庄	42.7	−19.8	30.8	0.0	100	0	28.7	39.3	−15.7	25.9	0.265	100	2	24.9	31.7	−9.5	24.1	0.617	98	12	21.2
沧县	40.5	−20.6	29.7	0.237	100	0	27.4	38.1	−15.8	26.3	0.384	100	5	26.7	31.0	−10.4	24.3	0.657	97	20	17.8
太原	38.4	−24.6	25.8	0.156	100	0	24.0	35.1	−20.2	21.7	0.315	100	2	22.3	27.0	−12.9	19.5	0.521	96	16	16.0
运城	42.7	−18.9	26.6	0.078	100	0	28.5	39.3	−14.3	23.2	0.420	100	3	24.1	33.1	−8.0	21.8	0.818	97	21	17.4
西宁	33.5	−24.9	14.8	0.154	100	0	17.5	30.7	−20.5	13.4	0.369	97	1	12.5	22.0	−14.0	12.5	0.679	90	21	—
济南	40.5	−16.7	27.8	0.080	100	0	28.3	38.3	−12.8	25.3	0.358	100	3	26.0	32.8	−8.6	23.6	0.714	98	15	21.3
昌潍	40.3	−17.9	28.0	0.311	100	0	27.5	37.6	−14.9	25.8	0.542	100	5	26.3	30.7	−9.8	23.9	0.895	98	23	23.9
泰山	27.0	−25.4	20.6	0.0	100	0	22.5	25.3	−21.4	18.0	0.043	100	0	21.7	21.5	−18.3	17.6	0.270	100	10	20.5
延安	38.0	−21.7	22.5	0.081	100	0	23.3	35.9	−19.3	20.3	0.339	100	3	21.6	27.1	−13.3	18.7	0.606	96	19	16.6
西安	41.7	−16.0	26.1	0.398	100	1	25.3	39.5	−10.7	23.9	0.836	100	9	24.1	32.3	−6.3	22.0	1.361	97	28	20.2
华山	27.7	−24.9	17.2	0.082	100	0	19.4	25.8	−20.3	16.3	0.243	100	2	18.1	22.3	−16.7	14.5	0.510	100	15	15.9
兰州	36.8	−21.7	18.0	0.224	100	0	20.7	35.0	−17.4	16.2	0.661	98	5	17.1	26.9	−11.9	15.2	0.934	90	22	—
郑州	43.0	−17.9	28.3	0.0	100	0	28.0	39.8	−12.1	26.3	0.361	100	2	26.1	32.7	−6.4	25.0	0.811	97	15	21.8
驻马店	41.9	−17.4	30.9	0.317	100	0	28.2	38.7	−10.7	26.9	0.644	100	6	27.1	32.2	−6.0	25.0	1.317	99	24	24.4
安阳	41.5	−17.3	28.5	0.079	100	0	28.6	39.5	−13.3	26.6	0.405	100	2	26.6	31.4	−7.6	24.7	1.035	97	20	22.2
宝鸡	41.6	−13.9	22.7	0.540	100	0	24.0	38.1	−10.2	21.3	1.002	100	6	22.1	30.6	−6.2	20.0	1.511	98	27	17.4
阜阳	40.3	−20.4	29.5	0.078	100	1	28.9	38.4	−11.7	27.3	0.699	100	7	27.5	32.4	−6.6	23.9	1.360	98	31	23.9
徐州	40.6	−22.6	29.1	0.231	100	1	28.7	37.7	−11.8	26.8	0.598	100	6	27.1	31.9	−6.6	24.9	0.646	98	26	23.9
康定	27.0	−14.7	14.2	0.0	100	0	17.3	22.5	−11.9	13.2	0.319	100	1	16.0	19.0	−8.7	12.7	1.059	96	21	11.3
巴塘	35.8	−12.8	14.5	0.076	99	0	16.9	34.0	−10.4	13.7	0.402	98	1	16.0	25.0	−2.0	12.8	0.799	91	13	11.6
峨嵋山	21.5	−19.3	14.3	0.229	100	0	16.1	20.0	−16.7	13.2	0.430	100	3	15.1	14.7	−14.4	12.5	1.017	100	18	14.4
西昌	35.9	−3.8	16.9	1.107	100	0	20.7	33.8	−1.9	18.5	1.819	99	6	20.0	27.7	2.0	17.1	2.610	95	18	16.8
威宁	30.6	−15.3	16.7	0.373	100	0	19.2	28.1	−9.6	15.2	1.466	100	7	17.4	20.9	−7.0	14.1	2.308	100	28	15.7
德钦	24.5	−12.5	14.9	0.312	100	0	13.3	21.9	−10.4	11.3	0.599	100	5	11.7	14.3	−6.3	9.9	0.932	99	22	10.5
丽江	32.3	−7.5	15.6	0.378	100	0	17.7	28.8	−5.9	14.7	0.974	100	5	17.1	21.8	1.6	13.8	1.633	96	20	14.7

表 C.2(续)

站名	T_M	T_m	e_M	e_m	R_M	R_m	$T_{(RH)}$	$\overline{T}_M$	$\overline{T}_m$	$\overline{e}_M$	$\overline{e}_m$	$\overline{R}_M$	$\overline{R}_m$	$T_{(\overline{RH})}$	$\overline{T}_{日M}$	$\overline{T}_{日m}$	$\overline{e}_{日M}$	$\overline{e}_{日m}$	$\overline{R}_{日M}$	$\overline{R}_{日m}$	$\overline{T}_{(RH)日}$
元谋	42.0	0.1	21.5	1.296	100	0	23.9	38.7	2.0	20.3	1.967	98	3	22.3	31.5	8.4	18.7	3.199	93	18	17.9
腾冲	30.5	−4.2	18.2	1.727	100	2	23.2	28.9	−2.7	17.4	2.598	100	11	20.2	22.5	4.9	16.3	3.694	97	47	18.9
昆明	31.2	−5.4	18.2	1.826	100	2	21.6	29.3	−3.0	16.0	2.353	100	11	19.2	22.8	1.0	15.6	2.797	96	36	16.5
林芝	29.5	−12.5	13.8	0.155	100	0	14.2	27.5	−10.8	12.2	0.556	100	2	13.6	18.2	−3.4	11.1	1.092	94	25	12.3
昌都	33.4	−18.8	12.0	0.078	100	0	13.2	30.0	−16.9	11.2	0.283	98	0	11.7	20.3	−7.8	10.4	0.661	89	18	—
隆子	27.1	−20.3	11.2	0.0	100	0	10.6	24.6	−17.6	9.2	0.030	99	0	9.1	15.8	−7.9	8.4	0.468	85	14	—
拉萨	28.1	−16.5	12.1	0.0	100	0	14.6	26.2	−15.0	11.0	0.009	98	0	11.2	18.9	−7.5	9.6	0.393	84	6	—
黄山	27.1	−21.5	18.0	0.0	100	0	21.0	25.2	−18.1	17.2	0.024	100	0	19.8	20.7	−14.4	15.8	0.369	100	8	18.7
南岳	31.0	−16.0	22.0	0.0	100	0	23.9	29.0	−12.2	20.6	0.395	100	5	22.5	24.4	−10.0	18.6	1.261	100	20	21.7
庐山	32.0	−16.8	21.9	0.237	100	0	23.4	30.1	−12.8	21.1	0.568	100	5	22.5	25.7	−11.8	18.7	1.168	100	20	21.1
九仙山	27.9	−12.8	19.0	0.153	100	0	21.3	27.2	−10.1	17.9	0.361	100	5	20.5	22.3	−6.0	16.3	1.476	100	24	19.4
干热																					
哈密	42.6	−28.6	19.2	0.0	100	0	17.2	40.5	−23.1	17.0	0.298	94	1	15.0	32.1	−17.8	12.9	0.603	83	12	—
铁干里克	42.2	−27.5	24.2	0.077	100	0	17.5	39.8	−22.1	19.4	0.385	98	2	7.9	31.0	−15.4	13.0	0.725	86	13	−4.8
库车	39.8	−24.6	15.8	0.0	100	0	15.9	37.8	−18.7	14.0	0.456	97	2	4.3	30.9	−14.0	11.9	0.994	89	12	−7.6
喀什	39.9	−24.2	16.1	0.078	100	0	12.0	37.0	−18.8	14.3	0.598	97	3	2.0	30.5	−13.0	12.0	1.220	90	14	—
和田	40.6	−21.6	18.9	0.147	100	0	16.3	38.5	−16.0	15.5	0.723	97	1	6.5	29.9	−11.3	12.3	1.143	89	14	4.0
吐鲁番	47.5	−25.2	24.9	0.075	100	0	—	45.6	−19.3	20.9	0.560	92	1	—	36.9	−14.4	14.8	0.863	79	12	—
莎车	39.8	−23.5	19.7	0.392	100	0	20.3	37.9	−17.8	16.9	0.946	99	2	11.9	29.7	−12.5	13.7	1.354	91	18	−4.2
若羌	43.6	−24.8	20.1	0.232	100	0	18.2	40.9	−19.6	16.4	0.449	96	1	9.2	31.7	−14.4	13.0	0.801	82	12	—
库尔勒	40.0	−28.1	19.2	0.163	99	0	21.1	37.5	−20.1	16.4	0.430	96	2	7.0	32.1	−14.9	12.6	0.849	85	14	—
亚湿热																					
汉中	36.9	−8.4	27.7	0.865	100	9	26.2	35.7	−6.3	25.4	1.449	100	13	25.0	29.0	−2.3	22.9	2.397	99	27	21.6
安康	41.7	−9.5	26.5	0.618	100	4	27.7	39.2	−5.7	24.2	1.212	100	11	25.3	32.3	−1.3	22.7	1.827	98	28	21.4
射阳	39.0	−15.0	29.2	0.398	100	3	29.2	35.8	−10.0	27.6	0.858	100	10	28.0	30.7	−5.7	25.7	1.561	98	42	24.4
南京	40.5	−13.1	29.2	0.477	100	5	29.1	37.2	−9.5	27.8	1.153	100	11	27.9	31.9	−4.8	25.5	1.754	97	37	24.5
上海	38.2	−10.1	28.7	0.786	100	6	28.7	36.3	−6.5	27.0	1.313	100	16	27.3	31.3	−3.1	25.4	1.974	98	44	23.4
合肥	40.3	−14.1	28.7	0.561	100	8	29.0	37.5	−8.6	27.2	1.068	100	13	27.1	32.3	−4.8	25.5	1.762	98	40	23.7
光化	41.0	−17.1	28.2	0.384	100	2	28.4	38.9	−8.6	26.9	1.213	100	8	26.8	32.1	−4.1	24.9	1.901	98	31	22.6
宜昌	41.4	−9.8	28.3	1.267	100	4	28.9	38.9	−4.1	25.5	1.862	100	14	26.9	32.3	−1.2	24.8	2.515	98	40	23.6
汉口	38.8	−18.1	28.8	0.636	100	7	28.2	37.4	−9.4	27.6	1.270	100	13	27.6	32.4	−4.2	25.5	1.936	98	39	24.5

表 C.2(续)

站名	T_M	T_m	e_M	e_m	R_M	R_m	$T_{(RH)}$	$\overline{T}_M$	$\overline{T}_m$	$\overline{e}_M$	$\overline{e}_m$	$\overline{R}_M$	$\overline{R}_m$	$T_{(\overline{RH})}$	$\overline{T}_{HM}$	$\overline{T}_{Hm}$	$\overline{e}_{HM}$	$\overline{e}_{Hm}$	$\overline{R}_{HM}$	$\overline{R}_{Hm}$	$\overline{T}_{(\overline{RH})H}$
长沙	39.8	−11.3	27.9	1.100	100	10	28.4	38.1	−5.2	26.6	2.025	100	17	26.9	32.6	−2.2	24.5	2.733	98	48	24.2
零陵	39.8	−7.0	26.4	1.484	100	10	26.8	38.0	−3.3	24.4	2.208	100	18	25.8	31.8	−1.4	23.2	2.780	99	41	23.6
南昌	40.6	−9.3	28.4	0.543	100	6	28.8	38.2	−4.9	27.1	1.552	100	15	27.2	32.9	−2.3	25.0	2.311	99	37	25.3
赣州	39.3	−4.2	26.1	1.634	100	10	28.2	38.1	−2.3	24.4	2.346	100	19	25.8	32.2	0.1	23.0	2.887	98	40	21.7
南宁	39.0	−1.0	27.5	2.421	100	3	28.8	37.1	1.9	26.1	3.256	100	17	27.2	31.2	5.6	24.6	4.115	98	47	25.2
梧州	39.5	−1.2	26.6	2.328	100	12	30.7	37.6	0.7	25.6	3.289	100	19	26.9	31.0	3.8	24.1	3.883	99	43	25.3
柳州	39.1	−1.3	26.4	1.778	100	8	27.5	37.7	0.2	25.4	2.843	100	18	26.5	31.8	2.5	23.9	3.527	98	40	23.8
百色	40.0	−0.4	27.1	2.636	100	9	28.4	38.9	2.3	25.6	3.627	100	17	26.4	31.9	7.0	24.1	4.598	97	45	23.3
龙州	39.4	−1.3	29.4	2.917	100	12	27.9	37.9	2.1	27.0	3.998	100	22	27.0	31.5	7.2	24.5	4.818	97	46	25.3
桂林	38.5	−4.5	27.5	0.849	100	3	27.4	37.0	−1.8	26.6	2.035	100	12	26.6	31.0	0.8	23.5	2.574	98	35	23.7
安庆	39.5	−12.5	28.3	0.775	100	4	28.8	37.5	−6.8	26.9	1.335	100	13	27.2	32.4	−3.8	25.3	1.929	98	36	24.5
芷江	39.1	−11.5	26.8	1.400	100	12	26.8	36.8	−5.1	24.9	2.207	100	19	26.1	30.3	−1.5	23.1	2.636	97	44	22.8
贵阳	35.4	−7.8	25.6	1.202	100	5	23.0	32.9	−4.7	19.8	2.169	100	14	21.7	27.0	−2.5	18.5	2.767	95	45	10.2
榕江	39.5	−5.8	26.9	1.698	100	7	28.0	37.5	−2.7	24.9	2.639	100	16	26.1	29.7	1.1	23.3	3.265	98	46	24.9
兴仁	33.7	−7.8	20.2	1.070	100	2	22.3	31.7	−3.8	19.0	2.613	100	10	21.5	25.5	−1.4	18.0	3.314	99	30	20.0
雅安	35.4	−3.9	24.6	2.023	100	18	26.5	34.0	−1.3	23.4	3.022	100	25	24.6	28.5	0.9	22.1	3.727	97	48	22.8
成都	36.7	−5.9	27.9	1.687	100	17	28.0	34.5	−3.3	25.5	2.432	100	22	26.2	28.8	1.0	23.3	3.651	97	53	23.6
重庆	40.8	−1.7	26.1	2.584	100	16	27.0	39.2	0.4	24.9	3.779	100	24	25.8	33.4	3.1	23.4	4.615	98	47	22.3
宜宾	39.5	−3.0	27.9	2.525	100	13	28.5	36.7	0.5	26.1	3.796	100	26	26.4	30.9	2.8	24.7	4.529	98	53	22.3
平武	37.0	−6.6	22.8	1.426	100	7	23.8	34.9	−4.8	21.2	1.875	99	16	22.8	27.5	−0.4	19.7	2.407	96	37	21.3
南充	40.1	−2.8	26.6	1.578	100	12	27.2	38.2	−0.8	24.9	2.634	100	18	25.7	32.7	2.3	23.3	3.667	98	41	21.5
吉安	40.2	−8.0	26.2	1.015	100	9	28.2	38.8	−3.8	25.4	1.867	100	15	26.6	33.1	−1.0	24.0	2.798	99	43	24.1
杭州	39.9	−9.6	28.8	0.620	100	3	29.4	37.6	−6.0	27.0	1.334	100	13	27.5	32.4	−2.9	25.0	2.016	99	39	24.4
温州	38.1	−4.5	29.1	0.934	100	3	28.9	36.2	−2.4	27.8	1.748	100	16	27.6	30.4	1.0	25.4	2.579	98	41	25.1
福州	39.8	−1.1	27.2	1.155	100	11	27.8	37.7	0.9	25.6	2.556	100	17	26.2	31.1	4.0	24.0	3.462	99	42	23.4
厦门	38.5	2.2	28.1	1.581	100	10	35.2	36.5	4.0	26.3	2.631	100	17	27.1	30.9	6.6	24.5	3.703	98	37	25.0
平潭	37.4	0.9	25.9	1.446	100	7	28.1	34.0	3.4	25.0	2.881	100	20	27.0	29.4	5.0	24.1	3.697	98	43	24.9
舟山	39.1	−6.0	27.9	0.930	100	11	28.2	35.6	−3.3	26.2	1.524	100	19	26.6	29.7	−1.4	24.5	2.011	98	35	24.5
南城	39.5	−7.5	28.7	1.096	100	12	28.3	38.1	−5.1	26.4	2.085	100	18	26.6	31.7	−1.6	24.4	2.952	99	51	24.5
韶关	39.3	−3.0	27.4	1.400	100	7	26.8	38.3	−1.1	25.0	2.379	100	15	26.2	31.6	2.7	23.5	3.034	98	35	22.6
梅县	39.5	−4.4	27.8	1.070	100	8	27.3	37.7	−1.3	26.1	2.473	100	16	26.6	31.1	4.1	23.8	3.436	97	38	24.9

表 C.2(续)

站名	T_M	T_m	e_M	e_m	R_M	R_m	$T_{(RH)}$	$\overline{T}_M$	$\overline{T}_m$	$\overline{e}_M$	$\overline{e}_m$	$\overline{R}_M$	$\overline{R}_m$	$T_{(\overline{RH})}$	$\overline{T}_{HM}$	$\overline{T}_{Hm}$	$\overline{e}_{HM}$	$\overline{e}_{Hm}$	$\overline{R}_{HM}$	$\overline{R}_{Hm}$	$\overline{T}_{(RH)H}$
广州	38.1	0.1	28.4	1.151	100	4	28.8	36.4	1.9	26.8	2.388	100	14	27.7	31.2	5.7	25.2	3.112	98	29	26.0
汕尾	37.3	1.6	27.6	1.058	100	3	28.6	34.9	4.1	26.4	2.197	100	13	27.4	30.1	7.4	25.3	3.080	97	28	25.8
河源	39.0	−1.4	27.5	1.277	100	4	28.1	37.2	0.7	25.7	2.231	99	14	26.7	30.8	4.1	24.2	2.977	97	32	25.2
汕头	37.9	0.5	27.2	2.178	100	14	28.0	35.4	2.8	26.1	3.591	100	23	27.4	30.3	6.6	24.9	4.754	98	50	25.6
连县	38.6	−5.0	27.0	1.676	100	10	28.7	37.7	−2.3	25.6	2.746	100	17	26.6	31.2	1.6	24.0	3.364	98	47	24.4
北海	37.1	2.0	28.2	2.120	100	5	28.8	35.0	3.9	25.9	3.575	100	17	27.9	30.7	6.1	25.9	4.524	99	44	25.9
阳江	37.0	−0.2	27.4	1.512	100	7	28.2	35.3	3.4	26.6	2.527	100	15	27.7	30.2	7.0	25.3	3.645	98	34	26.0
湿热																					
上川岛	35.7	3.0	28.4	2.108	100	11	28.2	34.1	4.9	26.4	3.234	100	22	26.8	30.3	7.1	25.4	4.155	98	37	24.3
元江	42.3	2.8	27.2	3.621	100	1	26.0	40.2	6.7	24.5	5.064	99	9	25.2	33.1	11.1	22.3	6.151	94	42	19.5
勐定	41.2	2.2	25.3	4.637	100	8	25.3	37.5	7.2	23.9	6.105	100	14	24.9	29.0	11.1	21.9	7.537	97	46	24.0
允景洪	41.0	2.7	24.1	4.536	100	7	25.4	38.4	5.6	23.3	5.959	100	13	24.8	29.0	11.8	21.6	8.103	98	52	23.8
湛江	37.9	2.8	27.7	1.883	100	13	29.1	36.3	5.1	26.6	3.524	100	20	27.9	30.9	7.7	25.2	4.783	99	43	25.4
海口	38.4	3.2	27.8	2.786	100	18	28.3	36.9	7.0	26.4	5.654	100	28	27.6	30.4	10.0	24.7	6.676	98	54	26.1
西沙	34.9	15.3	28.3	7.133	100	30	28.9	33.5	18.0	26.9	10.016	94	50	27.2	30.3	20.1	25.8	11.171	95	61	25.3

附　录　D
（资料性附录）
本部分章条编号与 IEC 60721-2-1:2002 章条编号对照

表 D.1 给出本部分章条编号与 IEC 60721-2-1:2002 章条编号。

表 D.1　本部分章条编号与 IEC 60721-2-1:2002 章条编号对照一览表

本部分章条编号	对应的国际标准章条编号
2	—
A.4.5	—
附录 C	—
附录 D	—
附录 E	—
注:表中的章条以外的本部分其他章条编号与 IEC 60721-2-1:2002 其他章条编号相同且内容相对应。	

附　录　E
（资料性附录）
本部分与 IEC 60721-2-1:2002 技术差异和编辑性差异及其原因

表 E.1 给出了本部分与 IEC 60721-2-1:2002 技术性差异和编辑性差异及其原因。

表 E.1　本部分与 IEC 60721-2-1:2002 技术性差异和编辑性差异及其原因一览表

本部分的章条编号	技术性差异和编辑性差异	原因
0	名称改为《电工电子产品自然环境条件　温度和湿度》	系列标准的一部分
1	"本部分"代替"本标准"	系列标准的一部分
	把目的内容移至范围中，把要求的内容移至概述	与 GB/T 1.1 要求一致，范围不应包含要求
2	增加规范性引用文件	与 GB/T 1.1 要求一致
3	增加与 IEC 对应的我国各种气候条件下相关内容	适合我国国情
4.2	增加我国将统计的气候类型归并为三个气候组的内容	适合我国国情
5.2	在 IEC 提供的气候图（图 1～图 9）之后增加适合我国气候条件的气候图（图 10～图 16）	适合我国国情
5.3	增加了我国六种气候类型的温度和湿度的日平均值的年极值、年极值和绝对极值。增加适合我国气候条件的气候图（图 10～图 16）	根据我国 197 个台站 1961～1980 年的气象资料及绘制的气候图
5.4	增加我国将统计的气候类型归并为三个气候组的内容，并在表 4、表 5 和表 6 中增加我国相应的温度和湿度数据	根据我国实际户外气候条件
5.5	增加了我国的气候分布图 A.3	适合我国国情
附录 A	增加"资料性附录"	GB/T 1.1 的要求
附录 A.1 和附录 A.2	增加我国气候类型分布图	适合我国国情
附录 A.4.5	增加我国气候类型分布图的说明及分布图 A.3	适合我国国情
附录 B	增加"资料性附录"	GB/T 1.1 的要求
附录 C	增加 163 个台站 1961～1980 年的气象资料	本部分的主要气象资料
附录 D	增加本部分章条编号与 IEC 60721-2-1:2002 章条编号对照	按 GB/T 20000.2—2001 要求
附录 E	增加本部分与 IEC 60721-2-1:2002 技术性差异与编辑性差异及其原因	按 GB/T 20000.2—2001 要求

ICS 19.040
K 04

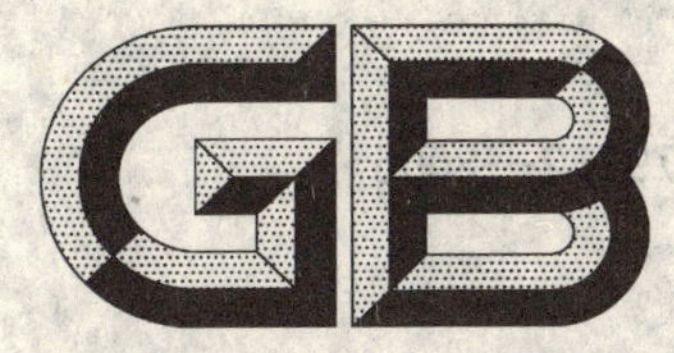

中华人民共和国国家标准

GB/T 4797.2—2005
代替 GB/T 4797.2—1986

电工电子产品自然环境条件 第2部分：海拔与气压、水深与水压

Environmental conditions for electric and electronic products appearing in nature—Part 2:Altitude and air pressure, deepness and water pressure

(IEC 60721-2-3:1987, Classification of environmental conditions—Part 2:Environmental conditions appearing in nature—Air pressure, MOD)

2005-08-26 发布　　2006-04-01 实施

中华人民共和国国家质量监督检验检疫总局
中国国家标准化管理委员会　发布

前　言

GB/T 4797《电工电子产品自然环境条件》目前包括6个部分：

——第1部分：电工电子产品自然环境条件　温度和湿度；

——第2部分：电工电子产品自然环境条件　海拔与气压、水深与水压；

——第3部分：电工电子产品自然环境条件　生物；

——第4部分：电工电子产品自然环境条件　太阳辐射与温度；

——第5部分：电工电子产品自然环境条件　降水和风；

——第6部分：电工电子产品自然环境条件　尘、沙、盐雾。

本部分为GB/T 4797的第2部分，本部分修改采用IEC 60 721-2-3:1987《环境条件分类　第2部分：自然环境条件　气压》(英文版)。

本部分中"海拔与气压"部分，等同采用了IEC 60 721-2-3:1987《环境条件分类　第2部分：自然环境条件　气压》相应部分，同时增加了水深与水压部分。

本部分代替GB/T 4797.2—1986《电工电子产品自然环境条件　海拔与气压、水深与水压》。

本部分与GB/T 4797.2—1986相比，主要变化如下：

——结构上采用IEC 60 721-2-3:1987形式，将附录A纳入到正文条款中；

——"本标准"改为"本部分"；

——海拔高度从15 000 m增加到30 000 m；

——删除2.2海拔与极端最低气压的对应关系，因为在气压和气压的变化范围中，已经给定了相关的气压参数。

本部分由中国电器工业协会提出。

本部分由全国电工电子产品环境条件与环境试验标准化技术委员会(CSBTS/TC8)归口。

本部分起草单位：昆明电器科学研究所。

本部分主要起草人：穆永炘、赵磊。

本部分于1986年首次发布。

电工电子产品自然环境条件 第2部分:海拔与气压、水深与水压

1 范围

本部分给出了自然环境中存在的不同海拔的气压值和不同水深的水压值,作为产品使用时选择适当气压或水压严酷等级的背景材料。

在确定产品使用的环境条件时,本部分可以作为产品的气压参数或水压参数严酷等级选取的背景材料。给定值在GB/T 4796—2001中也适用。

最高的海拔高度30 000 m考虑到了气象观测单位和航空运输部门的需要;—400 m高度对应于世界上最深的自然凹地。

2 规范性引用文件

下列文件中的条款通过GB/T 4797的本部分的引用而成为本部分的条款。凡是注日期的引用文件,其随后所有的修改单(不包括勘误的内容)或修订版均不适用于本部分,然而,鼓励根据本部分达成协议的各方研究是否可使用这些文件的最新版本。凡是不注日期的引用文件,其最新版本适用于本部分。

GB/T 4796 电工电子产品环境参数分级及其严酷程度分级(GB/T 4796—2001,idt IEC 60721-1:1990)

GB/T 11804 电工电子产品环境条件术语

3 概述

暴露在大气中或水中的电工电子产品(简称产品),由于压力的不同及压力的变化,对产品的储藏、运输和使用都会产生影响。

气压和水压从不同的方面影响产品的性能,其中最主要的是以下两个方面。

3.1 低于标准大气条件的低气压

在海平面以上,出现的低气压对产品有以下影响:

——气体和液体会从容器的密封垫泄漏;

——容器内部受压而破裂;

——低密度物质的物理化学性能发生变化;

——随着气压降低,空气减少,电工产品和设备的放电电压、电晕电压和电极间的击穿电压降低,因而导致设备运行失常或失灵(巴申定律指出:对于给定的电极形状和材料,均匀电场中,空气的击穿电压决定于空气压力和电极间隙的乘积。实验表明海拔每升高1 000 m,电晕电压和绝缘电气强度降低8%～13%);

——随着气压降低,空气减少,以空气对流和传导方式散热的产品和设备的散热效率降低,影响冷却效果,致使温升升高(一个向周围空气散热的箱形物体,在100 mm至200 mm的距离范围内,其表面辐射系数为0.7,对应于海拔3 000 m高度,气压下降了30%,温升将增加12%。如果是其他形状和表面状况,例如是有散热器的结构,或者是擦亮的金属表面,则温度可能会增加得更高一些。实验表明海拔每升高1 000 m,温升增高3%～10%);

——预期的物理效应加速,例如可塑剂的挥发、润滑剂的蒸发等;

——随着气压降低，空气减少，以空气为灭弧介质的开关电器产品的通断能力和电寿命将受到一定的影响。

3.2 高于标准大气条件的高气压和水面以下的水压

存在于天然凹地和矿井的高气压及水面以下的水压将使密封容器受到较大的外部机械压力，引起液体或气体的渗透，甚至致使容器破裂或变形。

4 海拔与气压

4.1 标准大气条件下，标准海平面的标准气压值是 101.325 kPa。根据气象条件的变化，海平面的气压值大约在上述数值的 91%～107%之间变化。

在其他海拔高度，相应的气压的变化范围也在 91%～107%之间。

4.2 在海平面以上的地方，气压将降低；在海平面以下的地方(天然凹地和矿井)，气压将升高。

4.3 不同海拔高度的标准气压值见表 1；它们的对应关系见图 1a)、b)。

表 1 海拔高度与标准气压之间的对应关系

高度/m	气压/kPa	高度/m	气压/kPa
30 000	1.2	4 000	61.6
25 000	2.5	3 000	70.1
20 000	5.5	2 000	79.5
15 000	12.0	1 000	89.9
10 000	26.4	0(海平面)	101.3
8 000	35.6	—400	106.2
6 000	47.2	—1 000	113.9
5 000	54.0	—2 000	127.8

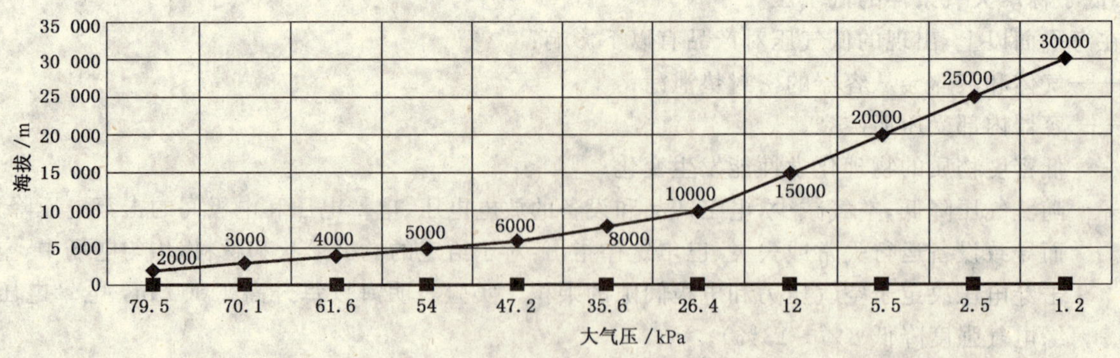

图 1 a) 2 000 m 以上海拔高度与标准大气压力的对应关系图

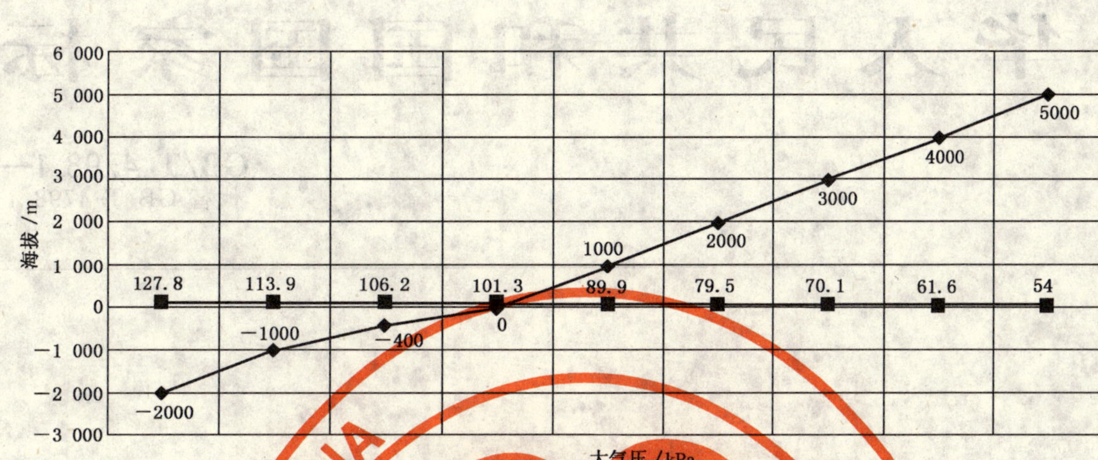

图 1 b) 5 000 m 以下海拔高度与标准大气压力的对应关系图

5 水深与水压

不同水深的标准水压值见表 2。

表 2 水深与标准水压之间的对应关系

水深/m	水压/kPa	水深/m	水压/kPa
10	100	400	4.0×10^{3}
20	200	500	5.0×10^{3}
50	500	1 000	10.0×10^{3}
70	700	2 000	20.0×10^{3}
100	1.0×10^{3}	3 000	30.0×10^{3}
150	1.5×10^{3}	4 000	40.0×10^{3}
200	2.0×10^{3}	5 000	50.0×10^{3}
300	3.0×10^{3}		

注：表中水压指清水水压值，不包含气压分量。

ICS 19.020
K 04

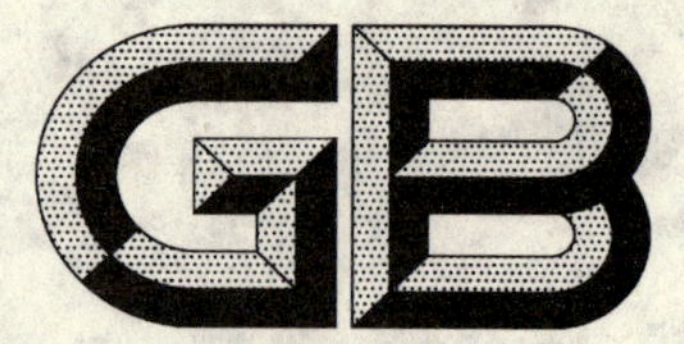

中华人民共和国国家标准

GB/T 4798.1—2005
代替 GB/T 4798.1—1986

电工电子产品应用环境条件 第1部分:贮存

Environmental conditions existing in the application of electric and electronic products—Section 1:Storage

(IEC 60721-3-1:1997,Classification of environment condition—Part 3:Classification of groups of environmental parameters and their severities—Section 1:Storage,MOD)

2005-03-03 发布　　2005-08-01 实施

中华人民共和国国家质量监督检验检疫总局
中国国家标准化管理委员会　发布

前　言

GB/T 4798《电工电子产品应用环境条件》标准目前包括：

GB/T 4798.1—2005　电工电子产品应用环境条件　贮存

GB/T 4798.2—1996　电工电子产品应用环境条件　运输

GB/T 4798.3—1990　电工电子产品应用环境条件　有气候防护场所固定使用

GB/T 4798.4—1990　电工电子产品应用环境条件　无气候防护场所固定使用

GB/T 4798.5—1987　电工电子产品应用环境条件　地面车辆使用

GB/T 4798.6—1996　电工电子产品应用环境条件　船用

GB/T 4798.7—1987　电工电子产品应用环境条件　携带和非固定使用

GB/T 4798.9—1997　电工电子产品应用环境条件　产品内部的微气候

GB/T 4798.10—1991　电工电子产品应用环境条件　导言

本部分为 GB/T 4798 的第一部分。本部分修改采用 IEC 60721-3-1:1997《环境条件分级　第 3 部分:环境参数及其严酷程度分级　第 1 部分　贮存》(英文版)。

本部分根据 IEC 60721-3-1:1997 环境条件分级第 3-1 部分重新起草，在附录 D 中列出了本部分章条编号与 IEC 60721-3-1:1997 章条编号的对照一览表。

考虑到我国国情，在采用 IEC 60721-3-1:1997 时，本部分做了一些修改。有关技术性差异和编辑性差异已编入正文中并在它们所涉及的条款的页边空白处用垂直线标识。在附录 E 中给出了这些技术性和编辑性差异及其原因的一览表以供参考。

本部分与 GB/T 4798.1—1986 相比主要不同如下：

——与 IEC 60721-3-1 一致性程度不同(1986 版为参照采用，本版为修改采用)

——适用范围改为范围(1986 年版的 1；本版的 1)

——删去名词术语(1986 年版的第 2 章)

——增加规范性引用文件(本版的第 2 章)

——结构上与国际标准对应(删去 1986 版的 1.1，1.2，3.1，3.2，3.3，3.4，3.5，3.6，3.7 编号和表 1；1986 年版表 2、表 3、表 4、表 5、表 6、表 7 的(3K1)至(4K3)，移至表 1 至表 6 下方。)

——增加气候环境条件等级 1K7、1K8、1K9、1K10、1K11(本版表 1)；1C1L(本版表 4)；环境条件等级综合类别(第 5 条)及环境参数综合等级分组(表 7)。

——附录 A(1986 年版为参考件，本版为资料性附录，附录标题置于(资料性附录)下方)。

——附录 A 增加 1K10、1K11、1C1L。

——增加附录 B。

——增加附录 C。

——增加附录 D。

——增加附录 E。

GB/T 4798 是“电工电子产品环境条件”系列标准之一。该系列标准由 GB/T 4796、GB/T 4797、GB/T 4798 和 GB/T 11804 等标准组成。下面列出了这些国家标准的预计结构及其对应的国际标准。

a)　GB/T 4796—2001 电工电子产品环境参数分类及其严酷程度分级(idt IEC 60721-1:1990)

b)　GB/T 4797.1—2005 电工电子产品自然环境条件　温度和湿度(IEC 60721-2-1:2002，IDT)

c) GB/T 4797.2—1986* 电工电子产品自然环境条件 海拔与气压、水深与水压

d) GB/T 4797.3—1986 电工电子产品自然环境条件 生物

e) GB/T 4797.4—1989 电工电子产品自然环境条件 太阳辐射和温度

f) GB/T 4797.5—1992 电工电子产品自然环境条件 降水和风(neq IEC 60721-2-2:1988)

g) GB/T 4797.6—1995 电工电子产品自然环境条件 尘、沙、盐雾(neq IEC 60721-2-5:1991)

h) GB/T 4798.1—2005 电工电子产品应用环境条件 贮存(IEC 60721-3-1:1997,MOD,代替 GB/T 4798.1—1986)

i) GB/T 4798.2—1996 电工电子产品应用环境条件 运输 (neq IEC 60721-3-2:1985,修正件 1:1991,修正件 2:1993)

j) GB/T 4798.3—1990* 电工电子产品应用环境条件 有气候防护场所固定使用

k) GB/T 4798.4—1990* 电工电子产品应用环境条件 无气候防护场所固定使用(neq IEC 60721-3-4)

l) GB/T 4798.5—1987* 电工电子产品应用环境条件 地面车辆使用(neq IEC 60721-3-5:1985)

m) GB/T 4798.6—1996 电工电子产品应用环境条件 船用 (idt IEC 60721-3-6:1987,修正件 1)

n) GB/T 4798.7—1987* 电工电子产品应用环境条件 携带和非固定使用(eqv IEC 60721-3-7:1986)

o) GB/T 4798.9—1997 电工电子产品应用环境条件 产品内部的微气候(idt IEC 60721-3-9:1993)

p) GB/T 4798.10—1991 电工电子产品应用环境条件 导言(neq IEC 60721-3-0:1984,修正件 1)

q) GB/T 11804—2005 电工电子产品环境条件 术语(代替 GB/T 11804—1984)

本部分自实施之日起,代替 GB/T 4798.1—1986。

本部分的附录 A、附录 B、附录 C、附录 D、附录 E 为资料性附录。

本部分由中国电器工业协会提出。

本部分由全国电工电子产品环境条件与环境试验标准化委员会(CSBTS/TC 8)归口。

本部分起草单位:广州电器科学研究院。

本部分主要起草人:李务平、梁丽霞、颜景莲。

本部分所代替标准的历次版本发布情况为:GB/T 4798.1—1986。

* 本部分出版时,标有 * 的标准已有修订版正在报批过程中。

电工电子产品应用环境条件
第1部分:贮存

1 范围

本部分适用于库存的电工电子产品的环境参数及其严酷程度的分级。产品在贮存时可带有包装。

本部分指的环境条件仅限于直接影响产品及其基本性能的条件,本部分并无特别描述这些条件对产品的影响。

本部分不包括库存的中转过程,也不包括火灾、爆炸及离子辐射及其他不可预见事故的环境条件,这些另作特殊情况考虑。也不考虑近海岸的库存地点。

固定使用、携带及非固定使用、车船运输条件在GB/T 4798的其他部分描述。

2 规范性引用文件

下列文件中的条款通过GB/T 4798的本部分的引用而成为本部分的条款。凡是注日期的引用文件,其随后所有的修改单(不包括勘误的内容)或修订版均不适用于本部分,然而,鼓励根据本部分达成协议的各方研究是否可使用这些文件的最新版本。凡是不注日期的引用文件,其最新版本适用于本部分。

GB/T 4797.1 电工电子产品自然环境条件 温度和湿度(IEC 60721-2-1:2002,MOD)

GB/T 4798.3 电工电子产品应用环境条件 有气候防护场所固定使用

GB/T 4798.4 电工电子产品应用环境条件 无气候防护场所固定使用(GB/T 4798.4—1990,neq IEC 60721-3-4)

GB/T 4798.10—1991 电工电子产品应用环境条件 导言(neq IEC 60721-3-0:1984 及修正件1)

GB/T 11804—2005 电工电子产品环境条件 术语

3 一般要求

本部分与GB/T 4798.10同时使用;GB/T 11804确立的术语和定义适用于本部分。

严酷程度是指在一定范围值的环境条件,超出该范围值的可能性很少,范围值是极限值。在不同的场所,一定时间内出现的几率会不同,本部分不包括这种情况,但可作为环境参数考虑。

要注意几个环境参数相结合时会增加对产品的影响,特别是高相对湿度与生物条件、化学活性物质、机械活性物质综合作用时,对产品影响较大。

产品库存时可能出现极端或特殊环境条件,供货商及使用者应共同协商确定其贮存环境条件。

4 环境条件及其严酷程度分级

气候环境条件(K)、特殊气候环境条件(Z)、生物环境条件(B)、化学活性物质(C)、机械活性物质(S)、机械条件(M)按表1至表6进行分级。

本部分的分级包括产品库存时可能出现的几种环境条件综合因素影响的分级,它可真实反映由于户外气候影响产生的库存环境条件。

对某些环境参数,很难对其严酷程度定量。

对某一场所或产品,宜按第5章的要求采用一整套的分级描述,如1K2/1Z1/1B1/1C2/1S1/1M3。

附录A概括每一级别的环境条件。

4.1 气候环境条件

电工电子产品库存时的气候环境条件级别1K1至1K11在世界范围内(1K3L至1K9L在全国范围内)广泛使用了很长时间,考虑了所有可能存在影响参数,如户外气候因素,建筑物结构、温度湿度控制系统和室内条件(如设备和人的散热等)。气候条件包括了一切正常情况,但不包括意外事件。

热带的气候条件,按1K10和1K11分级,见附录C。

要选择合适的级别,就要注意建筑物内的气候环境条件是否受到室外的环境、特别是气温及太阳辐射、建筑物结构的影响。隔热良好或热容量大的墙壁可缓和室外气温的日夜变化峰值(若作用时间长则例外)。隔热不良或热容量小的墙壁则无此效果,还会由于白天的太阳辐射和晚上的建筑物散热使峰值加大。太阳辐射的影响还会由于吸热作用或温度效应而增大。

无气候防护场所的特殊气候条件对产品及主要部件的影响比有气候防护场所来得显著,应多注意温度变化,太阳辐射、降水、风速和冷风因素。

以上这些效应的严酷程度会受到建筑物的结构和材料(材料的种类、外墙的厚度与表面颜色、房屋壳体的密封等)以及贮存的状况(存放地点和所选择的防风和防气候措施)的影响。

4.2 特殊气候环境条件

热辐射、周围空气运动及降雨以外的水,这三种参数会与其他气候条件相结合,有时会加剧对产品的影响,这时,不应选择过分严酷的环境参数等级,以免造成产品设计上的浪费。表2给出特殊气候环境条件分级。

4.3 生物环境条件

对这些条件的严酷程度分级未进行量化,表3的参数有代表性,但也许不够完整。

4.4 化学活性物质

自然大气中的污染物主要来自工业生产、机动车辆和供热系统的化学物质扩散,其他还有海的盐雾和路边的盐份影响。污染物会影响产品及其材料的性能。

所给的数值是经过几年的调查结果得出来的,最大值由于浓度较高,短期内直接作用于材料时,会造成不可逆的较大破坏作用。平均值由于对产品内部造成长期影响,所以也很重要。

本部分各等级中的污染物(参数)不是同时出现的。即使化学污染物同时出现其浓度均匀升高的可能性也是不大的。根据当地的情况,往往只有一种污染物出现高值。因此只对于在农村或工业生产活动少的1C1等级和城市出现的1C2等级,要求考虑各种污染物存在的综合效应。而对于1C3等级则不能考虑各种污染物同时存在,以免出现过于安全的设计造成产品不经济。对于此等级只能选择其中一种与现场情况有关的化学污染物,其他参数则可按1C2中的严酷度。

注:本部分不考虑除海盐或路盐外的化学活性液体和固体。

4.5 机械活性物质条件

由于机械活性物质砂和尘对产品的影响是相类似的,故将二者放在同一分类。

4.6 机械环境条件

本部分用加速度和位移的严酷程度等级分别规定在高频和低频范围内的正弦振动条件。

不考虑随机振动,但若有充分的资料,也可包括。

本部分规定用第一级无阻尼的最大冲击响应频谱进行,包括冲击的非稳态振动的分级(见图1)。

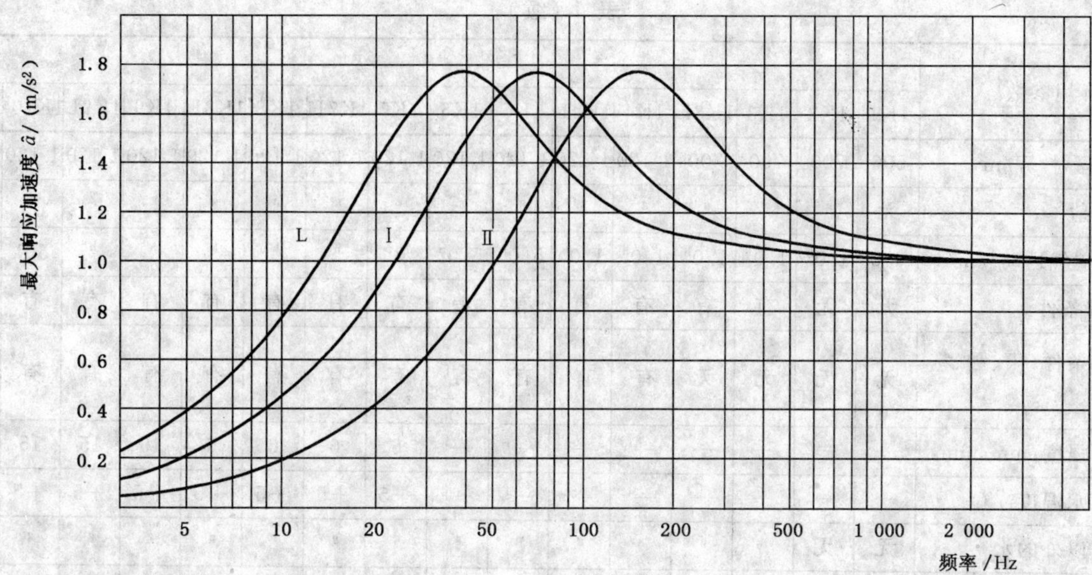

半正弦脉冲持续时间例子；

频谱 L——持续时间 22 ms；

频谱Ⅰ——持续时间 11 ms；

频谱Ⅱ——持续时间 6 ms。

图 1 典型冲击响应谱(第一级最大冲击响应频谱)图

5 环境条件等级综合类别

如第 4 章所述，本部分对产品使用的几种环境条件综合因素进行分级，这时有多种可能性及适应性，这样做并不都是优点，例如，对一定场所的环境条件指标，各方常常会产生小分歧。

通常，为减少这种情况的出现，对一指定的场所或产品，可参照本部分，从表 7 中选出综合因素的类别，如 1E 12。只有当本章无相应的环境条件时，才能按第 4 章分级。或者，如果某些严酷程度参数与表 7 的综合因数类别有偏差，可以附加文字“但……(参数)……(严酷程度和单位)”说明，例如：1E 12 但砂 300 mg/m³。

附录 B 是本环境条件综合类别的概括。

表 1 气候环境条件等级

环境参数	等级[j]															
	1K1	1K2	1K3	1K3L	1K4	1K4L	1K5	1K6	1K7	1K7H	1K8	1K8H	1K9	1K9L	1K10[k]	1K11[k]
a) 低温/℃	+20[f]	+5	−5	−5	−25	−25	−40	−55	−20	−20	−33	−35	−65	−50	+5	−20
b) 高温/℃	+25[f]	+40	+45	+40	+55	+40	+70	+70	+35	+40	+40	+40	+55	+40	+40	+55
c) 低相对湿度[a]/%	20	5	5	5	10	10	10	10	20	10	15	10	4	10	30	4
d) 高相对湿度[a]/%	75	85	95	95	100	100	100	100	100	100	100	100	100	100	100	100
e) 低绝对湿度[a]/g/m³	4	1	1	1	0.5	0.5	0.1	0.02	0.9	0.8	0.26	0.15	0.003	0.004	6	0.9
f) 高绝对湿度[a]/g/m³	15	25	29	29	29	29	35	35	22	22	25	25	36	26	36	27
g) 温度变化率[b]/℃/min	0.1	0.5	0.5	0.5	0.5	0.5	1.0	1.0	0.5	0.5	0.5	0.5	0.5	0.5	0.5	0.5
h) 低气压[c]/kPa	70	70	70	70	70	70	70	70	70	70	70	70	70	70	70	70
i) 高气压[c]/kPa	106	106	106	106	106	106	106	106	106	106	106	106	106	106	106	106

表 1（续）

环境参数	等级[j]															
	1K1	1K2	1K3	1K3L	1K4	1K4L	1K5	1K6	1K7	1K7H	1K8	1K8H	1K9	1K9L	1K10[k]	1K11[k]
j）太阳辐射/W/m²	500	700	700	700	1 120	1 120	1 120	1 120	1 120	1 120	1 120	1 120	1 120	1 120	1 120	1 120
k）热辐射	无	[g]	[g]	[g]	[g]	[g]	[g]	[g]	[g]	[g]	[g]	[g]	[g]	[g]	[g]	[g]
l）周围空气运动[d]/m/s	0.5	1.0[h]	1.0[h]	1.0[h]	1.0[h]	1.0[h]	5.0[h]	5.0[h]	[h]	[h]	[h]	[h]	[h]	[h]	50[h]	50
m）凝露条件	无	无	有	有	有	有	有	有	有	有	有	有	有	有	有	有
n）降水条件（雨、雪、雹等）	无	无	无	无	有[i]	有[i]	有[i]	有[i]	有	有	有	有	有	有	有	有
o）降雨强度/mm/min	—	—	—	—	—[i]	—[i]	—[i]	—[i]	6	6	6	6	15	15	15	15
p）低雨水温度[e]/℃	—	—	—	—	—[i]	—[i]	—[i]	—[i]	+5	+5	+5	+5	+5	+5	+5	+5
q）降雨以外的水	无	无	[g]	[g]	[g]	[g]	[g]	[g]	[g]	[g]	[g]	[g]	[g]	[g]	[g]	[g]
r）冰冻和霜冻条件	无	无	有	有	有	有	有	有	有	有	有	有	有	有	无	有

a 相对湿度受绝对湿度的限制，故环境参数 a 和 c、b 和 d 在本表中规定的严酷等级不会同时出现。

b 温度变化率为 5 min 的平均值。

c 70 kPa 代表户外环境条件，约海拔 3 000 m，在某些地方，户外环境条件是高原地带，这里不考虑矿井的环境条件。

d 无辅助对流的冷却系统可能被周围的反向空气运动所干扰。

e 这个雨水温度要与高气温 b）、太阳辐射 j）一起考虑，雨水的冷却作用应与产品表面温度相联系考虑。

f 有空调的场所，其温度偏差为规定值的±2℃。

g 场地环境条件按表 2 选择。

h 使用时，特殊数值可从表 2 选择。

i 适用在部分有气候防护场所的风吹入的降水。

j 本部分的气候环境条件等级包括以下 GB/T 4798.3 和 GB/T 4798.4 的等级：

1K1 包括 3K1　1K3 包括 3K5　1K3L 包括 3K5L　1K5 包括 3K7　1K7 包括 4K1　1K9 包括 4K4　1K11 包括 4K6

1K2 包括 3K3　1K4 包括 3K6　1K4L 包括 3K6L　1K6 包括 3K8　1K7H 包括 4K1L　1K8 包括 4K2　1K10 包括 4K5

k 等级 1K10（湿热带）和 1K11（干热带）的有关资料参见附录 C。

表 2　特殊气候环境条件等级

环境参数	等级[c]	单　位	特殊条件 Z
k）热辐射	1Z1	—	可忽略不计
	1Z2	—	有热辐射条件，例如室内采暖系统附近
l）周围空气运动[a]	1Z3	m/s	30
	1Z4	m/s	50
q）降雨以外的水[b]	1Z5	—	滴水条件
	1Z6		喷水条件
	1Z6L	—	溅水条件
	1Z7		水浪条件

表 2（续）

环境参数	等级[c]	单　位	特殊条件 Z
[a] 无辅助对流的冷却系统可能被周围的反向空气运动所干扰。 [b] 不考虑地下水条件。 [c] 本部分的特殊气候环境条件包括以下 GB/T 4798.3 和 GB/T 4798.4 的等级： 1Z1 包括 3Z1 和 4Z1　1Z3 包括 3Z6 和 4Z4　1Z5 包括 3Z7　1Z6 包括 3Z10 和 4Z8 1Z2 包括 3Z2　1Z4 包括 4Z5　1Z6L 包括 3Z9 和 4Z7　1Z7 包括 4Z9。			

表 3　生物环境条件等级

环境参数	等　级[a]		
	1B1	1B2	1B3
a) 植物	可忽略不计	存在霉菌、真菌等	
b) 动物	可忽略不计	存在啮齿动物及其他危害产品的动物	
		不包括白蚁	包括白蚁

[a] 本部分的生物环境条件包括以下 GB/T 4798.3 和 GB/T 4798.4 的等级：
1B1 包括 3B1　1B2 包括 3B2 和 4B1　1B3 包括 3B3 和 4B2。

表 4　化学活性物质条件等级

环境参数[a]	等　级[e]					
	1C1L	1C1	1C2		1C3[c]	
	最大值[b]	最大值[b]	平均值[b]	最大值[b]	平均值[b]	最大值[b]
a) 海盐和路盐 —	无	无[d]	盐雾		盐雾	
b) 二氧化硫						
mg/m^3	0.1	0.1	0.3	1.0	5.0	10
cm^3/m^3	0.037	0.037	0.11	0.37	1.85	3.7
c) 硫化氢						
mg/m^3	0.01	0.01	0.1	0.5	3.0	10
cm^3/m^3	0.007 1	0.007 1	0.071	0.36	2.1	7.1
d) 氯						
mg/m^3	0.01	0.1	0.1	0.3	0.3	1
cm^3/m^3	0.003 4	0.034	0.034	0.1	0.1	0.34
e) 氯化氢						
mg/m^3	0.01	0.1	0.1	0.5	1.0	5.0
cm^3/m^3	0.006 6	0.006 6	0.066	0.33	0.66	3.3
f) 氟化氢						
mg/m^3	0.003	0.003	0.01	0.03	0.1	2.0
cm^3/m^3	0.003 6	0.003 6	0.012	0.036	0.12	2.4
g) 氨						
mg/m^3	0.3	0.3	1.0	3.0	10	35
cm^3/m^3	0.42	0.42	1.4	4.2	14	49

表 4（续）

环境参数[a]	等　级[e]					
	1C1L	1C1	1C2		1C3[c]	
	最大值[b]	最大值[b]	平均值[b]	最大值[b]	平均值[b]	最大值[b]
h）臭氧 mg/m³ cm³/m³	 0.01 0.005	 0.01 0.005	 0.05 0.025	 0.1 0.05	 0.1 0.05	 0.3 0.15
i）氧化氮（用相当于二氧化氮的值表示） mg/m³ cm³/m³	 0.1 0.052	 0.1 0.052	 0.5 0.26	 1.0 0.52	 3.0 1.56	 9.0 4.68

a　单位 cm³/m³ 数值是按在温度 20℃、压力 101.3 kPa 的标准大气条件下，将 mg/m³ 的数值换算而得出的。

b　平均值是长期数值的平均值；最大值是每天不超过 30 min 的极限或峰值。

c　1C3 不要求考虑全部参数的综合效应，可根据具体情况选择单项参数等级。在此情况下，其余参数可用严酷程度等级 1C2。

d　在有遮蔽的近海场所仍可能出现盐雾。

e　本部分的化学活性物质环境条件包括以下 GB/T 4798.3 和 GB/T 4798.4 的等级：
1C1L 包括 3C1L　1C1 包括 3C1 和 4C1　1C2 包括 3C2 和 4C2　1C3 包括 3C3 和 4C3。

表 5　机械活性物质条件等级

环境参数	等　级[a]			
	1S1	1S2	1S3	1S4
a）砂 mg/m³	—	30	300	1 000
b）尘（飘浮） mg/m³	0.01	0.2	5.0	15
c）尘（沉降） mg/(m²·h)	0.4	1.5	20	40

a　本部分的机械活性物质环境条件包括以下 GB/T 4798.3 和 GB/T 4798.4 的等级：
1S1 包括 3S1　1S2 包括 3S2　1S3 包括 4S2　1S4 包括 4S3。

表 6　机械环境条件等级

环境参数	等　级[b]			
	1M1	1M2	1M3	1M4
a）正弦稳态振动 位移/mm 加速度/(m/s²) 频率范围/Hz	 0.3 1 2～9　9～200	 1.5 5 2～9　9～200	 3.0 10 2～9　9～200	 7.0 20 2～9　9～200

表 6（续）

环境参数	等　级[b]			
	1M1	1M2	1M3	1M4
b) 非稳态振动 包括冲击 冲击响应谱 L 峰加速度 a^a/(m/s^2)	40	40	—	—
冲击响应谱Ⅰ 峰加速度 a^a/(m/s^2)	—	—	100	—
冲击响应谱Ⅱ 峰加速度 a^a/(m/s^2)	—	—	—	250
c) 静负载/kPa	5	5	5	5

[a] 参看图 1。

[b] 本部分的机械环境条件包括以下 GB/T 4798.3 和 GB/T 4798.4 的等级(静负载除外)；
1M1 包括 3M1 和 4M1　1M2 包括 3M2 和 4M2　1M3 包括 3M4 和 4M4　1M4 包括 3M6 和 4M6。

表 7　环境参数综合等级分组

条　件	环境参数综合等级分组			
	1E11	1E12	1E13	1E14
气　候	1K2	1K3	1K4	1K8
特殊气候	1Z2 — —	1Z2 — 1Z5	1Z1 1Z3 1Z5	1Z1 1Z4 1Z6
生物环境	1B1	1B1	1B2	1B2
化学活性物质	1C2	1C2	1C2	1C2
机械活性物质	1S2	1S2	1S3	1S3
机械条件	1M2	1M2	1M2	1M3

附 录 A
（资料性附录）
各等级所包括的条件摘要说明

A.1 概述

本附录包括每个等级所涉及的各种条件的摘要说明。

A.2 条件摘要说明

A.2.1 K气候条件

气候环境条件16个等级的说明如下：气候分类，参看GB/T 4797.1。

1K1 适用于全空调的封闭场所，连续不断地控制气温和湿度以达到一定的要求。某些存放精密仪器仪表、电子元器件的仓库属于本等级。

库存的产品可能受到轻微的太阳辐射和空调系统的鼓风系统产生的空气运动的影响，但不会受热辐射、凝露、降水、除降雨外的水、结冰等条件的影响。

1K2 除包括1K1的条件外，该等级适用于温度受控的封闭场所，但不控制湿度。

当封闭的室内与室外温差过大时，可采取采暖或降温的措施。

贮存的产品可能受太阳辐射和热辐射的影响，也可能受建筑物通风系统、开启的窗户、特殊的加工条件等引起的空气运动的影响。这种贮存条件适合于较贵重或灵敏度较高的产品、半成品、元器件或材料。

1K3 除1K2的条件外，该等级适用于无温度湿度控制的封闭场所。

可用采暖来升温，特别是在该等级条件与户外气候条件有较大差别的场所。

贮存产品可受凝露、降雨以外水和结冰条件的影响。适用于普通的仓库条件，适合贮存一般耐潮和耐寒的电工电子产品。

1K3L 条件与1K3基本相同，唯一不同点是高温条件较1K3稍低，规定为40℃。我国大部分地区一般条件仓库适用本等级。

1K4、1K4L、1K5、1K6 除包括1K3的条件外，该等级适用于部分有气候防护，直接与户外相通的场所。

这些气候条件等级会受建筑物结构及户外气候条件的影响很大（见4.1）。

贮存的产品可能受有限的吹风引起的降水影响。适用于无温、湿度控制的有气候防护场所，耐气候性良好的产品可在这种条件下贮存。

1K7、1K7H、1K8、1K8H、1K9、1K9L 除包括1K4的条件外，该等级适用于无气候防护，直接暴露在户外气候的场所。

1K7、1K7H 等级应用于户外气候"有限组"的环境条件，包括"暖温"气候区的露天库（见GB/T 4797.1）。

1K8、1K8H 等级应用于户外气候"一般组"的环境条件，包括"寒温"、"干热"、"亚湿热"气候区的露天库。

1K9、1K9L 等级应用于户外气候"世界组"的环境条件，包括"寒冷"、"寒温"、"暖温"、"干热"、"亚湿热"、"湿热"气候区的露天库。

1K10 等级表示湿热的户外气候条件（热带潮湿气候、热带雨林地区）。

1K11 等级表示干热、亚干热和极端干热的户外气候条件（热带干燥气候类型，如沙漠）。

表1中对每个气候等级参数规定了严酷程度外，贮存的产品还可能受热辐射、周围空气运动和降雨

外的水影响，如能适用，可用表 2 中的严酷程度。

A.2.2 B 生物环境条件三个等级的说明

1B1 这个等级适用于没有明显生物危害的场所，即产品采用特殊设计或者贮存在没有霉菌生长和动物危害的场所。

1B2 本等级包括 1B1 的条件，适用于有霉菌生长或动物危害(白蚁除外)场所。

1B3 等级包括 1B2，适用于有白蚁危害的场所。

A.2.3 C 化学活性物质条件三个等级的说明

1C1L 等级适用于大气持续控制的场所。

1C1 等级包括 1C1L 外，还适用于较少工业生产活动和中等交通运输的乡村或城市地区的仓库，城市冬季采暖可能使污染加重，在海岸有遮蔽的场所会出现盐雾。

1C2 等级包括 1C1 条件外，还适用于有一般程度污染，工业生产活动分布在各区域，或交通繁忙的城市中的仓库。

1C3 等级包括 1C2 条件外，还适用于紧邻工业化学污染源的仓库。

A.2.4 S 机械活性物质条件四个等级的说明

1S1 本等级适用于已采用防尘设施以使尘的含量减至最小的仓库，建筑结构能防止砂进入。

1S2 本等级包括 1S1 的条件，适用于无特殊防护措施以使尘、砂的含量减低到最少的仓库，但仓库并不位于砂源附近。

1S3 本等级包括 1S2 的条件，适用于紧靠砂尘源的仓库，包括在城市地区的仓库。

1S4 本等级包括 1S3 的条件，适用于多风沙和空气中多尘的仓库，并适用于在生产过程中造成砂尘的场所。

A.2.5 M 机械环境条件四个等级说明

1M1 等级适用于无明显振动和冲击的仓库。

1M2 等级包括 1M1 条件外，还适用于有轻微振动的仓库。

1M3 等级包括 1M2 条件外，还适用于有明显振动和冲击，如附近机器或车辆经过引起的振动。

1M4 等级包括 1M3 条件外，还适用于高水平振动和冲击的仓库，如附近机器、传送带等引起的冲击、振动。

附　录　B
（资料性附录）
各综合因素类别的条件摘要

本附录包括 4 个标准环境条件类别的摘要说明。

见附录 A 细则说明。

普通的环境条件用以下 4 个类别说明：

1E11　指持续温度控制的仓库，可用采暖、冷却或加温措施达到所需的环境条件要求，部分太阳及热辐射、周围空气运动，如开窗、无明显的生物危害，有普通程度的污染物，城市中分布各区的工业生产活动或繁忙的交通，无特别的最少到最低尘或砂的预防措施，但不在尘和砂源附近；有轻微的振动。

1E12　除包括 1E11 外，还适用于无温度湿度控制仓库，有采暖系统升温，建筑物结构可防极端高温影响，有凝露、滴水、结冰。

1E13　除包括 1E12 外，还适用于装有户外气候防护设施场所，有太阳辐射、风吹的凝露，有霉菌及动物危害（无白蚁），附近有砂及尘源，包括城市地区。

1E14　除包括 1E13 外，还适用于无气候防护场所，可忽略热辐射、有中等的周围空气运动，有较强的冲击，如附近机器或经过的车辆引起的冲击振动。

附 录 C
（资料性附录）
1K10 和 1K11 等级中规定的热带地区环境条件的说明

C.1 概述

热带是指南北回归线之间(即南纬 23°27′与北纬 23°27′之间)的地区。

IEC 60721-2-1 中规定的以下户外气候类型：

干热、中等干热、极端干热、湿热、恒定湿热。

热带是地球上白天高温，但常伴有强降雨，这些地区，很少有季节变化的地区。

热带气候从赤道上的热带雨林的湿热气候直到回归线附近沙漠中的干热气候。因此，要区分两种热带气候。

——伴有干热、中等干热和极端干热的干热气候。

——伴有湿热及恒定湿热的湿热带气候。

还有些地区，由于特别的海拔高度，与同纬度地区的气候条件明显不同，例如太阳辐射和气压，或山顶上的冰雪。在热带地区，有许多地方的环境条件较稳定，而在另一些地区则变化极大。

稳定的情况：

——日最小温度波动<1℃，年温度波动≤6℃；

——白昼时间稳定在 10.5 h～13.5 h；

——太阳辐射强度不变；

——各种动物均衡的生存。

极端的情况：

——降水：近赤道全年的降水，近热带地区在每年的某一期间的大雨；

——海域的热带龙卷风，风速为 30 m/s，最高达 60 m/s，如西太平洋的台风和加勒比海的飓风。

——不适宜耕作的土壤条件：在大雨区，腐植质及无机物严重流失；

——在沙漠，高温和强风使得土壤很快变干；

——热带雨林茂密的植被，在山地森林较少茂密植被；

——热带稀树草原和其他干草原，沙漠中无植被。

C.2 气候图

图 C.1 中给出热带地区两类气候条件的气候图，是按 C.1 规定的气候类型的温度和湿度的年平极端值。

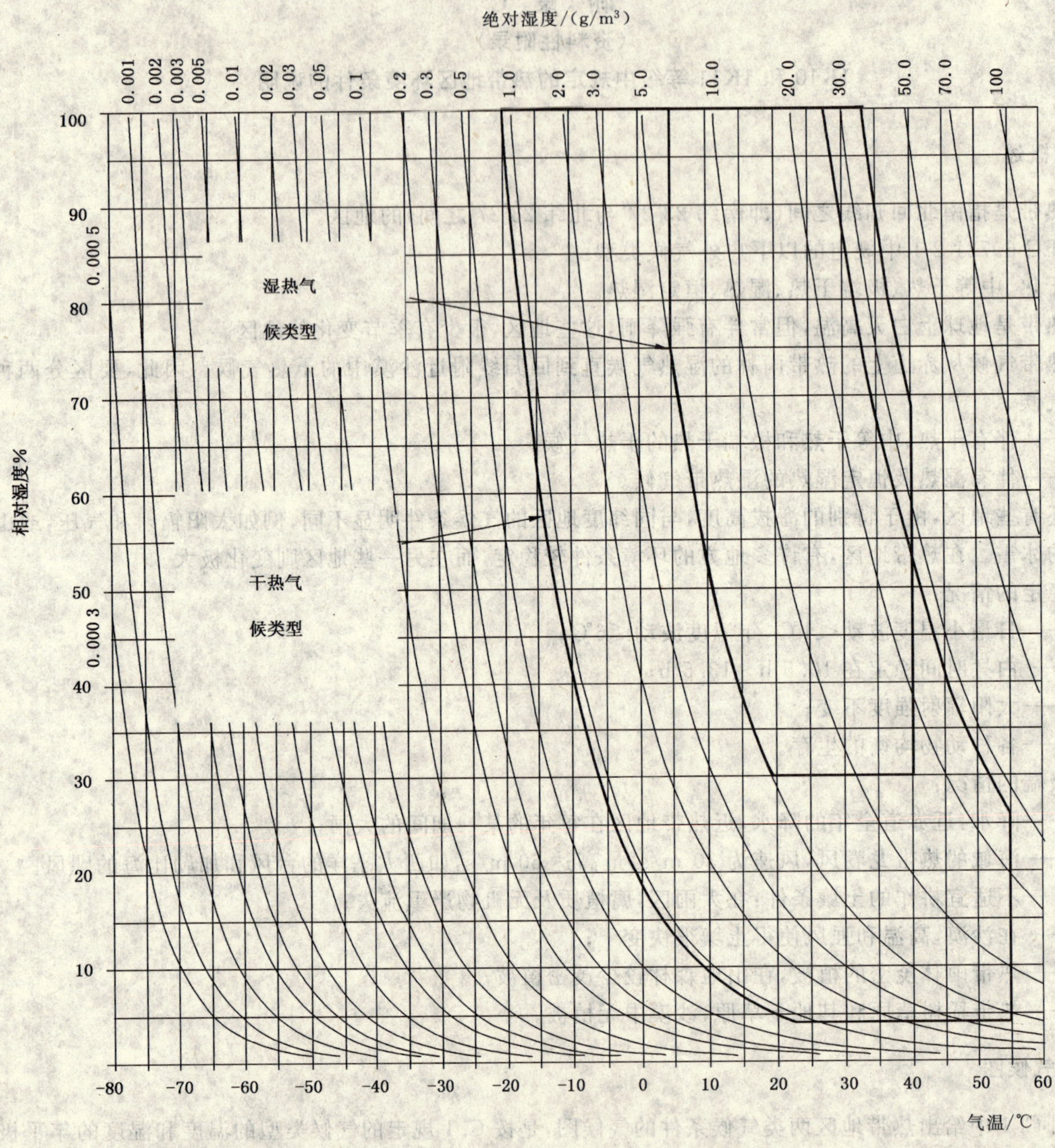

图 C.1　湿热和干热类型的气候图

附　录　D
（资料性附录）
本部分章条编号与 IEC 60721-3-1:1997 章条编号对照

表 D.1 给出了本部分章条编号与 IEC 60721-3-1:1997 章条编号对照一览表。

表 D.1　本部分章条编号与 IEC 60721-3-1:1997 章条编号对照

本部分章条编号	对应的国际标准章条编号
3	4
4	5
4.1	5.1
4.2	5.2
4.3	5.3
4.4	5.4
4.5	5.5
4.6	5.6
5	6
附录 D	—
附录 E	—

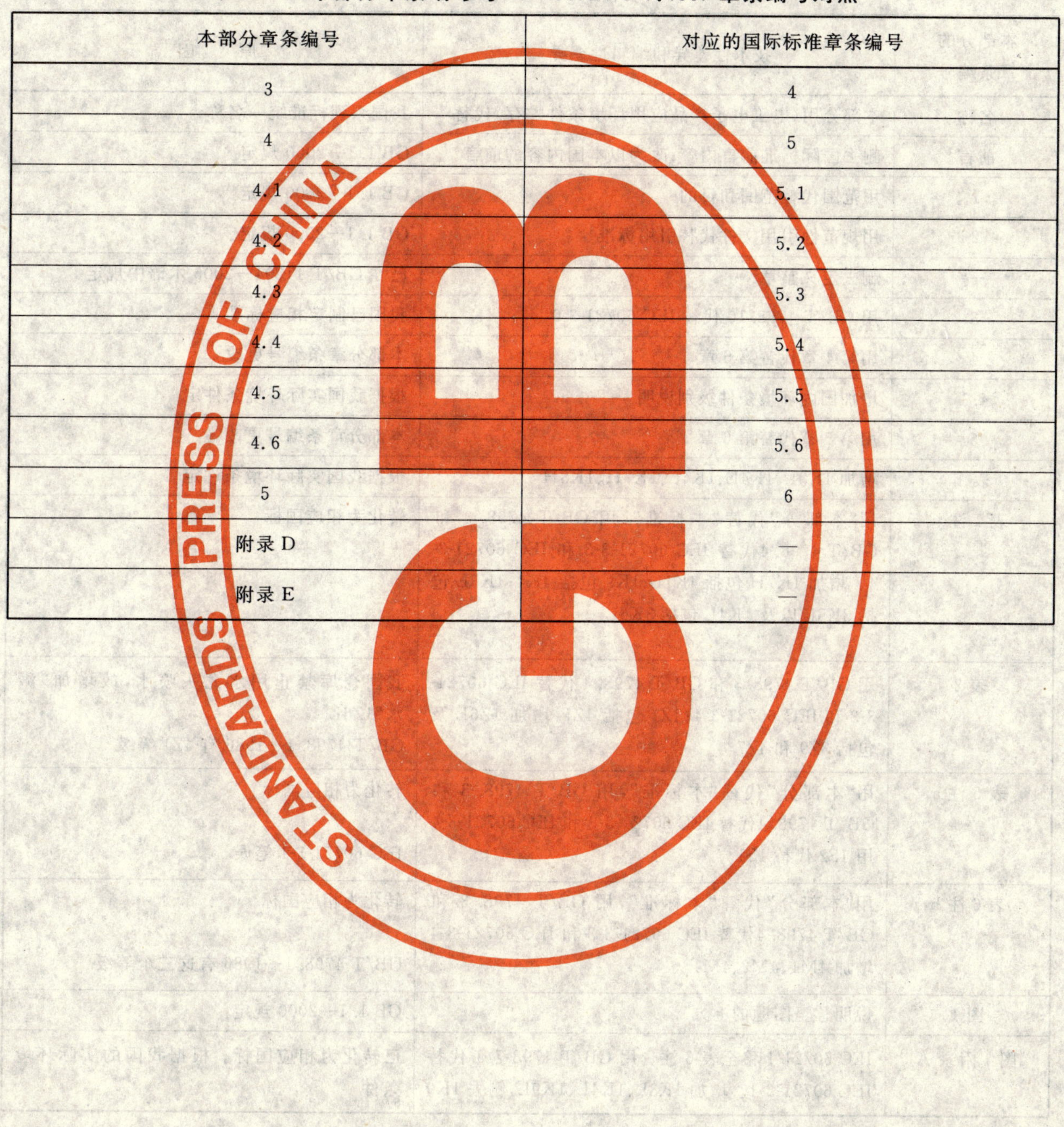

附 录 E
（资料性附录）
本部分与 IEC 60721-3-1：1997 技术差异和编辑性差异及其原因

本部分与 IEC 60721-3-1：1997 技术性差异和编辑性差异及其原因见表 E.1。

表 E.1 本部分与 IEC 60721-3-1：1997 技术性差异和编辑性差异及其原因

本部分的章条编号	技术性差异和编辑性差异	原　因
名称	本部分用《电工电子产品应用环境条件贮存》代替	我国系列标准统一名称
前言	删去国际标准前言内容；改为以本国内容的前言	GB 1.1—2000 规定
1	用范围代替范围和目的	GB 1.1—2000 规定
2	用规范性引用文件代替引用标准	GB 1.1—2000 规定
—	删去定义整章	已在 GB/T 11804—2005 术语中规定
3	用 GB/T 4798.10 代替 IEC 60721-3-0	我国已制定相应标准
4	用第 4 章代替第 6 章	本部分章条编号更改
4.1	增加国内环境条件级别说明	根据我国实际环境条件定
5	用第 5 章代替第 6 章	本部分章条编号更改
表 1	增加 1K3L、1K4L、1K4L、1K7H、1K8H	根据我国实际环境条件定
表 1 注 j	用“本部分”代替“本标准”，用 GB/T 4798.3 和 GB/T 4798.4代替 IEC 60721-3-3 和 IEC 60721-3-4。增加 1K7H 包括 4K1L；1K9 包括 4K4；1K3L 包括 3K5L 以及 1K4L 包括 3K6L	转化为相应国标
表 2	用 GB/T 4798.3 和 GB/T 4798.4 代替 IEC 60721-3-3 和 IEC 60721-3-4；1Z1 包括 4Z1，增加 1Z6L 及包括 3Z9 和 4Z7	我国仓库禁止用水龙头喷水，故增加“溅水”1Z6L GB/T 4798.1—1986 有 4Z1 等级
表 5 注 a	用“本部分”代替“本标准”，用 GB/T 4798.3 和 GB/T 4798.4代替 IEC 60721-3-3 和 IEC 60721-3-4 用 1S2 代替 1S1	转化为相应国标 IEC 60721-3-1 笔误
表 6 注 b	用“本部分”代替“本标准”，用 GB/T 4798.3 和 GB/T 4798.4代替 IEC 60721-3-3 和 IEC 60721-3-4 增加 4M1、4M2、4M4	转化为相应国标 GB/T 4798.1—1986 有这三个等级
图 1	说明移至图题的上方	GB 1.1—2000 规定
图 1 附录 A	IEC 60721-1 移至表 6 注。用 GB/T 4798-7.1 代替 IEC 60721-2-1。增加 1K3L、1K4L、1K9L，删去 1K9	已转化为相应国标。根据我国的实际环境条件

ICS 55.020
A 83

中华人民共和国国家标准

GB/T 4857.2—2005
代替 GB/T 4857.2—1992

包装　运输包装件基本试验 第2部分：温湿度调节处理

Packaging—Basic tests for transport packages—Part 2: Temperature and humidity conditioning

(ISO 2233:2000, MOD)

2005-05-25 发布　　2005-11-01 实施

中华人民共和国国家质量监督检验检疫总局
中国国家标准化管理委员会　发布

前言

GB/T 4857《包装 运输包装件基本试验》分为23个部分：

——第1部分：试验时各部位的标示方法；

——第2部分：温湿度调节处理；

——第3部分：静载荷堆码试验方法；

——第4部分：压力试验方法；

——第5部分：跌落试验方法；

——第6部分：滚动试验方法；

——第7部分：正弦定频振动试验方法；

——第8部分：六角滚筒试验方法；

——第9部分：喷淋试验方法；

——第10部分：正弦变频振动试验方法；

——第11部分：水平冲击试验方法；

——第12部分：浸水试验方法；

——第13部分：低气压试验方法；

——第14部分：倾翻试验方法；

——第15部分：可控水平冲击试验方法；

——第16部分：采用压力试验机的堆码试验方法；

——第17部分：编制性能试验大纲的一般原理；

——第18部分：编制性能试验大纲的定量数据；

——第19部分：流通试验信息记录；

——第20部分：碰撞试验方法；

——第21部分：防霉试验方法；

——第22部分：单元货物稳定性试验方法；

——第23部分：随机振动试验方法。

本部分为GB/T 4857的第2部分，修改采用国际标准ISO 2233:2000《包装——完整的，满装的运输包装和单元货物——试验环境条件处理》，对GB/T 4857.2—1992《包装 运输包装件 温湿度调节处理》的修订与ISO 2233标准相比，主要差异如下：

——按照我国使用者的习惯，保留了原标准的名称，与国际标准的名称有所不同；

——按照汉语习惯对一些编排格式进行了修改；

——删减了有关解释性的注释；

——由于我国在包装术语标准中对有关术语有所定义，所以取消了有关术语定义的内容；

——按GB/T 4857系列标准的统一格式及实际情况，对试验报告的有关内容进行了修改。

本部分与GB/T 4857.2—1992相比主要变化如下：

——在范围中将原来的仅适用于运输包装件修改为适用于运输包装件和单元货物；

——在温湿度条件中新增加了条件8和条件9，取消了原标准中的条件8；

——将允许误差分为极限误差和平均误差；

——删减了有关解释性注释。

本部分的附录A为资料性附录。

本部分自实施之日起，同时代替 GB/T 4857.2—1992。

本部分由全国包装标准化技术委员会提出并归口。

本部分主要起草单位：中机生产力促进中心、全军包装工作办公室、沈阳理工大学。

本部分主要起草人：黄雪、周澍、张晓建、巴朋、郭宝华。

包装　运输包装件基本试验
第2部分：温湿度调节处理

1　范围

GB/T 4857的本部分规定了运输包装件和单元货物的温湿度调节处理的条件、设备、程序及试验报告的内容。

本部分适用于运输包装件和单元货物温湿度调节的处理。

2　试验原理

使试验样品在预定的温湿度条件下，经历预定的时间。

3　温湿度调节处理条件

根据运输包装件的特性及在流通过程中可能遇到的环境条件，选定3.1条的温湿度条件之一和3.2条调节处理时间之一进行温湿度调节处理。

3.1　温湿度条件

3.1.1　温湿度条件见表1。

表1　温湿度条件

条　　件	温度(公称值)		相对湿度(公称值)(RH)/(%)
	℃	K	
1	−55	218	无规定
2	−35	238	无规定
3	−18	255	无规定
4	+5	278	85
5	+20	293	65
6	+20	293	90
7	+23	296	50
8	+30	303	85
9	+30	303	90
10	+40	313	不受控制
11	+40	313	90
12	+55	328	30

3.1.2　允许误差

3.1.2.1　温度

3.1.2.1.1　极限误差

对于条件1、2、3和10，至少1 h测量10次的测量值与公称值相比最大允许温度误差为±3℃。对于其他条件，最大允许温度的误差为±2℃。

3.1.2.1.2　平均误差

对于所有条件,相对于公称值,平均误差应为±2℃。

3.1.2.2　相对湿度

3.1.2.2.1　极限误差

对于所有条件,至少1 h测量的最大允许相对湿度相对于公称值的误差应为±5%。

3.1.2.2.2　平均误差

对于所有条件,相对于公称值,相对湿度平均误差应为±2%。

注:相对湿度的平均值,应通过至少1 h的时间,取10次测量的平均值获得,或通过仪器的连续记录求出。

3.2　温湿度调节处理时间

4 h、8 h、16 h、48 h、72 h或者7 d、14 d、21 d、28 d。

4　仪器设备

4.1　温湿度箱(室)

温湿度箱(室),应规定工作空间的范围,工作空间内应能保持规定的调节处理条件,可以连续记录温度和湿度,且保持在3.1.2条规定的允许误差之内。

4.2　干燥箱(室)

如果有必要,降低某些试验样品的含水率,使其达到环境条件的要求以下。

4.3　测量与记录仪器

测量与记录仪器应有足够的灵敏度和稳定性,温度的测量精度为0.1℃,相对湿度的测量精度为1%,并能作连续记录,若每次测试记录的间隔不超过5 min,则也认为该记录是连续的。测量温度和相对湿度的相对精度参见附录A。在达到上述测量精度要求的同时,记录仪器应有足够的响应速度,以能准确记录每分钟4℃温度的变化和每分钟5%的相对湿度变化。

5　试验程序

5.1　将试验样品放置在温湿度室的工作空间内,将其架空放置,使温湿度调节处理的空气可以自由通过其顶部、四周和至少75%的底部面积。

5.2　尽可能的选择和试验样品运输及储存条件相似的温度和相对湿度,并且将其暴露在规定的条件下一段时间,时间的选择见3.2条的规定。温湿度调节处理的时间从达到规定条件1 h后算起。

5.3　当试验样品是具有滞后现象特性的材料构成的,如纤维板等,则需要在温湿度调节处理之前进行干燥处理。具体做法为:将试验样品放置在干燥室内至少24 h,在该环境条件下,当被转移到试验条件下时,试验样品已经通过吸收潮气接近平衡。当规定的相对湿度不大于40%时,不作干燥处理。

6　试验报告

试验报告应包括下列内容:

a)　说明试验系按本部分执行;

b)　温湿度调节处理时的温度、相对湿度及时间;

c)　试验时试验场地的温度和相对湿度;

d)　任何预干燥的详细说明;

e)　和本部分描述的试验方法之间的任何差异。

附 录 A
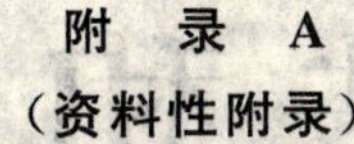
（资料性附录）
温度和相对湿度测量的相对精度

A.1 温度和相对湿度的连续记录将会出现周期性变化，其典型记录见图 A.1。

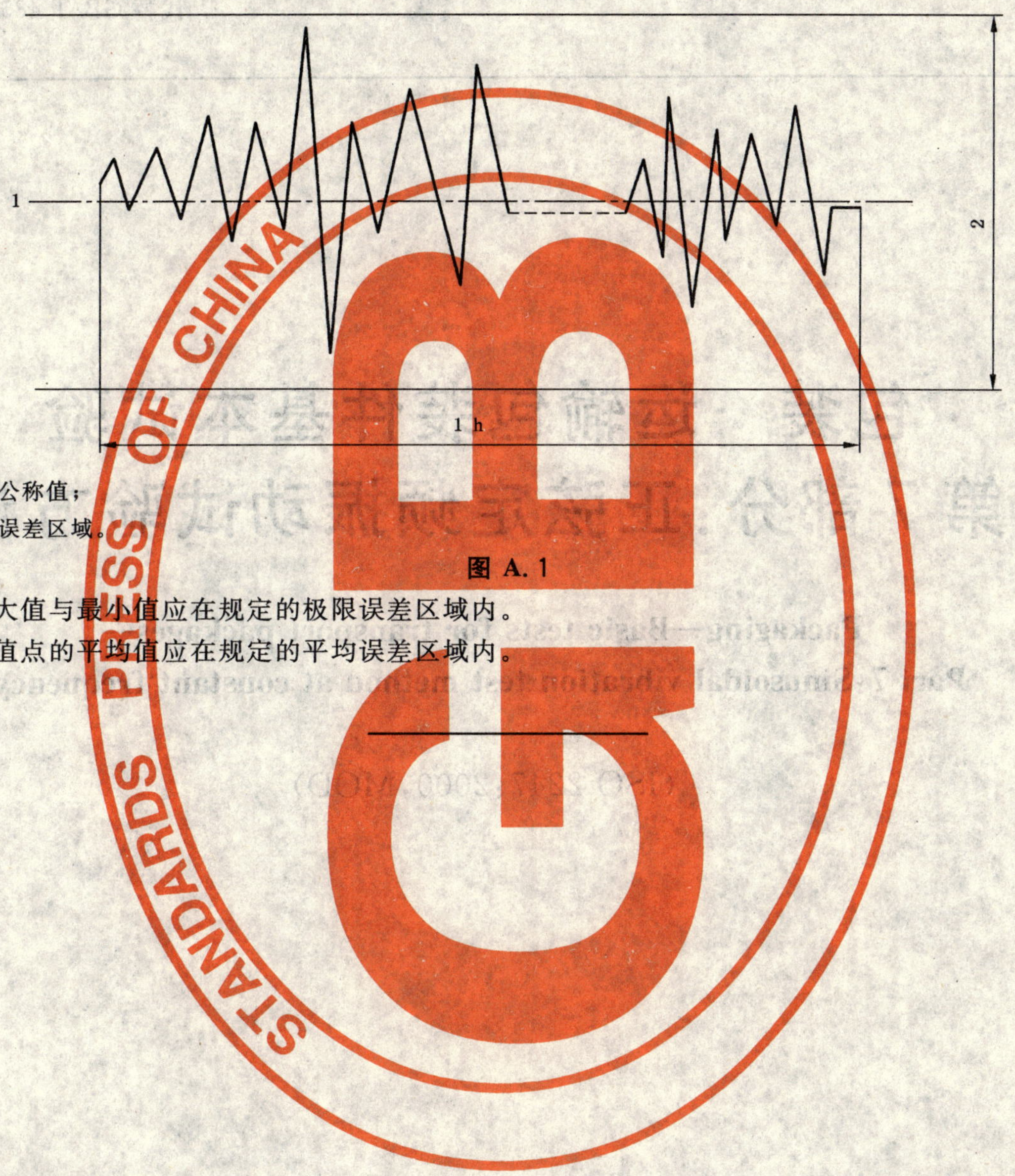

1——公称值；
2——误差区域。

图 A.1

A.2 最大值与最小值应在规定的极限误差区域内。

A.3 极值点的平均值应在规定的平均误差区域内。

ICS 55.020
A 83

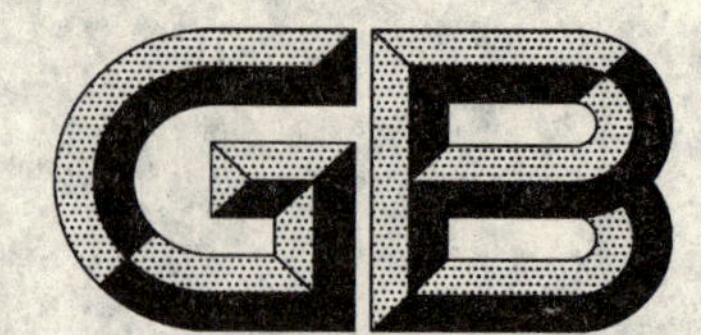

中华人民共和国国家标准

GB/T 4857.7—2005
代替 GB/T 4857.7—1992

包装 运输包装件基本试验
第7部分:正弦定频振动试验方法

Packaging—Basic tests for transport packages—
Part 7:Sinusoidal vibration test method at constant frequency

(ISO 2247:2000,MOD)

2005-05-25 发布 2005-11-01 实施

中华人民共和国国家质量监督检验检疫总局
中国国家标准化管理委员会 发布

前　言

GB/T 4857《包装　运输包装件基本试验》分为23个部分：

——第1部分：试验时各部位的标示方法；

——第2部分：温湿度调节处理；

——第3部分：静载荷堆码试验方法；

——第4部分：压力试验方法；

——第5部分：跌落试验方法；

——第6部分：滚动试验方法；

——第7部分：正弦定频振动试验方法；

——第8部分：六角滚筒试验方法；

——第9部分：喷淋试验方法；

——第10部分：正弦变频振动试验方法；

——第11部分：水平冲击试验方法；

——第12部分：浸水试验方法；

——第13部分：低气压试验方法；

——第14部分：倾翻试验方法；

——第15部分：可控水平冲击试验方法；

——第16部分：采用压力试验机的堆码试验方法；

——第17部分：编制性能试验大纲的一般原理；

——第18部分：编制性能试验大纲的定量数据；

——第19部分：流通试验信息记录；

——第20部分：碰撞试验方法；

——第21部分：防霉试验方法；

——第22部分：单元货物稳定性试验方法；

——第23部分：随机振动试验方法。

本部分为GB/T 4857的第7部分，本部分修改采用ISO 2247:2000《包装——完整、满装的运输包装和单元货物——固定低频振动试验》标准，对GB/T 4857.7—1992《包装　运输包装件　正弦定频振动试验方法》的修订与ISO 2247标准相比，主要差异如下：

——按照我国使用者的习惯，保留了原标准的名称，与国际标准的名称有所不同；

——按照汉语习惯对一些编排格式进行了修改；

——删减了有关解释性的注释；

——由于我国在包装术语标准中对有关术语有所定义，所以取消了有关术语定义的内容；

——对"试验时温湿度条件"的规定，比ISO标准放宽了要求；

——按我国GB/T 4857系列标准的统一格式及实际情况，对试验报告的有关内容进行了修改。

本部分与GB/T 4857.7—1992相比主要变化如下：

——在范围中将原来的仅适用于运输包装件修改为适用于运输包装件和单元货物；

——在对振动台台面的要求上将原来的高度差指标修改为角度变化要求指标；

——增加了对测试仪器的规定；

——增加了附录A，供使用者对峰值加速度进行选择。

本部分的附录 A 为资料性附录。

本部分自实施之日起，同时代替 GB/T 4857.7—1992。

本部分由全国包装标准化技术委员会提出并归口。

本部分主要起草单位：中机生产力促进中心、苏州试验仪器总厂、国家包装产品质量监督检验中心（济南）。

本部分主要起草人：黄雪、周澍、张晓建、徐立义、李子安。

包装　运输包装件基本试验
第7部分：正弦定频振动试验方法

1　范围

GB/T 4857的本部分规定了对运输包装件和单元货物进行正弦定频振动试验时所用设备的主要性能要求、试验程序及试验报告的内容。

本部分适用于评定运输包装件和单元货物在正弦定频振动情况下的强度及包装对内装物的保护能力。它既可以作为单项试验，也可以作为一系列试验的组成部分。

2　规范性引用文件

下列文件中的条款通过GB/T 4857本部分的引用而成为本部分的条款。凡是注日期的引用文件，其随后所有的修改单（不包括勘误的内容）或修订版均不适用于本部分，然而，鼓励根据本部分达成协议的各方研究是否可使用这些文件的最新版本。凡是不注日期的引用文件，其最新版本适用于本部分。

GB/T 4857.1　包装　运输包装件　各部位的标示方法

GB/T 4857.2　包装　运输包装件　温湿度调节处理

GB/T 4857.3　包装　运输包装件　静载荷堆码试验方法

GB/T 4857.17　包装　运输包装件　编制性能试验大纲的一般原理

GB/T 4857.18　包装　运输包装件　编制性能试验大纲的定量数据

3　试验原理

将试验样品置于振动台上，使用近似的固定低频正弦振荡使其产生振动。试验时的温湿度条件、试验持续时间、最大加速度、试验样品放置状态及固定方法皆为预定的。

必要时可在试验样品上添加一定载荷，以模拟运输包装件处于堆码底部条件下经受正弦振动环境的情况。

4　试验设备

4.1　振动台

振动台应具有充分大的尺寸、足够的强度、刚度和承载能力。该结构应能保证振动台台面在振动时保持水平状态。其最低共振频率应高于最高试验频率。振动台应平放，与水平之间的最大角度变化为0.3°。

振动台可配备：

a)　低围框：用以防止试验样品在试验中向两端和两侧移动；

b)　高围框或其他装置：用以防止加在试验样品上的载荷振动时移位；

c)　用以模拟运输中包装件的固定方法的装置。

此外，振动台应符合5.6.3条中所规定的要求。

4.2　仪器

试验仪器应包括加速度计、脉冲信号调节器和数据显示或存储装置，以测量和控制在试验样品表面上的加速度值。测试仪器系统的响应，应精确到试验规定的频率范围的±5%。

注：也可以装备监控包装容器和内装物响应的仪器。可使用传感器，记录与振动台的受迫振动有关的内装物或可能在包装外表面的振动速率、振幅和频率。

5 试验程序

5.1 试验样品的准备

按 GB/T 4857.17 的规定准备试验样品。

5.2 试验样品各部位的编号

按 GB/T 4857.1 的规定，对试验样品各部位进行编号。

5.3 试验样品的预处理

按 GB/T 4857.2 的规定，选定一种条件对试验样品进行温湿度预处理。

5.4 试验时的温湿度条件

试验应在与预处理相同的温湿度条件下进行，如果达不到预处理条件，则必须在试验样品离开预处理条件 5 min 之内开始试验。

5.5 试验强度值的选择

按 GB/T 4857.18 的规定选择试验强度值。

5.6 试验步骤

5.6.1 记录试验场所的温湿度。

5.6.2 将试验样品按预定的状态放置在振动台上，试验样品重心点的垂直位置应尽可能的接近振动台台面的几何中心。如果试验样品不固定在台面上，可以使用围栏。必要时可在试验样品上添加载荷，其加载程序应符合 GB/T 4857.3 的规定。

5.6.3 方法 A

5.6.3.1 操作振动台，产生可选范围在 0.5 g 和 1.0 g 之间的加速度，并且使试验样品不与台面分离。

5.6.3.2 选择一定（正负）峰值之间的位移（参见附录 A 的图 A.1），在相应的频率范围内确定试验频率，产生在 0.5 g 和 1.0 g 之间的加速度值，进行试验。

5.6.4 方法 B

5.6.4.1 操作振动台，产生可选范围的加速度，该加速度可以使试验样品从台面分离从而引起相对冲击。

5.6.4.2 选择预定的振幅，开始使试验样品在 2 Hz 的频率下振动，并逐渐的提高频率，直到试验样品即将与振动台分离的状态为止。

注：在试验期间，沿试验样品的底部移动一1.5 mm 到 3.0 mm 厚，最小宽度为 50 mm 的标准量具，在至少三分之一试验样品底面积的部分，该标准量具可以被插入，即被认为试验样品与振动台分离的状态。

5.6.5 试验后按有关标准规定检查包装及内装物的损坏情况，并分析试验。

6 试验报告

试验报告应包括下列内容：

a) 说明试验系按本部分执行；

b) 内装物的名称、规格、型号、数量等；如果使用的是模拟内装物，应予以详细说明；

c) 试验样品的数量；

d) 详细说明包装容器的名称、尺寸、结构和材料的规格、附件、缓冲衬垫、支撑物、固定方法、封口、捆扎状态及其他防护措施；

e) 试验样品和内装物的质量，以千克计；

f) 试验设备的说明；

g) 固定措施，是否使用了低围框或高围框；

h) 是否添加载荷，如果加有载荷说明所加载荷的质量（以千克计），及试验样品承受载荷的持续时间；

i) 试验时试验样品放置的状态；

j) 预处理的温湿度条件及时间；

k) 试验场所的温度和相对湿度；

l) 振动台的振动方向、振幅、频率以及试验的持续时间；

m) 试验结果：应详细记录观察到的任何可以帮助正确解释试验结果的现象；

n) 使用的试验方法(方法 A 或方法 B)，试验结果分析；

o) 说明所用试验方法与本部分的差异；

p) 试验日期、试验人员签字、试验单位盖章。

附 录 A
（资料性附录）
试验强度值的确定

A.1 试验时，其振幅、峰值加速度及振动频率的关系可参见图 A.1 确定。

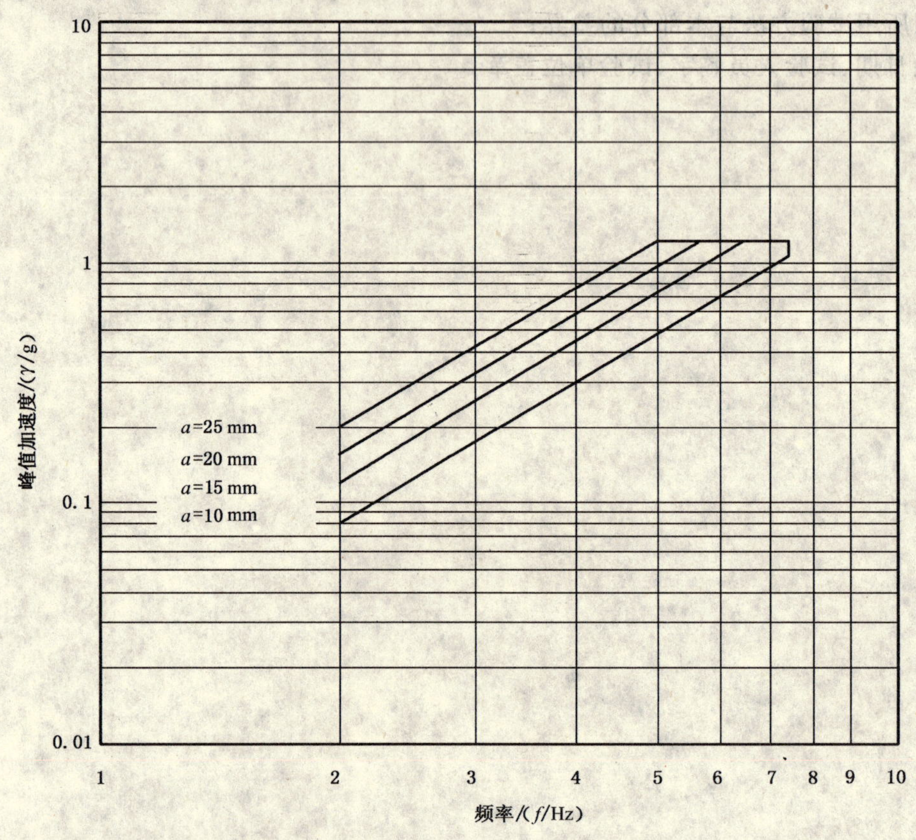

γ(g)——在由于重力 g 加速度方面所产生的峰值加速度；

a——峰值与峰值之间的振幅，以毫米表示；

f——频率，以赫兹表示。

图 A.1 振幅、峰值加速度、频率关系图

ICS 55.020
A 83

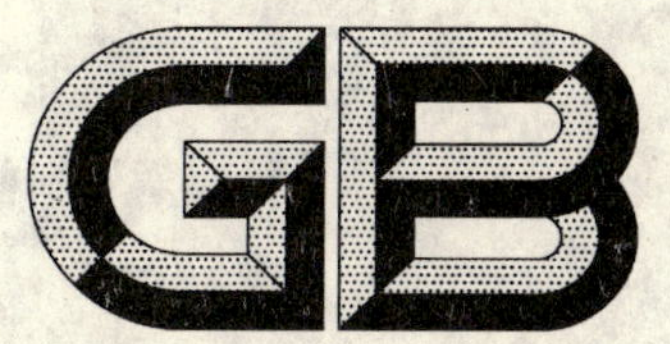

中华人民共和国国家标准

GB/T 4857.10—2005
代替 GB/T 4857.10—1992

包装 运输包装件基本试验
第10部分：正弦变频振动试验方法

Packaging—Basic tests for transport packages—
Part 10: Sinusoidal vibration test method using at variable vibration frequency

(ISO 8318:2000, MOD)

2005-05-25 发布　　2005-11-01 实施

中华人民共和国国家质量监督检验检疫总局
中国国家标准化管理委员会 发布

前　言

GB/T 4857《包装　运输包装件基本试验》分为23个部分：

——第1部分：试验时各部位的标示方法；

——第2部分：温湿度调节处理；

——第3部分：静载荷堆码试验方法；

——第4部分：压力试验方法；

——第5部分：跌落试验方法；

——第6部分：滚动试验方法；

——第7部分：正弦定频振动试验方法；

——第8部分：六角滚筒试验方法；

——第9部分：喷淋试验方法；

——第10部分：正弦变频振动试验方法；

——第11部分：水平冲击试验方法；

——第12部分：浸水试验方法；

——第13部分：低气压试验方法；

——第14部分：倾翻试验方法；

——第15部分：可控水平冲击试验方法；

——第16部分：采用压力试验机的堆码试验方法；

——第17部分：编制性能试验大纲的一般原理；

——第18部分：编制性能试验大纲的定量数据；

——第19部分：流通试验信息记录；

——第20部分：碰撞试验方法；

——第21部分：防霉试验方法；

——第22部分：单元货物稳定性试验方法；

——第23部分：随机振动试验方法。

本部分为GB/T 4857的第10部分，本部分修改采用国际标准ISO 8318:2000《包装——完整、满装的运输包装和单元货物——正弦变频振动试验》，对GB/T 4857.10—1992《包装　运输包装件　正弦变频振动试验方法》的修订与ISO 8318标准相比，主要差异如下：

——按照汉语习惯对一些编排格式进行了修改；

——删减了有关解释性的注释；

——由于我国在包装术语标准中对有关术语有所定义，所以取消了有关术语定义的内容；

——对“试验时温湿度条件”的规定，比ISO标准放宽了要求；

——增加了附录A(资料性附录)，供使用者参考确定振动时间；

——按GB/T 4857系列标准的统一格式及实际情况，对试验报告的有关内容进行了修改。

本部分与GB/T 4857.10—1992相比主要变化如下：

——在范围中将原来的仅适用于运输包装件修改为适用于运输包装件和单元货物；

——在对振动台台面的要求上将原来的高度差指标修改为角度变化要求指标；

——增加了对测试仪器的规定；

——取消了对振动加速度的要求。

本部分的附录 A 为资料性附录。

本部分自实施之日起，同时代替 GB/T 4857.10—1992。

本部分由全国包装标准化技术委员会提出并归口。

本部分主要起草单位：中机生产力促进中心、苏州试验仪器总厂、沈阳理工大学、中华人民共和国北京出入境检验检疫局、国家包装产品质量监督检验中心（济南）。

本部分主要起草人：黄雪、唐树田、周澍、李平、周加彦、巴朋、王伟。

包装　运输包装件基本试验
第10部分:正弦变频振动试验方法

1　范围

GB/T 4857的本部分规定了对运输包装件和单元货物进行正弦变频振动试验时所采用试验设备的主要性能要求、试验程序及试验报告的内容。

本部分适用于评定运输包装件和单元货物在正弦变频振动或共振情况下的强度及包装对内装物的保护能力。它既可以作为单项试验,也可以作为一系列试验的组成部分。

2　规范性引用文件

下列文件中的条款通过GB/T 4857本部分的引用而成为本部分的条款。凡是注日期的引用文件,其随后所有的修改单(不包括勘误的内容)或修订版均不适用于本部分,然而,鼓励根据本部分达成协议的各方研究是否可使用这些文件的最新版本。凡是不注日期的引用文件,其最新版本适用于本部分。

GB/T 4857.1　包装　运输包装件　各部位的标示方法

GB/T 4857.2　包装　运输包装件　温湿度调节处理

GB/T 4857.3　包装　运输包装件　静载荷堆码试验方法

GB/T 4857.17　包装　运输包装件　编制性能试验大纲的一般原理

GB/T 4857.18　包装　运输包装件　编制性能试验大纲的定量数据

3　试验原理

将试验样品置于振动台上,在预定的时间内按规定的加速度值及扫频速率在3 Hz～100 Hz之间来回扫描。随后可在3 Hz～100 Hz之间的主共振频率的±10%范围内经受预定时间的振动。

必要时可在试验样品上添加一定载荷,以模拟运输包装件处于堆码底部条件下经受正弦振动环境的情况。

4　试验设备

4.1　振动台

振动台应具有充分大的尺寸、足够的强度、刚度和承载能力。该结构应能保证振动台台面在振动时保持水平状态,其最低共振频率应高于最高试验频率。振动台应平放,与水平之间的最大角度变化为0.3°。

振动台可配备:

a)　低围框:用以防止试验样品在试验中向两端和两侧移动;

b)　高围框或其他装置:用以防止加在试验样品上的载荷振动时移位;

c)　用以模拟运输中包装件的固定方法的装置。

此外,振动台应符合5.5.3条中所规定的要求。

4.2　仪器

试验仪器应包括加速度计、脉冲信号调节器和数据显示或存储装置,以测量和控制在试验样品表面上的加速度值。测试仪器系统的响应,应精确到试验规定的频率范围的±5%。

注:也可以装备监控包装容器和内装物响应的仪器。可使用传感器,记录与振动台的受迫振动有关的内装物或可能在包装外表面的振动速率、振幅和频率。

5　试验程序

5.1　试验样品的准备

按GB/T 4857.17的规定准备试验样品。

5.2　试验样品各部位的编号

按 GB/T 4857.1 的规定，对试验样品各部位进行编号。

5.3　试验样品的预处理

按 GB/T 4857.2 的规定，选定一种条件对试验样品进行温湿度预处理。

5.4　试验时的温湿度条件

试验应在与预处理相同的温湿度条件下进行，如果达不到预处理条件，则必须在试验样品离开预处理条件 5 min 之内开始试验。

5.5　试验步骤

5.5.1　记录试验场所的温湿度。

5.5.2　将试验样品按预定的状态放置在振动台上，试验样品重心点的垂直位置应尽可能的接近实际振动台平台的几何中心。如果试验样品不固定在台面上，可以使用围栏。必要时可在试验样品上添加负载，其加载程序应符合 GB/T 4857.3 的规定。

5.5.3　方法 A

5.5.3.1　使振动台以选定的加速度作垂直正弦振动，频率以每分钟二分之一倍频程的扫频速率，在 3 Hz和 100 Hz 频率之间进行扫频试验，重复扫描次数参见附录 A。

5.5.3.2　使用加速度计测量时，要将加速度计尽可能紧贴到靠近包装件的振动台面上，但要有防护措施以防止加速度计与包装件相接触。

5.5.3.3　当存在水平振动分量时，由此分量引起的加速度峰值不应大于垂直分量的 20%。

5.5.4　方法 B

5.5.4.1　按方法 A 的程序进行试验，在一个或多个完整的扫描周期内，采用一个合适的低加速度值(典型的在 0.2 g～0.5 g 范围内)，做共振扫频，并记录在试验样品及振动台上的加速度值。

5.5.4.2　在主共振频率的±10%范围内进行共振试验。也可在第二和第三共振频率的±10%范围内进行试验，振动持续时间参见附录 A。

5.5.5　试验后按有关标准规定检查包装及内装物的损坏情况，并分析试验结果。

6　试验报告

试验报告应包括下列内容：

a)　说明试验系按本部分执行；

b)　内装物的名称、规格、型号、数量等；如果使用的是模拟内装物，应予以详细说明；

c)　试验样品的数量；

d)　详细说明包装容器的名称、尺寸、结构和材料的规格、附件、缓冲衬垫、支撑物、固定方法、封口、捆扎状态及其他防护措施；

e)　试验样品和内装物的质量，以千克计；

f)　试验设备的说明；

g)　是否添加载荷，如果加有载荷，说明所加载荷的质量(以千克计)及试验样品承受载荷的持续时间；

h)　试验时试验样品放置的状态和约束方法；

i)　预处理的温湿度条件及时间；

j)　试验场所的温度和相对湿度；

k)　振动持续时间，加速度和频率范围，如果使用方法 B 时，说明主共振频率及第二、第三共振频率；

l)　试验结果：应详细记录所观察到的任何可以帮助正确解释试验结果的现象；

m)　试验结果分析；

n)　说明所用试验方法与本部分的差异；

o)　试验日期、试验人员签字、试验单位盖章。

附 录 A
（资料性附录）
振动时间的确定

振动持续时间一般由产品标准根据运输环境条件的具体情况规定。若未规定时，推荐：

a) 扫频试验：3 Hz—100 Hz—3 Hz，重复两次。

b) 共振试验：在共振频率上停留 15 min。

ICS 55.020
A 83

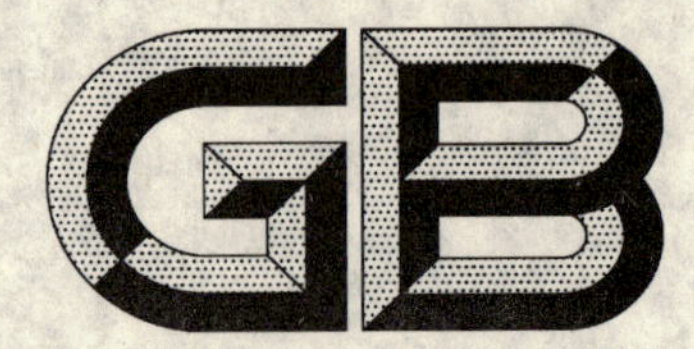

中华人民共和国国家标准

GB/T 4857.11—2005
代替 GB/T 4857.11—1992

包装　运输包装件基本试验 第11部分:水平冲击试验方法

Packaging—Basic tests for transport packages—Part 11:Horizontal impact test methods

(ISO 2244:2000,MOD)

2005-05-25 发布　　2005-11-01 实施

中华人民共和国国家质量监督检验检疫总局
中国国家标准化管理委员会　发布

前　言

GB/T 4857《包装　运输包装件基本试验》分为23个部分：

——第1部分：试验时各部位的标示方法；

——第2部分：温湿度调节处理；

——第3部分：静载荷堆码试验方法；

——第4部分：压力试验方法；

——第5部分：跌落试验方法；

——第6部分：滚动试验方法；

——第7部分：正弦定频振动试验方法；

——第8部分：六角滚筒试验方法；

——第9部分：喷淋试验方法；

——第10部分：正弦变频振动试验方法；

——第11部分：水平冲击试验方法；

——第12部分：浸水试验方法；

——第13部分：低气压试验方法；

——第14部分：倾翻试验方法；

——第15部分：可控水平冲击试验方法；

——第16部分：采用压力试验机的堆码试验方法；

——第17部分：编制性能试验大纲的一般原理；

——第18部分：编制性能试验大纲的定量数据；

——第19部分：流通试验信息记录；

——第20部分：碰撞试验方法；

——第21部分：防霉试验方法；

——第22部分：单元货物稳定性试验方法；

——第23部分：随机振动试验方法。

本部分为GB/T 4857的第11部分，本部分修改采用国际标准ISO 2244:2000《包装——完整满装的运输包装件和单元货物——水平冲击试验》，对GB/T 4857.11—1992《包装　运输包装件　水平冲击试验方法》的修订与ISO 2244标准相比，主要差异如下：

——按照汉语习惯对一些编排格式进行了修改；

——由于我国在包装术语标准中对有关术语有所定义，所以取消了有关术语定义的内容；

——对“试验时温湿度条件”的规定，比ISO标准放宽了要求；

——按我国GB/T 4857系列标准的统一格式及实际情况，对试验报告的有关内容进行了修改。

本部分与GB/T 4857.11—1992相比主要变化如下：

——在范围中将原来的仅适用于运输包装件修改为适用于运输包装件和单元货物；

——对试验样品在台车上固定位置的要求有所变化；

——增加了对测试仪器的规定；

——对吊摆冲击试验设备的要求有所变化；

——增加了角冲击的示意图；

——取消了附录A试验顺序。

本部分自实施之日起,同时代替GB/T 4857.11—1992。

本部分由全国包装标准化技术委员会提出并归口。

本部分主要起草单位:中机生产力促进中心、国家包装产品质量监督检验中心(大连)、中华人民共和国北京出入境检验检疫局、国家包装产品质量监督检验中心(济南)。

本部分主要起草人:黄雪、周澍、何丰、周荫萍、张晓建、尹洪雁。

包装　运输包装件基本试验
第 11 部分:水平冲击试验方法

1　范围

GB/T 4857 的本部分规定了对运输包装件和单元货物进行水平冲击试验(水平、斜面和吊摆试验)时所用试验设备的主要性能要求、试验程序及试验报告的内容。

本部分适用于评定运输包装件和单元货物在受到水平冲击时的耐冲击强度和包装对内装物的保护能力。它既可以作为单项试验,也可以作为包装件一系列试验的组成部分。

2　规范性引用文件

下列文件中的条款通过 GB/T 4857 本部分的引用而成为本部分的条款。凡是注日期的引用文件,其随后所有的修改单(不包括勘误的内容)或修订版均不适用于本部分,然而,鼓励根据本部分达成协议的各方研究是否可使用这些文件的最新版本。凡是不注日期的引用文件,其最新版本适用于本部分。

GB/T 4857.1　包装　运输包装件　各部位的标示方法

GB/T 4857.2　包装　运输包装件　温湿度调节处理

GB/T 4857.17　包装　运输包装件　编制性能试验大纲的一般原理

GB/T 4857.18　包装　运输包装件　编制性能试验大纲的定量数据

3　试验原理

使试验样品按预定状态以预定的速度与一个同速度方向垂直的挡板相撞。也可以在挡板表面和试验样品的冲击面、棱之间放置合适的障碍物以模拟在特殊情况下的冲击。

4　试验设备

4.1　水平冲击试验机

水平冲击试验机由钢轨道、台车和挡板组成。

4.1.1　钢轨道

两根平直钢轨,平行固定在水平平面上。

4.1.2　台车

4.1.2.1　应有驱动装置,并能控制台车的冲击速度。

4.1.2.2　台车台面与试验样品之间应有一定的摩擦力,使试验样品与台车在静止到冲击前的运动过程中无相对运动。但在冲击时,试验样品相对台车应能自由移动。

4.1.3　挡板

4.1.3.1　挡板应安装在轨道的一端,其表面与台车运动方向成 90°±1°的夹角。

4.1.3.2　挡板冲击表面应平整,其尺寸应大于试验样品受冲击部分的尺寸。

4.1.3.3　挡板冲击表面应有足够的硬度与强度。在其表面承受 160 kg/cm^2 的负载时,变形不得大于 0.25 mm。

4.1 3.4　需要时,可以在挡板上安装障碍物,以便对试验样品某一特殊部位做集中冲击试验。

4.1.3.5　挡板结构架应使台车在试验样品冲击挡板后仍能在挡板下继续行走一定距离,以保证试验样品在台车停止前与挡板冲击。

4.2　斜面冲击试验机

斜面冲击试验机由钢轨道、台车和挡板等组成,见图 1 所示。

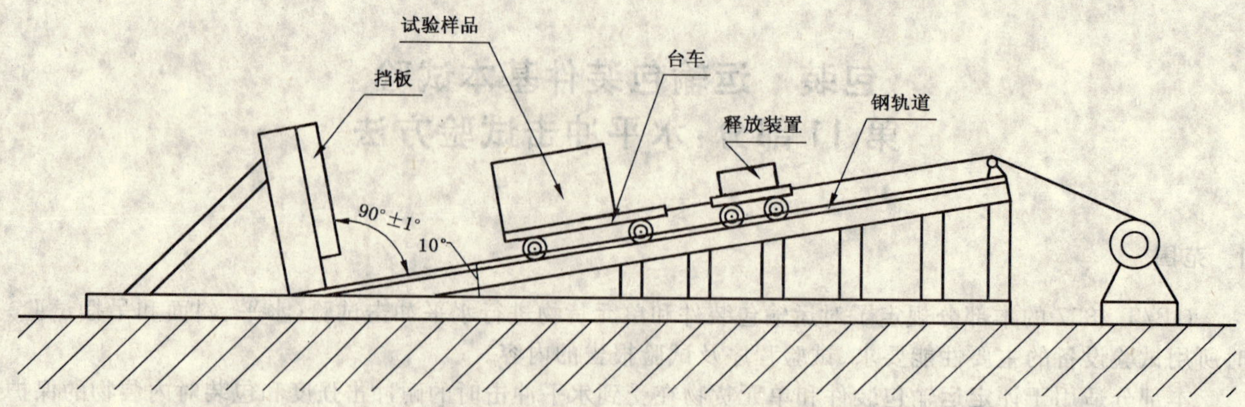

图1 斜面冲击试验机简图

4.2.1 **钢轨道**

4.2.1.1 两根平直且互相平行的钢轨，轨道平面与水平面的夹角为10°。

4.2.1.2 轨道表面保持清洁、光滑，并沿斜面以50 mm的间距划分刻度。

4.2.1.3 轨道上应装有限位装置，以便使台车能在轨道的任意位置上停留。

4.2.2 **台车**

4.2.2.1 台车的滚动装置，应保持清洁、滚动良好。

4.2.2.2 台车应装有自动释放装置，并与牵引机构配合使用，使台车能在斜面的任意位置上自由释放。

4.2.2.3 试验样品与台面之间应有一定的摩擦力，使试验样品与台车在静止到冲击前的运动过程中无相对运动。但在冲击时，试验样品相对台车应能自由移动。

4.2.3 **挡板**

4.2.3.1 挡板应安装在轨道的最低端，其冲击表面与轨道平面成90°±1°的夹角，并满足本部分4.1.3.2～4.1.3.5条的要求。

4.2.3.2 在挡板的结构架上可以安装阻尼器，防止二次冲击。

4.3 **吊摆冲击试验机**

吊摆冲击试验机由悬吊装置和挡板组成，见图2。

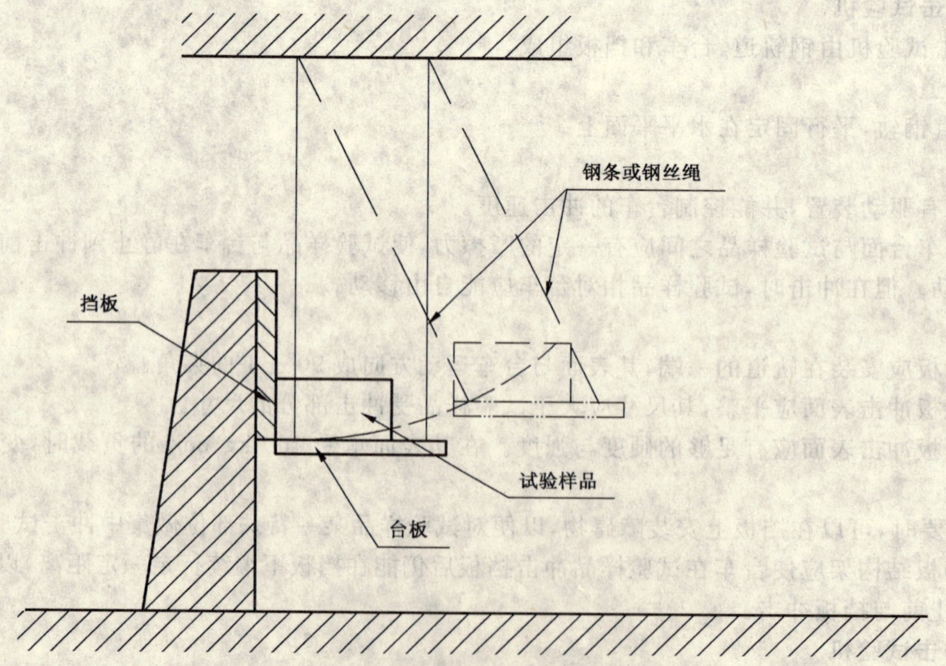

图2 吊摆冲击试验机简图

4.3.1 悬吊装置

4.3.1.1 悬吊装置一般由长方形台板组成,该长方形台板四角用钢条或钢丝绳等材料悬吊起来。

4.3.1.2 台板应具有足够的尺寸和强度,以满足试验的要求。

4.3.1.3 当自由悬吊的台板静止时,应保持水平状态。其前部边缘刚好触及挡板。

4.3.1.4 悬吊装置应能在运动方向自由活动,并且将试验样品安置在平台上时,不会阻碍其运动。

4.3.2 挡板

挡板的冲击面应垂直于水平面,并符合本部分4.1.3.2~4.1.3.4条的要求。

5 冲击测试仪器

当需要时,测试仪器应安装在台车或台板上,测量并记录峰值加速度和冲击速率。

6 试验程序

6.1 试验样品的准备

按GB/T 4857.17的要求准备试验样品。

6.2 试验样品的各部位的编号

按GB/T 4857.1的规定,对试验样品各部位进行编号。

6.3 试验样品的预处理

按GB/T 4857.2的规定,选定一种条件对试验样品进行温、湿度预处理。

6.4 试验时的温湿度条件

试验应在与预处理相同的温湿度条件下进行,如果达不到预处理条件,则必须在试验样品离开预处理条件5 min之内开始试验。

6.5 试验强度值的选择

按GB/T 4857.18的规定,选择试验强度值。

6.6 试验步骤

6.6.1 将试验样品按预定状态放置在台车(水平冲击试验机和斜面冲击试验机)或台板(吊摆冲击试验机)上。

6.6.1.1 利用斜面或水平冲击试验机进行试验时,试验样品的冲击面或棱应与台车前缘平齐;利用吊摆冲击试验机进行试验时,在自由悬吊的台板处于静止状态下,试验样品的冲击面或棱恰好触及挡板冲击面。

6.6.1.2 对试验样品进行面冲击时,其冲击面与挡板冲击面之间的夹角不得大于2°。

6.6.1.3 对试验样品进行棱冲击时,其冲击棱与挡板冲击面之间的夹角α不得大于2°。如试验样品为平行六面体,则应使组成该棱的两个面中的一个面与挡板冲击面的夹角β误差不大于±5°或在预定角的±10%以内(以较大的数值为准),见图3所示。

6.6.1.4 对试验样品进行角冲击时,试验样品应撞击挡板,其中任何与试验角邻接的面与挡板的夹角β误差不大于±5°或在预定角度的±10%以内,以较大的数值为准(见图4)。

6.6.2 利用水平冲击试验机进行试验时,使台车沿钢轨以预定速度运动,并在到达挡板冲击面时达到所需要的冲击速度。

6.6.3 利用斜面冲击试验机进行试验时,将台车沿钢轨斜面提升到可获得要求冲击速度的相应高度上,然后释放。

6.6.4 利用吊摆冲击试验机进行试验时,拉开台板,提高摆位,当拉开到台板与挡板冲击面之间距离能产生所需冲击速度时,将其释放。

6.6.5 无论采用何种试验机进行试验,冲击速度误差应在预定冲击速度的±5%以内。

6.6.6 试验后按有关标准规定检查包装及内装物的损坏情况,并分析试验结果。

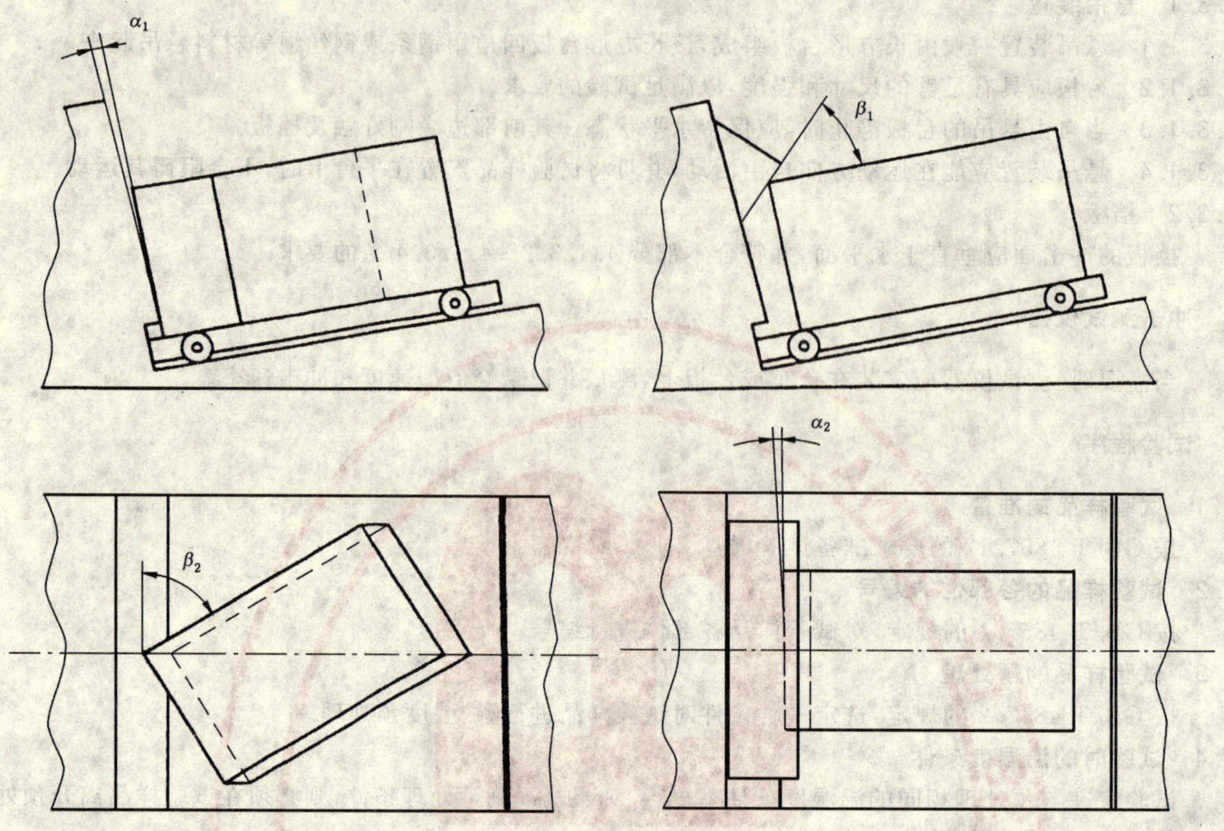

α_1,α_2:<2°

β_1,β_2:±5°或±10%

a) 对一垂直棱的冲击　　　　b) 对一水平棱的冲击

图 3 对一棱的冲击,试验样品的位置允许误差

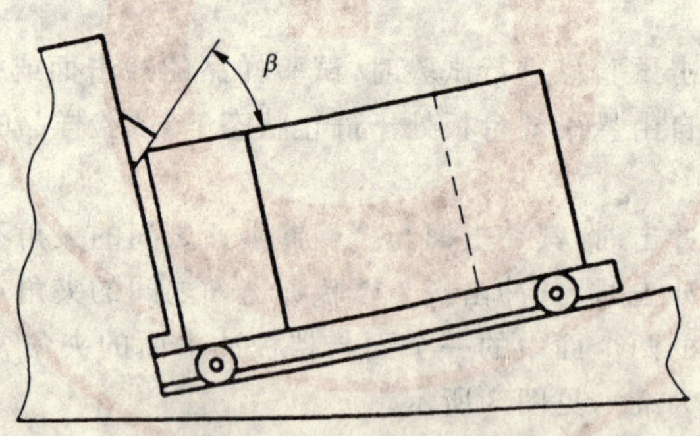

注:根据斜面平台试验,水平平台试验和吊摆试验应用同样的位置允许误差。

图 4 对一角的冲击,试验样品的位置允许误差

7 试验报告

试验报告应包括下列内容:

a) 说明试验系按本部分执行;

b) 内装物的名称、规格、型号、数量、性能等,如果使用模拟物应加以说明;

c) 试验样品的数量;

d) 详细说明包装容器的名称、尺寸,结构和材料规格,附件、缓冲衬垫、支撑物、固定方法、封口、捆扎状态及其他防护措施;

e） 试验样品和内装物的质量，以千克计；

f） 预处理时的温度、相对湿度和时间；

g） 试验场所的温度和相对湿度；

h） 试验所用设备、仪器的类型；

i） 试验时，试验样品放置状态；

j） 试验样品、试验顺序和试验次数；

k） 冲击速度，必要时，测试冲击时最大减加速度；

l） 如果使用附加障碍物，说明其放置位置及其有关情况；

m） 记录试验结果，并提出分析报告；

n） 说明所用试验方法与本部分的差异；

o） 试验日期、试验人员签字、试验单位盖章。

ICS 55.020
A 83

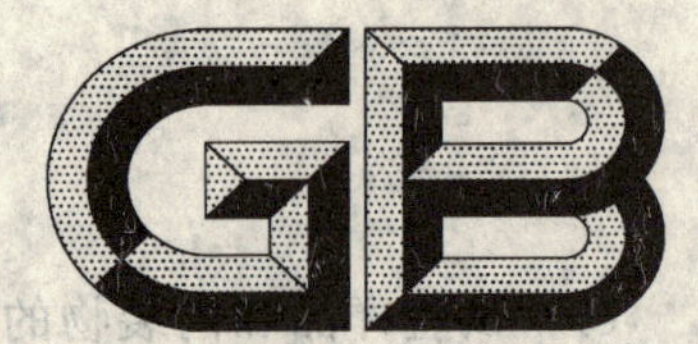

中华人民共和国国家标准

GB/T 4857.13—2005
代替 GB/T 4857.13—1992

包装　运输包装件基本试验 第13部分:低气压试验方法

Packaging—Basic tests for transport packages—Part 13: Low pressure test

(ISO 2873:2000,MOD)

2005-05-25 发布　　　　2005-11-01 实施

中华人民共和国国家质量监督检验检疫总局
中国国家标准化管理委员会　发布

前　言

GB/T 4857《包装　运输包装件基本试验》分为 23 个部分：

——第 1 部分：试验时各部位的标示方法；

——第 2 部分：温湿度调节处理；

——第 3 部分：静载荷堆码试验方法；

——第 4 部分：压力试验方法；

——第 5 部分：跌落试验方法；

——第 6 部分：滚动试验方法；

——第 7 部分：正弦定频振动试验方法；

——第 8 部分：六角滚筒试验方法；

——第 9 部分：喷淋试验方法；

——第 10 部分：正弦变频振动试验方法；

——第 11 部分：水平冲击试验方法；

——第 12 部分：浸水试验方法；

——第 13 部分：低气压试验方法；

——第 14 部分：倾翻试验方法；

——第 15 部分：可控水平冲击试验方法；

——第 16 部分：采用压力试验机的堆码试验方法；

——第 17 部分：编制性能试验大纲的一般原理；

——第 18 部分：编制性能试验大纲的定量数据；

——第 19 部分：流通试验信息记录；

——第 20 部分：碰撞试验方法；

——第 21 部分：防霉试验方法；

——第 22 部分：单元货物稳定性试验方法；

——第 23 部分：随机振动试验方法。

本部分为 GB/T 4857 的第 13 部分，本部分修改采用国际标准 ISO 2873:2000《包装——完整、满装的运输包装件及单元货物——低气压试验》，对 GB/T 4857.13—1992《包装　运输包装件　低气压试验》的修订与 ISO 2873 标准相比，主要差异如下：

——按照汉语习惯对一些编排格式进行了修改；

——删减了有关解释性的注释；

——由于我国在包装术语标准中对有关术语有所定义，所以取消了有关术语定义的内容；

——对“试验时温湿度条件”的规定，比 ISO 标准放宽了要求；

——按 GB/T 4857 系列标准的统一格式对试验报告的有关内容进行了修改。

本部分与 GB/T 4857.13—1992 相比主要变化如下：

——在范围中将原来的仅适用于运输包装件修改为适用于运输包装件和单元货物；

——将原标准中“大气层外的环境条件表”放入附录 A(资料性附录)中，供使用者参考；

——将有关的单位量纲按国际标准进行了修订。

本部分的附录 A 为资料性附录。

本部分自实施之日起，同时代替 GB/T 4857.13—1992。

本部分由全国包装标准化技术委员会提出并归口。

本部分主要起草单位：中机生产力促进中心、中国出口商品包装研究所、国家包装产品质量监督检验中心(济南)。

本部分主要起草人：黄雪、周澍、张晓建、李建华、周加彦。

包装　运输包装件基本试验
第13部分:低气压试验方法

1　范围

GB/T 4857的本部分规定了对运输包装件和单元货物进行低气压试验时所用试验设备的主要性能要求、试验程序及试验报告的内容。

本部分适用于评定在空运时增压仓和飞行高度不超过3 500 m的非增压仓飞机内的运输包装件和单元货物耐低气压的影响的能力及包装对内装物的保护能力。对于海拔较高的地面运输包装件和单元货物可参照本部分进行低气压试验。

2　规范性引用文件

下列文件中的条款通过GB/T 4857本部分的引用而成为本部分的条款。凡是注日期的引用文件,其随后所有的修改单(不包括勘误的内容)或修订版均不适用于本部分,然而,鼓励根据本部分达成协议的各方研究是否可使用这些文件的最新版本。凡是不注日期的引用文件,其最新版本适用于本部分。

GB/T 4857.1　包装　运输包装件　各部位的标示方法

GB/T 4857.2　包装　运输包装件　温湿度调节处理

GB/T 4857.17　包装　运输包装件　编制性能试验大纲的一般原理

3　试验原理

将试验样品置于气压试验箱(室)内,然后将试验箱(室)内气压降低到相当于3 500 m高度时的气压。将此气压保持预定的时间后,使其恢复到常压。

如有必要,在此期间也可将温度控制在相同高度时所具有的温度(参见附录A)。

4　试验设备

气压试验箱(室)应具有足够的空间以容纳试验样品,并能进行气压和温度控制,且可以满足本部分5.4的要求。

5　试验程序

5.1　试验样品的准备

按GB/T 4857.17的要求准备试验样品。

5.2　试验样品的各部位的编号

按GB/T 4857.1的规定对试验样品各部位进行编号。

5.3　试验样品的预处理

按GB/T 4857.2的规定,选定一种条件对试验样品进行温湿度预处理。

5.4　试验步骤

5.4.1　将试验样品放置在气压试验箱(室)内,以不超过150×10^5 mPa/min的速率将气压降至650×10^5 mPa(±5%),在预定的时间内保持该气压,保持时间可在2 h、4 h、8 h、16 h内选取。

5.4.2　以不超过150×10^5 mPa/min的增压速率,充入符合实验室温度的干燥空气,使气压恢复到初始状态。

5.4.3 试验后按有关标准规定检查包装及内装物的损坏情况，并分析试验结果。

6 试验报告

试验报告应包括下列内容：

a) 说明试验系按本部分执行；

b) 内装物名称、规格、型号、数量等；

c) 试验样品的数量；

d) 详细说明：包装容器的名称、尺寸，结构和材料规格、附件、缓冲衬垫、支撑物、固定方式、封口、捆扎状态及其他防护措施；

e) 试验样品的质量和内装物的质量，以千克计；

f) 预处理的温度、相对湿度和时间；

g) 气压试验箱(室)内的温度、湿度、压力、增(减)压速率和气压保持时间；

h) 试验设备及仪器的说明；

i) 记录试验结果及任何有助于正确解释试验结果的现象；

j) 和本部分描述的试验方法之间的任何差异；

k) 试验日期、试验人员签字、试验单位盖章。

附　录　A
（资料性附录）
非增压仓的压力及温度

当运输包装件在飞行高度超过 3 500 m 的非增压仓内运输时，可以按表 A.1 的压力及温度进行低气压试验。

表 A.1　大气层外的环境条件

高度/m	压力/hPa(mbar)	温度/℃
4 000	615	−11
6 000	470	−24
8 000	355	−37
10 000	265	−50
12 000	190	−56.5
15 000	120	−56.5
18 000	75	−56.5
20 000	55	−56.5

ICS 01.140.20
A 24

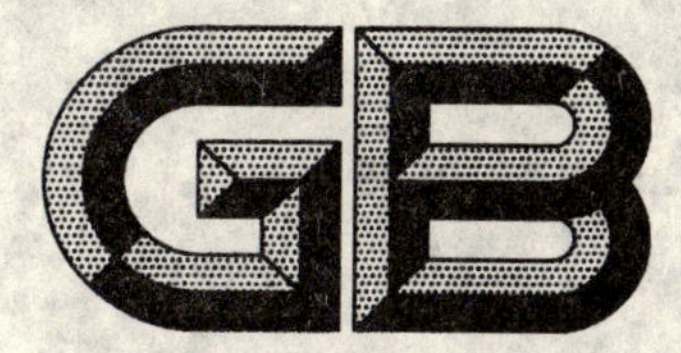

中华人民共和国国家标准

GB/T 4880.1—2005
代替 GB/T 4880—1991

语种名称代码　第1部分:2字母代码

**Codes for the representation of names of languages—
Part 1: Alpha-2 code**

(ISO 639-1:2002,MOD)

2005-07-15 发布　　2005-12-01 实施

中华人民共和国国家质量监督检验检疫总局
中国国家标准化管理委员会　发布

前　言

GB/T 4880 语种名称代码分为两部分：

——第 1 部分：2 字母代码；

——第 2 部分：3 字母代码。

本部分修改采用 ISO 639-1：2002《语种名称代码　第 1 部分：2 字母代码》，所有的语种代码完全与该国际标准一致。

本部分根据我国的实际情况，在修改采用 ISO 639-1：2002 时，主要做了以下改动：

1. 为了便于我国用户使用，增加了每个语种的汉语名称。

2. 增加了“按语种的汉语名称音序排序的 2 字母语种代码表”，删除了“按语种的法语名称排序的 2 字母语种代码表”。

本部分是对 GB/T 4880—1991《语种名称代码》的修订。修订内容见附录 B。

本部分的附录 A 是规范性附录，附录 B 是资料性附录。

本部分由中国标准化研究院提出。

本部分由全国术语标准化技术委员会归口。

本部分起草单位：中国标准化研究院。

本部分主要起草人：宋敏、于欣丽、陈玉忠、程永红、肖玉敬。

本部分所代替标准的历次版本发布情况为：GB/T 4880—1991。

语种名称代码　第1部分:2字母代码

1　范围

GB/T 4880 的本部分规定了世界上主要语种(包括集合语种)的2字母代码。

本部分的语种代码适用于术语学、辞书编纂和语言学,也适用于任何需要以2字母代码形式表示语种的工作领域(尤其是计算机系统)。

2　规范性引用文件

下列文件中的条款通过 GB/T 4880 本部分的引用而成为本部分的条款。凡是注日期的引用文件,其随后所有的修改单(不包括勘误的内容)或修订版均不适用于本部分,然而,鼓励根据本部分达成协议的各方研究是否可使用这些文件的最新版本。凡是不注日期的引用文件,其最新版本适用于本部分。

GB/T 4880.2—2000　语种名称代码　第2部分:3字母代码(eqv ISO 639-2:1998)

GB/T 2659—2000　世界各国和地区名称代码(eqv ISO 3166-1:1997)

3　术语和定义

下列术语和定义适用于 GB/T 4880 的本部分。

3.1

代码　code

按照预先确定的一组规则以不同形式变换或表示的数据。

3.2

代码元素　code element

一个代码中的单个条目。

注:在本部分的语种代码中,每个代码元素由一个语种标识符和该语种名称构成。

3.3

语种标识符　language identifier

表明语种名称的信息。

注:在本部分的语种代码中,每个语种标识符由两个字母组成。

4　2字母语种代码

4.1　语种标识符的形式

语种标识符由下列26个小写拉丁字母组成,即a、b、c、d、e、f、g、h、i、j、k、l、m、n、o、p、q、r、s、t、u、v、w、x、y、z。不使用变音符号或变音标记。这些标识符不是语种的简写形式,而是某个语种的标识。语种标识符源于语种名称。标识符的确定以该语种的本土语言名称或使用该语言的地区的语种优先为依据。

为保证连续性和稳定性,语种标识符只有在迫不得已时才能改变。如果改变,原标识符至少10年内不应再分配给其他语种,且当再分配时,必须仔细考虑并得到联合顾问委员会的批准。

当对本部分进行改编以适应使用其他字母(如:古斯拉夫字母)的语种时,应遵守本部分的原则来构成语种标识符。

即使某一语种是用一种以上文字书写的,但通常仍应使用单一的语种标识符。为了标明有关某一语种的文字或书写系统的信息时,也可制定另一个标准。

4.2 新语种标识符的注册

4.2.1 任何个人和组织机构都可以申请或建议将某个语种以代码形式加入到本部分中。提出申请或建议时，应提供以下材料：

a) 需应用本语中标识符的现有的大量书写文献及不同学科领域的术语。

b) 某权威部门(标准组织、政府机构、语言机构或文化团体)的推荐信或建议书。

4.2.2 2字母代码中的所有代码元素包括在3字母代码中，而且应符合GB/T 4880.2—2000规定的选择准则。此外，还应考虑以下选择准则：

a) 讲该语言的人数；

b) 该语言在一国或多国内的认可地位；

c) 一个或多个官方部门的支持。

4.2.3 附录A规定了新2字母代码的注册程序。

4.2.4 2字母语种代码的负责注册机构是国际术语信息中心。3字母语种代码的负责注册机构是美国国会图书馆。

4.3 语种标识符的应用

语种标识符可在下列具体实例中使用，下面给出了如何使用语种代码的示例。

a) 表明某个术语所属的语种。

例1：en ion
fr ion
de lon
it ione
es ion

例2：en fr es ion
de lon
it ione

例1和例2都表明，术语ion属于3个语种en、fr、es；而术语lon属于语种de；术语ione属于语种it。

b) 表明书写、记录文献时所使用的语种。

例：联合国文件：ST/DCS/Rev.2 en fr

双语文件：英语(en)和法语(fr)。

c) 表明会议代表发言可使用的语种。

例：某次ISO会议发布的代表名单上的语种标识符“en”、“fr”和“ru”表明会议代表可以用英语(en)、法语(fr)和俄语(ru)发言。

4.4 国家代码的应用

本部分中的语种标识符可以和GB/T 2659—2000中的标识符组合使用，用以指明一个术语、短语或语种所使用的地域。

例：——elevator (en US)；
——lift (en GB)。

同样，比如“en US-NY”指代纽约州，“fr FR-75”指代巴黎。

5 语种标识符列表

语种标识符以及语种的各个名称在表1至表4中列出。

表 1 按语种的汉语名称音序排序的 2 字母语种代码

汉语名称	英语名称	原始名称	语种代码
		A	
阿布哈兹语	Abkhazian	apsua byszwa	ab
阿尔巴尼亚语	Albanian	shqip	sq
阿法尔语	Afar	afar	aa
阿芳·奥洛莫语	Afan Oromo；Oromo；Galla	(afan) oromo	om
阿非利堪斯语	Afrikaans	Afrikaans	af
阿坎语	Akan	akana	ak
阿拉伯语	Arabic	arabiy	ar
阿姆哈拉语	Amharic	amarinja	am
阿萨姆语	Assamese	asami	as
阿塞拜疆语	Azerbaijani	azrbaycan dil	az
阿瓦尔语	Avar；Avarish	avar mac	av
阿维斯陀语	Avestan	—	ae
埃维语	Ewe	eve	ee
爱尔兰语	Irish	Gaeilge	ga
爱沙尼亚语	Estonian	eesti keel	et
艾马拉语	Aymara	aymara	ay
奥吉布瓦语	Ojibwa	chippewa；ojibwe	oj
奥克西唐语(公元 1500 年以后)	Occitan；Provencal (post 1500)	occitan；provencal	oc
奥利亚语	Oriya	oria	or
奥塞梯语	Ossetian；Ossetic	iron avzæg	os
		B	
巴利语	Pali	pali bhasa	pi
巴什基尔语	Bashkir	baskort	ba
巴斯克语	Basque	euskera；euskara	eu
白俄罗斯语	Belarusian	belaruskaa mova	be
班巴拉语	Bambara	bambankan	bm
班图语	Chichewa；Chewa；Nyanja	tshichewa；tshinyanja	ny
保加利亚语	Bulgarian	blgarski ezik	bg
北恩德贝勒语	North Ndebele	isiNdebele	nd
北萨摩斯语	Northern Sami	davvisamegiella	se
比哈尔语	Bihari	bihari	bh
比斯拉玛语	Bislama	bislama	bi
冰岛语	Icelandic	islenska	is

表 1(续)

汉语名称	英语名称	原始名称	语种代码
波兰语	Polish	(jezyk) polski	pl
波斯尼亚语	Bosnian	bosanski (jezik)	bs
波斯语	Farsi; Persian	farsy	fa
不丹语	Bhutani; Butanese; Dzongkha	dzongkha	dz
布列塔尼语	Breton	Brezhoneg	br
		C	
查莫罗语	Chamorro	—	ch
朝鲜语	Korean	choson-o; hanguk-o	ko
车臣语	Chechen	nohcijn mott; noxciyn mott	ce
楚瓦什语	Chuvash	cavas celhi	cv
茨瓦纳语	Setswana; Tswana	Setswana	tn
		D	
丹麦语	Danish	dansk	da
德语	German	Deutsch	de
迪维希语	Divehi; Maldivian	dhivehi	dv
		E	
俄语	Russian	Russkij (azyk)	ru
恩敦加语	Ndonga	oshindonga	ng
		F	
法罗斯语	Faroese; Faeroese	foroyskt	fo
法语	French	francais	fr
梵语	Sanskrit	samskrtam	sa
斐济语	Fijian	Na Vosa Vakaviti	fj
芬兰语	Finnish	suomi; suomen kieli	fi
弗里西亚语	Frisian	frysk	fy
富拉语	Fulah; Fula; Fulani; Fulfulde; Peul	fulfulde	ff
		G	
盖尔语(苏格兰)	Gaelic; Scottish Gaelic	Gaidhlig	gd
干达语	Ganda; Luganda	luganda	lg
刚果语	Kongo	kikongo	kg
高棉语	Khmer; Cambodian	khmer	km
格陵兰语	Greenlandic; Kalaallisut	kalaallisut	kl
格鲁吉亚语	Georgian	kartuliena	ka
古吉拉特语	Gujarati	gujarati	gu

表 1(续)

汉 语 名 称	英 语 名 称	原 始 名 称	语 种 代 码
瓜拉尼语	Guarani	guarani	gn
国际语 A	Interlingus (International Auxiliary Language Association)	Interlingua	ia
国际语 E	Interlingue	interlingue	ie
	H		
哈萨克语	Kazakh	Kazak (tili)	kk
汉语(中文)	Chinese	zhongwen	zh
豪萨语	Hausa	hausa	ha
荷兰语	Dutch	Nederlands	nl
赫雷罗语	Herero	otshiherero	hz
	J		
基库尤语	Gikuyu; Kikuyu	Gikuyu	ki
基隆迪语	Kirundi; Rundi	kirundi	rn
基尼阿万达语	Kinyarwanda; Rwanda	kinyarwanda	rw
吉尔吉斯语	Kyrgyz; Kirghiz	kyrgyz tili	ky
加利西亚语	Galician; Gallegan	galego	gl
加泰隆语	Catalan	catala	ca
柬埔寨语	Cambodian; Khmer	khmer	km
教会斯拉夫语	Church Slavonic; Church Slavic; Old Slavonic; Old Church Slavonic; Old Bulgarian	cerkovno-slavanskij	cu
捷克语	Czech	cesky jazyk	cs
	K		
卡努里语	Kanuri	kanuri	kr
凯楚亚语	Quechua	qhetshwa	qu
坎纳达语	Kannada	kannada	kn
康沃尔语	Cornish	Kernewek	kw
科米语	Komi	Komi kyv	kv
科萨语	Xhosa	isiXhosa	xh
科西嘉语	Corsican	corsu	co
克里语	Cree	nehiyawa	cr
克罗地亚语	Croatian	hrvatski jezik	hr
克什米尔语	Kashmiri	kasmiri	ks
库尔德语	Kurdish	zimany kurdy	ku
库希特语	Afan Oromo; Oromo; Galla	(afan) oromo	om

表 1(续)

汉语名称	英语名称	原始名称	语种代码
夸尼亚玛语	Kwanyama; Kuanyama	oshikwanyama	kj
		L	
拉丁语	Latin	lingua latina	la
拉脱维亚语	Latvian	latviesu valoda	lv
老挝语	Laotian; Lao	pha xa lao	lo
立陶宛语	Lithuanian	lietuviu kalba	lt
利托-罗曼语	Rhaeto-Romance	romontsch	rm
林加拉语	Lingala	lingala	ln
卢巴一加丹加语	Luba-Katanga	tshiluba	lu
卢森堡语	Luxembourgish	letzebuergesch	lb
卢旺达语	Rwanda; Kinyarwanda	kinyarwanda	rw
罗马尼亚语	Romanian	(limba) romana	ro
		M	
马达加斯加语	Malagasy	malagasy	mg
马恩岛语	Manx	Gaelg	gv
马尔代夫语	Maldivian; Divehi	dhivehi	dv
马耳他语	Maltese	il-Malti	mt
马拉提语	Marathi	marathi	mr
马拉亚拉姆语	Malayalam	malayalam	ml
马来语	Malay	bahasa Malaysia	ms
马其顿语	Macedonian	makedonski	mk
马绍尔语	Marshallese	Majel	mh
毛利语	Maori	maori	mi
蒙古语	Mongolian	mongol	mn
孟加拉语	Bengali; Bangla	banla	bn
缅甸语	Burmese; Myanmar	myanmasa	my
摩尔达维亚语	Moldavian	(limba) moldoveana	mo
		N	
纳瓦霍语	Navajo; Navaho	dine bizaad	nv
南恩德贝勒语	South Ndebele	isiNdebele	nr
南索托语	Sesotho; Southern Sotho	Sesotho	st
瑙鲁语	Nauruan	nauru	na
尼泊尔语	Nepali	nepali	ne
尼诺斯克挪威语	Norwegian Nynorsk	nynorsk	nn
尼扬贾语	Nyanja; Chichewa; Chewa	tshichewa; tshinyanja	ny

表 1(续)

汉 语 名 称	英 语 名 称	原 始 名 称	语 种 代 码
挪威布克摩尔语	Norwegian Bokmal	bokmal	nb
挪威语	Norwegian	norsk	no
		P	
旁遮普语	Panjabi；Punjabi	pamjabi	pa
颇尔语	Peul；Fulah；Fula；Fulani；Fulfulde	fulfulde	ff
葡萄牙语	Portuguese	portugues	pt
普罗旺斯语(公元 1500 年以后)	Provencal；Occitan (post 1500)	occitan；provencal	oc
普什图语	Pashto；Pushto	pashto	ps
		Q	
其他语言	Other languages	—	zz
		R	
日语	Japanese	nihongo；nippongo	ja
瑞典语	Swedish	svenska	sv
		S	
撒丁语	Sardinian	sardu	sc
萨摩亚语	Samoan	samoa	sm
塞茨瓦纳语	Tswana；Setswana	Setswana	tn
塞尔维亚—克罗地亚语	Serbo-Croatian	Srpskohrvatski (jezik)	sh
塞尔维亚语	Serbian	Srpski (jezik)	sr
塞斯瓦特语	Siswati；Swazi；Swati	siSwati	ss
桑戈语	Sango；Sangho	sango	sg
僧加罗语	Sinhala；Sinhalese；Singhalese	simhala	si
绍纳语	Shona	chiShona	sn
世界语	Esperanto	esperanto	eo
斯洛伐克语	Slovak	slovensky (jazyk)	sk
斯洛文尼亚语	Slovenian	slovenski (jezik)	sl
斯瓦希里语	Kiswahili；Swahili	Kiswahili	sw
苏格兰语	Scottish Gaelic；Gaelic	Gaidhlig	gd
索马里语	Somali	soomaali	so
		T	
他加禄语	Tagalog	tagalog	tl
塔吉克语	Tajiki	tociki	tg
塔塔尔语	Tatar	tatar tele	tt

表 1(续)

汉语名称	英语名称	原始名称	语种代码
塔希提语	Tahitian	—	ty
泰卢固语	Telugu	telugu	te
泰米尔语	Tamil	tamil	ta
泰语	Thai	thai	th
汤加语(汤加岛)	Tongan (Tonga Islands)	tonga	to
特威语	Twi	twi	tw
提格里尼亚语	Tigrinya	tigrina	ti
土耳其语	Turkish	turkce	tr
土库曼语	Turkmen	turkmen dili	tk
		W	
瓦隆语	Walloon	wallon	wa
威尔士语	Welsh	Cymraeg	cy
维吾尔语	Uighur	oyghurq	ug
文达语	Venda	Tshivenda	ve
沃拉普克语	volapük	volapük	vo
沃洛夫语	Wolof	wolof	wo
乌尔都语	Urdu	urdu	ur
乌克兰语	Ukrainian	Ukrainska mova	uk
乌兹别克语	Uzbek	ozbek tili	uz
		X	
西班牙语	Castilian；Spanish	Espanol；castellano	es
希伯来语	Hebrew	ivrit	he
希里莫图语	Hiri Motu	Hiri Motu	ho
现代希腊语(公元 1453 年以后)	Modern Greek (post 1453)	ellinika	el
信德语	Sindhi	sindhi	sd
匈牙利语	Hungarian	magyar nyelv	hu
巽他语	Sundanese	bahasa Sunda	su
		Y	
亚美尼亚语	Armenian	hayeren lezow	hy
伊博语	Igbo	igbo	ig
伊多语	Ido	ido	io
伊努伊特语	Inuktitut	inuktitut	iu
依地语	Yiddish	yidis	yi
依努庇克语	Inupiaq	inupiaq	ik

表 1(续)

汉 语 名 称	英 语 名 称	原 始 名 称	语 种 代 码
意大利语	Italian	italiano	it
印地语	Hindi	hindi	hi
印尼语	Indonesian	bahasa Indonesia	id
英语	English	English	en
约鲁巴语	Yoruba	Yoruba	yo
越南语	Vietnamese	Tieng Viet Nam	vi
		Z	
藏语	Tibetan	bod skad	bo
爪哇语	Javanese	bahasa Jawa	jv
壮语	Zhuang; Chuang	Cuengh	za
宗加语	Tsonga	Xitsonga	ts
祖鲁语	Zulu	isizulu	zu

表 2 按语种的英语名称排序的 2 字母语种代码

英 语 名 称	汉 语 名 称	原 始 名 称	语 种 代 码
	A		
Abkhazian	阿布哈兹语	apsua byszwa	ab
Afan Oromo; Oromo; Galla	阿芳・奥洛莫语	(afan) oromo	om
Afar	阿法尔语	afar	aa
Afrikaans	阿非利堪斯语	Afrikaans	af
Akan	阿坎语	akana	ak
Albanian	阿尔巴尼亚语	shqip	sq
Amharic	阿姆哈拉语	amarinja	am
Arabic	阿拉伯语	arabiy	ar
Armenian	亚美尼亚语	hayeren lezow	hy
Assamese	阿萨姆语	asami	as
Avar; Avarish	阿瓦尔语	avar mac	av
Avestan	阿维斯陀语	—	ae
Aymara	艾马拉语	aymara	ay
Azerbaijani	阿塞拜疆语	azrbaycan dil	az
	B		
Bambara	班巴拉语	bambankan	bm
Bangla; Bengali	孟加拉语	banla	bn
Bashkir	巴什基尔语	baskort	ba
Basque	巴斯克语	euskera; euskara	eu
Belarusian	白俄罗斯语	belaruskaa mova	be

表 2(续)

英语名称	汉语名称	原始名称	语种代码
Bengali；Bangla	孟加拉语	banla	bn
Bhutani；Butanese；Dzongkha	不丹语	dzongkha	dz
Bihari	比哈尔语	bihari	bh
Bislama	比斯拉玛语	bislama	bi
Bosnian	波斯尼亚语	bosanski (jezik)	bs
Breton	布列塔尼语	Brezhoneg	br
Bulgarian	保加利亚语	blgarski ezik	bg
Burmese；Myanmar	缅甸语	myanmasa	my
Butanese；Dzongkha；Bhutani	不丹语	dzongkha	dz
C			
Cambodian；Khmer	高棉语	khmer	km
Castilian；Spanish	西班牙语	Espanol；castellano	es
Catalan	加泰隆语	catala	ca
Chamorro	查莫罗语	—	ch
Chechen	车臣语	nohcijn mott；noxciyn mott	ce
Chichewa；Chewa；Nyanja	尼扬贾语	tshichewa；tshinyanja	ny
Chinese	汉语(中文)	zhongwen	zh
Chuang；Zhuang	壮语	Cuengh	za
Church Slavonic；Church Slavic；Old Slavonic；Old Church Slavonic；Old Bulgarian	教会斯拉夫语	cerkovno-slavanskij	cu
Chuvash	楚瓦什语	cavas celhi	cv
Cornish	康沃尔语	Kernewek	kw
Corsican	科西嘉语	corsu	co
Cree	克里语	nehiyawa	cr
Croatian	克罗地亚语	hrvatski jezik	hr
Czech	捷克语	cesky jazyk	cs
D			
Danish	丹麦语	dansk	da
Divehi；Maldivian	迪维希语	dhivehi	dv
Dutch	荷兰语	Nederlands	nl
Dzongkha；Bhutani；Butanese	不丹语	dzongkha	dz
E			
English	英语	English	en
Esperanto	世界语	esperanto	eo

表 2(续)

英语名称	汉语名称	原始名称	语种代码
Estonian	爱沙尼亚语	eesti keel	et
Ewe	埃维语	eve	ee
		F	
Faroese; Faeroese	法罗斯语	foroyskt	fo
Farsi; Persian	波斯语	farsy	fa
Fijian	斐济语	Na Vosa Vakaviti	fj
Finnish	芬兰语	suomi; suomen kieli	fi
French	法语	francais	fr
Frisian	弗里西亚语	frysk	fy
Fulah; Fula; Fulani; Fulfulde; Peul	富拉语	fulfulde	ff
		G	
Gaelic; Scottish Gaelic	盖尔语(苏格兰语)	Gaidhlig	gd
Galician; Gallegan	加利西亚语	galego	gl
Galla; Oromo; Afan; Oromo	阿芳·奥洛莫语	(afan) oromo	om
Ganda; Luganda	干达语	luganda	lg
Georgian	格鲁吉亚语	kartuliena	ka
German	德语	Deutsch	de
Gikuyu; Kikuyu	基库尤语	Gikuyu	ki
Greenlandic; Kalaallisut	格陵兰语	kalaallisut	kl
Guarani	瓜拉尼语	guarani	gn
Gujarati	古吉拉特语	gujarati	gu
		H	
Hausa	豪萨语	hausa	ha
Hebrew	希伯来语	ivrit	he
Herero	赫雷罗语	otshiherero	hz
Hindi	印地语	hindi	hi
Hiri Motu	希里莫图语	Hiri Motu	ho
Hungarian	匈牙利语	magyar nyelv	hu
		I	
Icelandic	冰岛语	islenska	is
Ido	伊多语	ido	io
Igbo	伊博语	igbo	ig
Indonesian	印尼语	bahasa Indonesia	id

表 2(续)

英语名称	汉语名称	原始名称	语种代码
Interlingua (International Auxiliary Language Association)	国际语 A	interlingua	ia
Interlingue	国际语 E	interlingue	ie
Inuktitut	伊努伊特语	inuktitut	iu
Inupiaq	依努庇克语	inupiaq	ik
Irish	爱尔兰语	Gaeilge	ga
Italian	意大利语	italiano	it
		J	
Japanese	日语	nihongo; nippongo	ja
Javanese	爪哇语	bahasa Jawa	jv
		K	
Kalaallisut; Greenlandic	格陵兰语	Kalaallisut	kl
Kannada	坎纳达语	kannada	kn
Kanuri	卡努里语	kanuri	kr
Kashmiri	克什米尔语	kasmiri	ks
Kazakh	哈萨克语	Kazak (tili)	kk
Khmer; Cambodian	高棉语	khmer	km
Kikuyu; Gikuyu	基库尤语	Gikuyu	ki
Kinyarwanda; Rwanda	基尼阿万达语	kinyarwanda	rw
Kirundi; Rundi	基隆迪语	kirundi	rn
Kiswahili; Swahili	斯瓦希里语	Kiswahili	sw
Komi	科米语	Komi kyv	kv
Kongo	刚果语	kikongo	kg
Korean	朝鲜语	choson-o; hanguk-o	ko
Kurdish	库尔德语	zimany kurdy	ku
Kwanyama; Kuanyama	夸尼亚玛语	oshikwanyama	kj
Kyrgyz; Kirghiz	吉尔吉斯语	kyrgyz tili	ky
		L	
Laotian; Lao	老挝语	pha xa lao	lo
Latin	拉丁语	lingua latina	la
Latvian	拉脱维亚语	latviesu valoda	lv
Lingala	林加拉语	lingala	ln
Lithuanian	立陶宛语	lietuviu kalba	lt
Luba-Katanga	卢巴—加丹加语	tshiluba	lu
Luganda; Ganda	干达语	luganda	lg

表 2(续)

英语名称	汉语名称	原始名称	语种代码
Luxembourgish	卢森堡语	letzebuergesch	lb
		M	
Macedonian	马其顿语	makedonski	mk
Malagasy	马达加斯加语	malagasy	mg
Malay	马来语	bahasa Malaysia	ms
Malayalam	马拉亚拉姆语	malayalam	ml
Maldivian; Divehi	迪维希语	dhivehi	dv
Maltese	马耳他语	il-Malti	mt
Manx	马恩岛语	Gaelg	gv
Maori	毛利语	maori	mi
Marathi	马拉提语	marathi	mr
Marshallese	马绍尔语	Majel	mh
Modern Greek (post 1453)	现代希腊语(公元 1453 年以后)	ellinika	el
Moldavian	摩尔达维亚语	(limba) moldoveana	mo
Mongolian	蒙古语	mongol	mn
Myanmar; Burmese	缅甸语	myanmasa	my
		N	
Nauruan	瑙鲁语	nauru	na
Navajo; Navaho	纳瓦霍语	dine bizaad	nv
Ndonga	恩敦加语	oshindonga	ng
Nepali	尼泊尔语	nepali	ne
North Ndebele	北恩德贝勒语	isiNdebele	nd
Northern Sami	北萨摩斯语	davvisamegiella	se
Norwegian	挪威语	norsk	no
Norwegian Bokmal	挪威布克莫尔语	bokmal	nb
Norwegian Nynorsk	尼诺斯克挪威语	nynorsk	nn
Nyanja; Chichewa; Chewa	尼扬贾语	tshichewa; tshinyanja	ny
		O	
Occitan; Provencal (post 1500)	普罗旺斯语(公元 1500 年以后)	occitan; provencal	oc
Ojibwa	奥吉布瓦语	chippewa; ojibwe	oj
Old Slavonic; Old Church Slavonic; Church Slavonic; Church Slavic; Old Bulgarian	教会斯拉夫语	cerkovno-slavanskij	cu

表 2(续)

英语名称	汉语名称	原始名称	语种代码
Oriya	奥利亚语	oria	or
Oromo；Afan Oromo；Galla	阿芳·奥洛莫语	(afan) oromo	om
Ossetian；Ossetic	奥塞梯语	iron avzæg	os
Other languages	其他语言	—	zz
		P	
Pali	巴利语	pali bhasa	pi
Panjabi；Punjabi	旁遮普语	pamjabi	pa
Pashto；Pushto	普什图语	pashto	ps
Persian；Farsi	波斯语	farsy	fa
Peul；Fulah；Fula；Fulani；Fulfulde	富拉语	fulfulde	ff
Polish	波兰语	(jezyk) polski	pl
Portuguese	葡萄牙语	portugues	pt
Provencal；Occitan (post 1500)	普罗旺斯语(公元 1500 年以后)	occitan；provencal	oc
Punjabi;Panjabi	旁遮普语	pamjabi	pa
Pushto；Pashto	普什图语	pashto	ps
		Q	
Quechua	凯楚亚语	qhetshwa	qu
		R	
Rhaeto-Romance	利托-罗曼语	romontsch	rm
Romanian	罗马尼亚语	(limba)romana	ro
Rundi；Kirundi	基隆迪语	kirundi	rn
Russian	俄语	Russkij (azyk)	ru
Rwanda；Kinyarwanda	基尼阿万达语	kinyarwanda	rw
		S	
Samoan	萨摩亚语	samoa	sm
Sango；Sangho	桑戈语	sango	sg
Sanskrit	梵语	samskrtam	sa
Sardinian	撒丁语	sardu	sc
Scottish Gaelic；Gaelic	盖尔语(苏格兰语)	Gaidhlig	gd
Serbian	塞尔维亚语	Srpski (jezik)	sr
Serbo-Croatian	塞尔维亚—克罗地亚语	Srpskohrvatski (jezik)	sh
Sesotho；Southern Sotho	南索托语	Sesotho	st
Setswana；Tswana	塞茨瓦纳语	Setswana	tn

表 2(续)

英语名称	汉语名称	原始名称	语种代码
Shona	绍纳语	chiShona	sn
Sindhi	信德语	sindhi	sd
Sinhala; Sinhalese; Singhalese	僧加罗语	simhala	si
Siswati; Swazi; Swati	塞斯瓦特语	siSwati	ss
Slovak	斯洛伐克语	slovensky (jazyk)	sk
Slovenian	斯洛文尼亚语	slovenski (jezik)	sl
Somali	索马里语	soomaali	so
South Ndebele	南恩德贝勒语	isiNdebele	nr
Southern Sotho; Sesotho	南索托语	Sesotho	st
Spanish; Castilian	西班牙语	espanol; castellano	es
Sundanese	巽他语	bahasa Sunda	su
Swahili; Kiswahili	斯瓦希里语	Kiswahili	sw
Swazi; Swati; Siswati	塞斯瓦特语	siSwati	ss
Swedish	瑞典语	svenska	sv
T			
Tagalog	他加禄语	tagalog	tl
Tahitian	塔希提语	—	ty
Tajiki	塔吉克语	tociki	tg
Tamil	泰米尔语	tamil	ta
Tatar	塔塔尔语	tatar tele	tt
Telugu	泰卢固语	telugu	te
Thai	泰语	thai	th
Tibetan	藏语	bod skad	bo
Tigrinya	提格里尼亚语	tigrina	ti
Tongan (Tonga Islands)	汤加语(汤加岛)	tonga	to
Tsonga	宗加语	Xitsonga	ts
Tswana; Setswana	塞茨瓦纳语	Setswana	tn
Turkish	土耳其语	turkce	tr
Turkmen	土库曼语	turkmen dili	tk
Twi	特威语	twi	tw
U			
Uighur	维吾尔语	oyghurq	ug
Ukrainian	乌克兰语	Ukrainska mova	uk
Urdu	乌尔都语	urdu	ur
Uzbek	乌兹别克语	ozbek tili	uz

表 2(续)

英语名称	汉语名称	原始名称	语种代码
V			
Venda	文达语	Tshivenda	ve
Vietnamese	越南语	Tieng Viet Nam	vi
volapük	沃拉普克语	volapük	vo
W			
Walloon	瓦隆语	wallon	wa
Welsh	威尔士语	Cymraeg	cy
Wolof	沃洛夫语	wolof	wo
X			
Xhosa	科萨语	isiXhosa	xh
Y			
Yiddish	依地语	yidis	yi
Yoruba	约鲁巴语	Yoruba	yo
Z			
Zhuang；Chuang	壮语	Cuengh	za
Zulu	祖鲁语	isizulu	zu

表 3　按原始名称排序的 2 字母语种代码

原始名称	英语名称	汉语名称	语种代码
—	Avestan	阿维斯陀语	ae
—	Chamorro	查莫罗语	ch
—	Other languages	其他语言	zz
—	Tahitian	塔希提语	ty
A			
(afan) oromo	Afan Oromo；Oromo；Galla	阿芳·奥罗莫语	om
afar	Afar	阿法尔语	aa
Afrikaans	Afrikaans	阿非利堪斯语	af
akana	Akan	阿坎语	ak
amarinja	Amharic	阿姆哈拉语	am
apsua byszwa	Abkhazian	阿布哈兹语	ab
arabiy	Arabic	阿拉伯语	ar
asami	Assamese	阿萨姆语	as
avar mac	Avar；Avarish	阿瓦尔语	av
aymara	Aymara	艾马拉语	ay
azrbaycan dil	Azerbaijani	阿塞拜疆语	az

表 3(续)

原始名称	英语名称	汉语名称	语种代码
	B		
bahasa Indonesia	Indonesian	印尼语	id
bahasa Jawa	Javanese	爪哇语	jv
bahasa Malaysia	Malay	马来语	ms
bahasa Sunda	Sundanese	巽他语	su
bambankan	Bambara	班巴拉语	bm
banla	Bangla; Bengali	孟加拉语	bn
baskort	Bashkir	巴什基尔语	ba
belaruskaa mova	Belarusian	白俄罗斯语	be
bihari	Bihari	比哈尔语	bh
bislama	Bislama	比斯拉玛语	bi
blgarski ezik	Bulgarian	保加利亚语	bg
bod skad	Tibetan	藏语	bo
bokmal	Norwegian Bokmal	挪威布克莫尔语	nb
bosanski (jezik)	Bosnian	波斯尼亚语	bs
Brezhoneg	Breton	布列塔尼语	br
	C		
catala	Catalan	加泰隆语	ca
cavas celhi	Chuvash	楚瓦什语	cv
cerkovno-slavanskij	Church Slavonic; Church Slavic; Old Slavonic; Old Church Slavonic; Old Bulgarian	教会斯拉夫语	cu
cesky jazyk	Czech	捷克语	cs
chippewa; ojibwe	Ojibwa	奥吉布瓦语	oj
chiShona	Shona	绍纳语	sn
choson-o; hanguk-o	Korean	朝鲜语	ko
corsu	Corsican	科西嘉语	co
Cuengh	Chuang; Zhuang	壮语	za
Cymraeg	Welsh	威尔士语	cy
	D		
dansk	Danish	丹麦语	da
davvisamegiella	Northern Sami	北萨摩斯语	se
Deutsch	German	德语	de
dhivehi	Divehi; Maldivian	迪维希语	dv
dine bizaad	Navajo; Navaho	纳瓦霍语	nv

表 3(续)

原始名称	英语名称	汉语名称	语种代码
dzongkha	Bhutani; Butanese; Dzongkha	不丹语	dz
E			
eesti keel	Estonian	爱沙尼亚语	et
ellinika	Modern Greek (post 1453)	现代希腊语(公元 1453 年以后)	el
English	English	英语	en
Espanol; castellano	Castilian; Spanish	西班牙语	es
esperanto	Esperanto	世界语	eo
euskera; euskara	Basque	巴斯克语	eu
eve	Ewe	埃维语	ee
F			
farsy	Farsi; Persian	波斯语	fa
foroyskt	Faroese; Faeroese	法罗斯语	fo
francais	French	法语	fr
frysk	Frisian	弗里西亚语	fy
fulfulde	Fulah; Fula; Fulani; Fulfulde; Peul	富拉语	ff
G			
Gaeilge	Irish	爱尔兰语	ga
Gaelg	Manx	马恩岛语	gv
Gaidhlig	Gaelic; Scottish Gaelic	盖尔语(苏格兰语)	gd
galego	Galician; Gallegan	加利西亚语	gl
Gikuyu	Gikuyu; Kikuyu	基库尤语	ki
guarani	Guarani	瓜拉尼语	gn
gujarati	Gujarati	古吉拉特语	gu
H			
hausa	Hausa	豪萨语	ha
hayeren lezow	Armenian	亚美尼亚语	hy
hindi	Hindi	印地语	hi
Hiri Motu	Hiri Motu	希里莫图语	ho
hrvatski jezik	Croatian	克罗地亚语	hr
I			
ido	Ido	伊多语	io
igbo	Igbo	伊博语	ig
il-Malti	Maltese	马耳他语	mt

表 3(续)

原始名称	英语名称	汉语名称	语种代码
interlingua	Interlingus (International Auxiliary Language Association)	国际语 A	ia
interlingue	Interlingue	国际语 E	ie
inuktitut	Inuktitut	伊努伊特语	iu
inupiaq	Inupiaq	依努庇克语	ik
iron-avzæg	Ossetian; Ossetic	奥塞梯语	os
isiNdebele	North Ndebele	北恩德贝勒语	nd
isiNdebele	South Ndebele	南恩德贝勒语	nr
isiXhosa	Xhosa	科萨语	xh
isizulu	Zulu	祖鲁语	zu
islenska	Icelandic	冰岛语	is
italiano	Italian	意大利语	it
ivrit	Hebrew	希伯来语	he
	J		
(jezyk) polski	Polish	波兰语	pl
	K		
kalaallisut	Kalaallisut; Greenlandic	格陵兰语	kl
kannada	Kannada	坎纳达语	kn
kanuri	Kanuri	卡努里语	kr
kartuliena	Georgian	格鲁吉亚语	ka
kasmiri	Kashmiri	克什米尔语	ks
Kazak (tili)	Kazakh	哈萨克语	kk
Kernewek	Cornish	康沃尔语	kw
khmer	Cambodian; Khmer	高棉语	km
kikongo	Kongo	刚果语	kg
kinyarwanda	Kinyarwanda; Rwanda	基尼阿万达语	rw
kirundi	Rundi; Kirundi	基隆迪语	rn
Kiswahili	Kiswahili; Swahili	斯瓦希里语	sw
Komi kyv	Komi	科米语	kv
kyrgyz tili	Kyrgyz; Kirghiz	吉尔吉斯语	ky
	L		
latviesu valoda	Latvian	拉脱维亚语	lv
letzebuergesch	Luxembourgish	卢森堡语	lb
lietuviu kalba	Lithuanian	立陶宛语	lt
(limba) moldoveana	Moldavian	摩尔达维亚语	mo

表 3(续)

原始名称	英语名称	汉语名称	语种代码
(limba) romana	Romanian	罗马尼亚语	ro
lingala	Lingala	林加拉语	ln
lingua latina	Latin	拉丁语	la
luganda	Ganda；Luganda	干达语	lg
M			
magyar nyelv	Hungarian	匈牙利语	hu
Majel	Marshallese	马绍尔语	mh
makedohski	Macedonian	马其顿语	mk
malagasy	Malagasy	马达加斯加语	mg
malayalam	Malayalam	马拉亚拉姆语	ml
maori	Maori	毛利语	mi
marathi	Marathi	马拉提语	mr
mongol	Mongolian	蒙古语	mn
myanmasa	Burmese；Myanmar	缅甸语	my
N			
Na Vosa Vakaviti	Fijian	斐济语	fj
nauru	Nauruan	瑙鲁语	na
Nederlands	Dutch	荷兰语	nl
nehiyawa	Cree	克里语	cr
nepali	Nepali	尼泊尔语	ne
nihongo；nippongo	Japanese	日语	ja
nohcijn mott；noxciyn mott	Chechen	车臣语	ce
norsk	Norwegian	挪威语	no
nynorsk	Norwegian Nynorsk	尼诺斯克挪威语	nn
O			
occitan；provencal	Occitan；Provencal (post 1500)	普罗旺斯语(公元 1500 年以后)	oc
oria	Oriya	奥利亚语	or
oshikwanyama	Kwanyama；Kuanyama	夸尼亚玛语	kj
oshindonga	Ndonga	恩敦加语	ng
otshiherero	Herero	赫雷罗语	hz
oyghurq	Uighur	维吾尔语	ug
ozbek tili	Uzbek	乌兹别克语	uz
P			
pali bhasa	Pali	巴利语	pi

表 3(续)

原始名称	英语名称	汉语名称	语种代码
pamjabi	Panjabi；Punjabi	旁遮普语	pa
pashto	Pashto；Pushto	普什图语	ps
pha xa lao	Laotian；Lao	老挝语	lo
portugues	Portuguese	葡萄牙语	pt
	Q		
qhetshwa	Quechua	凯楚亚语	qu
	R		
romontsch	Rhaeto-Romance	利托-罗曼语	rm
Russkij (azyk)	Russian	俄语	ru
	S		
samoa	Samoan	萨摩亚语	sm
samskrtam	Sanskrit	梵语	sa
sango	Sango；Sangho	桑戈语	sg
sardu	Sardinian	撒丁语	sc
Sesotho	Sesotho；Southern Sotho	南索托语	st
Setswana	Tswana；Setswana	塞茨瓦纳语	tn
shqip	Albanian	阿尔巴尼亚语	sq
simhala	Sinhala；Sinhalese；Singhalese	僧加罗语	si
sindhi	Sindhi	信德语	sd
siSwati	Swazi；Swati；Siswati	塞斯瓦特语	ss
slovenski (jezik)	Slovenian	斯洛文尼亚语	sl
slovensky (jazyk)	Slovak	斯洛伐克语	sk
soomaali	Somali	索马里语	so
Srpski (jezik)	Serbian	塞尔维亚语	sr
Srpskohrvatski (jezik)	Serbo-Croatian	塞尔维亚-克罗地亚语	sh
suomi；suomen kieli	Finnish	芬兰语	fi
svenska	Swedish	瑞典语	sv
	T		
tagalog	Tagalog	他加禄语	tl
tamil	Tamil	泰米尔语	ta
tatar tele	Tatar	塔塔尔语	tt
telugu	Telugu	泰卢固语	te
thai	Thai	泰语	th
Tieng Viet Nam	Vietnamese	越南语	vi
tigrina	Tigrinya	提格里尼亚语	ti

表 3(续)

原始名称	英语名称	汉语名称	语种代码
tociki	Tajiki	塔吉克语	tg
tonga	Tongan (Tonga Islands)	汤加语(汤加岛)	to
tshichewa; tshinyanja	Chichewa; Chewa; Nyanja	尼扬贾语	ny
tshiluba	Luba-Katanga	卢巴—加丹加语	lu
Tshivenda	Venda	文达语	ve
turkce	Turkish	土耳其语	tr
turkmen dili	Turkmen	土库曼语	tk
twi	Twi	特威语	tw
	U		
Ukrainska mova	Ukrainian	乌克兰语	uk
urdu	Urdu	乌尔都语	ur
	V		
volapük	volapük	沃拉普克语	vo
	W		
wallon	Walloon	瓦隆语	wa
wolof	Wolof	沃洛夫语	wo
	X		
Xitsonga	Tsonga	宗加语	ts
	Y		
yidis	Yiddish	依地语	yi
Yoruba	Yoruba	约鲁巴语	yo
	Z		
zhongwen	Chinese	汉语(中文)	zh
zimany kurdy	Kurdish	库尔德语	ku

表 4 按术语学代码排序的 2 字母语种代码

语种代码	英语名称	汉语名称	原始名称
	A		
aa	Afar	阿法尔语	afar
ab	Abkhazian	阿布哈兹语	apsua byszwa
ae	Avestan	阿维斯陀语	—
af	Afrikaans	阿非利堪斯语	Afrikaans
ak	Akan	阿坎语	akana
am	Amharic	阿姆哈拉语	amarinja
ar	Arabic	阿拉伯语	arabiy
as	Assamese	阿萨姆语	asami

表 4(续)

语种代码	英语名称	汉语名称	原始名称
av	Avar；Avarish	阿瓦尔语	avar mac
ay	Aymara	艾马拉语	aymara
az	Azerbaijani	阿塞拜疆语	azrbaycan dil
		B	
ba	Bashkir	巴什基尔语	baskort
be	Belarusian	白俄罗斯语	belaruskaa mova
bg	Bulgarian	保加利亚语	blgarski ezik
bh	Bihari	比哈尔语	bihari
bi	Bislama	比斯拉玛语	bislama
bm	Bambara	班巴拉语	bambankan
bn	Bangla；Bengali	孟加拉语	banla
bo	Tibetan	藏语	bod skad
br	Breton	布列塔尼语	Brezhoneg
bs	Bosnian	波斯尼亚语	bosanski (jezik)
		C	
ca	Catalan	加泰隆语	catala
ce	Chechen	车臣语	nohcijn mott；noxciyn mott
ch	Chamorro	查莫罗语	—
co	Corsican	科西嘉语	corsu
cr	Cree	克里语	nehiyawa
cs	Czech	捷克语	cesky jazyk
cu	Church Slavonic；Church Slavic；Old Slavonic；Old Church Slavonic；Old Bulgarian	教会斯拉夫语	cerkovno-slavanskij
cv	Chuvash	楚瓦什语	cavas celhi
cy	Welsh	威尔士语	Cymraeg
		D	
da	Danish	丹麦语	dansk
de	German	德语	Deutsch
dv	Divehi；Maldivian	迪维希语	dhivehi
dz	Bhutani；Butanese；Dzongkha	不丹语	dzongkha
		E	
ee	Ewe	埃维语	eve
el	Modern Greek (post 1453)	现代希腊语(公元 1453 年以后)	ellinika

表 4(续)

语种代码	英语名称	汉语名称	原始名称
en	English	英语	English
eo	Esperanto	世界语	esperanto
es	Castilian; Spanish	西班牙语	Espanol; castellano
et	Estonian	爱沙尼亚语	eesti keel
eu	Basque	巴斯克语	euskera; euskara
		F	
fa	Farsi; Persian	波斯语	farsy
ff	Fulah; Fula; Fulani; Fulfulde; Peul	富拉语	fulfulde
fi	Finnish	芬兰语	suomi; suomen kieli
fj	Fijian	斐济语	Na Vosa Vakaviti
fo	Faroese; Faeroese	法罗斯语	foroyskt
fr	French	法语	francais
fy	Frisian	弗里西亚语	frysk
		G	
ga	Irish	爱尔兰语	Gaeilge
gd	Gaelic; Scottish Gaelic	盖尔语(苏格兰语)	Gaidhlig
gl	Galician; Gallegan	加利西亚语	galego
gn	Guarani	瓜拉尼语	guarani
gu	Gujarati	古吉拉特语	gujarati
gv	Manx	马恩岛语	Gaelg
		H	
ha	Hausa	豪萨语	hausa
he	Hebrew	希伯来语	ivrit
hi	Hindi	印地语	hindi
ho	Hiri Motu	希里莫图语	Hiri Motu
hr	Croatian	克罗地亚语	hrvatski jezik
hu	Hungarian	匈牙利语	magyar nyelv
hy	Armenian	亚美尼亚语	hayeren lezow
hz	Herero	赫雷罗语	otshiherero
		I	
ia	Interlingus (International Auxiliary Language Association)	国际语 A	interlingua
id	Indonesian	印尼语	bahasa Indonesia
ie	Interlingue	国际语 E	interlingue

表 4(续)

语种代码	英语名称	汉语名称	原始名称
ig	Igbo	伊博语	igbo
ik	Inupiaq	依努庇克语	inupiaq
io	Ido	伊多语	ido
is	Icelandic	冰岛语	islenska
it	Italian	意大利语	italiano
iu	Inuktitut	伊努伊特语	inuktitut
		J	
ja	Japanese	日语	nihongo; nippongo
jv	Javanese	爪哇语	bahasa Jawa
		K	
ka	Georgian	格鲁吉亚语	kartuliena
kg	Kongo	刚果语	kikongo
ki	Kikuyu; Gikuyu	基库尤语	Gikuyu
kj	Kwanyama; Kuanyama	夸尼亚玛语	oshikwanyama
kk	Kazakh	哈萨克语	Kazak (tili)
kl	Greenlandic; Kalaallisut	格陵兰语	kalaallisut
km	Cambodian; Khmer	高棉语	khmer
kn	Kannada	坎纳达语	kannada
ko	Korean	朝鲜语	choson-o; hanguk-o
kr	Kanuri	卡努里语	kanuri
ks	Kashmiri	克什米尔语	kasmiri
ku	Kurdish	库尔德语	zimany kurdy
kv	Komi	科米语	Komi kyv
kw	Cornish	康沃尔语	Kernewek
ky	Kyrgyz; Kirghiz	吉尔吉斯语	kyrgyz tili
		L	
la	Latin	拉丁语	lingua latina
lb	Luxembourgish	卢森堡语	letzebuergesch
lg	Ganda; Luganda	干达语	luganda
ln	Lingala	林加拉语	lingala
lo	Laotian; Lao	老挝语	pha xa lao
lt	Lithuanian	立陶宛语	lietuviu kalba
lu	Luba-Katanga	卢巴—加丹加语	tshiluba
lv	Latvian	拉脱维亚语	latviesu valoda

表 4(续)

语种代码	英语名称	汉语名称	原始名称
M			
mg	Malagasy	马达加斯加语	malagasy
mh	Marshallese	马绍尔语	Majel
mi	Maori	毛利语	maori
mk	Macedonian	马其顿语	makedonski
ml	Malayalam	马拉亚拉姆语	malayalam
mn	Mongolian	蒙古语	mongol
mo	Moldavian	摩尔达维亚语	(limba) moldoveana
mr	Marathi	马拉提语	marathi
ms	Malay	马来语	bahasa Malaysia
mt	Maltese	马耳他语	il-Malti
my	Burmese；Myanmar	缅甸语	myanmasa
N			
na	Nauruan	瑙鲁语	nauru
nb	Norwegian Bokmal	挪威布克摩尔语	bokmal
nd	North Ndebele	贝恩德贝勒语	isiNdebele
ne	Nepali	尼泊尔语	nepali
ng	Ndonga	恩敦加语	oshindonga
nl	Dutch	荷兰语	Nederlands
nn	Norwegian Nynorsk	尼诺斯克挪威语	nynorsk
no	Norwegian	挪威语	norsk
nr	South Ndebele	南恩德贝勒语	isiNdebele
nv	Navajo；Navaho	纳瓦霍语	dine bizaad
ny	Chichewa；Chewa；Nyanja	尼扬贾语	tshichewa；tshinyanja
O			
oc	Occitan；Provencal (post 1500)	普罗旺斯语(公元 1500 年以后)	occitan；provencal
oj	Ojibwa	奥吉布瓦语	chippewa；ojibewe
om	Afan Oromo；Oromo；Galla	阿芳·奥洛莫语	(afan) oromo
or	Oriya	奥利亚语	oria
os	Ossetian；Ossetic	奥塞梯语	iron avzæg
P			
pa	Panjabi；Punjabi	旁遮普语	pamjabi
pi	Pali	巴利语	pali bhasa
pl	Polish	波兰语	(jezyk) polski

表 4(续)

语种代码	英语名称	汉语名称	原始名称
ps	Pashto；Pushto	普什图语	pashto
pt	Portuguese	葡萄牙语	portugues
		Q	
qu	Quechua	凯楚亚语	qhetshwa
		R	
rm	Rhaeto-Romance	利托—罗曼语	romontsch
rn	Kirundi；Rundi	基隆迪语	kirundi
ro	Romanian	罗马尼亚语	(limba)romana
ru	Russian	俄语	Russkij (azyk)
rw	Kinyarwanda；Rwanda	基尼阿万达语	kinyarwanda
		S	
sa	Sanskrit	梵语	samskrtam
sc	Sardinian	撒丁语	sardu
sd	Sindhi	信德语	sindhi
se	Northern Sami	北萨摩斯语	davvisamegiella
sg	Sango；Sangho	桑戈语	sango
sh	Serbo-Croatian	塞尔维亚—克罗地亚语	Srpskohrvatski (jezik)
si	Sinhala；Sinhalese；Singhalese	僧加罗语	simhala
sk	Slovak	斯洛伐克语	slovensky (jazyk)
sl	Slovenian	斯洛文尼亚语	slovenski (jezik)
sm	Samoan	萨摩亚语	samoa
sn	Shona	绍纳语	chiShona
so	Somali	索马里语	soomaali
sq	Albanian	阿尔巴尼亚语	shqip
sr	Serbian	塞尔维亚语	Srpski (jezik)
ss	Siswati；Swazi；Swati	塞斯瓦特语	siSwati
st	Sesotho；Southern Sotho	南索托语	Sesotho
su	Sundanese	巽他语	bahasa Sunda
sv	Swedish	瑞典语	svenska
sw	Kiswahili；Swahili	斯瓦希里语	Kiswahili
		T	
ta	Tamil	泰米尔语	tamil
te	Telugu	泰卢固语	telugu
tg	Tajiki	塔吉克语	tociki
th	Thai	泰语	thai

表 4(续)

语种代码	英语名称	汉语名称	原始名称
ti	Tigrinya	提格里尼亚语	tigrina
tk	Turkmen	土库曼语	turkmen dili
tl	Tagalog	他加禄语	tagalog
tn	Tswana；Setswana	塞茨瓦纳语	Setswana
to	Tongan (Tonga Islands)	汤加语(汤加岛)	tonga
tr	Turkish	土耳其语	turkce
ts	Tsonga	宗加语	Xitsonga
tt	Tatar	塔塔尔语	tatar tele
tw	Twi	特威语	twi
ty	Tahitian	塔希提语	—
		U	
ug	Uighur	维吾尔语	oyghurq
uk	Ukrainian	乌克兰语	Ukrainska mova
ur	Urdu	乌尔都语	urdu
uz	Uzbek	乌兹别克语	ozbek tili
		V	
ve	Venda	文达语	Tshivenda
vi	Vietnamese	越南语	Tieng Viet Nam
vo	volapük	沃拉普克语	volapük
		W	
wa	Walloon	瓦隆语	wallon
wo	Wolof	沃洛夫语	wolof
		X	
xh	Xhosa	科萨语	isiXhosa
		Y	
yi	Yiddish	依地语	yidis
yo	Yoruba	约鲁巴语	Yoruba
		Z	
za	Chuang；Zhuang	壮语	Cuengh
zh	Chinese	汉语(中文)	zhongwen
zu	Zulu	祖鲁语	isizulu
zz	Other languages	其他语言	—

附 录 A
（规范性附录）
负责注册机构和注册责任顾问委员会

A.1 负责注册机构

国际术语信息中心为本部分的注册责任者，其依据下列程序进行 2 字母语种代码的注册工作。

A.2 注册责任者的责任

A.2.1 申请新语种代码的注册和已有语种代码的变更

本部分注册责任者接收和复审新语种代码的注册申请和已有语种代码的变更申请。如申请条件符合 4.2 中的规定时，应予分配语种标识符，并通告申请者注册责任者对申请的处理结果。

A.2.2 语种代码表的维护

已经注册的语种代码构成一个准确的信息表，本部分注册责任者应对该表进行维护。如果需要，注册责任者应负责保护任何机密信息。注册责任者应按规定对已注册的语种标识符的最新情况做出处理并将其分发给订购者和相关各方。

A.2.3 其他基本责任

本部分注册责任者应做好以下工作：

a） 依据良好的业务实践处理全部注册程序。

b） 在工作中表明是本部分的注册责任者。

c） 向 ISO 中央秘书处以及 ISO/TC 37 和 ISO/TC 46 秘书处提交年度工作总结。

如需要，提供实施和使用本部分的建议。

A.3 联合顾问委员会（ISO 639/RA-JAC）

联合顾问委员会（ISO 639/RA-JAC）应为本部分注册责任者提供建议，并指导其编码规则的应用。

A.3.1 组成

联合顾问委员会的组成如下：

a） 国际术语信息中心代表一名（Infoterm，代表本部分注册责任者）

b） 美国国会图书馆代表一名（LC，代表 ISO 639-2 注册责任者）

c） ISO/TC 37 代表三名（由 ISO/TC 37 提名）

d） ISO/TC 46 代表三名（由 ISO/TC 46 提名）

e） ISO 的两个技术委员会（ISO/TC）可以提名代表的替代人选。

A.3.1.1 成员资格

由国际术语信息中心的代表和美国国会图书馆的代表轮流主持，每届任期 2 年。邀请 5 名以上专家作为无投票权的观察员。观察员有权得到提交给联合顾问委员会的文件，并提出反馈意见。

A.3.2 联合顾问委员会内部的工作程序

联合顾问委员会的工作方式以通信为主、会议为辅。如果需要召开会议，应与 ISO/TC 37 和 ISO/TC 37/SC 2 或 ISO/TC 46 和 ISO/TC 46/SC 4 会议一起召开。

A.3.3 实体表的增加和删除以及标识符的变更

必须有正当的理由才能要求增加、删除和变更语种代码。当本部分注册责任者与联合顾问委员会协商增加、删除、变更和推荐语种标识符时，联合顾问委员会应在一个月内做出答复。同时通知本标准第 2 部分的注册责任者，并征求其意见。

A.3.4 标识符的保留

一个要求包含新实体的申请被拒绝后，本部分注册责任者可以为申请者和其他可能的使用者保留所申请的标识符。本部分注册责任者应对此情况进行记录并通知本标准第2部分的注册责任者。

A.3.5 语种标识符的编制

语种标识符的编制遵从本部分在4.1和本标准第2部分在4.1中给出的规则。

A.3.6 投票程序

联合顾问委员会的每个成员均有投票权(投票是强制性的)。投票通过书面(信件、电报、传真)或在会议上进行。电话投票必须经过书面确认。如果没有回应则认为是弃权。

投票必须一致同意才能通过，如果不能获得一致同意，必须进行第二次投票。投票信上要附有所收到的全部意见。

对本部分的任何修改意见只有在符合规则的投票获得通过后，才能出版修订本。

附 录 B
（资料性附录）
对 GB/T 4880—1991 修改的内容

B.1 标准名称由 GB/T 4880—1991《语种名称代码》，改为 GB/T 4880.1—2005《语种名称代码 第1部分：2字母代码》。

B.2 在1989年ISO变更了三个语种标识符。该变更已公布，变更如下：

a) 希伯来语的代码由"iw"改为"he"；

b) 印尼语的代码由"in"改为"id"；

c) 依地语的代码由"ji"改为"yi"。

B.3 表B.1给出了新增加的2字母代码。

表 B.1 对 GB/T 4880—1991 增加的2字母代码

语种代码	汉语名称	英语名称
	A	
ae	阿维斯陀语	Avestan
ak	阿坎语	Akan
av	阿瓦尔语	Avar；Avarish
	B	
bm	班巴拉语	Bambara
bs	波斯尼亚语	Bosnian
	C	
ce	车臣语	Chechen
ch	查莫罗语	Chamorro
cr	克里语	Cree
cu	教会斯拉夫语	Old Slavonic； Old Church Slavonic； Church Slavonic；Church Slavic； Old Bulgarian
cv	楚瓦什语	Chuvash
	D	
dv	迪维希语	Divehi；Maldivian
	E	
ee	埃维语	Ewe
	F	
ff	富拉语	Fulah；Fula；Fulani；Fulfulde；Peul
	G	
gv	马恩岛语	Manx

表 B.1(续)

语种代码	汉语名称	英语名称
	H	
ho	希里莫图语	Hiri Motu
hz	赫雷罗语	Herero
	I	
ig	伊博语	Igbo
io	伊多语	Ido
iu	伊努伊特语	Inuktitut
	K	
kg	刚果语	Kongo
ki	基库尤语	Kikuyu;Gikuyu
kj	夸尼亚玛语	Kwanyama;Kuanyama
kr	卡努里语	Kanuri
kv	科米语	Komi
kw	康沃尔语	Cornish
	L	
lb	卢森堡语	Luxembourgish
lg	干达语	Luganda;Ganda
lu	卢巴—加丹加语	Luba—Katanga
	M	
mh	马绍尔语	Marshallese
	N	
nb	挪威布克摩尔语	Norwegian Bokmal
nd	北恩德贝勒语	North Ndebele
ng	恩敦加语	Ndonga
nn	尼诺斯克挪威语	Norwegian Nynorsk
nr	南恩德贝勒语	South Ndebele
nv	纳瓦霍语	Navajo;Navaho
ny	尼扬贾语	Chichewa;Chewa;Nyanja
	O	
oj	奥吉布瓦语	Ojibwa
os	奥塞梯语	Ossetian;Ossetic
	P	
pi	巴利语	Pali
	S	
sc	撒丁语	Sardinian

表 B.1(续)

语 种 代 码	汉 语 名 称	英 语 名 称
se	北萨摩斯语	Northern Sami
	T	
ty	塔希提语	Tahitian
	V	
ve	文达语	Venda
	W	
wa	瓦隆语	Walloon

ICS 97.140
Y 80

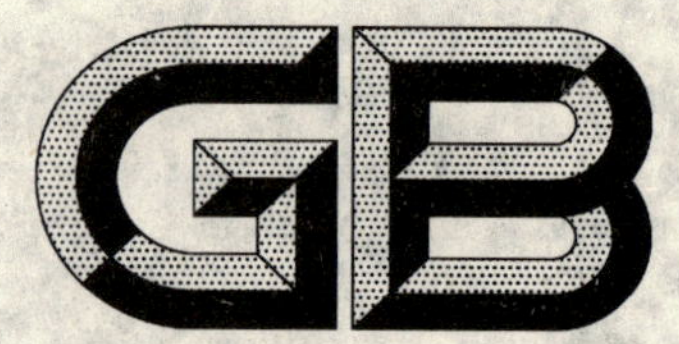

中华人民共和国国家标准

GB/T 4893.1—2005
代替 GB/T 4893.1—1985

家具表面耐冷液测定法

Furniture—Assessment of surface resistance to cold liquids

2005-03-23 发布　　2005-09-01 实施

中华人民共和国国家质量监督检验检疫总局
中国国家标准化管理委员会　发布

前　言

GB/T 4893的本部分是“家具表面理化性能测定法”系列标准中的第1部分，该系列标准由九部分组成，结构和名称如下：

GB/T 4893.1　家具表面耐冷液测定法；

GB/T 4893.2　家具表面耐湿热测定法；

GB/T 4893.3　家具表面耐干热测定法；

GB/T 4893.4　家具表面漆膜附着力交叉切割测定法；

GB/T 4893.5　家具表面漆膜厚度测定法；

GB/T 4893.6　家具表面漆膜光泽测定法；

GB/T 4893.7　家具表面漆膜耐冷热温差测定法；

GB/T 4893.8　家具表面漆膜耐磨测定法；

GB/T 4893.9　家具表面漆膜抗冲击测定法。

本部分与DIN EN 12720:1997《家具表面耐冷液测定法》(英文版)的一致性程度为非等效。本部分与DIN EN 12720:1997存在的主要技术差异是：

(一) 引用文件

本部分取消了对ISO 1065《从乙烯氧化物上取得的非离子表面活性剂——雾化温度(雾点)测定》的引用。DIN EN 12720:1997中规定的清洁剂，其中一种组分的雾点温度应按ISO 1065测定，由于本部分中的清洁剂采用GB 9985—2000《手洗餐具用洗涤剂》中B1.4.3规定的标准餐具洗涤剂，无雾点要求，故取消对ISO 1065的引用。

(二) 试验样板的准备和调制处理

1)　DIN EN 12720:1997中规定为：在试验开始前，应将试验样板放在温度不低于15℃的通风环境中老化处理至少28 d。在立即开始试验前，试验样板应放在温度为(23±2)℃、相对湿度为(50±5)%的环境中至少存放1周，这1周计入老化时间；

2)　本部分中规定为：在试验开始前，应将涂层干透的试样放在温度为(23±2)℃、相对湿度为(50±5)%的环境中至少存放48 h。这样比较适合我国国情。

(三) 清洁剂和消毒剂

DIN EN 12720:1997中规定的清洁剂和消毒剂的成分及其百分比，不适合我国国情。本部分中规定清洁剂采用GB 9985—2000《手洗餐具用洗涤剂》中B1.4.3规定的标准餐具洗涤剂，以便于清洁剂的配置。关于消毒剂，查阅大量标准资料均未找到标准的消毒剂，而市场上的消毒剂品种繁多，很难确定某一种为标准指定的消毒剂，故本部分附录A中未规定消毒剂的成分及百分比。试验时如有需要，可指定具体的消毒剂名称及浓度，并在检验报告中注明。

(四) 结果评定

1)　DIN EN 12720:1997中结果评定中5级最好，1级最差；

2)　本部分的结果评定规定1级最好，5级最差。这样比较符合我国习惯，与其他家具标准中的结果评定一致。

为便于使用，本标准还做了下列编辑性修改：

a)　将“本国际标准”一词改为“本部分”；

b)　用小数点“.”代替作为小数点的逗号“,”；

c)　删除国际标准的前言。

本部分代替 GB/T 4893.1—1985《家具表面漆膜耐液测定法》。

本部分与 GB/T 4893.1—1985 相比主要变化如下：

——标准名称。根据 DIN EN 12720:1997 标准名称的译文，修订后的标准名称改为《家具表面耐冷液测定法》；

——适用范围修改为：适用于所有经涂饰处理的家具的固化表面，不考虑材料。不适用于皮革涂层和涂饰织物的涂层(1985 版的"适用范围"；本版的第 1 章)；

——试验用圆纸片增加了克重要求(1985 版的 1.2；本版的 5.1)；

——建议的试验时间有变化(1985 版的 3.2；本版的第 7 章)；

——不规定试验区域的数目。原 GB/T 4893.1 中规定在试样上任取三个试验区域(1985 版的 4.1；本版的 8.2)；

——试验样板的检查修改为：可采用漫射光源或直射光源中的任意一种对样板进行检查(1985 版中 4.6；本版的第 9 章)；

——结果评定修改为 5 级(1985 版的 5.1；本版的第 10 章)。

本部分的附录 A 为规范性附录。

本部分由中国轻工业联合会提出。

本部分由全国家具标准化中心归口。

本部分由国家家具质量监督检验中心、温州中宝家具制造有限公司负责起草。

本部分主要起草人：古鸣、王立槐、郑东臻。

本部分所代替标准的历次版本发布情况为：

——GB/T 4893.1—1985。

家具表面耐冷液测定法

1 范围

GB/T 4893 的本部分规定了家具表面耐冷液测定的方法。

本部分适用于所有经涂饰处理的家具的固化表面，不考虑材料。不适用于皮革涂层和涂饰织物的涂层。

本试验通常在涂饰后的家具表面上进行，但也可在试验样板上进行。样板大小应足够满足试验要求，并且采用与涂饰家具相同的材料和涂饰方法。

2 规范性引用文件

下列文件中的条款通过 GB/T 4893 的本部分的引用而成为本部分的条款。凡是注日期的引用文件，其随后所有的修改单(不包括勘误的内容)或修订版均不适用于本部分，然而，鼓励根据本部分达成协议的各方研究是否可使用这些文件的最新版本。凡是不注日期的引用文件，其最新版本适用于本部分。

GB/T 9761—1988 色漆和清漆 色漆的目视比色(eqv ISO 3668:1976)

GB 9985—2000 手洗餐具用洗涤剂

3 原理

将浸透试液的滤纸放置到试验表面，并用钢化玻璃罩罩住该表面。经过规定的时间后，移开滤纸，洗净并擦干表面，检查其损伤情况(变色、变泽、鼓泡等)。根据描述的分级标准表评定试验结果。

4 术语和定义

下列术语和定义适用于本部分。

4.1

试件 test unit

家具的涂饰部件。

4.2

试验表面 test surface

试验区域所在的试件部分。

4.3

试验样板 test panel

采用与试验表面相同的方法制造的样板。

4.4

试验区域 test area

5.2 中描述的玻璃罩罩住的区域。

4.5

试验环境 test atmosphere

开展试验的环境。

4.6

调制环境 conditioning atmosphere

试验前试件放置的环境。

5 设备和材料

5.1 圆纸片：直径约为 25 mm 的柔软滤纸，其克重为(400～500)g/m²。

5.2 钢化玻璃罩：经磨边处理，无翻边，内径大约为 40 mm，高度约为 25 mm。

5.3 镊子。

5.4 吸水纸或吸水棉：具有良好的吸收性能。

5.5 白色、柔软的吸水布。

5.6 漫射光源：提供均匀的漫射光线，照射到试验区域的亮度为 2 000 lx～5 000 lx，可采用漫射自然光或漫射人造光。

注：自然光应不受周边的树、建筑物等影响。当采用人造光时，建议该光的相关颜色温度为(6 500±50)K，R_a 大于 92，采用符合 GB/T 9761—1988 的比色箱获得这种光。

5.7 直射光源：60 W 磨砂灯泡，经磨砂处理后保证光线只射到试验区域上，不会直接射入试验者眼中。投射到试验区域的光线与水平呈 30°～60°。

注：可采用如图 1 所示的观察箱实施评定。

单位为毫米

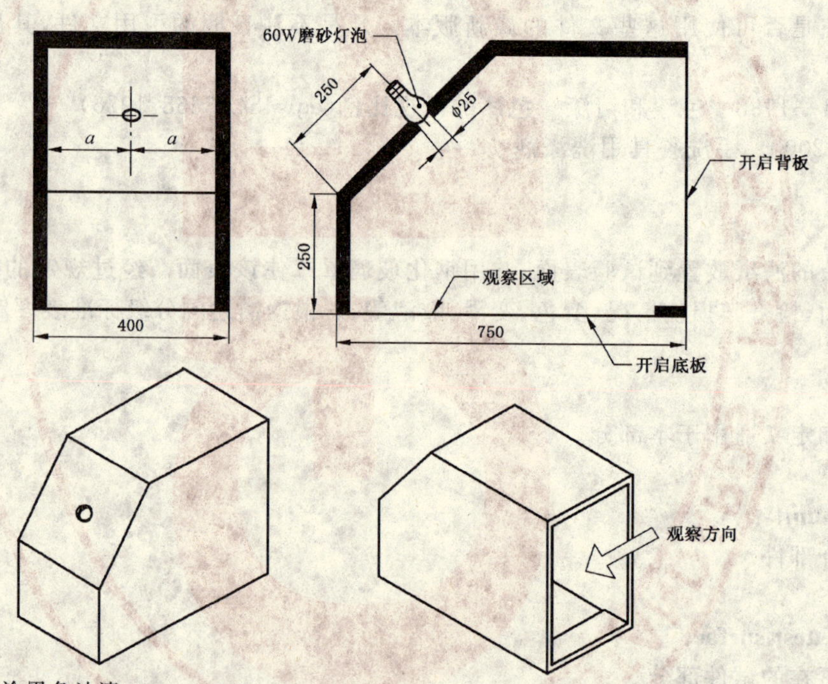

注 1：观察箱内表涂黑色油漆。

注 2：所有尺寸都是近似值。

图 1 观察箱

5.8 试液：温度为(23±2)℃，试液的举例见附录 A。

5.9 纯净水或蒸馏水：温度为(23±2)℃。

5.10 清洁液：采用清洁剂(5.11)配制的水(5.9)溶液，浓度为 15 mL/L。每次使用时均应新鲜配制。

5.11 清洁剂：按 GB 9985—2000 中 B1.4.3 规定的标准餐具洗涤剂作为清洁剂。清洁剂存放环境应阴凉、干燥，应在从生产之日起的一年内使用。

6 试件的准备和调制

除非另有规定，在开始试验前，应将涂层干透的试件放在温度为(23±2)℃、相对湿度为(50±5)%的环境中至少存放 48 h。

试验表面应平整，大小足够满足第8章关于圆纸片间隔的要求。

试验前应采用干布(5.5)仔细擦净试验表面。

7 试验时间

试验时间应根据规定的要求从表1中选择，它用于模拟液体不小心洒到家具表面至被撤离所经过的时间。在协议基础上可采用更长的时间。

表1 试验时间

时间	供参考的举例
10 s	即时撤离
2 min	即时撤离
10 min	短暂接触后
1 h	一顿饭工夫或更短的时间后
6 h	上班或参加其他活动后
16 h	差不多一天工夫
24 h	一天后
7 d	一周后
28 d	更长的活动后

8 试验程序

8.1 试件调制处理后，立即放在温度为(23±2)℃的环境中开展试验。

8.2 试验表面应水平放置。将选定的试液施加在试验位置，两试验位置中心相距不小于60 mm。如果可能，试验位置中心距试验表面边缘应不小于40 mm。如果有理由假定试验表面性能可能改变，应同时开展两项相同的试验。

8.3 试液的类别、数量及试验时间(见表1)在规定要求中予以阐明，或根据供需双方或有关方协商同意。

注：附录A中列出合适的试液，但如有必要，可使用其他试液。

8.4 将圆纸片放入选取的合适试液中浸渍30 s，用镊子夹起，沿盛放试液的容器边缘擦去流液，快速放置到试验区域上，立即用倒置的钢化玻璃罩罩住，圆纸片不应接触玻璃罩。记录每个施加试液的位置。

8.5 达到规定的试验时间后，取下玻璃罩并用镊子揭去圆纸片，不要撕掉粘附在试验区域的纸片。用吸水纸吸干(不要擦拭)残液，将试验表面暴露在试验环境中静置16 h～24 h，试验区域应采取足够的保护措施以免空气灰尘侵入。

8.6 16 h～24 h后，首先用吸水布蘸取5.10中规定的清洁液轻轻擦洗试验表面，接着用该布吸水(5.9)擦洗，最后用干布仔细擦干试验表面。

8.7 同时，擦洗并揩干试验表面上未施加试液的一个位置(对比区域)。

8.8 让试验表面暴露在试验环境中静置30 min。

9 试件检查

仔细检查试验区域的损伤情况，如褪色、变色、变泽、鼓泡和其他缺陷。为此采用5.6或5.7这两种光源中的任意一种，单独照亮试验表面，使光线从试验表面反射入观察者眼中，从不同角度包括角度间区域进行检查。观察距离为0.25 m～1.0 m。

使光线平行或垂直于试验表面纹理方向(如果有的话),在每个位置,将试验区域和周边未试验区域进行比较。

如果允许,在更长的试验时间后再次进行检查。

10 结果评定

通过与对比区域的比较,对试验区域进行分级。分级标准见表 2。

表 2 分级评定表

等级	说明
1	无可视变化(无损坏)
2	仅当光线照射到试验表面或十分接近印痕处,反射到观察者眼中时,有轻微可视的变色、变泽,或不连续的印痕
3	轻微印痕,在数个方向上可视,例如近乎完整的圆环或圆痕
4	严重印痕,但表面结构还没有较大改变
5	严重印痕,表面结构被改变,或表面材料整个或部分地被撕开,或纸片粘附在试验表面

建议每个试验区域的结果评定由一个以上的具有该类评定经验的人员担任。试验区域的评定等级应取多个观察者中相同的最大值或人数最多的最大值。例如:

各检验人员评定的等级为:1、2、3、3、3,则试验区域的等级为:3;

各检验人员评定的等级为:5、4、4、3、3,则试验区域的等级为:4。

应记录采用哪种光源(漫射、直射)取得的结果评定。

两个试验区域应分别进行评定和报告。

11 试验报告

试验报告至少应包括以下信息:

a) 本部分的名称与编号;

b) 试件或试验样板的相关数据(如果可能,应注明基材和涂料种类);

c) 试液的相关数据;

d) 试验时间;

e) 根据第 10 章对每个试验区域的评定结果;

f) 对本部分的任何偏离;

g) 试验日期;

h) 如果采用直射光源评定,应通过观察箱;

i) 如果需要,附加关于损伤方面的信息。

附 录 A
（规范性附录）
合适的试液

A.1 说明

本附录列举的试液，一般是在家中或工作地点接触的液体，适用于家具表面耐液性的评定，任何其他经许可的试液也可选用。

A.2 试液

化学品的纯度至少应相当于被认可的有效的分析等级。

采用蒸馏水或纯净水配制水溶液。

试液应贮存在密封的容器中，放在暗处存放，存放温度为(23±2)℃。

表 A.1 试液

名称	序号	说 明
乙酸	1.1	质量分数为10%，水溶液
	1.2	质量分数为4.4%，水溶液
丙酮	2	—
氨水	3	质量分数为10%，水溶液
黑葡萄汁	4	纯榨葡萄汁
柠檬酸	5	质量分数为10%，水溶液
清洁剂	6	见GB 9985—2000中B1.4.3
咖啡	7	40 g速溶咖啡加入1 L沸水中
消毒剂	8	—
书写墨水	9	—
未变性乙醇	10.1	体积分数为96%
	10.2	体积分数为48%，水溶液
乙-丁醋酸	11	比例为1:1，体积分数
炼乳	12	10%的脂肪含量
橄榄油	13	—
石蜡油	14	中级，液状石蜡
碳酸钠	15.1	质量分数为10%，水溶液
	15.2	质量分数为0.5%，水溶液
氯化钠	16.1	质量分数为15%，水溶液
	16.2	质量分数为5%，水溶液
茶	17	10 g茶叶加入1 L沸水中，允许茶叶浸泡5 min，放入茶叶后无需摇动
水	18	纯净水或蒸馏水

ICS 97.140
Y 80

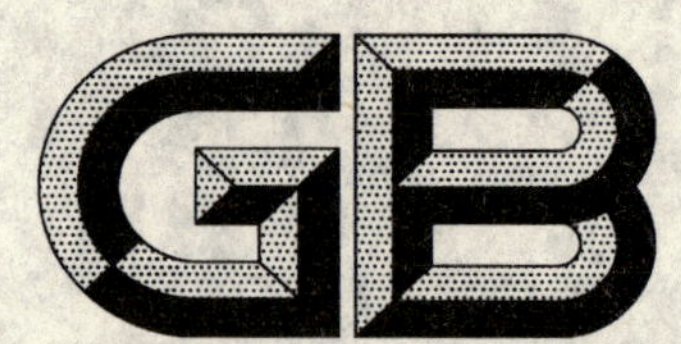

中华人民共和国国家标准

GB/T 4893.2—2005
代替 GB/T 4893.2—1985

家具表面耐湿热测定法

Furniture—Assessment of surface resistance to wet heat

(ISO 4211-2:1993,Furniture—Tests for surfaces—
Part 2:Assessment of resistance to wet heat,NEQ)

2005-03-23 发布　　2005-09-01 实施

中华人民共和国国家质量监督检验检疫总局
中国国家标准化管理委员会　发布

前　言

本部分是GB/T 4893“家具表面理化性能测定法”系列标准中的第2部分。该系列标准的结构和名称如下：

GB/T 4893.1　家具表面耐冷液测定法；

GB/T 4893.2　家具表面耐湿热测定法；

GB/T 4893.3　家具表面耐干热测定法；

GB/T 4893.4　家具表面漆膜附着力交叉切割测定法；

GB/T 4893.5　家具表面漆膜厚度测定法；

GB/T 4893.6　家具表面漆膜光泽测定法；

GB/T 4893.7　家具表面漆膜耐冷热温差测定法；

GB/T 4893.8　家具表面漆膜耐磨测定法；

GB/T 4893.9　家具表面漆膜抗冲击测定法。

本部分与ISO 4211-2:1993《家具表面耐湿热测定法》(英文版)的一致性程度为非等效。本部分与ISO 4211-2:1993存在的主要技术差异是：

(一) 引用标准

1) 本部分采用非等效采标的国家标准GB/T 3190—1996《变形铝及铝合金化学成分》代替ISO 209-1:1989《变形铝及铝合金——产品的化学成分和结构——第1部分:化学成分》,但这两项标准关于铝合金6060的规定是一致的。

2) 本部分中采用JB/T 9263.4—1999《棒式普通实验玻璃温度计　型式和基本尺寸》(以下简称JB/T 9263.4)和JB/T 9262—1999《工业玻璃温度计和实验玻璃温度计》(以下简称JB/T 9262)代替ISO 1770:1981《通用棒式温度计》(以下简称ISO 1770)。JB/T 9263.4和ISO 1770中关于温度计的规格和尺寸表无一一对应的关系，而且后者表中列出了刻度线高度、平均露出的液柱高度、温度计牌号要求，前者表中无此要求；JB/T 9262中要求感温液应“纯洁、干燥”、充气应“纯净、干燥”，ISO 1770中无此要求，但要求充气为惰性气体；JB/T 9262中规定封顶加工可为“圆形、环形、尖形、球形、纽扣形”，ISO 1770中规定封顶加工可为“圆形、纽扣形和玻璃环形”；JB/T 9262中规定扩大部位与相邻标度线应至少有5 mm的毛细管内径不变，ISO 1770中规定扩大孔与最近的标度线或浸没线之间应至少有10 mm的毛细管内径不变；ISO 1770中规定0℃～100℃的温度计至少应有3格展刻线，JB/T 9262中无此要求。

3) 本部分采用GB 9985—2000《手洗餐具用洗涤剂》代替ISO 4211:1979《家具——漆膜表面耐冷液评定》,ISO 4211:1979中规定的清洁剂不适合我国国情，为便于清洁剂的采购与配制，采用GB 9985—2000中B1.4.3规定的餐具标准洗涤剂作为清洁剂。

(二) 试验样板的准备和调制处理

1) ISO 4211-2:1993中规定为：在试验开始前，应将试验样板放在温度不低于15℃的通风环境中老化处理至少28天。在立即开始试验前，试验样板应放在温度为(23±2)℃、相对湿度为(50±5)%的环境中至少存放7天，这7天计入老化时间。

2) 本部分中规定为：在试验开始前，应将涂层干透的试样放在温度为(23±2)℃、相对湿度为(50±5)%的环境中至少存放48 h。这样比较符合我国国情。

(三) 试验环境

ISO 4211-2:1993中未规定试验环境，本部分中增加试验环境的规定：试件调制处理后，立即放入温度为(23±2)℃的环境中开展试验。

为便于使用,本部分还做了下列编辑性修改:

a) 将"本国际标准"一词改为"本部分";

b) 用小数点"."代替作为小数点的逗号",";

c) 删除国际标准的前言。

本部分代替 GB/T 4893.2—1985《家具表面漆膜耐湿热测定法》。

本部分与 GB/T 4893.2—1985 相比主要变化如下:

——标准名称。根据 ISO 4211-2:1993 标准名称的译文,修订后的标准名称改为《家具表面耐湿热测定法》;

——适用范围修改为:适用于所有经涂饰处理的家具的固化表面,不考虑材料。不适用于皮革涂层和涂饰织物的涂层(1985 版的"适用范围";本版的第 1 章);

——热源及加热设备修改为:铝合金块、烘箱(1985 版的 1.1、1.2、1.11;本版的 4.2、4.3);

——隔热垫修改为:无机材料制成,大小约为 150 mm×150 mm×25 mm,或更大一些的板(1985 版的 1.6;本版的 4.7);

——尼龙纺修改为白色聚酰胺纤维布(1985 版的 1.7;本版的 4.5);

——建议的试验温度:增加了一项 100℃(1985 版的 3.2;本版的第 5 章);

——增加了清洁液要求,清洁液采用 GB 9985—2000 中 B1.4.3 的洗涤剂和纯净水或蒸馏水进行配置,浓度为 15 mL/L。

——不规定试验区域的数目。原 GB/T 4893.2 中规定在试样上任取三个试验区域(1985 版的 4.1;本版的第 6 章);

——试验样板的检查修改为:可采用漫射光源或直射光源中的任意一种对样板进行检查(1985 版中 4.9、4.10;本版的第 8 章)。

本部分由中国轻工业联合会提出。

本部分由全国家具标准化中心归口。

本部分由国家家具质量监督检验中心、温州中宝家具有限公司负责起草。

本部分主要起草人:古鸣、王立槐、郑东臻。

本部分所代替标准的历次版本发布情况为:

——GB/T 4893.2—1985。

家具表面耐湿热测定法

1 范围

GB/T 4893 的本部分规定了家具表面耐湿热测定的方法。

本部分适用于所有经涂饰处理的家具的固化表面，不考虑材料。不适用于皮革涂层和涂饰织物的涂层。

本试验可以在涂饰后的家具上进行，但通常是在试验样板上进行。样板大小应足够满足试验要求，并且采用与涂饰家具相同的材料和涂饰方法。

2 规范性引用文件

下列文件中的条款通过 GB/T 4893 的本部分的引用而成为本部分的条款。凡是注日期的引用文件，其随后所有的修改单(不包括勘误的内容)或修订版均不适用于本部分，然而，鼓励根据本部分达成协议的各方研究是否可使用这些文件的最新版本。凡是不注日期的引用文件，其最新版本适用于本部分。

GB/T 3190—1996 变形铝及铝合金化学成分(neq ISO 209-1 Wrought aluminium and aluminium alloys—Chemical composition and forms of products—Part 1:Chemical composition)

GB/T 9761—1988 色漆和清漆 色漆的目视比色(eqv ISO 3668:1976)

GB 9985—2000 手洗餐具用洗涤剂

JB/T 9262 工业玻璃温度计和实验玻璃温度计

JB/T 9263.4 棒式普通实验玻璃温度计型式和基本尺寸

3 试验原理

将一块加热到规定试验温度的标准铝合金块，放置到试验样板上的湿布上。达到规定的试验时间后，移开湿布和铝合金块并揩干试验区域。将试验样板静置至少 16 h。然后在规定的光线条件下，检查试样损伤标记(变色、变泽、鼓泡或其他缺陷)，根据表 1 中描述的分级标准表评定损伤程度等级。

表 1 分级评定表

等级	说　明
1	无可见变化(无损坏)。
2	仅在光源投射到试验表面，反射到观察者眼中时，有轻微可视的变色、变泽，或不连续的印痕。
3	轻微印痕，在数个方向上可视，例如近乎完整的圆环或圆痕。
4	严重印痕，明显可见，或试验表面出现轻微变色或轻微损坏区域。
5	严重印痕，试验表面出现明显变色或明显损坏区域。

4 仪器设备和材料

4.1 温度计：符合 JB/T 9262 和 JB/T 9263.4 的要求，能插入热源(4.2)中心孔底部的温度计或其他测量热源温度的仪器，精度为±1℃。

4.2 热源：如图 1 所示的一块铝合金块，采用 GB/T 3190—1996 中表 1 规定的材料 AlMgSi(合金 6060)制造，板底机械磨平。

4.3 烘箱：烘箱或者其他加热热源的设备，要求加热温度至少高于试验温度 10℃。

4.4 软湿布。

单位为毫米

公差：±0.1 mm

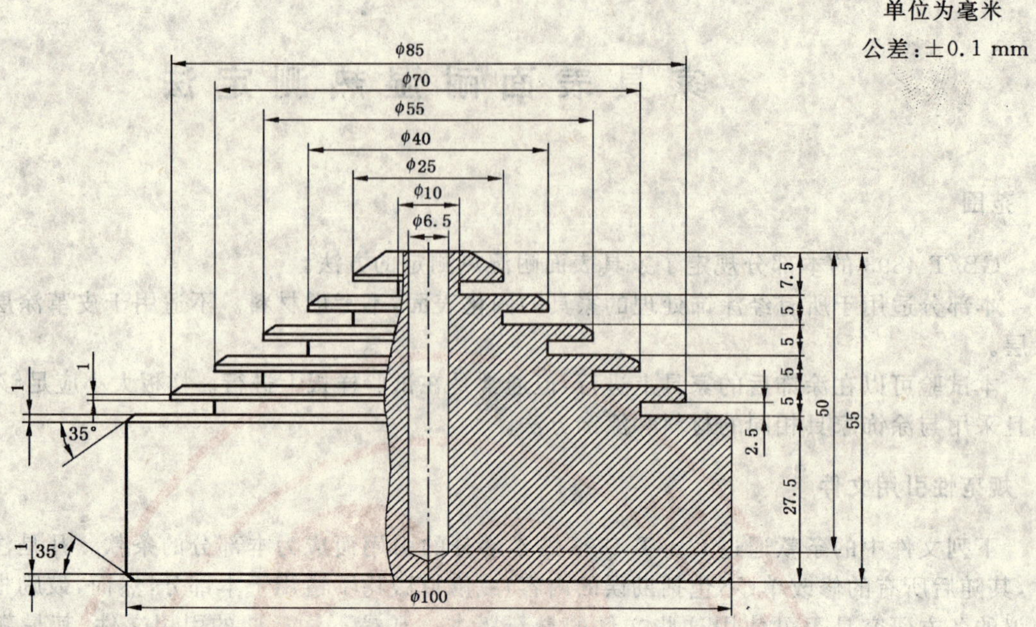

图 1　作为热源的铝合金块

4.5　白色聚酰胺纤维布：平织，经纬方向上的针织数大约为 40 支/cm，克重为 50 g/m^2，切割成边长为 120 mm±3 mm 的正方形。

4.6　蒸馏水或纯净水：温度为 23℃±2℃。

4.7　隔热垫：采用无机材料制成，厚度约 25 mm，大小约 150 mm×150 mm，或更大一些。

4.8　漫射光源：在试验区域上提供均匀漫射光。可采用亮度至少为 2 000 lx 具有良好漫射效果的自然光，也可以采用符合 GB/T 9761—1988 的比色箱的人造光。

4.9　直射光源：60 W 的磨砂灯泡，经磨砂处理后，保证光线只照射到试验区域，而不会直接射入试验者的眼中。光线投射到检查区域与水平呈 30°～60°。

注 1：一个合适的观察箱如图 2 所示。

单位为毫米

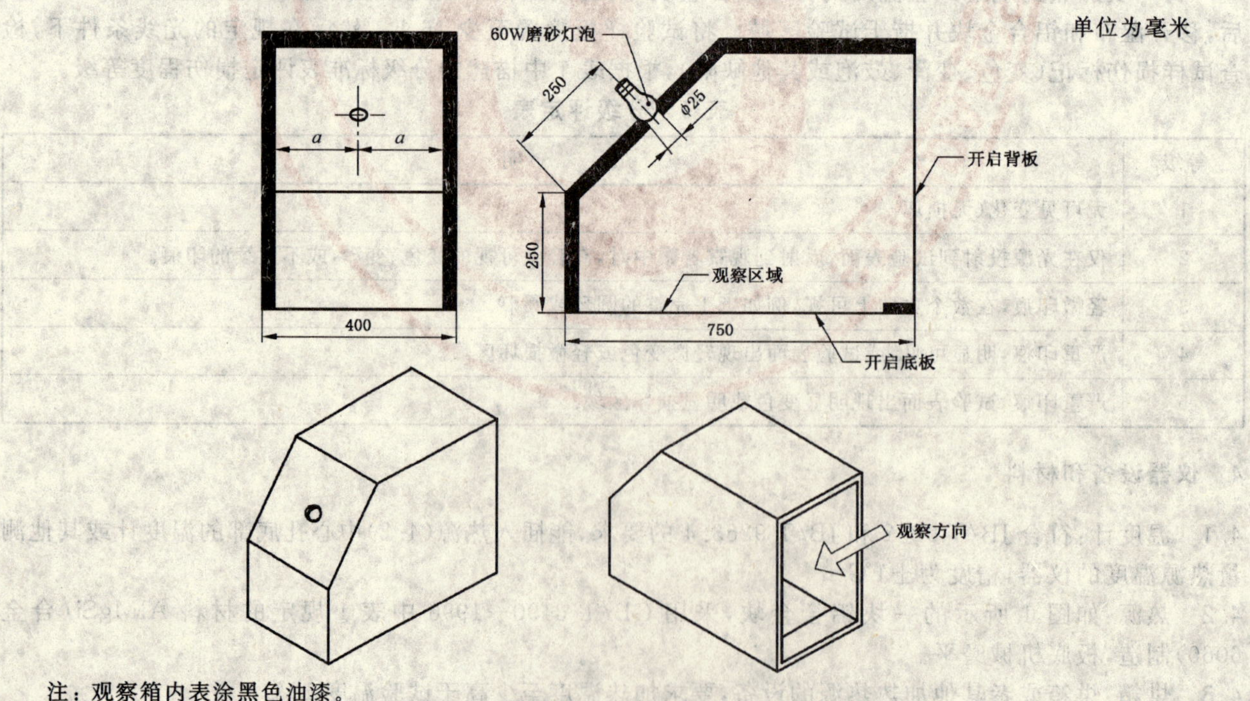

注：观察箱内表涂黑色油漆。

图 2　观察箱

5 试验温度

根据试验要求,从下列温度中选取:55℃,70℃,85℃,100℃。

6 试验样板

试验样板应近乎平整,其大小应足够容纳所需进行的试验数目。相邻的试验区域周边之间,试验区域周边与样板边沿之间,至少应留有 15 mm 的间隔。在试验同时开展处,试验区域的周边最少应隔开 50 mm。

如有必要,应采用软湿布(4.4)蘸取温和的清洁液(采用 GB 9985—2000 中 B1.4.3 规定的洗涤剂和蒸馏水或纯净水配置的溶液,浓度为 15 mL/L)擦洗试验样板表面,然后再用干净的软湿布蘸取蒸馏水或纯净水揩拭干净。

除非另有规定,在试验开始前,应将涂层干透的试样放在温度为(23±2)℃、相对湿度为(50±5)%的环境中至少存放 48 h。

注 2:样板可能是家具的一个组成部件,此时,应在合适的部位按第 6 章开展试验。

7 试验程序

7.1 试件经调制处理后,立即放入温度为(23±2)℃的环境中开展试验。

7.2 将温度计(4.1)或其他测温设备插入热源(4.2)中心孔内。

7.3 打开烘箱(4.3),将热源升温到至少高于规定的试验温度 10℃。

7.4 用软湿布揩净试验部位,然后将聚酰胺纤维布放在试验区域中央,在布面上均匀喷洒 2 cm^3 的蒸馏水或纯净水。

注 3:采用标有刻度的孔眼滴管进行喷洒比较合适。

7.5 当热源温度高于规定的试验温度至少 10℃时,将热源移到隔热垫(4.5)上。

7.6 当热源温度达到规定的试验温度±1℃时,立即将热源放在聚酰胺纤维布面上。

7.7 20 min 后,移开铝合金块,用软湿布揩净试验部位。

7.8 在样板表面靠近试验区域处,采用任何合适的方法,标注试验温度。

7.9 试验后样板至少单独放置 16 h。

7.10 用软湿布揩净每一个试验区域并检查样板。

8 试验样板的检查

仔细检查每个试验区域的损伤情况。例如:变色、变泽、鼓泡或其他正常视力,矫正视力(如有必要)可见的缺陷。为此采用两种光源中的任意一种单独照亮试验表面,使光线从试验表面反射进入观察者眼中,从不同角度包括角度间进行检查。观察距离为 0.25 m~1 m。

使光线平行或垂直于试验表面纹理方向(如果有的话),在每个位置,将试验区域与非试验区域作参考比较。

如果另有规定,应在更长的规定时间后再一次检查样板。

9 试验结果的评定

根据表 1 中描述的分级表评定试验区域的等级。

建议对每个试验区域的评定,应由一人以上且富有该类评定经验的检验人员担任,评定结果应取多个观察者中相同的评定值或人数最多的评定值。

如果采用两种相同光源取得的试验结果不同,应记录最低等级。

10 试验报告

试验报告至少应包括以下信息：

a) 本部分的名称与编号；

b) 试件或试验样板的相关数据(如果可能,应注明基材和涂料种类)；

c) 试验温度；

d) 按照第9章对试验区域进行的评定；

e) 根据规定的要求(如果有的话)评定试验结果；

f) 对本部分的偏离；

g) 试验机构的名称、地址；

h) 试验日期。

ICS 97.140
Y 80

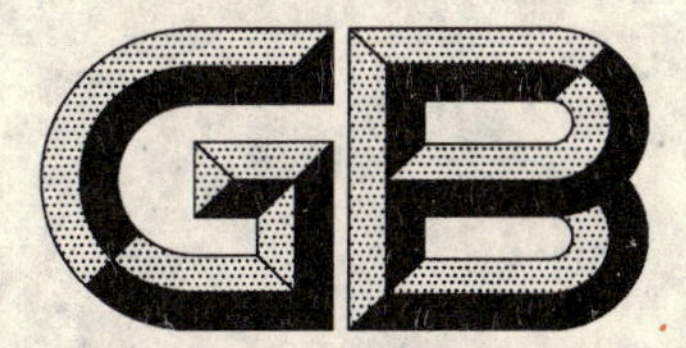

中华人民共和国国家标准

GB/T 4893.3—2005
代替 GB/T 4893.3—1985

家具表面耐干热测定法

Furniture—Assessment of surface resistance to dry heat

(ISO 4211-3:1993, Furniture—Tests for surfaces—Part 3: Assessment of resistance to dry heat, NEQ)

2005-03-23 发布 2005-09-01 实施

中华人民共和国国家质量监督检验检疫总局
中国国家标准化管理委员会 发布

前　言

本部分是GB/T 4893“家具表面理化性能测定法”系列标准中的第3部分。该系列标准的结构和名称如下：

GB/T 4893.1　家具表面耐冷液测定法；

GB/T 4893.2　家具表面耐湿热测定法；

GB/T 4893.3　家具表面耐干热测定法；

GB/T 4893.4　家具表面漆膜附着力交叉切割测定法；

GB/T 4893.5　家具表面漆膜厚度测定法；

GB/T 4893.6　家具表面漆膜光泽测定法；

GB/T 4893.7　家具表面漆膜耐冷热温差测定法；

GB/T 4893.8　家具表面漆膜耐磨测定法；

GB/T 4893.9　家具表面漆膜抗冲击测定法。

本部分与ISO 4211-3:1993《家具表面耐干热测定法》(英文版)的一致性程度为非等效。本部分与ISO 4211-3:1993存在的主要技术差异是：

(一) 引用标准

1) 本部分引用非等效采标的国家标准GB/T 3190—1996《变形铝及铝合金化学成分》代替ISO 209-1:1989《变形铝及铝合金——产品的化学成分和结构——第1部分:化学成分》,但这两项标准关于铝合金6060的规定是一致的。

2) 本部分中采用JB/T 9263.4—1999《棒式普通实验玻璃温度计　型式和基本尺寸》(以下简称JB/T 9263.4)和JB/T 9262—1999《工业玻璃温度计和实验玻璃温度计》(以下简称JB/T 9262)代替ISO 1770:1981《通用棒式温度计》(以下简称ISO 1770)。JB/T 9263.4和ISO 1770中关于温度计的规格和尺寸表无一一对应的关系，而且后者表中列出了刻度线高度、平均露出的液柱高度、温度计牌号要求，前者表中无此要求；JB/T 9262中要求感温液应“纯洁、干燥”、充气应“纯净、干燥”,ISO 1770中无此要求，但要求充气为惰性气体；JB/T 9262中规定封顶加工可为“圆形、环形、尖形、球形、纽扣形”,ISO 1770中规定封顶加工可为“圆形、纽扣形和玻璃环形”；JB/T 9262中规定扩大部位与相邻标度线应至少有5 mm的毛细管内径不变,ISO 1770中规定扩大孔与最近的标度线或浸没线之间应至少有10 mm的毛细管内径不变；ISO 1770中规定0℃～100℃的温度计至少应有3格展刻线,JB/T 9262中无此要求。

3) 本部分采用GB 9985—2000《手洗餐具用洗涤剂》中B1.4.3规定的标准餐具洗涤剂代替ISO 4211:1979《家具-漆膜表面耐冷液评定》,ISO 4211:1979中规定的清洁剂不适合我国国情，为便于清洁剂的采购与配制，采用GB 9985—2000中B1.4.3规定的餐具标准洗涤剂作为清洁剂。

(二) 试验样板的准备和调制处理

1) ISO 4211-3:1993中规定为：在试验开始前，应将试验样板放在温度不低于15℃的通风环境中老化处理至少28天。在立即开始试验前，试验样板应放在温度为(23±2)℃、相对湿度为(50±5)%的环境中至少存放7天，这7天计入老化时间。

2) 本部分中规定为：在试验开始前，应将涂层干透的试样放在温度为(23±2)℃、相对湿度为(50±5)%的环境中至少存放48 h。这样比较符合我国国情。

(三) 试验环境

ISO 4211-2:1993 中未规定试验环境，本部分中增加试验环境的规定：试件调制处理后，立即放入温度为(23±2)℃的环境中开展试验。

为便于使用，本部分还做了下列编辑性修改：

a) 将“本国际标准”一词改为“本部分”；

b) 用小数点“.”代替作为小数点的逗号“,”；

c) 删除国际标准的前言。

本部分代替 GB/T 4893.3—1985《家具表面漆膜耐干热测定法》。

本部分与 GB/T 4893.3—1985 相比主要变化如下：

——标准名称。根据 ISO 4211-3:1993 标准名称的译文，修订后的标准名称改为《家具表面耐干热测定法》；

——适用范围修改为：适用于所有经涂饰处理的家具的固化表面，不考虑材料。不适用于皮革涂层和涂饰织物的涂层(1985 版的“适用范围”；本版的第 1 章)；

——热源修改为：铝合金块、烘箱(1985 版的 1.1、1.2、1.7；本版的 4.2、4.3)；

——隔热垫修改为：无机材料制成，大小约为 150 mm×150 mm×25 mm，或更大一些的板(1985 版的 1.6；本版的 4.5)；

——建议的试验温度取消了 80℃、90℃，增加了 85℃、140℃、160℃、180℃、200℃(1985 版的 3.2；本版的第 5 章)；

——不规定试验区域的数目。原 GB/T 4893.3 中规定在试样上任取三个试验区域(1985 版的 4.1；本版的第 6 章)；

——试验样板的检查修改为：可采用漫射光源或直射光源中的任意一种对样板进行检查(1985 版中 4.8、4.9；本版的第 8 章)；

——增加了清洁剂的要求。清洁液采用 GB 9985—2000 中 B1.4.3 规定的餐具标准洗涤剂和纯净水或蒸馏水进行配制，浓度为 15 mL/L。

本部分由中国轻工业联合会提出。

本部分由全国家具标准化中心归口。

本部分由国家家具质量监督检验中心、温州中宝家具制造有限公司负责起草。

本部分主要起草人：古鸣、王立槐、郑东臻。

本部分所代替标准的历次版本发布情况为：

——GB/T 4893.3—1985。

家具表面耐干热测定法

1 范围

GB/T 4893的本部分规定了家具表面耐干热测定的方法。

本部分适用于所有经涂饰处理的家具的固化表面,不考虑材料。不适用于皮革涂层和涂饰织物的涂层。

本试验可以在涂饰后的家具,但通常是在试验样板上进行。样板大小应足够满足试验要求,并且采用与涂饰家具相同的材料和涂饰方法。

2 规范性引用文件

下列文件中的条款通过GB/T 4893的本部分的引用而成为本部分的条款。凡是注日期的引用文件,其随后所有的修改单(不包括勘误的内容)或修订版均不适用于本部分,然而,鼓励根据本部分达成协议的各方研究是否可使用这些文件的最新版本。凡是不注日期的引用文件,其最新版本适用于本部分。

GB/T 3190—1996 变形铝及铝合金化学成分(neq ISO 209-1 Wrought aluminium and aluminium alloys—Chemical composition and forms of products—Part 1:Chemical composition)

GB/T 9761—1988 色漆和清漆 色漆的目视比色(eqv ISO 3668:1976)

GB 9985—2000 手洗餐具用洗涤剂

JB/T 9262 工业玻璃温度计和实验玻璃温度计

JB/T 9263.4 棒式普通实验玻璃温度计型式和基本尺寸

3 试验原理

将一块加热到规定试验温度的标准铝合金块放置到试验样板上。经过规定的一段时间后,移走铝合金块并揩净试验区域。让试验样板静置至少16 h。然后在规定的光线条件下,检查试样损伤标记(变色、变泽、鼓泡或其他缺陷),根据表1中描述的分级标准表评定损伤程度等级。

表1 分级评定表

等 级	说 明
1	无可见变化(无损坏)。
2	仅在光源投射到试验表面,反射到观察者眼中时,有轻微可视的变色、变泽,或不连续的印痕。
3	轻微印痕,在数个方向上可视,例如近乎完整的圆环或圆痕。
4	严重印痕,明显可见,或试验表面出现轻微变色或轻微损坏区域。
5	严重印痕,试验表面出现明显变色或明显损坏区域。

4 设备和材料

4.1 温度计:符合JB/T 9262和JB/T 9263.4的规定,能插入热源(4.2)中心孔底部的温度计或其他测量热源温度的仪器,精度为±1℃。

4.2 热源:如图1所示的一块铝合金块,采用符合GB/T 3190—1996中表1规定的材料AlMgSi(合金6060)制造,板底机械磨平。

单位为毫米

公差：±0.1 mm

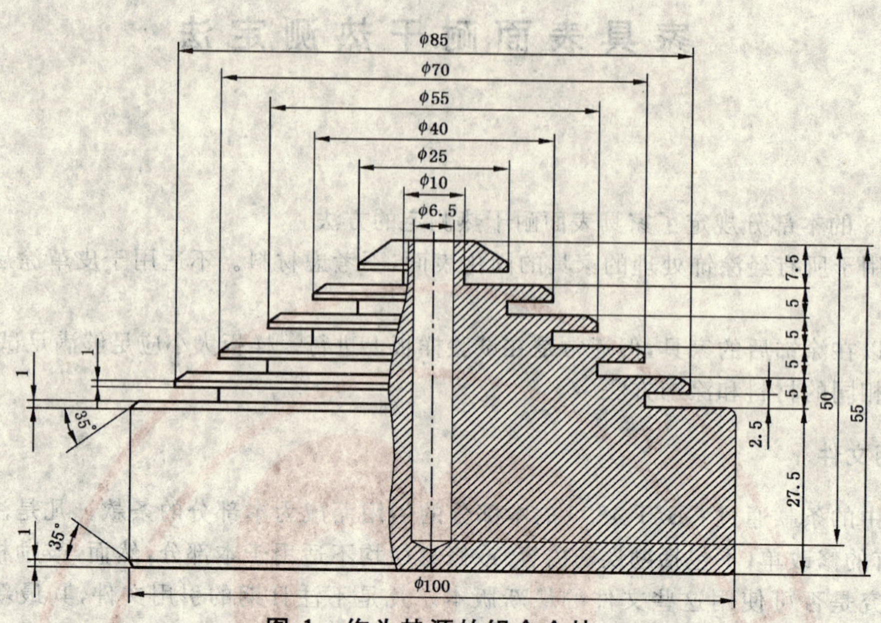

图 1　作为热源的铝合金块

4.3　烘箱：烘箱或者其他加热热源的设备，要求加热温度至少高于试验温度 10℃。

4.4　软湿布。

4.5　隔热垫：采用无机材料制成，厚度约 25 mm，大小约 150 mm×150 mm，或更大一些。

4.6　漫射光源：在试验区域上提供均匀漫射光。可采用亮度至少为 2 000 lx 具有良好漫射效果的自然光，也可以采用符合 GB/T 9761—1988 的比色箱的人造光。

4.7　直射光源：60 W 的磨砂灯泡，经磨砂处理后，保证光线只照射到试验区域，而不会直接射入试验者的眼中。光线投射到检查区域与水平呈 30°～60°。

注 1：一个合适的观察箱如图 2 所示。

单位为毫米

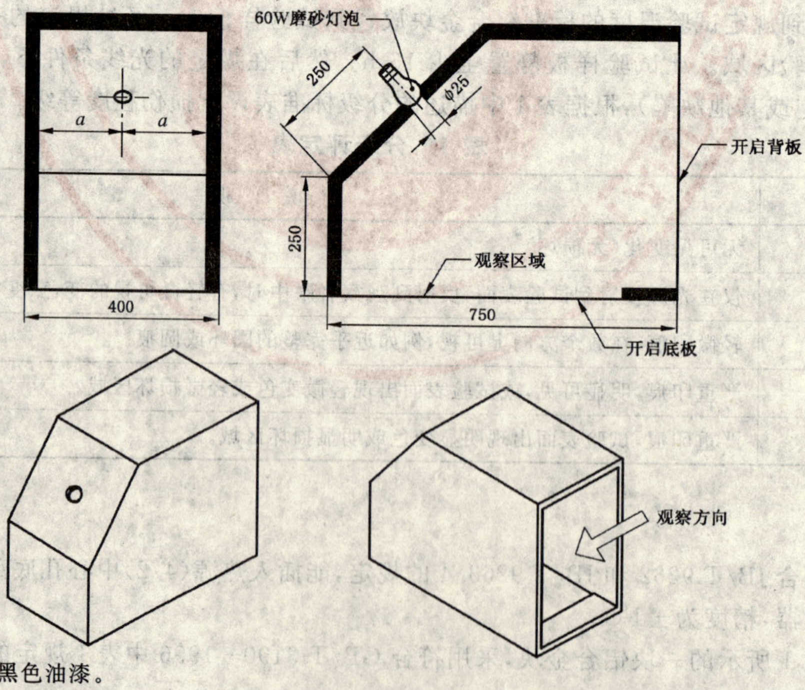

a
a
400
60W磨砂灯泡
250
φ25
开启背板
250
观察区域
750
开启底板
观察方向

注：观察箱内表涂黑色油漆。

图 2　观察箱

5 试验温度

根据试验要求,从下列温度中选取:70℃,85℃,100℃,120℃,140℃,160℃,180℃,200℃。

6 试验样板

试验样板应近乎平整,其大小应足够容纳所需进行的试验数目。相邻的试验区域周边之间,试验区域周边与样板边沿之间,至少应留有15 mm的间隔。在试验同时开展处,试验区域的周边最少应隔开50 mm。

如有必要,应采用软湿布(4.4)蘸取温和的清洁液(GB 9985—2000中B1.4.3规定的标准餐具洗涤剂)擦洗试验样板表面,然后再用干净的软湿布蘸取蒸馏水或纯净水揩拭干净。

除非另有规定,在试验开始前,应将涂层干透的试样放在温度为(23±2)℃、相对湿度为(50±5)%的环境中至少存放48 h。

注2:样板可能是家具的一个组成部件,此时,应在合适之处按第6章开展试验。

7 试验程序

7.1 试件调制处理后,立即放入温度为(23±2)℃的环境中开展试验。

7.2 将温度计(4.1)或其他测温设备插入热源(4.2)中心孔内。

7.3 打开烘箱(4.3),将热源升温到至少高于规定的试验温度10℃。

7.4 用软湿布擦净试验区域。

7.5 当热源温度高于规定的试验温度至少10℃时,将热源移到隔热垫(4.5)上。

7.6 当热源温度达到规定的试验温度±1℃时,立即将热源放到试验区域上。

7.7 20 min后,移开铝合金块,用软湿布擦净试验区域。

7.8 在样板表面靠近试验区域处,采用任何合适的方法,标注试验温度。

7.9 试验后样板至少单独放置16 h。

7.10 用软湿布揩干每一个试验区域并检查样板。

8 试验样板的检查

仔细检查每个试验区域的损伤情况。例如:变色、变泽、鼓泡或其他正常视力,矫正视力(如有必要)可见的缺陷。为此采用两种光源(4.6和4.7)中的任意一种单独照亮试验表面,使光线从试验表面反射进入观察者眼中,从不同角度包括角度间区域进行检查。观察距离为0.25 m~1 m。

使光线平行或垂直于试验表面纹理方向(如果有的话),在每个位置,将试验区域与非试验区域作参考比较。

如果另有规定,应在更长的规定时间后再一次检查样板。

9 试验结果的评定

根据表1中描述的分级表评定试验区域的等级。

建议对每个试验区域的评定,应由一人以上且富有该类评定经验的检验人员担任,评定结果应取多个观察者中相同的评定值或人数最多的评定值。

如果采用两种相同光源取得的试验结果不同,应记录最低等级。

10 试验报告

试验至少应包括以下信息:

a) 本部分的名称与编号;

b) 试验样板或试件的有关数据(如果可能,应注明基材和涂料种类);

c) 试验温度;

d) 按照第9章对试验区域进行的评定;

e) 根据规定的要求(如果有的话)评定的试验结果;

f) 对本部分的任何偏离;

g) 试验机构的名称、地址;

h) 试验日期。

ICS 83.120
Q 23

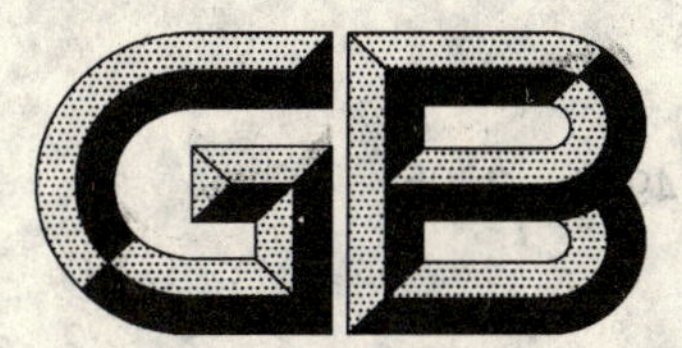

中华人民共和国国家标准

GB/T 4944—2005
代替 GB/T 4944—1996

玻璃纤维增强塑料层合板层间拉伸强度试验方法

Test method for interlaminar tensile strength of glass fiber reinforced plastic laminates

2005-05-18 发布　　　　2005-12-01 实施

中华人民共和国国家质量监督检验检疫总局
中国国家标准化管理委员会　发布

前 言

本标准代替 GB/T 4944—1996《玻璃纤维增强塑料层合板层间拉伸试验方法》。

本标准与 GB/T 4944—1996 相比主要变化如下：

——增加了“规范性引用文件”一章(本版的第 2 章)；

——增加了“原理”一章(本版的第 3 章)；

——对试样组合件的制备进行了重新规定(1996 年版的 4.2;本版的 5.2)；

——修改了试验报告的内容(1996 年版的第 8 章;本版的第 8 章)。

本标准的附录 A 为资料性附录。

本标准由中国建筑材料工业协会提出。

本标准由全国纤维增强塑料标准化技术委员会归口。

本标准主要起草单位:中国船舶重工集团公司第七二五研究所。

本标准主要起草人:王满昌、王利、郭晓伟。

本标准于 1985 年首次发布,1996 年第一次修订,2005 年第二次修订。

玻璃纤维增强塑料层合板层间拉伸强度试验方法

1 范围

本标准规定了玻璃纤维增强塑料层合板层间拉伸试验的试样、试样组合件及制备、试验条件、试验步骤、结果计算和试验报告。

本标准适用于玻璃纤维增强塑料层合板的层间拉伸强度试验，其他增强塑料层合板的层间拉伸试验也可参照使用。

2 规范性引用文件

下列文件中的条款通过本标准的引用而成为本标准的条款。凡是注日期的引用文件，其随后所有的修改单(不包括勘误的内容)或修订版均不适用于本标准，然而，鼓励根据本标准达成协议的各方研究是否可使用这些文件的最新版本。凡是不注日期的引用文件，其最新版本适用于本标准。

GB/T 1446—2005 纤维增强塑料性能试验方法总则

3 原理

将试样粘合到钢或铝制端面上，沿层合面垂直方向匀速拉伸，直至试样破坏，测量该过程中对试样施加的载荷，确定层间拉伸强度。

4 试样

4.1 试样形状及尺寸

4.1.1 一般应采用Ⅰ型试样(见图1)。板厚 h，直径 d 应不小于 22 mm。

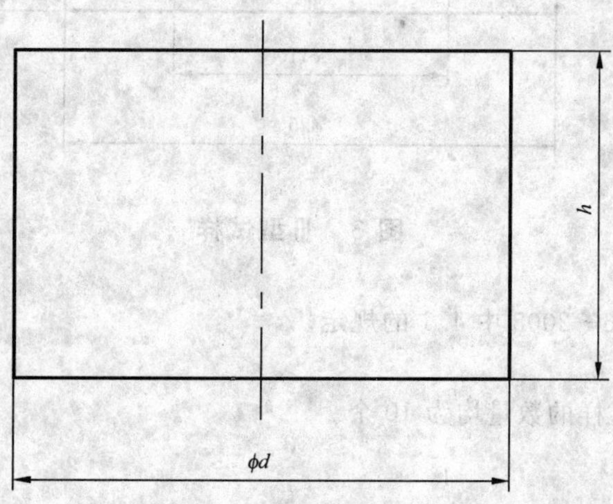

图 1 Ⅰ型试样

4.1.2 当层合板的层间拉伸强度高于粘结强度时，采用Ⅱ型试样(见图2)。若采用Ⅱ型试样仍不能满足试验要求则应选用Ⅲ型试样(见图3)；Ⅲ型试样通过专用夹头可直接与试验机相连接(参见附录A)。

单位为毫米

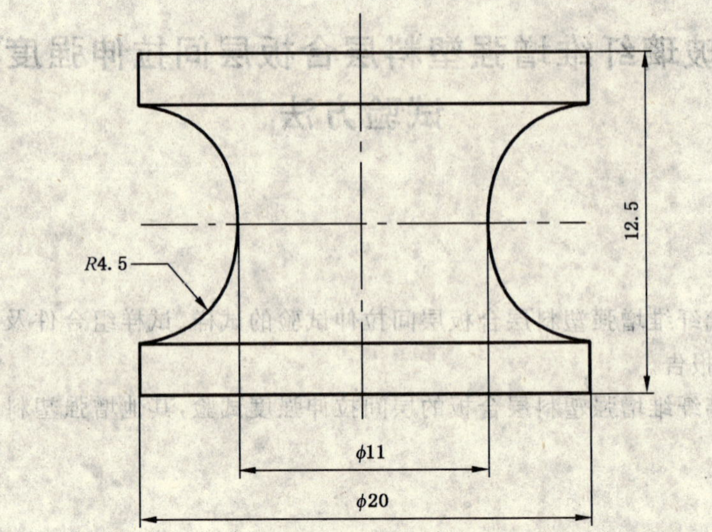

图 2 Ⅱ型试样

单位为毫米

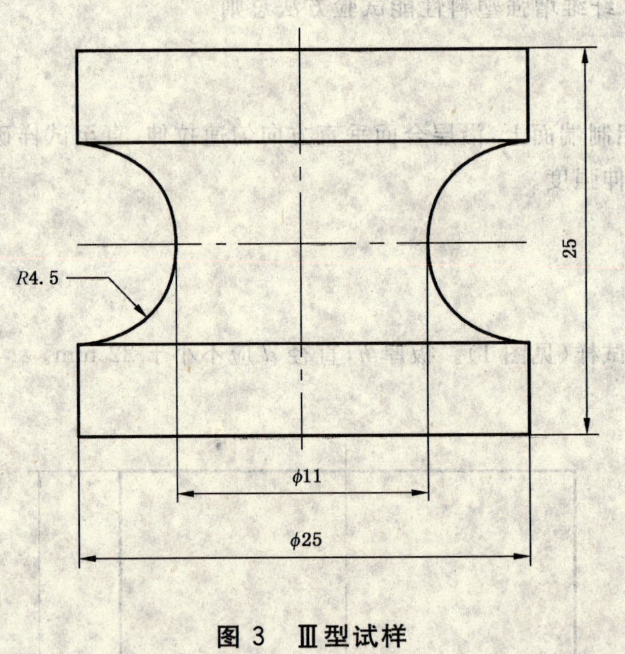

图 3 Ⅲ型试样

4.2 试样加工

试样加工按 GB/T 1446—2005 中 4.1 的规定。

4.3 试样数量

Ⅰ型、Ⅱ型、Ⅲ型三种试样的数量均为 10 个。

5 试样组合件及制备

5.1 试样组合件

5.1.1 对于Ⅰ型和Ⅱ型试样须制成试样组合件(见图 4),进行层间拉伸强度测定。

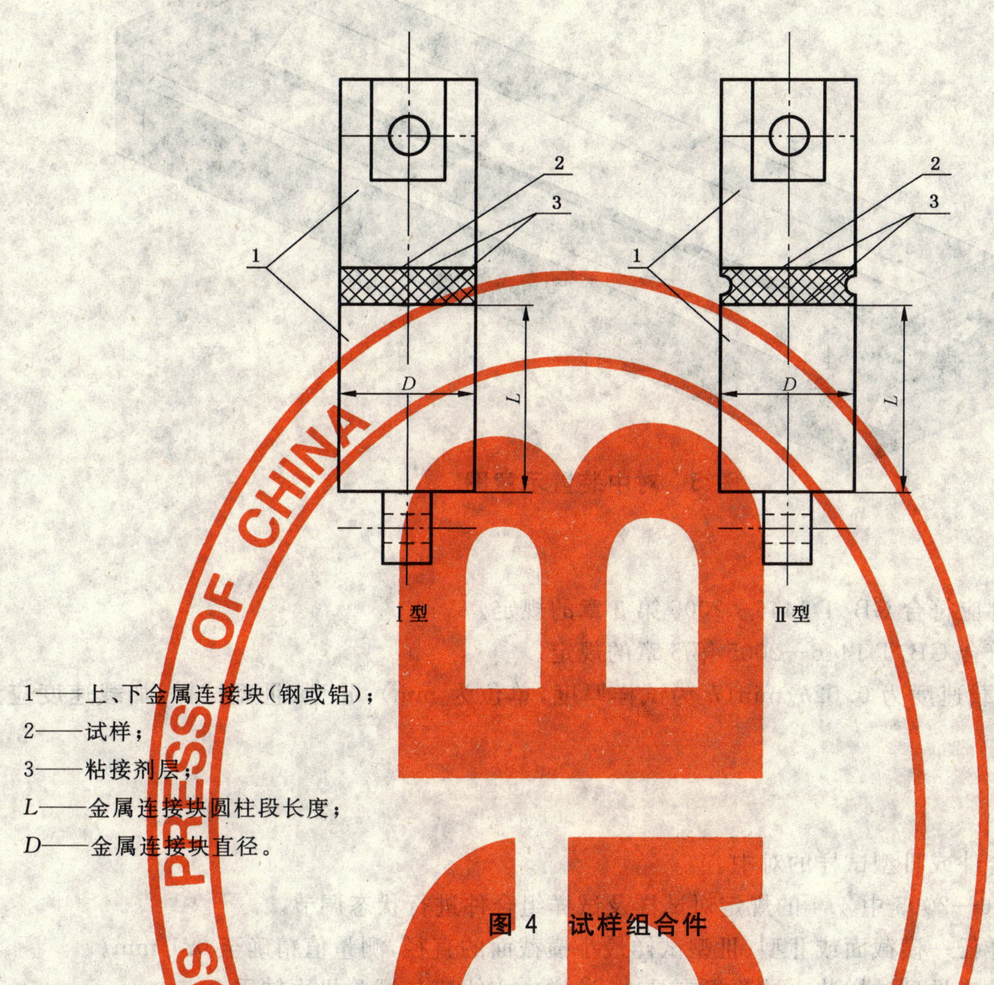

1——上、下金属连接块(钢或铝);

2——试样;

3——粘接剂层;

L——金属连接块圆柱段长度;

D——金属连接块直径。

图 4　试样组合件

5.1.2　金属连接块

5.1.2.1　金属连接块直径 D 为(20±0.1)mm;等直径圆柱段长度 L 不小于 30 mm。

5.1.2.2　连接块另一端的形状和尺寸应根据试验机确定。

5.1.2.3　粘接面应保持平整无缺陷,并垂直于金属连接块的轴线。

5.2　试样组合件的制备

5.2.1　试样外观应符合 GB/T 1446—2005 中 4.2 的规定。

5.2.2　金属连接块应符合 5.1.2 的规定。

5.2.3　粘接剂的粘接强度应高于层间拉伸强度,建议采用环氧基粘接剂。

5.2.4　粘结面的表面处理,固化条件如温度、压力、时间等均按粘接剂使用说明中的工艺规程进行。粘接剂及其固化条件不应改变层合板的性能。

5.2.5　粘接面涂以粘接剂,用对中装置(见图 5)保证试样正确的粘合和精确地定位。

5.2.6　Ⅰ型试样须将试样多于金属连接块的部分去除并磨光。

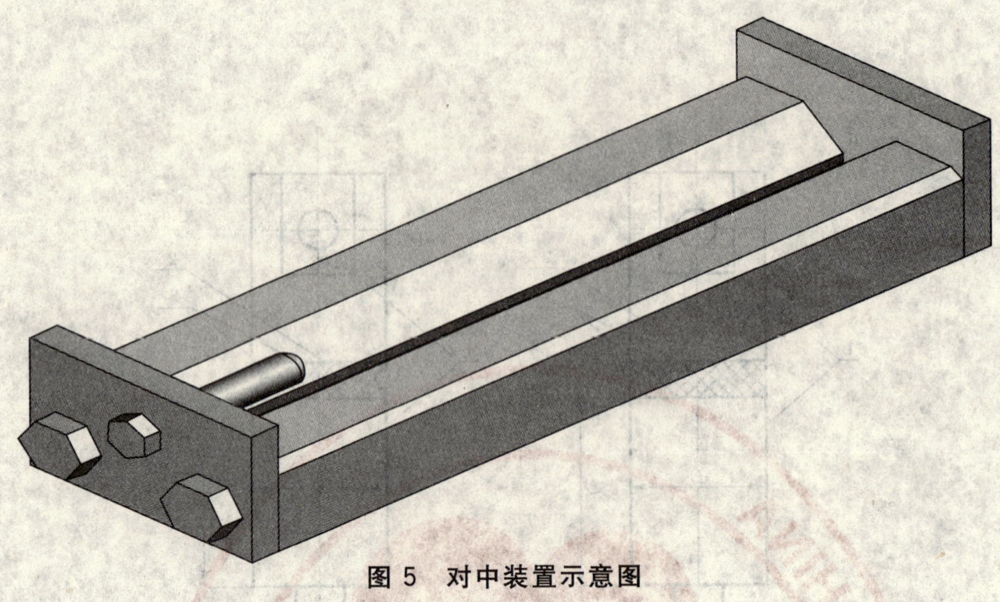

图 5 对中装置示意图

6 试验条件

6.1 试验环境条件应符合 GB/T 1446—2005 第 3 章的规定。

6.2 试验设备应符合 GB/T 1446—2005 第 5 章的规定。

6.3 Ⅰ型试样，加载速度为 0.02h/min（h 为试样厚度，单位为 mm）；Ⅱ型、Ⅲ型试样，加载速度应为 0.2 mm/min。

7 试验步骤

7.1 检查试样组合件或Ⅲ型试样的对中。

7.2 按 GB/T 1446—2005 中 4.4 的规定对试样及试样组合件进行状态调节。

7.3 测量Ⅰ型试样任一横截面或Ⅱ型、Ⅲ型试样最小横截面的直径，测量值精确至 0.1 mm。

7.4 将试样组合件或Ⅲ型试样装入试验机夹具中，试样中心线应与试验机力轴重合。

7.5 按 6.3 规定的加载速度对试样组合件施加均匀、连续载荷直至破坏。记录最大载荷和破坏情况。

7.6 在粘接面或圆弧段中心范围 1/3 以外处破坏的试样无效。同批有效试样不足 5 个时，应重做试验。

8 结果计算

8.1 层间拉伸强度按式(1)计算：

$$\sigma_i = \frac{F}{A} \qquad \cdots\cdots(1)$$

式中：

σ_i——层间拉伸强度，单位为兆帕(MPa)；

F——最大载荷，单位为牛顿(N)；

A——试样横截面积（Ⅱ型、Ⅲ型试样取最小横截面积），单位为平方毫米(mm^2)。

8.2 试验结果按 GB/T 1446—2005 第 6 章的规定。

9 试验报告

试验报告应包含下列全部或部分内容：

a) 注明采用本标准；

b) 试样来源、类型，材料的品种、规格和成型工艺；

c) 粘接剂的名称、牌号和固化条件；

d) 试样编号、尺寸、数量、质量情况和制备方法；

e) 试样的状态调节及试样环境条件；

f) 试验设备的精度等级，加载速度；

g) 每个试样的性能值，试验结果的算术平均值、标准差和离散系数。必要时记录每个试样的破坏情况；

h) 如有作废的试样组合件或试样，应写明数量及原因；

i) 试验人员、日期等。

附 录 A
（资料性附录）
层间拉伸强度（Ⅲ型试样）试验专用夹具

A.1 层间拉伸强度试验专用夹具示意图见图 A.1。

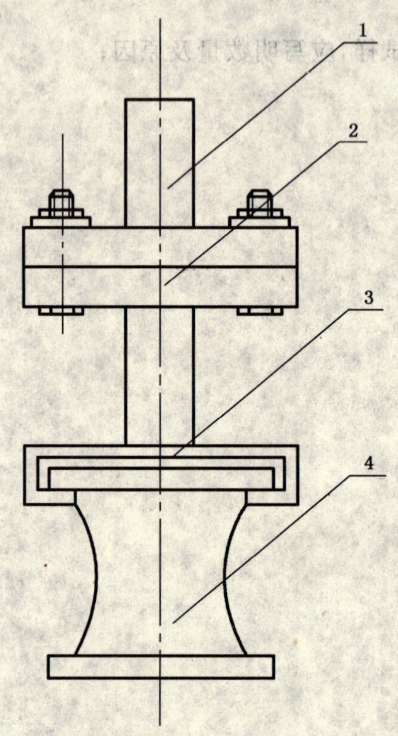

1——拉杆；
2——连接头；
3——T 型卡头；
4——Ⅲ型试样。

图 A.1 层间拉伸强度试验专用夹具示意图

ICS 25.220.20
A 29

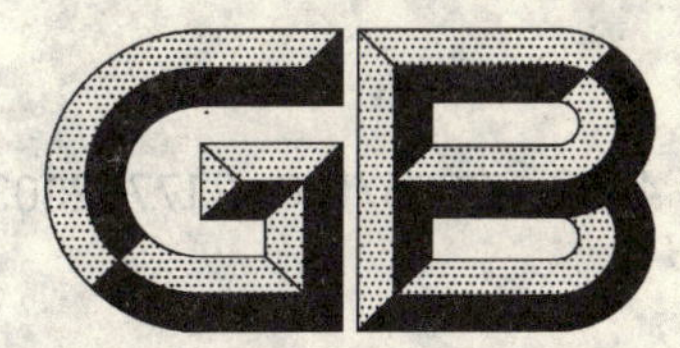

中华人民共和国国家标准

GB/T 4955—2005/ISO 2177:2003
代替 GB/T 4955—1997

金属覆盖层
覆盖层厚度测量 阳极溶解库仑法

Metallic coatings—Measurement of coating thickness—Coulometric method by anodic dissolution

(ISO 2177:2003,IDT)

2005-10-12 发布　　　　2006-04-01 实施

中华人民共和国国家质量监督检验检疫总局
中国国家标准化管理委员会　发布

前　言

本标准等同采用ISO 2177:2003《金属覆盖层　覆盖层厚度测量　阳极溶解库仑法》(英文版)。

本标准根据ISO 2177:2003重新起草,本标准对应ISO 2177作了如下修改:

——取消了国际标准的前言;

——为便于使用,引用了采用国际标准的我国标准;

——增加了规范性引用文件的引导语;

——用“本标准”代替“本国际标准”;

本标准代替GB/T 4955—1997《金属覆盖层　覆盖层厚度测量　阳极溶解库仑法》。

本标准与GB/T 4955—1997相比,主要变化如下:

——修改了表1可测的组合,增加了金镀层的厚度测量;

——增加了规范性引用文件;

——修改了第8章 过程,8.7增加了注的要求;

——修改了第9章 厚度计算公式;

——修改了关于典型电解液的附录,增加了金的电解液;

——修改了附录中电解池的尺寸要求,增加了小尺寸的要求;增加了热浸镀和多镀层厚度测量要求。

本标准附录A、附录B为资料性附录。

本标准由中国机械工业联合会提出。

本标准由全国金属与非金属覆盖层标准化技术委员会归口。

本标准起草单位:武汉材料保护研究所、广州出入境检验检疫局化矿金中心。

本标准主要起草人:喻晖、贾建新、冯永春、张震坤。

本标准所代替标准的历次版本发布情况为:

——GB 4955—1985、GB/T 4955—1997。

金属覆盖层
覆盖层厚度测量　阳极溶解库仑法

1　范围

本标准规定了测量金属覆盖层厚度的阳极溶解库仑法。本法仅用于导电性覆盖层。

表1列举了本标准可以测定的典型金属覆盖层和基体的组合。使用其他组合时,可以使用通用的电解液(见附录A)测试,或使用为这些组合开发的新电解液对其进行测试,但是,这两种情况都必需验证对整个覆盖层体系的适应性。

本标准也适用于多层体系的测量,如Cu-Ni-Cr(见8.5)。

如果考虑到合金层应用时的特征,本标准可用于测量不同方法获得的合金层厚度。在某些情况下,本标准还可以用来探测扩散层的存在和厚度。也可以测量圆柱形和线性试样的覆盖层厚度(见8.7)。

表1　可用库仑法测试的覆盖层和基体的典型组合

覆盖层	基体(底材)							
	铝[a]	铜和铜合金	镍	Ni-Co-Fe合金	银	钢	锌	非金属
镉	√	√	√	—	—	√	—	√
铬	√	√	√	—	—	√	—	√
铜	√	仅在黄铜和铍铜合金上	√	—	—	√	√	√
金	√	√	√	√	√	√	—	—
铅	√	√	√	√	√	√	—	√
镍	√	√	—	√	—	√	—	√
化学镀镍[b]	√	√	√	√	—	√	—	√
银	√	√	√	—	—	√	—	√
锡	√	√	√	—	—	√	—	√
锡-镍合金	—	√	—	—	—	—	—	√
锡-铅合金[c]	√	√	√	√	—	√	—	√
锌	√	√	√	—	—	√	—	√

a　对于某些铝合金,可能难于检测到电解池的电压变化。

b　这些覆盖层的磷或硼含量在一定限度内才能使用库仑法。

c　本方法对合金组成敏感。

注:见第5章 仪器。

2　规范性引用文件

下列文件中的条款通过本标准的引用而成为本标准的条款。凡是注日期的引用文件,其随后所有的修改单(不包括勘误的内容)或修订版均不适用于本标准,然而,鼓励根据本标准达成协议的各方研究是否可使用这些文件的最新版本。凡是不注日期的引用文件,其最新版本适用于本标准。

GB/T 3138　金属镀覆和化学处理与有关过程术语(GB/T 3138—1995,neq ISO 2079:1981)

GB/T 12334　金属和其他非有机覆盖层　关于厚度测量的定义和一般规则(GB/T 12334—2001,idt ISO 2064:1996)

3 定义

GB/T 3138、GB/T 12334 确立的以及下列术语和定义适用于本标准。

3.1 测量面积 measuring area

在测试件主要表面上作单个测量区域的面积。

注:本方法的测量面积的大小就是电解池密封圈所包围的面积。

4 原理

用适当的电解液阳极溶解精确限定面积的覆盖层。通过电解池电压的变化测定覆盖层的完全溶解。覆盖层的厚度通过电解所耗的电量(以库仑计)计算,所耗的电量依次由下列项数计算:

a) 若用恒定电流密度溶解时,由试验开始到试验终止的时间间隔;

b) 溶解覆盖层时累计所耗电量。

5 仪器

5.1 利用现成可用的元件可装配成适用的仪器,但一般使用专用仪器(见附录 B)。

5.2 专用直读式仪器通常使用制造商推荐的电解液。其他仪器应记录测量面积(见 3.1)内溶解覆盖层所耗的电量,以库仑为单位,测量面积通常为任选单位,覆盖层厚度是利用换算系数或表格进行计算。

采用直读式仪器时,根据电流密度计算厚度的过程是通过电子仪器完成的。

5.3 应用已知厚度的试样检验仪器的性能。若仪器厚度读数与试样已知的厚度相差不超过±5%,则仪器不需进一步调整就可使用;否则,要排除产生误差的原因。专用仪器应按制造单位的说明书规定进行校准。

已知厚度的适用试样应和待测试样的覆盖层与基体的种类相同,其不确定度应小于或等于 5%。如果测量合金覆盖层厚度,则使用正确的校正试样尤其重要。

6 电解液

电解液应具有已知的、足够长的贮存寿命,并应具备:

a) 没有外加电流时,不与金属覆盖层起反应;

b) 阳极溶解覆盖层的效率应尽可能接近 100%;

c) 当覆盖层被阳极溶解至穿透并且暴露的基体面积不断增大时,电极电位应发生可检测到的急剧变化;

d) 暴露于电解池内的测试面积应完全被润湿。

电解液应根据覆盖层、基体材料、电流密度以及电解液在测试电解池内流动情况来选择。

注:附录 A 描述了使用这类试验仪器测试特定基体上各种电沉积厚度所适用的典型电解液。

对于专用仪器,一般应按制造单位的推荐选择电解液。

7 影响测量准确度的因素

7.1 覆盖层厚度

除非使用特殊装置,通常对厚度大于 50μm、小于 0.2μm 的覆盖层的厚度测量,准确度都低于最佳值。

覆盖层厚度大于 50μm 时,在阳极溶解过程中可能出现明显的斜蚀或凹蚀。斜蚀程度主要取决于搅拌电解液的方法。提高溶解速度,即增加测试电流密度,可以消除或减少凹蚀现象。

7.2 电流变化

采用恒定电流和计时测量技术的仪器，电流变化会引起误差。使用电流—时间积分器的仪器，电流变化太大可能改变阳极电流效率或干扰终点而导致误差。

7.3 面积变化

厚度测量的准确度不会高于已知测量面积的准确度。由于密封圈的磨损、密封圈压力等引起的面积变化可能会带来测量误差。如果电解池设计使得密封圈能给出精确恒定的测量面积，则可获得高得多的准确度。某些情况下，在退镀和相应补偿调整后，测量阳极溶解覆盖层的面积可能更方便。

注：在某些情况下，若使用厚度校正标样校正仪器，可使因测量面积变化而引起的误差减至最小，这种覆盖层厚度校正标样的制作应与实际测试条件相似，测试弯曲表面尤应如此。

7.4 搅拌(如有要求)

不适当的搅拌会导致错误的终点。

7.5 覆盖层和基体间的合金层

库仑法测量覆盖层厚度一概假设覆盖层和基体间存在着界限分明的界面。如果覆盖层和基体间存在着合金层，如热浸得到覆盖层的情况，库仑法的终点可能发生在合金层内的某一点，以致给出比没有合金化覆盖层厚度较高的厚度值。

注：用电位记录仪可以记录，从合金起始点溶解达到纯基体时电压变化曲线。

7.6 覆盖层的纯度

与覆盖层金属(包括合金金属)共沉积的物质可以改变覆盖层金属的有效电化学当量、阳极电流效率和覆盖层密度。

7.7 测试表面的状态

油、脂、漆层、腐蚀产物、抛光配料、转化膜、镍覆盖层的钝化等会干扰测试。

7.8 覆盖层材料的密度

由于库仑法实质上是测量单位面积上的覆盖层质量，因此覆盖层金属的密度偏离正常值会引起线性厚度测量相应的偏差，合金成分正常波动会引起合金密度和电化学当量很小但很明显的变化。

7.9 电解池清洁度

在某些电解液中，作为阴极的电解池上可能发生金属沉积。这种沉积能改变电解池电压或阻塞电解池孔径，因此每次测试前后都应检查和维护电解池的清洁。

7.10 电路连接处的清洁度

使用非恒电流类型的仪器时，如果电路连接处不清洁，会干扰电流/电位关系，并导致错误的终点。

7.11 校正标样(如果使用)

使用校正标样的测量，要受到校正标样附加误差的影响。如果要测定合金覆盖层的厚度，一般需要使用合金覆盖层校正标样，并且按相同的程序测试覆盖层校正标样和被测试件。

注：标样和被测试样的覆盖层可能不会完全相同，例如酸性和碱性电镀液制备的锌镀层。

7.12 不均匀溶解

如果测量面积上覆盖层的溶解速度不均匀，则可能使终点提前而使结果偏低，因此，测试后应检查溶解后所得到的表面，以验证绝大部分的覆盖层已溶掉。在某些基体上会留下可见的、影响很小的部分覆盖层残留物。

覆盖层中的杂质、覆盖层表面和界面的粗糙度以及覆盖层的孔隙会引起电解池电压的波动，这样的波动会使终点提前。

8 操作程序

8.1 概述

商品仪器的操作步骤，电解液的使用，以及在必要时对仪器的校正(见 5.3)，都应遵照制造商的使用说明书进行。应特别注意第七章所列举的因素。

注:如果使用需要预置电压的仪器,应该注意实际电压值取决于特定的金属覆盖层、电流密度、电解液浓度和温度,端头连接的电路电阻。由于这些原因,应先做一次测值试验。

8.2 测试表面的准备

如果有必要,用适当有机溶剂清洗测试表面(见7.7),也可能需要用机械的或化学的方法活化测试表面,但必须小心仔细,避免伤及金属。

8.3 电解池的使用

将已装好弹性密封圈的电解池压在覆盖层上,使其已知面暴露于测试电解液中。若电解池体是金属的,如不锈钢,则一般作为电解池的阴极,但有些场合是插入一个适当的阴极(在某些仪器中兼作电解液搅拌的机械部件)。

8.4 电解

加入适当的电解液,确保测量表面上没有气泡。如需要,在电解池内放入搅拌器,连接电路,让搅拌器正常工作,连续电解到阳极电位或电解池电压急剧变化或自动切断测试而指示出覆盖层溶解完毕。

8.5 底层覆盖层

测量两层或多层覆盖层时,在测量上层之后,要保证整个测量面积内的上层覆盖层完全退除。用适当的吸液装置吸去电解池内的电解液,用蒸馏水或去离子水洗净电解池。

在操作过程中,任何时候不得挪动电解池而导致其位移,如有位移,则不论位移大小,试验必须作废。

测量下一层覆盖层时,重置仪器控制,加入相应的电解液,按前述方法继续试验。

8.6 测试后的检查

测试结束后,移去电解池内的电解液,用水清洗,提起电解池,检查试样上密封圈所围面积内的覆盖层是否完全退除(见7.12),以确定该次测试是否有效。

8.7 圆柱试样上的覆盖层

若表面积太小而不能使用带有常规弹性密封圈的电解池时,可用电解容器和相应的固定装置来代替。必要时使用搅拌器。这种装置必须可调整,应预调到使试样有一已知长度浸没于电解液中。直读式仪器,尤其是电解池尺寸可更换的仪器,要计算试样浸没长度,以使处于任何一个作为阴极的电解池中的试样,有着相同的已知测试面积。

注1:在大量应用时,可以使用同样的电解液,但为了获得仪器最佳灵敏度和准确度,需要调整操作条件,如截止电压和退镀电流。

注2:为保证测量准确度,需要有准确的退镀面积,而主要的误差源是弯液面和电解液表面的电流场。对于较大直径圆柱体如线材,其浸入的底面应进行屏蔽,使其与电流和电解液隔离。任何暴露端的面积不应大于整个区域面积的2%。

9 结果表示

覆盖层厚度 d 用 μm 表示,按下述公式计算:

$$d = 100\,k\,\frac{Q\,E}{A\,\rho} \qquad (1)$$

式中:

k——溶解过程中的电流效率(当电流效率为100%时,k 等于100);

Q——溶解覆盖层耗用的电量,单位为库(C);若不是使用积分式仪器测试时,则 Q 按(2)式计算;

E——测试条件下覆盖层金属的电化学当量,单位为克每库(g/C);

A——覆盖层被溶解的面积,即测量面积,单位为平方厘米(cm^2);

ρ——覆盖层的密度,单位为克每立方厘米(g/cm^3)。

$$Q = I t \quad \cdots\cdots(2)$$

式中：

I——电流，单位为安(A)；

t——测试持续时间，单位为秒(s)。

厚度 d 可按下式计算出：

$$d = X Q \quad \cdots\cdots(3)$$

式中 X 在给定金属覆盖层、电解液和电解池条件下为常量。

注 1：X 值既可由密封圈露出的试样面积、阳极溶解的电流效率(通常为 100%)、电化学当量和覆盖层金属的密度进行理论计算，也可以通过测量已知厚度的覆盖层试验确定。

注 2：大多数商品仪器，既可由仪器直接读出厚度，也可以用相应于电解池露出的测量面积和覆盖层金属的系数将仪器读数转换为厚度。

10 测量不确定度

测试仪器和操作过程应使覆盖层厚度的测量结果在其真实值的 10%以内。

11 测试报告

测试报告

a) 本标准的标准号；

b) 试样名称或编号；

c) 测量面积，cm^2；

d) 参比面位置；

e) 试样上测量的各个位置；

f) 电解液的标记或编号；

g) 测试面上测量的厚度，以 μm 表示，每个报告的测量值的平均测量次数；

h) 任何不同于本方法的说明；

i) 影响结果的因素；

j) 所用仪器的名称或型号；

k) 日期；

l) 操作者和测试实验室的名称。

附 录 A
(资料性附录)
常用电解液

A.1 概述

虽然使用某些专用的电解液(以及可能用本附录中所列的某些电解液)时能使用较高的电流密度，但下列电解液(A.2 到 A.18)使用的电流密度只有在 100 mA/cm² ～400 mA/cm² 的范围内才能达到 100%的阳极电流效率。有几种电解液仅在电流密度范围的下限或上限时才适用，它们用“＊”号标出。

这些电解液基本上是以 100%的阳极电流效率溶解金属覆盖层，所以厚度(以 μm 计)可按公式计算：

$$d = 10\,000\,\frac{Q\,E}{A\,\rho}$$

或由此公式计算出的仪器计算系数(符号定义见第 9 章)。

注：直接计算法和使用标样校正法都应考虑其固有的误差。如电解池尺寸 3%的误差将产生 9%的测量误差。

A.2～A.5 中的电解液应用分析纯级试剂和蒸馏水或去离子水制备。溶液浓度的少量变化不会影响结果的准确度。但若使用根据预置电压而自动断开的仪器时，则会影响电压预置。除 A.10 外，所有电解液贮存寿命在 6 个月以上。

必须根据制造商建议或说明书考虑这些电解液是否可用于制造商的仪器，以及对于某些特殊的覆盖层与基体组合是否需要专用的电解液，A.1～A.18 中所述的电解液的用途概括列于表 A.1。

注：一些仪器提供专用的溶液而不是下述组成。

表 A.1 电解液的用途

覆盖层	基体					
	铝	铜和铜合金(如黄铜)	镍	钢	锌	非金属
镉	—	A.2	—	A.2	—	A.2
铬	A.3 和 A.5	A.4	A.3 和 A.5	A.3	—	A.3 和 A.5
铜	A.6 和 A.7	—	A.7	A.6	A.8	A.6，A.7 和 A.8
金	A.18	A.18	A.18	A.18	—	A.18
铅	—	A.9	A.9	A.9	—	A.9
镍	A.10	A.11	—	A.10	—	A.10 和 A.11
银	—	A.12	A.12	—	—	A.12
锡	A.14	A.13	A.13	A.13	—	A.13 和 A.14
锡-镍合金	—	A.17	—	A.16	—	A.16 和 A.17
锌	—	A.15	—	A.15	—	A.15

A.2 钢、铜或黄铜上镉覆盖层用电解液

制备每升含 30 g 氯化钾(KCl)和 30 g 氯化铵(NH_4Cl)的溶液，此电解液需严格的预置电压。

A.3* 钢、镍或铝上铬覆盖层用电解液

用水稀释 95 mL 的磷酸(H_3PO_4，ρ=1.75 g/mL)至 1 000 mL，加 25 g 的铬酐(CrO_3)。

警告：磷酸会引起灼伤，应避免其与眼睛和皮肤接触。

铬酐与易燃材料接触可能着火和引起灼伤，应避免吸入其粉尘，并避免与眼睛和皮肤接触。

本溶液只适用于约 100 mA/cm² 的电流密度和厚度不大于 5 μm 的覆盖层，其测量误差大约是

± 10%。

注：铬在此电解液中以及在 A.4 和 A.5 电解液中的阳极溶解可生成六价铬离子 Cr^{6+}，计算厚度时应使用 Cr^{6+} 的电化学当量。

A.4* 铜或黄铜上铬覆盖层用电解液

制备每升含 100 g 碳酸钠（Na_2CO_3）的溶液。

此电解液只适用于约 100 mA/cm^2 的电流密度和厚度不大于 5μm 的覆盖层。

A.5* 镍或铝上铬覆盖层用电解液

用水稀释 64 mL 的磷酸（H_3PO_4，ρ=1.75 g/mL）至 1 000 mL。

警告：见 A.3。

此电解液最好在电流密度约 100 mA/cm^2 时使用，专门用于测量薄的或装饰性铬覆盖层（见 A.3 的注）。

A.6 钢或铝上铜覆盖层用电解液

将 800 g 硝酸铵（NH_4NO_3）溶于水中，稀释至 1 000 mL，并加入 10 mL 氨水（NH_3，ρ=0.88 g/mL）。

警告：硝酸铵在强热下可能爆炸，与易燃物接触可能引起火灾，勿与热源和易燃物接触。

氨能引起灼伤，刺激眼睛、呼吸系统和皮肤，避免吸入其蒸气，防止其与眼睛、皮肤接触。

此电解液测出的厚度结果比正确值约低 1%～2%。

A.7 镍或铝上铜覆盖层用电解液

将 100 g 硫酸钾（K_2SO_4）溶于水中，稀释至 1 000 mL，然后加 20 mL 磷酸（H_3PO_4，ρ=1.75 g/mL）。

警告：见 A.3。

A.8 锌或锌合金压铸件上铜覆盖层用电解液

用浓度不低于约 30%（质量百分比）的纯六氟硅酸（H_2SiF_6）。

警告：六氟硅酸能引起灼伤，并且会因吸入，皮肤接触以及吞咽而致入中毒，避免吸入其蒸气，防止其与眼睛和皮肤接触。

此溶液在很低的电压下能以 100% 的电流效率溶解铜覆盖层，在测试终点露出的锌基体上几乎没有阳极腐蚀。不过在测试面积内的锌层上留有微量点状铜，这些痕迹铜虽然可见，但一般不会影响结果的准确度。

着重注意：

a) 使用分析纯六氟硅酸，应基本上没有氯化物和硫化物之类的杂质，以免在测试终点时对锌基体产生阳极腐蚀。

b) 此酸不应有太高的水分含量，它会导致 a）中所述的相同影响。

注：若所用酸的水份含量太高，可在酸中溶解少量六氟硅酸镁，以克服其不利影响。

A.9 钢、铜或镍（不论有无锡底层）上铅覆盖层用电解液

制备每升含 200 g 乙酸钠（CH_3COONa）和 200 g 乙酸铵（CH_3COONH_4）的溶液。

此电解液的电流效率可能稍低于 100%，但测试误差不会大于 5%。

A.10 钢或铝上镍覆盖层用电解液

将 800 g 硝酸按（NH_4NO_3，见 A.6 警告）溶于水，稀释至 1 000 mL，并加入 50 mL 浓度为 76 g/L

的硫脲[$CS(NH_2)_2$]溶液。

本混合溶液的贮存寿命相当短，因此应在使用前 5 天以内制备，可用预先配制好的 800 g/L 硝酸铵和 76 g/L 硫脲溶液混合而成。两种预配溶液的贮存寿命至少有 6 个月。

注：镍覆盖层钝化会降低此电解液的电流效率，在镍表面钝化时，该溶液不能以 100%电流效率溶解镍。由于在测镍覆盖层厚度前，用磷酸电解液除铬面层，磷酸电解液的阳极化作用也会使镍覆盖层表面钝化。

测试期间电解池电压能指示出此现象的发生，若在约 400 mA/cm² 下测试，以 100%电流效率溶解镍的电解池电压一般低于 2.4 V，而电解池电压为 2.5 V 或更高时，则通常说明镍以比 100%电流效率低很多的状态溶解，此时一般伴着镍的电抛光，或者说明在释放氧气而不发生镍的溶解。

如有必要，可以在测试前向电解池加入少量的稀盐酸[$1\ mol/L \leqslant c_{HCl} \leqslant 2\ mol/L$]将镍活化。0.5 min～1 min后移去酸液并淋洗干净，然后加入硝酸铵/硫脲电解液测试镍层厚度。

A.11* 铜、黄铜或其他铜合金上或不锈钢上镍覆盖层用电解液

用水稀释 100 mL 盐酸(HCl，ρ=1.18 g/mL)至 1 000 mL。

警告：盐酸会引起灼伤，刺激呼吸系统，应避免吸入其蒸气，防止其与眼睛、皮肤接触。

此电解液仅在 400 mA/cm² 左右的电流密度下测铜或铜合金上镍覆盖层时结果才可靠。不适用于 100 mA/cm² 左右的电流密度。

注：电解液 A.10 和 A.11 也适用于测试钴、钴-镍或镍-铁合金覆盖层的厚度，钴和铁的电化学当量非常接近于镍的电化学当量，因此按纯镍计算这些合金层厚度不致出现明显的误差。

A.12 铜、铜合金或镍上银覆盖层用电解液

制备 100 g/L 的氟化钾(KF)溶液。

警告：氟化钾被吸入，与皮肤接触以及吞咽后会中毒，避免吸入其粉尘，防止其与眼睛及皮肤接触。

此电解液适合于暗银覆盖层或含硫光亮剂的亮银覆盖层。但不宜用于含有少量锑或铋的亮银合金覆盖层。

注：在用 A.12 电解液测试银覆盖层时，容易使银沉积在不锈钢电解池的内壁上，此沉积物为一均匀覆盖层，不会阻塞孔口，但会降低溶解银覆盖层所需的电解池电压。因此，在每次测试以后，需用硝酸溶解不锈钢电解池上的银沉积物。

A.13 钢、铜合金或镍上锡覆盖层用电解液

用水稀释 170 mL 的盐酸(HCl，ρ=1.18 g/mL)至 1 000 mL。

警告：见 A.11。

此溶液在很低的电解池电压下溶解覆盖层，在测试终点时不会产生对基体的阳极腐蚀。可是在测试期间，溶液中的锡容易在阴极(如不锈钢电解池)上形成海绵状沉积物。一段时间后，此沉积物会阻塞电解池孔口，而在测试很厚的甚至一些较薄的锡覆盖层时会提前终止试验，所以每次测试前后必须清除电解池孔口上的沉积物。

注：此电解液有 100%的电流效率。

A.14* 铝上锡覆盖层用电解液

用水稀释 50 mL 硫酸(H_2SO_4，ρ=1.84 g/mL)至 1 000 mL，仔细将酸缓缓地加入水中，在溶液中溶解 5 g 的氟化钾(KF)。

警告：见 A.12，硫酸会引起严重灼伤，防止其与皮肤、眼睛接触，不得将水加入硫酸。

A.15 钢、铜或黄铜上锌覆盖层用电解液

制备 100 g/L 的氯化钾(KCl)溶液。

此电解液要求比较严格的预置电压，但不如测试镉覆盖层那么严格(见 A.2)。

A.16* 钢上锡-镍合金用电解液

将 100 mL 磷酸(H_3PO_4,ρ=1.75 g/mL)和 50 mL 盐酸(HCl,ρ=1.18 g/mL)以及 50 mL(在室温下呈饱和状态)的草酸($C_2H_2O_4 \cdot 2H_2O$)溶液混合。

警告：见 A.3 和 A.11，草酸与皮肤接触或吞咽后能造成伤害，避免其与眼睛、皮肤接触。

此电解液只适用于约 100 mA/cm^2 的电流密度，发现此电流密度下合金中的锡呈二价锡离子溶解。对于以二价锡形式溶解的 65/35 锡-镍合金，必须使用正确的电化学当量，即 0.453 mg/C 来计算厚度。为获得更高准确度，应按实际合金组成调整该系数(见 7.8)。

A.17* 铜或黄铜上锡-镍合金用电解液

制备含有 12 g 六水氯化镍($NiCl_2 \cdot 6H_2O$)、13 g 无水氯化锡($SnCl_4$)、200 mL 水、40 mL 盐酸(HCl,ρ=1.18 g/mL)以及 50 mL 磷酸(H_3PO_4,ρ=1.75g/mL)的溶液。

警告：见 A.3 和 A.11，氯化镍具有有害的粉尘，刺激眼睛和皮肤，避免吸入该粉尘，勿与眼睛、皮肤接触。

四氯化锡引起灼伤，刺激呼吸系统，勿与眼睛、皮肤接触，不允许因疏忽与水接触。

此电解液适用于约 400 mA/cm^2 的电流密度，在此电流密度下合金中的锡呈四价锡离子溶解。对于以四价锡形式溶解的 65/35 锡-镍合金，应该使用正确的电化学当量，即 0.306 mg/C 来计算厚度。为获得更高的准确度，则应按实际合金组成调整该系数(见第 7.8)。

A.18* 铝、铜合金、镍、银和钢铁上金镀层用电解液

预制 100 g/L 氰化钾溶液。

警告：在酸存在下氰化钾释放出致命的氢氰酸气体；氰化钾本身不慎吸入或与皮肤接触及吸食时具有剧毒性，避免吸入粉尘、避免与眼睛、皮肤接触。

本电解液可以满足暗金和光亮金镀层要求，但是，对合金成分和密度敏感。

附 录 B
（资料性附录）
仪 器 类 型

B.1 概述

仪器的工作方法可以是下列两种中的任一种：

a) 在恒定的电解电流下测量阳极溶解的时间；

b) 用电流时间积分法，测量试验时间内所耗用的电量。

对于 a)，通过电解池的电流必须控制在一恒定值，并且用计时器测量测试起点到终点的时间。

对于 b)，用电量计测量耗用的电量，这时不需要精确知道电流和时间的单独值。测量结果可用时间单位表示，也可用时间与电流的乘积（电量）单位表示或通过计算装置直接以厚度表示。

用适当的电压表观察电解池电压的突变可确定测试终点；或用电路断开装置自动终止测试。在用电路断开装置的情况下，将电路断开装置调整在电解池退镀的切断电压值或电解池电压增长率的预置值时发生动作。

对于热浸镀层、或其他类似在镀层和基体之间形成扩散层的覆盖层，这种预置值既可以是通过去除主镀层暴露扩散层，也可以是将扩散层完全去除，暴露出基体。

当溶解达到和穿透不同的材料时，通过使用电压记录仪可以最终记录电压的变化。实际上，这种方法可以测量扩散层厚度也可以测量同种材料不同镀层的厚度，如多层镍（ChryslerSTEP 试验）。

库仑仪上的其他非必备但却有用的器件可包括数字显示器，能准确地检测终点的电子计时器和开关，以及可容许不同大小的测试电解池或使用不同电流密度的器件。测试电解池的密封圈应能简便更换。

许多现代仪器能直接显示厚度测量的结果，并在每次测试开始时可给电路断开装置自动设定其断开控制值，以便正确的测试终点。

B.2 电解池

电解池为一容器，通常为圆柱形，通过非导电的弹性密封圈（如用橡胶或塑料材料制成）固定于试件上。电解池若由金属（如不锈钢）制作，其本身可作为阴极，此时密封圈作为阴极和阳极间的绝缘体。

若电解池由绝缘材料制成，则应使用单独的阴极，并在试验开始前浸入电解池中。

密封圈所包围的面积必须精确限定，并且应小到能用于曲面。测量形状复杂基体上的覆盖层厚度可能需要更小的电解池。由于形状问题，特别要注意密封面积的大小和在测量中的限定状态。对于任何电解池，本方法的准确度很大程度上受测量面积的准确度控制。当给定测量面积的密封圈放置在曲面上，若测试中出现不准确的测量值时，则应视曲面的曲率选择更合适尺寸的密封圈，或更换新密封圈以及检查密封圈在测量中的限定状态。密封圈磨损或端面歪斜也会带来附加误差。对此可用肉眼检查被溶解的覆盖层圆周来估计这个误差。

对于基本上是平面的基体，通常退镀面积为 0.2 cm^2；而对于弯曲表面，可根据退镀面的直径，用表 B.1 所示尺寸的电解池进行测量。

表 B.1 曲面上测量用电解池尺寸

退镀面积直径/cm	退镀面积/cm^2	曲面最小直径/cm
0.32	0.080	3.0
0.22	0.038	1.0
0.15	0.018	0.4
0.10	0.008	0.15
0.05	0.002	0.15

ICS 23.140
J 84

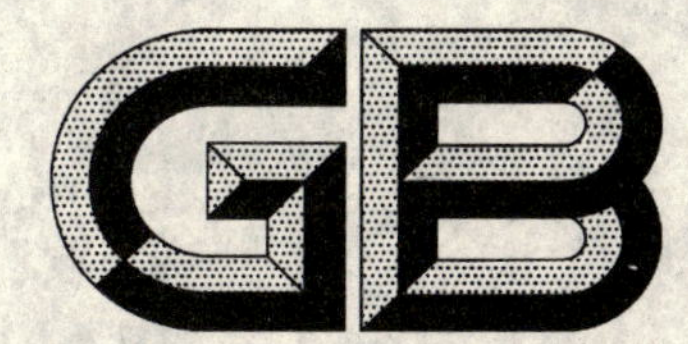

中华人民共和国国家标准

GB/T 4974—2005
代替 GB/T 4974—1989

空压机、凿岩机械与气动工具　优先压力

Compressors, rock drilling machines and pneumatic tools—Preferred pressures

(ISO 5941:1979, Compressors, pneumatic tools and machines—Preferred pressures, MOD)

2005-07-11 发布　　　　2006-01-01 实施

中华人民共和国国家质量监督检验检疫总局
中国国家标准化管理委员会　发布

前　言

本标准修改采用 ISO 5941:1979《压缩机、气动工具和气动机械　优先压力》(英文版)。

本标准代替 GB/T 4974—1989《压缩机、凿岩机械与气动工具　优先压力》。

本标准根据 ISO 5941:1979 重新起草。

根据我国凿岩机械气动工具行业的实际需要,本标准在采用 ISO 5941:1979 时进行了修改。有关技术性差异已编入正文中并在它们所涉及的条款的页边空白处用垂直单线标识。为方便比较,在资料性附录 A 中列出了技术性差异及其原因的一览表以供参考。

除此之外,本标准还做了下列编辑性修改:

a) 将“本国际标准”一词改为“本标准”;

b) 用小数点“.”代替作为小数点的逗号“,”;

c) 删除了国际标准的前言和引言。

本标准与 GB/T 4974—1989 相比主要变化如下:

a) 增加了前言部分;

b) 将第 3 章标题修改为“术语和定义”;

c) 增加了 3.1 和 3.2;

d) 在表 1“公称压力”和“通常使用的其他压力”栏中,根据现有压缩机的产品参数作了增减调整。

e) 在表 2“优先设计压力”栏中增加了“0.5”;

f) 增加了资料性附录“本标准与 ISO 5941:1979 技术性差异及其原因”(见附录 A)。

本标准的附录 A 为资料性附录。

本标准由中国机械工业联合会提出。

本标准由全国凿岩机械气动工具标准化技术委员会(SAC/TC 173)和全国压缩机标准化技术委员会(SAC/TC 145)归口。

本标准起草单位:天水凿岩机械气动工具研究所、合肥通用机械研究所。

本标准主要起草人:朱洵慧、陈放。

本标准所代替标准的历次版本发布情况为:

——GB/T 4974—1985、GB/T 4974—1989。

空压机、凿岩机械与气动工具　优先压力

1　范围

本标准规定了用于表示压缩机、凿岩机械与气动工具性能数据的优先压力。

本标准适用于空气压缩机(以下简称空压机)、凿岩机械与气动工具。

本标准所述压力为表压力。

2　规范性引用文件

下列文件中的条款通过本标准的引用而成为本标准的条款。凡是注日期的引用文件，其随后所有的修改单(不包括勘误的内容)或修订版均不适用于本标准，然而，鼓励根据本标准达成协议的各方研究是否可使用这些文件的最新版本。凡是不注日期的引用文件，其最新版本适用于本标准。

GB/T 2346　液压气动系统及元件　公称压力系列(GB/T 2346—2003，ISO 2944:2000，MOD)

3　术语和定义

下列术语和定义适用于本标准。

3.1

额定压力　rated pressure(用于空压机)

本标准规定的额定压力，是为满足用户及制造厂在 0.04 MPa～40 MPa 范围内所确定的压力等级而采用的压力。

注：可以认为空压机在额定压力下有最佳或接近最佳的性能。

3.2

公称压力　nominal pressure

设计压力　design pressure(用于凿岩机械或气动工具)

不顾及各种影响，作为分级标准或初步设计计算的压力值。

4　空压机的优先额定压力

空压机的优先额定压力见表 1。表 1 中第一栏为 GB/T 2346 的相应压力范围；第二栏为空压机的优先额定压力；第三栏为一般供货文件提供的压力值，这些压力值是空压机、空压机组及其储气罐的公称压力或最高压力。

表 1

单位为兆帕

公称压力	空压机优先额定压力	通常使用的其他压力
0.04	0.04	
0.063		0.08
0.1	0.1	0.15、0.17
0.16	0.16	0.2、0.22、0.24
0.25	0.25	0.3、0.32、0.35
0.4	0.4	0.45、0.5、0.55、0.6
0.63		
	0.7	0.8、0.85、0.9
1	1	1.05
(1.25)	1.25	1.2、1.3、1.35、1.4、1.5、1.6、1.7
1.6		
	1.8	2.0、2.2、2.4、2.7
(2)		
2.5	2.5	3.0、3.15
(3.15)		
4	4	4.2、4.5、5
(5)		6
6.3	6.3	
(8)		8
10	10	15
(12.5)		
16	16	20
(20)		22、23
25	25	25.5、28
(31.5)		35
40	40	45
注：括号内的公称压力值为非优先选用值。		

5 凿岩机械与气动工具的优先设计压力

凿岩机械与气动工具的优先设计压力见表 2。

表 2

单位为兆帕

优先设计压力	适　用　产　品
0.4、0.5、0.63	凿岩机械与气动工具、低气压潜孔冲击器等
1、1.25、1.6、1.8、2.5	高气压潜孔冲击器、高气压气动钻机等

附　录　A
（资料性附录）
本标准与 ISO 5941:1979 技术性差异及其原因

表 A.1 给出了本标准与 ISO 5941:1979 的技术性差异及其原因的一览表。

表 A.1　本标准与 ISO 5941:1979 技术性差异及其原因

本标准章条编号	对应国际标准章条编号	技术性差异	原　因
2	2	删除了 ISO 2787《回转式和冲击式气动工具-验收试验》。 引用了采用国际标准的我国标准，而非国际标准	该标准的引用只作为示例，因此不采用。 以适合我国国情
4	4	将 bar 换算成 MPa。 删除了表 1 第一栏的 0.05、0.08、0.125、0.2、0.315、0.5、0.8，增加了 20 和 31.5。 删除了表 1 第三栏的 0.25、0.88，增加了 0.15、0.17、0.22、0.24、0.3、0.45、0.6、1.2、1.3、1.35、1.7、2.2、2.4、2.7、4.2、4.5、6.0、15、20、22、23、25.5、28、35、45	适合我国的使用习惯。 引用 GB/T 2346。 以适合我国国情
5	5	删除了表 2 第二栏中的“汽车修理用气钻或小型工厂中用油漆喷枪、道路施工及建筑业用设备、机加工车间，造船厂用工程工具、各种用途气动马达、批量生产使用油漆喷枪、批量生产用喷砂设备”	这些产品中有些已包括在凿岩机械气动工具中，有些不属于凿岩机械气动工具类产品因此不采用

ICS 29.220.20
K 84

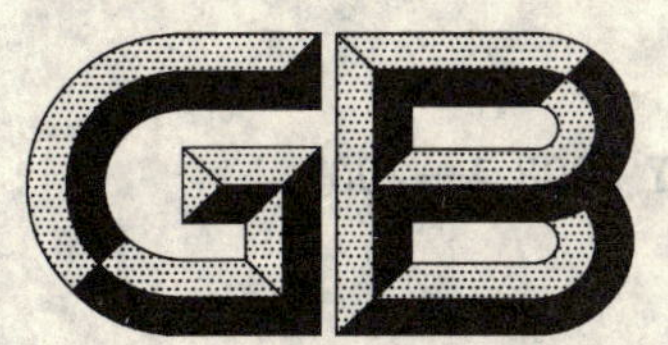

中华人民共和国国家标准

GB/T 5008.1—2005
代替 GB/T 5008.1—1991

起动用铅酸蓄电池 技术条件

Lead-acid starter batteries—Technical conditions

(IEC 60095-1:2000, Lead-acid starter batteries—Part1:General requirements and methods of test, MOD)

2005-01-18 发布　　　　2005-08-01 实施

中华人民共和国国家质量监督检验检疫总局
中国国家标准化管理委员会　发布

前言

GB/T 5008《起动用铅酸蓄电池》分为三个部分：

——第一部分：起动用铅酸蓄电池　技术条件；

——第二部分：起动用铅酸蓄电池　产品品种和规格；

——第三部分：起动用铅酸蓄电池　端子的尺寸和标记。

本部分为 GB/T 5008 的第一部分，对应于 IEC 60095-1：2000《起动用铅酸蓄电池　第一部分：一般要求和试验方法》。本部分与 IEC 60095-1：2000 的一致性程度为修改采用，主要差异如下：

——按照我国国情增加了气密性、耐温变性、封口剂等项目的技术要求和试验方法。

本部分与 GB/T 5008.1—1991 相比主要变化如下：

——增加了阀控（有气体复合功能）式蓄电池的有关技术要求和试验方法；

——B 类蓄电池的循环耐久能力的技术要求和试验方法按 IEC 60095-1：2000《起动用铅酸蓄电池　第一部分：一般要求和试验方法》进行了修改；

——B 类蓄电池的耐振动性的技术要求和试验方法按 IEC 60095-1：2000《起动用铅酸蓄电池　第一部分：一般要求和试验方法》进行了修改；

——储备容量与 20 h 容量之间的关系按 IEC 60095-1：2000《起动用铅酸蓄电池　第一部分：一般要求和试验方法》进行了修改；

——免维护蓄电池改称为排气式蓄电池（少失水）。

本部分从实施之日起，同时代替 GB/T 5008.1—1991。

本部分由中国电器工业协会提出。

本部分由全国铅酸蓄电池标准化技术委员会归口。

本部分由沈阳蓄电池研究所负责起草。

本部分主要起草人：沈景平。

本部分所代替标准的历次版本发布情况为：

——GB/T 5008.1—1985、GB/T 5008.1—1991。

起动用铅酸蓄电池　技术条件

1　范围

GB/T 5008 的本部分规定了起动用铅酸蓄电池的技术要求、试验方法、检验规则和标志、包装、运输、贮存。

本部分适用于额定电压为 12 V 的供各种汽车、拖拉机及其他内燃机的起动、点火和照明用排气(富液)式铅酸蓄电池(以下简称蓄电池)和阀控(有气体复合功能)式蓄电池。

本部分不适用于用作其他目的的蓄电池,例如铁路内燃机车起动用蓄电池。

2　规范性引用文件

下列文件中的条款通过本部分的引用而成为本部分的条款。凡是注日期的引用文件,其随后所有的修改单(不包括勘误的内容)或修订版均不适用于本部分,然而,鼓励根据本部分达成协议的各方研究是否可使用这些文件的最新版本。凡是不注日期的引用文件,其最新版本适用于本部分。

GB/T 5008.2　起动用铅酸蓄电池　产品品种和规格

JB/T 10052—1999　铅酸蓄电池用电解液

3　术语、符号

C_{20}——20 h 率额定容量,Ah。

I_{20}——20 h 率放电电流,数值为 $C_{20}/20$,A。

C_{e}——20 h 率实际容量,Ah。

I_{s}——起动电流,数值见 GB/T 5008.2,A。

$C_{r.n}$——额定储备容量,min。

$C_{r.e}$——实际储备容量,min。

I_{o}——充电接受试验的放电电流,数值见 5.6,A。

I_{ca}——充电接受试验在充电到 10 min 时电流值,A。

A 类蓄电池——20 h 率额定容量小于 100 Ah 的蓄电池。

B 类蓄电池——20 h 率额定容量大于或等于 100 Ah 的蓄电池。

排气(富液)式蓄电池——排气式蓄电池是电池盖上有能析出气体产物的一个或多个开孔的二次电池。

阀控(有气体复合功能)式蓄电池——阀控式蓄电池是正常条件下密封的,当内部气压超过预定值时有一个能让气体析出装置的二次电池。这种蓄电池正常时不能添加电解液。在这种样式的蓄电池中,电解液是不流动的。

4　技术要求

4.1　容量

4.1.1　额定储备容量

4.1.1.1　额定储备容量 $C_{r.n}$应符合 GB/T 5008.2 标准的规定。

4.1.1.2　实际储备容量 $C_{r.e}$应在第三次或之前的储备容量试验时,达到额定储备容量 $C_{r.n}$。

4.1.2　20 h 率额定容量

4.1.2.1　额定容量 C_{20}应符合 GB/T 5008.2 标准的规定。

4.1.2.2 实际容量 C_e 在第三次或之前的容量试验时，应不低于额定容量 C_{20} 的 95%。

4.1.3 容量试验优先采用 4.1.1 额定储备容量，也可采用 4.1.2 20 h 率额定容量。额定储备容量和 20 h 率额定容量的采用由制造厂确定。

4.2 低温起动能力

4.2.1 蓄电池按 5.5 试验时，以 I_s 电流放电，5 s 时，蓄电池端电压不得低于 9.00 V，60 s 时，单体蓄电池平均电压不得低于 8.40 V。

4.2.2 低温起动能力应在第三次或之前的低温起动能力试验时，达到 4.2.1 的要求。

4.3 充电接受能力

蓄电池按 5.6 试验时，充电电流 I_{ca} 与 $C_{20}/20$ 的比值不应小于 3.0。

4.4 荷电保持能力

蓄电池按 5.7 试验时，以 I_s 电流放电 30 s，蓄电池端电压不得低于 7.20 V。

4.5 电解液保持能力

蓄电池按 5.8 试验时，表面不得有电解液渗漏溅出。

4.6 循环耐久能力

A 类蓄电池按 5.9.1 试验时，以 I_s 电流放电 30 s，蓄电池端电压不得低于 7.20 V。

B 类蓄电池按 5.9.2 试验时，以 I_s 电流放电 30 s，蓄电池端电压不得低于 7.20 V。

4.7 耐振动性

蓄电池按 5.10 试验时，以 I_s 电流放电 60 s，蓄电池端电压不得低于 7.20 V。

4.8 水损耗

4.8.1 排气式蓄电池(少失水)

蓄电池按 5.11.1 试验时，按实际容量 C_e(或实际储备容量 $C_{r.e}$)计算，蓄电池质量损失不得大于4 g/Ah(或 2.66 g/min)。

4.8.2 阀控式蓄电池

蓄电池按 5.11.2 试验时，按实际容量 C_e(或实际储备容量 $C_{r.e}$)计算，蓄电池质量损失被 2 除 $[(W_1-W_2)/2]$不得大于 1 g/Ah(或 0.67 g/min)。

4.9 干式荷电蓄电池起动能力

蓄电池按 5.12 试验时，以 I_s 电流放电，5 s 时，蓄电池端电压不得低于 9.00 V，150 s 时，单体蓄电池平均电压不得低于 6.00 V。

4.10 干式荷电蓄电池在未注液条件下贮存后的起动能力

蓄电池按 5.13 试验时，以 I_s 电流放电 100 s，蓄电池端电压不得低于 6.00 V。

4.11 气密性

蓄电池按 5.14 试验时，应具有良好的气密性。

4.12 耐温变性(适用于塑料槽蓄电池)

蓄电池按 5.15 试验时，应符合 4.11 的规定。

4.13 封口剂

蓄电池按 5.16 试验时，封口剂在－30℃时不应裂纹或与蓄电池槽、盖分离；在 65℃时不得溢流。

4.14 贮存期

蓄电池按 5.17 试验时，其容量和低温起动能力应符合 4.1 和 4.2 的规定。

5 试验方法

5.1 测量仪器

5.1.1 电气测量

5.1.1.1 仪表量程

所用仪表量程应随被测电压和电流的量值而变，指针式仪表读数应在量程的后三分之一范围内。

5.1.1.2 **电压测量**

测量电压用的仪表应是具有1.0级精度或更精密的电压表，电压表内阻至少应是300 Ω/V。

5.1.1.3 **电流测量**

测量电流用的仪表应是具有1.0级精度或更精密的电流表。

5.1.2 **温度测量**

测量温度用的温度计应是具有适当的量程，每个分度值不应大于1℃，温度计的标定精度应不低于0.5℃。

5.1.3 **密度测量**

测量电解液密度用的密度计应具有适当的量程，每个分度不应大于0.005 g/cm^3。

5.1.4 **时间测量**

测量时间用的仪表应按时、分、秒分度，至少应具有每小时±1 s的精度。

5.1.5 **尺寸测量**

测量蓄电池外形尺寸的量具，应具有1 mm以上的精度。

5.1.6 **质量称重**

称量蓄电池质量的衡器，应具有±0.05%以上的精度。

5.2 **电解液**

5.2.1 用于所有试验的完全充电蓄电池的电解液密度为1.28 g/cm^3±0.01 g/cm^3（25℃），也可由制造厂另行规定。

5.2.2 蓄电池在完全充电时，电解液液面高度应符合制造厂规定，在无规定时，液面高度应高于保护板10 mm～15 mm。

5.2.3 电解液应符合JB/T 10052标准的规定。

5.3 **试验进行前的预处理**

5.3.1 试验应用新的蓄电池进行，试验前所有蓄电池必须完全充电，干式荷电蓄电池要经激活。

5.3.2 蓄电池的完全充电可按恒流充电或改进的恒压充电进行，充电期间，电解液温度应维持在25℃±10℃之间，以中间单体蓄电池的测量为准。

5.3.2.1 排气式蓄电池的恒流充电

蓄电池以2 I_{20}电流充电至单体蓄电池平均电压达到2.40 V后，再继续充电5 h（作起动试验后的继续充电时间为3 h）。

5.3.2.2 排气式蓄电池的改进的恒压充电

蓄电池以16.00 V电压充电24 h（作起动试验后的充电时间为16 h），最大电流限制到5 I_{20}。

5.3.2.3 阀控式蓄电池的充电

蓄电池以14.40 V电压充电20 h，最大电流限制到5 I_{20}，接着用0.5 I_{20}电流再充电5 h。

5.3.3 蓄电池的充电时间允许由制造厂另行规定。

5.4 **容量试验**

5.4.1 **储备容量试验**

5.4.1.1 整个试验期间，蓄电池均放置在温度为25℃±2℃的水浴中，蓄电池上缘露出水面不得超过25 mm，蓄电池之间和蓄电池与水浴壁之间的距离，均不得少于25 mm。

5.4.1.2 蓄电池在完全充电结束后1 h～5 h内。当电解液温度达到25℃±2℃时，以25A电流放电到蓄电池电压达(10.50±0.05)V时终止，记录放电持续时间t_1(min)。

5.4.2 **20 h率容量试验**

5.4.2.1 整个试验期间，蓄电池均放置在温度为25℃±5℃的水浴中，蓄电池上缘露出水面不得超过25 mm，蓄电池之间和蓄电池与水浴壁之间的距离，均不得少于25 mm。

5.4.2.2 蓄电池在完全充电结束后 1 h～5 h 内，当电解液温度达到 25℃±5℃时，以 I_{20} 电流放电到蓄电池端电压达(10.50±0.05)V 时终止，记录放电持续时间 t_2(min)。

5.4.2.3 20 h 率实际容量按式(1)计算：

$$C_e = I_{20} \times t_2[1 - 0.01(T - 25)] \quad (1)$$

式中：

T——放电终止时中间单体蓄电池电解液温度，单位为摄氏度(℃)；

0.01——温度系数。

5.4.3 储备容量与 20 h 率容量之间的关系按式(2)计算：

$$C_{r.n} = \beta(C_n)^a \quad (2)$$

式中：

a=1.170(富液式蓄电池)或 a=1.130(阀控式蓄电池)；

β=0.830(富液式蓄电池)或 β=1.070(阀控式蓄电池)。

5.5 低温起动能力试验

蓄电池完全充电后 1 h～5 h 内，将蓄电池放入温度为－18℃±1℃的低温箱或低温室内至少 20 h 或当中间单体蓄电池电解液温度达到(－18±1)℃时，蓄电池在低温室内或从低温箱取出后 1 min 内，以 I_s 电流放电 60 s，测记 5 s 和 60 s 时蓄电池端电压。

5.6 充电接受能力试验

5.6.1 完全充电的蓄电池在温度为 25℃±5℃的条件下，以 I_0 电流放电 5 h。

5.6.2 I_0 按式(3)计算：

$$I_0 = C_e/10(\mathrm{A}) \quad (3)$$

式中：

C_e——按 5.4.2 进行三次试验中的最大值。

5.6.3 放电结束后，立即将蓄电池放入温度为 0℃±1℃的低温箱或低温室内 20 h～25 h。

5.6.4 蓄电池在低温室内或从低温箱中取出后 1 min 内，蓄电池用恒压(14.4±0.1)V 充电，经 10 min 后，测记充电电流值 I_{ca}。

5.7 荷电保持能力试验

5.7.1 将完全充电的蓄电池旋紧液孔塞，擦净蓄电池表面，在温度为 40℃±2℃的水浴中，开路静置 21 d。

5.7.2 然后蓄电池不经再充电，按 5.5 进行低温起动试验，放电 30 s，测记蓄电池端电压。

5.7.3 排气式蓄电池(少失水)或阀控式蓄电池按 5.7.1 相同条件开路静置 49 d，然后按 5.7.2 进行低温起动能力试验。

5.8 电解液保持能力试验

5.8.1 排气式蓄电池

5.8.1.1 将完全充电的蓄电池开路放置 4 h。

5.8.1.2 必要时应再次调整每单体蓄电池中电解液液面高度至规定位置。

5.8.1.3 蓄电池旋紧液孔塞，然后擦净蓄电池表面。

5.8.1.4 蓄电池向前、后、左、右四个方向依次倾斜，每次倾斜间隔时间不小于 30 s，倾斜按下列条件进行。

5.8.1.4.1 蓄电池在 1 s 内，由垂直位置倾斜 45°。

5.8.1.4.2 蓄电池在这个位置上保持 3 s。

5.8.1.4.3 蓄电池在 1 s 内，由倾斜位置恢复到垂直位置。

5.8.1.5 用目测法观察，电解液有无溅出。

5.8.2 **阀控式蓄电池**

5.8.2.1 蓄电池完全充电后，立即将蓄电池倒置在有隔离表面的一张吸墨纸上，在温度为25℃±5℃的环境中倒置6 h。

5.8.2.2 用目测法观察，在吸墨纸上应未见电解液痕迹。

5.9 **循环耐久能力试验**

5.9.1 **A类蓄电池的循环耐久能力试验**

5.9.1.1 整个试验期间，除低温起动能力试验外，蓄电池均放置在温度为40℃±2℃的水浴中，蓄电池上缘露出水面不得超过25 mm，蓄电池之间和蓄电池与水浴壁之间的距离，均不得少于25 mm。

5.9.1.2 完全充电的蓄电池以5 I_{20}电流放电1 h，随后以14.80 V±0.05 V的恒压充电2 h(阀控式蓄电池为14.40 V±0.05 V)最大电流不得超过10 I_{20}，组成一次循环，蓄电池连续进行32次这样循环后，开路静置72 h，然后以14.80 V±0.05 V的恒压充电2 h(阀控式蓄电池为14.40 V±0.05 V)最大电流不得超过10 I_{20}，进行补充电，紧接着进行下一个循环耐久试验单元的试验。

注：蓄电池的恒压充电电压值允许制造厂另行确定。

5.9.1.3 32次循环连同紧接着的开路静置时间，构成一个循环耐久试验单元的试验。

5.9.1.4 蓄电池经过三个这样的试验单元后，再经受32次循环和开路静置72 h，蓄电池不经补充电，按5.5进行低温起动能力试验，放电30 s，测记蓄电池端电压。

5.9.2 **B类蓄电池的循环耐久能力试验**

5.9.2.1 整个试验期间，除低温起动能力试验外，蓄电池均按5.9.1.1的要求，放置在温度为40℃±2℃的水浴中。

5.9.2.2 完全充电的蓄电池以14.80 V±0.05 V的恒压充电5 h(阀控式蓄电池为14.40 V±0.05 V)最大电流不得超过5 I_{20}，随后以5 I_{20}电流放电2 h，组成一次循环，蓄电池连续进行14次这样循环后，以14.80 V±0.05 V的恒压充电2 h(阀控式蓄电池为14.40 V±0.05 V)最大电流不得超过5 I_{20}，进行补充电，然后开路静置70 h，紧接着进行下一个循环耐久试验单元的试验。

注：蓄电池的恒压充电电压值允许制造厂另行确定。

5.9.2.3 14次循环连同紧接着的开路静置时间，构成一个循环耐久试验单元的试验。

5.9.2.4 蓄电池第14次循环放电终止时，单体蓄电池平均电压不得低于10.00 V。

5.9.2.5 蓄电池经过5个这样的试验单元后，不经补充电，按5.5进行低温起动能力试验，放电30 s，测记蓄电池端电压。

5.10 **耐振动性试验**

5.10.1 蓄电池完全充电后，在温度为25℃±10℃的环境中贮存24 h，然后，用下列两种方法之一紧固到振动试验台上。

a) 用蓄电池槽底部压紧装置或槽下部的凸缘和适当的压紧工具，用M 8的螺栓旋紧到扭矩至少为15 Nm。

b) 用角铁框覆盖蓄电池槽盖组件上部边缘，最低覆盖宽度 X 值(见表1)，用四个M 8的螺栓旋紧到扭矩至少为8 Nm。

表1

蓄电池类型	A类	B类
X	15 mm	33 mm
T	2 h	2 h
Z	30 ms^2	50 ms^2

5.10.2 蓄电池经受频率为 30 Hz～35 Hz，垂直振动时间 T 值(见表 1)，且振动尽可能接近正弦波形。

5.10.3 蓄电池上的最大加速度应达到 Z 值(见表 1)。

振动试验结束后，蓄电池不经再充电，在温度为 25℃± 2℃的条件下，以 I_s 电流放电 60 s，测记蓄电池端电压。

5.11 水损耗试验

5.11.1 排气式蓄电池(少失水)

5.11.1.1 蓄电池完全充电后，擦净蓄电池全部表面，干燥并称量质量到精度±0.05%。

5.11.1.2 然后，将蓄电池按 5.9.1.1 的要求，放置在温度为 40℃±2℃的水浴中。

5.11.1.3 蓄电池用恒压 14.40 V±0.05 V 充电 500 h。

5.11.1.4 蓄电池充电结束后，立即按 5.11.1.1 的要求进行质量称量。

5.11.2 阀控式蓄电池

5.11.2.1 完全充电的蓄电池按 5.9.1.1 的要求，放置在温度为 40℃±2℃的水浴中。

5.11.2.2 蓄电池用恒压 14.40 V±0.05 V 充电 500 h 后，擦净蓄电池全部表面，干燥并称量质量(W_1)到精度±0.05%。

5.11.2.3 蓄电池按 5.9.1.1 的要求，放置在温度为 40℃±2℃的水浴中，用恒压 14.40 V±0.05 V 充电 1 000 h 后，擦净蓄电池全部表面，干燥并称量质量(W_2)到精度±0.05%。

5.12 干式荷电蓄电池的起动能力试验

5.12.1 本试验应在蓄电池生产后 60 d 内进行。

5.12.2 将蓄电池和符合 5.2 的电解液，放入温度为 25℃±5℃的室内，至少 12 h，然后在同一环境中，按 5.2 的规定，将电解液注入蓄电池，静置 20 min 后，以 I_s 电流放电 150 s，测记 5 s 和 150 s 时蓄电池端电压。

5.13 干式荷电蓄电池在未注液条件下贮存后的起动能力试验

5.13.1 干式荷电蓄电池在制造厂说明书要求的条件下，在温度为 20℃±10℃，相对湿度不超过 80%的环境中存放 12 个月。

5.13.2 将蓄电池和符合 5.2 的电解液，放入温度为 25℃±5℃的室内，至少 12 h，然后在同一环境中，按 5.2 的规定，将电解液注入蓄电池，静置 20 min 后，以 I_s 电流放电 100 s，测记蓄电池端电压。

5.14 气密性试验

对未注入电解液的每一单体蓄电池充入或抽出空气，使其内部气压与大气压力差等于 20 kPa，压力计的读数在 3 s～5 s 内不应变动。

5.15 耐温变性试验

5.15.1 未注入电解液的蓄电池在温度为 25℃±10℃的环境中，按 5.14 进行气密性试验。

5.15.2 将符合 5.14 要求的蓄电池在 65℃±1℃的环境中放置 24 h，移出后在 25℃±10℃的环境中放置 12 h，然后在－30℃±1℃的环境中放置 24 h，再在 25℃±10℃的环境中放置 12 h。

5.15.3 按 5.14 进行气密性试验。

5.16 封口剂试验

5.16.1 耐寒试验

将未注入电解液的蓄电池，在室温情况下放入低温箱或低温室内，并在－30℃±1℃温度中保持 6 h，当温度回升到－20℃±1℃时，在低温室内或从低温箱取出后 1 min 内，用目力观察，封口剂应无裂纹及不应与槽、盖分离。

5.16.2 耐热试验

将做过耐寒试验的蓄电池，旋下液孔塞，在室温下放置 6 h 后，放入恒温箱内，并将蓄电池倾斜成 45°，在 65℃±1℃温度中保持 6 h，然后从恒温箱中取出蓄电池，用目力观察，封口剂是否溢流。

5.17 贮存期试验

蓄电池在制造厂说明书规定的条件下，在温度为20℃±10℃、相对湿度不超过80%的环境中，存放24个月，然后按5.4和5.5进行试验。

6 检验规则

6.1 检验分类

蓄电池的检验分为型式检验、出厂检验和周期检验。

6.1.1 蓄电池型式检验的试验项目、样品数量见表2，蓄电池的型式检验应连续进行。

6.1.2 蓄电池出厂检验和周期检验的试验项目、样品数量及试验周期见表3。

表 2

序号	试验项目	蓄电池编号				
		Ⅰ	Ⅱ	Ⅲ	Ⅳ	Ⅴ
1	干式荷电蓄电池起动能力(5.12)	×	×	×	×	
2	储备容量或20 h率容量(5.4.1)(5.4.2)	×	×	×	×	
3	低温起动能力(5.5)	×	×	×	×	
4	储备容量或20h率容量(5.4.1)(5.4.2)	×	×	×	×	
5	低温起动能力(5.5)	×	×	×	×	
6	储备容量或20 h率容量(5.4.1)(5.4.2)	×	×	×	×	
7	低温起动能力(5.5)	×	×	×	×	
8	充电接受能力(5.6)	×				
9	荷电保持能力(5.7)	×				
10	电解液保持能力(5.8)	×				
11	循环耐久能力(5.9)		×			
12	耐振动性(5.10)			×		
13	水损耗(5.11)				×	
14	耐温变性或封口剂(5.15)或(5.16)					×

注1：干式荷电蓄电池起动能力只适用于干式荷电蓄电池。

注2：水损耗试验只适用于排气式蓄电池(少失水)和阀控式蓄电池。

注3：储备容量或20 h率容量及低温起动能力试验项目如提前达到规定要求，下面的相同试验项目可不再进行。

表 3

序 号	检验分类	试验项目	样品数量	试验周期
1	出厂检验	最大外形尺寸	抽检 1%	
2		端子		
3		极性	逐只检查	
4		气密性		
5	周期检验	容量	各 1 只	每月一次
6		低温起动能力		每月一次
7		充电接受能力		每半年一次
8		荷电保持能力		每年一次
9		电解液保持能力		每年一次
10		循环耐久能力		每年一次
11		耐振动性		每年一次
12		水损耗		每年一次
13		干式荷电蓄电池起动能力		每月一次
14		耐温变性		每年一次
15		封口剂		每季一次
16		贮存期		每年一次
17		干式荷电蓄电池在未注液条件下的贮存	3 只	每年一次

6.2 抽样规则

6.2.1 同一系列产品中，型式检验抽样规则，应以制造厂上一年度实际产量的统计(以蓄电池只数计)为依据，抽取产量最大的规格为代表产品。

6.2.2 当某月确实未生产作为代表产品的规格时，则每月一次的试验项目，可抽取该月产量最大的产品进行。

6.2.3 每半年一次及每年一次的试验项目必须以代表产品进行测试，不得用其他规格的产品代替。

6.3 判定规则

6.3.1 凡不依测试数据评定的试验项目，当检验不合格时该项目应判定为不合格。

6.3.2 凡依测试数据评定的试验项目，均以该项目的测试数据作为判定的依据。

6.3.3 贮存期试验，以该项试验的 3 只蓄电池中 2 只是否符合标准要求，作为判定依据。

6.3.4 型式检验中的试验项目，当第一次抽试不符合标准要求时，可进行第二次加倍抽试，如仍有一只不符合标准要求，则应判定为不合格。

7 标志、包装、运输、贮存

7.1 标志

7.1.1 蓄电池产品上应有下列标志：

a) 制造厂名；

b) 产品型号或规格；

c) 制造日期；

d) 商标；

e) 极性符号。

7.1.2 包装箱外壁应有下列标志：

a) 产品名称、型号或规格、数量；

b) 出厂日期；

c) 制造厂名；

d) 每箱的净重及毛重；

e) 防潮、不准倒置、轻放等标志。

7.2 包装

7.2.1 蓄电池的包装应符合防潮及防振的要求。

7.2.2 包装箱内应装入随同产品供应的文件：

a) 装箱单(指多只包装)；

b) 产品合格证；

c) 产品使用说明书。

7.3 运输

7.3.1 在运输过程中，产品不得受剧烈机械冲撞和曝晒雨淋，不得倒置。

7.3.2 在装卸过程中，产品应轻搬轻放，严防摔掷、翻滚、重压。

7.4 贮存

7.4.1 产品应贮存在温度为5℃～40℃的干燥、清洁及通风良好的仓库内。

7.4.2 应不受阳光直射，离热源(暖气设备等)不得少于2 m。

7.4.3 避免与任何液体和有害物质接触，产品内不得掉入任何金属杂质。

7.4.4 不得倒置及卧放，不得受任何机械冲击或重压。

ICS 29.220.20
K 84

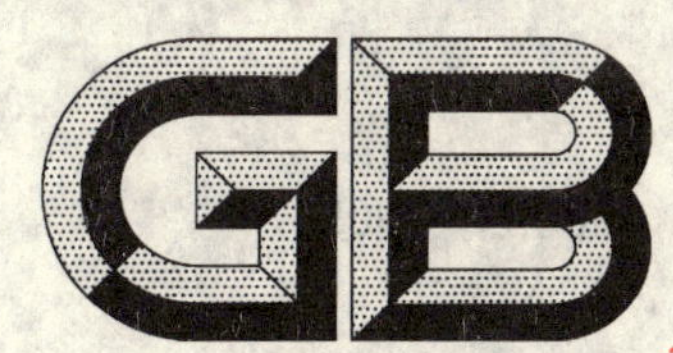

中华人民共和国国家标准

GB/T 5008.2—2005
代替 GB/T 5008.2—1991

起动用铅酸蓄电池
产品品种和规格

Lead-acid starter batteries—Kinds of products and specifications

2005-01-18 发布　　2005-08-01 实施

中华人民共和国国家质量监督检验检疫总局
中国国家标准化管理委员会　发布

前　言

GB/T 5008《起动用铅酸蓄电池》分为三个部分：

——第一部分：起动用铅酸蓄电池　技术条件；

——第二部分：起动用铅酸蓄电池　产品品种和规格；

——第三部分：起动用铅酸蓄电池　端子的尺寸和标记。

本部分为 GB/T 5008 的第二部分。

本部分与 GB/T 5008.2—1991 相比主要变化如下：

——适应范围有了变化；

——删除了额定电压为 6 V 的蓄电池品种和规格；

——储备容量与 20 h 率容量之间的关系按 IEC 60095-1：2000《起动用铅酸蓄电池　第一部分：一般要求和试验方法》进行了修改；

本部分从实施之日起，同时代替 GB/T 5008.2—1991。

本部分由中国电器工业协会提出。

本部分由全国铅酸蓄电池标准化技术委员会归口。

本部分由沈阳蓄电池研究所负责起草。

本部分主要起草人：沈景平。

本部分所代替标准的历次版本发布情况为：

——GB/T 5008.2—1985、GB/T 5008.2—1991。

起动用铅酸蓄电池
产品品种和规格

1 范围

GB/T 5008 本部分规定了起动用铅酸蓄电池的规格、外形尺寸、端子位置等。

本部分适用于额定电压为 12 V 的，供各种汽车、拖拉机及其他内燃机的起动、点火和照明用的排气(富液)式铅酸蓄电池(以下简称蓄电池)和阀控(有气体复合功能)式蓄电池。

本部分不适用于用作其他目的的蓄电池，例如：铁路内燃机起动用蓄电池。

2 规范性引用文件

下列文件中的条款通过本部分的引用而成为本部分的条款。凡是注日期的引用文件，其随后所有的修改单(不包括勘误的内容)或修订版均不适用于本部分，然而，鼓励根据本部分达成协议的各方研究是否可使用这些文件的最新版本。凡是不注日期的引用文件，其最新版本适用于本部分。

JB 2599 铅酸蓄电池 产品型号编制方法

3 蓄电池型号

蓄电池型号应符合 JB 2599 标准的规定。

4 蓄电池规格及外形尺寸

a) 橡胶槽上固定式蓄电池应符合表 1 的规定。

b) 塑料槽上固定式蓄电池应符合表 2 的规定。

c) 塑料槽下固定式蓄电池应符合表 3 的规定。

表 1

序号	额定电压/V	20 h 率额定容量/Ah	储备容量/min (排气式)	起动电流 I_s/A	最大外形尺寸/mm		
					L	b	h
1	12	60	100	300	319	178	250
2	12	75	130	375	373	178	250
3	12	90	160	420	427	178	250
4	12	105	192	450	485	178	250
5	12	120	224	480	517	198	250
6	12	135	258	520	517	216	250
7	12	150	291	560	517	231	250
8	12	165	326	600	517	252	250
9	12	180	361	630	517	270	250
10	12	195	397	650	517	288	250

表 2

序号	额定电压/V	20 h 率额定容量/Ah	储备容量/min		起动电流 I_s/A	最大外形尺寸/mm		
			排气式	阀控式		*L*	*b*	*h*
1	12	30	44	50	150	187	127	227
2	12	35(36)	53	59	175 (180)	197	129	227
3	12	40	62	69	200	238	138	235
4	12	45	71	79	225	238	129	227
5	12	50	81	89	250	260	173	235
6	12	60	100	109	300	270	173	235
7	12	70	120	130	350	310	173	235
8	12	75	130	141	375	310(318)	173	235
9	12	80	140	151	400	310	173	235
10	12	90	160	173	420	380	177	235
11	12	100	182	195	440	410	177	250
12	12	105	192	206	450	450	177	250
13	12	120	224	239	480	513	189	260
14	12	135	258	273	520	513	189	260
15	12	150	292	308	560	513	223	260
16	12	165	326	343	600	513	223	260
17	12	180	361	378	630	513	223	260
18	12	195	397	414	650	517	272	260
19	12	200	409	426	680	621	278	270
20	12	210	433	450	680	521	278	270
21	12	220	457	495	680	521	278	270
注：表内小括号内尺寸为带提手的蓄电池。								

表 3

序号	额定电压/V	20 h 率额定容量/Ah	储备容量/min		起动电流 I_s/A	最大外形尺寸/mm		
			排气式	阀控式		*L*	*b*	*h*
1	12	36	55	61	180	218	175	175
2	12	45	71	79	225	218	175	190
3	12	50	81	89	250	290	175	190
4	12	54	88	97	270	294	175	175
5	12	55	90	99	275	246	175	190
6	12	60	100	109	300	293	175	190
7	12	63	106	116	315	297	175	175
8	12	66	112	122	330	306	175	190
9	12	88	15	169	420	381	175	190
10	12	100	182	195	440	374	175	235
11	12	135	258	273	520	513	189	223
12	12	165	326	343	600	513	223	223

5 端子位置

5.1 端子位置可分为四种类型如图 1(a～d)。

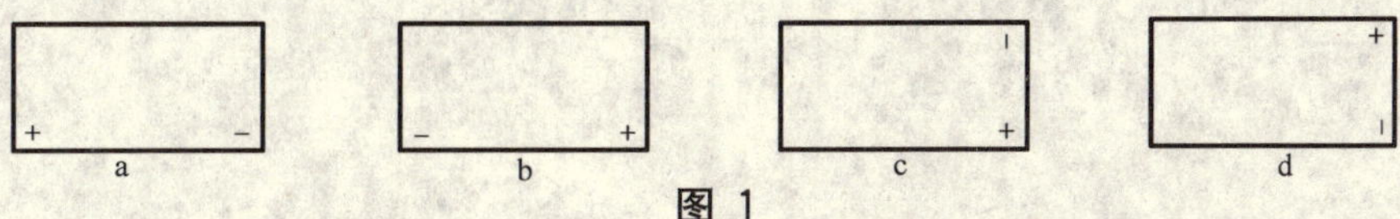

图 1

5.2 端子位置具体选择可由用户与制造厂协商。

6 蓄电池的固定方式

蓄电池的固定方式如图 2、图 3、图 4 所示。

图 2 上固定

单位为毫米

图 3 下固定

单位为毫米

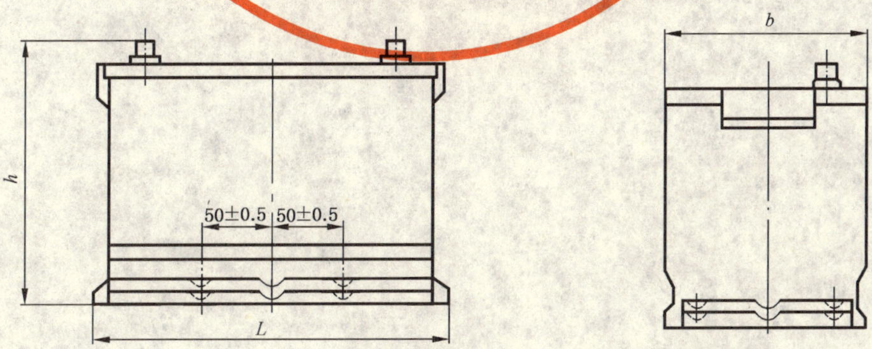

图 4 下固定

ICS 29.220.20
K 84

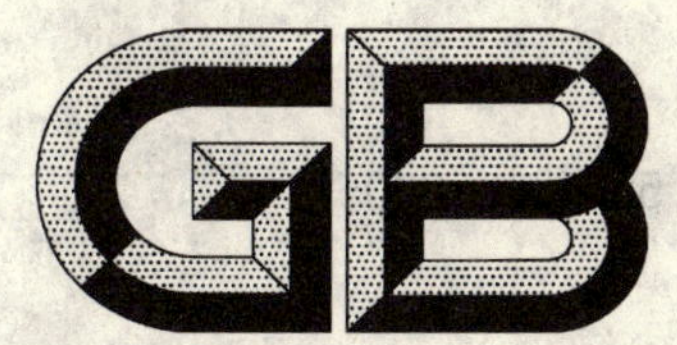

中华人民共和国国家标准

GB/T 5008.3—2005
代替 GB/T 5008.3—1991

起动用铅酸蓄电池　端子的尺寸和标记

Lead-acid starter batteries—Dimension and marking of terminals

2005-01-18 发布　　　　2005-08-01 实施

中华人民共和国国家质量监督检验检疫总局
中国国家标准化管理委员会　发布

前　言

GB/T 5008《起动用铅酸蓄电池》分为三个部分：

——第一部分：起动用铅酸蓄电池　技术条件；

——第二部分：起动用铅酸蓄电池　产品品种和规格；

——第三部分：起动用铅酸蓄电池　端子的尺寸和标记。

本部分为 GB/T 5008 的第三部分。

本部分与 GB/T 5008.3—1991 相比主要变化如下：

——适应范围有了变化。

本部分从实施之日起，同时代替 GB/T 5008.3—1991。

本部分由中国电器工业协会提出。

本部分由全国铅酸蓄电池标准化技术委员会归口。

本部分由沈阳蓄电池研究所负责起草。

本部分主要起草人：沈景平。

本部分所代替标准的历次版本发布情况为：

——GB/T 5008.3—1985、GB/T 5008.3—1991。

起动用铅酸蓄电池　端子的尺寸和标记

1　范围

GB/T 5008 本部分规定了起动用铅酸蓄电池正、负端子的尺寸和标记。

本部分适用于额定电压为 12 V 的，供各种汽车、拖拉机及其他内燃机的起动、点火和照明用的排气(富液)式铅酸蓄电池(以下简称蓄电池)和阀控(有气体复合功能)式蓄电池。

本部分不适用于用作其他目的的蓄电池，例如：铁路内燃机车起动用蓄电池。

2　端子的尺寸

2.1　锥形端子的尺寸如表 1 和图 1。

表 1

端子分类	D/mm	
	正极	负极
粗端子	$19.5_{-0.3}^{0}$	$17.9_{-0.3}^{0}$
细端子	$14.7_{-0.3}^{0}$	$13.0_{-0.3}^{0}$

图 1

2.2　角形端子尺寸如图 2。

2.3　端子尺寸如有特殊要求，用户可与制造厂另行协商。

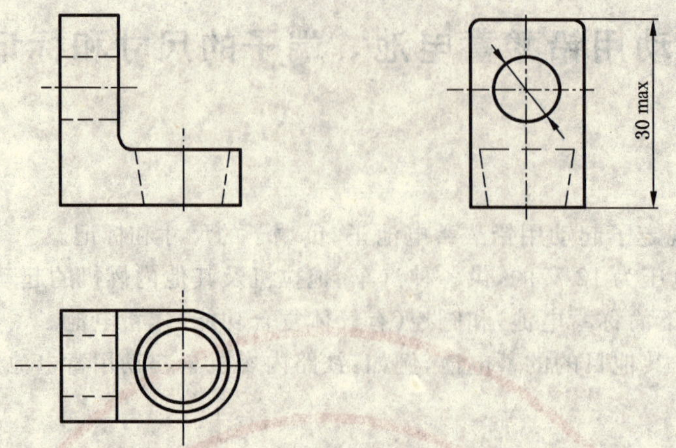

图 2

3 端子的标记

3.1 正极端子的标记如图 3。

图 3

3.2 负极端子的标记如图 4。

图 4

3.3 端子的标记也允许(或同时)在蓄电池盖上端子周围的部位标志。

ICS 67.040
X 04

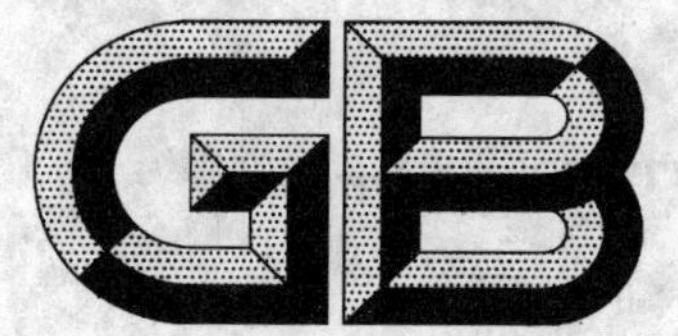

中华人民共和国国家标准

GB/T 5009.204—2005

食品中丙烯酰胺含量的测定方法 气相色谱-质谱(GC-MS)法

GC-MS method for determination of acrylamide in food

2005-09-03 发布　　2005-12-01 实施

中华人民共和国国家质量监督检验检疫总局
中国国家标准化管理委员会　发布

前　言

本标准的附录 A 为资料性附录。

本标准由安徽省产品质量监督检验所提出。

本标准由全国食品工业标准化技术委员会归口。

本标准起草单位：安徽省产品质量监督检验所、国家农业标准化与监测中心(安徽)。

本标准主要起草人：程静、卢业举、蒋俊树、沈清、赵成仕、安虹、夏春。

食品中丙烯酰胺含量的测定方法
气相色谱-质谱(GC-MS)法

1 范围

本标准规定了食品中丙烯酰胺含量的气相色谱-质谱(GC-MS)联机测定方法。

本标准适用于食品中丙烯酰胺含量的测定。

本标准方法检出限为 7 μg/kg。

2 原理

丙烯酰胺(acrylamide)系极性小分子化合物。食品中丙烯酰胺经水、醇类等极性溶剂提取,离心过滤和过柱等净化处理,溴化衍生生成 2,3-二溴丙烯酰胺(2,3-DBPA),气相色谱-质谱联机分析,图谱参见附录 A。

主要特征定性离子碎片(m/z):152、150、108、106,其相对丰度比:150∶152=1,108∶106=1,108∶152=0.6,106∶150=0.6(各丰度比与标准品相比最大相差≤20%)。

定量离子(m/z):150。

定量方法:标准加入法。

3 试剂

除非另有说明,所用试剂均为分析纯,水为二次蒸馏超纯水。

3.1 正己烷:重蒸馏。

3.2 乙酸乙酯:色谱纯。

3.3 丙烯酰胺标准品:纯度≥99%。

丙烯酰胺标准溶液:准确称取适量的丙烯酰胺标准样品(精确至 0.1 mg),用甲醇定容,制备成 100 μg/mL标准储备溶液(储存条件:存放于−20℃冰箱中)。根据实验需要再用水稀释成适合浓度的标准使用溶液(储存条件:0℃~4℃避光放置,不得超过 3 d,建议现配现用)。

3.4 无水硫酸钠:650℃灼烧 4 h,干燥器中放置保存。

3.5 饱和溴水:≥3%。

3.6 氢溴酸:≥40%。

3.7 硫代硫酸钠溶液(0.2 mol/L)。

3.8 甲醇。

3.9 溴化钾。

4 仪器和设备

4.1 气相色谱-质谱仪。

4.2 振荡器。

4.3 冷冻离心机(5 000 r/min~10 000 r/min)。

4.4 固相提取装置(石墨化碳黑柱,规格为 Carbotrap B. SPE 柱,500 mg/3 mL)。

4.5 粉碎机(或均质机)。

4.6 精密天平(精度:0.1 mg)。

4.7 聚四氟乙烯活塞分液漏斗。

4.8 具塞三角瓶。

4.9 0.45 μm 有机系过滤膜。

5 推荐使用仪器条件

5.1 色谱柱：DB-5 ms或柱效相当的色谱柱，30 m×0.25 mm×0.25 μm。

5.2 色谱柱温度(程序升温)：65℃保持1 min，然后以每分钟升温15℃直到280℃，保持15 min。

5.3 进样口温度：260℃。

5.4 离子源温度：230℃。

5.5 接口温度：280℃。

5.6 离子源：EI源，70 eV。

5.7 测定方式：选择离子监测方式(SIM)或选择离子储存方式(SIS)。

选择监测离子(m/z)：152、150、108、106。

5.8 载气：氦气(99.999%)，流速1.0 mL/min。

5.9 进样方式：恒流，无分流进样。

5.10 进样量：1 μL。

6 分析步骤

6.1 提取

准确称取已粉碎均匀(或均质化)的四份样品[1)]各10 g(精确至1 mg)，分别置于250 mL具塞三角瓶中，各加入丙烯酰胺标准使用液(10 μg/mL)：0.0 mL、0.5 mL、1.0 mL、2.0 mL和水共计50 mL[2)]，振荡30 min，过滤[3)]，取滤液25 mL。

6.2 净化

6.2.1 将滤液置于聚四氟活塞分液漏斗中，加20 mL正己烷，室温下振荡萃取，静置分层，取下层水相。

6.2.2 将水相进行高速冷冻离心(转速5 000 r/min～10 000 r/min，时间30 min，温度0℃～4℃)，上清液用玻璃棉过滤。

6.2.3 将过滤液直接进行溴化衍生。在过滤液出现浑浊时，应过石墨化碳黑固相萃取柱(柱使用前依次用5 mL甲醇和5 mL水活化)，再用20 mL水淋洗，收集过柱和淋洗后的溶液用于衍生化。

6.3 衍生化

净化后的溶液中加溴化钾7.5 g、氢溴酸0.4 mL、饱和溴水8 mL衍生，在0℃～4℃下放置15 h(避光)。逐滴加入硫代硫酸钠溶液至衍生液褪色，加乙酸乙酯25 mL，振荡20 min，静置分层，收集乙酸乙酯层，加10 g左右无水硫酸钠脱水。可根据需要浓缩定容备用。进样前将待测液过0.45μm有机系过滤膜净化。

6.4 测定

6.4.1 定性分析

采用选择监测离子扫描方式(SIM)监测在8.4 min附近有峰出现，选定的定性离子(m/z)：150、152、106、108都出现，且各碎片离子的相对丰度比为：150∶152＝1、106∶108＝1、106∶150＝0.6、108∶152＝0.6，各丰度比与标准品相比最大相差≤20%，即可确定样品中含有丙烯酰胺。

---

1) 对于含油较多的食品样品，在提取前用适量正己烷预先提取一次以除去大部分油脂。

2) 可根据样品具体情况调整溶剂使用量，一般溶剂量为样品量的5倍～10倍。

3) 对难以过滤的样品，进行冷冻离心，转速5 000 r/min～10 000 r/min，时间1 min～5 min，温度0℃～4℃。

6.4.2 定量分析

以添加的丙烯酰胺量为横坐标，以定量离子(m/z:150)的峰面积为纵坐标，绘制标准曲线进行定量分析，其线性回归方程为：$S=k\times c+b$(其中 S 为峰面积，k 为斜率，c 为浓度，b 为截距)。

6.5 结果计算

求出当 $S=0$ 时 c 的绝对值，即为试样测定液中丙烯酰胺的浓度。

样品中丙烯酰胺含量按式(1)计算：

$$X=\frac{c\times V\times R\times 1\ 000}{m\times 1\ 000} \qquad \cdots\cdots(1)$$

式中：

X——样品中丙烯酰胺的含量，单位为毫克每千克(mg/kg)；

c——测定液中丙烯酰胺的浓度，单位为微克每毫升(μg/mL)；

V——测定液体积，单位为毫升(mL)；

R——稀释倍数；

m——试样的质量，单位为克(g)。

7 精密度

在 7 μg/kg～20 μg/kg 范围时，本方法在重复性条件下获得的两次独立测定结果的绝对差值不得超过算术平均值的 30%；

在 20 μg/kg～1 000 μg/kg 范围时，本方法在重复性条件下获得的两次独立测定结果的绝对差值不得超过算术平均值的 15%。

附 录 A
(资料性附录)
丙烯酰胺衍生化产物2,3-二溴丙烯酰胺
(2,3-DBPA)的离子图和质谱图

丙烯酰胺衍生化产物2,3-二溴丙烯酰胺(2,3-DBPA)的离子图和质谱图见图A.1～图A.4:

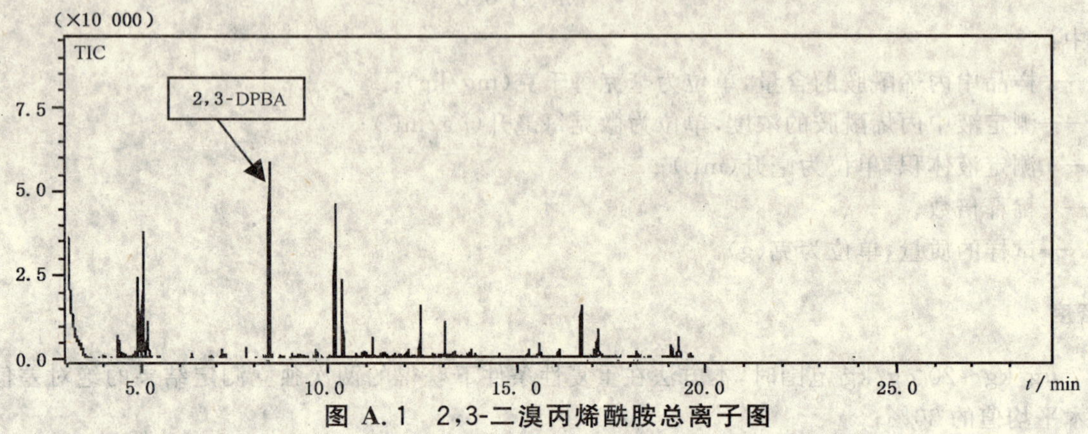

图 A.1 2,3-二溴丙烯酰胺总离子图

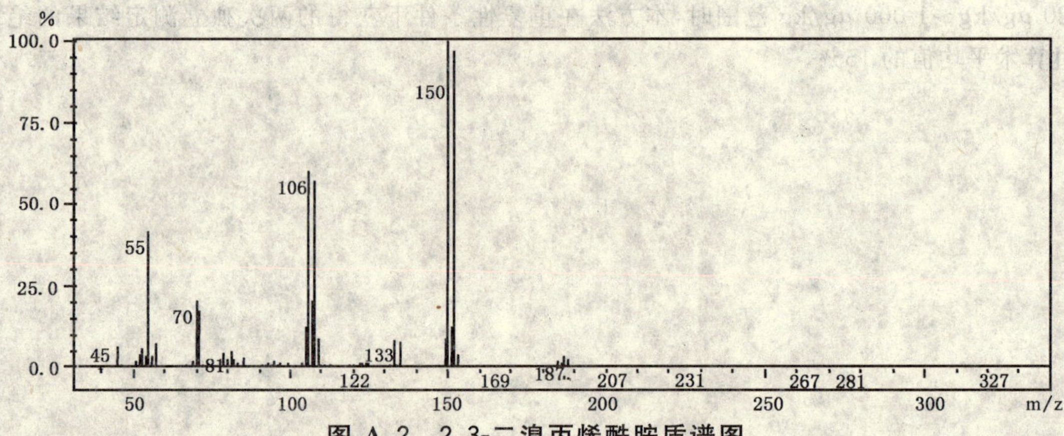

图 A.2 2,3-二溴丙烯酰胺质谱图

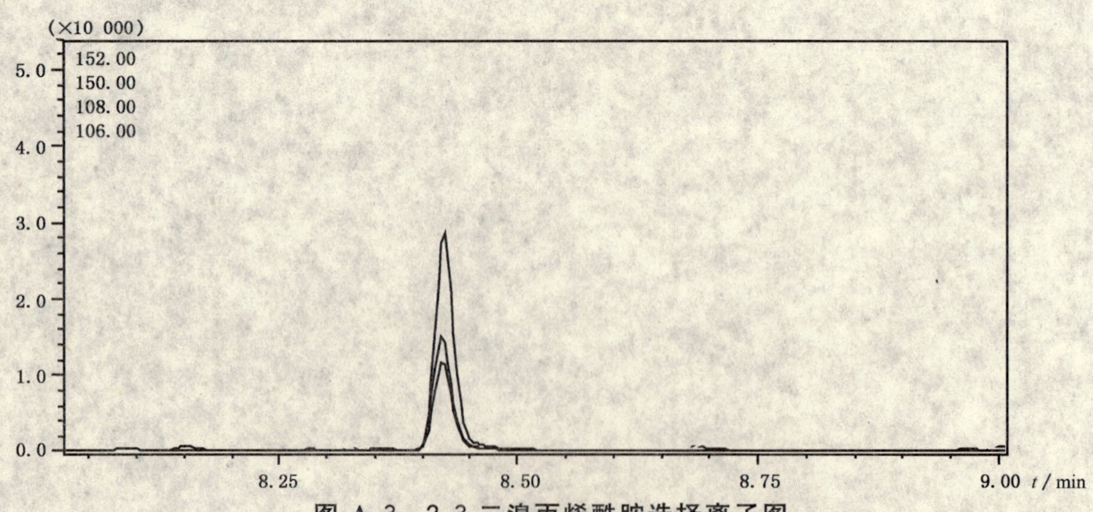

图 A.3 2,3-二溴丙烯酰胺选择离子图

图 A.4　2,3-二溴丙烯酰胺选择离子质谱图

ICS 81.080
Q 46

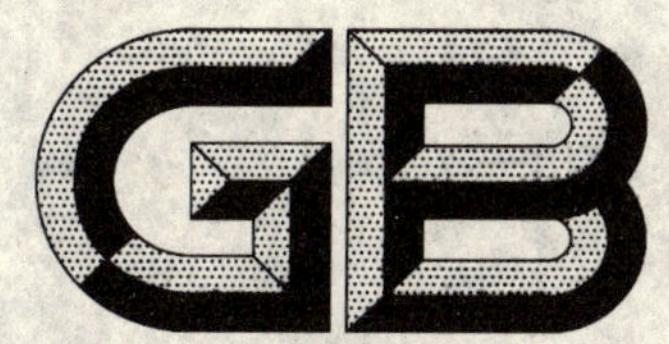

中华人民共和国国家标准

GB/T 5073—2005
代替 GB/T 5073—1985

耐火材料 压蠕变试验方法

Refractory products—Test method of creep in compression

(ISO 3187:1989,MOD)

2005-07-21 发布 2006-01-01 实施

中华人民共和国国家质量监督检验检疫总局
中国国家标准化管理委员会 发布

前　言

本标准是对 GB/T 5073—1985《耐火制品压蠕变试验方法》的修订。

本标准修改采用 ISO 3187:1989《耐火材料压蠕变的测定》(英文版)。本次修订还参考了 EN 993-9:1997、ASTM C832-00 等标准。

本标准根据 ISO 3187:1989 重新起草。为了方便比较,在资料性附录 A 中列出了本标准条款和国际标准条款的对照一览表。

本标准在采用国际标准时进行了修改,这些技术性差异用垂直单线标示在它们所涉及的条款的页边空白处。在附录 B 中给出了技术性差异及其原因的一览表以供参考。

为便于使用,本标准还做了下列编辑性修改:

——“本国际标准”一词改为“本标准”;

——用小数点“.”代替作为小数点的逗号“,”;

——删除国际标准的前言。

——删除国际标准的附录 A。

本标准与 ISO 3187:1989 相比,主要技术差异如下:

——删除了在达到试验温度时加压的试验步骤和结果计算方法;

——删除了附录中测量装置放置部位的表述。

本标准与原 GB/T 5073—1985 相比,主要技术差异如下:

——对标准名称作了修改;

——对标准适用范围作了调整;

——新增了规范性引用文件;

——增加了对不同材料施加载荷大小的规定;

——增加了试验报告内容。

本标准代替 GB/T 5073—1985《耐火制品压蠕变试验方法》。

本标准的附录 A、附录 B 是资料性附录。

本标准由中国钢铁工业协会提出。

本标准由全国耐火材料标准化技术委员会归口。

本标准起草单位:洛阳耐火材料研究院、河南新密市高炉砌筑耐火材料厂。

本标准主要起草人:彭西高、王文战、吴道玉、魏发灿、杨慧敏、孙安勤。

本标准所代替标准的历次版本发布情况为:

——GB/T 5073—1985《耐火制品压蠕变试验方法》。

耐火材料　压蠕变试验方法

1　范围

本标准规定了耐火材料压蠕变试验方法。本标准适用于致密和隔热耐火制品压蠕变的测定，不定形耐火材料可以参照使用。

本试验装置适用于 1 600℃以下时压蠕变的测定。

2　规范性引用文件

下列文件中的条款通过本标准的引用而成为本标准的条款。凡是注日期的引用文件，其随后所有的修改单（不包括勘误的内容）或修订版均不适用于本部分，然而，鼓励根据本标准达成协议的各方研究是否可使用这些文件的最新版本。凡是不注日期的引用文件，其最新版本适用于本标准。

GB/T 5989　耐火制品　荷重软化温度试验方法　示差-升温法(idt ISO 1893:1989)

GB/T 8170　数值修约规则

3　术语和定义

本标准采用下列术语和定义。

3.1

压蠕变　creep in compression

耐火材料在恒定的压应力下随着时间而发生的等温形变。

3.2

最大膨胀点温度　temperature of maximum expansion

在升温过程中，承受压应力的试样的蠕变速率等于膨胀速率时的温度。

4　原理

一个给定尺寸的试样，在恒定的压应力下以一定的升温速率加热并达到设定的温度，记录试样在恒定温度下随着时间而产生的高度方向上的变形量以及相对于试样原始高度的变化百分率。

通常记录第一个 5 h 的变化百分率与试验结束时的变化百分率之差。

5　设备

5.1　加荷装置

5.1.1　概述

加荷装置应能在整个试验进程中沿加压棒、试样和支承棒的公共轴心线竖直施加压力，加荷装置的具体要求见 5.1.2～5.1.5。

恒定载荷竖直向下施加于直接或间接放置在固定的支承棒上的试样上面，试样的形变由通过支承棒的中心的测量装置来测量。图 1 和图 2 示出了通过支承棒的测量装置。

压棒（5.1.3）
上垫片(5.1.4)
中心热电偶（5.4.1）
控温热电偶（5.4.2）
试样（6.1）
下垫片（5.1.4）
内刚玉管（5.3.2）
外刚玉管（5.3.1）
支承棒（5.1.2）
测量装置（5.3.4）

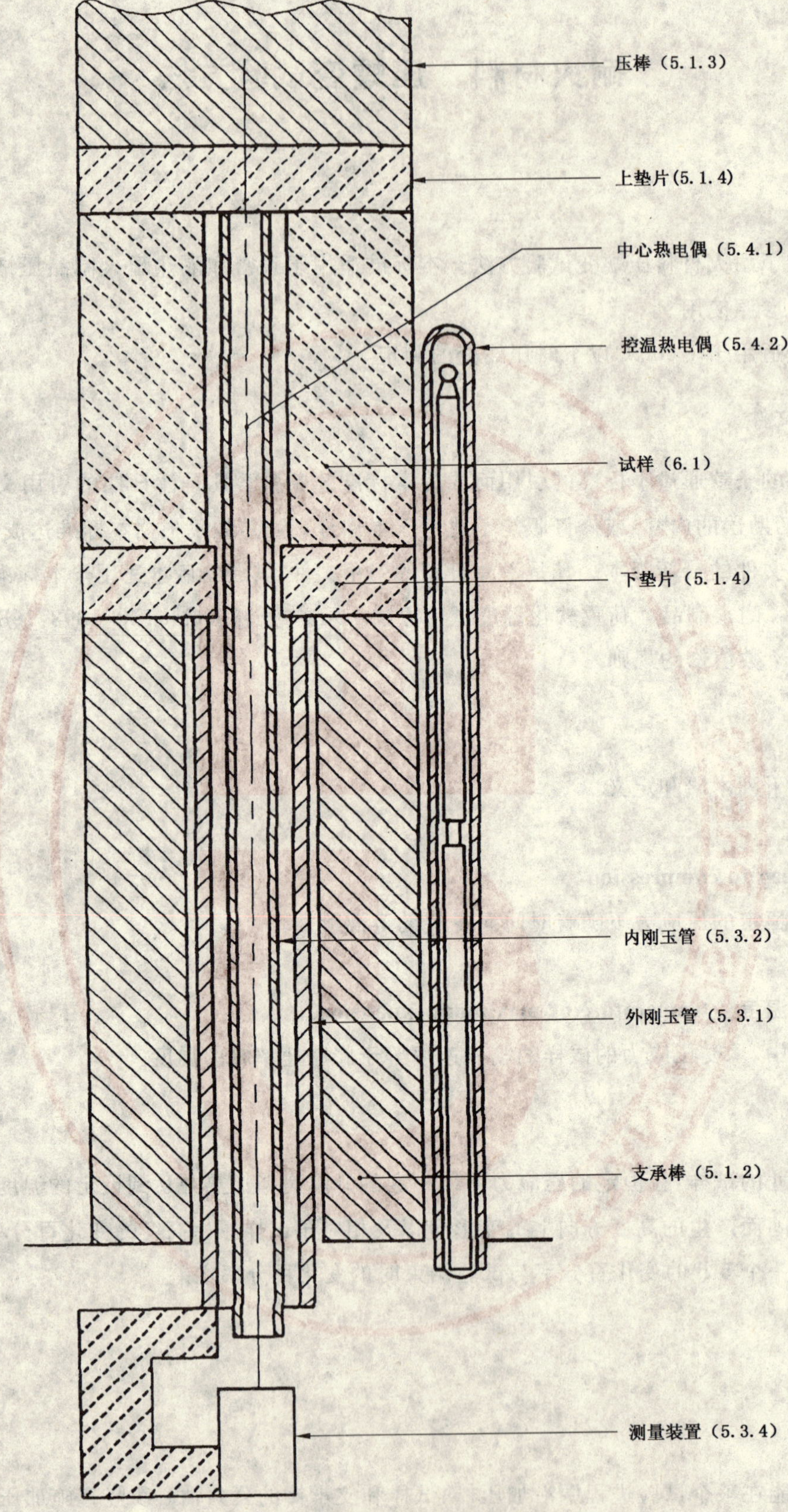

图 1　测量装置示意图

单位为毫米

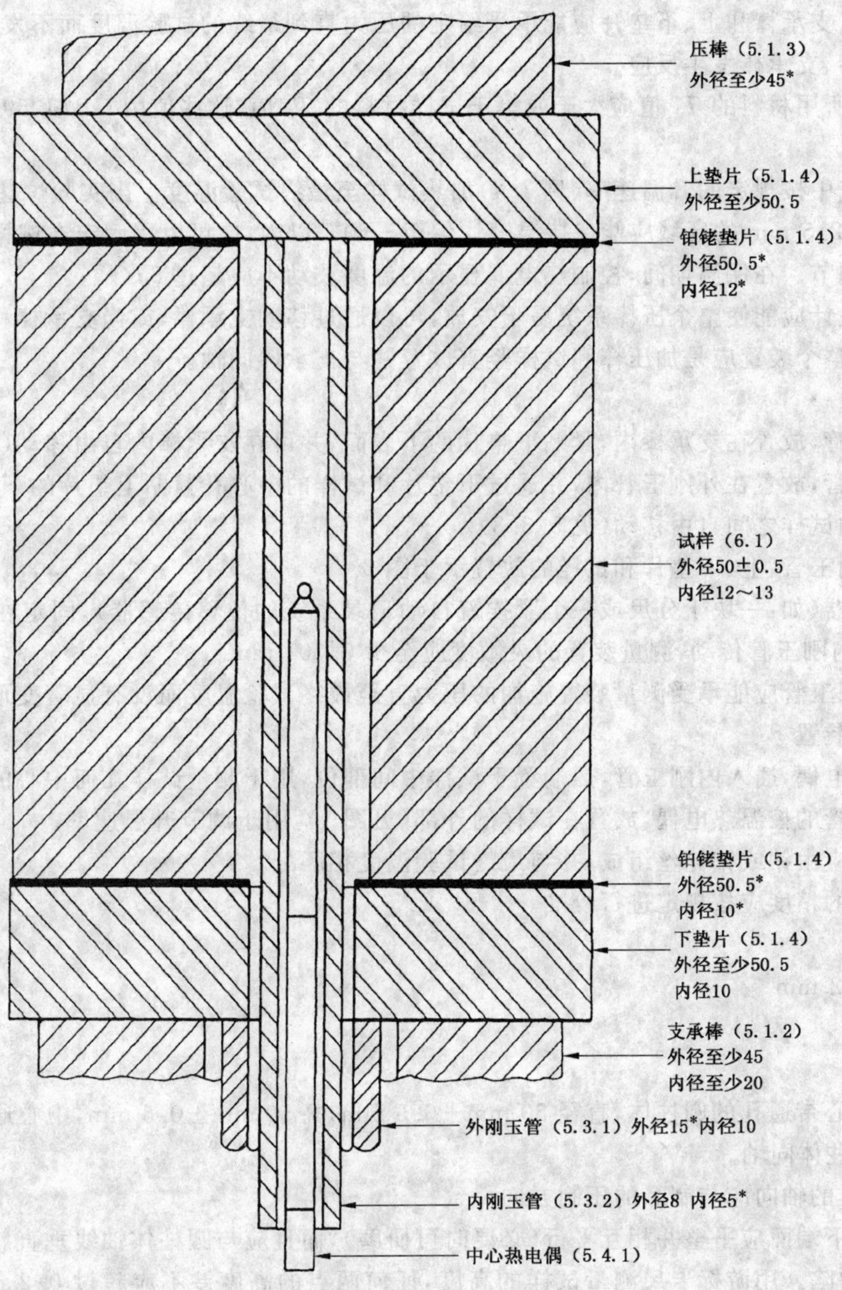

注：带＊号者为典型的尺寸。

图 2 试样、压棒、垫片及刚玉管安装示意图

5.1.2 支承棒，外径至少 45 mm，并带有轴向内孔（见 5.1.5）。棒的端面应平整并与其轴线垂直。

5.1.3 加压棒（移动棒），外径至少 45 mm。棒的端面应平整并与其轴线垂直。

加压棒可以固定在炉子上，炉子和加压棒组成可移动的加荷装置。

5.1.4 上、下垫片，厚度 5 mm～10 mm，直径至少 50.5 mm（且不小于试样实际的直径），可以采用与待测材料相匹配的耐火材料制作（如测量铝硅酸盐制品时采用高温烧成莫来石或氧化铝材料，测量碱性制品时采用氧化镁或尖晶石材料）。垫片放置在试样和加压棒、支承棒之间，其中放置在支承棒和试样之间的垫片中间应有孔洞（见 5.1.5）。每个垫片的表面应平整且相互平行。

尤其是在测量硅质制品时，应将铂或铂铑垫片（厚度 0.2 mm）放置在试样和垫片之间以阻止化学反应的发生。

5.1.5 加压棒、支承棒、上、下垫片、铂片(需要时)和试样的放置方法示于图2。

5.1.6 加压棒、支承棒和上、下垫片应能承受给定的压力直到最终的试验温度而不发生显著变形,而且垫片不与加压棒、支承棒发生反应。

上、下垫片所用材料的 T_1 值应大于或等于试样材料的 T_5 值,这些值由GB/T 5989测定。

5.2 实验炉

应能在空气中按规定的升温速率(见7.4)加热试样至最终试验温度。当实验炉达到500℃以上时,试样周围上下12.5 mm的区域应能保持温度均匀至±20℃以内,应可以用固定在试样内外表面不同点的热电偶进行调节。在保温期间,控制热电偶显示的温度波动不应超过5℃。

实验炉的设计应能使整个压棒系统易于安放,可以通过移动支承棒,或当支承棒移入炉体受限制时移动炉体本身,整个装置应是加压棒和试样竖直放置并与支承棒同轴。

5.3 测量装置

5.3.1 外刚玉管,放置在支承棒内,紧贴下垫片的下表面,并可在支承棒内自由移动(见5.3.3)。

5.3.2 内刚玉管,放置在外刚玉管内,并通过下垫片和试样的中心孔紧贴上垫片的下表面,并能在外刚玉管内下垫片和试样之间自由移动(见5.3.3)。

5.3.3 内、外刚玉管,上、下垫片和试样的放置示于图2。

5.3.4 测量仪器(如:一块千分尺或一个紧挨着自动记录系统的位移传感器),固定在外刚玉管的一端(见5.3.1),由内刚玉管传动,测量装置的灵敏度应至少0.001 mm。

5.3.5 内、外刚玉管应能承受测量装置施加的压力直至最终试验温度而没有显著变形。

5.4 温度测量装置

5.4.1 中心热电偶,插入内刚玉管,热端置于试样中间部位,用于测量试样几何中心的温度。

5.4.2 带保护管的控温热电偶,放置在试样的外部(见图1),用于调节升温速率。

5.4.3 热电偶应由铂或铂铑丝组成,并与最终试验温度相匹配。

5.4.4 热电偶的精度应按规定进行校准。

5.5 游标卡尺

精度为0.02 mm。

6 试样

6.1 试样为中心带通孔的圆柱体,直径50 mm±0.5 mm,高50 mm±0.5 mm,中心通孔直径12 mm~13 mm,并与圆柱体同轴。

圆柱体试样的轴向应与制品的压制方向一致。

6.2 试样的上下端面应平整并相互平行(必要时可研磨),而且应与圆柱体轴线垂直。圆柱体表面不应有肉眼可见的缺陷。用游标卡尺测量试样的高度,任何两点的高度差不应超过0.2 mm。当试样的一个端面放置在一个平面上时,该圆柱体端面应与平面完全接触,当用角尺测量时,其柱面与角尺之间的间隙不应超过0.5 mm。

6.3 为确保试样的上下端面完全平整,可将其两端面依次压在衬有复印纸的硬滤纸(厚度0.15 mm)的平板上,或采取印邮戳的方式。如果印痕不清晰完整则应重新磨平。

也可以用直尺控制试样的平整度。

7 试验步骤

7.1 测量试样的高度及内外径,精确到0.1 mm,将试样放置在加压棒和支承棒之间,并用垫片隔开,调整测量装置至正确位置,并将其放入试验炉内。

7.2 在室温下对加压棒施加一恒定压力,施加于试样的全部压力应包括加压棒和垫片在内,产生的实际压力应符合以下要求,压力误差±2%,总应力应计算取舍至整数1 N:

——致密定形制品 0.2 MPa；

——定形隔热制品 0.05 MPa；

——致密不定形耐火材料 0.1 MPa；

——隔热不定形耐火材料 0.05 MPa。

7.3 按规定的升温速率升温，升温速率由控温热电偶调节，一般为(4.5～5.5)℃/min。当超过 500℃时，可以采用 10℃/min 的升温速率。

7.4 记录试样高度和温度的变化，在升温以及在控温热电偶显示达到恒定温度后的第一个小时，记录间隔不超过 5 min。随后每隔 30 min 记录一次，直至试验结束。

7.5 标准的试验时间为 25 h 或 50 h。当需要时，可延长至 100 h。

当试样的高度变化百分率超过 5%时应结束试验。

8 结果计算

8.1 利用 7.4 所获得的结果绘制曲线 C_1（见图 3），代表试样高度变化百分率与温度的关系，不计刚玉管长度的变化（见 5.3.1 和 5.3.2）。

8.2 确定内刚玉管在试样中心孔的一段长度 H 随温度变化的百分率，绘制校正曲线 C_2，见图 3。

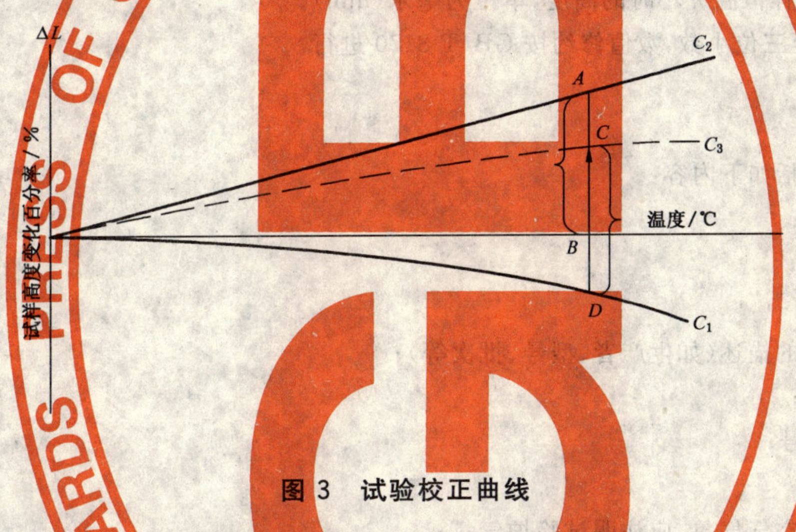

图 3 试验校正曲线

8.3 在任何给定温度下，$AB=CD$，绘制校正后曲线 C_3，见图 3 和图 4。

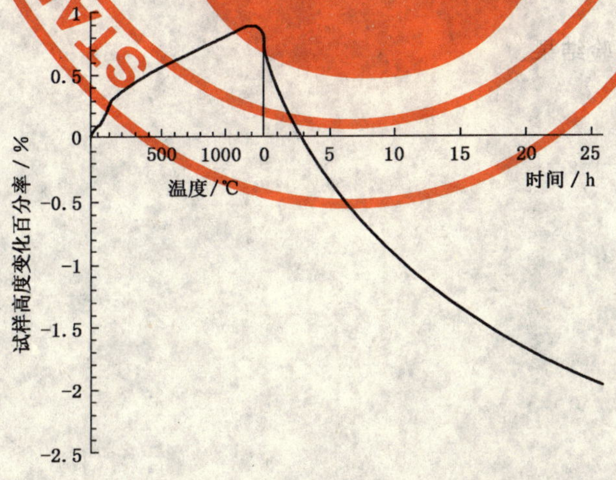

图 4 试样高度变化与试样温度、保温时间的关系

8.4 按以下形式表述结果：

a) 在升温过程中，绘制试样高度的变化百分率（相对于原始高度）和温度变化的关系曲线（见图4）；

b) 绘制蠕变曲线，表示在恒定温度下，试样高度变化百分率（相对于原始高度）和时间变化的关系（见图4）；

c) 绘制蠕变表格，表示在恒定温度开始时，以及随后每隔5小时的试样高度变化百分率（相对于原始高度）；

d) 第5个小时和第25（或50 h）个小时总的蠕变率差值；

e) 记录试验曲线达到最大膨胀点的温度。

8.5 按下式计算蠕变率：

$$P=(L_n-L_0)/L_i\times 100 \qquad \cdots\cdots(1)$$

式中：P——蠕变率，%；

L_i——试样原始高度，单位为毫米（mm）；

L_0——试样恒温开始时的高度，单位为毫米（mm）；

L_n——试样恒温 n 小时的高度，单位为毫米（mm）。

8.6 蠕变率报告至三位小数，数值修约按GB/T 8170进行。

9 试验报告

试验报告应包括如下内容：

a) 试验单位；

b) 试验日期；

c) 执行标准；

d) 试验材料的描述（如生产者、型号、批次等）；

e) 试样编号；

f) 试验炉型号；

g) 试验载荷；

h) 如果不是空气气氛，应注明试验炉气氛；

i) 试验温度；

j) 采用的升温速率；

k) 根据8.4获得的试验结果。

附　录　A
（资料性附录）
本标准章条编号与 ISO 3187:1989 章条编号对照

表 A.1 给出了本标准章条编号与 ISO 3187:1989 章条编号对照一览表。

表 A.1　本标准章条编号与 ISO 3187:1989 章条编号对照

本标准章条编号	对应的国际标准章条编号
1	1 的第 1 段的部分内容和注释
2	2 的规范性引用文件的部分内容
3	3 的蠕变定义
4	4 的部分内容
5.1.1	5.1.1 的部分内容
5.1.6	5.1.6 的部分内容
5.3.4	5.3.4
5.4.3	5.4.3 的部分内容
—	7.2
7.2	7.3
7.3	7.4
7.4	7.5
—	7.6
7.5	7.7
8	8
—	8.1
8.1	8.1.1
8.2	8.1.2
8.3	8.1.3
8.4	8.1.4
8.5	—
8.6	—
—	8.2
9	9
—	附录 A
附录 A	—
附录 B	—
注：表中的章条以外的本标准的其他章条与 ISO 3187:1989 的其他章条编号均相同且内容相对应。	

附 录 B
（资料性附录）
本标准与 ISO 3187:1989 技术性差异及其原因

表 B.1 给出了本标准与 ISO 3187:1989 技术性差异及其原因的一览表。

表 B.1 本标准与 ISO 3187:1989 技术性差异及其原因

本标准的章条编号	技术性差异	原因
1	删除了 ISO 3187:1989 中压蠕变的定义表述。 删除了 ISO 3187:1989 中的第二段“本试验方法中的试样尺寸与 ISO 1893 荷重软化温度的测定方法中的一致。” 增加了“本标准适用于致密和隔热耐火制品压蠕变的测定，不定形耐火材料可以参照使用。” 将 ISO 3187:1989 的注变为了本标准的正文。	压蠕变的定义在本标准第三章中有明确描述。 确定了适用范围以方便本标准的使用。也与其他国家标准相一致。 ISO 3187:1989 注中表示的是本标准的测定温度范围，应变为正文。
2	删除了 ISO 3187:1989 中的 3 个引用标准：ISO/R 836:1968、IEC 584-1:1977 和 IEC 584-2:1982。 引用了 1 个与国际标准对应的国家标准：GB/T 5989。 增加引用了国家标准 GB/T 8170。	删除了 2 个热电偶标准，与其他国际标准相一致。 删除了 1 个术语标准，直接表述便于使用。 增加引用的 GB/T 8170 为数值修约规则，以方便测试结果的数值运算。
3	增加了“最大膨胀点温度”的定义。	定义并要求在结果中报出“最大膨胀点温度”，可以知道试验在开始保温时试样所处的变形状态。
4	删除了 ISO 3187:1989 中的“有两种试验方法，一是在室温下加压，另一种是在试验温度下加压。” 将 ISO 3187:1989 的注变成了本标准的正文。	本标准根据实际情况取消了在达到试验温度加压的方法。 注中提到的是结果的报告方式，应变为正文。
5.1.1	删除了部分有关测量装置在实验炉上部的表述内容和图 3。	与整个标准相对应。
5.1.6	增加了“上、下垫片所用材料的 T_1 值应大于或等于试样材料的 T_5 值，这些值由 GB/T 5989 测定。”	明确了上、下垫片与试样的性能差异的要求。
5.3.4	将 ISO 3187:1989 中的测量装置的灵敏度应至少达到 0.005 mm 修改为达到 0.001 mm。	一般采用的位移传感器可以达到 0.001 mm的灵敏度。
5.4.3	删除了引用的 2 个热电偶标准 IEC 584-1 和 IEC 584-2。	对应的其他试验方法标准中都未引用热电偶标准。
7.2	增加了“在室温下对加压棒施加一恒定压力。” 将 ISO 3187:1989 中的注中有关不定耐火材料的推荐载荷的表述改为本标准的正文。	由于取消了 ISO 3187:1989 中的 7.2，因此在本标准的 7.2 中直接描述在室温下加压的试验方法。

表 B.1（续）

本标准的章条编号	技术性差异	原　　因
7.5	将标准的试验时间由“25 h”修改为“25 h 或 50 h，当需要时，可延长至 100 h”。 明确了试验结束的条件为“当试样的高度变化百分率超过 5%时”。	国内压蠕变的标准试验时间一般为 50 h。ISO 注中规定了“需要时可延长至 100 h”，现变成标准正文。 ISO 注中提及当试样高度变化百分率超过某一特定值时试验应结束。现变为标准正文，并根据国内产品性能和设备的特点，明确规定了试验结束的条件。
8.1	本标准中只采用了在室温下加压的试验方法，删除了 ISO 3187:1989 中的 8.2 部分有关在达到试验温度时加压的方法。 修改了图 4，删除了达到实验温度时加压的曲线。	目前国内设备中没有设计在达到试验温度加压的装置和控制程序，而且 ISO 3187:1989 中明确表述通常情况下采用室温下加压的方法。
8.4e)	增加记录试样膨胀到最大点的温度。	第 3 章增加了“最大膨胀点温度”的定义，记录并报告该温度，可以了解试验开始保温时试样所处的变形状态。
8.5	增加了蠕变率的计算公式。	明确蠕变率的计算方法，便于计算。
8.6	增加了数字修约规则。	规定了蠕变率结果的保留位数和数字修约规则，规范检测结果。
附录 A	删除了 ISO 3187:1989 中的附录 A。	该附录表述了测量装置在实验炉中的两种放置方法（实验炉的上部或下部），由于国内设备中不存在上部的情况，因而取消。

ICS 13.060.10
Z 50

中华人民共和国国家标准

GB 5084—2005
代替 GB 5084—1992

农田灌溉水质标准

Standards for irrigation water quality

2005-07-21 发布　　2006-11-01 实施

中华人民共和国国家质量监督检验检疫总局
中国国家标准化管理委员会　发布

前言

为贯彻执行《中华人民共和国环境保护法》，防止土壤、地下水和农产品污染，保障人体健康，维护生态平衡，促进经济发展，特制定本标准。本标准的全部技术内容为强制性。

本标准将控制项目分为基本控制项目和选择性控制项目。基本控制项目适用于全国以地表水、地下水和处理后的养殖业废水及以农产品为原料加工的工业废水为水源的农田灌溉用水；选择性控制项目由县级以上人民政府环境保护和农业行政主管部门，根据本地区农业水源水质特点和环境、农产品管理的需要进行选择控制，所选择的控制项目作为基本控制项目的补充指标。

本标准控制项目共计 27 项，其中农田灌溉用水水质基本控制项目 16 项，选择性控制项目 11 项。

本标准与 GB 5084—1992 相比，删除了凯氏氮、总磷两项指标。修订了五日生化需氧量、化学需氧量、悬浮物、氯化物、总镉、总铅、总铜、粪大肠菌群数和蛔虫卵数等 9 项指标。

本标准由中华人民共和国农业部提出。

本标准由中华人民共和国农业部归口并解释。

本标准由农业部环境保护科研监测所负责起草。

本标准主要起草人：王德荣、张泽、徐应明、宁安荣、沈跃。

本标准于 1985 年首次发布，1992 年第一次修订，本次为第二次修订。

农田灌溉水质标准

1 范围

本标准规定了农田灌溉水质要求、监测和分析方法。

本标准适用于全国以地表水、地下水和处理后的养殖业废水及以农产品为原料加工的工业废水作为水源的农田灌溉用水。

2 规范性引用文件

下列文件中的条款通过本标准的引用而成为本标准的条款。凡是注日期的引用文件，其随后所有的修改单(不包括勘误的内容)和修订版均不适用于本标准。然而，鼓励根据本标准达成协议的各方研究是否可使用这些文件的最新版本。凡是不注日期的引用文件，其最新版本适用于本标准。

GB/T 5750—1985 生活饮用水标准检验法

GB/T 6920 水质 pH 值的测定 玻璃电极法

GB/T 7467 水质 六价铬的测定 二苯碳酰二肼分光光度法

GB/T 7468 水质 总汞的测定 冷原子吸收分光光度法

GB/T 7475 水质 铜、锌、铅、镉的测定 原子吸收分光光度法

GB/T 7484 水质 氟化物的测定 离子选择电极法

GB/T 7485 水质 总砷的测定 二乙基二硫代氨基甲酸银分光光度法

GB/T 7486 水质 氰化物的测定 第一部分 总氰化物的测定

GB/T 7488 水质 五日生化需氧量(BOD_5)的测定 稀释与接种法

GB/T 7490 水质 挥发酚的测定 蒸馏后 4-氨基安替比林分光光度法

GB/T 7494 水质 阴离子表面活性剂的测定 亚甲蓝分光光度法

GB/T 11896 水质 氯化物的测定 硝酸银滴定法

GB/T 11901 水质 悬浮物的测定 重量法

GB/T 11902 水质 硒的测定 2,3-二氨基萘荧光法

GB/T 11914 水质 化学需氧量的测定 重铬酸盐法

GB/T 11934 水源水中乙醛、丙烯醛卫生检验标准方法 气相色谱法

GB/T 11937 水源水中苯系物卫生检验标准方法 气相色谱法

GB/T 13195 水质 水温的测定 温度计或颠倒温度计测定法

GB/T 16488 水质 石油类和动植物油的测定 红外光度法

GB/T 16489 水质 硫化物的测定 亚甲基蓝分光光度法

HJ/T 49 水质 硼的测定 姜黄素分光光度法

HJ/T 50 水质 三氯乙醛的测定 吡唑啉酮分光光度法

HJ/T 51 水质 全盐量的测定 重量法

NY/T 396 农用水源环境质量检测技术规范

3 技术内容

3.1 农田灌溉用水水质应符合表 1、表 2 的规定。

表 1 农田灌溉用水水质基本控制项目标准值

序号	项目类别		作物种类		
			水作	旱作	蔬菜
1	五日生化需氧量/(mg/L)	≤	60	100	40[a],15[b]
2	化学需氧量/(mg/L)	≤	150	200	100[a],60[b]
3	悬浮物/(mg/L)	≤	80	100	60[a],15[b]
4	阴离子表面活性剂/(mg/L)	≤	5	8	5
5	水温/℃	≤	35		
6	pH		5.5～8.5		
7	全盐量/(mg/L)	≤	1000[c](非盐碱土地区),2000[c](盐碱土地区)		
8	氯化物/(mg/L)	≤	350		
9	硫化物/(mg/L)	≤	1		
10	总汞/(mg/L)	≤	0.001		
11	镉/(mg/L)	≤	0.01		
12	总砷/(mg/L)	≤	0.05	0.1	0.05
13	铬(六价)/(mg/L)	≤	0.1		
14	铅/(mg/L)	≤	0.2		
15	粪大肠菌群数/(个/100 mL)	≤	4 000	4 000	2 000[a],1 000[b]
16	蛔虫卵数/(个/L)	≤	2		2[a],1[b]

a 加工、烹调及去皮蔬菜。

b 生食类蔬菜、瓜类和草本水果。

c 具有一定的水利灌排设施,能保证一定的排水和地下水径流条件的地区,或有一定淡水资源能满足冲洗土体中盐分的地区,农田灌溉水质全盐量指标可以适当放宽。

表 2 农田灌溉用水水质选择性控制项目标准值

序 号	项 目 类 别		作 物 种 类		
			水 作	旱 作	蔬 菜
1	铜/(mg/L)	≤	0.5	1	
2	锌/(mg/L)	≤	2		
3	硒/(mg/L)	≤	0.02		
4	氟化物/(mg/L)	≤	2(一般地区),3(高氟区)		
5	氰化物/(mg/L)	≤	0.5		
6	石油类/(mg/L)	≤	5	10	1
7	挥发酚/(mg/L)	≤	1		
8	苯/(mg/L)	≤	2.5		
9	三氯乙醛/(mg/L)	≤	1	0.5	0.5
10	丙烯醛/(mg/L)	≤	0.5		

表 2(续)

序 号	项 目 类 别		作 物 种 类		
			水 作	旱 作	蔬 菜
11	硼/(mg/L)	≤	1[a](对硼敏感作物),2[b](对硼耐受性较强的作物),3[c](对硼耐受性强的作物)		

a 对硼敏感作物,如黄瓜、豆类、马铃薯、笋瓜、韭菜、洋葱、柑橘等。

b 对硼耐受性较强的作物,如小麦、玉米、青椒、小白菜、葱等。

c 对硼耐受性强的作物,如水稻、萝卜、油菜、甘蓝等。

3.2 向农田灌溉渠道排放处理后的养殖业废水及以农产品为原料加工的工业废水,应保证其下游最近灌溉取水点的水质符合本标准。

3.3 当本标准不能满足当地环境保护需要或农业生产需要时,省、自治区、直辖市人民政府可以补充本标准中未规定的项目或制定严于本标准的相关项目,作为地方补充标准,并报国务院环境保护行政主管部门和农业行政主管部门备案。

4 监测与分析方法

4.1 监测

4.1.1 农田灌溉用水水质基本控制项目,监测项目的布点监测频率应符合 NY/T 396 的要求。

4.1.2 农田灌溉用水水质选择性控制项目,由地方主管部门根据当地农业水源的来源和可能的污染物种类选择相应的控制项目,所选择的控制项目监测布点和频率应符合 NY/T 396 的要求。

4.2 分析方法

本标准控制项目分析方法按表 3 执行。

表 3 农田灌溉水质控制项目分析方法

序号	分析项目	测定方法	方法来源
1	生化需氧量(BOD_5)	稀释与接种法	GB/T 7488
2	化学需氧量	重铬酸盐法	GB/T 11914
3	悬浮物	重量法	GB/T 11901
4	阴离子表面活性剂	亚甲蓝分光光度法	GB/T 7494
5	水温	温度计或颠倒温度计测定法	GB/T 13195
6	pH	玻璃电极法	GB/T 6920
7	全盐量	重量法	HJ/T 51
8	氯化物	硝酸银滴定法	GB/T 11896
9	硫化物	亚甲基蓝分光光度法	GB/T 16489
10	总汞	冷原子吸收分光光度法	GB/T 7468
11	镉	原子吸收分光光度法	GB/T 7475
12	总砷	二乙基二硫代氨基甲酸银分光光度法	GB/T 7485
13	铬(六价)	二苯碳酰二肼分光光度法	GB/T 7467
14	铅	原子吸收分光光度法	GB/T 7475
15	铜	原子吸收分光光度法	GB/T 7475

表 3(续)

序号	分析项目	测定方法	方法来源
16	锌	原子吸收分光光度法	GB/T 7475
17	硒	2,3-二氨基萘荧光法	GB/T 11902
18	氟化物	离子选择电极法	GB/T 7484
19	氰化物	硝酸银滴定法	GB/T 7486
20	石油类	红外光度法	GB/T 16488
21	挥发酚	蒸馏后 4-氨基安替比林分光光度法	GB/T 7490
22	苯	气相色谱法	GB/T 11937
23	三氯乙醛	吡唑啉酮分光光度法	HJ/T 50
24	丙烯醛	气相色谱法	GB/T 11934
25	硼	姜黄素分光光度法	HJ/T 49
26	粪大肠菌群数	多管发酵法	GB/T 5750—1985
27	蛔虫卵数	沉淀集卵法[a]	《农业环境监测实用手册》第三章中"水质 污水蛔虫卵的测定 沉淀集卵法"

[a] 暂采用此方法,待国家方法标准颁布后,执行国家标准。

参 考 文 献

[1] 刘凤枝.农业环境监测实用手册[M].北京:中国标准出版社,2001.

ICS 29.020
K 04

中华人民共和国国家标准

GB/T 5094.3—2005/IEC 61346-3:2001
部分代替 GB/T 5094—1985

工业系统、装置与设备以及工业产品 结构原则与参照代号 第3部分：应用指南

Industrial systems, installations and equipment and industrial products—Structuring principles and reference designations—Part 3: Application guidelines

(IEC 61346-3:2001, IDT)

2005-02-06 发布　　　　2005-12-01 实施

中华人民共和国国家质量监督检验检疫总局
中国国家标准化管理委员会　发布

前　言

GB/T 5094《工业系统、装置与设备以及工业产品　结构原则与参照代号》分为四个部分：

——第 1 部分：基本规则；

——第 2 部分：项目的分类与分类码；

——第 3 部分：应用指南；

——第 4 部分：概念的讨论。

本部分为 GB/T 5094 的第 3 部分，等同采用 IEC 61346-3:2001《工业系统、装置与设备以及工业产品　结构原则与参照代号　第 3 部分：应用指南》(英文版)。

本部分与 GB/T 5094 的其他各部分一起，共同代替 GB/T 5094—1985《电气技术中的项目代号》。

本部分的附录 A 是资料性附录。

本部分由中国电力企业联合会提出。

本部分由全国电气信息结构、文件编制和图形符号标准化技术委员会归口。

本部分主要起草单位为国电华北电力设计院工程有限公司、机械科学研究院。

参加起草的单位还有：中国航空综合技术研究所、中国航空工业规划设计研究院、航天科工集团二院 23 所、北京钢铁设计研究总院、中国电力企业联合会、中国电力科学研究院、成都电业局电力勘察设计院。

本部分主要起草人：吴聚业、郭汀、高惠民、李世林、沈兵、陈泽毅、李萍、曾幼云、于明、任丕德、方玉涛。

工业系统、装置与设备以及工业产品
结构原则与参照代号　第3部分：
应用指南

1　范围

GB/T 5094 的本部分提供了技术项目信息的构成和选择用作参照代号的适当字母代码的指南和示例。

2　规范性引用文件

下列文件中的条款通过 GB/T 5094 的本部分的引用而成为本部分的条款。凡是注日期的引用文件，其随后所有的修改单(不包括勘误的内容)或修订版均不适用于本部分，然而，鼓励根据本部分达成协议的各方研究是否可使用这些文件的最新版本。凡是不注日期的引用文件，其最新版本适用于本部分。

GB/T 5094.1—2002　工业系统、装置与设备以及工业产品　结构原则与参照代号　第1部分：基本规则(IEC 61346-1:1996,IDT)

GB/T 5094.2—2003　工业系统、装置与设备以及工业产品　结构原则与参照代号　第2部分：项目的分类与分类码(IEC 61346-2:2000,IDT)

GB/T 6988(所有部分)　电气技术用文件的编制(GB/T 6988.1—1997,idt IEC 1082-1:1991;GB/T 6988.2—1997,idt IEC 1082-2:1993;GB/T 6988.3—1997,idt IEC 1082-2:1993)

GB/T 16679—1997　信号和连接线的代号(idt IEC 61175:1993)

GB/T 18656—2002　工业系统、装置与设备以及工业产品　系统内端子的标识(idt IEC 61666:1997)

GB/T 19045—2003　明细表的编制(IEC 62027:2000,IDT)

IEC 61346-4:1998　工业系统、装置与设备以及工业产品　结构原则与参照代号　第4部分：概念的讨论

IEC 61355:1997　成套设备、系统和设备文件的分类与代号

IEC 62023:2000　技术信息与文件的构成

ISO 10303-212:2001　工业自动化系统与集成　产品数据的表达与交换　第212部分：应用协议　电气设计与安装

3　术语和定义

GB/T 5094.1 中给出的术语与定义适用于本部分。

4　一般原则

4.1　构建的目的

4.1.1　通则

构建是处理复杂事物的一种方法。GB/T 5094.1 描述了把不同复杂程度的系统信息分解为若干易于处理的构件的方法。用到的重要概念是：

——项目；

——(方)面;
——结构。

构建即把系统中的项目有序地加以编排。它是使系统在全寿命周期内所需进行的一切活动简单化的一种方法。

系统的文件结构是构建成套文件结构、文件编制、零部件标识、端子标识、信号标识以及其他标记的共同基础。正确地使用该结构,也便于信息和成套文件的编制。通过结构处理的方法,就有可能确定可重复利用的项目——工程分解,特别是当使用计算机辅助工具时,可以很方便地把它们用作构件。反过来,这也提供了在解决问题经验方面反馈的可能性,从而提高质量。

有一些涉及成套文件的标准是以 GB/T 5094.1 所定义的项目概念为基础的,并使用了参照代号。

4.1.2 成套文件的构成

GB/T 5094.3 是一个明确使用项目概念的标准。它说明了如何通过使用主文件及其补文件的概念把描述同一项目的各种文件联系在一起。

主文件的定义是把同一项目的所有信息通过参照补文件的方法联系在一起的文件。

IEC 61355 定义了用于从不同视点(如在 GB/T 5094.1 及其他标准中所定义的面)提供信息的文件类型。它还提供了不同文件类型的分类系统。

对每一种文件可给予一个文件代号,它由项目的参照代号和文件类型分类码组合而成。

在 PDM(产品数据管理)系统中,无疑应用了按照项目组合信息和使用结构的原则,但在此情况下,有时不把主文件视为一种文件,而仅仅作为“一个项目”——通常带有它所代表的项目名称。

在文件管理系统中,如果此参照代号和文件类型分类码用作文件的元数据,则可以完成类似的功能性。在这一系统中使用搜寻功能就可方便获得描述特定项目全部文件的一览表。

注:在后一种情况下,并未把所有文件汇集在一起作为一个项目,而是把它们作为似乎与搜索结果相关的单独项目来对待。

对于成套文件的管理,最首要的是能使用户直觉地辨认出所确定的和所使用的项目。

4.1.3 文件的编制

GB/T 6988.1 提供了文件编制的规则和指南,并在这份文件中,提供了涉及结构与文件关系的基本思路。

GB/T 6988.2 论述了简图并确认有不同详细层次。能够把这些与结构联系起来并分层绘制是很重要的。在其条文中表示项目时,通常采用一种表示方法,例如方框符号、简图用符号和端子功能图,同时,内部结构又可用不同详细层次来表示,例如概略图、功能图或电路图。

GB/T 6988.2 所论述的简图主要涉及功能性结构。这些简图表示项目和它们的相互关系和连接关系(与如何标识项目无关)。

GB/T 6988.3 论述了实际相关的文件,这类文件大都与产品面结构有关,从项目的实际产品面和其相互关系以及接线上描述了项目(与项目如何标识无关)。

GB/T 6988.4 类似采用了位置面来编制文件。

GB/T 19045 说明了基于 GB/T 5094.1 所定义的所有结构明细表的编制。

GB/T 5094.3 说明了所讨论项目一个以上的面时主文件是如何编制的。

在所有被引用的标准中都采用了项目的概念,而且确认了编制文件的结构方法。这是一种属性,它使得在编制文件方面有可能形成严格的规则,从而由数据库中项目的有关信息自动产生文件。

ISO 10303-212(STEP 系列标准之一)允许采用 GB/T 5094.1 所定义的参照代号系统。因而基于此的数据库可用来产生文件。

4.1.4 项目的标识

GB/T 5094.1 和 GB/T 5094.2 描述了如何设计一个系统内全部所关注项目的不会混淆的参照代号。本部分对此作了进一步的描述。

4.1.5 系统内的端子标识

GB/T 18656 描述了如何设计一个系统内的不会混淆的端子代号。这是通过把所研究项目的参照代号和标于该项目上的端子组合在一起来实现的。

4.1.6 系统内的信号标识

GB/T 16679 描述了如何设计一个系统内的不会混淆的信号代号。这是通过把系统某组成项目中唯一的信号名和该项目的参照代号组合在一起来实现的。

4.1.7 信息的重复使用

GB/T 5094.1 和 GB/T 5094.2 可用于定义和标识重复出现的项目。如前所述，文件标准支持这些项目的文件作为独立的信息单元，这些独立的信息单元就可用作构件，并以不同的详细程度制成文件。

可以建立自动化程序或设施以便从较高层次的同一项目的特性规范中产生较低层次的信息。这反过来使得项目的规划设计方案水平提高。

GB/T 5094 所描述的参照代号系统可以在两个方面（向上和向下）扩展。这种性质是能够简单地重复使用信息和文件并能够分层处理的必要条件。作为项目组成部分的某一项目，给予它的参照代号常常是相对项目而言的。参照代号没有固定的格式。

4.1.8 构建具备的附加好处

4.1.1～4.1.7 强调这样的事实：构建是规划设计的一种有效工具，它不仅仅是建立参照代号的基础，更重要的任务是去定义适当的项目。

从实用的观点看，构建可以用不同的方法来实现，没有限定的实现方法。因而重要的是明确目标。项目的定义和构建应从所有的相关方面支持并方便规划设计过程。构建并不希望成为设计的额外负担，而应成为使整个过程更方便的手段。

4.2 参照代号的用途

代号可用于不同的目的。最简单的应用是给予一种实物零件以某种形式的代码，该代码在文件中是用来表示该零件的。这种情况没有必要全部应用 GB/T 5094.1 中规定的原则。可用数量较少的代号如编号或简单编码来完成。应该清楚，纯数字代号是可能的。对于任何的代号系统，应当考虑的是，代号只标识项目范围内的一个项目，该项目是项目的一个组成部分。

但是，当技术项目的信息，特别是较大成套设备或复杂产品的信息现在多半贮存在扩充的数据库中时，就需要有寻址和检索该信息的系统手段。GB/T 5094.1 所描述的参照代号系统连同按照 GB/T 5094.2的分类便很容易达到此目的。它使得按不同方面贮存结构化的信息成为可能，并提供了结构化搜索信息的一种手段。

下面，给出一些示例表示可能的应用范围：

——在建筑物履行特定任务的某些部件需定期接受检查（例如与安全相关的部件）；

——功能面参照代号帮助选择受影响的部件和检查表的打印；

——位置面参照代号表示部件安装位置；

——产品面参照代号帮助寻找所装设备组成部件的信息。

生产过程的规划从功能设计开始：

——功能面参照代号允许系统贮存过程任务的信息，而不考虑所描述的任务将如何完成。在工程设计的后一阶段将决定采用何种设备作为工具。借助于产品面参照代号可以注出该设备的信息；

——产品面参照代号和功能面参照代号间的关系保存在数据库中并补充以位置面参照代号。这样，从数据库中便将很容易得知在实现特定过程的任务中包含了哪些产品以及它们处于何处。这也有可能估量出通过某一特定产品来实现哪些不同的任务。

IEC 61346-4 给出详细示例表明汇集的有关某一项目在其寿命周期内的信息量。为了管理这样的信息，GB/T 5094.1 所描述的参照代号系统不可缺少。

参照代号是不同标识工作的主要基础(图 1)。据此,数据库中的信息与它在不同的文件与物体的实际存在之间建立了可识别的链接。

参照代号在按 IEC 61355 进行文件标识的情况下尤其起着重要的作用。这样,就有可能把文件和信息与工程设计所确定的某一项目直接关联起来。

它也使用户为了找到正确的用于特定用途的文件能够明确选择标准。

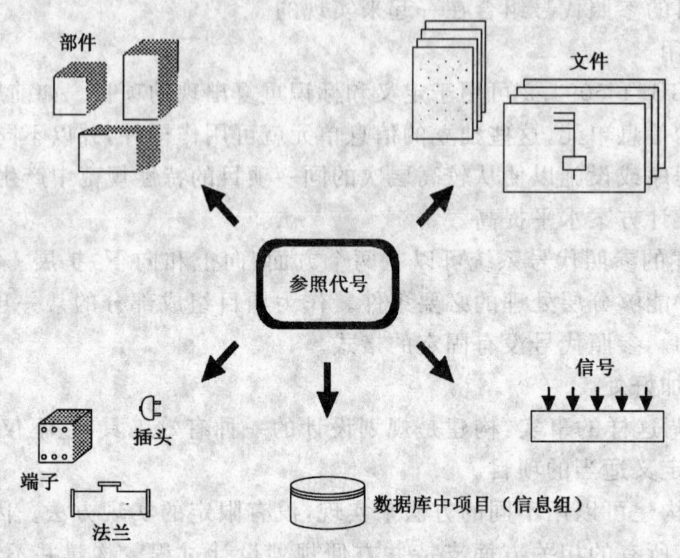

数据库中项目	=,+,−	参照代号		
部件	=,+,−	参照代号		
端子(IEC 61666)	=,+,−	参照代号	:	端子代号
文件(IEC 61355)	=,+,−	参照代号	&	DCC 和计数序号
信号(IEC 61175)	=,+,−	参照代号	;	信号名

图 1　处于不同标识工作中心的参照代号

应该指出,参照代号并不解决所有的标识工作。标识及其范围在 GB/T 5094.1 的引言中描述。

5　构建、分类与参照代号

5.1　基本步骤

从事构建和参照代号工作通常从构建项目开始,而后划分组成项目,之后,确定单层参照代号。

构建:

——A.1　确定要研究的项目(见 5.2)。

——A.2　选定一个面(见 5.3)。

——A.3　按照选定的面确定组成项目(见 5.4)。

——A.4　对每一个组成项目考虑进一步细分的必要性,并且在此情况下重复步骤 A.2 和 A.3。

——A.5　提供结构文件。

构建程序要重复进行,直到确定了适合所需目的的组成项目(图 2)。当确定为特定目的所关注的最小组成项目时(例如规划、装配、维护、修理和更换),一般可停止再分程序。零部件的生产者与工业设备操作者可以有不同的需要。在 IEC 61346-4 中,讨论了功能面分解。在本示例中,项目按功能重复再分直至完全实现组成功能的产品可以标识为止。产品面结构的建立即从这些产品(在该范围内用作零部件)开始按照从下而上的方法。因而也有可能确定组成物的功能,以提供这些产品的信息为唯一目的,而不关心其实现。

根据组成原理,应该认识到所研究的某一项目的大小、复杂性或重要性并不反映在所建立的项目树状结构的位置中。这意味着:例如复杂性可比的不同项目可能出现在不同结构层次上,或者,复杂性不同的那些项目可能同时出现在同一层次上。

如果在另一个面也关注某项目,则需要从A.1步确定的同一项目开始,而在A.2步应用另一个面。这就构成同一项目的另一种方法。

注:GB/T 5094.1允许对同一个面使用一种或多种补充方法。

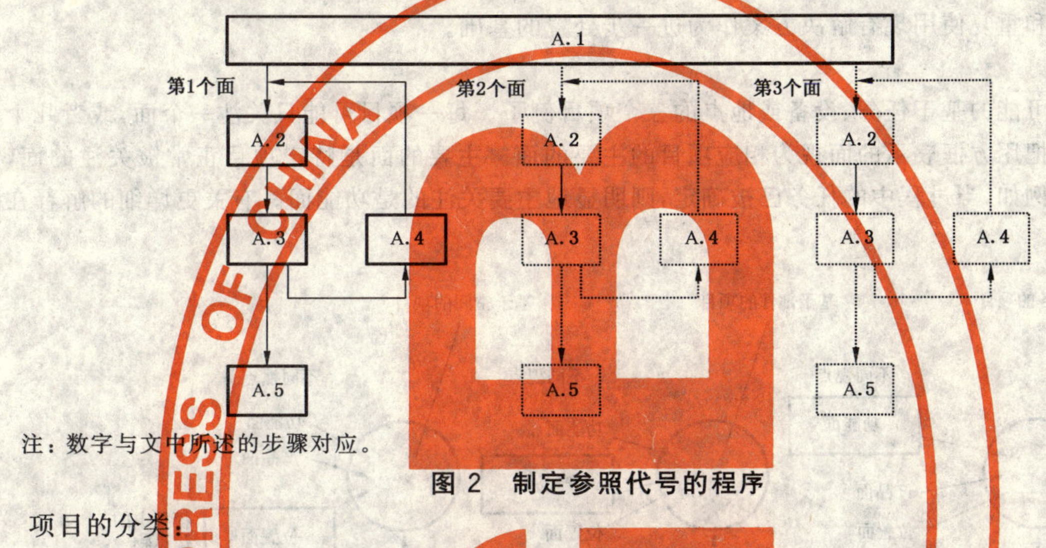

注:数字与文中所述的步骤对应。

图2 制定参照代号的程序

项目的分类:

——B.1 选定适用于一项目的全部组成的分类方案(GB/T 5094.2—2003表1或表2)并从而确定字母代码(见5.5)。

也有可能对一项目的组成完全不分类,在此情况下,仅仅用数字或字母区别组成(不分类)。

分类方案的选择基本上与A.2步的构建所选的面无关。

——B.2 必要时确定子类的字母代码。

制定参照代号:

——C.1 给予已分类的项目以数字,以便区分同一类别和子类的组成项目;

给予组成项目以数字,该项目未给予分类代码(见5.6)。

5.2 要研究的项目

明确地确定要研究的项目很重要。这是作进一步研究的起点。在规划成套设备、特别是大的成套设备时总是包括诸多的面。每一个面表示特定的系统、部件或器件。项目往往依据交货规定将它们分开确定。

重要的是承认各方可以分别研究它自己的项目(任务、成套设备、系统、部件、器件、位置-结构等),以考虑GB/T 5094.1和GB/T 5094.2的规则为条件。而后,需要把这些项目组合成完整的成套设备,例如工厂。

按照GB/T 5094.1的定义,一个项目在设计、规划、建造、运营、维修和拆除过程中被视为一个实体。按照IEC 61346-4,项目还包含与项目性质有关的信息,它涉及:

——它的作用(换言之与其他有效项目的相互作用,如期待的、计划的或实现的任务或工作);

——它周围的结构(换言之与周围组件的相互作用);

——它的位置(如区域、空间、地点或位置)。

包含此类信息的项目,从功能面、产品面以及位置面的视点都是所关注的。使用者必须决定与哪一类型的面相关。

——制造工程师或许将从确定基于制造任务的项目入手。需要至少提供制造任务本身和组成任务的信息。此外，可能还要提供供实现制造任务的设备以及预见位置的信息。

——当有经验的规划工程师得知技术解决方案时，或许将从确定基于设备的项目入手。有必要至少提供设备的及组成部分的信息。此外，还可能提供计划制造任务和组成部分的位置信息。

——基于空间条件的项目往往需要在早期计划阶段确定，而不考虑后来将安装的系统和设备。它们主要与现场、建筑物或组件的位置面的再分有关。可以提供确定空间的信息，如尺寸、安全规范或环境条件。在某些情况下，也有可能提供在现场安装或者在不同地点完成建造任务的设备信息。

可以模仿和重复使用现有解决方案作为进一步处置的基础。

5.3 面

图 3 示出可能的基于任务、设备或地点的三个项目例子。每一项目可能只关注一个面，或者几个不同的面。可以把用方框表示的面视为相应项目的主要的面。主要的面是特定项目正常被关注的面，因而不可缺少。例如，当过程中的任务已被确定，则明显地主要关注的是功能面。有关更详细的解释在附录 A.2 中阐述。

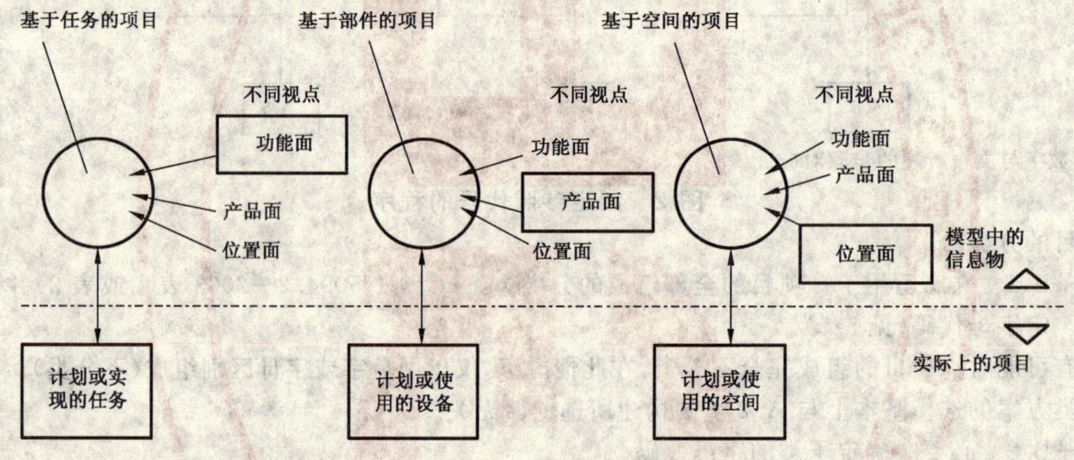

图 3 具有多个面的不同项目

主要的面的应用导致相应项目至少应该提供的信息(见 5.2)，还导致无歧义的参照代号。

5.4 确定组成项目

由 GB/T 5094.1 引出以下确定组成项目的规则：

——一个项目细分为它的组成项目应是完全的，即所有组成项目的总和构成完整的项目。

——组成项目彼此不应重叠，即一个组成项目的部分不应同时又是另一组成项目的部分。

基于过程任务的项目的组成项目也是基于组成过程任务的项目，换句话说，项目的面保持不变。上述情况也适用于基于设备或地点的项目。

通过把一个项目分解为其组成项目，便形成了树状结构。IEC 61346-4 描述了该工艺过程的一种方法。它从功能分解开始直至某一点，在该点，确定由可用产品直接实现的组成项目。

将这些产品组合在一起构成组件，并且又依次将这些组件组合在一起构成较高层次的组件(例如机柜)。后者导致产品面结构。下列示例中的大多数，示出了这一程序的最后结果，而未示出它们是如何达到的。

5.4.1 功能面

按照功能面确定组成项目往往基于过程中所履行的任务或工作。建议使用 GB/T 5094.2—2003 表 1 第 3 栏中与功能面相联系的术语。在此情况下，不考虑用专用术语来表示描述的系统、设备或器件

(产品)是有益的,尽管有的专家常常已经了解这些主要的设备。

示例:使用"从 A 处运到 B 处的项目"而不用"传送带";

使用"接通和断开电源电路的项目"而不用"断路器"。

当描述某一任务时不特别说明方法也可能是重要的。例如,一种任务可能是"液体加热"。有经验的工程师可能称此任务为"热交换",因为他根据以前的应用知道解决此问题的方法。术语"加热"比热交换更普通并未提及此任务是如何实现的。

方框图是按功能面确定项目文件的例子(图 4)。

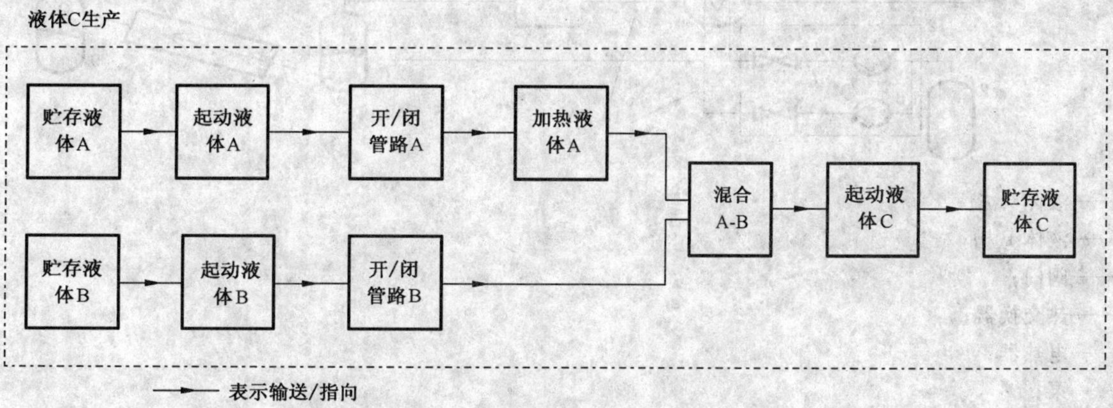

液体C生产

贮存液体A → 起动液体A → 开/闭管路A → 加热液体A → 混合A-B → 起动液体C → 贮存液体C

贮存液体B → 起动液体B → 开/闭管路B → 混合A-B

——► 表示输送/指向

图 4 表示任务的方框图示例

被研究的项目具有"生产液体 C"的功能。该项目按照功能面细分为组成项目。组成项目对应于图 4 中的方框。方框间的连线也代表完成导引或输送任务的组成项目。组成项目构成功能结构中的一个层次(图 8)。

5.4.2 产品面

按照产品面确定组成项目是基于实际使用的或计划的系统、设备或器件。关于产品面使用的术语实例示于 GB/T 5094.2—2003 表 1 的第 4 和第 5 栏。

例如图 4 所说明的任务需要用适当台数的设备来实现。表 1 示出如何策划实现该任务。

表 1 任务及其实现方法

任　　务	实现方法	备　　注
贮存液体 A	槽	
起动液体 A		任务的实现通过一种方法(使用重力,而非产品)
开/闭管路 A	阀	
加热液体 A	热交换器	热交换器冷却液体 B。此功能未说明,因而不予考虑
贮存液体 B	槽	
起动液体 B	2 个泵	
开/闭管路 B	2 个阀	
混合 A-B	混合器	
起动液体 C	输送器	
贮存液体 C	槽	
输送	管道	

应该指出,表 1 仅示出了与任务有关的主要部件。整个任务的实现还包括辅助设备,如控制和监测设备(与图 17 作比较)。

作为实现计划的结果,就可以编制一种概略文件如流程图(图 5)。各组成部分用数字表示。它们构成产品面结构中的一个层次(图 9)。(其他的组成部分,像控制面板、配电板或空调系统未考虑在内。)

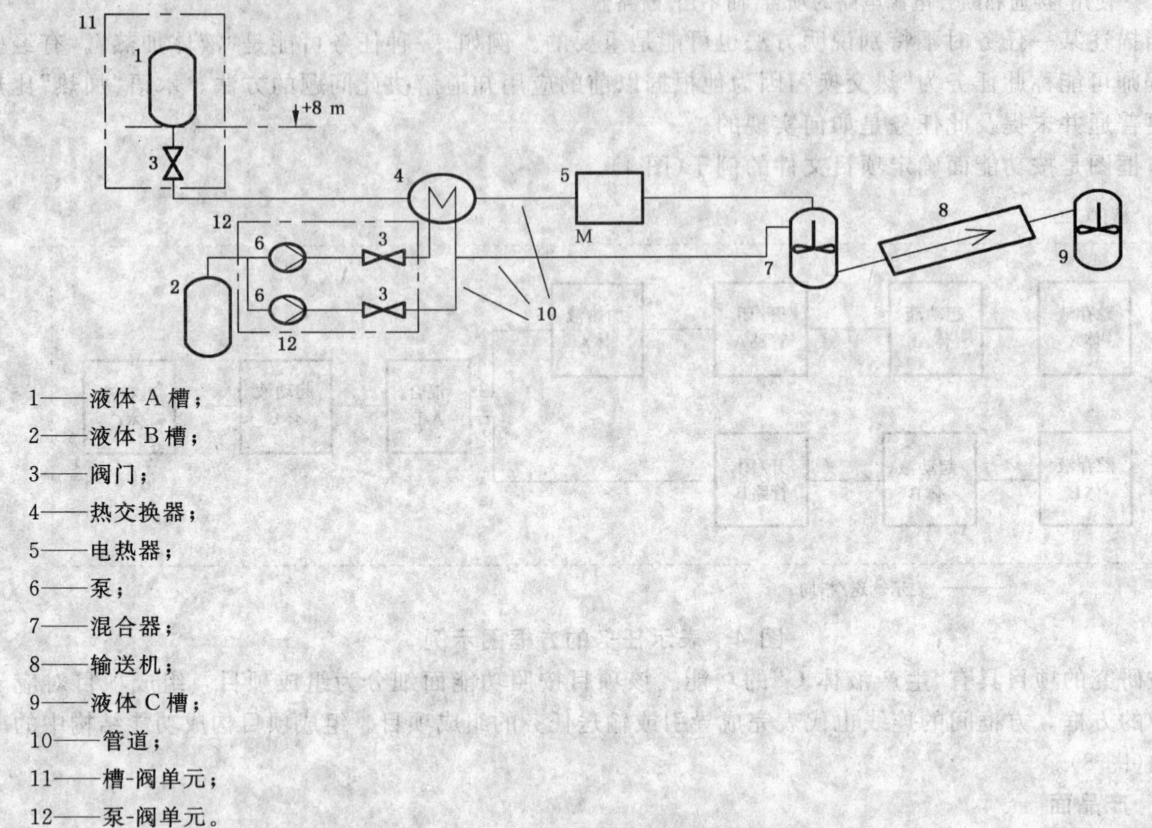

1——液体 A 槽;
2——液体 B 槽;
3——阀门;
4——热交换器;
5——电热器;
6——泵;
7——混合器;
8——输送机;
9——液体 C 槽;
10——管道;
11——槽-阀单元;
12——泵-阀单元。

图 5 表示一生产流程主要部件的流程图示例

在绘制图 4 和图 5(也包括图 8 和图 9)时,可以认定,按功能面的各组成部分与按产品面的各组成部分之间不存在一一对应的关系。例如"起动液流"的任务全然不需要一种设备。它的实现是利用重力作用。

5.4.3 位置面

如 GB/T 5094.1—2002 的 4.4 所述,按照位置面确定组成项目是基于系统的位置布局和/或技术系统所处的环境。这意味着这些项目不涉及技术系统本身。它们只涉及空间(二维的或三维的)的确定,在该空间中,能安装技术系统的组成部分。

应该指出,基于任务或产品的项目可能存在位置面,例如表示有关环境的要求。基于位置的项目也可能包含这些要求是如何考虑的信息。

按照位置面确定项目的典型文件是布置图(场地、建筑物、组件或单元)。典型的项目是:一个区域、一幢建筑物、一个楼层、一间房、房中的一个区间、机柜中的一个安装处、安装架中的一条槽、单元内或单元上的一个位置。图 6 表示基于建筑图的一简化布置图。它表示图 5 所确定的各个部件的位置。

按位置面的组成项目构成位置面结构的一个层次(图 10)。

要提及的是,在位置面结构中,可以清楚地寻址到某一部件(例如泵)所占据的准确空间,例如为此目的可采用足够详细的直角坐标系。

5.5 项目的分类

项目的分类与结构的类型和项目在结构中的位置无关。这意味着:例如 GB/T 5094.2—2003 中的表 1 或表 2 适用于按功能面确定的项目,也适用于按产品面确定的项目,同时,在某些情况下,也适用于按位置面确定的项目。根据 GB/T 5094.1,可以得到如下规则:一个项目在一个面范围内的所有组成项目的分类均按照同一分类表。

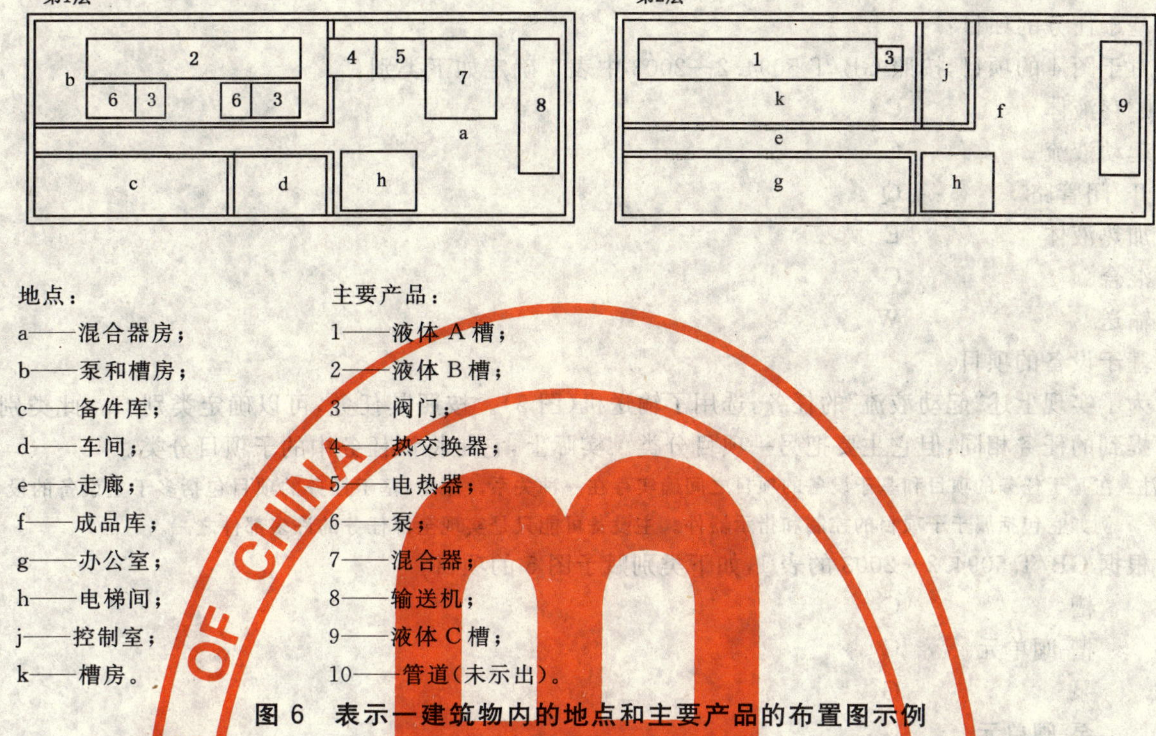

图6　表示一建筑物内的地点和主要产品的布置图示例

在结构的给定层次上所采用的分类表应该在事件对事件的基础上来确定。此原理示于图7。在结构的一个层次中可以应用不同的分类表(但非对一个简单项目的组成部分)。因此，不强制在每一种情况下都对组成项目确定类别。

应该指出，如果参照代号使用一种以上的分类表，要区分某一特定字母码来源于哪一种分类表或许是不可能的。因此，它们的应用需要在文件中或相关文件中加以说明。

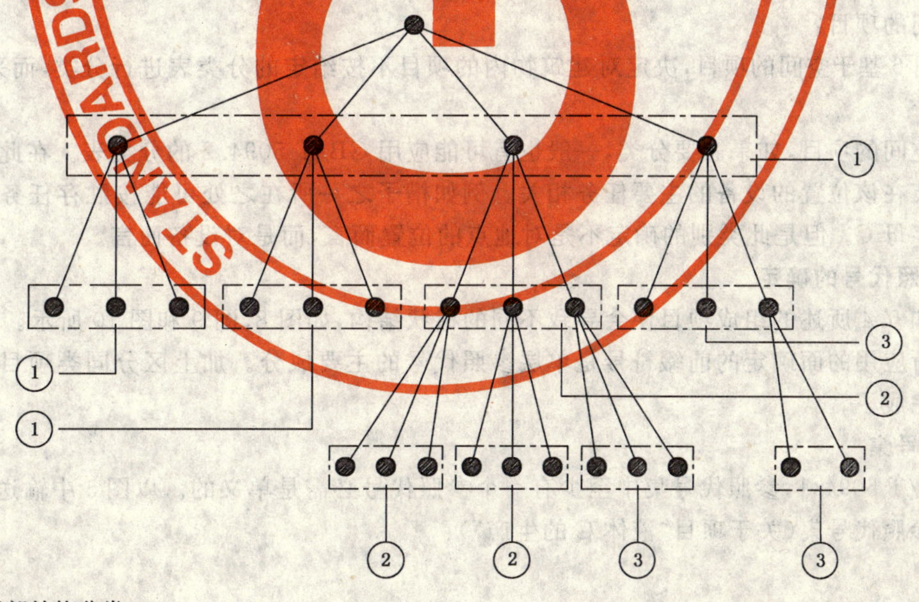

①——按下部结构分类；

②——按用途分类；

③——不分类。

图7　分类表的应用

下面的例子表示项目按用途分类的原则(GB/T 5094.2—2003 中表 1)。

基于任务的项目：

对于图 4 的项目，按照 GB/T 5094.2—2003 中表 1 确定如下类别：

贮存液体　C
起动液流　G
开/闭管路　Q
加热液体　E
混合　G
输送　W

基于设备的项目：

为了实现上述"起动液流"的任务，选用了输送机(图 5)。按照其任务，可以确定类别 G。此类别与上面提到的任务相同，但它主要把另一项目分类。实际上，它是将该任务中的子项目分类。

注：在基于任务的项目和基于设备的项目之间确实存在一种关系。但是，基于任务的项目包括多于主设备的设备。例如它包括属于子项目的控制和指示器件。主设备可能只是实现全部任务的许多部件之一。

根据 GB/T 5094.2—2003 的表 1，如下类别赋予图 5 的项目：

槽　C
槽-阀单元　C
泵　G
泵-阀单元　G
阀　Q
热交换器　E
电热器　E
混合器　G
输送器　W
管道　W

基于空间的项目：

对示于图 6 基于空间的项目，决定对建筑物内的项目不按给定的分类表进行分类，而采用房间的缩写 R。

对基于空间的项目，如果需要分类，一般也有可能应用 GB/T 5094.2 的分类表。在此种情况下，分类或许与安装在该位置的设备的主要任务相关。例如槽子之一所在之处可能按贮存任务来分类，从而从表 1 得出字母 C。但是此类别的确定不是对地点的位置而言，而是对设备而言。

5.6 单层参照代号的确定

确定了如 5.4 所述的组成项目便会导致不同的树状结构，如图 8、图 9 和图 10 所示。5.5 所述确定的类别和按所应用的面确定的前缀符号是单层参照代号的主要成分。加上区分同类项目的数字，单层参照代号便完成了。

5.7 参照代号集

按照 GB/T 5094.1，参照代号集中至少有一个参照代号必需是单义的。以图 5 中输送机为例，可以确定如下的参照代号集(关于项目"液体 C 的生产")：

＝G3...
－G4
＋R102...

对输送机而言，功能面参照代号不是单义的，因为确信有其他设备(例如控制柜)也加入到实现"起动液体 C 流"的任务。位置面参照代号不是单义的，因为输送器在此处不是唯一的组件。在此情况下，唯一的单义识别符是产品面参照代号。

注：如果在文件中或支持文件中加以说明且不可能引起混乱的话，上面示例所示的水平省略符号可以省略。

液体 C 的生产

- =C1 贮存液体 A
- =C2 贮存液体 B
- =C3 贮存液体 C
- =G1 液体 A 启动流
- =G2 液体 B 启动流
- =G3 液体 C 启动流
- =Q1 开/闭管路—液体 A
- =Q2 开/闭管路—液体 B
- =E1 加热液体 A
- =G4 混合液体 A 和 B
- =W1…n 运输

图 8　基于任务的项目的树状结构

液体 C 生产线

- −C1 槽阀单元，液体 A
  - −C1 槽
  - −Q1 阀
- −C2 液体 B 槽
- −C3 液体 C 槽
- −G1 泵—阀单元 1，液体 B
  - −G1 泵
  - −Q1 阀
  - −W1 管道
- −G2 泵—阀单元 2，液体 B
  - −G1 泵
  - −Q1 阀
  - −W1 管道
- −E1 热交换器
- −E2 电热器
- −G3 混合器
- −G4 输送机
- −W1…n 管道
- −S1 总控制盘
- −E11 空气调节单元

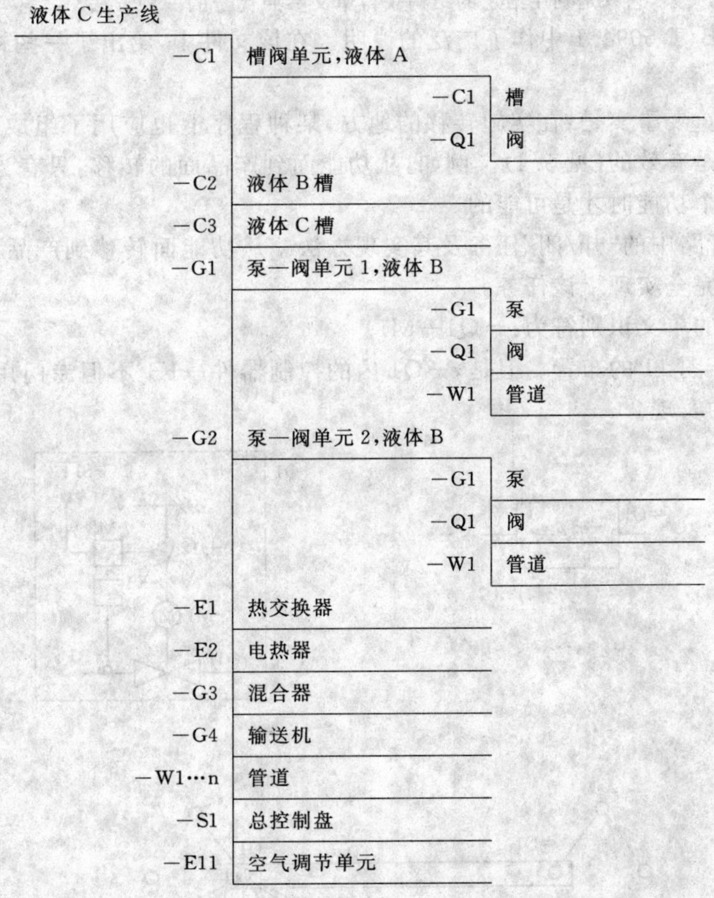

图 9　基于设备的项目的树状结构

液体 C 生产线	
+R101	泵和槽房
+R102	混合器房
+R103	车间
+R104	备件库
+R105	走廊 1
+R106	电梯 1
+R201	槽房
+R202	成品库
+R203	办公室
+R204	走廊 2
+R205	电梯 2

图 10　基于空间的项目的树状结构

6　转移

在某些情况下，可以从项目的一个面转移到同一项目的另一个面。

往往必要时只能使用转移(例如，将预定的结果并入给定的结构，而没有可能改变给定的结构或引入新的结构)。

注：转移与构建毫无关系，它只是利用给定的结构获得单义参照代号的一种方法。

转移的使用在 GB/T 5094.1 中作了广泛的说明。在该文件中，给出了一些补充的例子来说明可能的转移。

需要考虑的一个重要事实是：在实施转移的地方，某种程序上也应用了组成原理。这表示：类似于确定组成项目的规则是有效的(见 5.4)。例如，从功能面到产品面的转移，只有当转移到的那个产品完全实现转移开始的那个功能时才是可能的。

图 11 示出液体管路中的“开/闭”任务及其实现方法。从功能面转移到产品面是可能的，这是因为用点划线表示的项目完全实现了该任务。

阀的电机驱动器的单义识别符为：=Q1－M1。

图 12 示出类似于图 11 的布置。但是，－Q1 内的控制器件－K1 不但专门用于任务=Q1 的实现，而且用于任务=Q2 的实现。

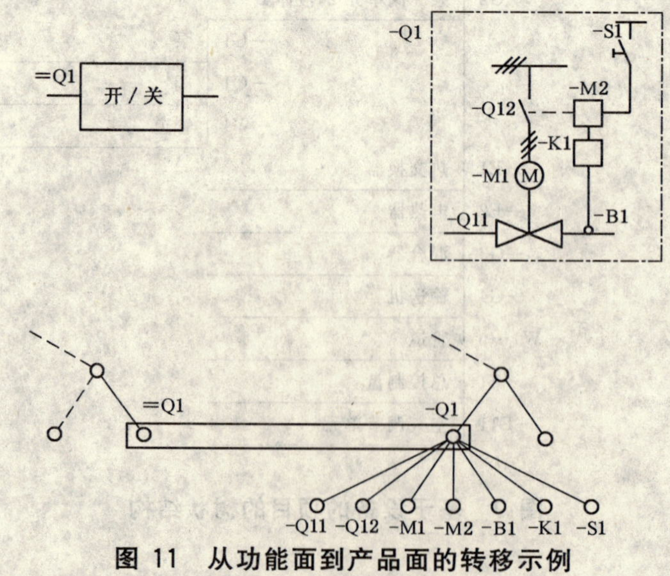

图 11　从功能面到产品面的转移示例

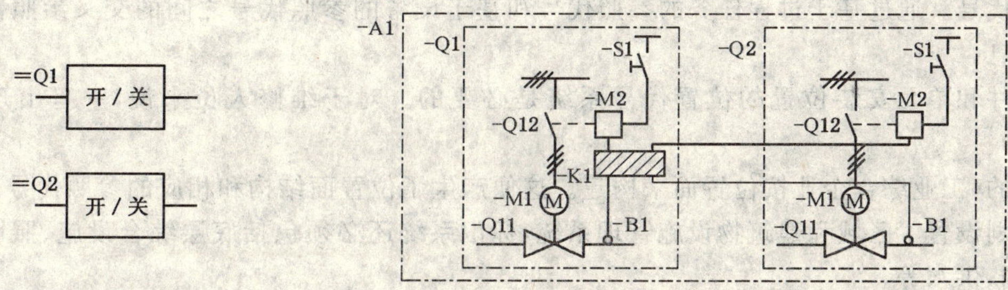

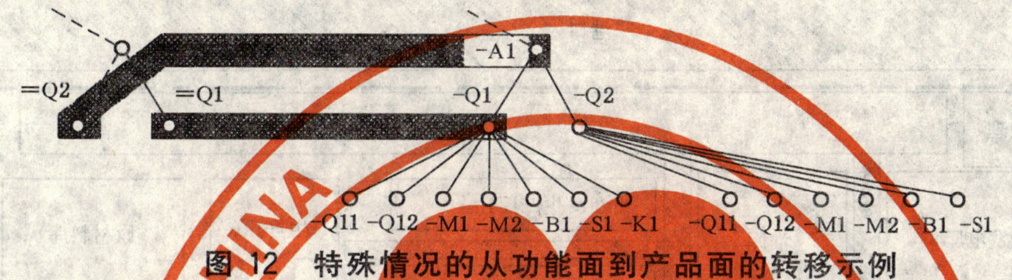

图 12　特殊情况的从功能面到产品面的转移示例

－Q1 完全实现＝Q1。在此情况下,转移是可能的:＝Q1－M1 表示－A1－Q1 内的电机－M1。

－Q2 实现＝Q2,但不完全,因为缺少继电器。在此情况下,不直接转移是可能的。

但是,＝Q2 是由一较高层次－A1 中的产品完全实现的。在此情况下,可能的转移是:＝Q2－Q2－M1表示－A1－Q2 内的电动机－M1。

应用给定的规则,便可获得单义的参照代号,但应指出,这些参照代号不一定是唯一的。对一个项目而言,可能同一面使用一种以上的参照代号,每一种都与该项目有关。在示于图 12 的例子中,对于同一个项目(－A1－Q1 内的－M1),如下的参照代号是可能存在的:＝Q1－M1 和＝Q2－Q1－M1。

如果转移到的那个产品完全并专门用于实现某一任务,则可避免如此多个参照代号。但应指出,这是一个未依据 GB/T 5094.1 的补充要求。

7　构建与标识示例

7.1　对构建与标识任务的说明

选择图 13 所示的某一工业综合企业为例。

任务是根据 GB/T 5094.1 应用参照代号系统,对技术过程规定的任务,对用于实现任务的和必要时也用于过程环境的每一个部件和单元确定单义的标识代码。

注:更高层组织也可能关注工业综合企业本身的单义标识,因为在该组织内存在其他工业综合企业。这一点在示例中不研究。

下面系统地提出一些要求:

——由于计划设置中央管理系统,便要求工业综合企业范围内的设备标识是单义的。因此要研究的项目为整个工业综合企业。它形成了任何结构中的顶节点。

——在计划阶段,借助于任务和组成任务的说明来规定某些设备。对这些设备需清楚地标识,且必须尽可能地将信息与之相联系。为此目的,必需确定基于过程任务和组成任务的项目,这些项目组织在功能面结构中并被给予相应的参照代号。

注:对工业综合企业中的所有设备,毋需都基于任务确定项目。在大多数情况下,引入基于设备的项目将与所要达到的目的相适应。

——在每个生产工厂中安装计算机化的服务和维修系统会导致另外的要求。应能够根据标识代码认知各部件与单元之间功能的相互关系。例如维修人员需要方便地知道哪些产品参与故障判别并采取相应措施。

为此目的,除基于过程任务的项目外,要确定基于组织在产品面结构中的工厂、设备和器件的项目和相应参照代号。通过基于过程任务的参照代号和基于设备的参照代号之间的交叉参照，便可获得需要的项目信息。

表示零件和单元安装位置的位置代号系统是必要的。对于维修人员来说，一旦出现故障，会有帮助。

为此目的，工业综合企业按位置面来构建。这便产生了位置面结构和相应的参照代号。

由于计划设置了区域和建筑物设施管理系统，标识系统还必须包括底层综合设施、照明、火灾监测和告警、空调、供水等。

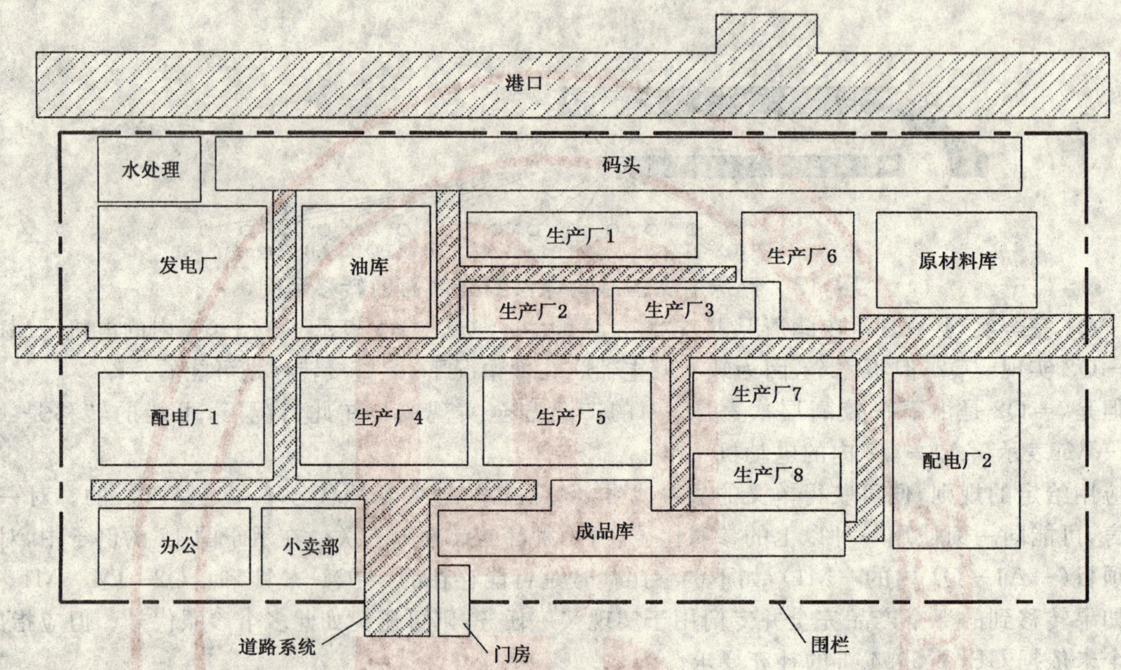

未示出：数据网、电话网、道路和区域照明系统、给排水系统

图 13　某一工业综合企业总览

7.2　工业综合企业结构

本示例所研究的项目是图 13 所表示的整个工业综合企业，它是下面进一步研究的基础。此项目形成所有下属结构的顶一节点。

作为对标识任务的说明中得出的结果(见 7.1)，项目从功能面、产品面和位置面都是被关注的。

在本示例中，构建被解释为自上而下进行的。这反映了工厂、成套设备或设备的竣工状态。实际上，程序是自上而下和自下而上构建之间的混合状态。例如独立的结构是为组成项目而建的，它们后来需汇入较高层的结构(图 26)。下面所表示的是最后的结果。

7.2.1　功能面

功能面的应用导致按功能面结构的第一次分解(图 14)。它考虑了在工业综合企业内部执行的主要过程任务和辅助任务。

对于项目的分类，采用了 GB/T 5094.2—2003 中表 2 的分类表。这是由工业综合企业的业主决定的，因为这第一次分解较多地与地点的下层而不是与组成部分的用途有关。

注：也可能采用与用途有关的分类。但是示例中的绝大多数组成部分是用于生产某些物件的，因而它们均可能属于同一类别 G。

基于不同类型生产任务的项目构成结构的主要部分。对于这些项目采用类别 B…T。选定这些类别仅仅是对本项目而言，因为在规划时还不存在标准化的分类表。在本示例中，“产生电能或热能”、“配电”和“水处理”也被认为是主要组成部分，它们与主要过程密切相关。

下列项目的类别是固定的：

B　生产产品 ABC；

E　生产产品 DEF；

H　生产产品 GHJ；

K　生产产品 KLM；

N　水处理；

P　产生电能或热能；

T　配电。

这些类别也用于产品面结构和位置面结构中所确定的项目(见 7.2.2 和 7.2.3)。

类别的字母代码示于结构中。它们与数字一起表示单层参照代号。为了区别同一类别的项目，这些数字是需要的。如果一个类别中只存在一个项目，采用数字也可以，这便于处理未来扩展项目。例如，如果在后续阶段需要第二个发电厂，这可以方便地编码为 P2，而 P1 保持不变。

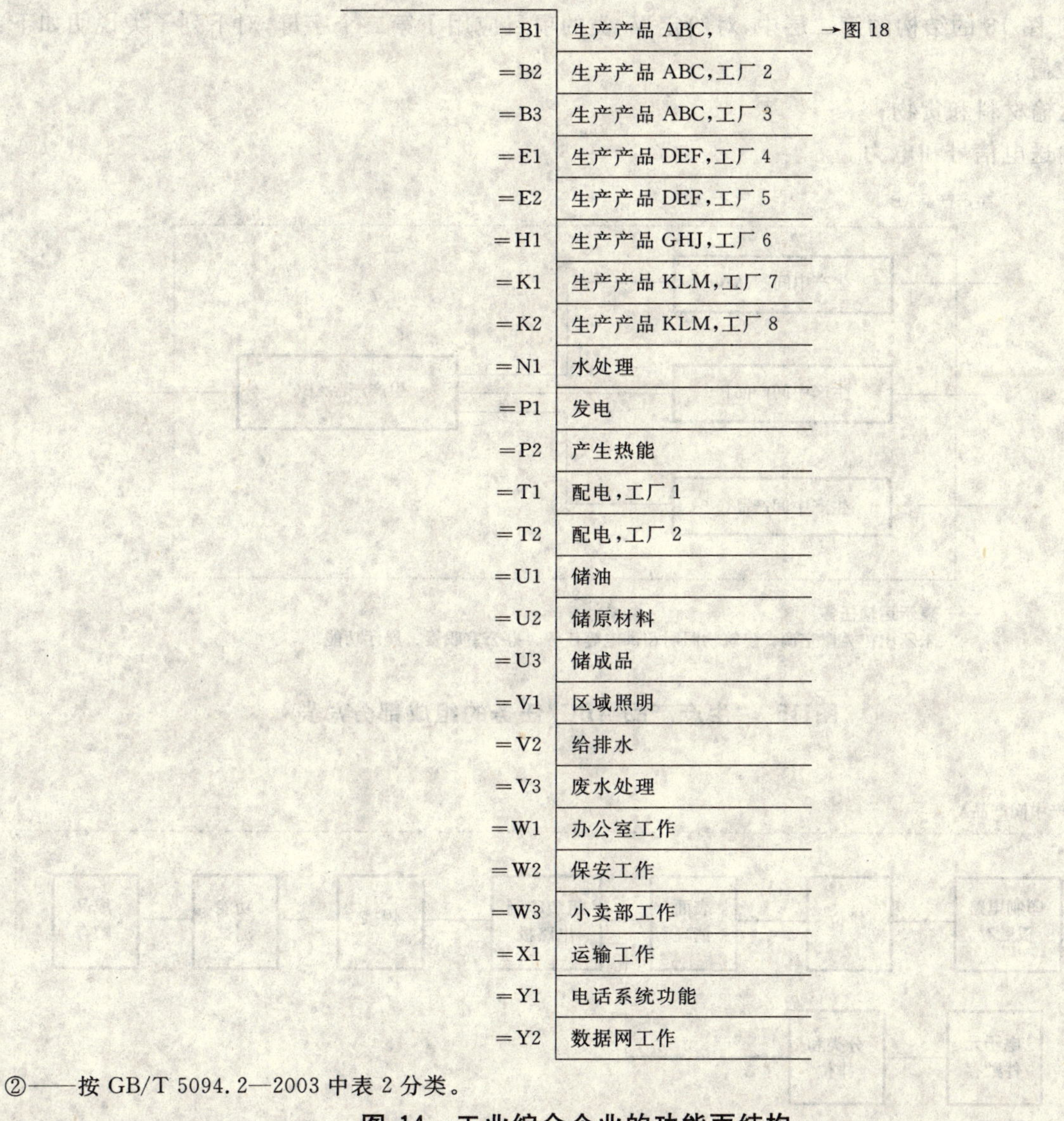

②——按 GB/T 5094.2—2003 中表 2 分类。

图 14　工业综合企业的功能面结构

在某些情况下，为了区别用途，也有可能规定与项目有关的子类字母代码。例如用于贮存任务的编码可用 UA1、UB1、UC1 代替 U1、U2、U3。这也便于未来可能的扩展。

如何应用字母代码视要求而定。在工程过程的初期阶段，应对结构和编码进行仔细规划，以避免未来代号的不一致或改变。

现在对项目之一“生产产品 ABC”作进一步的研究,其概略图示于图 15。

图 15 中所描述的项目的主要任务是“生产产品 ABC”,在图 14 中它用标有=B1 的项目表示。保持功能面作进一步分解。这便产生了图 18 所示的功能面结构的第一层次。

在此层次,也采用了 GB/T 5094.2—2003 中表 2 的类别,因此这一分解代表下一层,字母 B 和 C 的规定是就本层次而言的,此处:

B 生产中间产品;

C 生产最终产品。

在所有下面的层次中,采用了按照 GB/T 5094.2—2003 中表 1 的与用途有关的分类。

选择任务“生产中间产品 A”(与示于图 15 的生产线 1 相关)作为进一步构建的一个例子。例如在计划阶段所规定的组成任务,可以从示于图 16 的方框图得到。其结果表示为示于图 18 的结构中的第二层。借助图 17 将运输任务之一进一步分解为组成任务。

在示于图 18 的结构的第二层中,对给定 W 类的项目应用了第二个字母,对下列子类说明如下:

A 位置;

B 运输材料和货物;

C 输送电信号和电力。

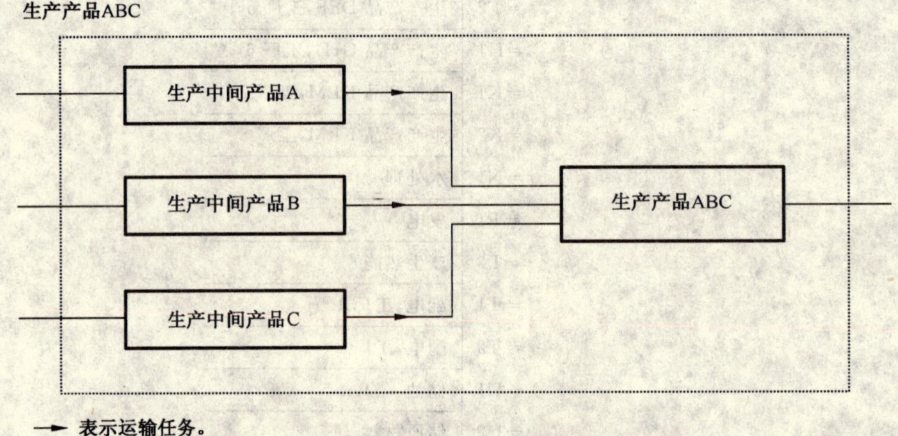

图 15 “生产产品 ABC”任务的组成部分总览

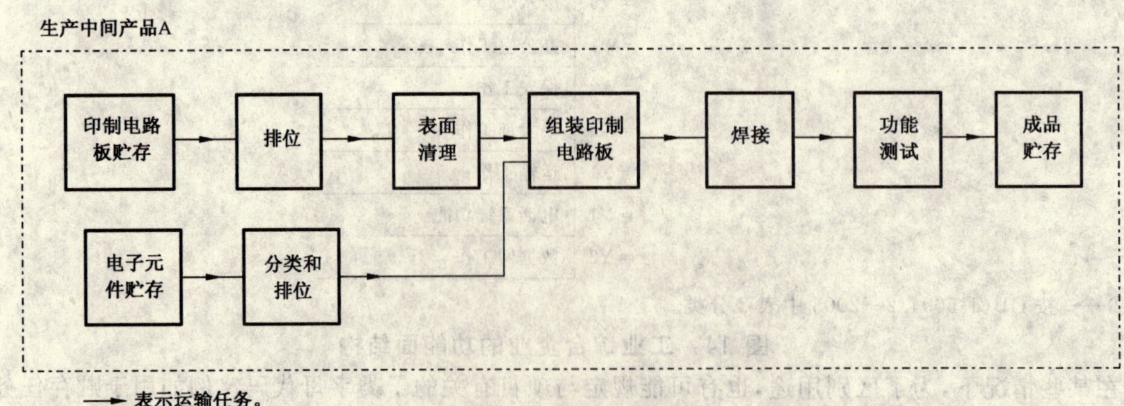

图 16 与生产线 1 相关的任务方框图

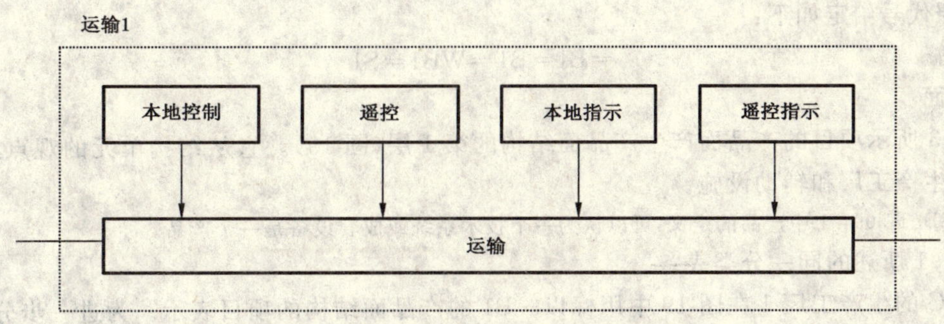

图 17 "运输"任务之一方框图

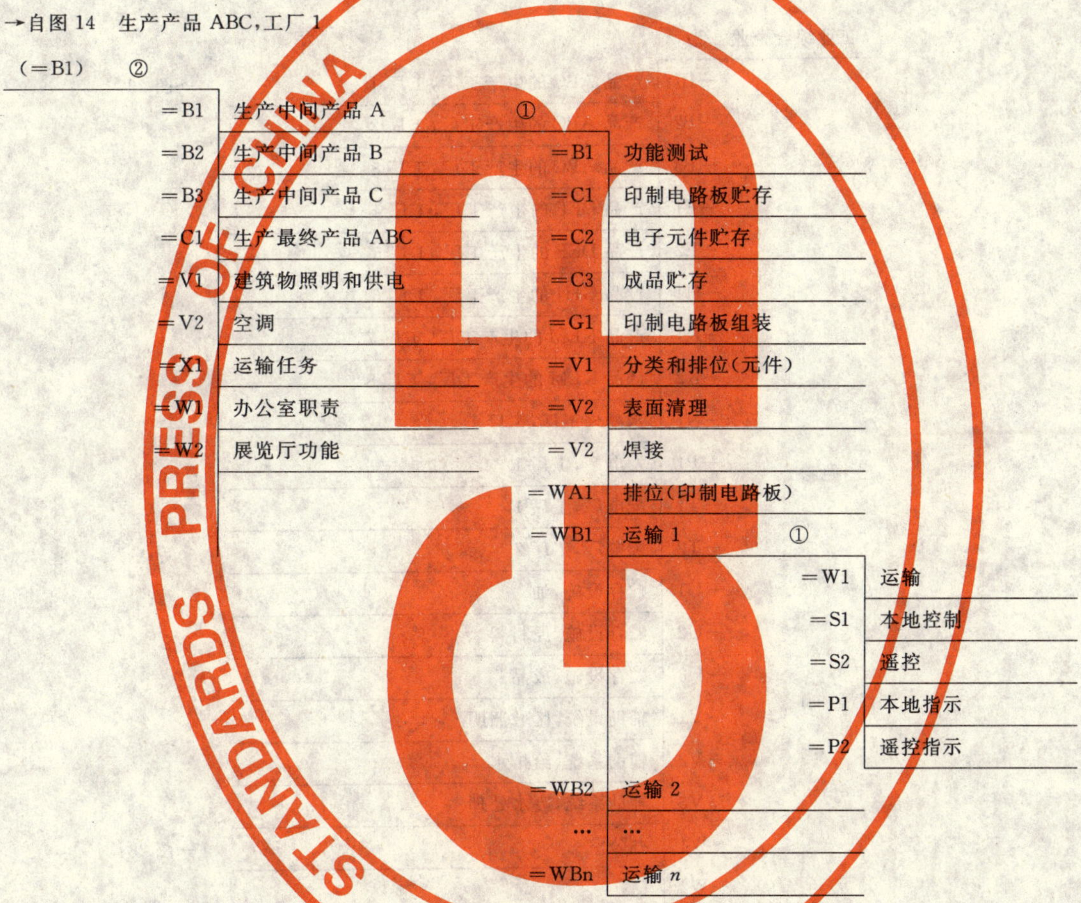

→自图 14 生产产品 ABC,工厂 1

(=B1) ②

- =B1 生产中间产品 A ①
  - =B1 功能测试
  - =C1 印制电路板贮存
  - =C2 电子元件贮存
  - =C3 成品贮存
  - =G1 印制电路板组装
  - =V1 分类和排位(元件)
  - =V2 表面清理
  - =V2 焊接
  - =WA1 排位(印制电路板)
  - =WB1 运输 1 ①
    - =W1 运输
    - =S1 本地控制
    - =S2 遥控
    - =P1 本地指示
    - =P2 遥控指示
  - =WB2 运输 2
  - … …
  - =WBn 运输 n
- =B2 生产中间产品 B
- =B3 生产中间产品 C
- =C1 生产最终产品 ABC
- =V1 建筑物照明和供电
- =V2 空调
- =X1 运输任务
- =W1 办公室职责
- =W2 展览厅功能

①——按 GB/T 5094.2—2003 中表 1 分类。

②——按 GB/T 5094.2—2003 中表 2 分类。

图 18 涉及生产工厂的功能面结构

此结构只包含任务"生产产品 ABC"的组成部分的项目。应该认识到,生产工厂本身包括更多的与任务有关的项目,例如电话系统功能、数据网络功能、卫生功能或给排水功能。

但是,在图 18 所示功能面结构中,没有把这些任务表示为组成项目。例如,在图 14 中,把电话系统功能视为用=Y1 表示的项目的组成部分。该项目包括工业综合企业整个电话系统,它不直接影响工业综合企业中任何过程任务。(这当然与在 7.2.2 所描述的产品面不同。)

把示于图 14 中的代号与图 18 中的代号连接起来便构成功能面结构中项目完整的参照代号(多层参照代号)。

例如,对作为"生产产品 ABC,工厂 1"组成任务的"生产中间产品 A"中,"运输 1"的"本地控制"任务的单义参照代号给定如下：

=B1=B1=WB1=S1

7.2.2 产品面

用于图 13 所示项目的产品面产生产品面结构的第 1 层(图 19)。它从结构单元的观点考虑了主要成套设备，如生产工厂和辅助设施。

注：按照 GB/T 5094.1 中产品的定义，可以认为一个技术系统或成套设备是一个产品。

采用 7.2.1 所述的同一分类表。

产品 ABC 的生产工厂 1 在图 19 中用标以－B1 的产品面结构的项目表示。为进一步分解，仍然保持产品面结构。图 20 和图 21 可作为根据。其结果在图 22 所示的产品面结构中示出。所用分类表在图中示出。字母 W 的子类和 7.2.1 所述相同。

工业综合企业 ②

－B1	产品 ABC 的生产工厂，工厂 1	→图 22
－B2	产品 ABC 的生产工厂，工厂 2	
－B3	产品 ABC 的生产工厂，工厂 3	
－E1	产品 DEF 的生产工厂，工厂 4	
－E2	产品 DEF 的生产工厂，工厂 5	
－H1	产品 GHJ 的生产工厂，工厂 6	
－K1	产品 KLM 的生产工厂，工厂 7	
－K2	产品 KLM 的生产工厂，工厂 8	
－N1	水处理工厂，工厂 1	
－P1	发电厂，工厂 1	
－T1	配电厂，工厂 1	
－T2	配电厂，工厂 2	
－U1	贮存设施，油	
－U2	贮存设施，原材料	
－U3	贮存设施，成品	
－V1	辅助系统，区域照明	
－V2	辅助系统，给排水	
－V3	辅助系统，废水处理	
－W1	办公室	→图 23
－W2	门	
－W3	小卖部	
－X1	码头	
－Y1	电话系统	
－Y2	数据网	
－Z1	区域、围栏、道路等，道路系统	
－Z2	区域、围栏、道路等，围栏	

②——按 GB/T 5094.2—2003 中表 2 分类。

图 19 工业综合企业的产品面结构

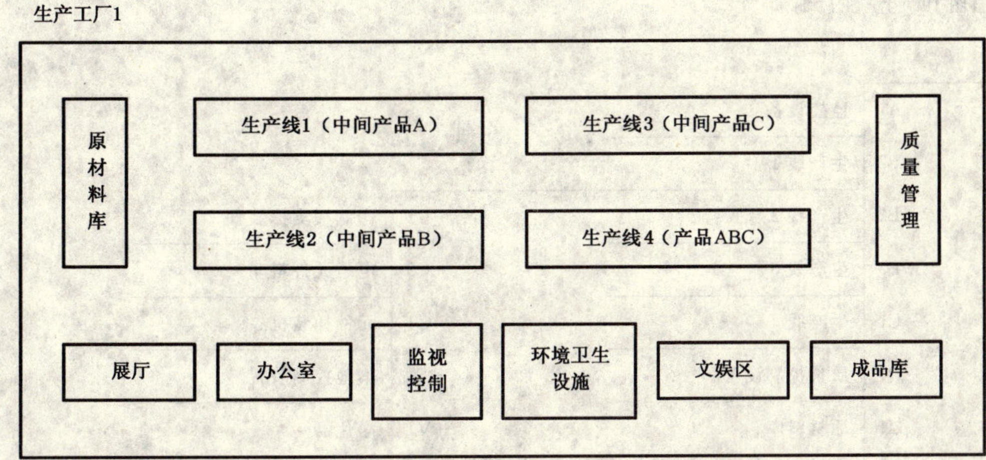

注：未示出的有：数据网、电话系统、建筑物照明系统、空调工厂、运输系统、供水系统、建筑物设施等。

图 20　生产工厂 1 布置总览

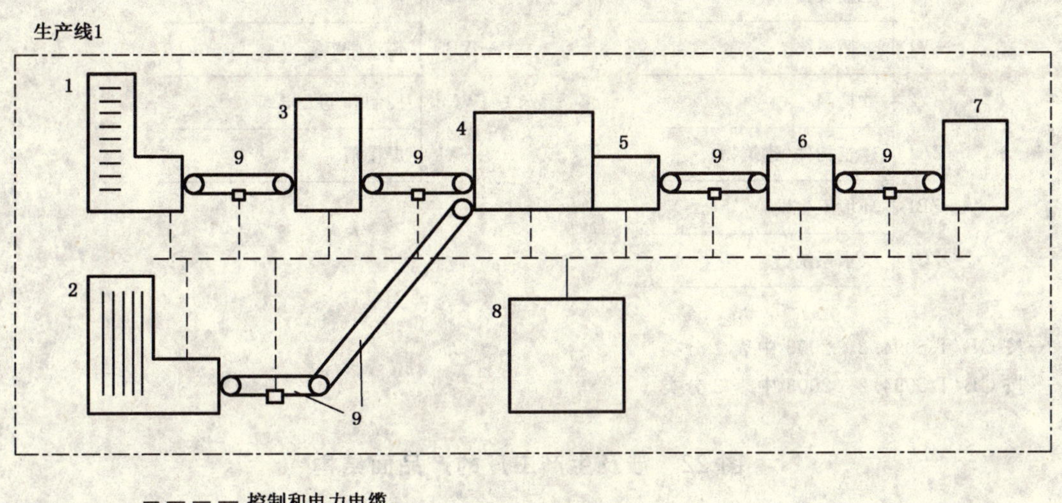

1——印制板支撑装置；
2——电子原料斗；
3——净化器；
4——元件插装机；
5——焊接槽；
6——自动检测装置；
7——货架；
8——本地控制装置；
9——传送带 1-5。

图 21　生产线 1 布置总览

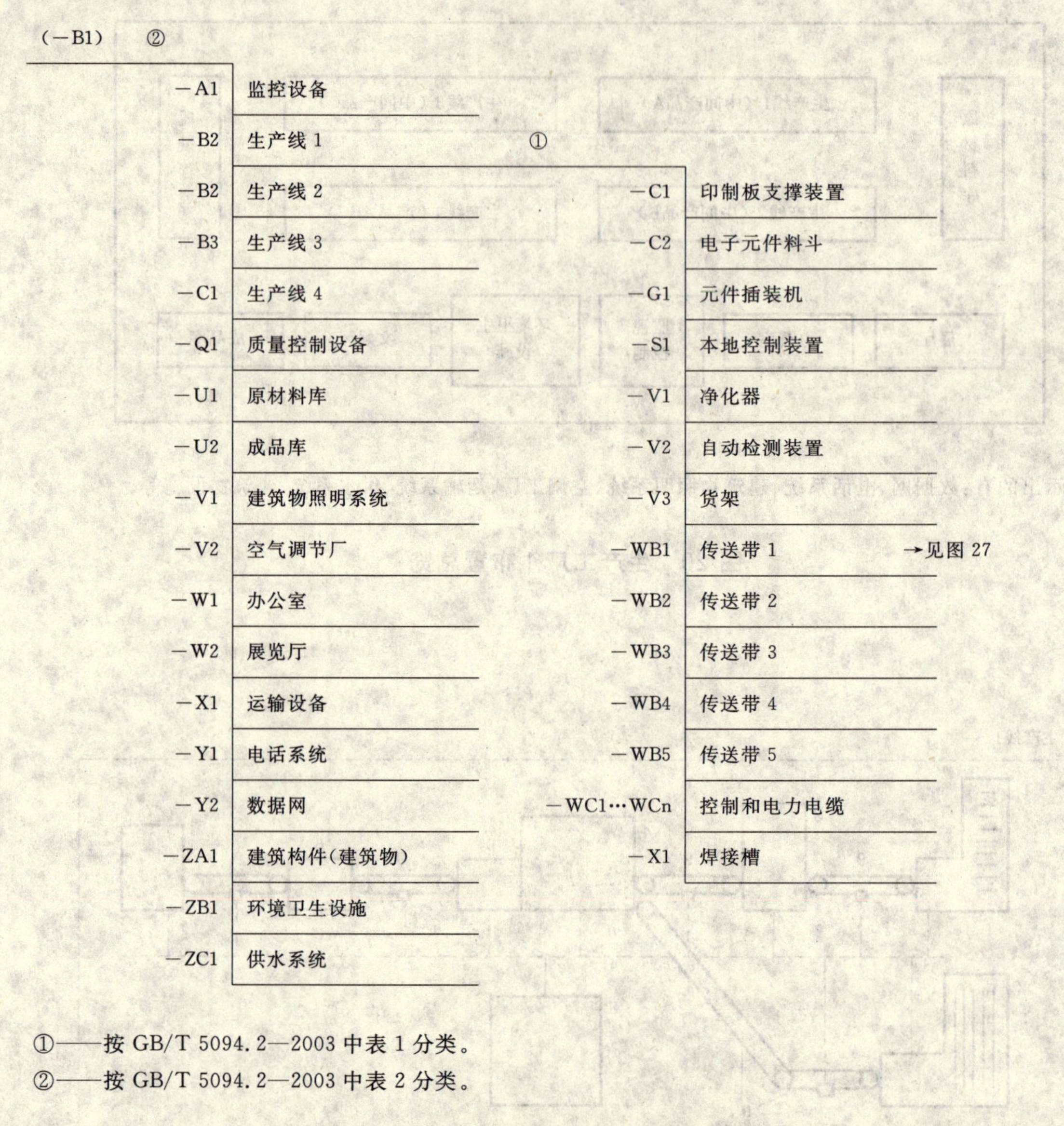

①——按 GB/T 5094.2—2003 中表 1 分类。

②——按 GB/T 5094.2—2003 中表 2 分类。

图 22　涉及生产工厂的产品面结构

图 23 示出图 13 中办公室可能的结构的一个示例。由于要求家具的部件、零件或项目的标识简明，该项目只关心产品面。因此，顶节点(—B1)与图 19 所示的产品面结构中的相应项目相关，并且用于再分解的面不变。结构中项目的数量取决于需要标识和处理的对象，如在一个数据库中。

在此种情况下，办公室被认为是单元、部件和器件的一个大组件。(它好比可运输到另一地点而不改变组成部分的一个容器。)所有组成部分合成完整的办公室。

由于办公室的下层结构是主要被关注的，在此情况下，项目的分类也执行 GB/T 5094.2—2003 中表 2 的规定。如下的类别是在 B 和 T 间的范围内确定的：

B　档案设备

C　复印设备

G　家具

②——按 GB/T 5094.2—2003 中表 2 分类。

图 23 办公室结构

7.2.3 位置面

位置面产生位置面结构的第 1 层(图 24)。它表明工业综合企业再分解为可明确定址的地点。此时,要选定区域和建筑物代号。(在其他情况下,可采用直角坐标系表示。)

如 7.2.1 中所确定的同样的类别也适用于这些项目。

在示于图 24 的位置面结构中,确定了标有表示生产工厂位置的+B1 的项目。保持位置面不变,就产生图 25 所示的位置面结构。

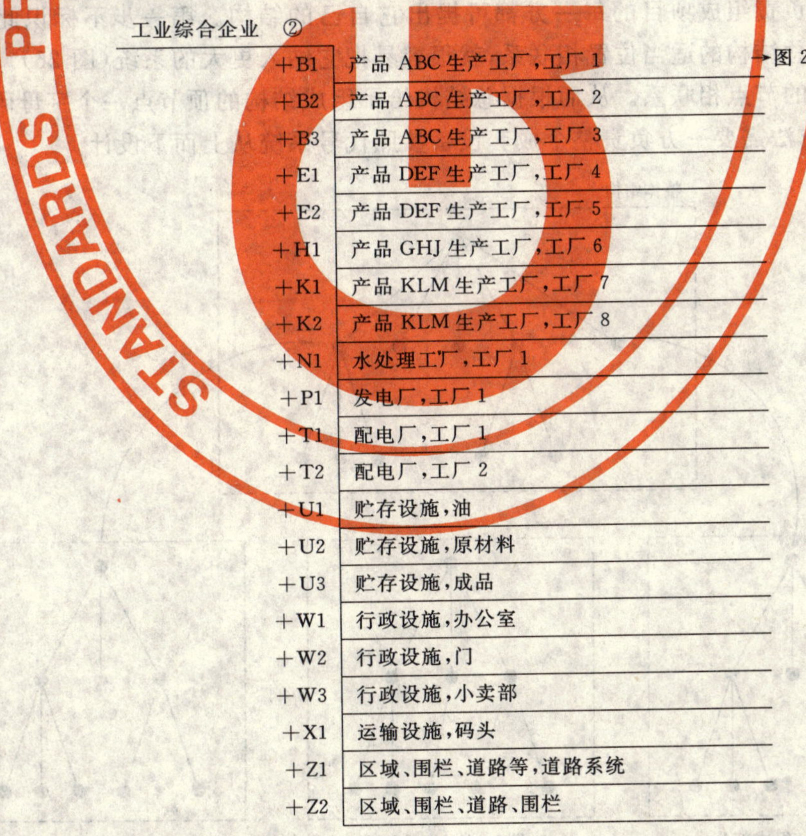

②——按 GB/T 5094.2—2003 中表 2 分类。

图 24 工业综合企业的位置面结构

→来自图 24　产品 ABC 生产工厂，工厂 1

(+B1)　②

+A1	监控室
+B1	生产线 1
+B2	生产线 2
+B3	生产线 3
+B4	生产线 4
+Q1	质量管理室
+U1	原材料库
+W1	办公室
+W2	展览厅
+W3	娱乐区
+Z1	卫生间
+Z2	地下室
+Z3	屋顶区
+Z4	楼层和楼梯

②——按 GB/T 5094.2—2003 中表 2 分类。

图 25　涉及生产工厂的位置面结构

可以进一步进行分解，直至适应所希望的目的的地点均被确定为止。在这些示例中，对此不作进一步的研究。

7.3　将辅助项目纳入现有结构

在工业成套设备工程中，要求不同的部分能够并行地和最大可能地彼此独立进行工作。构建规则支持这些工作流程。负责组成项目的每一方都可提出它自己的结构。第一步不标识此结构的顶一节点。通过把该结构与总结构的适当位置相联系，就很容易把它纳入更大的系统(图 26)。这表示把该结构与代表其所属项目的节点相联系。从而根据总结构给予组成结构的顶节点一个字母码。

应该指出，这一方法需要一方负责整个成套设备参照代号系统从上而下设计。

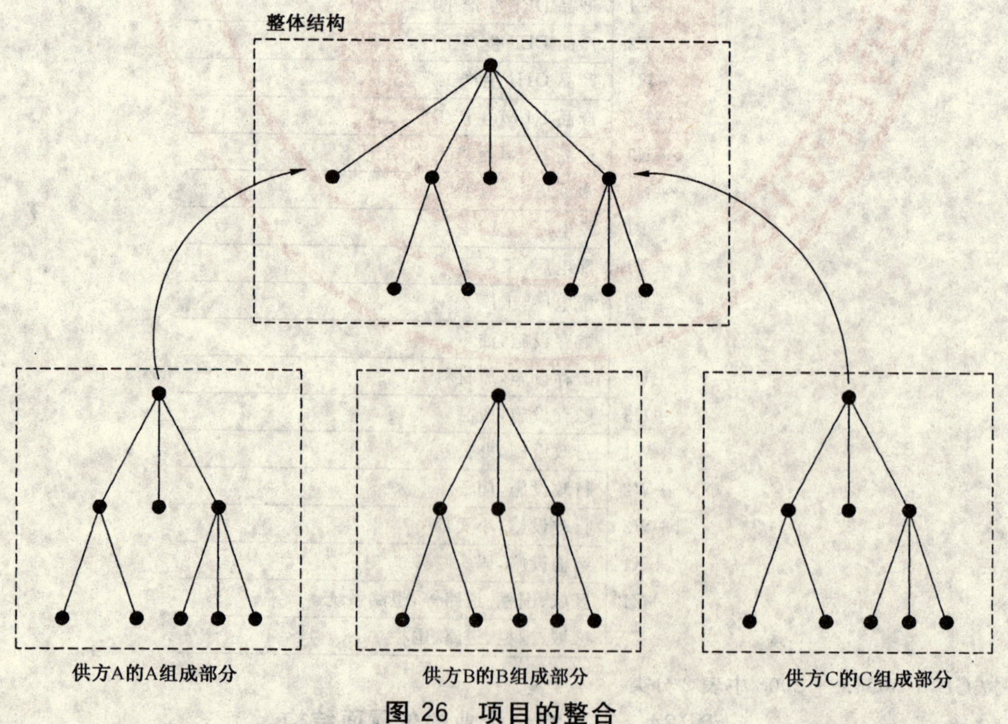

图 26　项目的整合

采用同类结构时，可以很方便地纳入高层结构，例如产品面结构纳入高层产品面结构。

以图 22 为传送带 1 作为一个例子。此设备的生产商提供了产品面参照代号，因为他仅仅关注导致组成部分单一代号的产品面。对他来说，毋需应用功能面或位置面参照代号。产品面结构示于图 27。可以将该结构与示于图 22 的高层结构的相应分支相联系。

例如，电动机 1(图 27)完整的参照代号读作：

－B1－B1－WB1－M1

第二种可能是使用从功能面到产品面的转移。如果图 18 中用＝WB1 标识的“任务 1”任务完全由传送带－W8 来实现，则图 27 所示结构可与图 18 所示功能面结构中相应分支相联系。同一电动机的参照代号则读作：

＝B1＝B1＝WB1－M1

8 箱柜的分类

箱柜(以及其他组件)往往是把各种不同用途或任务的设备组合在一起的项目。因此，要按照 GB/T 5094.2—2003 中表 1 赋与不同的类别有时似乎是困难的。

原则上，对箱柜可以按任何其他项目如组件或复杂器件同样的方法来研究。应当首先分析该项目的输入和输出具有何种用途或任务。如果可标识的仅是一种用途或任务，则按该用途或任务进行分类。

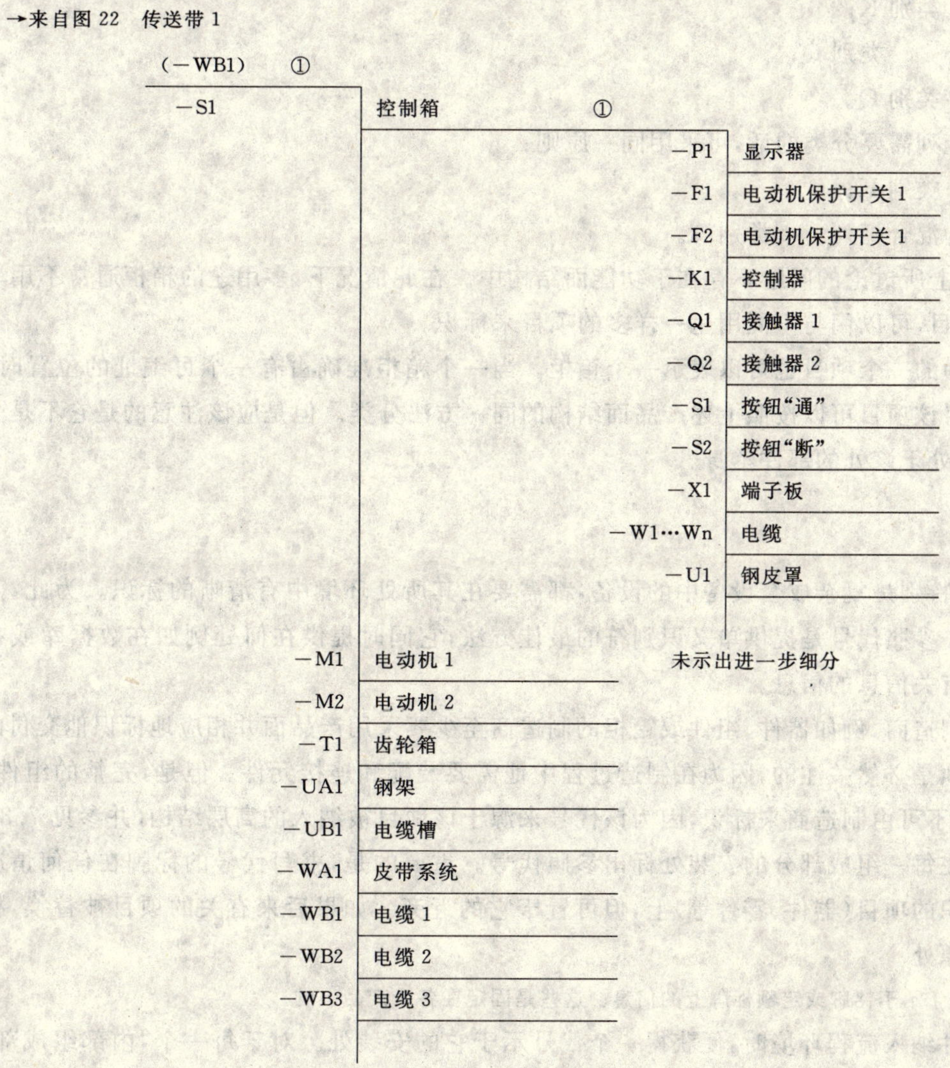

→来自图 22 传送带 1

(－WB1) ①

－S1 控制箱 ①

－P1 显示器
－F1 电动机保护开关 1
－F2 电动机保护开关 1
－K1 控制器
－Q1 接触器 1
－Q2 接触器 2
－S1 按钮“通”
－S2 按钮“断”
－X1 端子板
－W1…Wn 电缆
－U1 钢皮罩

未示出进一步细分

－M1 电动机 1
－M2 电动机 2
－T1 齿轮箱
－UA1 钢架
－UB1 电缆槽
－WA1 皮带系统
－WB1 电缆 1
－WB2 电缆 2
－WB3 电缆 3

①——按 GB/T 5094.2—2003 中表 1 分类。

图 27 传送带的产品面结构

但是，往往可能认定有一个以上的用途或任务。在此情况下，存在两种可能的方法：

项目按其主要用途或任务分类。

项目按“两种或多种用途或任务”(字母码 A)分类。

例如，在图 27 中，控制箱按其结构示出。对该项目可以标识如下任务：

开/闭电源电路(类别 Q)；

信息处理(类别 K)；

保护电机驱动器(类别 F)；

手动控制(类别 S)；

信息显示(类别 P)。

在产品面结构中，控制箱视为一个项目。这表示只可以给定一种类别。在此情况下，我们假定系统的制造商想指出项目的手动控制功能。他考虑以这一功能作为主要功能并且从而以之对项目分类(字母码 S)。但是，上面列举的任何其他类别也是可能的，对多用途项目来说，同样，类别 A 也是可能的。

其他例子：

控制柜　　类别 K(或 S)；

计算机柜　　类别 K；

电机控制中心　　类别 Q；

配电设备　　类别 Q。

如果整个的柜列需要分类的话，可采用同一原则：

控制柜列　　类别 K；

控制和保护的混合柜列　　类别 A。

应该承认，以上所讨论的问题不存在于功能面结构中。在此情况下，多用途的箱柜通常不用单一项目来表示，对该项目，可以用与不同用途一样多的项目来标识。

位置面结构中的一个项目也可以表示一个箱柜。当一个箱柜准确占有一个可编址的位置时，就是这种情况。这样对该项目可以按照上述产品面结构的同一方法分类。但是应该注意的是它不是分类的位置(空间)，而是处于该处的部件本身。

9　标牌与标记

每一件设备，特别是复杂成套设备中的设备，都需要在其所处环境中有清晰的标识。为此，需要专门的标牌和标记。参照代号是提供单义识别符的最佳方法，它同时提供在何处例如在数据库或在文件中找到这些项目有关信息的信息。

建议每一个制造商，例如器件、组件或箱柜的制造商至少要采用产品面并相应地标识他交付的组成部分。产品面对他是必然关注的，因为在制造过程中他需要装配和连接元件。但是，完整的组件(制成项目的顶节点)决不可由制造商来标识，因为该代号来源于该项目被纳入的高层结构(并参见 7.3)。

制造商需要在每一组成部分的安装处标出参照代号。重要的是，书写代号的标牌在任何情况下都不要固定在被标识的项目(器件、零件等)上，但可置于它的近旁。如果后来有关的项目被替换，标牌和代号仍应保留在原处。

注：此代号不同于示于铭牌或定额标牌上的信息。这些是固定在各个产品上的。

当完整的组件纳入流程环境时，便获得一个代号示于它的安装处。对于每一个“内部组成部分”没有必要重复“外部代号”。但是应能清晰识别“外部代号”和“内部代号”之间的关系。图 28 示出一个例子，在该示例中，组成部分之一的完整的参照代号用级连的方法得到－S1－A1－S1。

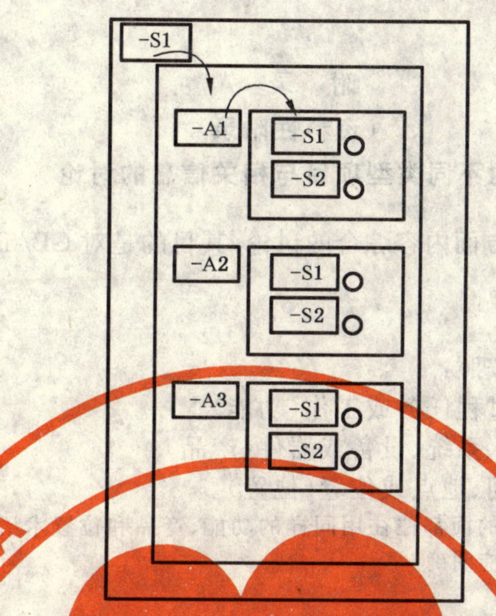

图 28　产品和组件标牌示例

建筑物、楼层和房间的代号可示于固定在例如邻近入口的墙上或入口门上的标牌上。安装点可采用示于相关位置的直角坐标系表示。特别是对于象区域这样的地理位置，可以只在文件中示出参照代号。

基于功能的项目不存在直接的物理形象（只要在一个器件或组件完全并专门地实现一个任务的时候才存在）。这说明不可能用实体的标牌表示。功能面参照代号主要用作文件中表示的项目代号、文件代号和数据库中的项目。然而，如有必要，也可能在标牌上示出功能面参照代号（一个或多个），给产品以补充信息（不用于标识目的）。

附　录　A
（资料性附录）
对不同类型项目与相关信息的讨论

本附录是对不同项目连同不同方面内容综合的讨论，其目的是对 GB/T 5094.1 提供更详细的解释。

A.1　工程过程中涉及的项目

如 5.2 所述，项目的确定可以按照：

——要求的、计划的或实现的过程任务或工作（功能）；

——规划的或安装的成套设备、系统、设备或器件（产品）；

——规划的或使用的区域、空间、地点或位置（位置）。

注：值得注意的是，项目和某一项目的面都往往用同样的功能、产品和位置术语来描述。这一点有时可能带来混淆。在特定情况下，讨论的内容应明确。

任务或工作

对过程任务或工作的研究导致确定的项目与所应用的元件或位置无关。过程任务或工作的描述包括所有主要和辅助手段（主过程任务、控制任务和必要的物资）。图 A.1 以简化方法示出其原理。（包括物资的全过程任务的更详细的图解示于 GB/T 5094.2—2003 中的图 B.1。）

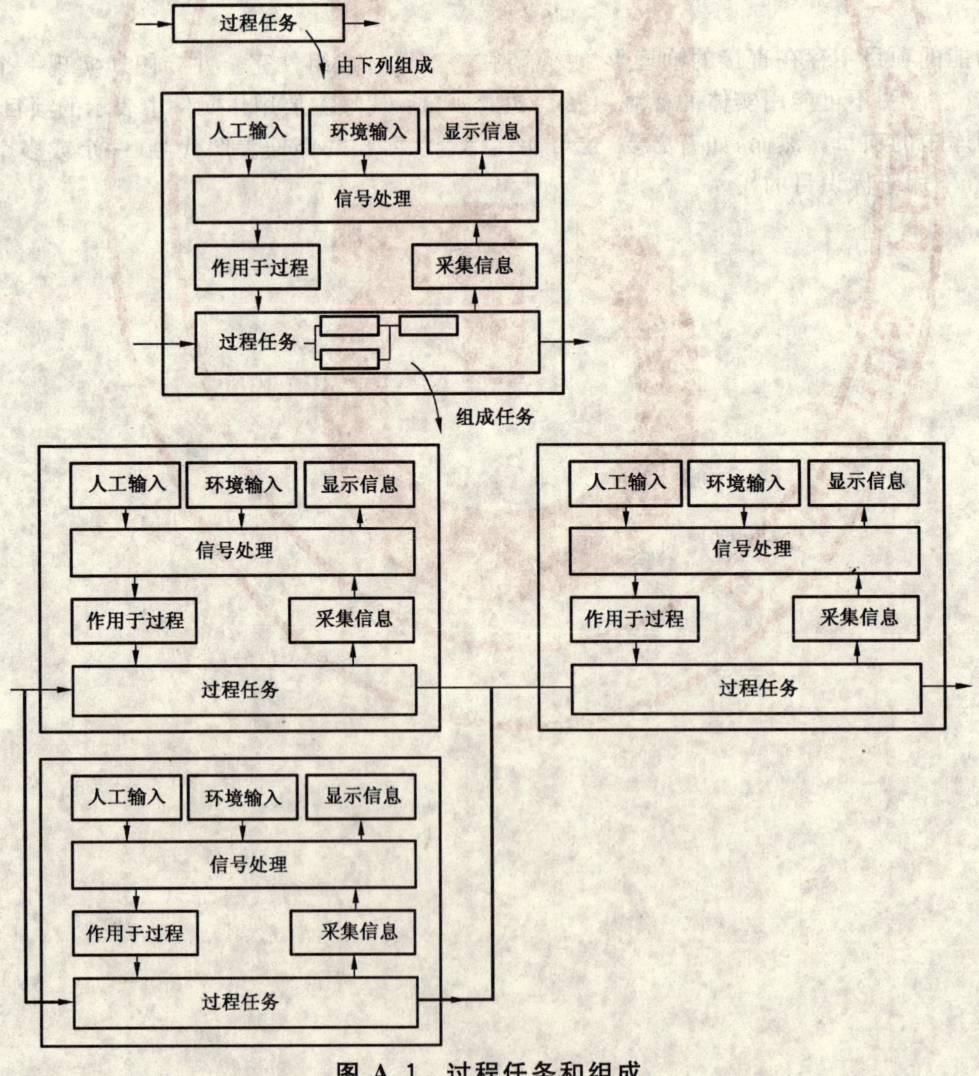

图 A.1　过程任务和组成

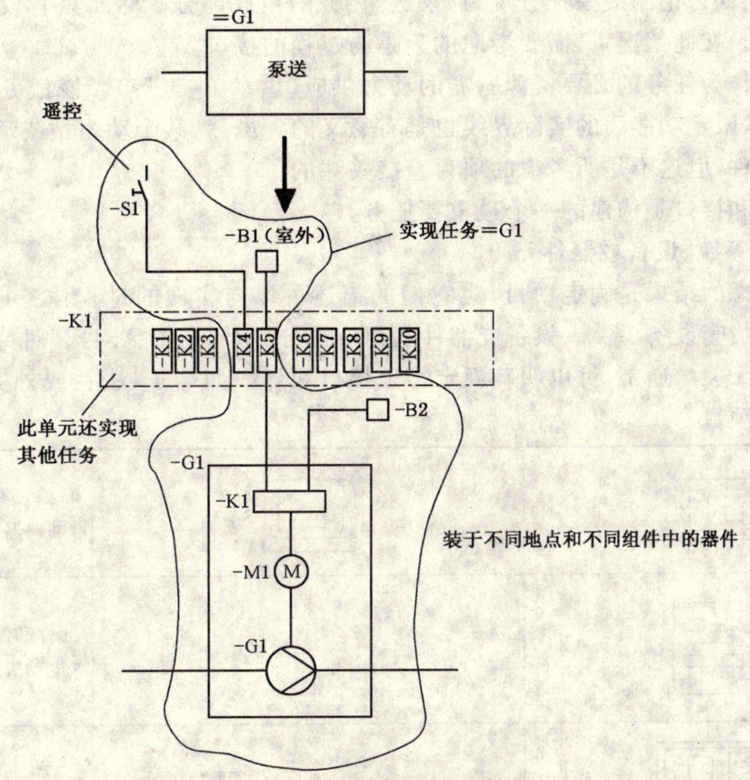

图 A.2 任务和相关设备

图 A.1 示出可重复应用于再分解的每一步的基本功能图解。这意味着所有相关的辅助任务均可作为过程任务的组成部分或组成过程任务来对待。这一点后来在功能面结构和参照代号中也得到反映。还应指出，图中所示的辅助任务表示可按功能面进一步分解的项目。

另一事实是，实现任务的设备或器件不必是一个结构单元的组成部分。例如，可从一个遥控系统接收手控输入，而遥控系统位于完全不同的地点，例如在遥控中心，而它又是通过它本身的产品面结构来描述的(图 A.2)。

在某些情况下，根据实际界线来确定组成任务或工作是合理的(图 A.3)。

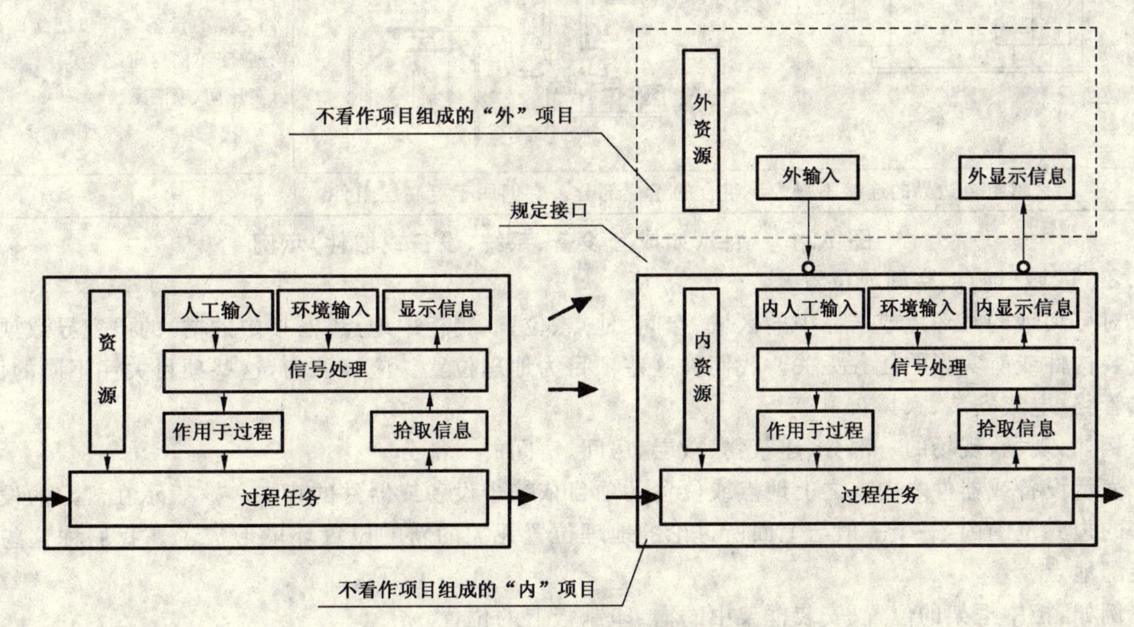

图 A.3 一种项目的界线和规定接口

例如,可以把上面讨论的遥控任务视为“泵送”任务的组成部分。然而只有设计遥控中心的专家关注此任务及其实现。在此情况下,需要考虑的只是与过程的接口。

另一个例子是作为任务的必要资源所需的动力供应(供水、供气等)。该任务取决于此资源的可利用性。如果是这样,限定功能面的实际界线也是有意义的。虽然,某个动力站或动力网可能是完成任务必须事先具备的条件,但这不是所考虑的项目直接关注的。

清晰确定界线和接口是构建的一个最重要任务。

A.1.1 成套设备、系统、设备或器件

对实际构件考虑的结果是确定项目,对它们的描述可以与实现的过程任务或工作无关,与位置无关。实际构件就是成套设备、系统、设备或器件的组成部分(示例见图 A.4)。对待这样的项目原则上与它们的大小或尺寸无关。通常,可以明确规定物理接口和界线如端子、法兰或外壳。在此意义上,也可以把软件视为组成项目。

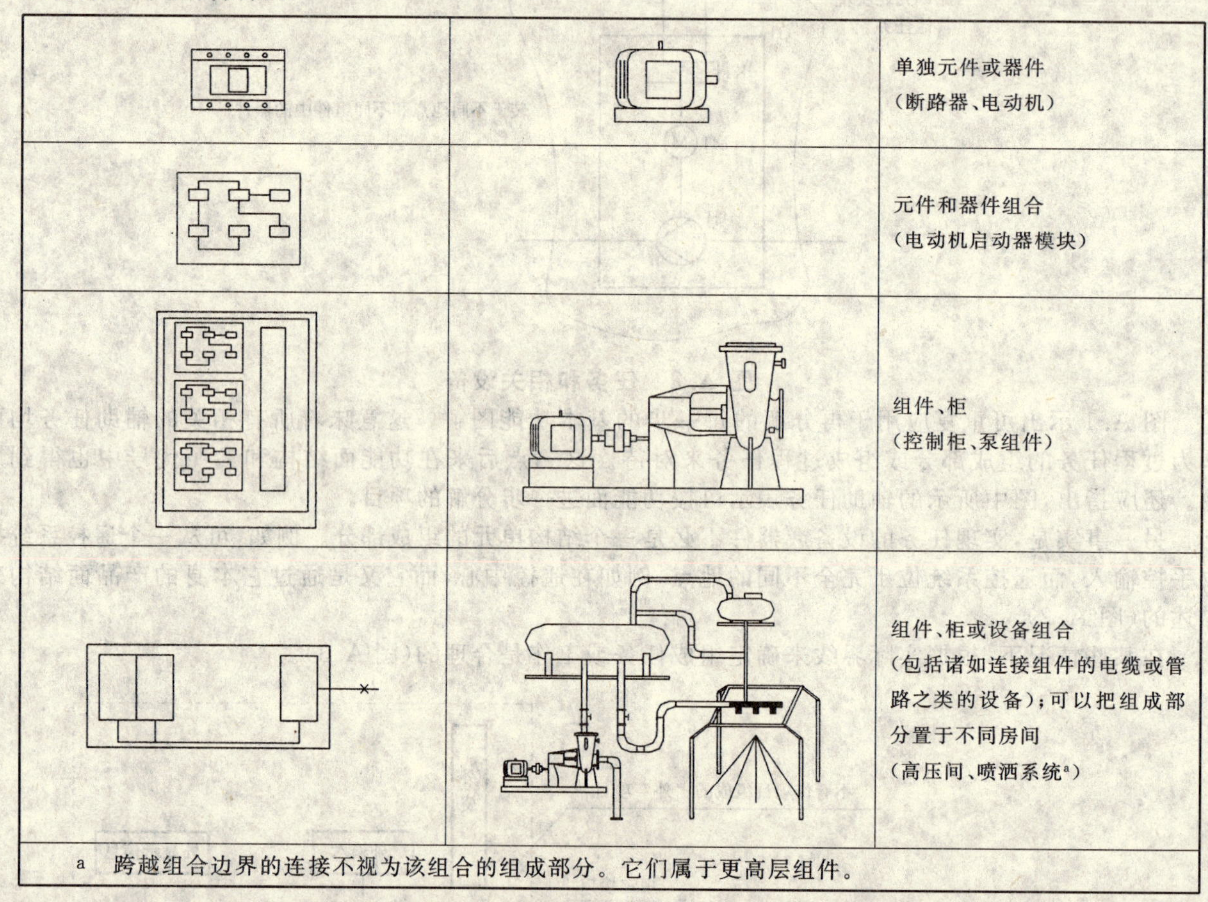

图 A.4 项目(如成套设备、系统、设备或器件)示例

A.1.2 区域、地点、空间或位置

对可编址的某环境或产品中的区域、空间、地点、位置(箱柜中地点、框架中的槽)的研究导致项目与所安装构件或所实现的任务无关。我们称这些项目为地理位置。应该认为,这些项目关注不同的任务,如水管路、电气安装、家具布置等。

例如:现场、现场的一部分、建筑物、楼层、房间、房间的一部分。

表示设备或器件之内或之上地点或位置的项目依赖于设备或器件的存在。这表示在规定的设备或器件的边界范围内,一个一般与上面所讨论的地理位置无关的新的位置环境形成了。我们称这些项目为装配地点。

例如:柜中框架的位置、安装框架中的槽、印制板上的位置。

在一个位置面结构中,不必把两种不同的位置联系在一起。当第二种位置相对于第一种是可动的

同时,第一种位置则可能是不动的。当应用位置面参照代号时,需要考虑这一点。

要考虑的是,如上面讨论的建筑物内空间和建筑物本身之间是存在差别的。可以把后者视为本身具有不同面的一个项目。产品面把墙、梁、门、窗或天花板视为其组成部分。也可以应用功能面。例如它可以把象承载、分隔、封闭等视为不同建筑部分的任务。

A.2 不同类型项目与面

A.2.1 基于任务或工作的项目

基于任务或工作的项目主要涉及任务或工作的描述,或者也涉及有关实现的信息。可以从不同的面的视点来观察任何项目(图 A.5)。

缩写	含义	项目包含或表示
Ph-obj:T	(实际)项目:任务	
Inf-obj	(信息)项目	
F-A	功能面	信息关于: 任务(例如参考功能图或功能说明等文件); 功能面结构中的位置
P-A	产品面	信息关于: 所含设备或元件(功能面元件表); 未必包含产品面结构
L-A	位置面	信息关于: 所含设备或元件安装地点; 未必包含位置面结构

图 A.5 基于任务或工作的项目和面

基于任务或工作的项目总是存在功能面,但未必存在产品面或位置面。功能面是任务本身的关键信息,例如功能要求或功能相关(功能说明、功能简图)。对每一个此类项目都可按功能面给予一个单义的参照代号,因为它在结构中正好由一个节点表示。

产品面可以包含参与实现相关任务的各个组成部分(成套设备、系统、设备和器件)的信息。在多数情况下,不可能准确地标识一个真正且唯一地实现任务的一个产品或一个组件。各组成部分可能安装在不同的组件中。这表示每一构件都可能是不同产品面结构的组成部分。在这些情况下,它们不存在与所研究项目有关的共同的顶一节点。(只有在极少数情况下,所有的项目属于一个共同的结构例如带有唯一本地控制设备的阀中时才会出现。)

位置面可以包含用于安装实现所要求任务的产品的区域、空间、地点或位置的信息。位置可以由有关实现地点的要求如环境条件所组成。但是，所标位置往往是属于另一项目如建筑物的结构组成部分。此结构从基于任务或工作的项目视点看是未知的。

功能面导致基于任务或工作的项目单一的单义参照代号。这就是把功能面视为此类项目的主要的面的原因。

产品面和位置面必然不导致这些项目单一的单义参照代号。

A.2.2 基于成套设备、系统、设备或器件的项目

基于成套设备、系统、设备或器件的项目主要涉及产品及其组成部分以及它们的结构关系。任何项目可以从不同的面观察(图 A.6)。

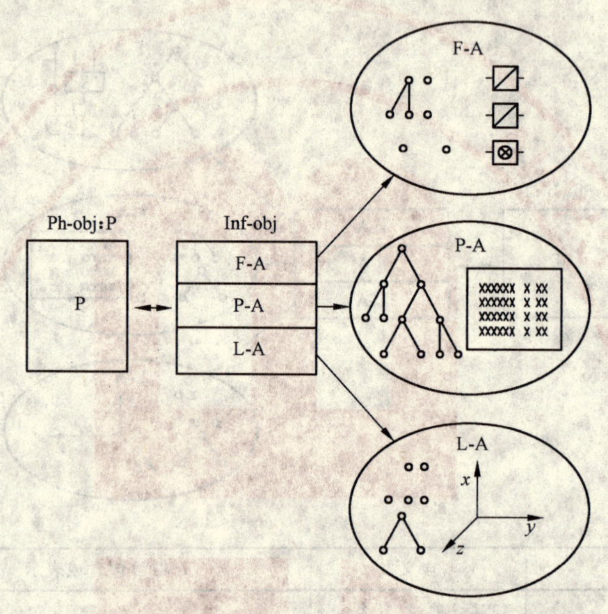

缩写	含义	项目包含或表示：
Ph-obj:P	〈实际〉项目：产品	
Inf-obj	〈信息〉项目	
F-A	功能面	信息关于： 产品的任务和组成或仅含主要任务； 未必包含功能面结构
P-A	产品面	信息关于： 产品〈例如参考数据表〉； 或许包含组成部分〈例如参考产品面元件表〉； 产品面结构中的位置
L-A	位置面	信息关于： 安装地点； 未必包含位置面结构

图 A.6 基于成套设备、系统、设备或器件的项目和面

基于成套设备、系统、设备或器件的项目总是存在产品面，但未必存在功能面或位置面。产品面是产品自身的关键信息，例如产品型号或定单编号。它还导致组成产品及其组成结构(例如树状结构)的信息。项目本身用代表全部组成产品的该结构的公共顶一节点来表示。(其他项目可以表示它们的组成产品。)对此类项目的每一个项目可以按照产品面给予一个单义的参照代号，因为它正是用结构中一个节点表示的。

功能面可以包含有关产品任务的信息，例如功能要求。它也可能导致基于该构件组成任务的信息。根据组成原则，因而不存在通向所研究构件之外实现的功能(如遥控功能)信息的通道。毋需表示这些组成任务与何种总任务相关。(产品的组成任务和任务的组成任务是有区别的。)这表示产品的每一个组成任务可能是功能面结构中不同项目的组成部分。在这类情况下，它们不存在与相关项目有关的公共顶一节点。

位置面可以包含用于安装相关组成产品的位置信息。但是，所标位置往往属于另一项目的结构，例如属于建筑物的结构。从产品项目的视点看，此结构是未知的。

产品面导致基于成套设备、系统、设备或器件的项目单一的、单义的参照代号。这就是把产品面视为此类项目主要的面的原因。

功能面或位置面必然不导致这类项目单一的、单义的参照代号的产生。

A.2.3 基于位置的项目

位置-项目主要涉及空间。可以根据不同的面来观察任何项目(图 A.7)。

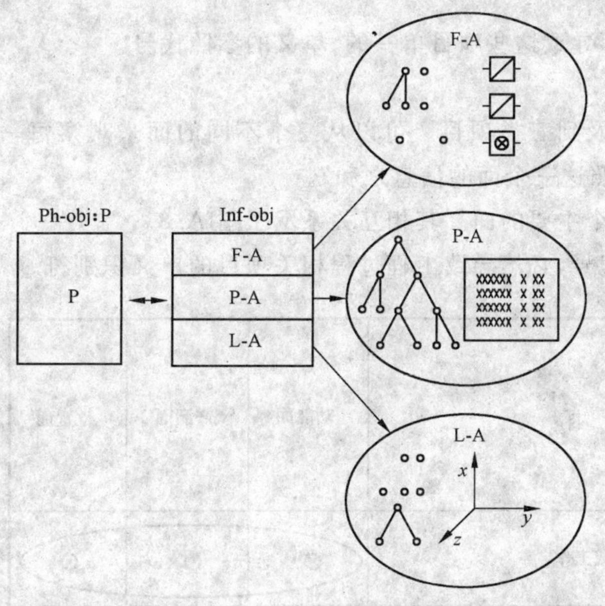

缩写	含义	项目包含或表示:
Ph-obj:P	〈实际〉项目:产品	
Inf-obj	〈信息〉项目	
F-A	功能面	信息关于: 产品的任务和组成或仅含主要任务; 未必包含功能面结构
P-A	产品面	信息关于: 产品〈例如参考数据表〉; 或许包含组成部分〈例如参考产品面元件表〉; 产品面结构中的位置
L-A	位置面	信息关于: 安装地点; 未必包含位置面结构

图 A.7 基于位置的项目和面

基于空间(区域、地点或位置)的项目总是存在位置面,但不一定存在产品面或功能面。位置面是位置自身信息的关键。它还导致组成位置及其组成结构(例如树状结构)信息的产生。位置-项目本身对所有组成位置而言是此结构中公共的顶一节点。(其他项目可以表示它们自身的组成位置。)对此类项目的每一个项目可以按照位置面给予一个单义的参照代号,因为它正是用结构中的一个节点表示的。

功能面可以包含由处于该位置的产品实现任务或工作的信息。它还可以考虑此处所实现的组成任务的信息。但是,它毋需表示这些组成任务与何总任务相关。这意味着在某一位置所实现的每一个组成任务可以是某一不同的功能面结构的一个组成部分。假使这样的话,它们就不存在与所考虑项目相关的公共顶一节点。

产品面可以包含装于该位置的成套设备、系统、设备或器件的信息。相关产品可能是不同产品面结构中的组成部分。这些结构从基于位置的项目来观察往往是未知的。

位置面导致基于区域、空间、地点或位置的项目单一的、单义的参照代号。这就是为什么把位置面视为此类项目的主要面。

功能面或产品面必然不导致这些项目单一的、单义的参照代号。

A.2.4 内容综述

在工程过程中,往往涉及到三类项目。可以从三个不同的面来观察每一个项目。可以把项目(信息-项目)描述为"含有或参照这三个面的信息之和"。

对每一类项目,存在一个主要的面。其相互关系示于图 A.8。

应用主要的面的参照代号,必然导致工程过程相关项目的单义识别符。

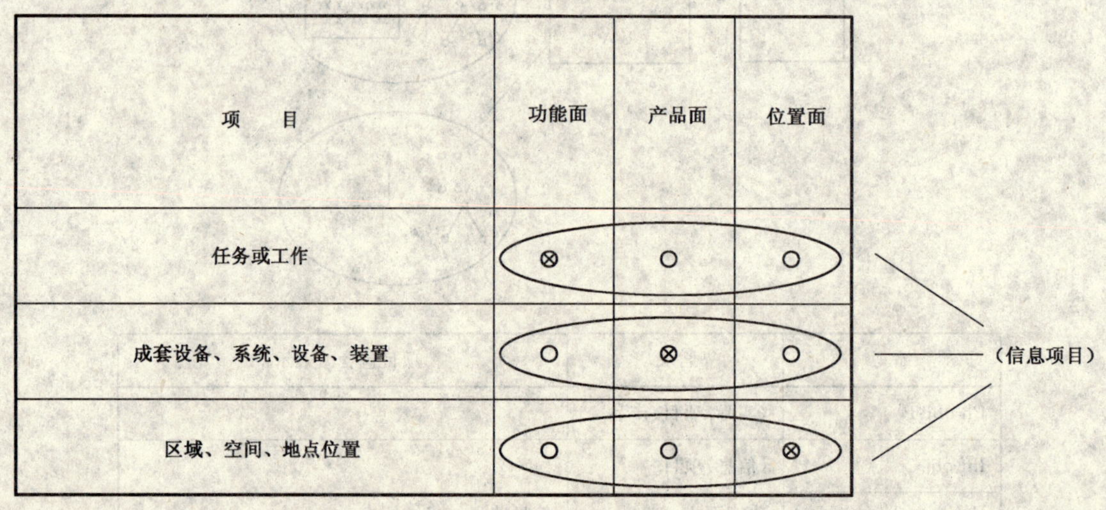

图 A.8　项目和面

A.3 不同类型项目之间的相互关系

如上所述,三类项目在相应的主要的面以各自的结构中不同的节点形式出现。总之,不同结构的项目之间的关系是存在的。

最简单的情况是一种一一对应的关系。换言之,这意味着:一项任务完全由专门的一个产品或组合体来实现,而又准确地并唯一地处于在一个标识地点(图 A.9)。

在这种情况下,按不同的面确定的组成项目可以视为独立的信息项目,它们通过在数据库中的相互参照彼此相联系。

通过应用参照代号,可以实现不同的面的项目间的相互参照。

但是，在如此特殊情况下，也有可能把全部三类项目一起视为包括三个面的一个单一信息项目。

图 A.9　项目间的一对一关系

在许多情况下，特别是对于复杂的成套设备或工厂，这样的一对一的关系存在的数量有限。最经常地，一项任务是由一个以上的器件或组件来实现。越来越多的器件被用来完成多个任务。因此，项目之间要求有多重关系。在这样条件下，就把按照不同的面所确定的组成项目视为独立的信息项目，它们通过数据库中的相互参照彼此相联系(图 A.10)。

应该注意的是，关于项目间相互参照的讨论与结构和结构中的位置无关。后者可在项目有关参照代号中有所反映并可从中得到。

确定结构最低层的项目之间这些相互参照关系无论如何是合乎逻辑的。这提供了得到详细信息的最大可能性。例如，把某一器件与它在箱柜中的安装位置而不仅仅是房间内的箱柜所处位置相关联更为有益。可是，所有这些考虑均取决于信息使用者的要求。

相互关系确立时，就有可能规定简单的如下的分类准则：

——包含实现特定功能的所有器件和零件的明细表(功能面明细表)；

——包含位于特定地点的所有器件或零件的明细表(位置面明细表)；

——基于某一器件包括它参与的所有任务的表格(产品面功能表)。

人们还可以设想一种未来工具，它可以自动生成特定项目或特定用途(例如说明某一任务或某一组件)的简图(功能图、电路图等)。

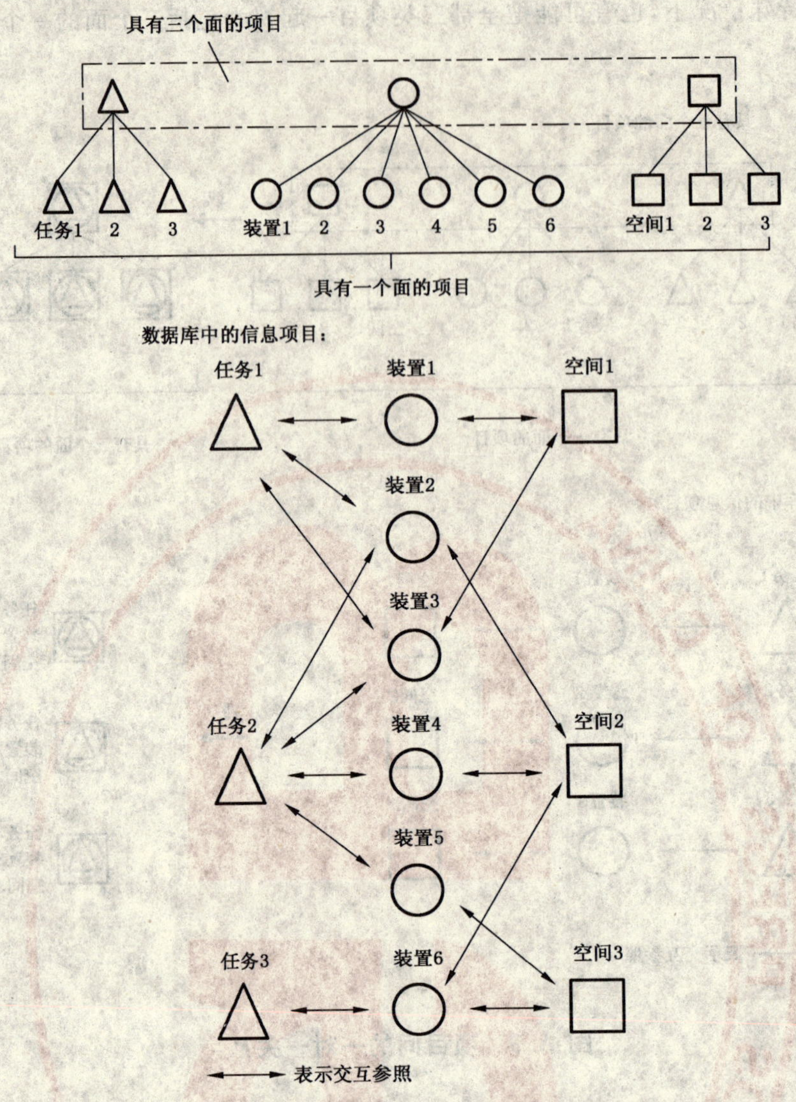

图 A.10　项目之间的多重关系

ICS 29.020
K 04

中华人民共和国国家标准

GB/T 5094.4—2005/IEC 61346-4:1998
部分代替 GB/T 5094—1985

工业系统、装置与设备以及工业产品——结构原则与参照代号 第4部分:概念的说明

Industrial systems, installations and equipment and industrial products—Structuring principles and reference designations—Part 4: Discussion of concepts

(IEC 61346-4:1998,IDT)

2005-03-03 发布　　2005-08-01 实施

中华人民共和国国家质量监督检验检疫总局
中国国家标准化管理委员会　发布

前 言

GB/T 5094《工业系统、装置与设备以及工业产品　结构原则与参照代号》分为四个部分：

——第1部分：基本规则；

——第2部分：项目的分类与分类码；

——第3部分：应用指南；

——第4部分：概念的说明。

本部分为GB/T 5094的第4部分，等同采用IEC 61346-4:1998《工业系统、装置与设备以及工业产品　结构原则与参照代号　第4部分：概念的讨论》(英文版)。

本部分与GB/T 5094的其他各部分一起，共同代替GB/T 5094—1985《电气技术中的项目代号》。

本部分由全国电气信息结构、文件编制和图形符号标准化技术委员会提出并归口。

本部分主要起草单位：国电华北电力设计院工程有限公司、机械科学研究院中机生产力促进中心。

参加起草的单位还有：中国电力企业联合会标准化中心、中国电力科学研究院、航天科工集团四院、中国航空工业规划设计研究院、航天科工集团二院23所。

本部分主要起草人：吴聚业、郭汀、高惠民、于明、任丕德、张瑛、陈泽毅、李萍。

工业系统、装置与设备以及工业产品
——结构原则与参照代号
第4部分:概念的说明

1 范围

本部分以"项目"为基础按其寿命周期的历程说明用于GB/T 5094.1《结构原则与参照代号》中的一些概念。

2 规范性引用文件

下列文件中的条款通过GB/T 5094的本部分的引用而成为本部分的条款。凡是注日期的引用文件,其随后所有的修改单(不包括勘误的内容)或修订版均不适用于本部分,然而,鼓励根据本部分达成协议的各方研究是否可使用这些文件的最新版本。凡是不注日期的引用文件,其最新版本适用于本部分。

GB/T 5094.1—2002 工业系统、装置与设备以及工业产品 结构原则与参照代号 第1部分:基本规则(idt IEC 61346-1:1996)

GB/T 5094.2—2003 工业系统、装置与设备以及工业产品 结构原则与参照代号 第2部分:项目的分类与分类码(idt IEC 61346-2:2000)

ISO/IEC JTC1/SC18/WG1 N1632 工作草案:多媒体和超媒体的技术报告:模型与框架

3 总则

3.1 演变历程

IEC 61346-1(2002年等同采用为GB/T 5094.1—2002)有两个前期标准:IEC 60750:1983(1985年已采用为GB/T 5094)和其前面的IEC 60113-2:1971。IEC 60750:1983中的字母代码表1的主要部分来源于IEC 60113-2:1971。这些标准的应用范围随着时间增长不断扩大。

虽然,三个IEC标准准确的应用范围可以讨论,但图1仍可粗略地表明它们的目标和范围。

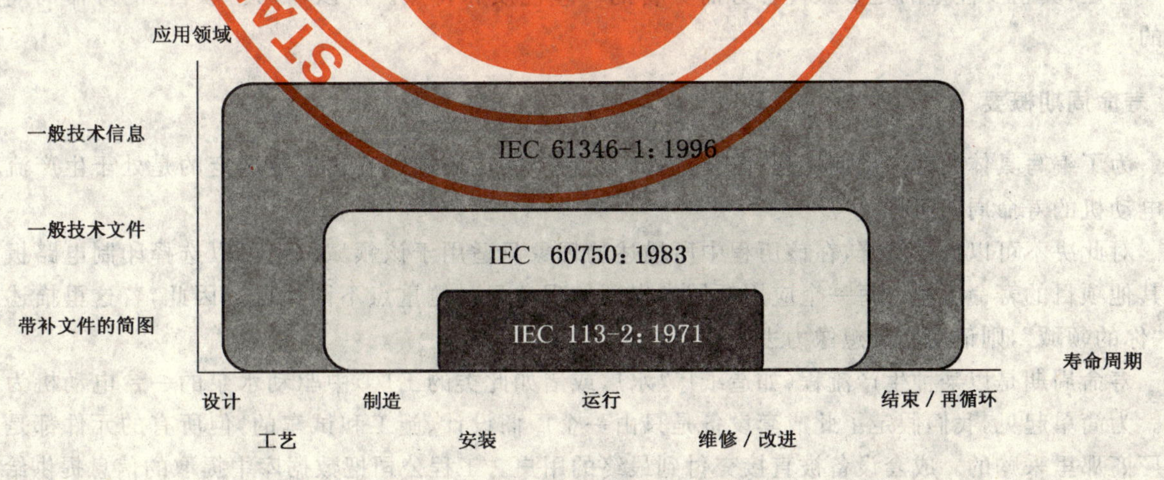

图1 参照代号标准的应用范围

3.2 IEC 60113-2:1971

项目代号(IEC 60113-2 中使用的术语)第一次出现时,只不过是分立元件的分类、代码加顺序号,顺序号用以区分同类元件。由于顺序号对较复杂的设计不适用,IEC 60113-2 考虑了在元件码前增加分层代号的方法,从而获得一种简单的结构形式。

那时的信息只包含在文件中,项目代号的用途是使文件内部和文件之间有可能相互参照,特别是从电路图到明细表和接线表、接线图。

寿命周期的看法还不普遍,当时直接的需要是编制设备生产和使之投入运行所用的文件。

那时,计算机处理的能力有限。需要有效地利用存贮空间,同时,至少在智能上,处理仍旧只涉及"面向穿孔卡的技术",即固定的数据格式和"灵活"应用可用格式,并且存贮空间的大小很重要。

3.3 IEC 60750:1983

就 IEC 60750 来说,分层结构不只被看作是元件字母代码的补充,而且被看作较复杂设计文件管理的基本工具,这已为大家所公认。人们的观念有了转变——认识到结构比元件编码变得更重要。

因此,项目代号除了用于电路图外,还广泛用于其他文件。这些文件通常考虑作为信息的最重要载体。

计算机处理的能力已得到改善,"面向穿孔卡的技术"已让位于"面向关联的技术"。

3.4 IEC 61346-1:1996

目前,就 IEC 60750 的修订版来说,项目代号(参照代号)的应用范围已进一步扩大。参照代号可用作信息管理强有力的工具,已成为共识。信息不一定只包含在编好的文件中,而是可以被"分解"存入数据库,如果需要,文件(包括图形)也可以一并存入数据库。可以把它们视为进入数据库的"窗口"。在这样的情况下,现在有必要使用参照代号系统作为"导航工具"。

还迫切需要把应用范围扩大到电气设备以外的其他设备、工艺加工设备、软件等。

计算机处理能力已得到惊人改善。人们认识到"面向关联的技术"不能解决所有的问题,而"面向项目的技术"正成为有效的方法。

注:在"面向项目系统设计"和"面向项目编程"中的术语"项目"与现在上下文中的术语有关但不相同。

为了加强功能性、互换性和互通性,合乎逻辑和简明扼要地描述事物现在更为重要,而不是利用计算机能力去灵活识别事物。

另一个十分重要的要求已变得很突出,那就是参照代号应有可能在"项目"整个寿命周期内使用。自然,可以轻松地说:你可以在整个寿命期内使用它们,为什么不可以呢?

但是,真正要注重的是参照代号必需具备的一些性质和特点。所以,考察"项目"的寿命周期是有益的。

4 寿命周期概要

为了编写具体的寿命周期历程,需要选择一个特定的应用领域。这里被选定的是处于生产流程中的电动机的寿命周期历程。

对此决不可以这样解释,在该历程中所描述的现象只适用于该领域。也可以选择印制电路板设计或其他项目的寿命历程。每一个应用领域中出现的现象只是侧重点不同而已。因此,若这里描述的不是"你的领域",则请用你的想像力去阅读。

寿命周期是以某种生产流程(如造纸厂、水厂或诸如此类的工厂)中驱动水泵的一台电动机为基础的。为简单起见,我们假定了此成套设备是只由一个厂商设计、施工和试车的,但所有的元件都是从其他厂商那里采购的。成套设备被直接交付到最终的用户。工程公司把数据库中提取的信息提供给所有的用户,而采购者把这些信息存入自己的成套设备维修系统。从原理看,这是一种简化,因为我们可不必过多操心各种文件。如果要求,无疑可把这方面的讨论放到如下的内容之上。

5 “项目”的寿命周期

以下描述明确了在项目寿命周期期间可能发生的若干种可能的状态。寿命周期历程被分成两个并行的部分(也见图2)。

5.1~5.20阐述寿命周期内的不同阶段。参照图2,阶段用字母A~X标识。

5.1 功能面与功能面参照代号(A)

在过程设计和整个系统设计工作中,首先产生需要控制流量,因而需要泵,进而需要发动机的想法。

这是项目发生的时刻。它属于项目的“发动机”级。没有必要说明它是否是电动机、柴油发动机或其他种类的发动机。

为了与其他同类项目相区别,应给予它标识。为此目的,功能面参照代号将是有用的,因为此阶段只与功能面有关。

开始时,生产流程的设计多半不很固定。例如泵送这一需要就可能在不同的流程段上挪动位置。这也就可能导致需要改变功能面参照代号。

5.2 功能要求规范FR1(B)

工艺设计从工艺的观点确定泵必需的额定值,由此确定发动机的额定值。在此阶段还决定了发动机的种类为电动机。这样就产生了它的第一个结果:功能要求规范。

在本文中,为便于查阅,我们称该规范为FR1。

注:本规范和下面讨论的其他种类的规范可能由一种文件或其一部分构成,或者由几种文件构成。这里,它是一组合乎逻辑的组合,更被关注的是这一点,而不是如何以文件的形式来完成。

除了文字规范外,项目还可用一个或多个符号表示,例如在概略图中,项目可用参照代号标识。

5.3 位置面与位置面参照代号(C)

整个系统进一步的设计工作是确定何种电源电压适用于成套设备。工艺过程和土木工程对环境条件、尺寸限制等提出进一步的要求。功能要求规范逐步趋于完整,我们可以假定我们正到达本阶段的最终状态。我们还假定位置的标识系统已经确定。

由于位置的标识系统现已确定,就有可能根据位置面用位置面参照代号为项目编址。

5.4 元件型式规范CT1(D)

由于成套设备中大量电动机的存在,需要优化不同电动机的数量,以限制备件的数量。其结果是:规定使用的电动机未遵循FR1规范,但是必须从标准规格有限的数量中挑选出“量大的”一种。该电动机的性能在供采购用的元件型式规范中规定。

为了本文参照的需要,我们称此规范为CT1。

规范CT1总的来说不是所研究项目的一部分。它规定电动机的型式,并需供查阅,因为它同时适用于成套设备中大量的电动机。

即使没有必要使元件型式规范适用于种种项目,也有必要使功能要求规范适应现有标准规格。这意味着:即使每种型式只有一个项目,原则上也要有CT1。

5.5 系统设计的功能面明细表PL1与结构设计的位置面明细表PL2(E)

进行详细的工程设计时,电动机即将出现在电路图、明细表(即装置表、设备表等,——现存若干种名称)、接线表或接线图中。为了控制电动机,在过程控制计算机系统(它提出了一些有益的结构和标识问题,但我们在这里不详细研究这个问题)中也将对它进行处理。

功能面和位置面参照代号二者均在采用。位置面代号可用来控制CAD系统以产生接线表和电缆表。

为了本文参照的需要,我们把这样的明细表称为PL1,在该明细表中,功能面参照代号被用来选择项目和分类(而位置面参照代号被用作辅助信息)。

我们把这样的明细表称为PL2,在该明细表中,位置面参照代号被用来选择项目和分类(而功能面参照代号被用作辅助信息)。

5.6 产品规范 PS1(F)

确定了电动机的供应商,这往往意味着实际使用的元件性能会稍稍偏离规定。这样一来,我们从供应商那里获得适用于实际使用的电动机产品规范。

为了本文参照的需要,我们称此规范为 PS1。

重要的是,该规范必须根据项目供应商产品目录中供应商名称和产品标识号(零件号、产品序号、订货号等,即供应商协会内使用的统一标识产品的号码)来表示。有时(对专用电动机而言)必须由电动机厂商提供一套特定的信息(文件)。

实际上,所含信息的某些部分往往重复出现在前面提到的明细表 PL1 和 PL2 中。但这将引起信息重复,可导致以后发生问题。

现在项目产品已落实,我们第一次和真正的实际项目发生联系。但请注意,这仅仅表示我们提出了含有两种数据的参考资料:供应商名称和产品标识号。

5.7 产品面安装明细表 PL3(G)

泵连同电动机应安装在现场规定的机械组件中。为此,生产工艺(安装工艺)为这一装配工作编制文件。电动机在装配图中用投影图形表示,而在安装明细表中作为一个项目列出。

为了本文参照的需要,我们称此明细表为 PL3。请注意,以位置面结构为依据的 PL2 明细表,可能会用作编制该表的根据,但实际上不是同一种表。

在这里,必须把项目与组件的产品面结构相联系。因而在该文件中,它主要用产品有关的参照代号来表示。可以增加其他参照代号作为辅助信息,但不是必需的。

5.8 运输规范(H)

所有的元件,包括电动机应运往现场,并临时存放。

这确实需要许多有关运输、包装、现场后勤等其他标识。但是该话题在这里不予研究以压缩篇幅。

5.9 安装(J)

泵和电动机基本上按照步骤 G 提供的信息在现场安装就位。必要时文件应予修改。

项目的功能面和(或)位置面参照代号标在成套设备的标牌上,标牌在实际电动机的旁边,最好应靠近它。标牌是规定型式的电动机设备所在地点的一种现场文件,但是,该电动机型式的实际样品是什么样则往往不重要。

5.10 试车(K)

泵和电动机基本上按照步骤 A～F 提供的信息按其功能投入使用。必要时文件应予修改。

成套设备的用户文件(信息)此时从供应商转移到采购方。对项目要按照采购方的维修信息系统进行维护。

5.11 验收、专用记录 IL1(L)

进行验收试验,整个程序进行至正常运行中。

若验收试验未做过,这时正需用记录来证明哪一个实际的电动机用于该实际项目。可以采用供应商的序号(若有的话)或用户自己的登记号来进行。这种记录必须通过牢固粘贴电动机上的标牌表示清楚。

在成套设备的维修系统中,要为每一个实际电动机建立一套文件。为了在本文中参照,我们称专用记录为 IL1,标以登记号。专用记录必须根据项目来表示。

5.12 运行(M)

运行试验,例如额定负载试验、最大负载试验、运行时间试验等应汇总在运行记录中。

此信息的一部分可能涉及到项目,但绝大部分数据要涉及到和实际电动机有关的专用记录。

5.13 可替换的电动机样件(N)

按照已确立的维修策略,实际电动机要定期用同型式的电动机替换,而用过的电动机不是修理就是报废。

这意味着如此更换时,项目将要涉及到标识另一实际电动机的其他登记号。

5.14 可替换的电动机型式与供应商 CT2、PS2(P)

实际使用的电动机尽管进行了维修,终究是要损坏的。所用电动机的型式市场上不复存在,供应商不复存在,因而成套设备的所有者需有所准备。在研究了初始规范 FR1 和 CT1 的要求和运行记录中获得并确认的经验后,进而编制新的规范,并据此从新的供应商那里购得电动机。

我们把新的元件型式规范称为规范 CT2,而把供实际购买电动机的产品规范称为规范 PS2。

其结果是:项目将不仅涉及新的目录号,而且将涉及另一个供应商名称和产品标识号。

5.15 工艺改进(R)

进一步运行后,决定对工艺加以改进。一种结果是:在所考虑的工艺部分,即现有泵的前面增加另一个泵。这样,电动机的运行条件便有所改变。

由于属于同一类的项目常常采用连续编号,这将可能导致需要改变所研究项目的功能面参照代号。

5.16 位置扩展(S)

大楼扩建后,楼内运行的工艺的位置面参照代号系统也要改变。

结果,可能位置面参照代号也要改变。

5.17 后续阶段(T)

电动机运行的各阶段,直到生产作业终止。

5.18 停业(U)

成套设备运行多年以后,最终停止作业。

运行记录终结。

5.19 拆除(V)

工艺成套设备被拆除。电动机被分解以便于材料回收。

这是最后的实际电动机寿命周期的终结。

5.20 寿命周期终结(X)

成套设备的信息,包括被研究的电动机的应用文件要归档多年。而后将信息删掉(或者用作更经济的成套设备的设计输入)。

这是项目寿命周期的终结。

图 2 示出寿命周期历程的图解。

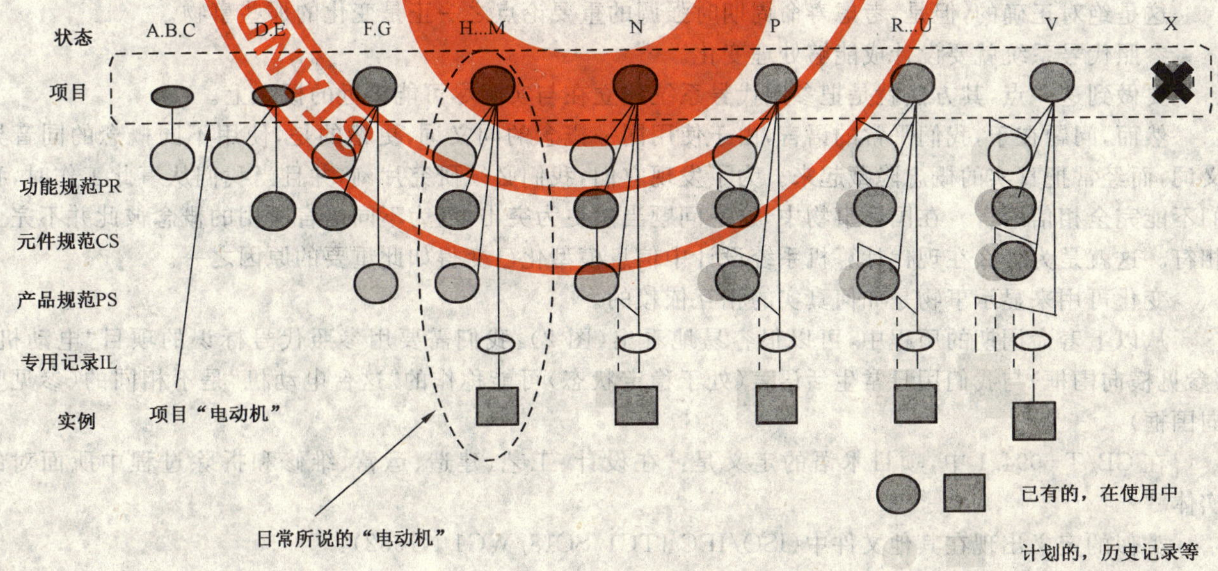

图 2 寿命周期

6 关于“项目”概念的说明

6.1 “电动机”的不同含义

在上述寿命周期的历程中，术语“电动机”用于通常叙述。而在评述的正文中，则代之以术语项目、元件型式、产品型式、实际电动机。这要强调的是，术语“电动机”实际使用时有不同的含义：

a) 电动机：具有功能规范 FR1、FR2 等的项目；

b) 电动机：具有规范 CT1、CT2 等的元件型式；

c) 电动机：具有规范 PS1、PS2 等的产品；

d) 电动机：具有专门记录 IL1、IL2 等的实际电动机。

我们想用参照代号去标识这些可能性中的哪一种？

d) ？我们可以把实际电动机更换为另一个而不改变参照代号，回答必须是：否！

c) ？产品规范是十分通用的，也适用于被交付到其他买主的电动机，这时回答是：否！

b) ？如果元件型式规范适用于成套设备中多台电动机，回答必须是：否。如果只适用于一个电动机，回答可能是：也许。

a) ？是。

那么，第一种含义的“项目”是什么？

根据以上情况和结论，应把项目描述为自产生时刻起直至被删除时刻的信息核心，描述成其他东西是难以理解的。

它“包含”整个寿命周期历程。其他成套的信息，包括“临时”获取的信息，最好通过标记与项目联系起来，因为这些成套信息现在和今后要被替换成其他的信息(陈旧信息可作为历史记录下来)。

我们正在研究的项目只存在“模型领域”中。(一套描述文件一般也是一种“模型”。)它与“现实领域项目”有联系，但此种联系不是固定不变的。

与项目联系最密切的信息是需求信息(关于过程的前后关系)、现正在使用以满足这些要求的何种元件型式和单个产品(样品)的参考材料、以前为此目的所用的何种产品型式和单个实际产品的历史记录以及也与过程前后相关的工作记录。(如果需要，这些都可能涉及。)

6.2 “项目”的定义

对上述寿命周期历程可能有一种反对论点，认为它不具代表性，因为它过多地集中于事物变化时的状态。实际上，寿命时间的99%以上处于稳定状态。

这是绝对正确的，但是，考虑寿命周期时强调的重要论点之一正是变化的那些事物。

参照代号系统就要设计成能够处理变化。

要做到这一点，其方法就是把参照代号系统建立在与实际尽可能接近的概念上。

然而，问题在于，我们平常的语言，由于使用同一概念的同义词，更糟的是，使用不同概念的同音异义词，而经常把真实的概念隐藏起来。为了发现它们，我们必须研究片刻，并且当我们从事此工作时，我们不能完全相信语言。在国际事物中，这一问题当然更为突出，因为不同语言所用的概念彼此并不完全相符。这就是为什么在现代计算机系统设计中信息模型化已变得如此重要的原因之一。

变化可用来显示事物是如何真实的相互依赖的。

从以上寿命周期的历程中，可以很容易地看出(图2)：我们需要用参照代号标识的项目“电动机”(参见横向围框)与我们用日常生活语言(处于稳定状态)可能称作的“这台电动机”是不相同的(参见竖向围框)。

在 GB/T 5094.1 中，项目术语的定义是：“在设计、工艺、建造、运营、维修和拆除过程中所面对的实体。”

类似的定义出现在其他文件中(ISO/IEC JTC1/SC18/WG1 N1632)：

项目：内容和结构的包容体；

结构：如何组织信息的说明。

这里超媒体参考资料是很恰当的，因为“计算机化的明细表”(有适当的接口)系统可视为超文本格式。在创造此字以前说明该内容需要很长的词语。

干扰观察的恰恰是在寿命周期内项目的参照代号可能需要改变。(这种情况不经常发生，但确有发生，这意味着，在计算机系统中，最好不要把参照代号用作关键字。在这样的系统中，最好使用内部标识符，并对系统的用户完全保密。参照代号仅标识外部。)如果至少用两个参照代号标识项目，并且代号是连续变化的，则在这样的情况下也可以变动。

7 关于不同寿命周期的说明

前面，我们已经探讨了项目的寿命周期问题。而后我们已遇到其他两种寿命周期，不应把它们与项目的那个寿命周期相混。就电动机而言，我们有以下三种寿命周期：

——项目的寿命周期：它有较大的范围，在此范围内存在对项目的需求。其寿命期从出现项目的想法开始，终止于对项目不再关注时。

——产品型式的寿命周期：它属于电动机制造商公司。其寿命周期开始于认识到本公司有开发新一代产品的需要之时，结束于该代产品被淘汰。

——单台电动机型式样品的寿命周期：该寿命周期为供应方和使用方共有。它始于制造，结束于拆除和回收利用。

由于这一缘故，像作为寿命周期一个阶段的“拆除”这一术语使用时便要注意，因为它只可能涉及实际的样品。

8 关于概念“面”的说明

如果我们承认项目是一套信息的话，那么我们会如何去理解“面”这个概念呢?

我们用通常的语言说：“这是一种功能”或者“这是一种产品”。

同时，术语“功能”通常定义(不仅在GB/T 5094.1中)为：“项目的作用”，或者“任何事物、活动方式特有的机能，由此，项目实现了其用途”。

很明显，这些定义中的术语“项目”指的是“现实领域的项目”，而我们所说的功能就是其功能。

(一套信息也可能有用途、作用和性质，但那不是我们定义的对象。)

讨论中的困难之一源于与参照代号有联系的功能、产品和位置这几个字的误用或混淆。

必须认识到项目不能只是一种功能、一个产品、一个位置或诸如此类的概念，但是：

——“实际的项目”可能需要或具有与它所起作用(即与其他有效的实际项目的相互作用)有关的性质，因而项目含有这方面的信息；

——“实际的项目”可能需要或具有与它周围的结构(即与周围的组件的相互作用)有关的性质，因而项目含有这方面的信息；

——“实际的项目”可能需要或具有与其所在位置有关的性质，因而项目含有这方面的信息，等等。

如果项目含有上述各种信息，则它在功能面、产品面和位置面都令人关注，并且可以称它属于功能面、产品面或位置面结构。

有一件事很重要：面只与项目和其周围的事物如何相互作用有关。它们与项目本身无关。

这意味着，例如项目在产品面令人关注，不是因为它由产品实现，而仅仅是因为对较高层次的产品组件而言它令人关注。

试比较一下上面的寿命周期历程中的G。“电动机”是产品面结构中的一个零件，因为它被装入组件中(作为一个结构元件)，而不是因为它是产品。

上述情况当然同样适用于其他面。

位置面参照代号和任何其他代号一样，可同样完全正确地用作电阻器的标识，只要被安装的电阻器占有可寻址的位置。这并不表示“电阻器就是地址”。

如果调节螺旋装置(人工控制的装置)在其所处的单元内具有某种功能，则可给予它功能面参照代号。这并不表示“螺旋装置就是功能”。

注：项目本身在GB/T 5094.2中研究，该部分研究了项目的分类，而不考虑它们结构上的用途，参见图6。

寿命周期历程中另一个重要的观察结果(见5.1、5.3、5.5和5.7)是不可能泛泛声称某一方面的参照代号(例如功能面参照代号)是主要标识，而其他的是辅助性的标识。

参照代号仅仅是项目在属于特定面的那一方面的标识。

如果我们观察整个寿命周期，又系统地要求它适用所有的学科，我们就不能给任何面以任何原则上的优先。对系统的设计者来说，功能面是最重要的，而对制造工程来说，则对此很少关注，产品面结构才更重要，等等。

在以前的参照代号标准中，系统设计方面曾被给予优先，但对这一事实未作任何说明。如果标准仍将有效，并要系统设计(电气技术)以外的其他学科的人们认可，这是不能接受的。

9 关于分解与构建的说明

9.1 分解

5.1所述的导致项目“发动机”产生的生产流程需求的分解，可能是有价值的较准确的研究。图3示出分解过程的图解。

分解大体上是一个步进过程，始于“自上而下”的功能面分解，接着为“自下而上”的产品面合成。功能分解由如下五步说明：

a) 阐述所需技术项目的功能性，即阐述它对它周围事物的实际作用(“接口”)。

b) 决定此功能性是否可用现有的或计划中的产品来实现。

c) 如果不能实现，则将它分解为一组子项目。这是一个创作过程，它以专门技能为基础并被设计者的意图所支配，以尽可能顺利地获得可实现的项目。

d) 阐述各个子项目之间的功能关系。它们作为一个群体应和初始项目一样具有与其周围事物完全相同的功能接口。子项目(事件物)的标识隶属于初始项目以及项目相互关系的描述。

e) 如同a)那样，阐述每个子项目的功能性。

必要时继续对子项目进行分解，直至发现这些子项目可以用计划中或现有的产品来实现。

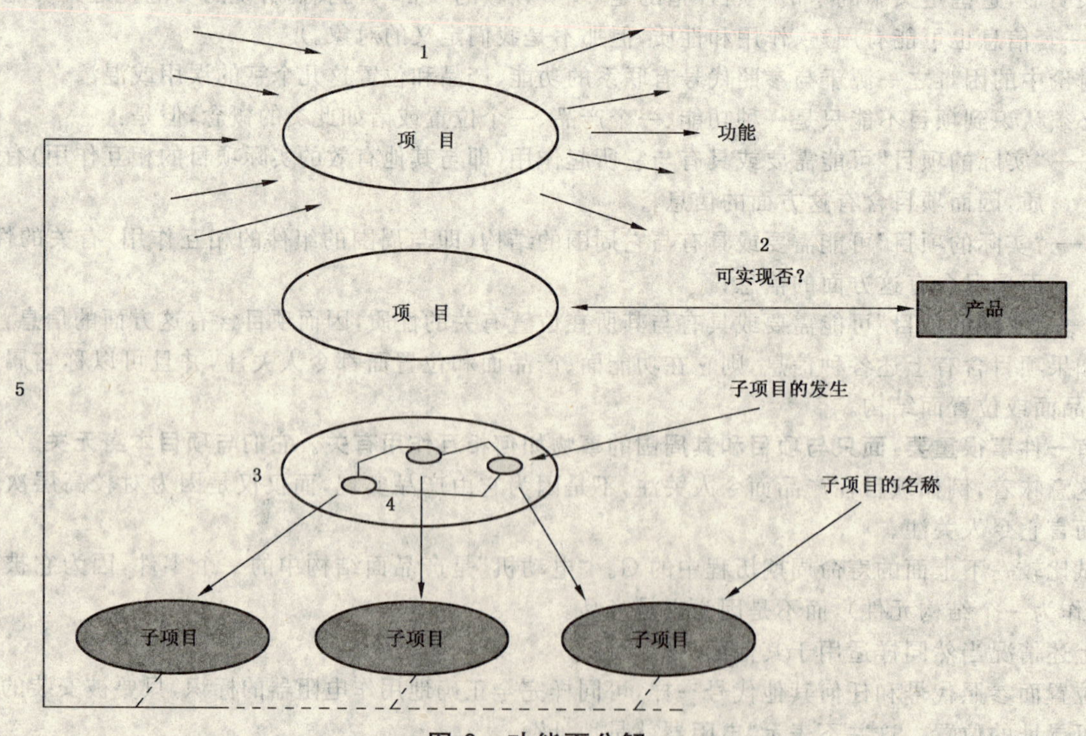

图3 功能面分解

分解的结果是：

——一组项目，在其一侧具有功能面（结构树上的叶），而其另一侧需要具有产品面，因为无论如何它们将被全部组装或安装；

——另一组项目，它们代表这样的项目群或群中群。这些项目至此将只具有功能面；

——已确定的项目之间分层关系的说明。

9.2 合成

在进行功能有关的分解后，将需要按照“自下而上”的程序把产品合成较高等级的可制产品或组件，或把产品安装在现场（最高等级的组件），从而将确定产品面（构造的）结构。

在此结构中的“较高层”组件，通常不是用那些较早确定的项目来代表。但是往往当人们正努力设计具有规定功能的产品或组件时，合成的过程中，很可能发生设计出的组件满足较早确定的“功能有关的项目”群的功能要求。因此，这样的项目除了具有功能有关的面以外，还赋予产品有关的面，尽管它们不是功能面结构树上的叶。事实上，最高层的项目（“最高等级的组件”）总是具有几个面的项目，见图 4。

AF 和 AP、BF 和 BP 分别代表同一项目的不同方面。

图 4 分解与合成

这里的说明集中在功能面和产品面，类似的讨论也可以在位置面和产品面进行，等等。

产品面和位置面的差别可能需要作进一步的解释。一个明显表示差别的例子可在建筑结构中找到。类似的差别也存在于其他领域。

当建筑师设计建筑物涉及其形式、外形等等时，他（她）要研究位置面结构，在该结构中，楼层和房间都是项目。

当建筑工程师描述同一建筑物的结构时，他（她）要研究产品面结构，在该结构中，楼层框架、结构、墙、窗、门等都是项目，但非房间（直至涂漆和装修结束前）！

位置面结构与立体概念有关，当建筑物已存在时，立体概念是重要的；而产品面结构则与结构概念有关，结构概念对装配工作是重要的。

实际上，有关功能的自上而下的分解和有关产品的自下而上的合成并不像上面描述的那样直截了当。其过程往往是反反复复的，并包含自上而下和自下而上不同的组合结构。

一个很普通的例子是，在组建工业成套设备的电气和控制设备时，过程的功能结构已经在某段时间以前被工艺设备的供应商完成。电气设计者应当从工艺设备的产品面结构开始工作。因此，其任务大多是依据工艺设备的产品结构重新设计功能面结构，以获取控制设备的设计依据。

阐述结构的目的是强调分解和合成两个过程产生对项目的需求，其中的一部分只属于一种结构（只有一个面），而另一部分属于一种以上的结构（有一个以上的面）。另一件重要的事情是区分项目（的名称）和该项目事件（它总是在相关面的次高层表示）。

对此说明如下：当为了说明可能发生多个方面的项目及其结构关系而绘图时，需要在彼此的旁边表示清楚。而项目事件只可以在一个或多个其他项目（作为一部分）内标出，见图 3 和图 6。

10 关于参照代号特征的说明

在讨论了项目事件和项目名称的差别后，该是询问我们想用参照代号标识它们中的哪一个的时候了。

回答很简单：就是所关注的项目事件。

拟制一个面的完整参照代号的方法为两步法：

——第一步为在较大项目范围内标识作为其组成部分的项目事件，以便拟制每个这样的子项目的单层参照代号。要对所有相关项目重复这一步骤，直到所研究方面的次高层项目。不可给予“最高层”项目以单层参照代号，因为它不是另一项目的组成部分。对它的标识必须采取通常采用的其他方法，例如采用订货号、项目名称。

请注意，有时可以把发生在最高层使用的“成套设备代号”（往往是用户提供的），看作是包括该用户所有成套设备的那个项目范围内所确定的参照代号。试比较图 6，在该图中，项目“总系统”就是此类项目的一种。

——第二步是连结全部事件的参照代号，从上往下直至所关注的项目事件，以便拟制该方面的多层参照代号。

单层参照代号要给予对这个项目而言由特定方面组成部分的那些项目（事件）。多层参照代号是由这样的单层参照代号连结而成，并将这样描述顺序连接的成分结构。

成分结构是 GB/T 5094.1 据其拟制代号的基本来源。

11 关于参照代号集的说明

11.1 项目事件与项目名称的比较

把项目事件和项目的名称加以区别，便有可能用不同面的不同代号（因为它们标识的是事件）来表示同一所关注项目（项目的名称）。所关注项目可以是几个项目的直接组成部分，只要这些其他项目是通过不同面得到的。

成套的所有单层参照代号都是项目（项目的名称）的标志，这使得人们有可能知道根据那些方面确定所关注的项目以及它在相应结构中的位置。

这些标志也将使“转移”成为可能。转移不过是一种“跳跃”，它在一个项目的范围内从一种结构跳到另一种可能的结构。

用来表示项目的结构种类并未谈及该项目的任何特征！结构无非是示出获得项目的途径的地址。

项目的特征用其字母代码（如使用）来描绘。

11.2 成分结构与组群的比较

如前所述，成分结构是 GB/T 5094.1 据其进行拟制参照代号的途径。但是有例外，那就是在该部分 5.6 中所述“用一些非单义的参照代号的组合来标识项目”。该条阐述了一种应用组群结构途径的方法。该方法的差异之处对每个人来说可能不很清楚，因而一些人对这一点和结果的可用性提出了意见。

图5是不同方法的图解。该图示出用不同面(＝、＋、－)表示的“所关注的项目”。

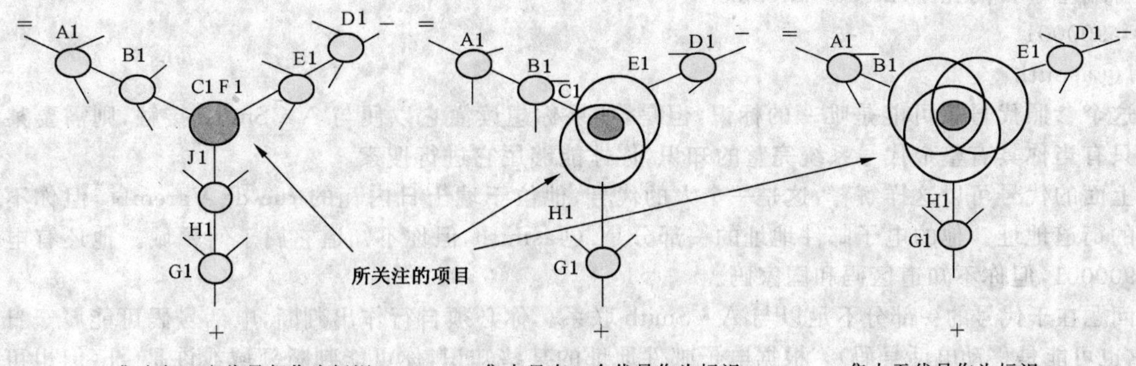

图5 三种参照代号集

——左图,所关注的项目是用参照代号集标识的。集中的每一个代号均可用来标识它:＝A1B1C1或－D1E1F1或＋G1H1J1的作用完全相同。

——中图,只有一个代号标识所关注的项目,它就是＝A1B1C1。其余两个代号－D1E1和＋G1H1标识的所关注项目只是其组成部分的那些项目,因而在某种意义上,可以把它们视作辅助代号。它们自身不能用于项目的结构搜索,但可以一起工作。

——右图,代号中没有一个真正标识所关注的项目,不过作为一个整体的代号群可以这样做。如果用这样一组代号来搜索项目,则只可能找到项目＝A1B1、－D1E1和＋G1H1交点上的那个项目作为项目。在第三种情况下,项目被发现以前,总是需要在计算机中对数据库所有的项目进行广泛的搜索,而在第一种情况下,则有可能在结构通路中直接寻到它的地址。如果信息不是储存在单一的数据库而是分布在几个数据库,这一差异则特别重要。这样一来,相对于第一种方法来说,最后一种方法可能需要建立相当强的网络通信。

11.3 举例

下面具体例子可进一步说明上述两个原则之间的差别。

假定一个人是所关注的项目,例如叫A· Smith。如某个人需要与此人联系,则可以:

——在办公室面对面;

——用电话;

——用电子邮件。

根据这些方面的每一个面,A·Smith均可用一个“参照代号”来代表。

对于面对面的相见,实际的位置地址是必需的。当我们拟制参照代号以＋作为前缀符号时,并按分层递减顺序书写,这一代号可是:

——＋瑞士＋日内瓦＋rue de Varembé＋3＋2层＋15室

对于用电话联系,为了使电话号码类似于参照代号,以#作为前缀符号(为了避免混淆,书写0041代替国家码＋41,而900001是直通电话号码),其号码为:

——#0041#022#900001

对于电子邮件联系,其地址为(按分层递减次序、与正常完全相反的方向书写,并以左下点.作为前缀):

——. ch. abc. @asmith

——. ch代表瑞士,而. abc是他工作所在公司的专用网点。

这三种参照代号构成参照代号集,它们中的每一个大抵均可以不同途径用来找到A·Smith,参见图6:

＋瑞士＋日内瓦＋rue de Varembé＋3＋2层＋15室

#0041#022#900001

. ch. abc. @asmith

若应用组群法，一种可能的代号为：

＋瑞士＋日内瓦＋rue de Varembé

＃900001

.@asmith

这个参照代号很可能是唯一的标识，但是，如果你想读懂它以便与 A·Smith 接触，则需要某些知识。只有当你具有整个代号系统完整的知识，你才能够用它进行搜索。

上面的代号可以这样解释：这是一个人的代号，他位于瑞士日内瓦的 rue de Varembé，但你不知道真实的街道地址。他的电子邮件地址的一部分是.@asmith，但你不知道它属于何领域。他还有电话号码＃900001，但你不知道区码和国家码。

问题在于代号的一部分不足以与 A·Smith 联系。你必须自行作出判断，电话号码可能属于日内瓦（但它也可能是移动电话号码）。根据电子邮件地址的某些知识，你可能判断领域或许是.ch（但也可能是别的，例如.com）。为了可信，你必须参照全球电子邮件字典，至少参照整个瑞士电话字典，并把找人的两个地址相交，这样，位置地址才是成立的。不幸的是，从理论上讲，你可能找到两个或两个以上的人。

由于存在混乱和扩大搜索的可能性，以严格的组成为基础优选方法则是必然的。组群法也包括在 GB/T 5094.1 的 5.6 中，因为它有时在实际中应用。应用现行的 IEC 60750 是一种可能，因其规定的代号较短，并且比较简单。

12 关于转移的说明

上例中以组群为基础的代号也可写成一个字符串，如下所示：

＋瑞士＋日内瓦＋rue de Varembé＃900001.@asmith

这里值得注意的是，尽管看起来如此地相像，但以组群为基础的代号并不包含 GB/T 5094.1 中转移这一术语所具有的那种意义上的转移。

＋rue de Varembé 没有寻址到按电话号码可再分解的项目，同时电话号码未寻址到可再分解成电子邮件地址的项目。

上面所举的例子中项目的等级为：国家、城市、街道、大楼、楼层、公司和人，参见图 6。

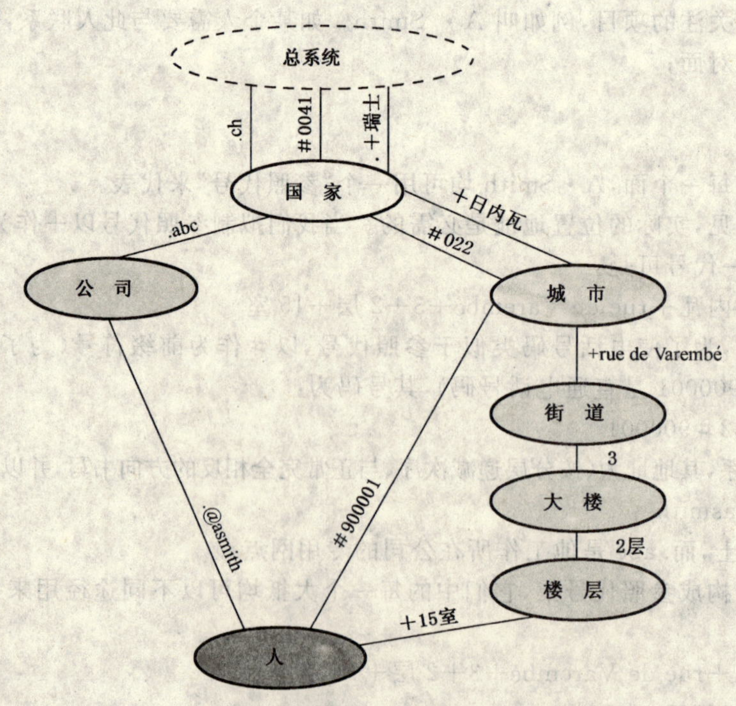

图 6 项目与单层参照代号

属于项目“人”的 A·Smith 的单层参照代号按面标注为:＋15 室、＃900001 和.@asmith。

项目“国家”的单层参照代号按面标注为:＋瑞士、＃0041 和.ch。

项目“城市”的单层参照代号按面标注为:＋日内瓦或＃022。

这样一来,项目“人”、“国家”和“城市”是从几个方面所关注,而“街道”、“大楼”和“楼层”只关注位置方面,并且此时,“公司”只从电子邮件方面关注。

这表示:作为从一个面到另一个面“跳跃”的转移在“国家”级和“城市”级是可能的,但在“街道”级、“楼层”级和“公司”级是不可能的(如果项目“人”可再分解,则在这一等级的转移或许也是可能的)。

因此,运用转移获得的一些可能的参照代号为:

——城市级的转移:＋瑞士＋日内瓦＃900001

——国家级的转移:＋瑞士.abc.@asmith

第一个例子,若是依据组成部分时,则只能这样解释:这是位于日内瓦的一个人的代号,而日内瓦位于瑞士,并且你可以用日内瓦的市内电话号码 900001 和他取得联系。

若是根据组群法拟制的同一代号,则这样解释:这是位于日内瓦的一个人的代号,而日内瓦位于瑞士,并且他有一个电话号码 900001。你不知道地区码。这个电话号码不一定在日内瓦,例如它可能属于移动电话集团,或者属于位于其他城市的因而为其他地区码的公司电话交换机。

如果电话号码寻址到一个移动电话,则它或许也有可能运用转移。可是,在此种情况下,在项目“城市”中转移到电话方面或许是不可能的,而只能在项目“国家”中,因为移动电话系统常常是覆盖整个国家的。假定移动电话系统的“地区码”为＃099,则如下的代号可能起作用:＋瑞士＃099＃900001。

ICS 19.100
J 04

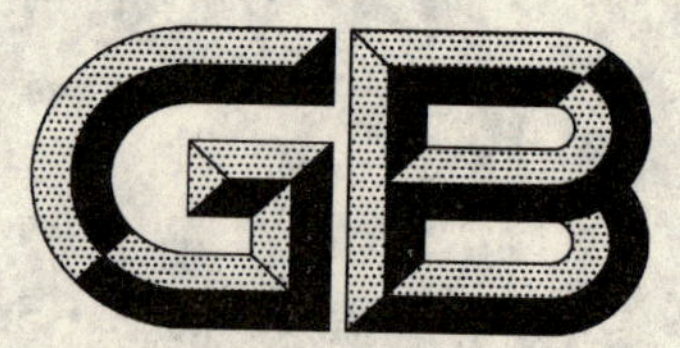

中华人民共和国国家标准

GB/T 5097—2005/ISO 3059:2001
代替 GB/T 5097—1985

无损检测　渗透检测和磁粉检测 观察条件

Non-destructive testing—Penetrant testing and magnetic particle testing—Viewing conditions

(ISO 3059:2001,IDT)

2005-06-08 发布

2005-12-01 实施

中华人民共和国国家质量监督检验检疫总局
中国国家标准化管理委员会　发布

前　言

本标准等同采用 ISO 3059:2001《无损检测　渗透检测和磁粉检测　观察条件》(英文版)。

本标准等同翻译 ISO 3059:2001。

本标准与 ISO 3059:2001 在规范性引用文件上存在有编辑性差异,为此说明如下:

——按 ISO 3059:2001 附录 ZZ 给出的等效的相应国际和欧洲标准,将引用文件中的欧洲标准改为与其等效的国际标准,即:EN 473 改为 ISO 9712:1999。

为便于使用,本部分还做了下列编辑性修改:

a) “本国际标准”和“本欧洲标准”一词改为“本标准”;

b) 用小数点“.”代替作为小数点的逗号“,”;

c) 删除国际标准的前言;

d) 用 GB/T 1.1 规定的引导语代替国际标准中的引导语;

本标准代替 GB/T 5097—1985《黑光源的间接评定方法》。

e) 删除国际标准的资料性附录 ZZ“文中未给出的等效的相应国际和欧洲标准”。

本标准与 GB/T 5097—1985 相比主要变化如下:

——增加了范围(见第 1 章);

——增加了规范性引用文件(见第 2 章);

——修改了安全提示(1985 年版的第 6 章;本版的第 3 章);

——增加了色对比技术(见第 4 章);

——修改了荧光技术(1985 年版的第 1、2、3、4、5 章和附录 A、附录 B、附录 C;本版的第 5 章);

——增加了视力 (见第 6 章);

——增加了校验(见第 7 章)。

请注意本标准的某些内容有可能涉及专利。本标准的发布机构不应承担识别这些专利的责任。

本标准由中国机械工业联合会提出。

本标准由全国无损检测标准化技术委员会(SAC/TC 56)归口。

本标准起草单位:上海航空股份有限公司。

本标准主要起草人:李光洁。

本标准所代替标准的历次版本发布情况为:

——GB/T 5097—1985。

引 言

在对显示观察时，渗透检测和磁粉检测均需控制的有关环境条件，例如：

——在色对比技术中，充足的白光照明以获得可靠的检测结果。

——荧光系统中，在最低的白光照射下以获得充足的 UV-A 辐照。

无损检测 渗透检测和磁粉检测 观察条件

1 范围

本标准规定了在磁粉和渗透检测中对观察条件的控制。包括对光照度和 UV-A 辐射照度的最低要求及其测量方法,适用于以肉眼作为主要观测手段的场合。

2 规范性引用文件

下列文件中的条款通过本标准的引用而成为本标准的条款。凡是注明日期的引用文件,其随后所有的修改单(不包括勘误的内容)或修订版均不适用于本标准,然而,鼓励根据本标准达成协议的各方研究是否可使用这些文件的最新版本。凡是不注明日期的引用文件,其最新版本适用于本标准。

GB/T 9445 无损检测 人员资格鉴定与认证(ISO 9712:1999,IDT)

GB/T 2900.65 电工术语 照明(GB/T 2900.65—2004,IEC 60050-845,IDT)

3 安全提示

应考虑国家和地方的所有有关健康和安全方面的法规。

应尽量减少人暴露在 UV-A 辐射下。应避免暴露在低于 330 nm 的 UV-A 辐射下。应避免暴露在 UV-B 和 UV-C 辐射下(如来自损坏或开裂的滤片)。

4 色对比技术

4.1 光源

检验应在日光或人工照明下进行,不应使用如钠灯等单色光源。

被检表面应均匀照射,应避免闪烁和反射。

4.2 测量

在工作条件下,应使用光照度计测量被检表面处的光照度。光照度计的标称光谱响应应按 GB/T 2900.65标定。

4.3 要求

被检表面光照度应大于等于 500 lx。

5 荧光技术

5.1 紫外辐射源

检验应在标称最大强度值在 365 nm 处的 UV-A 辐射源(315 nm 至 400 nm)下进行。

注:UV-A 的辐射照度会随使用时间变化,如随灯泡老化,反光罩或滤片的性能变化而变化。非常重要的是降低来自工件上可见背景光或其他 UV-A 灯及未良好遮掩的其他光源对眼睛的直射。

5.2 测量

在工作条件下,应使用具有图 1 所示的灵敏度响应的 UV-A 辐照强度计对被检表面处测量 UV-A 辐射照度。

测量应在紫外辐射源输出稳定后进行(开启不小于 10 min 后)。

光照度测量按 4.2 进行,光照度计上读数应不受 UV-A 辐射影响。

5.3 要求

测量被检表面 UV-A 辐照强度应大于 10 W/m²(1 000 μW/cm²)，并且光照度低于 20 lx，在 UV-A 辐射源打开并稳定后的工作条件下进行。

渗透检测的 UV-A 辐射照度不应大于 50 W/m²(5 000 μW/cm²)。

在操作者视场内无闪烁光、其他的可见光源或 UV-A 辐射源下，环境可见光照度应低于 20 lx。

渗透清洗工位处被检表面的 UV-A 辐照强度最低为 3 W/m²(300 μW/cm²)，且光照度应低于 150 lx。

6 视力

应与 GB/T 9445 要求一致。

7 校验

辐射照度计和光照度计应按制造商推荐的校准周期，使用可溯源到国家基准的标准器具进行校准。检验周期不应超过 24 个月。

UV-A 辐射照度计应在 365 nm 波长的单一谱线上进行校准。仪器维修或受损后均应进行必要的校验。

当使用可分离的传感器和读数装置时，应对整个系统(包括读数装置和传感器)进行校验。

校验结果应形成校准证书，合格声明或检测报告等适当形式书面文件。

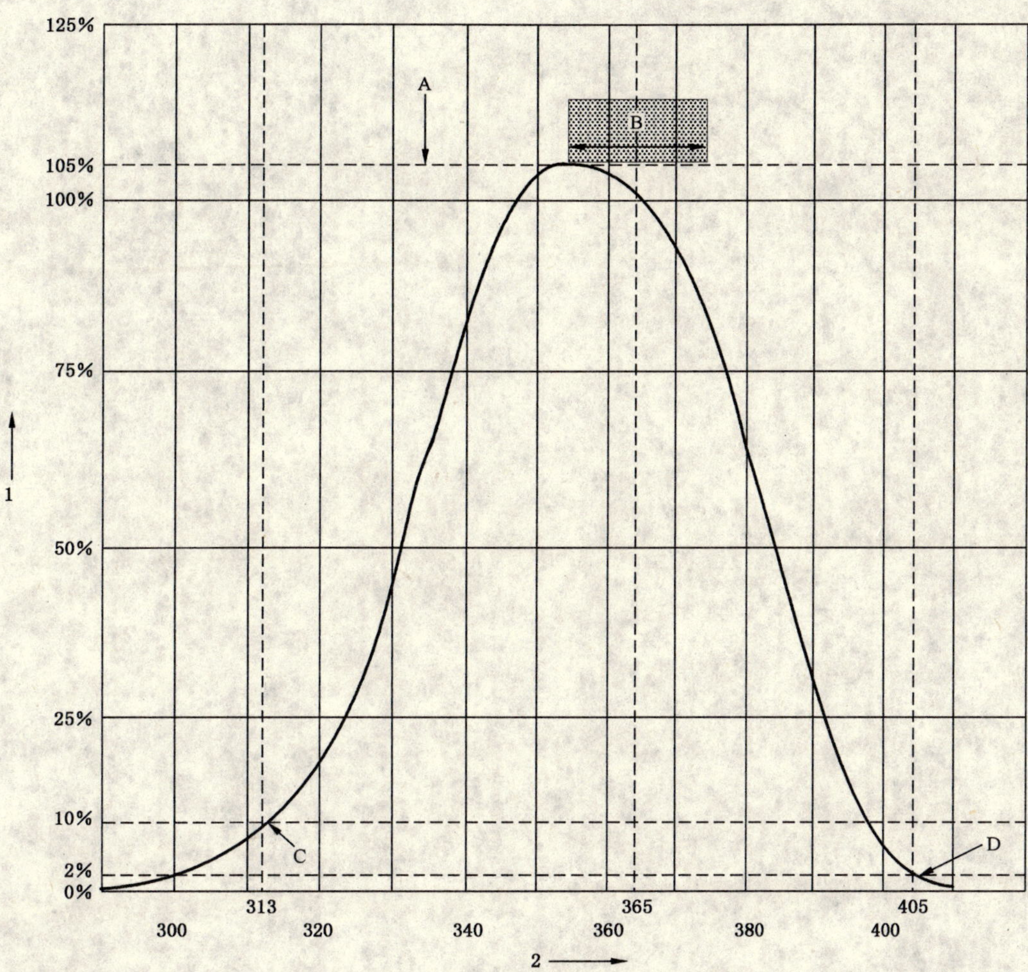

1——相关光谱响应；

2——波长 λ。

相关光谱响应是传感器给定波长(λ)的辐照响应与在 365 nm 处的响应之比。

合格的传感器的相关光谱响应曲线不应进入阴影区域。图中 A,B,C,D 如下述要求所限：

A　任何波长的相关光谱响应曲线不应超过 105％；

B　相关光谱响应曲线的峰值应出现在 355 nm 和 375 nm 间；

C　313 nm 波长处的相关光谱响应曲线应低于 10％；

D　405 nm 波长处的相关光谱响应曲线应低于 2％。

上图为一合格仪器产生的曲线的示例。

图 1　UV-A 辐射照度计的光谱响应

ICS 53.060
J 81

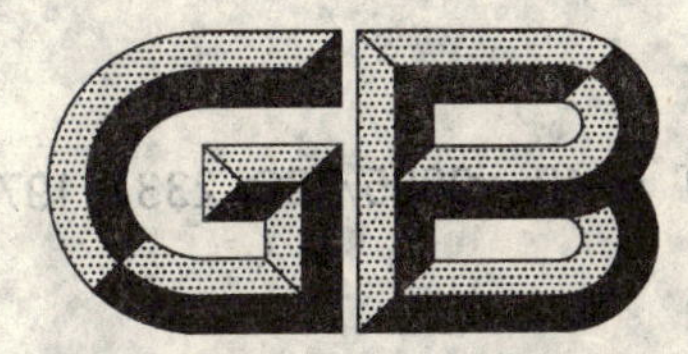

中华人民共和国国家标准

GB/T 5140—2005/ISO 2331:1974
代替 GB/T 5140—1985

叉车 挂钩型货叉 术语

Fork lift-trucks—Hook-on type fork arms—Vocabulary

(ISO 2331:1974,IDT)

2005-07-11 发布

2006-01-01 实施

中华人民共和国国家质量监督检验检疫总局
中国国家标准化管理委员会 发布

前　言

本标准等同采用 ISO 2331:1974《叉车　挂钩型货叉　术语》(英文版)。

本标准等同翻译 ISO 2331:1974。

为便于使用,本标准做了下列编辑性修改:

a) “本国际标准”一词改为“本标准”;

b) 删除国际标准的前言。

本标准代替 GB/T 5140—1985《叉车　挂钩型货叉　术语》。

本标准与 GB/T 5140—1985 相比主要变化如下:

——增加了“规范性引用文件”一章;

——去掉了“术语”一章中各个术语定义所对应的英文部分;去掉了“货叉部分”、“货叉各表面”和“货叉尺寸”所对应的英文;

本标准由中国机械工业联合会提出。

本标准由北京起重运输机械研究所归口。

本标准起草单位:北京起重运输机械研究所。

本标准主要起草人:赵春晖。

本标准于 1985 年 3 月首次发布。

叉车　挂钩型货叉　术语

1　范围

本标准规定了符合 GB/T 5184、GB/T 5183 和 GB/T 5182 的叉车挂钩型货叉的术语。

2　规范性引用文件

下列文件中的条款通过本标准的引用而成为本标准的条款。凡是注日期的引用文件，其随后所有的修改单(不包括勘误的内容)或修订版均不适用于本标准，然而，鼓励根据本标准达成协议的各方研究是否可使用这些文件的最新版本。凡是不注日期的引用文件，其最新版本适用于本标准。

GB/T 5182　叉车　货叉　技术要求和试验(GB/T 5182—1996,idt ISO 2330:1995)

GB/T 5183　叉车　货叉的尺寸(GB/T 5183—1983,idt ISO 2329:1983)

GB/T 5184　叉车　挂钩型货叉和货叉架　安装尺寸(GB/T 5184—1996,idt ISO 2328:1993)

3　术语

3.1　货叉部分(见图 1)

3.1.1

水平段　blade

货叉支承载荷的水平部分。

3.1.2

叉根　heel

连接水平段和垂直段的货叉弯曲部分。

3.1.3

垂直段　shank

带有挂钩的货叉垂直部分。

3.1.4

挂钩　hooks

支承货叉及货叉定位用的垂直段上的凸块。它可以与货叉制成非整体形式(固定在垂直段上)或整体形式(与垂直段制成一体)。

3.1.4.1

上钩　top hook

悬挂货叉的挂钩。

3.1.4.2

下钩　bottom hook

防止货叉在垂直和水平方向产生过大位移的挂钩。

3.1.5

叉尖　tip

水平段的自由端。

3.1.6

定位锁　positioning lock

将货叉固定在货叉架上的装置。

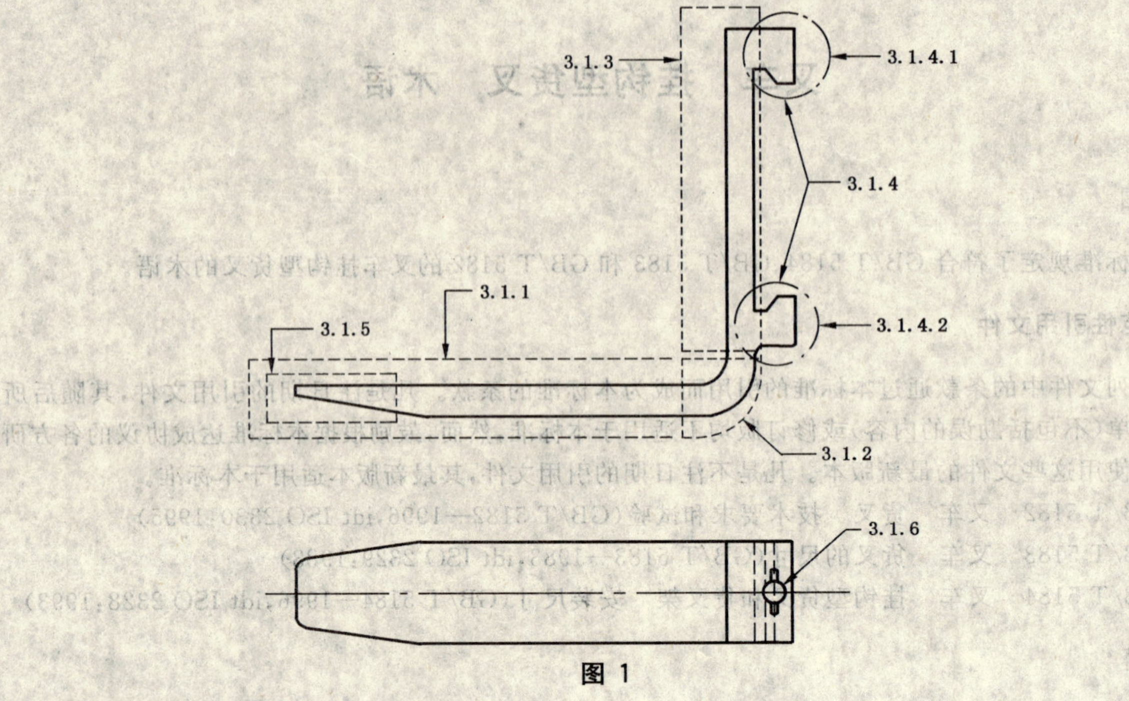

图 1

3.2　货叉各表面(见图 2)

3.2.1

水平段上表面　blade, upper face

支承载荷的水平段上的最高表面。

3.2.2

水平段下表面　blade, lower face

水平部分的下表面,包括倾斜面和水平面。

3.2.3

垂直段前表面　shank, front face

垂直段接触载荷的表面,即测量载荷中心距的基面。

3.2.4

侧面　flanks

垂直段和水平段的两侧表面。

3.2.5

挂钩定位面　hook retaining faces

上钩和下钩的倾斜面。

3.2.6

挂钩支承面　hook suspension face

与货叉架接触的上钩下部的水平面。

3.2.7

叉尖楔面　blade taper

为便于货叉插入而制成的楔形叉尖表面。

3.2.8

叉尖侧面　toe

为便于货叉插入,叉尖两侧可制成各种形状的表面。

图 2

3.2.9

垂直段顶面　shanks, top

货叉垂直部分的上平面。

3.3　**货叉尺寸(见图 3)**

3.3.1

厚度, *a*　thickness

水平段平行部分的厚度。

3.3.2

宽度, *b*　width

水平段的宽度。

3.3.3

高度, *h*　height

从水平段上表面到垂直段顶面的距离。

3.3.4

长度, *l*　length

从垂直段前表面测量的水平段的长度。

3.3.5

截面积, *A*　cross-section

宽度 b 与厚度 a 的乘积。

3.3.6

角度, *α*　angle

水平段上表面与垂直段前表面之间的角度。

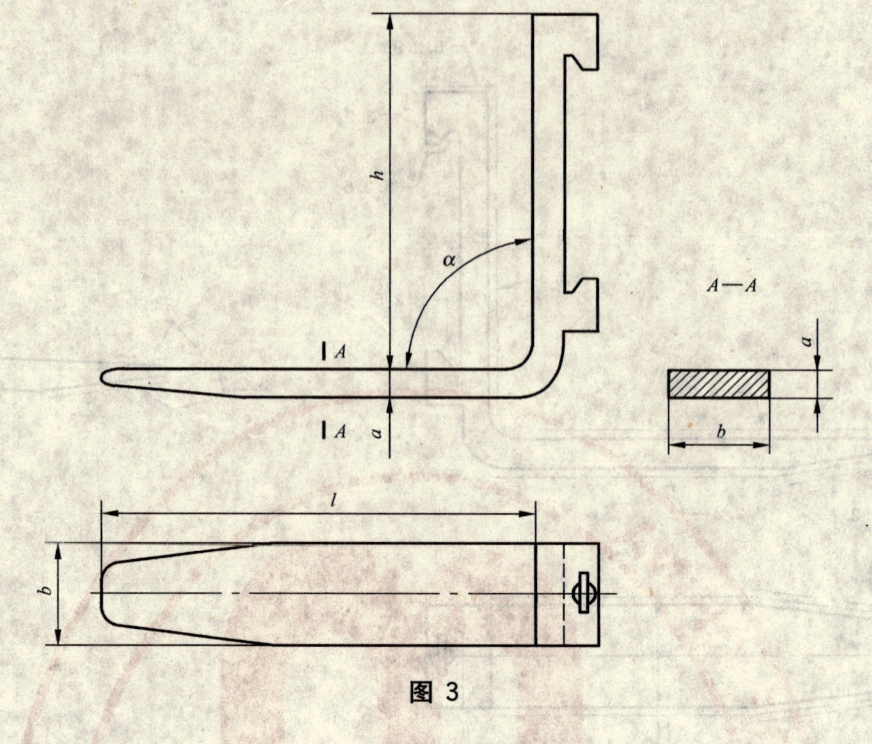

图 3

ICS 53.060
J 81

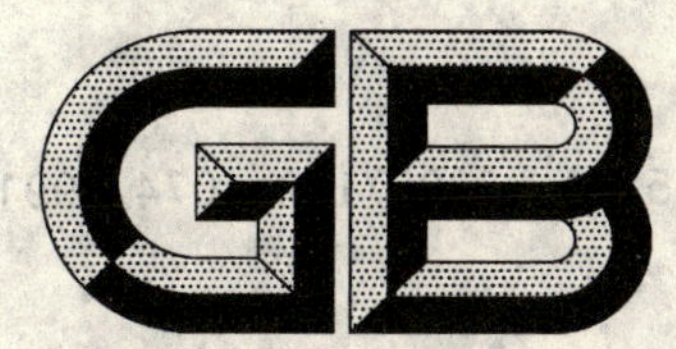

中华人民共和国国家标准

GB/T 5141—2005/ISO 1074:1991
代替 GB/T 5141—1985

平衡重式叉车　稳定性试验

Counterbalanced fork-lift trucks—Stability test

(ISO 1074:1991,IDT)

2005-07-11 发布　　2006-01-01 实施

中华人民共和国国家质量监督检验检疫总局
中国国家标准化管理委员会　发布

前　言

本标准等同采用 ISO 1074:1991《平衡重式叉车　稳定性试验》(英文版)。

本标准等同翻译 ISO 1074:1991。

为了便于使用,本标准作了下列编辑性修改:

a) “本国际标准”一词改为“本标准”;

b) 删除国际标准的前言;

c) 去掉了所有英制单位对应的数值、公式和注。

本标准代替 GB/T 5141—1985《平衡重式叉车　稳定性　基本试验》。

本标准与 GB/T 5141—1985 相比主要变化如下:

——将本标准适用的平衡重式叉车“额定起重量最大为 10 000 kg”改为“额定起重量最大为 50 000 kg”。

——增加了“规范性引用文件”一章。

——叉车的稳定性试验一章中增加了“固定斜坡”法和“计算”法。增加了表 1(标准载荷中心距)。增加了“为保持叉车在试验平台上的初始位置,必要时可使用垫块(楔块),其最大高度不得超过表 2 所列数值。如使用垫块(楔块),不应人为地改善叉车的稳定性”的内容,并增加了“表 2(垫块高度)”。

——在表 3 的试验图表中,将第 4 项试验中额定起重量≤4 999 kg 时对应的试验平台倾斜度值由原来的“(15+1.1v)%、(最大 40%)”改为“(15+1.4v)%、(最大 50%)”,将原标准中第 4 项试验中 5 000 kg≤额定起重量≤10 000 kg 时对应的试验平台倾斜度值“(15+1.1v)%、(最大 50%)”改为 5 000 kg≤额定起重量≤50 000 kg 时对应的试验平台倾斜度值“(15+1.4v)%、(最大 40%)。

本标准由中国机械工业联合会提出。

本标准由北京起重运输机械研究所归口。

本标准起草单位:北京起重运输机械研究所。

本标准主要起草人:赵春晖。

本标准于 1985 年 3 月首次发布。

平衡重式叉车　稳定性试验

1　范围

本标准规定了验证平衡重式叉车稳定性的基本试验。

本标准适用于带有可倾斜门架或不可倾斜门架，乘驾式或非乘驾式，额定起重量最大为 50 000 kg 的平衡重式叉车。也适用于在相同工作条件下装有载荷搬运属具的车辆。

本标准不适用于带有可伸缩装置(例如门架或货叉)的叉车，也不适用于搬运可自由摆动的悬吊载荷的叉车。

注：工业车辆在预定偏载的特殊条件下堆垛作业的附加稳定性试验将构成其他国际标准的主题。

2　规范性引用文件

下列文件中的条款通过本标准的引用而成为本标准的条款。凡是注日期的引用文件，其随后所有的修改单(不包括勘误的内容)或修订版均不适用于本标准，然而，鼓励根据本标准达成协议的各方研究是否可使用这些文件的最新版本。凡是不注日期的引用文件，其最新版本适用于本标准。

GB/T 8591　土方机械　司机座椅标定点(GB/T 8591—2000,eqv ISO 5353:1995)

3　试验目的

3.1　正常工作条件

本标准规定的基本试验，可确保平衡重式叉车在正常工作条件下合理而恰当地使用时具有足够的稳定性，即：

a)　门架基本垂直，货叉相对水平，在坚实、平整、水平和铺好的路面上进行堆垛作业；

b)　门架或货叉后倾，载荷处于较低(运行)位置，在坚实、平整和铺好的路面上运行；

c)　载荷重心约在叉车纵向中心平面内时进行作业。

3.2　非正常工作条件

当工作条件与 3.1 中规定的不相同时，应采用：

a)　符合其他现行的国际标准(例如 ISO 5767[1])所规定的不同特定条件的叉车；或

b)　叉车的稳定性由有关双方商定，但不得低于正常工作条件下(见 3.1)试验规定的稳定性要求。

4　叉车的稳定性试验

4.1　试验要求

叉车的稳定性应采用下述试验方法之一来验证。对于额定起重量最大为 50 000 kg 的叉车，当叉车稳定性有争议时，应使用倾斜平台试验来验证。

4.2　验证步骤

4.2.1　倾斜平台

应使用一侧能倾斜的试验平台。将被试叉车按 4.3 规定的条件，放置在初始呈水平状态的试验平台上，按表 3 中给出的各个位置依次进行试验。

进行每项试验时，试验平台应逐渐倾斜到表 3 中规定的倾斜度。若叉车通过全部试验而不倾翻，则认为是稳定的。

1) ISO 5767 工业车辆在门架前倾的特定条件下堆垛作业——附加稳定性试验。

对这些试验来说，倾翻定义为试验平台的倾斜度，即倾斜度再增加，就会导致叉车倾翻。

在横向稳定性试验中，允许一个承载车轮离开试验平台，并且允许叉车结构部件或其他专门设计的结构与试验平台接触。

4.2.2 固定斜坡

应使用与规定的试验坡度的倾斜度相当的固定斜坡。该斜坡表面应平整并能支承叉车的重量而不产生影响试验结果的变形。

将门架处于低位的被试叉车开上固定斜坡，并按表3的要求停放。满载被试叉车处于每一个试验位置时，应缓慢而平稳地将试验载荷起升到表3中所规定的高度。

4.2.3 计算

可以采用计算来确定符合规定稳定性的数值。

该计算值应考虑制造误差和门架与轮胎的变形等。

4.3 试验条件

4.3.1 叉车状况

试验应在一台可供使用的叉车上进行。

如果某项试验因驾驶员不在其位置上而稳定性降低时，则乘驾式叉车的驾驶员应由一块质量为90 kg的物体来代替。对于站驾式叉车，应将一块质量为90 kg的物体固定在驾驶员正常工作位置中心上，其重心在驾驶员平台地板上方1 000 mm处。对于坐驾式叉车，物体的重心应固定在驾驶员座椅标定点(SIP)上方150 mm处，座椅标定点按GB/T 8591确定，并将座椅置于可调范围的中点。

如果稳定性因为燃油的原因而降低，则内燃叉车的燃油箱应加满。其他各油箱应按其用途充到正确工作油位。轮胎应按叉车制造商规定的压力值充气。

4.3.2 叉车在试验平台上的位置

对于第1和第2项试验(见表3)，叉车在试验平台上，其载重桥应平行于试验平台倾斜轴线 XY(见图9)。

对于第3和第4项试验，叉车在试验平台上应处于转向位置，使 MN 线平行于试验平台的倾斜轴线 XY。在图10、11和12中，最靠近倾斜轴线的转向轮应与倾斜轴线平行。

横向稳定性试验应在叉车稳定性较小的一侧进行。

N 点是试验平台表面与最靠近倾斜轴线的前轮之间接触面的中心点(见图10,11和12)。

M 点的定义如下：

a) 对于具有铰接转向桥的叉车，M 点是指叉车纵向中心平面 AB 与转向桥轴线的交点在试验平台上的投影(见图10)；

b) 对于用单个回转轮转向的叉车，M 点是指该转向轮与试验平台表面接触的踏面中心点(见图11)；

c) 对于用一对回转轮转向的叉车，M 点是指靠近倾斜轴线 XY 的转向轮与试验平台表面接触的踏面中心点(见图12)；

d) 对于转向轮不是靠普通轴连接，而是在叉车纵向中心平面铰接布置的叉车，M 点是指叉车纵向中心平面 AB 与连接转向轮垂直转向轴的直线 CD(见图10)的交点在试验平台上的投影。

4.3.3 试验载荷

试验载荷的质量应等于叉车能起升到其最大起升高度并作用在重心 G 处的最大载荷 Q，重心 G 通常位于叉车标牌上标出的标准载荷中心距 D 处，即从货叉垂直段前表面到 G 的水平距离和从货叉水平段上表面到 G 的垂直距离。

当叉车标牌上标有附加的起升高度、载荷和载荷中心距时，叉车应满足本标准中为这些附加值规定的试验要求。

试验载荷的重心 G(见图1)应位于叉车纵向中心平面 AB 内(见图9,10,11和12)。

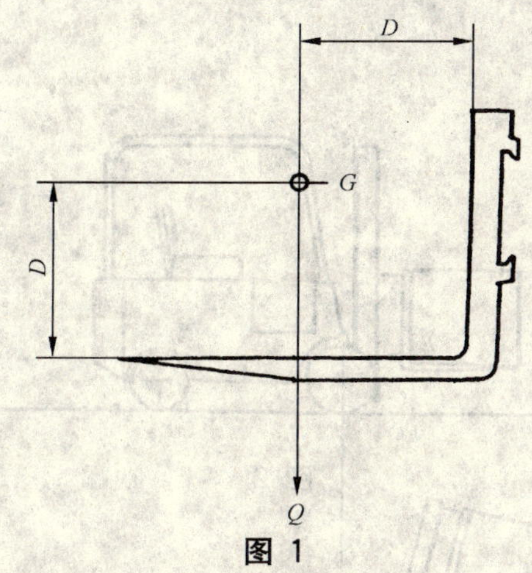

图 1

表 1　标准载荷中心距

载荷 Q/ kg	载荷中心距 D/ mm
$Q<1\ 000$	400
$1\ 000\leqslant Q\leqslant 4\ 999$	500
$5\ 000\leqslant Q\leqslant 10\ 000$	600
$Q>10\ 000$	600、900、1 200、1 500

4.3.4　叉车在试验平台上的位置

叉车在每项试验过程中，应保持其在试验平台上的初始位置。

这可以通过使用停车制动器或行车制动器来实现，这些制动器应可靠地处于"制动"状态，或将车轮与车架楔紧，但无论如何确保不得影响铰接功能。

为保持叉车在试验平台上的初始位置，必要时可使用垫块(楔块)，其最大高度不得超过表 2 所列数值。如使用垫块(楔块)，不应人为地改善叉车的稳定性。

表 2　垫块高度

轮胎外径，d/ mm	垫块(楔块)高度 最大
$d\leqslant 250$	25 mm
$d>250$	$0.1d$

必要时，可采用适当的能增加摩擦的材料，以提高平台表面的摩擦系数。

4.3.5　货叉垂直段前表面的位置

在进行第 1 项试验时，当货叉从低位起升后，载荷基准点(即 E 点)的水平位置不应变动(见图 4)。

使用铅垂线或其他适宜的设备校正门架的垂直位置，将货叉及规定的试验载荷起升到距试验平台上方约 300 mm 处。货叉垂直段前表面垂直，由于货叉或货叉架与试验载荷重心 G(见图 1)有固定关系，则可在货叉或货叉架上设立 E 点(见图 2)。E 点应作为试验平台上 F 点的参考基准(见图 2)。当门架起升时，在试验平台上可能会产生一个新的 F_1 点(见图 3)：通过进行下述调整，可使新的 F_1 点与 F 点的初始位置重合(见图 4)。

对于具有能倾斜门架的叉车，应在其设计值允许范围内靠改变门架倾角来校正 F_1 点的位置变化。

对于具有固定门架的叉车，应在其设计值允许范围内调整货叉或货叉架的倾角(若装有)来校正 F_1 点的位置变化。

对于具有不能倾斜门架、货叉或货叉架的叉车，不能进行调整。

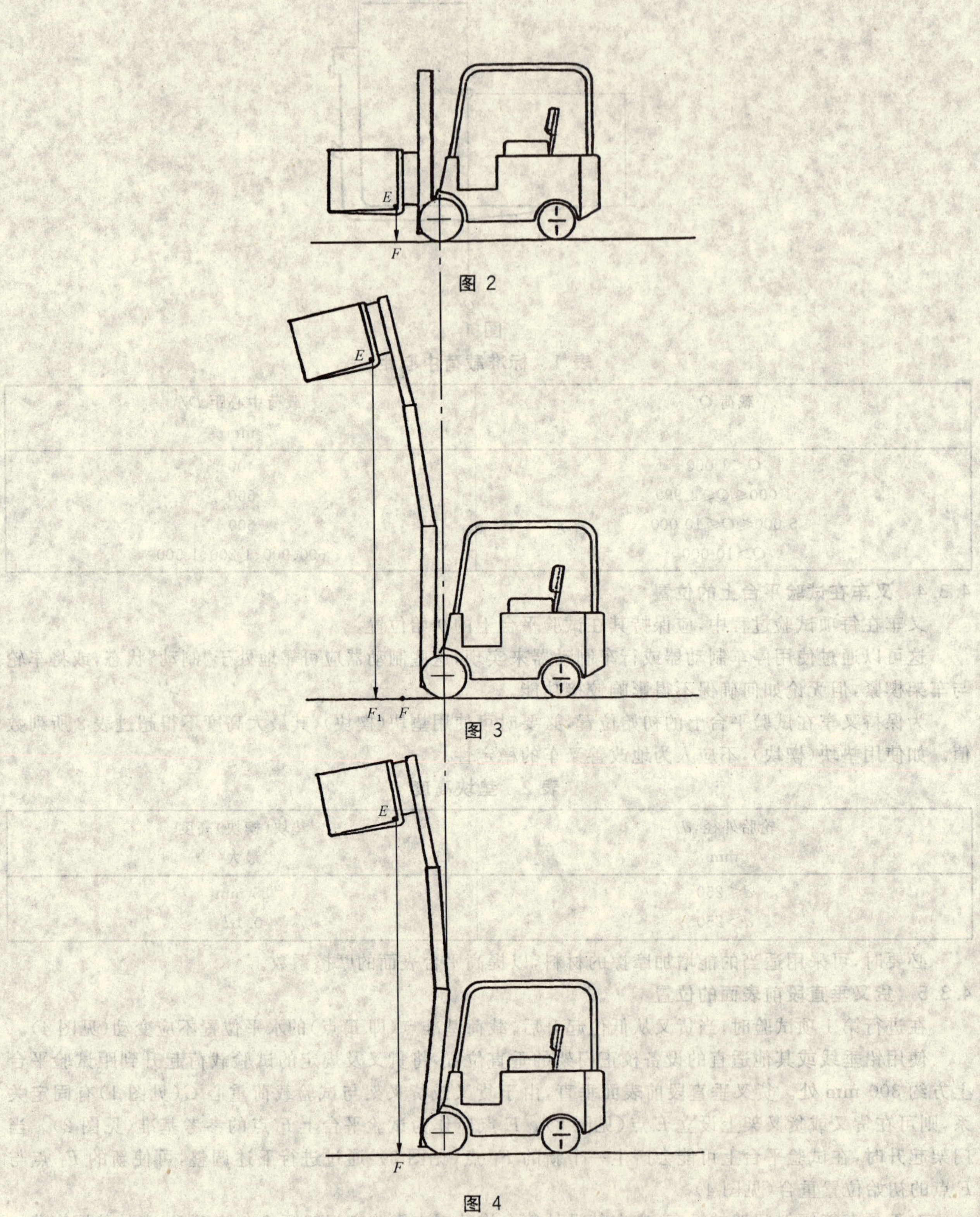

图 2

图 3

图 4

4.3.6 **模拟运行试验的起升高度**

进行模拟运行试验，即进行第 2 和第 4 项试验时，从货叉叉根处测量，货叉上表面应高于试验平台约 300 mm。

4.3.7 **安全措施**

在试验过程中应采取措施防止叉车倾翻或试验载荷位移。如果采用绳套或链条来防止整车倾翻，则该绳套或链条应足够松弛，以便在叉车达到倾翻点之前对叉车没有显著的约束。

应采用下列方法来防止试验载荷位移：

a) 将试验载荷牢固地固定在载货架或类似结构上；

b) 利用货叉上的适当支承点将试验载荷悬挂在靠近地面处，而悬挂点应位于试验载荷重心 G 处，如同试验载荷置于货叉上。

5 采用属具叉车的稳定性试验

采用除货叉以外其他属具的叉车，应进行同样的稳定性试验，除非属具会将载荷重心移至叉车纵向中心平面 AB 以外[见 3.1c)]。

为校验门架的垂直位置，应选择一个与试验载荷重心 G(见图 1)有固定关系的参考点。

试验载荷应为该属具用于被试叉车时在规定载荷中心距处的额定载荷。

试验规定的货叉起升高度，应在试验平台表面与载荷或属具的下表面之间测量，取其中的较小值。

表 3 试验一览表

试验编号		1	2	3	4
稳定性类别		纵向		横向	
操作类型		堆垛	运行	堆垛	运行
载荷情况		试验载荷	试验载荷	试验载荷	空载
起升高度		最大	低位(见 4.3.6)	最大	低位(见 4.3.6)
门架位置		垂直	最大后倾(具有倾斜门架的叉车)		
在试验平台上的位置		图 5 和 9	图 6 和 9	图 7、10、11 或 12	图 8、10、11 或 12
试验平台倾斜度	额定起重量≤4 999 kg	4%	18%	6%	(15+1.4v)%[a] (最大 50%)
	5 000 kg≤额定起重量≤50 000 kg	3.5%	18%	6%	(15+1.4v)%[a] (最大 40%)
叉车在试验平台上的位置		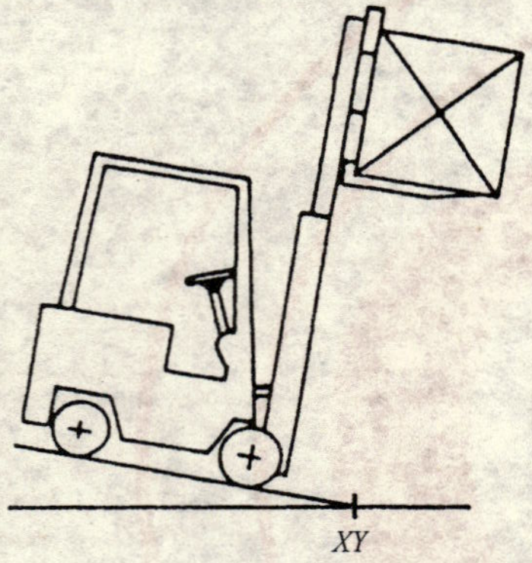 图 5	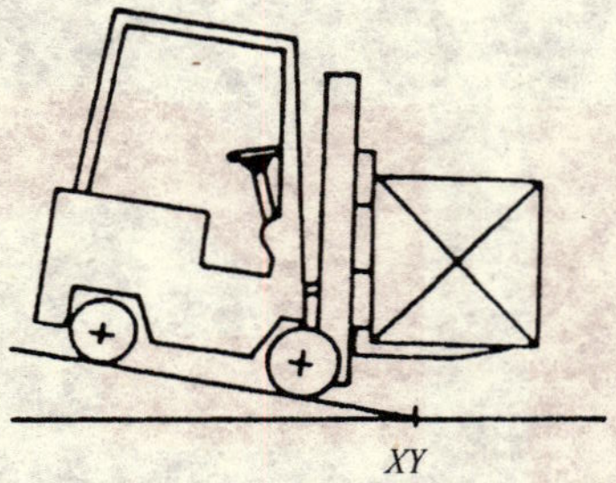 图 6	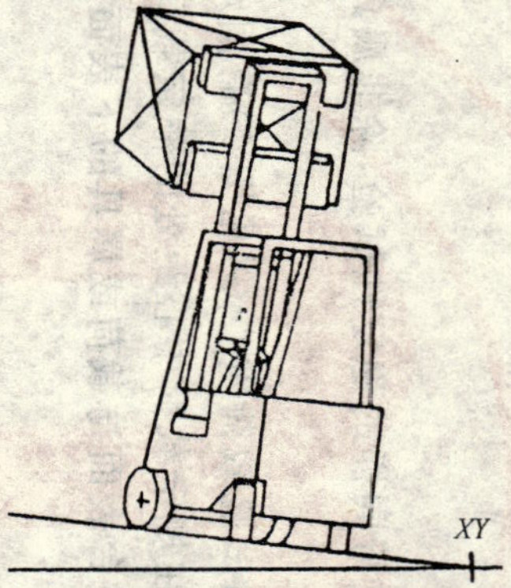 图 7	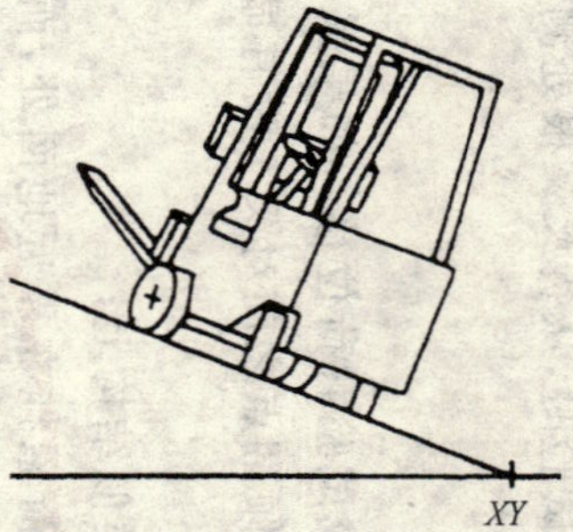 图 8
AB:叉车纵向中心平面 CD:转向桥轴线 MN:叉车初始倾斜轴线 XY:试验平台倾斜轴线		转向桥 载重桥 试验平台 平行 A B X Y 图 9		平行 载重桥 转向桥 A B C D M N X Y 图 10	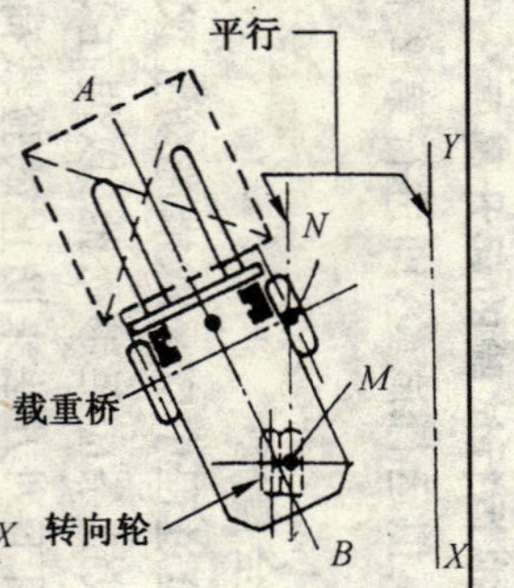 平行 载重桥 转向轮 A B M N X Y 图 11 平行 载重桥 转向轮 A B M N X Y 图 12

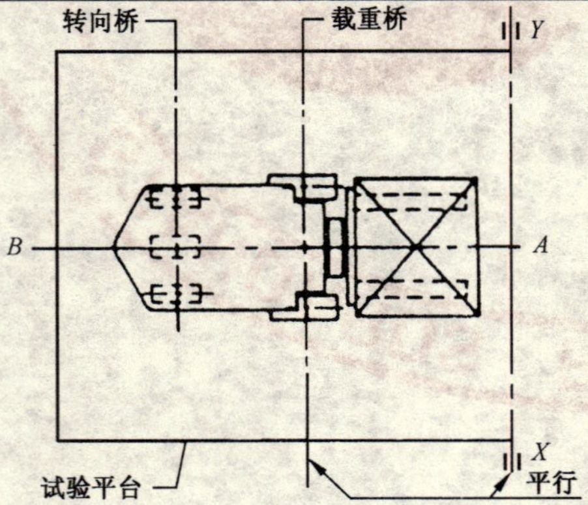

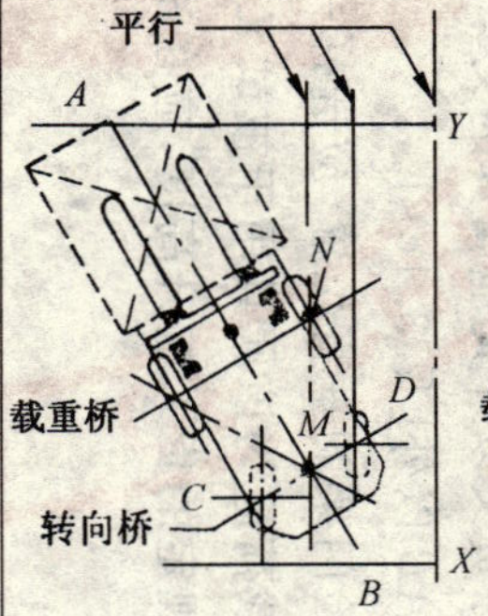

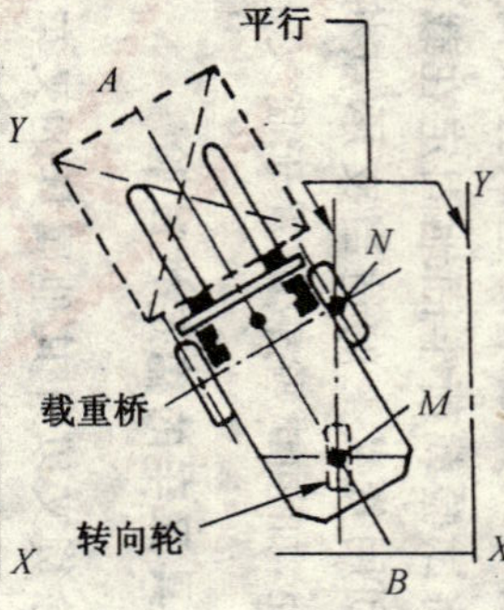

[a] v 为空载叉车的最大速度,km/h。

ICS 53.060
J 81

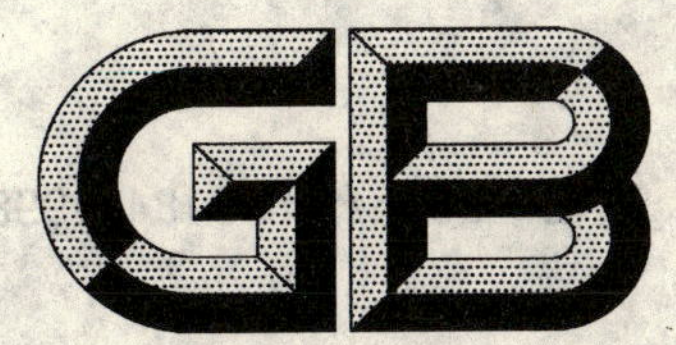

中华人民共和国国家标准

GB/T 5142—2005/ISO 3184:1998
代替 GB/T 5142—1985

前移式和插腿式叉车 稳定性试验

Reach and straddle folk-lift trucks—Stability tests

(ISO 3184:1998,IDT)

2005-07-11 发布　　2006-01-01 实施

中华人民共和国国家质量监督检验检疫总局
中国国家标准化管理委员会　发布

前言

本标准等同采用 ISO 3184:1998《前移式和插腿式叉车　稳定性试验》(英文版)。

本标准等同翻译 ISO 3184:1998。

为了便于使用,本标准作了下列编辑性修改:

a) “本国际标准”一词改为“本标准”;

b) 删除了国际标准的前言;

c) 去掉了所有英制单位对应的数值、公式和注。

本标准代替 GB/T 5142—1985《前移式和插腿式叉车　稳定性试验》。

本标准与 GB/T 5142—1985 相比主要变化如下:

——增加了“规范性引用文件”一章;

——稳定性试验一章中增加了“固定斜坡”法和“计算”法;

——表 2 中去掉了第 5 项、第 8 项稳定性试验的平台倾斜度的图表,将第 5 项试验的平台倾斜度值由“$(15+1.1v)\%$、最大 40%”改为“$(15+1.1v)\%$、最大 50%”;并将第 8 项试验的平台倾斜度值由原来的 3 档数值改为“$(15+0.5i+1.55v)\%$、最大$(40+0.5i)\%$”;

本标准由中国机械工业联合会提出。

本标准由北京起重运输机械研究所归口。

本标准起草单位:北京起重运输机械研究所。

本标准主要起草人:赵春晖。

本标准于 1985 年 3 月首次发布。

前移式和插腿式叉车　稳定性试验

1　范围

本标准规定了验证前移式(门架或货叉可伸缩)叉车和插腿式叉车稳定性的基本试验。

本标准适用于带有可倾斜或不可倾斜门架或货叉,额定起重量最大为 5 000 kg,乘驾式或步行式操纵的前移式和插腿式叉车,也适用于在相同工作条件下装有载荷搬运属具的叉车。

本标准不适用于搬运可以自由摆动的悬吊载荷的叉车。

2　规范性引用文件

下列文件中的条款通过本标准的引用而成为本标准的条款。凡是注日期的引用文件,其随后所有的修改单(不包括勘误的内容)或修订版均不适用于本标准,然而,鼓励根据本标准达成协议的各方研究是否可使用这些文件的最新版本。凡是不注日期的引用文件,其最新版本适用于本标准。

GB/T 8591　土方机械　司机座椅标定点(GB/T 8591—2000,eqv ISO 5353:1995)

ISO 5767　工业车辆在门架前倾的特定条件下堆垛作业　附加稳定性试验

3　试验目的

3.1　正常工作条件

本标准规定的基本试验,可确保前移式和插腿式叉车在正常工作条件下正确使用时具有足够的稳定性。

a)　门架基本垂直,货叉相对水平,在坚实、平整、水平和铺好的路面上进行堆垛作业;

b)　门架或货叉后倾,载荷处于较低(运行)位置,在坚实、平整和铺好的路面上运行;

c)　载荷重心约在叉车纵向中心平面内时进行作业。

3.2　非正常工作条件

当工作条件与 3.1 中规定的不相同时,应采用:

a)　符合其他现行的国际标准(例如 ISO 5767)所规定的不同特定条件的叉车;或

b)　叉车的稳定性由有关双方商定,但不得低于正常工作条件(见 3.1)下试验规定的稳定性要求。

4　叉车的稳定性试验

4.1　试验要求

叉车的稳定性应采用下述试验方法之一来验证。在有争议时,倾斜平台法应作为仲裁方法。

4.2　验证步骤

4.2.1　倾斜平台

应使用一侧能倾斜的试验平台。

将被试叉车按 4.3 规定的条件,放置在初始呈水平状态的试验平台上,按表 2 中给出的各个位置依次进行试验。

进行每项试验时,试验平台应逐渐地倾斜到表 2 中规定的倾斜度。若叉车通过全部试验而不倾翻,则认为是稳定的。

对这些试验来说,倾翻定义为试验平台的倾斜度,即倾斜度再增加,就会导致叉车倾翻。

在横向稳定性试验中,允许一个承载车轮离开试验平台,并且允许叉车结构部件或其他专门设计的结构与试验平台接触。

4.2.2 **固定斜坡**

应使用与规定的试验坡度的倾斜度相当的固定斜坡。该斜坡表面应平整并能支承叉车的重量而不产生影响试验结果的变形。

将门架处于低位的被试叉车开上固定斜坡，并按表 2 的要求停放。满载被试叉车处于每一个试验位置时，应缓慢而平稳地将试验载荷起升到表 2 中所规定的高度。

4.2.3 **计算**

可以采用由经验数据验证过的计算方法来确定符合规定稳定性的数值。 ‖

该计算值应考虑制造误差和门架与轮胎可能的变形等。

4.3 **试验条件**

4.3.1 **叉车状况**

试验应在一台可供使用的叉车上进行。

如果某项试验因驾驶员不在其位置上而稳定性降低时，则乘驾式叉车的驾驶员应由一块质量为 90 kg的物体来代替。对于站驾式叉车，应将一块质量为 90 kg 的物体固定在驾驶员正常工作位置中心上，其重心在驾驶员平台地板上方 1 000 mm 处。对于坐驾式叉车，物体的重心应固定在驾驶员座椅标定点上方 150 mm 处，座椅标定点按 GB/T 8591 确定，并将座椅置于可调范围的中点。

如果稳定性因为燃油的原因而降低，则内燃叉车的燃油箱应加满。其他各油箱应按其用途充到正确工作油位。轮胎应按叉车制造商规定的压力值充气。

4.3.2 **叉车在试验平台上的位置**(见表 2)

对于第 1、2 项试验，叉车在试验平台上，其外伸支腿轮轴应平行于试验平台的倾斜轴线 *XY*(见图 7 和图 8)。

对于第 3、4 和第 5 项试验，叉车在试验平台上，应使 *MN* 线平行于试验平台的倾斜轴线 *XY*(见图 11 至 16)。

对于第 6、7 和 8 项试验，叉车在试验平台上，应使其纵向轴线与平台倾斜轴线 *XY* 垂直(见图 19 和 20)。

在图 13 中，靠近倾斜轴线的转向轮应平行于该轴线，其他型式叉车的转向轮位置分别如图 11,12,14,15 和 16。

横向稳定性试验应在叉车稳定性较小的一侧进行。

N 点是试验平台表面与最靠近倾斜轴线 *XY* 的外伸支腿轮接触面的中心点(见图 11 至 16)。

M 点的定义如下：

a) 对于具有单个非铰接驱动(转向)轮(见图 11)的叉车，*M* 点是驱动(转向)轮轴线与驱动轮轮宽中心线的交点在试验平台上的垂直投影。

b) 对于具有一对非弹性脚轮(见图 12)的叉车，*M* 点是脚轮轴中心线与两脚轮之间中点的交点在试验平台上的垂直投影，非弹性脚轮轴的中心线应靠近叉车中心平面。

c) 对于驱动——转向桥体铰接在车架上，且铰接点位于叉车中心平面内的叉车(见图 13)，*M* 点是铰接车架横向轴线与叉车中心平面 *AB* 的交点在试验平台上的垂直投影。

d) 对于具有一个弹性脚轮和单个非弹性驱动(转向)轮(见图 14)的叉车，*M* 点是驱动轮轴线与驱动轮轮宽中心线之间的交点在试验平台上的垂直投影，而驱动轮轴线与倾斜轴线垂直。

e) 对于具有非铰接双驱动(转向)轮(见图 15)的叉车，*M* 点是驱动轴线与靠近倾斜轴线的驱动轮轮宽中心线的交点在试验平台上的垂直投影，而驱动轮轴线与倾斜轴线垂直。

f) 对于具有非铰接、非弹性外伸支腿脚轮(见图 16)的叉车，*M* 点是脚轮轮宽中心线与靠近叉车中心平面的脚轮轴线中心线的交点在试验平台上的垂直投影。而非弹性脚轮应靠近叉车的中心平面。

g) 对于具有非铰接、非弹性外伸支腿轮(见图 20)的叉车，*M* 点是脚轮轴线中心线与脚轮轮宽中心线的交点在试验平台上的垂直投影，而非弹性脚轮的轴线应平行于倾斜轴线，脚轮应远离倾斜轴线。

4.3.3 **试验载荷**

试验载荷的质量应等于叉车能起升到其最大起升高度并作用在重心 G 处的最大载荷 Q，重心 G 通常位于叉车标牌上标出的标准载荷中心距 D 处，即从货叉垂直段前表面到 G 的水平距离和从货叉水平段上表面到 G 的垂直距离。

当叉车标牌上标有附加的起升高度、载荷和载荷中心距时，叉车应满足本标准中为这些附加值规定的试验要求。

对于试验 1、2、3 和 6，试验载荷的重心 G（见图 1）应位于叉车纵向中心平面 AB 内（例如图 7,8,19 和 20）。

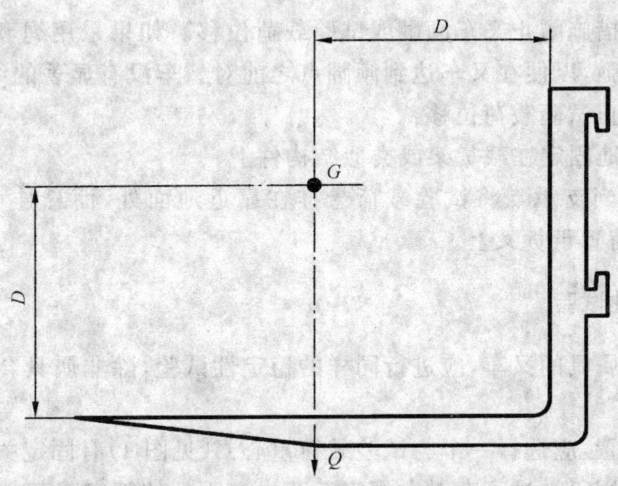

注：标准载荷中心距 D 为 600 mm。

图 1

4.3.4 **叉车在试验平台上的位置**

叉车在每项试验过程中，应保持其在试验平台上的初始位置。

这可以通过使用停车制动器或行车制动器来实现，这些制动器应可靠地处于“制动”状态，或将车轮与车架楔紧，但不得影响铰接功能。

为保持叉车在试验平台上的初始位置，必要时可使用楔块或垫块，其最大高度不得超过表 1 所列数值。如使用楔块或垫块，不应人为地改善叉车的稳定性。

表 1 楔块或垫块 单位为毫米

轮胎外径，d	楔块或垫块最大高度
$d \leqslant 250$	25
$250 < d \leqslant 500$	$0.1d$
$d > 500$	50

必要时，可采用适当的能增加摩擦的材料，以提高平台表面的摩擦系数。

4.3.5 **货叉垂直段前表面的位置**

在进行第 1 项试验时，当货叉从低位起升后，载荷基准点（即 E 点）的水平位置不得变动（见图 4）。

使用铅垂线或其他适宜的设备校正门架的垂直位置，将货叉及规定的载荷起升到距试验平台上方约 300 mm 处。货叉垂直段前表面垂直，由于货叉或货叉架与试验载荷重心 G（见图 1）有固定关系，则可在货叉或货叉架上设立 E 点（见图 2）。E 点应作为试验平台上 F 点的参考基准。当门架起升时，在试验平台上可能会产生一个新的 F_1 点（见图 3）。通过进行下述调整，就会使新点 F_1 与 F 点的初始位置重合（见图 4）。

对于具有能倾斜门架的叉车，应在其设计值允许范围内靠改变门架的倾角或缩回门架或货叉来校正 F_1 点位置的变化。

对于具有不能倾斜门架的叉车，应在其设计值允许范围内调整货叉或货叉架倾角(若装有)或缩回门架来校正 F_1 点位置的变化。

对于具有不能倾斜门架、货叉或货叉架的叉车，不能进行调整。

4.3.6 模拟运行试验的起升高度

进行模拟运行试验即进行第2、5和8项试验时，从货叉叉根处测量，货叉上表面应高于试验平台约300 mm。

为防止货叉与支腿相碰，货叉的叉根到支腿上表面的距离不得小于150 mm。

4.3.7 安全措施

在试验过程中应采取措施防止叉车倾翻或试验载荷位移。如果采用绳套或链条来防止整车倾翻，则该绳套或链条应足够松弛，以便在叉车达到倾翻点之前对叉车没有显著的约束。

应采用下列方法来防止试验载荷位移：

a) 将试验载荷牢固地固定在载货架或类似结构件上；

b) 利用货叉上的适当支承点将试验载荷悬挂在靠近地面处，而悬挂点应位于试验载荷重心 G 处，如同试验载荷置于货叉上。

5 采用属具叉车的稳定性试验

采用除货叉以外其他属具的叉车，应进行同样的稳定性试验，除非属具会将载荷重心移到叉车 AB 平面之外。

为校验门架的垂直位置，应选择一个与试验载荷重心 G(见图1)有固定关系的参考点。

试验载荷应为该属具用于被试叉车时在规定载荷中心距处的额定载荷。

试验规定的起升高度，应在试验平台表面与载荷或属具的下表面之间测量，取其中的较小值。

表2 试验一览表

试验编号	1	2	3	4	5	6	7	8
稳定性类别	纵向		横向			纵向向后		
操作类型	堆垛	运行	堆垛		运行	堆垛		运行
载荷情况	试验载荷	试验载荷	试验载荷	空载	空载	试验载荷	空载	空载
载荷中心距	D	D	D 或 400 mm (见注1)	—	—	D 或 400 mm (见注2)	—	—
起升高度	最大	低位 (见4.3.6)	最大	最大	低位 (见4.3.6)	最大	最大	低位 (见4.3.6)
承载装置位置	外伸(对于前移式叉车)	缩回	缩回	缩回	缩回	缩回	缩回	缩回
门架或货叉位置	垂直 (见4.3.5)	最大后倾	见注2	见注2	见注2	见注1	见注1	见注1
平台倾斜度	4%	18%	6%	8%	$(15+1.1v)\%$ 最大50%	14%	当叉车驾驶员一端的车轮装一套制动器或不装制动器时，为14%；装两套制动器时为18%	$(15+0.5i+1.55v)\%$ 最大 $(40+0.5i)\%$

表 2（续）

<table>
<tr><td>试验编号</td><td>1</td><td>2</td><td>3</td><td>4</td><td>5</td><td>6</td><td>7</td><td>8</td></tr>
<tr><td rowspan="2">叉车在倾斜平台上的位置(见4.3.2和注3)</td><td rowspan="2">见图5,7和8</td><td rowspan="2">见图6,7和8</td><td colspan="2">见图 9</td><td>见图 10</td><td colspan="2">见图 17</td><td>见图 18</td></tr>
<tr><td colspan="3">见图 11～16</td><td colspan="3">见图 19 和 20</td></tr>
<tr><td colspan="9">注 1：载荷中心距 D 或 400 mm，如后者符合最小稳定性，叉车即按此数据设计。若叉车按载荷中心距 D 设计，则必须在载荷标牌中说明。
注 2：具有倾斜门架或倾斜货叉的叉车，门架和货叉应当处在叉车具有最小稳定性的位置。
注 3：横向试验时，叉车放在试验平台上的位置取决于被试叉车的型式（见图 11～16）。MN 线必须平行于试验平台的倾斜轴线 XY。试验应在叉车稳定性较小的一侧进行。
注 4：下列符号用于表示：
AB——前移式或插腿式叉车纵向中心平面；
MN——叉车初始倾斜轴线；
XY——试验平台倾斜轴线；
v——空载叉车在水平地面上的最大运行速度，km/h；
i——空载叉车运行时以百分比表示的最大爬坡度。</td></tr>
</table>

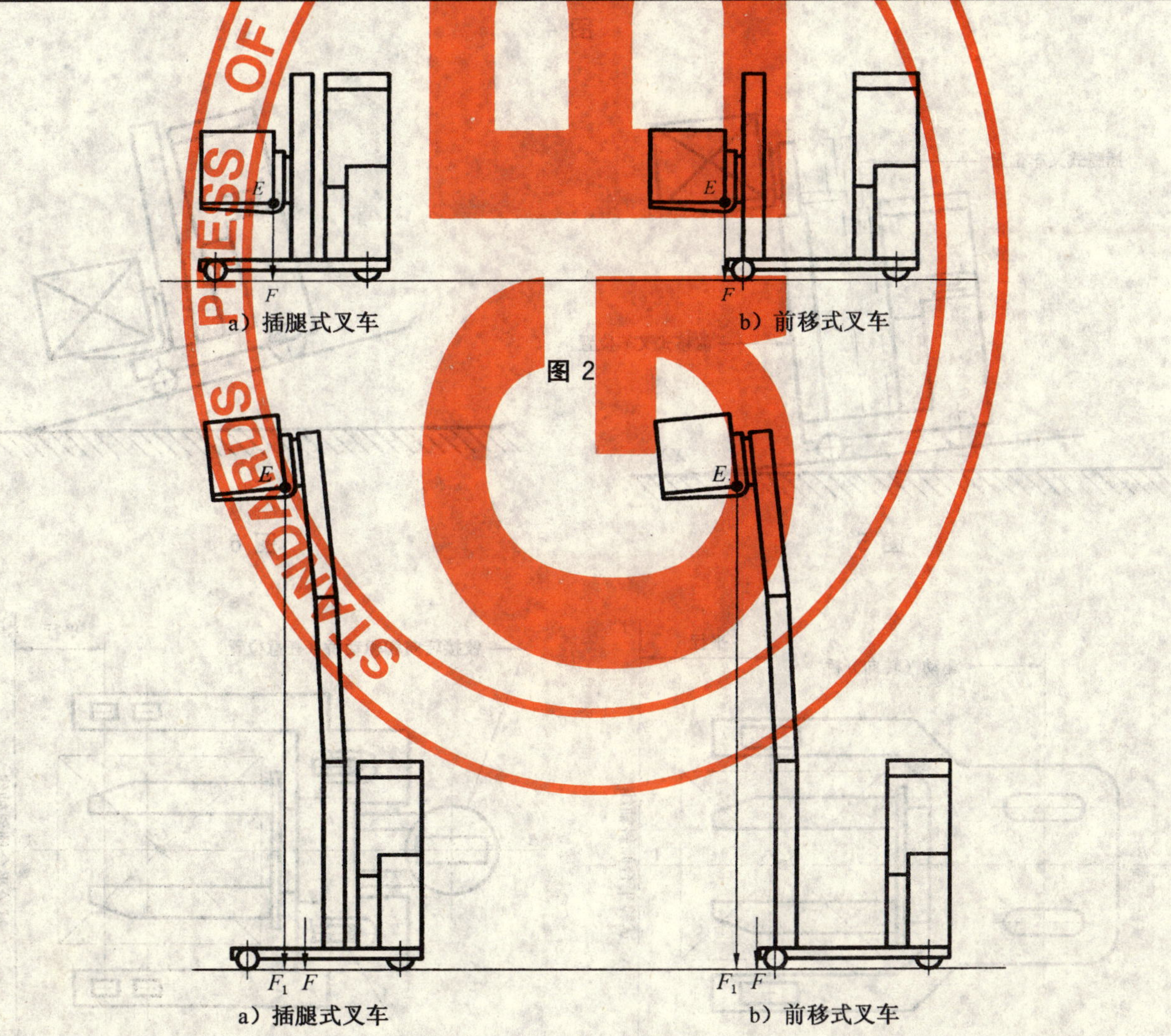

a）插腿式叉车　　b）前移式叉车

图 2

a）插腿式叉车　　b）前移式叉车

图 3

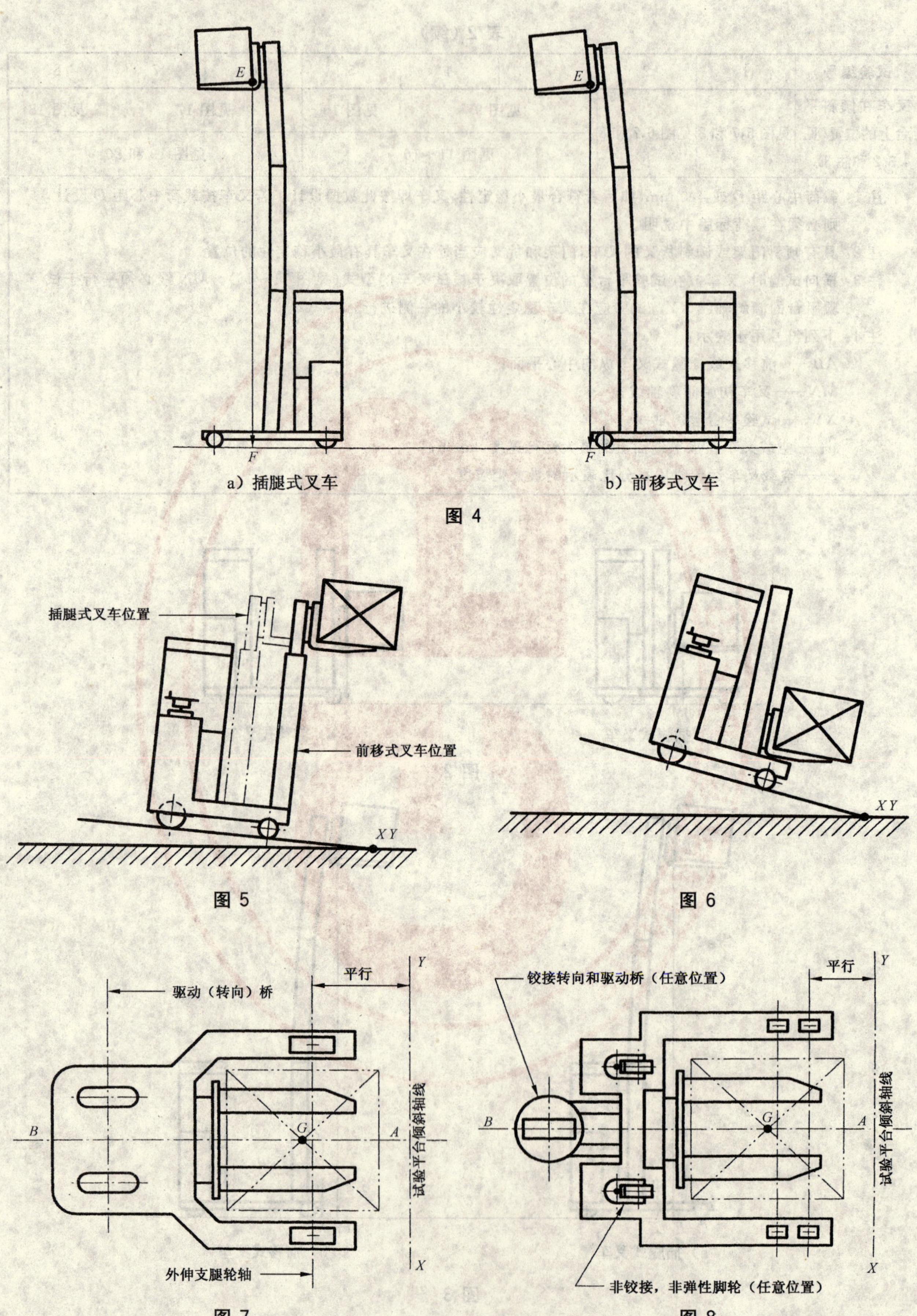

a）插腿式叉车　　b）前移式叉车

图 4

图 5　　图 6

图 7　　图 8

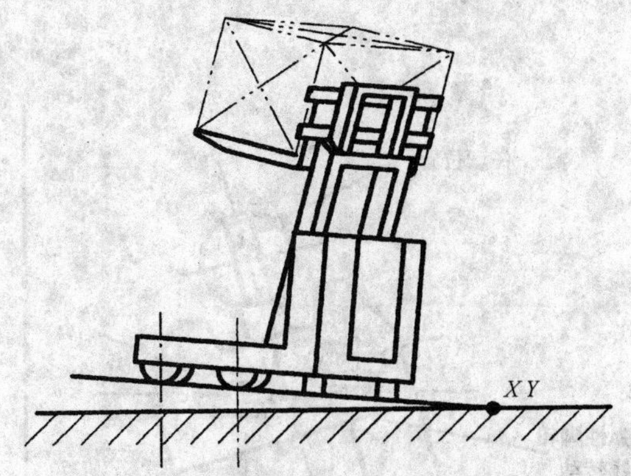

注：图中未示出护顶架。

图 9

注：图中未示出护顶架。

图 10

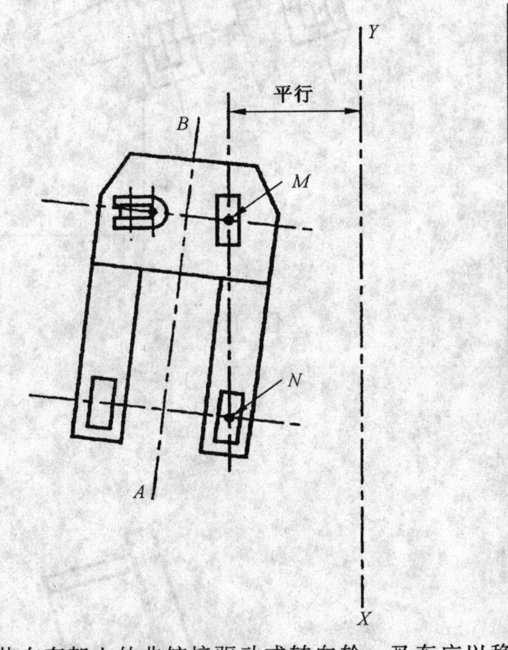

注：装在车架上的非铰接驱动或转向轮。叉车应以稳定性较小的位置放在平台上。

图 11

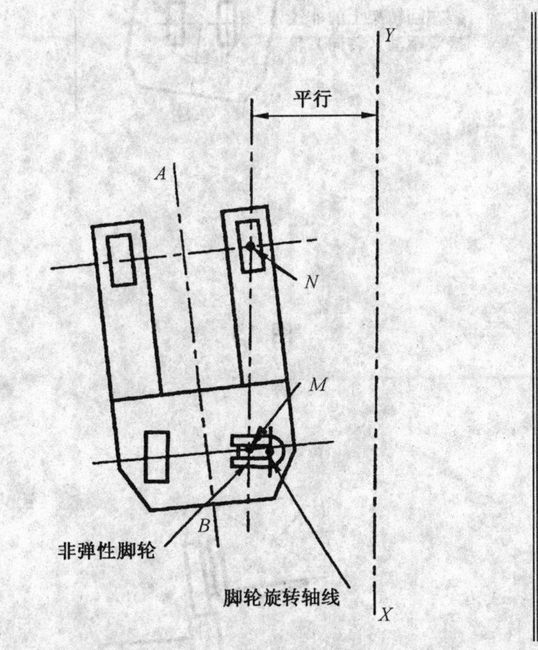

注：装在车架上的非铰接驱动或转向轮。叉车应以稳定性较小的位置放在平台上。

图 12

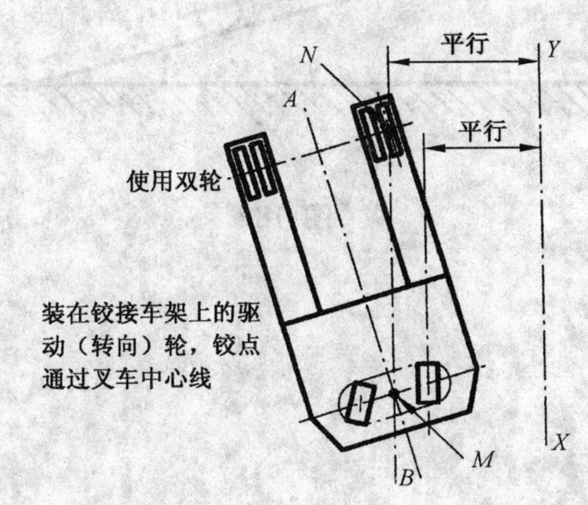

图 13

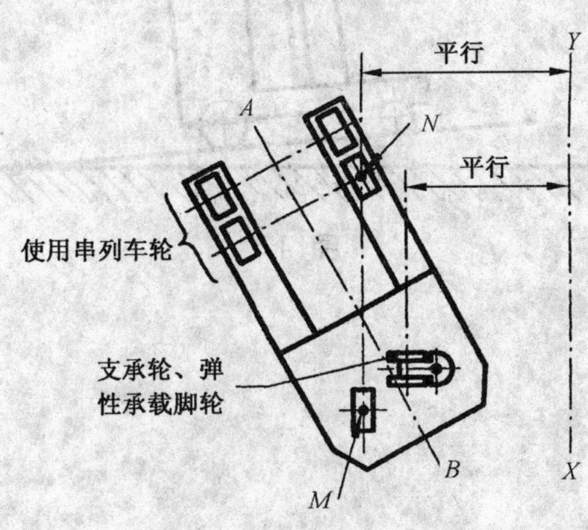

图 14

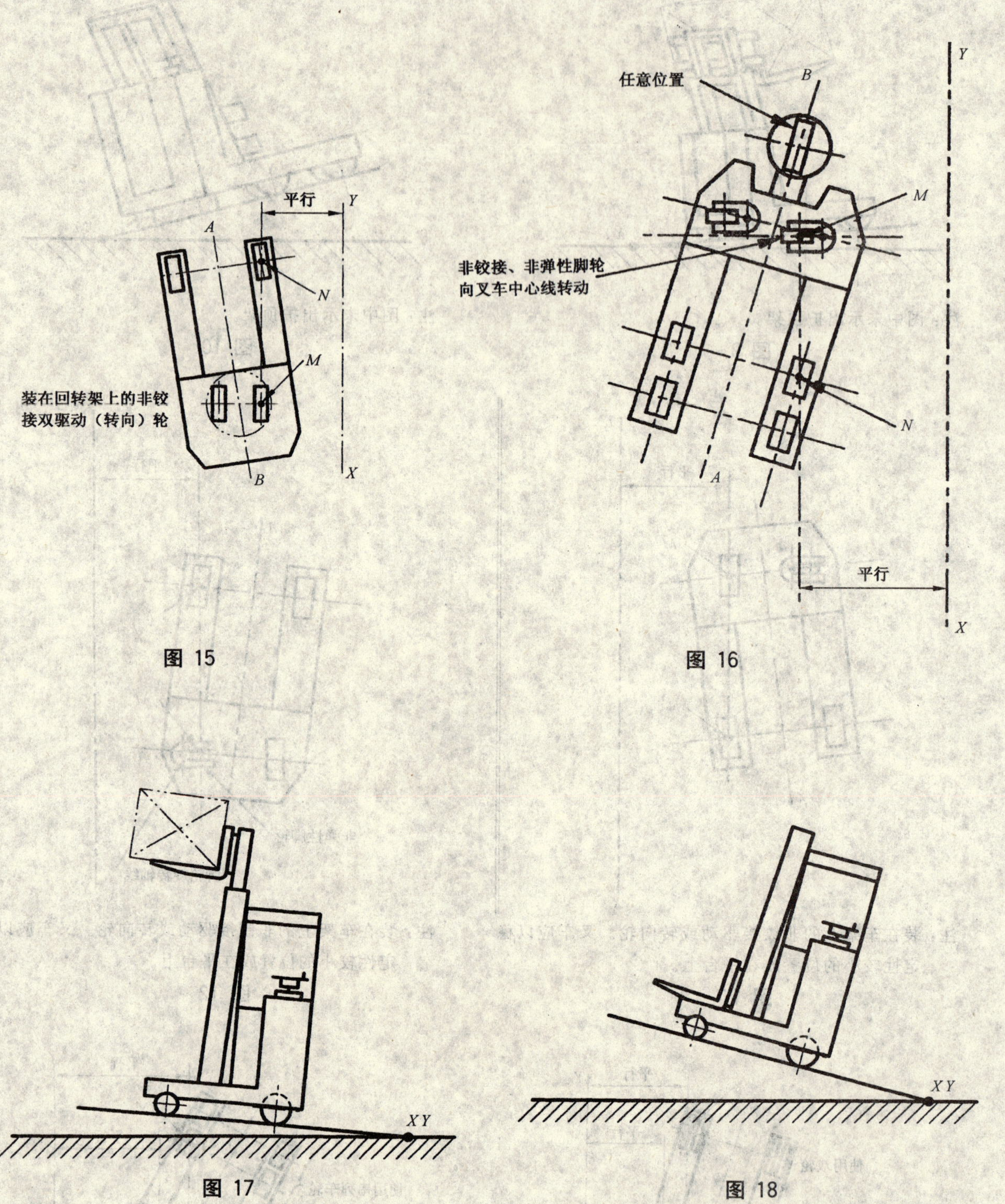

图 15

图 16

图 17

图 18

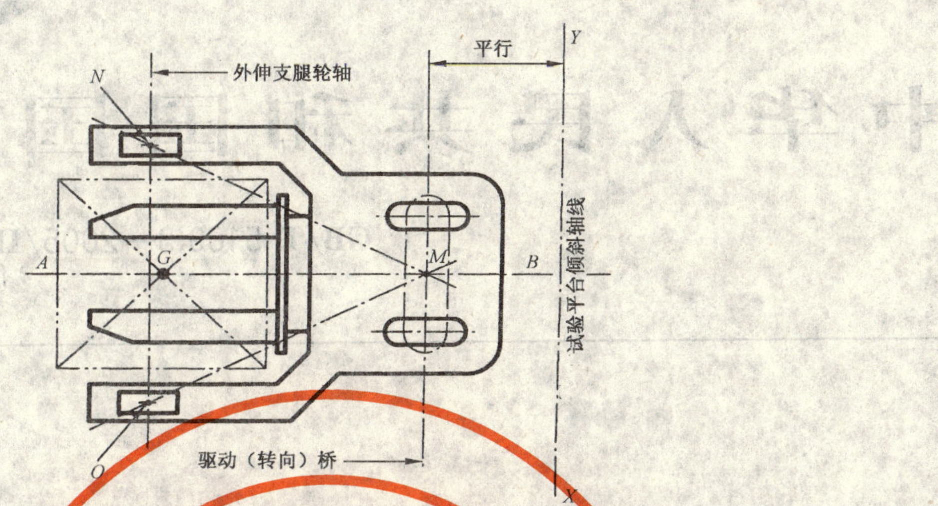

注：当进行向驾驶员座椅一侧倾斜的稳定性试验时，应采取充分保护措施。为防止倾斜到极限位置时，发生向轴线 MN 或 MO 左侧倾翻的危险，可利用中心铰轴将驱动（转向）轴的铰点固定在叉车上。

图 19

注：当进行向驾驶员座椅一侧倾斜的稳定性试验时，应采取充分保护措施。为防止倾斜到极限位置时，发生向轴线 MN 或 PO 左侧倾翻的危险，可利用中心铰轴将驱动（转向）轴的铰点固定在叉车上。

图 20

ICS 13.220.40
K 04

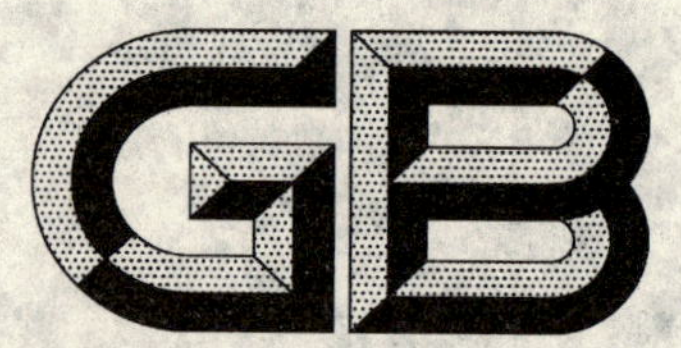

中华人民共和国国家标准

GB/T 5169.3—2005/IEC 60695-1-2:1982
代替 GB/T 5169.3—1985

电工电子产品着火危险试验 第3部分:电子元件着火危险评定技术要求和试验规范制定导则

Fire hazard testing for electric and electronic products—Part 3:Guidance for the preparation of requirements and test specifications for assessing fire hazard of electronic components

(IEC 60695-1-2:1982,Fire hazard testing—Part 1:Guidance for the preparation of requirements and test specifications for assessing fire hazard of electrotechnical products—Guidance for electronic components,IDT)

2005-03-03 发布　　2005-08-01 实施

中华人民共和国国家质量监督检验检疫总局
中国国家标准化管理委员会　发布

前　言

GB/T 5169.3是GB/T 5169《电工电子产品着火危险试验》标准的第3部分。

GB/T 5169已发布实施的部分有：

——GB/T 5169.1—1997　电工电子产品着火危险试验　着火试验术语(idt IEC 60695-4:1993)

——GB/T 5169.2—2002　电工电子产品着火危险试验　第2部分:着火危险评定导则(idt IEC 60695-1-1:1999)

——GB/T 5169.3—2005　电工电子产品着火危险试验　电子元件着火危险评定技术要求和试验规范制定导则(IEC 60695-1-2:1982,IDT)

——GB/T 5169.5—1997　电工电子产品着火危险试验　第2部分:试验方法　第2篇:针焰试验(idt IEC 60695-2-2:1991)

——GB/T 5169.6—1985　电工电子产品着火危险试验　用发热器的不良接触试验方法(eqv IEC 60695-2-3:1984)

——GB/T 5169.7—2001　电工电子产品着火危险试验　试验方法　扩散型和预混合型火焰试验方法(idt IEC 60695-2-4/0:1991)

——GB/T 5169.8—1985　电工电子产品着火危险试验　评定试验规程举例和试验结果解释　燃烧特性及其试验方法的评述(idt IEC 60695-3-1:1984)

——GB/T 5169.9—1993　电工电子产品着火危险试验　着火危险评定技术要求和试验规范制订导则　预选规程使用导则(eqv IEC 60695-1-3:1986)

——GB/T 5169.10—1997　电工电子产品着火危险试验　试验方法　灼热丝试验方法　总则(idt IEC 60695-2-1/0:1994)

——GB/T 5169.11—1997　电工电子产品着火危险试验　试验方法　成品的灼热丝试验和导则(idt IEC 60695-2-1/1:1994)

——GB/T 5169.12—1999　电工电子产品着火危险试验　试验方法　材料的灼热丝可燃性试验(idt IEC 60695-2-1/2:1994)

——GB/T 5169.13—1999　电工电子产品着火危险试验　试验方法　材料的灼热丝起燃性试验(idt IEC 60695-2-1/3:1994)

——GB/T 5169.14—2001　电工电子产品着火危险试验　试验方法　1 kW标称预混合型试验火焰和导则(idt IEC 60695-2-4/1:1991)

——GB/Z 5169.15—2001　电工电子产品着火危险试验　试验方法　500 W标称预混合型试验火焰和导则(idt IEC 60695-2-4/2:1994)

——GB/T 5169.16-2002　电工电子产品着火危险试验　第16部分:50 W水平与垂直火焰试验方法(idt IEC 60695-11-10:1999)

——GB/T 5169.17—2002　电工电子产品着火危险试验　第17部分:500 W火焰试验方法(idt IEC 60695-11-20:1999)

本部分等同采用IEC 60695-1-2:1982《着火危险试验　第1部分:电工电子产品着火危险评定技术要求和试验规范制定导则　电子元件导则》(英文版),但按GB/T 20000.2—2001《标准化工作指南　第2部分:采用国际标准的规则》的4.2b)和5.2的规定作了小量编辑性修改。

本部分代替 GB/T 5169.3—1985《电工电子产品着火危险试验　电子元件着火危险评定技术要求和试验规范制定导则》的相应内容。

本部分由全国电工电子产品环境技术标准化技术委员会提出。

本部分由全国电工电子产品环境技术标准化技术委员会归口。

本部分由广州电器科学研究院负责起草。

本部分主要起草人:陈灵、祁黎。

电工电子产品着火危险试验
第3部分:电子元件着火危险评定技术
要求和试验规范制定导则

1 引言和范围

电子元件的着火危险试验,受到下述因素的影响:

——电子元件是由不同材料制成,较紧密地排列在复杂的结构中,其协同效应可能是多样的,而且通常是不可预见的。

——电子元件使用电能进行工作;正常运行时热耗散通常很小,但可能产生火花(例如继电器)。然而在故障或非正常条件下运行时,电子元件可能会释放出大量的热能。

——通常设备中大量使用各种类型、不同用途的电子元件,因此每种元件要用于广泛的场合,故不能限定其一个典型的应用场合。仅在一些特殊情况下,某些元件可能特别危险或易燃,则考虑其实际使用环境可能是有益的,具体的要求可能是必要的。

2 着火危险概念

2.1 当电子元件由于内部故障或因外部故障而造成过载时,会产生过量的热,从而可能引起着火。

下述任何一种情况都可能引起着火:

a) 元件的自燃;
b) 元件的外表面发热足以点燃与之相接触或相邻的其他部件;
c) 元件的爆炸和/或滴落的颗粒或滴落的燃烧材料导致其他部件起燃;
d) 元件散发出的可燃气体在空气中达到一定浓度时,会自燃或被邻近的火花点燃,从而使该元件或其他部件起燃。

注:元件也可以由其他途径起火,例如飞弧或漏电起痕。

2.2 在上述情况下燃起的火势的蔓延,由以下因素决定:

a) 燃烧着的元件所含有的可用的总能量;
b) 该能量被释放的速率;
c) 燃烧的持续时间;
d) 邻近元件起燃的难易程度;
e) 产品内部元件安装的设计特点,即元件间的距离、通风条件等。

3 主要目的

3.1 设备制造者应首先注意到,通过合理的设计,使设备在存在内部故障或过载的条件下,不至于增加着火危险。可采取以下一种或多种措施:

a) 选用符合以下要求的元件:
——额定功率(特别是电阻)高于正常工作条件下的要求;
——在过载条件下通过断开线路而失效;
——具有根据电路最大故障功率所确定的自燃特性。
b) 利用散热器保护关键性元件。
c) 增加例如电压或电流限制装置、熔断器等附件来保护临界电路。

d) 使元件之间具有足够大的距离，能够散掉过多的热量，或使用隔热罩。

3.2 在不能采用上述措施的特殊情况下，处于危险中的元件应满足规定的着火危险要求。

为此必须获得两个单独的特性的资料，以此确定电子元件着火危险的可能性。

a) 自燃试验：确定失效或过载的元件是否会自燃，以及在可能发生火焰蔓延的时间内火焰燃烧的速率。

b) 引燃试验：确定元件可能由于明火或邻近热源起燃的难易程度，以及在可能发生火焰蔓延的时间内元件自身可能燃烧的速率。

4 着火试验的类型

自燃试验和引燃试验各自可以达到两个目的：

a) 首先，提供基本元件设计性能的燃烧特性数据，以便于设备设计者可获得真实的背景资料，以及必要时获得着火危险评定试验规范的真实的判断准则。

燃烧特性试验并不打算得出合格或不合格的结论，而是供制造商、用户或制定元件规范的标准化技术委员会使用，以提供评定元件着火危险可能性可以依据的资料。

b) 其次，在需要技术要求的情况下，为元件型式试验提供合格或不合格的验收检验。检验的严酷程度和验收标准的选择，应能够对元件在其具体应用中的着火危险评定构成真实的条件。

5 着火危险的评价

着火危险评定的详细方法因不同的元件而有所不同。但可遵循本章给出的指导示例制定具体元件的评价方法。

5.1 自燃

5.1.1 燃烧特性

应使用逐步递增的电过载至元件失效的试验。试验应持续进行，直到元件完全被破坏或失效，以便于有效地去除过载源或达到实际极限的过载水平(但其后应保持恒定达一段时间，以达到与周围环境的热稳定状态)。应记录过载的性质和程度以及达到失效的时间。

观察元件特性并记录补充信息，例如：

——不起燃的试验样品的表面温度；

——起燃的试验样品的火焰高度；

——起燃的试验样品的火焰持续时间；

——是否有逸出的材料和火焰存在；

——方位的影响。

5.1.2 自然着火危险的评定

由上述试验获得的燃烧特性应作为确定是否通过自燃着火危险试验评定的的依据。

试验应在规定的失效/最大过载/最大耗散功率条件下的元件上进行，以确定是否符合规定的起燃温度标准/表面温度标准。

5.2 引燃

5.2.1 燃烧特性

着火危险的等级与元件易起燃的程度、燃烧速率和有助于火焰蔓延的燃烧物质的总量有关。

因此，与引燃有关的危险，应按以下项目进行评定：

——元件易被引燃的程度；

——起燃元件对火势的蔓延所起的作用大小；

——起燃试样的火焰高度。

依次考虑这些特征：

——易被引燃的程度:试验方法应确定引燃元件所需的热量输入和时间的综合情况。试图仅仅用最小的实际热源引燃是不够的。元件的设计、元件的热量聚集和热量耗散的特性,将确定形成引燃的最小热量输入(在给定的面积上)。

试样被置于规定的热源下达到起燃所需要的时间是燃烧特性之一。

——对火势的蔓延所起的作用大小:取决于有效燃烧物质总量和将其释放所需要的总能量。试验方法应测定在规定的热源施加一段时间后的效果,即燃烧的性质和持续时间。要燃尽所有可用燃料,或燃尽其应达到的最大量。

为获得移去热源后试样最长的燃烧时间,而将试样置于规定的热源下的时间是燃烧特性之一。

5.2.2 引燃着火危险评定

由本试验获得的燃烧特性应作为确定元件在规定的热能方向和热能施加条件下测试是否通过引燃着火危险评定的依据,以确定施加规定的热源时是否符合规定的标准。

注:施加热能的各种方法可以按严酷程度及其他试验条件加以区分。

5.3 其他效应

在用这些试验确定自燃和引燃的燃烧特性期间,应观察和记录其他效应,例如:熔化了的燃烧材料和/或灼热微粒的逸出,爆炸,烟雾和腐蚀性和/或毒性气体的放出,在某些应用场合这些情况可能是很重要的,并且可能是比着火更为严重的危险。

ICS 29.020
K 04

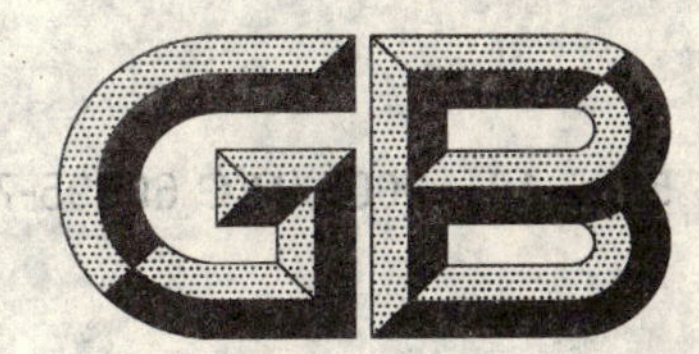

中华人民共和国国家标准

GB/T 5169.18—2005/IEC 60695-7-1:1993

电工电子产品着火危险试验 第18部分:将电工电子产品的火灾中毒危险减至最小的导则 总则

Fire hazard testing for electric and electronic products—Part 18:Guidance on the minimization of toxic hazards due to fire involving electric and electronic products—General

(IEC 60695-7-1:1993,Fire hazard testing—Testing 7:Guidance on the minimization of toxic hazards due to fires involving electrotechnical products—Section 1:General,IDT)

2005-03-03 发布 2005-08-01 实施

中华人民共和国国家质量监督检验检疫总局
中国国家标准化管理委员会 发布

前　言

GB/T 5169 是《电工电子产品着火危险试验》系列标准，目前包括的部分有：

——GB/T 5169.1—1997　电工电子产品着火危险试验　第 4 部分：着火试验术语(idt IEC 60695-4:1993)

——GB/T 5169.2—2002　电工电子产品着火危险试验　第 2 部分：着火危险评定导则(idt IEC 60695-1-1:1999)

——GB/T 5169.3—1985　电工电子产品着火危险试验　电子元件着火危险评定技术要求和试验规范制订导则(eqv IEC 60695-1-2:1982)

——GB/T 5169.5—1997　电工电子产品着火危险试验　第 2 部分：试验方法　第 2 篇：针焰试验(idt IEC 60695-2-2:1991)

——GB/T 5169.6—1985　电工电子产品着火危险试验　用发热器的不良接触试验方法(eqv IEC 60695-2-3:1984)

——GB/T 5169.7—2001　电工电子产品着火危险试验　试验方法　扩散型和预混合型火焰试验方法(idt IEC 60695-2-4/0:1991)

——GB/T 5169.8—1985　电工电子产品着火危险试验　评定试验规程举例和试验结果解释　燃烧特性及其试验方法的评述(eqv IEC 60695-3-1:1984)

——GB/T 5169.9—1993　电工电子产品着火危险试验　着火危险评定技术要求和试验规范制订导则　预选规程使用导则(eqv IEC 60695-1-3:1986)

——GB/T 5169.10—1997　电工电子产品着火危险试验　试验方法　灼热丝试验方法　总则(idt IEC 60695-2-1/0:1994)

——GB/T 5169.11—1997　电工电子产品着火危险试验　试验方法　成品的灼热丝试验和导则(idt IEC 60695-2-1/1:1994)

——GB/T 5169.12—1999　电工电子产品着火危险试验　试验方法　材料的灼热丝可燃性试验(idt IEC 60695-2-1/2:1994)

——GB/T 5169.13—1999　电工电子产品着火危险试验　试验方法　材料的灼热丝起燃性试验(idt IEC 60695-2-1/3:1994)

——GB/T 5169.14—2001　电工电子产品着火危险试验　试验方法　1 kW 标称预混合型试验火焰和导则(idt IEC 60695-2-4/1:1991)

——GB/Z 5169.15—2001　电工电子产品着火危险试验　试验方法　500 W 标称预混合型试验火焰和导则(idt IEC 60695-2-4/2:1994)

——GB/T 5169.16-2002　电工电子产品着火危险试验　第 16 部分：50 W 水平与垂直火焰试验方法(idt IEC 60695-11-10:1999)

——GB/T 5169.17—2002　电工电子产品着火危险试验　第 17 部分：500 W 火焰试验方法(idt IEC 60695-11-20:1999)

GB/T 5169.18 是 GB/T 5169《电工电子产品着火危险试验》的第 18 部分。

本部分等同采用 IEC 60695-7-1:1993《着火危险试验　第 7 部分:将电工电子产品因火灾而产生的中毒危险减至最小的导则:总则》(英文版),但按 GB/T 20000.2—2001《标准化工作指南　第 2 部分:采用国际标准的规则》的 4.2b)和 5.2 的规定作了小量编辑性修改。

本部分由中国电器工业协会提出。

本部分由全国电工电子产品环境技术标准化技术委员会归口。

本部分由广州电器科学研究院负责起草。

本部分主要起草人:谢建华。

引　言

电工电子产品经常引发火灾。然而，除某些特定场所(如发电站、运输繁忙的交通隧道和计算机房)外，使用电工电子产品的数量一般都不多，不是构成火灾中毒危险的主要原因，例如，在家庭住所和公众集会场所，电工电子产品产生的有毒气体就比其他物品如家具产生的有毒气体少得多。

GB/T 5169 的本部分同意 ISO/TR 9122-1:1989《燃烧产物的毒性试验——第1部分:总则》的意见。以下是上述技术报告所表达的观点的概述:

“就目前所知，小规模毒效试验不便于调整，因而它不能提供这些材料在火灾中产生有毒气体情况的排序。由于无法重复火灾发展动力学的特性，确定在大规模火灾中燃烧产物的时间/浓度关系曲线，及电工电子产品(不仅是材料)的反应曲线，因而现行有效的试验方法不多。就目前所知，燃烧产物的中毒效应更多地取决于燃烧速度和条件，而不取决于燃烧材料的化学成分，这是一个至关重要的界限。”

在处理由实验性火灾和燃烧毒性研究得到的数据时，真实火灾和火灾伤亡的证据显示，具有罕见特殊毒性的化学物质并不严重(见第5章)。一氧化碳才是造成中毒危险的最为重要的因素。其他重要因素是氰化氢、二氧化碳、辐射热和对流热、缺氧和刺激性物质等(参见参考文献[1]、[2]、[3])。

ISO/TR 9122-1 认为，通过试验和调整，用提高耐燃性及限制火灾蔓延速度的方法降低在火灾气体中的暴露程度，才能最有效地达到减少中毒的目的。

GB/T 5169 的本部分的实际目的是提供一种将电工电子产品增大火灾中毒危险的作用减至最小的方法。

电工电子产品着火危险试验 第18部分:将电工电子产品的火灾中毒危险减至最小的导则 总则

1 范围

GB/T 5169的本部分给出了将电工电子产品在火灾中产生的有毒气体减至最少的方法及其应用导则。这些方法由ISO/TC 92的SC3推荐,列在ISO/TR 9122第1-6部分的附录A的第7种参考文件中。

2 规范性引用文件

下列文件中的条款通过GB/T 5169的本部分的引用而成为本部分的条款。凡是注日期的引用文件,其随后所有的修改单(不包括勘误的内容)或修订版均不适用于本部分,然而,鼓励根据本部分达成协议的各方研究是否可使用这些文件的最新版本。凡是不注日期的引用文件,其最新版本适用于本部分。

GB/T 5169.1—1997 电工电子产品着火危险试验 第4部分:着火试验术语(idt IEC 60695-4:1993)

3 术语和定义

下列术语和定义适用于GB/T 5169的本部分。这些术语和定义摘自GB/T 5169.1—1997和IEC 60695-4的修正件1。

3.1

燃烧 combustion

物质与氧化物的放热反应。通常,放出伴有火焰、灼热和冒烟的排出物,或仅有其中某种或某些排出物。

3.2

着火 fire

以放热和生成废气与其他排出物为特征的燃烧过程,同时伴有冒烟,火焰和灼热现象,或仅伴有其中某种或某些现象。

3.3

燃烧产物 fire effluent

燃烧或热解产生的所有气体、微粒和悬浮状微粒。

3.4

起燃 ignition

燃烧开始。

3.5

烟 smoke

由燃烧或热解产生的悬浮在气体中的可见固体或液体微粒。

3.6

火情 fire scenario

对特定场所的实际着火或大规模模拟火灾从起燃前到燃烧结束的几个阶段的状况(包括环境条件)

的详细描述。

3.7

毒性 toxicity

对活生物体产生有害影响(刺激、麻醉直至死亡)的一种物质的固有属性。

3.8

麻醉 narcosis

抑制中枢神经系统使意识减弱并(或)使体能受到损害,从而降低逃脱能力的现象,在严重情况下,可能失去知觉并最终导致死亡。

3.9

肺刺激 pulmonary irritancy

有毒物质对下呼吸道的作用,可能导致呼吸不畅(如呼吸困难,呼吸加快),严重时,在吸入有毒物质后几小时就可能出现致命的肺炎或肺水肿。

3.10

感官刺激 sensory irritancy

有毒物质使眼睛和(或)上呼吸道产生疼痛的感觉,它可以直接刺激专门的感觉器官或使组织受到损伤。

3.11

中毒危险 toxic hazard

由于接触有毒物质,生命受到损伤或丧失生命的可能性,与有毒物质的毒效、毒量、接触次数和浓度有关。

3.12

毒效 toxic potency

产生特定中毒作用需要有毒物质的量的度量。毒效越大,需要量越小。

4 评价火灾中毒危险的原则

4.1 概述

实际上,目前还没有一项评定火灾中毒危险的单一试验方法。

小规模毒效试验不能用于单独评定着火危险,而现行的毒性试验则试图测量在实验室产生的燃烧产物的毒效。不宜将毒效与中毒危险混为一谈。

ISO/TR 9122-1 指出:

"有必要将毒性和易燃性合并考虑(而不是只用毒性作为选定材料的依据)。"(ISO/TR 9122-1 的3.3)

"在降低中毒危险时易燃性和综合防火性能可能是首先要考虑的因素。"(ISO/TR 9122-1 的 8.4)

因此,GB/T 5169 的本部分只重温 ISO 中上述部分及其他部分有关评定燃烧产物对中毒危险所起的特殊作用的成果,以及在危险评定中使用这些试验结果的可能性。

4.2 确定中毒危险的因素

降低火灾中毒危险的几个主要问题是:

a) 燃烧或被热解的产品有多少?燃烧率和热解率是多少?(见 4.2.1)

b) 燃烧产物的毒性如何?(见 4.2.2)

c) 妨碍逃生的情况(受到中毒威胁和热威胁的时间)。(见第 6 章)

把问题分解成几个这样的主要要素,就有可能着手处理这种问题。

4.2.1 燃烧率

为了将中毒危险减至最小,必须考虑起燃、火灾发展的速度和火焰传播速度。一般来说燃烧产物的产生量与被燃烧产品和热解产品的量成比例。燃烧产物的生成速度则由其燃烧率和热解率确定。

4.2.2 **燃烧产物的毒性**

燃烧产物是由固态微粒、液态气溶胶、各种气体和蒸汽组成的复杂的混合物。虽然各种火灾产生的燃烧产物具有各种不同成分,但毒性试验表明,各种气体和蒸汽才是导致急性中毒的主要因素。可以把主要的中毒效应分成3类:

1) 麻醉;

2) 感官刺激和肺刺激,或其中之一;

3) 罕见特殊毒性和剧毒效特有的中毒效应。

吸入气体的温度和湿度,就像缺氧一样,也是威胁生命的关键因素。

ISO 和别的研究成果已经表明:

大部分产品和材料产生的火灾气体通常都有类似毒效。没有任何研究发现,在真实火灾中含有值得重视的罕见的高比毒性物质。

试验数据表明,电工电子产品的燃烧产物的毒效不比其他材料或产品(如家具、建筑材料)更大。ISO/TR 9122-1 中有一参考文献目录,在本部分的参考文件[3]、[4]和[5]中都有一些补充数据。

4.2.2.1 **麻醉**

麻醉是火灾死亡的主要原因,它使中枢神经系统的机能降低,引起意识丧失、体力减弱,从而降低逃生能力。严重时会发生昏迷,最后导致死亡。

4.2.2.2 **刺激物**

大量证据表明,所有火灾气体都是很强的刺激物。对燃烧产物刺激作用的研究落后于对其麻醉作用的研究。感官刺激与累积剂量无关,而与槛限浓度有关。如果刺激物的浓度足够高,就会引起发炎。刺激和伤残的程度随气体浓度的增高而增加。在浓度很低时,只有轻微的不适,甚至可能被忽略。

但是肺刺激与剂量有关。随着暴露时间的延续,刺激的严重程度就增大。多次吸入能引起刺激的燃烧产物就可能导致伤残、昏迷甚至死亡。即使有幸存者,也因下呼吸道有时间延迟效应,即在接触刺激物几小时或几天后才出现呼吸不畅、呼吸加快,严重时,可能产生肺炎甚至肺水肿,这可能是致命的。

5 罕见特殊毒性和剧毒效

罕见特殊毒性是指在真实火灾中不常遇到的中毒效应(即除麻醉和刺激以外的中毒现象)。正如在引言中所说那样,目前尚未有在火灾中发现罕见特殊毒性的报告。剧毒效的意思则是指在以质量为比较基础时,这类燃烧产物的毒性比一般燃烧产物的毒性大得多。

应该强调的是本导则所说的是所有燃烧产物的混合物,而不是个别的化学物质(个别物质在本质上可能极毒,但在燃烧产物中的浓度很低因而几乎没有什么影响。虽然随着燃烧产物的累积,这种火灾气体可能变得极毒而致人于死地,但在目前(1992)尚无一例由剧毒效引起危险的真实火灾。

6 中毒危险和危险评定

系统地研究消防安全决策方法与现行标准的实施不同:为了用作判断合格与否的标准,在现行标准中制定了几种专门试验方法。但这些试验仅限于毒效试验,不能用来给出专用而明确的合格/不合格判据。因而只能在综合系统分析,即着火危险的总评定中使用。

目前 ISO/TC 92 和 IEC/TC 89 正在制订评定着火危险的消防工程系统法。本导则认为,在目前,借助于控制起燃、燃烧蔓延的速度、形成火灾的速度和烟的扩散速度能将火灾中毒危险减至最小(即增大生命安全)。ISO/TC 92 正在继续调查研究燃烧产物毒效大小的实际意义,包括 ISO/TR 9122-1 在内的科学数据指出,在危险评定中最重要的因素是吸入燃烧产物的量,因此,为了降低火灾对生命威胁,控制燃烧产物的生成速度(起燃和火灾发展的速度)是首要因素;除前述因素之外还要控制耗氧速度。由于只能在发现失火之后才逃生,因而,烟使能见度降低也是要考虑的一个主要因素。

在 GB/T 5169 的本部分之后等同 IEC 60695-7-2 的部分，将讨论为评定材料和产品所生成的燃烧产物的毒效所选用的小规模试验，它将回答这些试验是否有用，即是否必要；还将评述它们与真实火情的关系以及如何有效应用小规模毒效试验得到的数据。

在 GB/T 5169 的本部分之后等同 IEC 60695-7-3 的部分，还将对小规模毒效试验结果的使用和分析给予指导。

现在，建议如下：如果在危险分析中需要燃烧产物毒效的数据，则对于所有火情来说，宜将毒效看作是相等的。在开始分析时，则宜认为中毒危险与吸入的燃烧产物的计算量成正比。

参 考 文 献

[1] Burgous, W. A.; Treitman, R. D.; Gold, A. Air contaminants in structural fire fighting. Harvard School of Public Health, NEPCA, Grant 7×008 March 1979

[2] Halpin, M.; Redford, P.; Fisher, R. et al. A Fire Fatality Study. Fire J. 5(1975), pp. 11-16

[3] Anderson, R. A.; Willetts, P.; Cheng, K. N. and Harland, W. A. Fire Deaths in the United Kingdom, 1976-82. Fire and Materials, 7(2),1983, pp. 67-72

[4] Kaufman, S.; Refi, J. J.; Anderson, R. C. Plastics and Rubber Compounding and Applications 15 (3)(1991). USA Approach to Combustion Toxicity of Cables

[5] Purser, D. A., Proceedings of the First international Fire and Materials Conference, Washington, USA. September 24-25 th 1992, pp. 179-200. ISBN 0 9516320 2 7

[6] ISO/TR 9122; Toxicity Testing of Fire Effluents:

ISO/TR 9122-1:1989, General

ISO/TR 9122-2:1989, Guidenlines for Biological Assays to Determine the Acute inhalation Toxicity of Fire Effluents: Basic Principles—Criteria—Methodology

ISO/TR 9122-3:1993, Methods for the Analysis of Gases and Vapours in Fire Effluents

ISO/TR 9122-4:1993, The Fire Model

ISO/TR 9122-5:1993, Prediction of Toxic Effects of Fire Effluents

ISO/TR 9122-6:1993, Guidance to Regulators and Specifiers on the Assessment of Toxic Hazard in Fires in Buildings and Transport

ICS 19.040
K 04

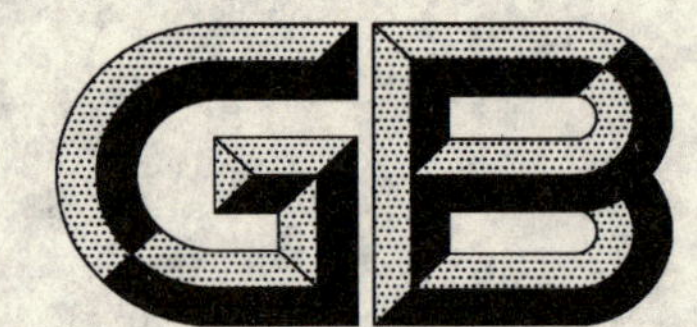

中华人民共和国国家标准

GB/T 5170.13—2005
代替 GB/T 5170.13—1985

电工电子产品环境试验设备基本参数检定方法　振动(正弦)试验用机械振动台

Inspection methods for basic parameters of environmental testing equipments for electric and electronic products—Mechanical vibrating type machines for vibration(sinusoidal)test

2005-03-03 发布　　2005-08-01 实施

中华人民共和国国家质量监督检验检疫总局
中国国家标准化管理委员会　发布

前　言

GB/T 5170《电工电子产品环境试验设备基本参数检定方法》是系列标准，分为若干部分。

GB/T 5170.1—1995　电工电子产品环境试验设备基本参数检定方法　总则

GB/T 5170.2—1996　电工电子产品环境试验设备基本参数检定方法　温度试验设备

GB/T 5170.5—1996　电工电子产品环境试验设备基本参数检定方法　湿热试验设备

GB/T 5170.8—1996　电工电子产品环境试验设备基本参数检定方法　盐雾试验设备

GB/T 5170.9—1996　电工电子产品环境试验设备基本参数检定方法　太阳辐射试验设备

GB/T 5170.10—1996　电工电子产品环境试验设备基本参数检定方法　高低温低气压试验设备

GB/T 5170.11—1996　电工电子产品环境试验设备基本参数检定方法　腐蚀气体试验设备

GB/T 5170.13—2005　电工电子产品环境试验设备基本参数检定方法　振动(正弦)试验用机械振动台

GB/T 5170.14—1985　电工电子产品环境试验设备基本参数检定方法　振动(正弦)试验用电动振动台

GB/T 5170.15—1985　电工电子产品环境试验设备基本参数检定方法　振动(正弦)试验用液压振动台

GB/T 5170.16—1985　电工电子产品环境试验设备基本参数检定方法　稳态加速度试验用离心机

GB/T 5170.17—1987　电工电子产品环境试验设备基本参数检定方法　低温/低气压/湿热综合顺序试验设备

GB/T 5170.18—1987　电工电子产品环境试验设备基本参数检定方法　温度/湿度组合循环试验设备

GB/T 5170.19—1989　电工电子产品环境试验设备基本参数检定方法　温度/振动(正弦)综合试验设备

GB/T 5170.20—1990　电工电子产品环境试验设备基本参数检定方法　水试验设备

本部分是 GB/T 5170 的第 13 部分，自实施之日起代替 GB/T 5170.13—1985。

本部分与 GB/T 5170.13—1985 相比，技术内容主要有如下变化：

——增加了“规范性引用文件”一章；

——增加了“术语和定义”一章；

——在“检定用主要仪器及要求”一章中，给出了检定用仪器的扩展不确定度($k=2$)的要求；

——增加了“检定条件”一章；

——在“一般规定”一章，要求检定用负载“表面光洁度不低于 5 级”改为“表面粗糙度 R_a 优于 5.0 μm”；检定横向振动比、加速度波形失真度和台面位移幅值均匀度时的位移幅值和频率的规定由“a. 最大位移幅值；频率范围下限值。b. 频率范围上限值上的最大加速度幅值所对应的位移幅值；频率范围上限值。c. 最大位移幅值；最大位移幅值的上限频率。d. 最小位移幅值；最小位移幅值与最小加速度幅值对应的频率值。”改为：“所选频率点应包括上、下限值以及额定位移与额定加速度的交越点；所选位移幅值应为该频率点额定幅值的一半或一半以上”；加速度单位由“g”改为“m/s²”；

——在“检定方法”一章，横向振动比(位移)的检定中，三向加速度计的安装由“固定在台面中心及距工作台面中心最远的相邻两个安装点上”改为“固定在台面中心”；频率稳定度的检定中，要求“试验时间 2 h”；位移幅值稳定度的检定中，要求“试验时间 2 h”；

——增加了“检定周期”一章；

——在附录 B 中，台面位移幅值均匀度的要求由“台面面积≥1 m^2 时，由供需方商定”改为“台面面积≥1 m^2，≤25%”；定振精度的要求由“10 Hz 以下由供需方商定”改为“5 Hz 到上限频率，±3 dB”。

本部分由中国电器工业协会提出。

本部分由全国电工电子产品环境条件与环境试验标准化技术委员会归口。

本部分起草单位：信息产业部电子第五研究所。

本部分主要起草人：肖建红、郑术力。

本部分历次版本发布情况为：

——GB/T 5170.13—1985。

电工电子产品环境试验设备基本参数检定方法 振动(正弦)试验用机械振动台

1 范围

1.1 本部分规定了振动(正弦)试验用机械振动台在进行定型鉴定、出厂检验和定期检定时的检定项目、检定用主要仪器及要求、检定条件、检定时的一般规定、检定方法及检定结果等内容。

1.2 本部分适用于对GB/T 2423.10《电工电子产品环境试验规程 第2部分:试验方法 试验Fc:振动(正弦)试验方法》进行振动试验用机械振动台(以下简称振动台)基本参数的检定方法。

本部分也适用于类似试验设备的检定。

2 规范性引用文件

下列文件中的条款通过GB/T 5170的本部分的引用而成为本部分的条款。凡是注日期的引用文件,其随后所有的修改单(不包括勘误的内容)或修订版均不适用于本部分,然而,鼓励根据本部分达成协议的各方研究是否可使用这些文件的最新版本。凡是不注日期的引用文件,其最新版本适用于本部分。

GB/T 2423.10 电工电子产品环境试验 第2部分:试验方法 试验Fc和导则:振动(正弦)(GB/T 2423.10—1995,idt IEC 68-2-6:1982)

GB/T 5170.1—1995 电工电子产品环境试验设备基本参数检定方法 总则

3 术语和定义

本部分采用GB/T 5170.1规定的术语和定义。

4 检定项目

本部分规定的检定项目如下:

——额定参数(最大载荷、频率范围、最大位移幅值、最大加速度幅值);
——加速度波形失真度;
——横向振动比(位移);
——台面位移幅值均匀度;
——频率指示误差;
——频率稳定度;
——位移幅值指示误差;
——位移幅值稳定度;
——本底噪声加速度;
——本底位移幅值;
——扫频速率误差;
——定振精度(扫频定位移精度);
——辐射噪声最大声压级;
——连续工作时间。

5 检定用主要仪器及要求

5.1 振动幅值测量仪器

采用由加速度计(包括三向加速度计),带积分和滤波网络的放大器,显示器或动态信号分析仪组成的振动幅值测量系统,振动幅值测量系统的扩展不确定度:加速度优于3%($k=2$);位移优于5%($k=2$)。

5.2 频率测量仪器

采用由加速度计(包括三向加速度计),带积分和滤波网络的放大器,频率计或动态信号分析仪组成的振动频率测量系统,频率测量系统扩展不确定度应优于0.5%($k=2$)。

5.3 失真度测量仪器

采用由加速度计(包括三向加速度计),带积分和滤波网络的放大器,失真度仪或动态信号分析仪组成的失真度测量系统,失真度测量系统扩展不确定度应优于10%($k=2$)。

5.4 定振精度测量仪器

采用由加速度计(包括三向加速度计),带积分和滤波网络的放大器,记录仪或动态信号分析仪组成的定振精度测量系统,定振精度测量系统扩展不确定度应优于0.5 dB($k=2$)。

5.5 时间测量仪器

计时器,测量扩展不确定度应优于0.5 s($k=2$)。

5.6 声压级测量仪器

带A计权网络的声级计,声压测量扩展不确定度应优于1 dB($k=2$)。

6 检定条件

6.1 试验设备在周期检定时的气候条件、电源条件、用水条件和其他条件应符合GB/T 5170.1—1995第4章的规定。

6.2 受检试验设备的外观和安全条件应符合GB/T 5170.1—1995第8章的规定。

7 一般规定

7.1 检定用负载

检定用负载应由金属材料制成外形对称的刚性体,其质量、质心高及安装偏心距应符合有关规定。负载与振动台面连接表面的平面度应优于0.1/1 000,表面粗糙度R_a优于5.0 μm。负载与台面刚性连接,固定点均匀分布且不少于4个。

7.2 加速度计的安装

7.2.1 加速度计的安装谐振频率应大于振动台频率范围上限值的10倍。

7.2.2 加速度计应刚性地固定在台面中心及离台面中心最远的4个安装点上。测量位移时允许使用磁铁座固定加速度计。

7.3 对于多轴向振动台,基本参数的检定须分别在每个轴向上进行。

7.4 横向振动比,加速度波形失真度和台面位移幅值均匀度检定时,所选频率点应包括上、下限值以及额定位移与额定加速度的交越点。

7.5 横向振动比,加速度波形失真度和台面位移幅值均匀度检定时,所选位移幅值应为该频率点额定幅值的一半或一半以上。

7.6 本检定方法所述加速度幅值均指基波加速度幅值。它可以由振动频率和位移幅值按(1)式计算得到:

$$a = 0.039Af^2 \quad \cdots\cdots (1)$$

式中：

a——基波加速度幅值，单位为米每平方秒(m/s^2)；

A——位移幅值，单位为毫米(mm)；

f——频率，单位为赫兹(Hz)。

8 检定方法

8.1 安装负载

根据检定要求选择空载检定或安装检定用负载。检定用负载应满足本部分第7章的要求。

8.2 安装传感器

振动台按规定准备完毕，按本部分第7章的要求，在振动台台面或负载上安装加速度传感器，并连接好测量系统。

8.3 额定参数检定

8.3.1 在最大位移幅值与最大加速度幅值的交越点上以最大位移幅值定频振动，振动台应能正常工作。

8.3.2 在频率范围上限值上，以最大加速度幅值对应的位移幅值定频振动，振动台应能正常工作。

8.3.3 在频率范围内，以1 oct/min的速率往复自动扫频，位移调至频率范围上限值及振动台最大加速度对应的位移幅值，振动台应能正常工作。

8.4 加速度波形失真度的检定

振动台空载或满载。检定频率值的选取应符合本部分第7章的规定，以振动台在各频率点上额定幅值的一半或一半以上的幅值振动，测量台面中心加速度信号的谐波失真度，谐波分量包含至振动台上限频率的至少5倍。

8.5 横向振动比(位移)的检定

振动台空载或满载。检定频率值的选取应符合本部分第7章的规定，以振动台在各频率点上额定幅值的一半或一半以上的幅值振动，同时测量台面中心三向加速度计三个方向的位移幅值。横向振动比 T 按式(2)计算：

$$T = \frac{\sqrt{A_x^2 + A_y^2}}{A_z} \times 100\% \quad \cdots\cdots (2)$$

式中：

T——横向振动比，%；

A_z——同次测量中主振方向的位移幅值，单位为毫米(mm)；

A_x、A_y——同次测量中垂直于主振方向且互相垂直的两个横向位移幅值，单位为毫米(mm)。

8.6 台面位移幅值均匀度的检定

振动台空载或满载。检定频率值的选取与传感器的安装应符合本部分第7章的规定，以振动台在各频率点上额定幅值的一半或一半以上的幅值振动，同时测量台面五个位置的位移幅值。台面位移幅值均匀度 N_A 按式(3)计算：

$$N_A = \frac{|\Delta A_{max}|}{A} \times 100\% \quad \cdots\cdots (3)$$

式中：

N_A——台面位移幅值均匀度，%；

A——同次测量中台面中心点的位移幅值，单位为毫米(mm)；

$|\Delta A_{max}|$——同次测量中台面各安装点的位移幅值相对于中心点的位移幅值的最大偏差的绝对值，单位为毫米(mm)。

8.7　频率指示误差的检定

加速度计刚性连接在台面中心，输出经放大器到分析仪。在振动台额定频率范围内，均匀选取5个以上频率点进行测量，记录振动台频率示值和分析仪示值并计算其误差。

8.8　频率稳定度的检定

加速度计刚性连接在台面或负载中心，输出经放大器连接到分析仪。振动台满载，在振动台最大位移幅值与最大加速度幅值的交越频率或振动台上限频率上以最大加速度幅值对应的位移幅值作连续定频振动，每隔15 min记录一次分析仪的频率示值，试验时间2 h。频率稳定度 F_c 按式(4)计算：

$$F_c = \frac{|\Delta f_{max}|}{f_0} \times 100\% \quad \cdots\cdots(4)$$

式中：

F_c——频率稳定度，%；

f_0——给定的试验频率示值，单位为赫兹(Hz)；

$|\Delta f_{max}|$——各次测量中，分析仪频率示值相对于给定频率值的最大偏差，单位为赫兹(Hz)。

或取$\Delta|f_{max}|$作为频率稳定度。

8.9　位移幅值指示误差的检定

振动台空载，加速度计刚性安装在台面中心。在频率范围的下限值上或振动台的最大位移幅值与最大加速度幅值的交越点上，在最大位移幅值范围内均匀选取5个位移幅值进行测量，记录振动台位移示值及分析仪示值。位移幅值指示误差 δ_A 按式(5)计算：

$$\delta_A = \frac{A_i - A_r}{A_r} \times 100\% \quad \cdots\cdots(5)$$

式中：

δ_A——位移幅值指示误差，%；

A_i——振动台的位移示值，单位为毫米(mm)；

A_r——分析仪的位移示值，单位为毫米(mm)。

8.10　位移幅值稳定度的检定

加速度计刚性连接在台面或负载中心，输出经放大器连接到分析系统。振动台满载，在振动台最大位移幅值与最大加速度幅值的交越频率或振动台上限频率上以最大加速度幅值对应的位移幅值作连续定频振动，每隔15 min记录一次分析仪的位移示值，试验时间2 h。位移幅值稳定度 A_c 按式(6)计算：

$$A_c = \frac{|\Delta A_{max}|}{A_0} \times 100\% \quad \cdots\cdots(6)$$

式中：

A_c——位移幅值稳定度，%；

A_0——给定的位移示值，单位为毫米(mm)；

$|\Delta A_{max}|$——各次测量中，分析仪位移示值相对于给定位移值的最大偏差，单位为毫米(mm)。

8.11　本底噪声加速度的检定

加速度计刚性连接在台面中心，输出经放大器连接到分析系统，分析系统设置测量上限频率为5 kHz。振动台空载，位移幅值调至最小，在额定频率范围内缓慢扫频，记录最大的噪声加速度有效值。

8.12　本底位移幅值的检定

加速度计刚性连接在台面中心，输出经放大器连接到分析系统。振动台空载，位移幅值调至最小，在额定频率范围内缓慢扫频，记录位移幅值的最大值。

8.13　扫频速率误差的检定

振动台空载，在额定频率范围内，以1 oct/min的速率往复自动扫频，位移幅值设为上限频率对应的最大允许值，用计时器测量振动台每扫过1 oct的时间，扫频速率误差 δ_t 按式(7)计算：

$$\delta_t = \frac{T_i - T_r}{T_r} \times 100\% \quad \cdots\cdots (7)$$

式中：

δ_t——扫频速率误差，%；

T_i——振动台设定的扫频速率，单位为倍频程每分钟(oct/min)；

T_r——测量到的实际扫频速率，单位为倍频程每分钟(oct/min)。

8.14　定振精度(扫频定位移精度)的检定

加速度计刚性连接在台面或负载中心，输出经放大器连接到分析系统。振动台空载或满载，在额定频率范围内，以 1 oct/min 的速率自动扫频，位移幅值为频率上限值上的最大加速度值对应的位移幅值。记录分析系统测量到的位移幅值波动度，以分贝(dB)表示，即为扫频定位移精度。

8.15　辐射噪声最大声压级的检定

振动台空载，在额定频率范围内，以 1 oct/min 的速率自动扫频，位移幅值为频率上限值上的最大加速度值对应的位移幅值。在距离台体边缘 1 m 远的人体高度内用声级计测量并记录 A 计权最大声压级。

8.16　连续工作时间的检定

8.16.1　振动台满载，在额定频率范围内，以 1 oct/min 的速率自动扫频，位移幅值为频率上限值上的最大加速度值对应的位移幅值。振动台在规定的连续工作时间内应能正常工作。

8.16.2　按 8.8 和 8.10 进行测量，振动台在规定的连续工作时间内持续振动。

9　检定周期

9.1　正常使用的设备，每一年至少进行一次检定。

9.2　对设备的重要部位(指对试验条件的变化有直接影响的部位)维修或更换后，应立即进行检定。

9.3　设备在安装调试之后或启封重新使用之前均应进行检定。

附 录 A
（规范性附录）
检定项目的选择

振动台作定型鉴定、出厂/验收检验及定期检定时，若无其他规定，按表A.1选择检定项目。未经定型鉴定的，出厂/验收检验检定项目按定型鉴定项目选取。

表 A.1 检定项目的选择

序号	检定项目		定型鉴定	出厂/验收检验	定期检定	参考条款
1	最大载荷		○	○		8.3
2	频率范围		○	○		8.3
3	最大位移幅值	空载	○	△		8.3
		满载	○	○		
4	最大加速度幅值	空载	○	△		8.3
		满载	○	○		
5	加速度波形失真度	空载	○	○	○	8.4
		满载	○			
6	横向振动比(位移)	空载	○	○	○	8.5
		满载	○	△		
7	台面位移幅值均匀度	空载	○	○	○	8.6
8	频率指示误差		○	○	○	8.7
9	频率稳定度		○	△	△	8.8
10	位移幅值指示误差		○	○	○	8.9
11	位移幅值稳定度		○	△	△	8.10
12	本底噪声加速度		○	○	△	8.11
13	本底位移幅值		○	○	△	8.12
14	扫频速率误差		○	○		8.13
15	扫频定位移幅值精度	空载	○	○	○	8.14
		满载	○	△		
16	辐射噪声最大声压级		○			8.15
17	连续工作时间		○	△	△	8.16

注：符号"○"表示必须检定的项目；符号"△"表示抽样检查或视情况选择检定(指检定方或被检定方中任一方提出需检定)的项目。

附 录 B
（规范性附录）
基本参数允许误差

如无其他规定，振动台检定时，额定参数要求与型号规格规定一致；其他参数的允许误差参照表B.1。

表 B.1 基本参数误差要求

序号	检定项目	允 许 误 差
1	频率指示误差	5 Hz～50 Hz：±1 Hz；大于 50 Hz：±2%
2	频率稳定度	5 Hz～50 Hz：±1 Hz；大于 50 Hz：±2%
3	扫频速率误差	±10%
4	位移幅值指示误差	±10%
5	位移幅值稳定度	±10%
6	台面位移幅值均匀度	台面面积<1 m^2，≤15%；台面面积≥1 m^2，≤25%
7	扫频定位移幅值精度	5 Hz 到上限频率±3 dB；10 Hz 到上限频率±1 dB
8	横向振动比(位移)	≤25%
9	加速度波形失真度	≤15%

ICS 19.040
K 04

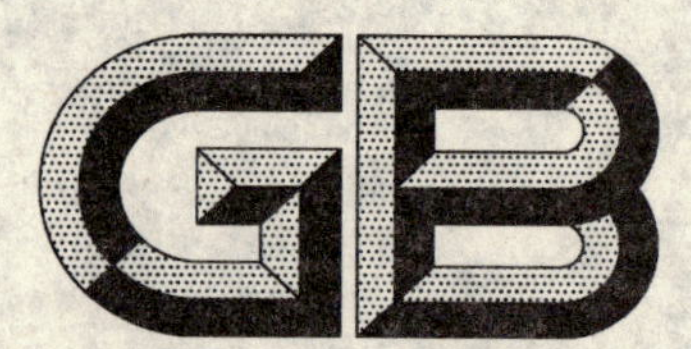

中华人民共和国国家标准

GB/T 5170.15—2005
代替 GB/T 5170.15—1985

电工电子产品环境试验设备基本参数检定方法　振动(正弦)试验用液压振动台

Inspection methods for basic parameters of environmental testing equipments for electric and electronic products—Hydraulic vibrating type machines for vibration (sinusoidal) test

2005-03-03 发布　　2005-08-01 实施

中华人民共和国国家质量监督检验检疫总局
中国国家标准化管理委员会　发布

前 言

GB/T 5170《电工电子产品环境试验设备基本参数检定方法》是系列标准，目前包括以下几部分。

GB/T 5170.1—1995 电工电子产品环境试验设备基本参数检定方法 总则

GB/T 5170.2—1996 电工电子产品环境试验设备基本参数检定方法 温度试验设备

GB/T 5170.5—1996 电工电子产品环境试验设备基本参数检定方法 湿热试验设备

GB/T 5170.8—1996 电工电子产品环境试验设备基本参数检定方法 盐雾试验设备

GB/T 5170.9—1996 电工电子产品环境试验设备基本参数检定方法 太阳辐射试验设备

GB/T 5170.10—1996 电工电子产品环境试验设备基本参数检定方法 高低温低气压试验设备

GB/T 5170.11—1996 电工电子产品环境试验设备基本参数检定方法 腐蚀气体试验设备

GB/T 5170.13—2005 电工电子产品环境试验设备基本参数检定方法 振动(正弦)试验用机械振动台

GB/T 5170.14—1985 电工电子产品环境试验设备基本参数检定方法 振动(正弦)试验用电动振动台

GB/T 5170.15—1985 电工电子产品环境试验设备基本参数检定方法 振动(正弦)试验用液压振动台

GB/T 5170.16—1985 电工电子产品环境试验设备基本参数检定方法 稳态加速度试验用离心机

GB/T 5170.17—1987 电工电子产品环境试验设备基本参数检定方法 低温/低气压/湿热综合顺序试验设备

GB/T 5170.18—1987 电工电子产品环境试验设备基本参数检定方法 温度/湿度组合循环试验设备

GB/T 5170.19—1989 电工电子产品环境试验设备基本参数检定方法 温度/振动(正弦)综合试验设备

GB/T 5170.20—1990 电工电子产品环境试验设备基本参数检定方法 水试验设备

本部分是 GB/T 5170 的第 15 部分，自实施之日起代替 GB/T 5170.15—1985。

本部分与 GB/T 5170.15—1985 相比，技术内容主要有如下变化：

——增加了"规范性引用文件"一章；

——增加了"术语和定义"一章；

——在"检定项目"一章中，将"本底噪声加速度"改为"加速度信噪比"；

——在"检定用主要仪器及要求"一章中，给出了检定用仪器的扩展不确定度($k=2$)的要求；

——增加了"检定条件"一章；

——在"一般规定"一章，要求检定用负载"表面光洁度不低于 6 级"改为"表面粗糙度 R_a 优于 3.2 μm"；规定了检定横向振动、波形失真度和台面幅值均匀度时的振动幅值应为额定幅值的一半或一半以上；规定了检定横向振动、波形失真度和台面位移幅值均匀度时，在振动台额定位移频率段测量位移信号；在额定速度和额定加速度段测量加速度信号；规定了加速度计应刚性地固定在台面中心及离台面中心最远的 4 个安装点上；

——在"检定方法"一章，额定参数的检定中，"在空载和满载频率范围内，任选 5 个以上频率"改为"在空载和满载频率范围内，均以 1 oct/min 的速率往复自动扫频"；横向振动比的检定中，三向加速度计的安装由"台面中心及距台面中心最远的一处安装点上"改为"固定在台面中心"；

给出了加速度信噪比的检定与计算方法；

——增加了“检定周期”一章；

——在附录B中，规定了加速度信噪比≥50 dB。

本部分由中国电器工业协会提出。

本部分由全国电工电子产品环境条件与环境试验标准化技术委员会归口。

本部分起草单位：信息产业部电子第五研究所。

本部分主要起草人：肖建红、郑术力。

本部分历次版本发布情况为：

——GB/T 5170.15—1985。

电工电子产品环境试验设备基本参数检定方法
振动(正弦)试验用液压振动台

1 范围

1.1 本部分规定了振动(正弦)试验用液压振动台在进行定型鉴定,出厂检验和定期检定时的检定项目、检定用主要仪器及要求、检定条件、检定时的一般规定、检定方法及检定结果等内容。

1.2 本部分适用于对GB/T 2423.10《电工电子产品环境试验 第2部分:试验方法 试验Fc:振动(正弦)试验方法》进行振动试验用液压振动台(以下简称振动台)基本参数的检定方法。

本部分也适用于类似试验设备的检定。

2 规范性引用文件

下列文件中的条款通过GB/T 5170的本部分的引用而成为本部分的条款。凡是注日期的引用文件,其随后所有的修改单(不包括勘误的内容)或修订版均不适用于本部分,然而,鼓励根据本部分达成协议的各方研究是否可使用这些文件的最新版本。凡是不注日期的引用文件,其最新版本适用于本部分。

GB/T 2423.10 电工电子产品环境试验 第2部分:试验方法 试验Fc和导则:振动(正弦)(GB/T 2423.10—1995,idt IEC 60068-2-6:1982)

GB/T 5170.1—1995 电工电子产品环境试验设备基本参数检定方法 总则

3 术语和定义

本部分采用GB/T 5170.1规定的术语和定义。

4 检定项目

本部分规定的检定项目如下:

——额定参数(最大推力、最大载荷、最大负载偏心距、频率范围、最大位移幅值、最大速度幅值、最大加速度幅值);
——波形失真度;
——横向振动比;
——台面振动幅值均匀度;
——频率指示误差;
——频率稳定度;
——振动幅值指示误差;
——加速度信噪比;
——扫频速率误差;
——定振精度;
——辐射噪声最大声压级;
——连续工作时间。

5 检定用主要仪器及要求

5.1 振动幅值测量仪器

采用由加速度计(包括三向加速度计)、带积分和滤波网络的放大器、显示器或动态信号分析仪组成的振动幅值测量系统。振动幅值测量系统的扩展不确定度：加速度优于 3%（$k=2$）；位移优于 5%（$k=2$）。

5.2 频率测量仪器

频率计或动态信号分析仪，频率测量系统的扩展不确定度应优于 0.1%（$k=2$）。

5.3 失真度测量仪器

采用由加速度计（包括三向加速度计）、带积分和滤波网络的放大器、失真度仪或动态信号分析仪组成的失真度测量系统。失真度测量系统的扩展不确定度应优于 10%（$k=2$）。

5.4 定振精度测量仪器

采用由加速度计（包括三向加速度计）、带积分和滤波网络的放大器、记录仪或动态信号分析仪组成的定振精度测量系统。定振精度测量系统的扩展不确定度应优于 0.5 dB（$k=2$）。

5.5 时间测量仪器

计时器。计时器的测量扩展不确定度应优于 0.5 s（$k=2$）。

5.6 声压级测量仪器

带 A 计权网络的声级计，声级计扩展不确定度应优于 1 dB（$k=2$）。

6 检定条件

6.1 试验设备在周期检定时的气候条件、电源条件、用水条件和其他条件应符合 GB/T 5170.1—1995 第 4 章的规定。

6.2 受检试验设备的外观和安全条件应符合 GB/T 5170.1—1995 第 8 章的规定。

7 一般规定

7.1 检定用负载

检定用负载应由金属材料制成外形对称的刚性体，其质量、质心高及安装偏心距应符合有关规定。负载与振动台面连接表面的平面度应优于 0.1/1 000，表面粗糙度 R_a 优于 3.2 μm。负载与台面刚性连接，其安装共振频率应在试验频率以外。

7.2 加速度计应刚性地固定在台面中心及离台面中心最远的 4 个安装点上。

7.3 横向振动，波形失真度和台面幅值均匀度检定时，均匀选取 5 个以上的频率点，所选频率点应包括上、下限值。在额定位移工作频率范围内，测量位移信号；在额定速度和额定加速度工作频率范围内，测量加速度信号。

7.4 横向振动，波形失真度和台面幅值均匀度检定时，所选振动幅值应为该频率点额定幅值的一半或一半以上。

7.5 对于多轴向振动台，检定项目中除频率指示误差、频率稳定度、扫频速率误差、振幅指示误差外，其余项目均须分别在每个轴向上进行。

8 检定方法

8.1 安装负载

根据检定要求选择空载检定或安装检定用负载。检定用负载应满足本部分第 7 章的要求。

8.2 安装传感器

振动台按规定准备完毕，按本部分第 7 章的要求，在振动台台面或负载上安装加速度传感器，并连接好测量系统。

8.3 额定参数检定

振动台空载或满载。在空载和满载频率范围内，均以 1 oct/min 的速率往复自动扫频，振动幅值分别设为额定值。振动台应能正常工作。

8.4 波形失真度的检定

8.4.1 振动台空载或满载。检定频率值的选取应符合本部分第7章的规定，以振动台在各频率点上额定幅值的一半或一半以上的幅值振动。测量台面中心振动信号的谐波失真度。

8.4.2 振动台空载或满载。在空载和满载频率范围内，均以1 oct/min的速率往复自动扫频，振动幅值分别设为额定值的一半或一半以上。观察台面中心振动信号的波形。找出波形较差的频率并测量其失真度。如果有失真度超过规定值的频率，则应同时测量超差的频带宽度。

8.5 横向振动比的检定

振动台空载或满载。检定频率值的选取应符合本部分第7章的规定，以振动台在各频率点上额定幅值的一半或一半以上的幅值振动，同时测量台面中心三向加速度计三个方向的振动幅值。横向振动比 T 按式(1)计算：

$$T = \frac{\sqrt{A_x^2 + A_y^2}}{A_z} \times 100\% \qquad \cdots\cdots(1)$$

式中：

T——横向振动比，%；

A_z——同次测量中主振方向的振动幅值，单位为毫米(mm)或米每二次方秒(m/s²)；

A_x、A_y——同次测量中垂直于主振方向且互相垂直的两个横向振动幅值，单位为毫米(mm)或米每二次方秒(m/s²)。

8.6 台面振动幅值均匀度的检定

振动台空载。检定频率值的选取与传感器的安装应符合本部分第7章的规定，以振动台在各频率点上额定幅值的一半或一半以上的幅值振动，同时测量台面五个位置的振动幅值。台面振动幅值均匀度 N_A 按式(2)计算：

$$N_A = \frac{|\Delta A_{max}|}{A} \times 100\% \qquad \cdots\cdots(2)$$

式中：

N_A——台面振动幅值均匀度，%；

A——同次测量中台面中心点的振动幅值，单位为毫米(mm)或米每二次方秒(m/s²)；

$|\Delta A_{max}|$——同次测量中台面各安装点的振动幅值相对于中心点的振动幅值的最大偏差的绝对值，单位为毫米(mm)或米每二次方秒(m/s²)。

8.7 频率指示误差的检定

振动台信号发生器的输出接频率计。在振动台空载额定频率范围内，均匀选取5个以上频率点进行测量，记录振动台频率示值和频率计示值并计算其误差。

8.8 频率稳定度的检定

振动台信号发生器的输出接频率计。在振动台空载额定频率范围内，任选2个频率点进行测量，各连续工作4 h，每隔15 min记录一次频率计的示值。频率稳定度 F_c 按式(3)计算：

$$F_c = \frac{|\Delta f_{max}|}{f_0} \times 100\% \qquad \cdots\cdots(3)$$

式中：

F_c——频率稳定度，%；

f_0——给定的试验频率示值，单位为赫兹(Hz)；

$|\Delta f_{max}|$——各次测量中，频率计示值相对于给定频率值的最大偏差，单位为赫兹(Hz)。

或取 $|\Delta f_{max}|$ 作为频率稳定度。

8.9 振动幅值指示误差的检定

振动台空载，加速度计刚性安装在台面中心。在规定的空载频率范围内，均匀选取不少于3个频率点，在最大振动幅值范围内均匀选取 5 个振动幅值进行测量，记录振动台振动幅值示值及分析仪示值。振动幅值指示误差 δ_A 按式(4)计算：

$$\delta_A = \frac{A_i - A_r}{A_r} \times 100\% \qquad \cdots\cdots (4)$$

式中：

δ_A——振动幅值指示误差，%；

A_i——振动台的振动幅值示值，单位为毫米(mm)或米每秒(m/s)或米每二次方秒(m/s^2)；

A_r——分析仪的振动幅值示值，单位为毫米(mm)或米每秒(m/s)或米每二次方秒(m/s^2)。

8.10 加速度信噪比的检定

加速度计刚性安装在台面中心，输出经放大器连接到分析系统。振动台空载，接通振动台各部分的电源，使之处于工作状态，控制仪输出信号为零，测量台面噪声加速度有效值。加速度信噪比 M 按式(5)计算：

$$M = 20\lg \frac{a_{max}}{a_0} \qquad \cdots\cdots (5)$$

式中：

M——加速度信噪比，单位为分贝(dB)；

a_{max}——振动台额定加速度有效值，单位为米每二次方秒(m/s^2)；

a_0——台面噪声加速度有效值，单位为米每二次方秒(m/s^2)。

8.11 扫频速率误差的检定

振动台空载，在额定频率范围内，以 1 oct/min 的速率往复自动扫频，振动幅值设为额定值的一半或一半以上，用计时器测量振动台每扫过一个倍频程的时间，扫频速率误差 δ_t 按式(6)计算：

$$\delta_t = \frac{T_i - T_r}{T_r} \times 100\% \qquad \cdots\cdots (6)$$

式中：

δ_t——扫频速率误差，%；

T_i——振动台设定的扫频速率，单位为倍频程每分钟(oct/min)；

T_r——测量到的实际扫频速率，单位为倍频程每分钟(oct/min)。

8.12 定振精度的检定

加速度计刚性安装在台面，尽量与振动台控制传感器安装在一起，输出经放大器接记录仪或分析系统。振动台空载或满载，在额定频率范围内，以 1 oct/min 的速率自动扫频，振动幅值设为额定值的一半或一半以上。记录分析系统测量到的振动幅值波动度，以分贝(dB)表示，即为定振精度。

8.13 辐射噪声最大声压级的检定

振动台空载，在额定频率范围内以 1 oct/min 的速率自动扫频，振动幅值设为额定值。在距离台体边缘 1 m 远的人体高度内用声级计测量并记录 A 计权最大声压级。

8.14 连续工作时间的检定

振动台满载，在最大位移幅值的上限频率上以最大位移幅值作定频振动，按规定的连续工作时间连续运行，振动台应能正常工作。

9 检定周期

9.1 正常使用的设备，每一年至少进行一次检定。

9.2 对设备的重要部位(指对试验条件的变化有直接影响的部位)维修或更换后，应立即进行检定。

9.3 设备在安装调试之后或启封重新使用之前均应进行检定。

附　录　A
（规范性附录）
检定项目的选择

振动台作定型鉴定、出厂/验收检验及定期检定时，若无其他规定，按表A.1选择检定项目。未经定型鉴定的，出厂/验收检验检定项目按定型鉴定项目选取。

表 A.1　检定项目的选择

序号	检　定　项　目		定型鉴定	出厂/验收检验	定期检定	参考条款
1	最大载荷		○	○		8.3
2	频率范围		○	○		8.3
3	最大位移幅值	空载	○	△		8.3
		满载	○	○		
4	最大速度幅值	空载	○	△		8.3
		满载	○	○		
5	最大加速度幅值	空载	○	△		8.3
		满载	○	○		
6	波形失真度	空载	○	○	○	8.4
		满载	○	△		
7	横向振动比	空载	○	○	○	8.5
		满载	○	△		
8	台面振动幅值均匀度		○	○	○	8.6
9	频率指示误差		○	○	○	8.7
10	频率稳定度		○	△	△	8.8
11	振动幅值指示误差		○	○	○	8.9
12	加速度信噪比		○	○	△	8.10
13	扫频速率误差		○	○		8.11
14	定振精度	空载	○	○	○	8.12
		满载	○			
15	辐射噪声最大声压级		○			8.13
16	连续工作时间		○	△	△	8.14

注：符号“○”表示必须检定的项目；符号“△”表示抽样检查或视情况选择检定（指检定方或被检定方中任一方提出需检定）的项目。

附 录 B
（规范性附录）
基本参数允许误差

如无其他规定，振动台检定时，额定参数要求与型号规格规定一致；其他参数的允许误差参照表 B.1。

表 B.1 基本参数允许误差

序号	检 定 项 目	允 许 误 差
1	频率指示误差	小于 5 Hz：±20%；5～50 Hz：±1 Hz；大于 50 Hz：±2%
2	频率稳定度	小于 5 Hz：每 4 h±20%；5～50 Hz 每 4 h±1 Hz；大于 50 Hz 每 4 h±2%
3	扫频速率误差	±10%
4	振动幅值指示误差	±10%
5	台面振动幅值均匀度	≤15%
6	定振精度	±1 dB
7	横向振动比	≤25%
8	波形失真度	≤25%；允许 1～2 个频带≤35%，其带宽不超过中心频率的 10%
9	加速度信噪比	≥50 dB

ICS 19.040
K 04

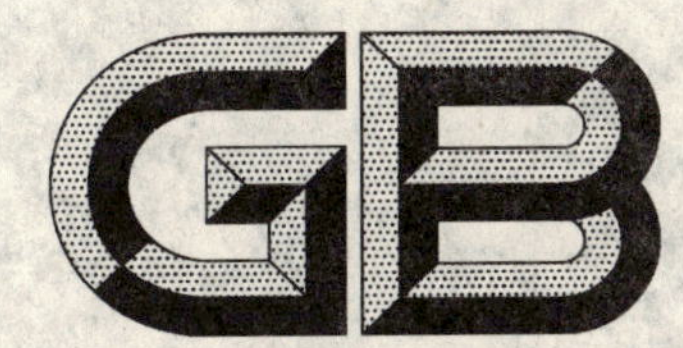

中华人民共和国国家标准

GB/T 5170.16—2005
代替 GB/T 5170.16—1985

电工电子产品环境试验设备基本参数检定方法 稳态加速度试验用离心机

Inspection methods for basic parameters of environmental testing equipments for electric and electronic products—Centrifugal machines for constant acceleration test

2005-03-03 发布 2005-08-01 实施

中华人民共和国国家质量监督检验检疫总局
中国国家标准化管理委员会 发布

前　言

GB/T 5170《电工电子产品环境试验设备基本参数检定方法》是系列标准，分为若干部分。

GB/T 5170.1—1995　电工电子产品环境试验设备基本参数检定方法　总则

GB/T 5170.2—1996　电工电子产品环境试验设备基本参数检定方法　温度试验设备

GB/T 5170.5—1996　电工电子产品环境试验设备基本参数检定方法　湿热试验设备

GB/T 5170.8—1996　电工电子产品环境试验设备基本参数检定方法　盐雾试验设备

GB/T 5170.9—1996　电工电子产品环境试验设备基本参数检定方法　太阳辐射试验设备

GB/T 5170.10—1996　电工电子产品环境试验设备基本参数检定方法　高低温低气压试验设备

GB/T 5170.11—1996　电工电子产品环境试验设备基本参数检定方法　腐蚀气体试验设备

GB/T 5170.13—2005　电工电子产品环境试验设备基本参数检定方法　振动(正弦)试验用机械振动台

GB/T 5170.14—1985　电工电子产品环境试验设备基本参数检定方法　振动(正弦)试验用电动振动台

GB/T 5170.15—1985　电工电子产品环境试验设备基本参数检定方法　振动(正弦)试验用液压振动台

GB/T 5170.16—1985　电工电子产品环境试验设备基本参数检定方法　稳态加速度试验用离心机

GB/T 5170.17—1987　电工电子产品环境试验设备基本参数检定方法　低温/低气压/湿热综合顺序试验设备

GB/T 5170.18—1987　电工电子产品环境试验设备基本参数检定方法　温度/湿度组合循环试验设备

GB/T 5170.19—1989　电工电子产品环境试验设备基本参数检定方法　温度/振动(正弦)综合试验设备

GB/T 5170.20—1990　电工电子产品环境试验设备基本参数检定方法　水试验设备

本部分是 GB/T 5170 的第 16 部分，自实施之日起代替 GB/T 5170.16—1985。

本部分是 GB/T 5170.16—1985 相比，技术内容主要有如下变化：

——“恒加速度”改为“稳态加速度”；

——增加了“规范性引用文件”一章；

——增加了“术语和定义”一章；

——“切线加速度”改为“切向加速度”；

——加速度单位由“g”改为“m/s^2”；

——在“检定用主要仪器及要求”一章中，给出了检定用仪器的扩展不确定度($k=2$)的要求；

——增加了“检定条件”一章；

——增加了“检定周期”一章；

——附录 A 中，周期检定项目选择中，将转速范围改为可选择检定项目，将转速稳定度改为必检项目。

本部分由中国电器工业协会提出。

本部分由全国电工电子产品环境条件与环境试验标准化技术委员会归口。

本部分起草单位:信息产业部电子第五研究所。

本部分主要起草人:肖建红、郑术力。

本部分历次版本发布情况:

——GB/T 5170.16—1985。

电工电子产品环境试验设备基本参数检定方法 稳态加速度试验用离心机

1 范围

1.1 本部分规定了稳态加速度试验用离心式试验机在进行定型鉴定，出厂检验和定期检定时的检定项目、检定用主要仪器及要求、检定条件、检定时的一般规定、检定方法及检定结果等内容。

1.2 本部分适用于对GB/T 2423.15《电工电子产品基本环境试验规程 试验Ga：稳态加速度试验方法》进行稳态加速度试验用离心机基本参数的检定方法。

2 规范性引用文件

下列文件中的条款通过GB/T 5170的本部分的引用而成为本部分的条款。凡是注日期的引用文件，其随后所有的修改单(不包括勘误的内容)或修订版均不适用于本部分，然而，鼓励根据本部分达成协议的各方研究是否可使用这些文件的最新版本。凡是不注日期的引用文件，其最新版本适用于本部分。

GB/T 5170.1—1995 电工电子产品环境试验设备基本参数检定方法 总则

GB/T 2423.15 电工电子产品基本环境试验规程 试验Ga：稳态加速度试验方法(GB/T 2423.15—1995,idt IEC 68-2-7:1986)

3 术语和定义

本部分采用GB/T 5170.1规定的术语和定义。

4 检定项目

本部分规定的检定项目如下：

——额定参数(最大载荷、安装计算半径、转速范围、稳态加速度范围)；

——转速指示误差；

——转速稳定度；

——加速度梯度；

——切向加速度；

——集流器接触电阻(只针对具有集流装置的试验机)；

——辐射噪声最大声压级；

——连续工作时间。

5 检定用主要仪器及要求

5.1 安装计算半径测量仪器

根据被测安装计算半径大小选择长度量具(如卡尺，钢尺，钢卷尺)，长度测量的扩展不确定度：0.2%($k=2$)。

5.2 转速测量仪器

数字测速仪(包括光电传感器)，转速测量扩展不确定度应优于0.1%($k=2$)。

5.3 时间测量仪器

计时器，测量扩展不确定度应优于0.2 s($k=2$)。

5.4 声压级测量仪器

带 A 计权网络的声级计，声压测量扩展不确定度应优于 1 dB($k=2$)。

5.5 接触电阻测量仪器

微欧计，电阻测量扩展不确定度应优于 1%($k=2$)。

6 检定条件

6.1 试验设备在检定时的气候条件、电源条件、用水条件和其他条件应符合 GB/T 5170.1—1995 第 4 章的规定。

6.2 受检试验设备的外观和安全条件应符合 GB/T 5170.1—1995 第 8 章的规定。

7 一般规定

7.1 检定用负载

检定用负载应外形对称，其质量等于最大载荷规定值，其质心高及外形尺寸应符合有关规定。对某些类型的试验机，还需确定检定用负载的数量、总质量及各个负载的不平衡量。负载应可靠的固定在工作台面上，在规定的稳态加速度范围内工作时不准有松动现象。

7.2 安装计算半径

试验机工作时，试验负载安装计算半径上的稳态加速度值应等于稳态加速度规定值。一般情况下，安装试验负载(包括检定用负载)时，应使安装计算半径等于试验机规定的标称半径。

7.3 加速度的测定

加速度用间接测量法测定，即根据实测的回转半径及主轴转速，按下式计算稳态加速度值：

$$a = 0.000\,114\,Rn^2 \qquad \cdots\cdots(1)$$

式中：

a——稳态加速度，单位为米每二次方秒(m/s^2)；

R——半径实测值，单位为米(m)；

n——主轴转速实测值，单位为转每分(r/min)。

7.4 主轴转速设定值的确定

主轴转速设定值根据稳态加速度规定值及安装计算半径，按下式计算：

$$n_0 = 9.542\sqrt{\frac{a_0}{R_0}} \qquad \cdots\cdots(2)$$

式中：

n_0——主轴转速设定值，单位为转每分(r/min)；

a_0——稳态加速度规定值，单位为米每二次方秒(m/s^2)；

R_0——安装计算半径，单位为米(m)。

8 检定方法

8.1 额定参数(最大载荷，安装计算半径，转速范围，稳态加速度范围)检定。

8.1.1 把按需要涂色的色盘可靠地固定在与离心机转盘或转臂有固定转速比的回转部件上，光电传感器置于色盘前方，其输出接数字测速仪。

8.1.2 离心机满载。测量安装计算半径，其值应符合离心机标称半径值。

8.1.3 主轴转速从最小值调至最大值，离心机应能正常工作，其转速可调范围应不小于规定的转速范围。

8.1.4 根据实测的安装计算半径、主轴转速最小值与最大值，分别按式(1)计算稳态加速度最小值及最大值，其范围应不小于规定的稳态加速度范围。

8.2 转速指示误差的检定

离心机空载。在规定的转速范围内均匀选取5个以上转速值进行测量，记录离心机转速示值及检定用数字测速仪示值。按式(3)计算转速示值误差 δ_r：

$$\delta_r = \frac{n_1 - n_2}{n_2} \times 100\% \qquad \cdots\cdots(3)$$

式中：

δ_r——离心机转速示值误差，%；

n_1——离心机转速示值，单位为转每分(r/min)；

n_2——同次测量中，检定用数字测速仪示值，单位为转每分(r/min)。

8.3 转速稳定度的检定

离心机空载。在规定的转速范围上限值及下限值上分别进行测试。在规定的时间内，均匀地至少测量3次，记录检定用数字测速仪示值。转速稳定度 R_s 按式(4)计算：

$$R_s = \frac{\Delta n_{max}}{n_0} \times 100\% \qquad \cdots\cdots(4)$$

式中：

R_s——转速稳定度，%；

n_0——转速设定值，单位为转每分(r/min)；

Δn_{max}——各次测量中，检定用数字测速仪示值相对于转速设定值的最大偏差，单位为转每分(r/min)。

8.4 加速度梯度的检定

离心机满载，测量负载的安装计算半径、最小半径及最大半径。加速度梯度比最小值 T_1、最大值 T_2 分别按式(5)和式(6)计算：

$$T_1 = \left(\frac{R_{min}}{R_0} - 1\right) \times 100\% \qquad \cdots\cdots(5)$$

$$T_2 = \left(\frac{R_{max}}{R_0} - 1\right) \times 100\% \qquad \cdots\cdots(6)$$

式中：

T_1——加速度梯度比最小值，%；

T_2——加速度梯度比最大值，%；

R_{min}——试验负载最小半径，单位为米(m)；

R_{max}——试验负载最大半径，单位为米(m)；

R_0——试验负载安装计算半径，单位为米(m)。

8.5 切向加速度的检定

8.5.1 切向加速度平均值的检定

离心机空载，用计时器分别测量主轴转速由零升至设定值及由设定值降至零的时间，按式(7)计算切向加速度比 A_t 并取大者。

$$A_t = \frac{0.001\,09\ n_0\ R_0}{Ta_0} \times 100\% \qquad \cdots\cdots(7)$$

式中：

A_t——切向加速度比，%；

n_0——主轴转速设定值，单位为转每分(r/min)；

R_0——试验机标称半径，单位为米(m)；

T——主轴转速由零升至设定值或由设定值降至零的时间，单位为秒(s)；

a_0——稳态加速度规定值，单位为米每二次方秒(m/s²)。

8.5.2 **切向加速度瞬时值的检定**

测量试验负载安装计算半径。主轴转速由零升至设定值，再由设定值降至零，用转速测量仪记录转速随时间的变化，找出时间间隔为 1 s 的主轴转速变化的最大值，按式(8)计算切向加速度比 A_t。

$$A_t = \frac{0.653\ \Delta n_{max} R_0}{a_0} \times 100\% \quad \cdots\cdots(8)$$

式中：

A_t——切向加速度比，%；

Δn_{max}——每秒钟内主轴转速变化的最大值，单位为转每分(r/min)；

R_0——安装计算半径，单位为米(m)；

a_0——稳态加速度规定值，单位为米每二次方秒(m/s^2)。

注：当采用平均值法测定的切向加速度大于 5%时，应考虑用瞬时值法进一步检定。

8.6 **集流器接触电阻的检定**

离心机空载。集流器中某一对内接线柱短接，外接线柱接微欧计。主轴转速调至转速范围上限值，记录微欧计读数的最大值。

8.7 **辐射噪声最大声压级的检定**

离心机空载。主轴转速由最小值调至最大值，在距离台体边缘 1 m 远的人体高度内用声级计测量并记录 A 计权最大声压级。

8.8 **连续工作时间的检定**

离心机满载，主轴转速调至转速范围上限值，在规定的连续工作时间内试验机应能正常工作。

9 检定周期

9.1 正常使用的设备，每一年至少进行一次检定。

9.2 对设备的重要部位(指对试验条件的变化有直接影响的部位)维修或更换后，应立即进行检定。

9.3 设备在安装调试之后或启封重新使用之前均应进行检定。

附 录 A
(规范性附录)
检定项目的选择

试验机作定型鉴定、出厂/验收检验及定期检定时,若无其他规定,按表 A.1 选择检定项目。未经定型鉴定的,出厂/验收检验检定项目按定型鉴定项目选取。

表 A.1 检定项目的选择

序号	检定项目	定型鉴定	出厂/验收检验	定期检定	参考条款
1	最大载荷	○	○	△	8.1
2	安装计算半径	○	○	△	8.1
3	转速范围	○	○	△	8.1
4	加速度范围	○	○	△	8.1
5	转速指示误差	○	○	○	8.2
6	转速稳定度	○	○	○	8.3
7	加速度梯度	○	△		8.4
8	切线加速度	○	△	△	8.5
9	集流器接触电阻	○	○	△	8.6
10	辐射噪声最大声压级	○			8.7
11	连续工作时间	○	△	△	8.8

注:符号“○”表示必须检定的项目;符号“△”表示抽样检查或视情况选择检定(指检定方或被检定方中任一方提出需检定)的项目。

附 录 B
（规范性附录）
基本参数允许误差

如无其他规定，试验机检定时，额定参数要求与型号规格规定一致；其他参数的允许误差参照表B.1。

表 B.1 基本参数允许误差

序 号	检定项目	允许误差
1	安装计算半径	±1%
2	转速指示误差	±2%
3	转速稳定度	±2%
4	切向加速度	≤10%
5	集流器接触电阻	≤0.5 Ω

ICS 19.040
K 04

中华人民共和国国家标准

GB/T 5170.17—2005
代替 GB/T 5170.17—1987

电工电子产品环境试验设备
基本参数检定方法
低温/低气压/湿热综合顺序试验设备

Inspection methods for basic parameters of environmental testing equipments for electric and electronic products—Combined sequential cold low air pressure and damp heat testing equipments

2005-08-26 发布　　2006-04-01 实施

中华人民共和国国家质量监督检验检疫总局
中国国家标准化管理委员会　发布

前　言

本部分是GB/T 5170《电工电子产品环境试验设备基本参数检定方法》的第17部分。

本部分代替GB/T 5170.17—1987。与GB/T 5170.17—1987比较技术内容主要有如下变化：

a) 明确本部分适用于环境试验设备在使用期间的周期检定，以区别产品的型式检验、出厂检验等；

b) 增加了“规范性引用文件”一章；

c) 在“检定用主要仪器及要求”一章中，给出了仪器的扩展不确定度($k=2$)的要求；

d) 增加了“检定条件”一章；

e) 对于温度测量点数量，设备的工作空间容积由“以1 m^3 分界”改为“以2 m^3 分界”，对于“大于2 m^3的设备”，温度和风速的测量点由21点减少为15点；

f) 在“数据处理与检定结果”中，给出了“温度偏差、降温速率、气压偏差、气压变化速率、风速”的计算公式；在温度与气压综合检定时，如果低气压值低于10 kPa，则“温度偏差”允许适当放宽；增加了“环境参数场的调整”和“试验设备仪表修正值的范围”，并且对限用的范围给予了必要的说明；

g) 本部分的附录中给出“温度波动度、温度均匀度的检定方法和计算公式”及“干湿表法测量相对湿度”；

h) 删除了记录表格。

本部分由中国电器工业协会提出。

本部分由全国电工电子产品环境技术标准化技术委员会归口。

本部分起草单位：信息产业部电子第五研究所。

本部分主要起草人：谢晨浩、赖文光。

本部分所代替标准的历次版本发布情况：

——GB/T 5170.17—1987。

电工电子产品环境试验设备
基本参数检定方法
低温/低气压/湿热综合顺序试验设备

1 范围

1.1 本部分规定了低温/低气压/湿热综合顺序试验设备在进行周期检定时的检定项目、检定用主要仪器及要求、检定条件、测量点数量及布放位置、检定步骤、数据处理及检定结果等内容。

1.2 本部分适用于对 GB/T 2423.27—2005《电工电子产品基本环境试验规程 试验 Z/AMD:低温/低气压/湿热连续综合试验方法》所用试验设备的周期检定。

本部分也适用于类似试验设备的周期检定。

2 规范性引用文件

下列文件中的条款通过 GB/T 5170 的本部分的引用而成为本部分的条款。凡是注日期的引用文件,其随后所有的修改单(不包括勘误的内容)或修订版均不适用于本部分,然而,鼓励根据本部分达成协议的各方研究是否可使用这些文件的最新版本。凡是不注日期的引用文件,其最新版本适用于本部分。

GB/T 2423.27—2005 电工电子产品基本环境试验 第2部分:试验方法 试验 Z/AMD:低温/低气压/湿热连续综合试验(IEC 60068-2-39:1976,IDT)

GB/T 5170.1—1995 电工电子产品环境试验设备基本参数检定方法 总则

GB/T 6999 环境试验用相对湿度查算表

3 检定项目

本部分规定的检定项目如下:

——降温速率与温度偏差;

——降压速率;

——温度偏差和气压偏差综合检定;

——升温时间、升压时间和加湿时间;

——温度与相对湿度;

——风速。

4 检定用主要仪器及要求

4.1 温度测量仪器

采用由铂电阻、热电偶或其他温度传感器组成的温度测量系统。

温度测量系统的扩展不确定度($k=2$)不大于 0.4℃;传感器的热时间常数:20 s~40 s。

4.2 低气压测量仪器

采用扩展不确定度($k=2$)不大于被测气压允许偏差 1/3 的气压表(计)。

4.3 相对湿度测量仪器

采用干湿球温度计或由其他传感器组成的湿度测量系统,湿度测量系统的扩展不确定度($k=2$)不大于被测湿度允许偏差的 1/3。

4.4 风速测量仪器

采用各种风速仪，其感应量不大于 0.05 m/s。

5 检定条件

5.1 试验设备在周期检定时的气候条件、电源条件、用水条件和其他条件应符合 GB/T 5170.1—1995 第 4 章的规定。

5.2 受检试验设备的外观和安全要求应符合 GB/T 5170.1—1995 第 8 章的规定。

6 测量点数量及位置

6.1 将试验设备的工作空间分为上、中、下（或前、中、后）三层，将一定数量的温度、相对湿度、风速传感器布放在其中规定的位置上，传感器应避免冷热源的直接辐射。

温度测量点用英文字母 O、A、B、C、D、E、F、G、H、J、K、L、M、N、U 表示。

相对湿度测量点用英文字母 O_h 表示。

风速测量点数量及布放位置与温度测量点完全相同。

低气压测量点为一个，为试验设备的气压指示点。

测量点 O 和 O_h 为试验设备工作空间的几何中心点（以下简称中心点），其他测量点的位置与试验设备内壁的距离为工作室各自边长（圆形试验设备为工作室直径）的 1/10（遇有风道时，是指与送风口、回风口的距离），但最大距离不能大于 500 mm，最小距离不能小于 50 mm。如果试验设备带有样品架或样品车时，下层测量点可布放在底层样品架或样品车上方 10 mm 处。

6.2 试验设备的工作容积小于或等于 2 m^3 时，温度测量点为 9 个，相对湿度测量点为 1 个，布放位置如图 1、图 2 所示。

方形试验设备：

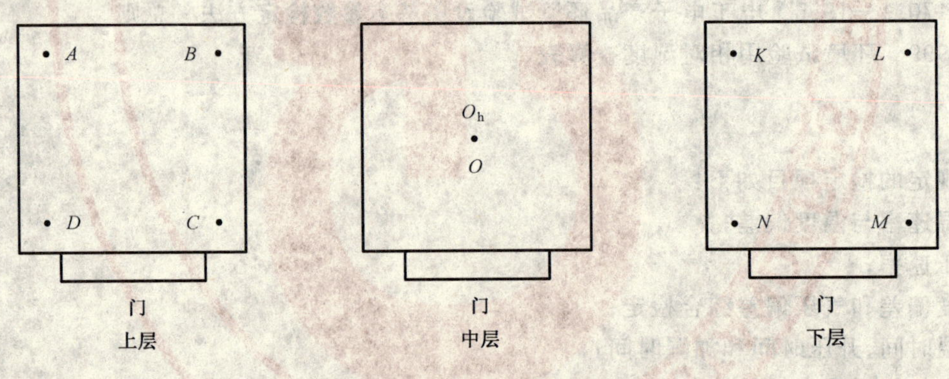

图 1

圆形试验设备（以圆筒形卧式试验设备为例）：

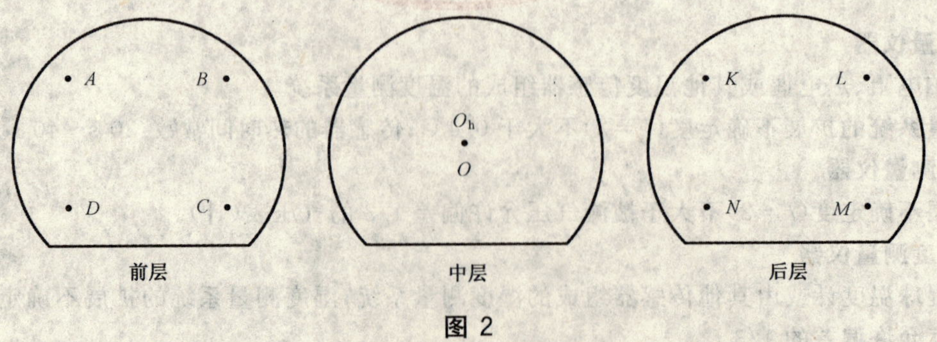

图 2

6.3 试验设备的工作容积大于 2 m^3 时，温度测试点为 15 个，相对湿度测试点为 1 个，布放位置如图 3、图 4 所示。

方形试验设备：

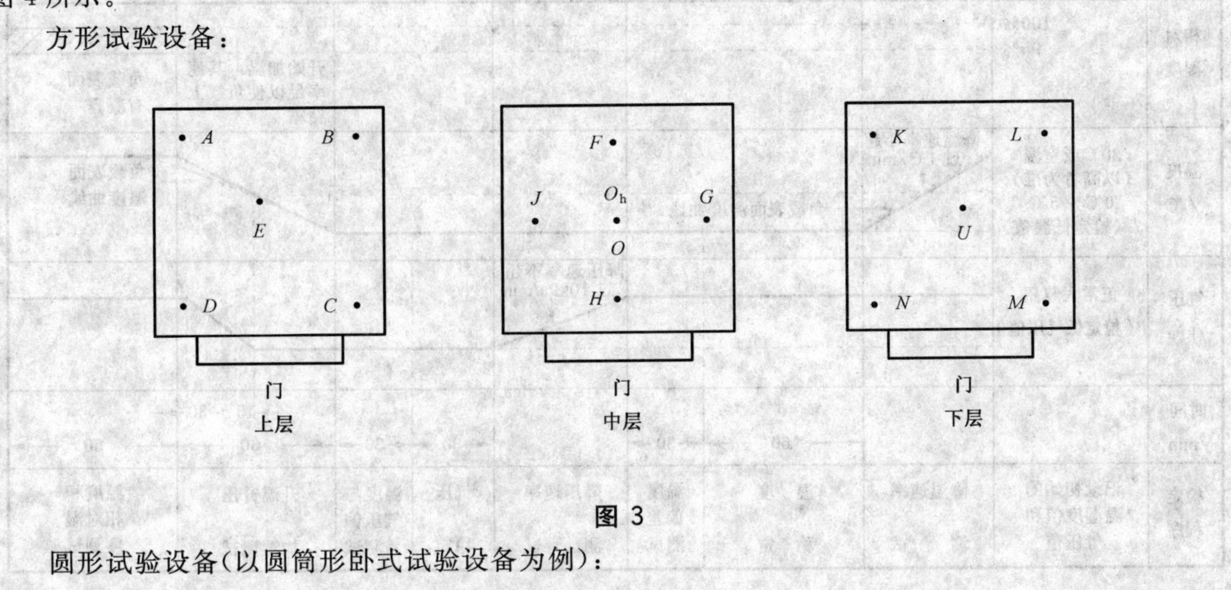

图 3

圆形试验设备(以圆筒形卧式试验设备为例)：

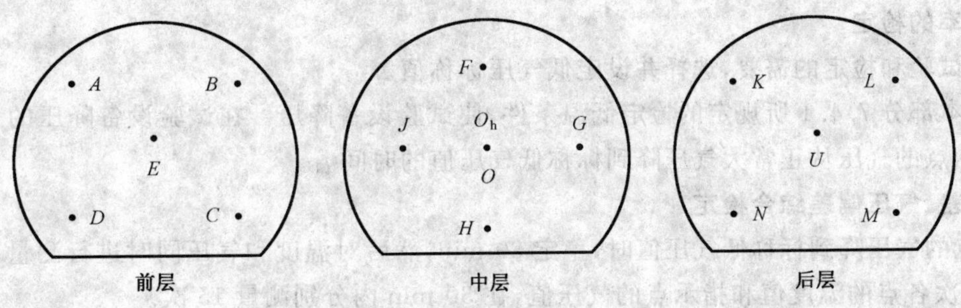

图 4

6.4 当试验设备工作容积小于 0.05 m^3 或大于 50 m^3 时，可适当减少或增加测量点。

6.5 根据试验和检定的需要，可在试验设备工作空间增加对疑点的测量。

6.6 对于其他形状的试验设备，测量点数量和位置可参照上述规定执行。

7 检定步骤

7.1 布放传感器

按本部分第 6 章的要求，将一定数量的传感器布放在试验设备工作空间的规定位置上，连接好测量系统。

7.2 安装负载

按 GB/T 5170.1—1995 第 7 章的规定(或按有关标准的规定)安装负载。

7.3 检定程序

低温/低气压/湿热综合顺序试验设备检定程序按照图 5。

7.4 降温速率与温度偏差的检定

7.4.1 根据试验和检定的需要，选择并设定温度标称值。

7.4.2 使试验设备降温，在试验设备降温的过程中，每 5 min 记录工作空间指示点的温度值。

7.4.3 指示点的温度第一次降到标称温度后，稳定 1 h，然后测量试验设备工作空间的温度偏差。测量时，每 2 min 记录一次各测量点的温度，在 30 min 内共测量 15 次。

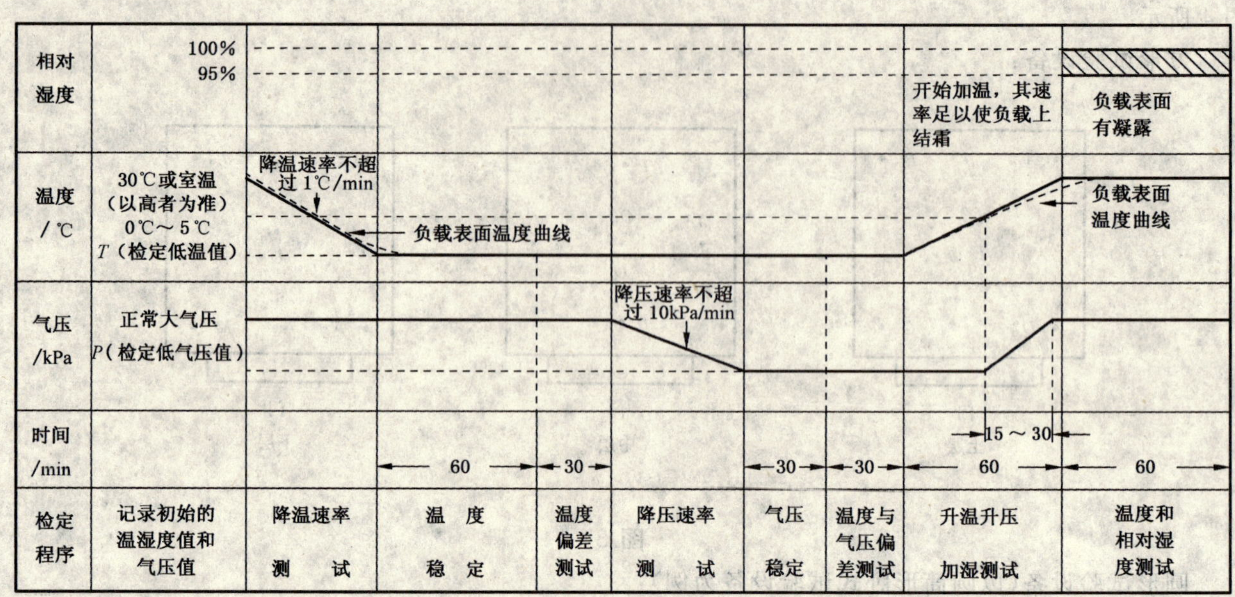

图 5 低温/低气压/湿热综合顺序试验设备检定程序图

7.5 降压速率的检定

7.5.1 根据试验和检定的需要，选择并设定低气压标称值。

7.5.2 维持本部分 7.4.1 所规定的检定低温条件，使试验设备降压。在试验设备降压的过程中，记录试验设备指示点的气压从正常大气压降到标称低气压值的时间 t_1。

7.6 温度偏差、气压偏差综合检定

当指示点的气压降到标称低气压值时，稳定 30 min，然后对温度和气压同时进行测量。测量时，每 2 min 记录一次各点的温度值和指示点的气压值，在 30 min 内分别测量 15 次。

7.7 升温时间、升压时间和加湿时间的检定

7.7.1 温度和湿度的测量点规定为试验设备的中心点，气压测量点为试验设备的指示点；另将一个表面温度传感器置于负载表面。

7.7.2 维持本部分 7.5.1 所规定的检定低气压条件，使试验设备工作空间的温度均匀上升，上升到 30℃或室内温度(以高者为准)时，记录中心点的温度从检定低温上升到设定温度的时间，作为试验设备的升温时间。在工作空间温度上升的同时加湿，其速度要足以在负载表面上结霜；观察负载表面结霜情况，记录中心点的相对湿度上升到设定湿度的时间，作为试验设备的加湿时间。注意记录负载表面的温度，当负载表面温度达到 0℃～5℃之间，表面开始融霜时，使试验设备工作空间的气压以大致均匀的速度上升至正常大气压，记录指示点气压从检定气压上升到正常大气压的时间 t_2，作为试验设备的升压时间。

7.8 温度与相对湿度的检定

7.8.1 温度、相对湿度测量点均为试验设备中心点。

7.8.2 当指示点的气压升到正常大气压，中心点温度升到 30℃或室内温度(以高者为准)后，保持 1 h，其间每 5 min 测量一次中心点的温、湿度值。

7.9 风速检定

7.9.1 本测量在空载和室温条件下进行。

7.9.2 将风速计的探头置于各测量点，沿任意方向测量每点的风速，取其最大值作为该测量点的风速。

8 数据处理与检定结果

8.1 数据处理

8.1.1 数据修正

对所记录的全部测量数据，按测量系统的修正值进行修正；按 GB/T 6999 计算相对湿度值。

8.1.2 温度偏差计算方法

试验设备在稳定状态下，工作空间各测量点的实测最高温度和实测最低温度与标称温度的上下偏差，即为试验设备在该标称温度下的温度偏差。计算公式如下：

$$\Delta T_{max} = T_{max} - T_N \quad \cdots\cdots(1)$$

$$\Delta T_{min} = T_{min} - T_N \quad \cdots\cdots(2)$$

式中：

ΔT_{max}——温度上偏差，单位为摄氏度（℃）；

ΔT_{min}——温度下偏差，单位为摄氏度（℃）；

T_{max}——各测量点在 30 min 内的实测最高温度值，单位为摄氏度（℃）；

T_{min}——各测量点在 30 min 内的实测最低温度值，单位为摄氏度（℃）；

T_N——标称温度值，单位为摄氏度（℃）。

注：在检定温度偏差的同时，如果需要检定温度波动度和温度均匀度，则检定方法遵照本部分附录 A 进行。

8.1.3 降温速率计算方法

试验设备在降温阶段，温度变化速率的计算公式如下：

$$\bar{V}_T = |\Delta T| / 5 \quad \cdots\cdots(3)$$

式中：

$\bar{V}_T$——温度变化速率，单位为摄氏度每分钟（℃/min）；

ΔT——每 5 min 的温度变化量，单位为摄氏度（℃）。

8.1.4 气压平均变化速率计算方法

试验设备在升降压阶段，气压平均变化速率的计算公式如下：

$$V_{p1} = (P_0 - P_N)/t_1 \quad \cdots\cdots(4)$$

$$V_{p2} = (P_0 - P_N)/t_2 \quad \cdots\cdots(5)$$

式中：

V_{p1}——降压的气压平均变化速率，单位为千帕每分钟（kPa/min）；

V_{p2}——升压的气压平均变化速率，单位为千帕每分钟（kPa/min）；

P_0——规定的气压值，单位为千帕（kPa）；

P_N——标称的气压值，单位为千帕（kPa）；

t_1——降压时间，单位为分钟（min）；

t_2——升压时间，单位为分钟（min）。

8.1.5 综合检定时温度偏差与气压偏差计算方法

8.1.5.1 综合检定时温度偏差的计算方法

温度与气压综合检定时，温度偏差计算方法按本部分 8.1.2 的规定。

注：当低气压标称值低于 10 kPa 时，温度偏差可依据有关标准的规定允许放宽。

8.1.5.2 综合检定时气压偏差计算方法

试验设备在温度和低气压的综合稳定状态下，工作空间指示点的实测最高气压值和实测最低气压值与标称气压值的上下偏差，即为试验设备在该标称气压下的气压偏差。计算公式如下：

$$\Delta P_{max} = P_{max} - P_N \quad \cdots\cdots(6)$$

$$\Delta P_{min} = P_{min} - P_N \quad \cdots\cdots(7)$$

式中：

ΔP_{max}——气压上偏差，单位为千帕(kPa)；

ΔP_{min}——气压下偏差，单位为千帕(kPa)；

P_{max}——指示点在 30 min 内的实测最高气压值，单位为千帕(kPa)；

P_{min}——指示点在 30 min 内的实测最低气压值，单位为千帕(kPa)；

P_{N}——标称气压值，单位为千帕(kPa)。

8.1.6 升温时间、升压时间、加湿时间计算方法

按本部分 7.7.2 的规定，计算出试验设备的升温时间、升压时间和加湿时间。

8.1.7 温度与相对湿度计算方法

按本部分 7.8.2 记录的实测最高温度和实测最低温度以及实测最高相对湿度和实测最低相对湿度，计算出中心点温度与相对湿度在 1 h 内的变化范围。

8.1.8 风速计算方法

风速计算公式如下：

$$\bar{v} = \sum_{i=1}^{n} v_i / n \qquad \cdots\cdots(8)$$

式中：

$\bar{v}$——试验设备工作空间内的平均风速，单位为米每秒(m/s)；

v_i——各测量点的风速，单位为米每秒(m/s)；

n——测量点数。

8.1.9 数据处理结果

上述各项数据处理结果应符合 GB/T 2423.27—2005 对温度、相对湿度、气压、降温速率、降压速率、升温时间、升压时间、加湿时间及 GB/T 2423.1—2001 对风速的要求。

8.2 检定过程中的处理

8.2.1 试验设备环境参数场的调整

在检定过程中，如果发现工作空间环境参数上下偏差超出允许偏差值时，应对试验设备环境参数场进行调整。

8.2.2 试验设备环境参数指示仪表的修正值一般不应超过环境参数允许偏差值，并且应在检定报告中注明。

8.3 检定结果

8.3.1 检定合格的试验设备应发给“检定证书”。

8.3.2 检定不合格的试验设备应发给“检定结果通知书”。

8.3.3 当受检试验设备的个别测量点和个别参数的检定结果不能满足技术指标的要求时，允许适当缩小试验设备的工作空间或检定参数范围，在缩小后的工作空间或相应的参数范围内，应满足全部技术指标要求，检定结果为限用，发给“检定证书”，同时注明限用范围。

附　录　A
（规范性附录）
温度波动度、温度均匀度检定方法

A.1　检定步骤

温度波动度和温度均匀度的检定与温度偏差同时进行。

A.2　数据处理与计算

在进行温度偏差计算的同时，计算温度波动度和温度均匀度。

A.2.1　温度波动度计算公式

$$\Delta T_{\mathrm{f}} = \pm (T_{\mathrm{fmax}} - T_{\mathrm{fmin}})/2 \quad \cdots\cdots (\mathrm{A}.1)$$

式中：

ΔT_{f}——温度波动度，单位为摄氏度（℃）；

T_{fmax}——试验设备指示点在 30 min 内的实测最高温度值，单位为摄氏度（℃）；

T_{fmin}——试验设备指示点在 30 min 内的实测最低温度值，单位为摄氏度（℃）。

A.2.2　温度均匀度计算公式

$$\Delta T_{\mathrm{u}} = \left[\sum_{j=1}^{15} (T_{j\mathrm{max}} - T_{j\mathrm{min}})\right]/15 \quad \cdots\cdots (\mathrm{A}.2)$$

式中：

ΔT_{u}——温度均匀度，单位为摄氏度（℃）；

$T_{j\mathrm{max}}$——各测量点在第 j 次测量中的实测最高温度值，单位为摄氏度（℃）；

$T_{j\mathrm{min}}$——各测量点在第 j 次测量中的实测最低温度值，单位为摄氏度（℃）。

附 录 B
（规范性附录）
干湿表法测量相对湿度

B.1 干湿表法测量相对湿度的方法

a） 由两支型号相同，准确度相等的感温元件组成，两支感温元件之间的距离约 25 mm。

b） 湿球纱布采用气象用湿球纱布，长约 100 mm。湿球用水是蒸馏水或去离子水。

c） 水杯带盖并盛满蒸馏水或去离子水，水杯中水面到湿球底部的距离约为 30 mm。

d） 湿球感温元件包扎纱布时，先把手洗净，再用清洁水将湿球感温元件洗净，然后用纱布上的纱线把纱布服帖无皱折地包圈在湿球感温元件上，但重叠部分不要超过湿球圆周的 1/4。不要扎得过紧，以免影响吸水，并剪掉多余的纱线。

e） 湿球纱布应保持清洁、柔软和湿润，一般每周更换一次。

f） 读出干湿球温度表的差值，利用此差值在相应的湿度查算表中对应干球温度表读数查出相对湿度值。

g） 相对湿度查算表根据试验设备工作空间内各点的风速而确定。风速的测量是按以下方法而测定。

B.2 风速的测量

a） 测量点数量及布放位置与相对湿度测量点相同。

b） 将风速计的探头置于各测量点，沿任意方向测量每点的风速，取其最大值作为该测量点的风速。

ICS 19.080
K 04

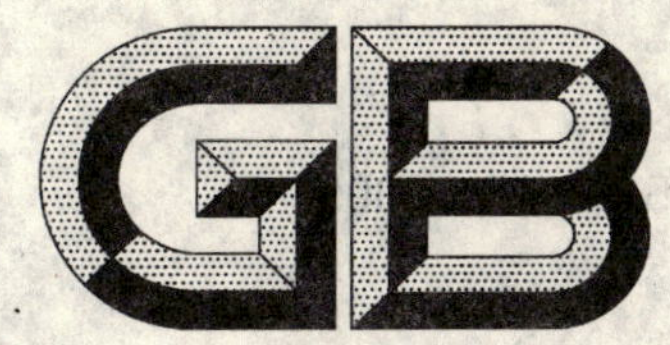

中华人民共和国国家标准

GB/T 5170.18—2005
代替 GB/T 5170.18—1987

电工电子产品环境试验设备 基本参数检定方法 温度/湿度组合循环试验设备

Inspection methods for basic parameters of environmental testing equipments for electric and electronic products—Composite temperature/humidity cyclic testing equipments

2005-09-19 发布　　　　2006-06-01 实施

中华人民共和国国家质量监督检验检疫总局
中国国家标准化管理委员会　发布

前　言

本部分是GB/T 5170《电工电子产品环境试验设备基本参数检定方法》的一个部分。

本部分是对GB/T 5170.18—1987的修订，与GB/T 5170.18—1987相比，技术内容主要有如下变化：

——明确本部分适用于环境试验设备在使用期间的周期检定，以区别产品的型式检验、出厂检验等；

——增加了“规范性引用文件”一章；

——在检定项目中，删除了“工作室内壁与工作空间温差”和“工作室内壁辐射系数”两个项目；

——在“检定用主要仪器及要求”一章中，给出了仪器的扩展不确定度($k=2$)的要求；

——增加了“检定条件”一章；

——对于温度测量点数量，设备的工作空间容积由“以1 m^3分界”改为“以2 m^3分界”，对于“大于2 m^3的设备”，温度和风速的测量点由21点减少为15点；

——周期检定试验设备时，“温度偏差、相对湿度偏差”的测量时间缩短为30 min；

——在“数据处理与检定结果”中，给出了“温度偏差、温度波动度、温度均匀度、湿度偏差、温度变化速率、风速”的计算公式；增加了“环境参数场的调整”和“试验设备仪表修正值的范围”，并且对限用的范围给予了必要的说明；

——本部分的附录中给出“干湿表法测量相对湿度”；

——删除了记录表格。

本部分由中国电器工业协会提出。

本部分由全国电工电子产品环境技术标准化技术委员会归口。

本部分起草单位：信息产业部电子第五研究所。

本部分主要起草人：谢晨浩、赖文光。

本部分所代替标准的历次版本发布情况：

——GB/T 5170.18—1987。

电工电子产品环境试验设备
基本参数检定方法
温度/湿度组合循环试验设备

1 范围

1.1 本部分规定了温度/湿度组合循环试验设备在进行周期检定时的检定项目、检定用主要仪器及要求、检定条件、测量点数量及位置、检定步骤、数据处理及检定结果等内容。

1.2 本部分适用于GB/T 2423.34—2005《电工电子产品基本环境试验规程 试验Z/AD:温度/湿度组合循环试验方法》所用试验设备的周期检定。温度/湿度组合循环试验在同一试验箱内进行时(以下简称一箱法),应符合本部分的所有规定;温度/湿度组合循环试验在两个独立试验箱进行时(以下简称二箱法),湿热试验箱应符合本部分所有规定;低温试验箱应符合GB/T 5170.2—1996《电工电子产品环境试验设备基本参数检定方法 温度试验设备》的规定。

本部分也适用于类似试验设备的周期检定。

2 规范性引用文件

下列文件中的条款通过GB/T 5170的本部分的引用而成为本部分的条款。凡是注日期的引用文件,其随后所有的修改单(不包括勘误的内容)或修订版均不适用于本部分,然而,鼓励根据本部分达成协议的各方研究是否可使用这些文件的最新版本。凡是不注日期的引用文件,其最新版本适用于本部分。

GB/T 2423.34—2005 电工电子产品基本环境试验规程 试验Z/AD:温度/湿度组合循环试验方法(IEC 60068-2-38:1974,IDT)

GB/T 5170.1—1995 电工电子产品环境试验设备基本参数检定方法 总则

GB/T 5170.2—1996 电工电子产品环境试验设备基本参数检定方法 温度试验设备

GB/T 6999 环境试验用相对湿度查算表

3 检定项目

本部分规定的检定项目如下:

——温度偏差;

——相对湿度偏差;

——温度均匀度;

——温度波动度;

——升降温特性;

——风速。

4 检定用主要仪器及要求

4.1 温度测量仪器

采用由铂电阻、热电偶或其他温度传感器组成的温度测量系统。

温度测量系统的扩展不确定度($k=2$)不大于0.4℃;传感器的热时间常数:20 s~40 s。

4.2 相对湿度测量仪器

采用干湿球温度计或由其他传感器组成的湿度测量系统,湿度测量系统的扩展不确定度($k=2$)不大于被测湿度允许偏差的1/3。

4.3 风速测量仪器

采用各种风速仪，其感应量不大于 0.05 m/s。

5 检定条件

5.1 试验设备在周期检定时的气候条件、电源条件、用水条件和其他条件应符合 GB/T 5170.1—1995 第 4 章的规定。

5.2 受检试验设备的外观和安全要求应符合 GB/T 5170.1—1995 第 8 章的规定。

6 测量点数量及位置

6.1 将试验设备的工作空间分为上、中、下三层，将一定数量的温度、相对湿度、风速传感器布放在其中规定的位置上，传感器应避免冷热源的直接辐射。

温度测量点用英文字母 O、A、B、C、D、E、F、G、H、J、K、L、M、N、U 表示。

相对湿度测量点用英文字母 O_h、D_h、H_h、L_h 表示。

风速测量点数量及布放位置与温度测量点完全相同。

测量点 O 和 O_h 为试验设备工作空间的几何中心点(以下简称中心点)，其他测量点的位置与试验设备内壁的距离为工作室各自边长(圆形试验设备为工作室直径)的 1/10(遇有风道时，是指与送风口、回风口的距离)，但最大距离不能大于 500 mm，最小距离不能小于 50 mm。如果试验设备带有样品架或样品车时，下层测量点可布放在底层样品架或样品车上方 10 mm 处。

6.2 试验设备的工作容积小于或等于 2 m³ 时，温度测试点为 9 个，相对湿度测试点为 3 个，布放位置如图 1 所示。

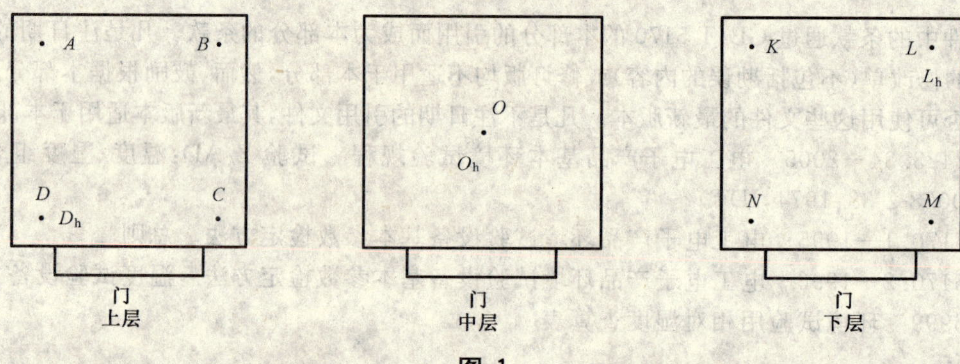

图 1

6.3 试验设备的工作容积大于 2 m³ 时，温度测试点为 15 个，相对湿度测试点为 4 个，布放位置如图 2 所示。

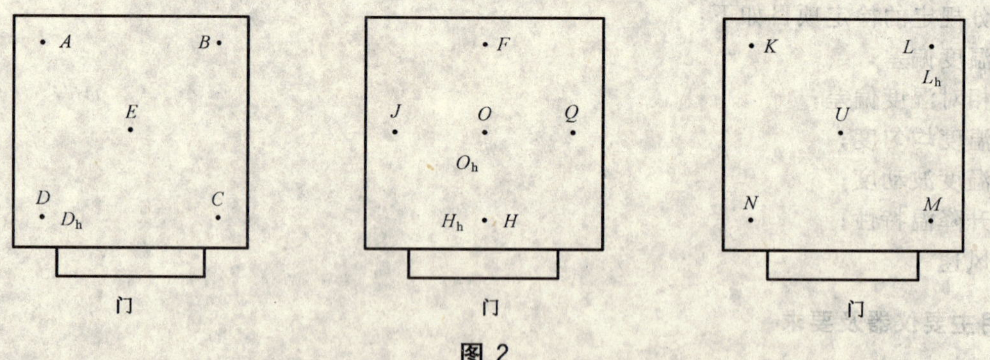

图 2

6.4 当试验设备工作容积小于 0.05 m³ 或大于 50 m³ 时，可适当减少或增加测量点。

6.5 根据试验和检定的需要，可在试验设备工作空间增加对疑点的测量。

6.6 对于其他形状的试验设备，测量点数量和位置可参照上述规定执行。

7 检定步骤

7.1 布放传感器

按本部分第6章的要求，将一定数量的传感器布放在试验设备工作空间的规定位置上，连接好测量系统。

7.2 安装负载

按GB/T 5170.1—1995第7章的规定(或按有关标准的规定)安装负载。

7.3 一箱法试验设备按GB/T 2423.34—2005图2a的规定程序和要求在温度/湿度的循环和低温分循环之间循环变化，见图3。二箱法湿热试验设备按GB/T 2423.34—2005图2b的规定程序和要求在温度/湿度分循环之间循环变化，见图4。低温部分循环则由另一低温试验设备完成。

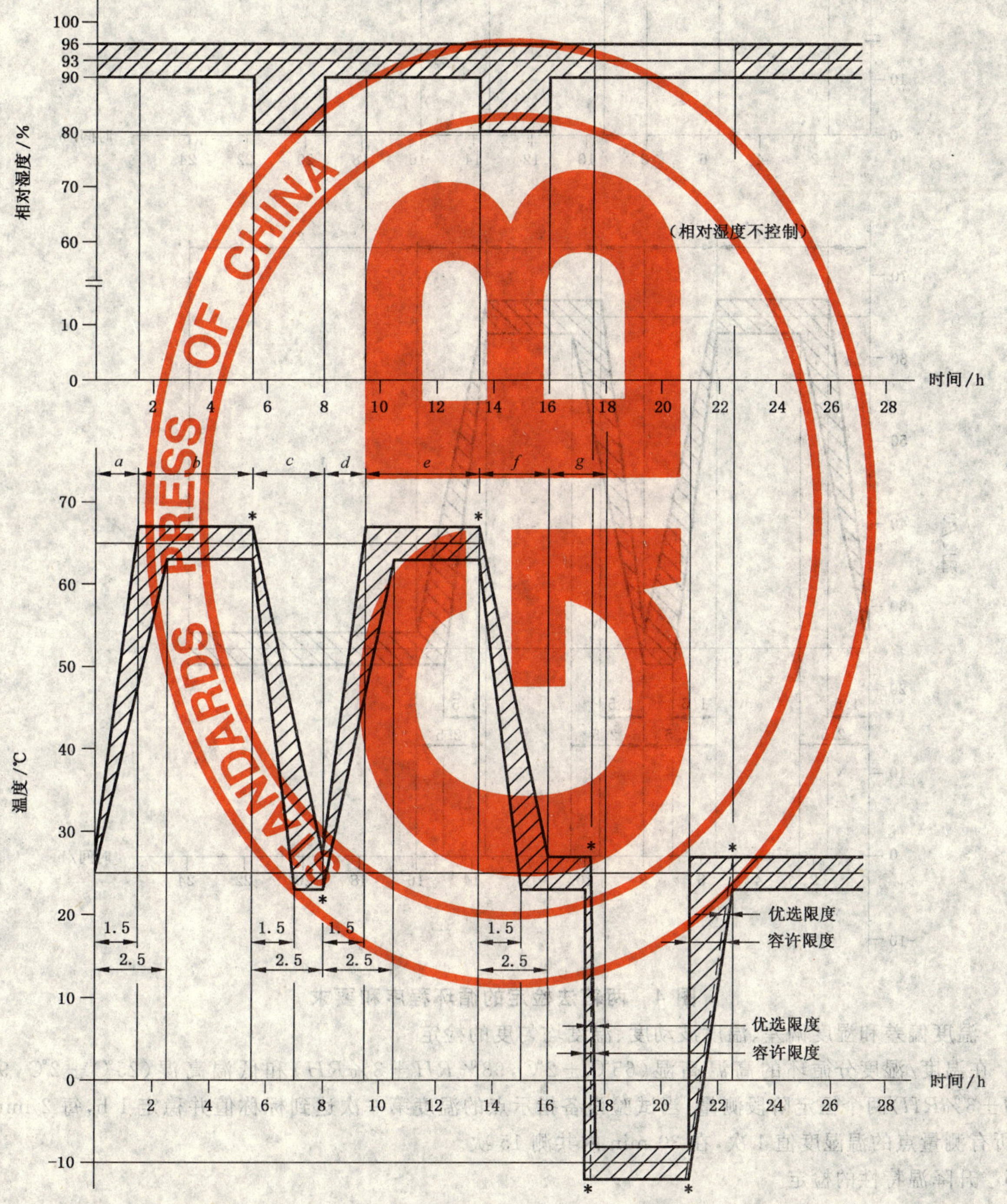

* 这些点的时间容许偏差为±5 min。

图3 一箱法检定的循环程序和要求

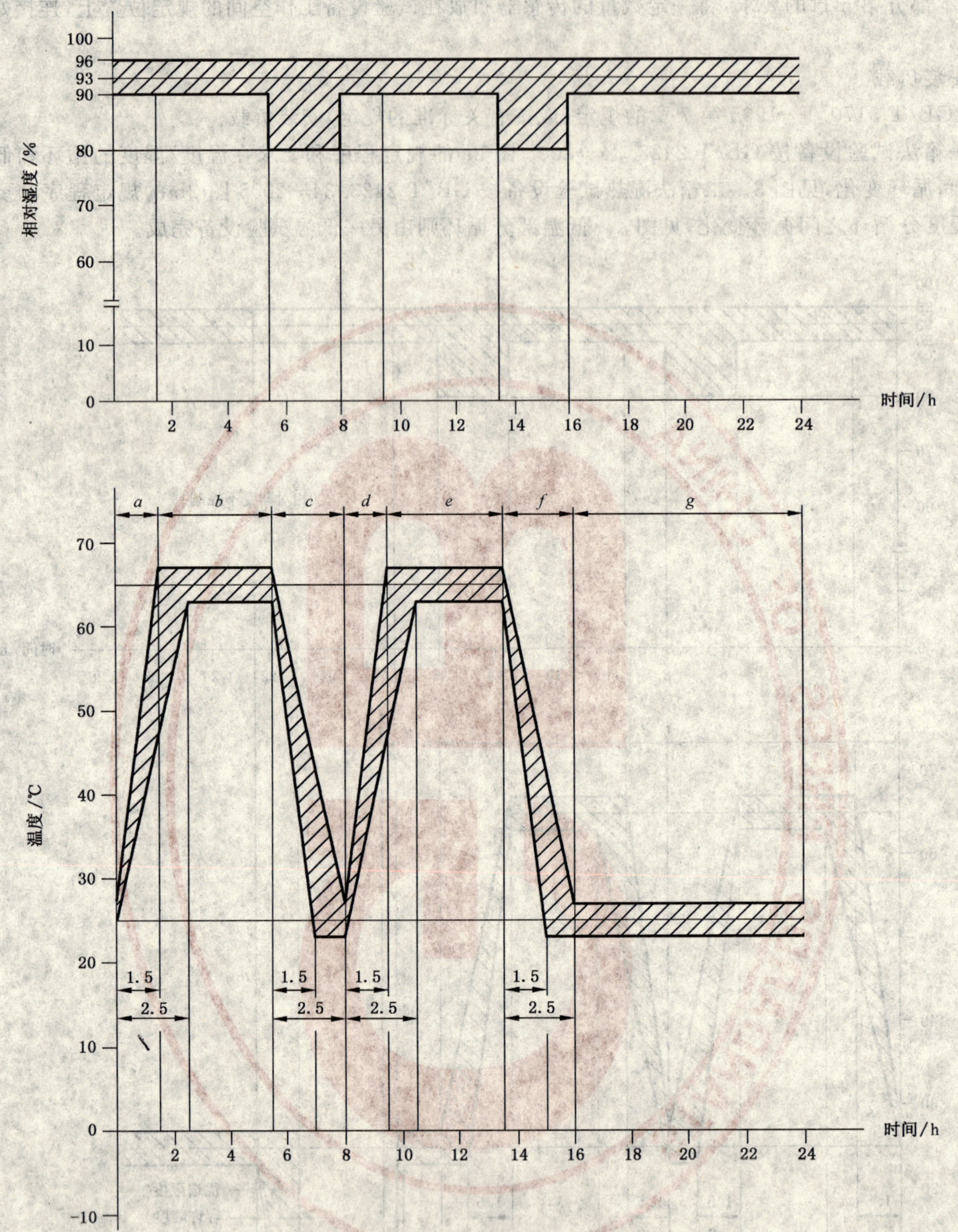

图 4 两箱法检定的循环程序和要求

7.4 温度偏差和湿度偏差、温度波动度、温度均匀度的检定

在温度/湿度分循环的高温高湿(65℃±2℃,93%*RH*±3%*RH*)和低温高湿(25℃±2℃,93%*RH*±3%*RH*)两个恒定阶段测量,当试验设备指示点的温度第一次达到标称值并稳定 1 h,每 2 min 测量所有测量点的温湿度值 1 次,在 30 min 内共测 15 次。

7.5 升降温特性的检定

在温度/湿度循环的升降温阶段,每 5 min 测量一次工作空间指示点的温、湿度值。

7.6 温度偏差(仅适用于一箱法)的检定

在低温分循环的低温(−10℃±2℃)恒定阶段测量,当试验设备指示点的温度第一次达到标称值并稳定 1 h 后,每 2 min 测量所有测量点的温度值 1 次,在 30 min 内共测 15 次。

7.7 升降温特性(仅适用于一箱法)的检定

在低温分循环的升降温阶段,每 5 min 测量一次工作空间指示点的温度值。

7.8 风速检定步骤

7.8.1 本测量在空载和室温条件下进行。

7.8.2 将风速计的探头置于各测量点,沿任意方向测量每点的风速,取其最大值作为该测量点的风速。

8 数据处理与检定结果

8.1 数据处理

8.1.1 数据修正

对所记录的全部测量数据,按测量系统的修正值进行修正。按 GB/T 6999 计算相对湿度值。

8.1.2 温度偏差计算方法

试验设备在稳定状态下,工作空间各测量点的实测最高温度和实测最低温度与标称温度的上下偏差,即为试验设备在该标称温度下的温度偏差。计算公式如下:

$$\Delta T_{max} = T_{max} - T_N \quad\cdots\cdots(1)$$

$$\Delta T_{min} = T_{min} - T_N \quad\cdots\cdots(2)$$

式中:

ΔT_{max}——温度上偏差,单位为摄氏度(℃);

ΔT_{min}——温度下偏差,单位为摄氏度(℃);

T_{max}——各测量点在 30 min 内的实测最高温度值,单位为摄氏度(℃);

T_{min}——各测量点在 30 min 内的实测最低温度值,单位为摄氏度(℃);

T_N——标称温度值,单位为摄氏度(℃)。

8.1.3 温度波动度计算方法

试验设备在稳定状态下,工作空间内任意一点的温度随时间的变化量,即为试验设备在该标称温度下的温度波动度。温度波动度的检定与温度偏差同时进行。计算公式如下:

$$\Delta T_f = \pm(T_{fmax} - T_{fmin})/2 \quad\cdots\cdots(3)$$

式中:

ΔT_f——温度波动度,单位为摄氏度(℃);

T_{fmax}——试验设备指示点在 30 min 内的实测最高温度值,单位为摄氏度(℃);

T_{fmin}——试验设备指示点在 30 min 内的实测最低温度值,单位为摄氏度(℃)。

8.1.4 温度均匀度计算方法

试验设备在稳定状态下,工作空间在某一瞬时值各测量点温度间的差值,即为试验设备在该标称温度下的温度均匀度。温度均匀度的检定与温度偏差同时进行。计算公式如下:

$$\Delta T_u = \left[\sum_{j=1}^{15}(T_{jmax} - T_{jmin})\right]/15 \quad\cdots\cdots(4)$$

式中:

ΔT_u——温度均匀度,单位为摄氏度(℃);

T_{jmax}——各测量点在第 j 次测量中的实测最高温度值,单位为摄氏度(℃);

T_{jmin}——各测量点在第 j 次测量中的实测最低温度值,单位为摄氏度(℃)。

8.1.5 相对湿度偏差计算方法

试验设备在稳定状态下,工作空间指示点的实测最高湿度和实测最低湿度与标称湿度的上下偏差,即为试验设备在该标称湿度下的湿度偏差。计算公式如下:

$$\Delta H_{max} = H_{max_i} - H_N \quad\cdots\cdots(5)$$

$$\Delta H_{min} = H_{min} - H_N \quad\cdots\cdots(6)$$

式中：

ΔH_{max}——相对湿度上偏差，$\%RH$；

ΔH_{min}——相对湿度下偏差，$\%RH$；

H_{max}——指示点在 30 min 内的实测最高湿度值，$\%RH$；

H_{min}——指示点在 30 min 内的实测最低湿度值，$\%RH$；

H_N——标称湿度值。

8.1.6 温度变化速率计算方法

试验设备在升降温阶段，温度变化速率计算公式如下：

$$\bar{V}_T = |\Delta T|/5 \quad\cdots\cdots(7)$$

式中：

$\bar{V}_T$——温度变化速率，单位为摄氏度每分钟(℃/min)；

ΔT——每 5 min 的温度变化量，单位为摄氏度(℃)。

8.1.7 相对湿度在温度变化范围的计算方法

根据本部分第 7.5 条测量的最高相对湿度和最低相对湿度，计算出试验设备在升降温阶段的相对湿度变化范围。

8.1.8 风速计算方法

风速计算公式如下：

$$\bar{v} = \sum_{i=1}^{n} v_i/n \quad\cdots\cdots(8)$$

式中：

$\bar{v}$——试验设备工作空间内的平均风速，单位为米每秒(m/s)；

v_i——各测量点的风速，单位为米每秒(m/s)；

n——测量点数。

8.1.9 数据处理结果

上述各项数据处理结果应符合 GB/T 2423.34—2005 温度、相对湿度、升降温特性、风速等有关的要求。

8.2 检定过程中的处理

8.2.1 试验设备环境参数场的调整

在检定过程中，如果发现工作空间环境参数上下偏差超出允许偏差值时，应对试验设备环境参数场进行调整。

8.2.2 试验设备环境参数指示仪表的修正值一般不应超过环境参数允许偏差值，并且应在检定报告中注明。

8.3 检定结果

8.3.1 检定合格的试验设备应发给“检定证书”。

8.3.2 检定不合格的试验设备应发给“检定结果通知书”。

8.3.3 当受检试验设备的个别测量点和个别参数的检定结果不能满足技术指标的要求时，允许适当缩小试验设备的工作空间或检定参数范围，在缩小后的工作空间或相应的参数范围内，应满足全部技术指标要求，检定结果为限用，发给“检定证书”，同时注明限用范围。

附 录 A
（规范性附录）
干湿表法测量相对湿度

A.1 干湿表法测量相对湿度的方法

a) 由二支型号相同，准确度相等的感温元件组成，二支感温元件之间的距离约 25 mm；

b) 湿球纱布采用气象用湿球纱布，长约 100 mm。湿球用水是蒸馏水或去离子水；

c) 水杯带盖并盛满蒸馏水或去离子水，水杯中水面到湿球底部的距离约为 30 mm；

d) 湿球感温元件包扎纱布时，先把手洗净，再用清洁水将湿球感温元件洗净，然后用纱布上的纱线把纱布服帖无皱折地包圈在湿球感温元件上，但重叠部分不要超过湿球圆周的 1/4。不要扎得过紧，以免影响吸水，并剪掉多余的纱线；

e) 湿球纱布应保持清洁、柔软和湿润，一般每周更换一次；

f) 读出干湿球温度表的差值，利用此差值在相应的湿度查算表中对应干球温度表读数查出相对湿度值；

g) 相对湿度查算表根据试验设备工作空间内各点的风速而确定。风速的测量是按以下方法而测定。

A.2 风速的测量

a) 测量点数量及布放位置与相对湿度测量点相同。

b) 将风速计的探头置于各测量点，沿任意方向测量每点的风速，取其最大值作为该测量点的风速。

ICS 19.040
K 04

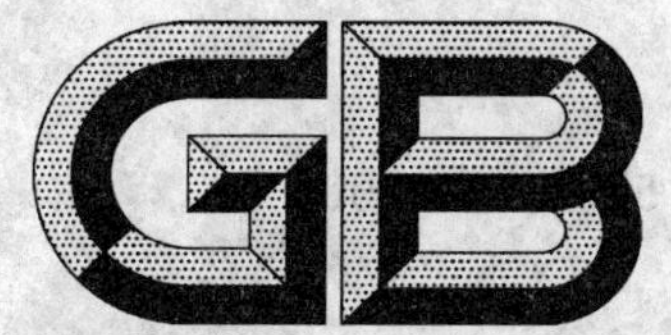

中华人民共和国国家标准

GB/T 5170.19—2005
代替 GB/T 5170.19—1989

电工电子产品环境试验设备 基本参数检定方法 温度/振动(正弦)综合试验设备

Inspection methods for basic parameters of environmental testing equipments for electric and electronic products—Combined temperature/vibration(sinusoidal) testing equipments

2005-08-26 发布　　2006-04-01 实施

中华人民共和国国家质量监督检验检疫总局
中国国家标准化管理委员会　发布

前言

本部分是 GB/T 5170《电工电子产品环境试验设备基本参数检定方法》的第 19 部分。

本部分代替 GB/T 5170.19—1989，与 GB/T 5170.19—1989 相比技术内容主要有如下变化：

a) 明确本部分适用于环境试验设备在使用期间的周期检定，以区别产品的型式检验、出厂检验等；

b) 增加了"规范性引用文件"一章；

c) 在"检定用主要仪器及要求"一章中，给出了仪器的扩展不确定度（$k=2$）的要求；

d) 在"检定项目"一章，增加了"频率指示偏差"；

e) 增加了"检定条件"一章；

f) 在"数据处理与检定结果"中，增加了"温度场的调整"和"试验设备仪表修正值的范围"，并且对限用的范围给予了必要的说明；

g) 删除了记录表格。

本部分由中国电器工业协会提出。

本部分由全国电工电子产品环境技术标准化技术委员会归口。

本部分起草单位：信息产业部电子第五研究所。

本部分主要起草人：谢晨浩、肖建红、赖文光。

本部分所代替标准的历次版本发布情况：

——GB/T 5170.19—1989。

电工电子产品环境试验设备
基本参数检定方法
温度/振动(正弦)综合试验设备

1 范围

1.1 本部分规定了温度/振动(正弦)综合试验设备在进行周期检定时的检定项目、检定用主要仪器及要求、检定条件、测量点数量及位置、检定步骤、数据处理及检定结果等内容。

1.2 本部分适用于对GB/T 2423.35—1986《电工电子产品基本环境试验规程 试验Z/Afc:散热和非散热试验样品的低温/振动(正弦)综合试验方法》和GB/T 2423.36—1986《电工电子产品基本环境试验规程 试验Z/BFc:散热和非散热试验样品的高温/振动(正弦)综合试验方法》所用试验设备的周期检定。

1.3 温度/振动(正弦)综合试验设备检定前,其温度箱(室)和振动台(含附加台面)应分别按GB/T 5170.2—1996和GB/T 5170.13～GB/T 5170.15—1985规定的方法进行检定。检定合格后方可进行综合检定。

本部分也适用于类似试验设备的周期检定。

2 规范性引用文件

下列文件中的条款通过GB/T 5170的本部分的引用而成为本部分的条款。凡是注日期的引用文件,其随后所有的修改单(不包括勘误的内容)或修订版均不适用于本部分,然而,鼓励根据本部分达成协议的各方研究是否可使用这些文件的最新版本。凡是不注日期的引用文件,其最新版本适用于本部分。

GB/T 2423.1—2001 电工电子产品环境试验 第2部分:试验方法 试验A:低温(idt IEC 60068-2-1:1990)

GB/T 2423.2—2001 电工电子产品环境试验 第2部分:试验方法 试验B:高温(idt IEC 60068-2-2:1974)

GB/T 2423.35—1986 电工电子产品基本环境试验规程 试验Z/AFc:散热和非散热试验样品的低温/振动(正弦)综合试验方法(idt IEC 60068-2-50:1983)

GB/T 2423.36—1986 电工电子产品基本环境试验规程 试验Z/BFc:散热和非散热试验样品的高温/振动(正弦)综合试验方法(idt IEC 60068-2-51:1983)

GB/T 5170.1—1995 电工电子产品环境试验设备基本参数检定方法 总则

GB/T 5170.2—1996 电工电子产品环境试验设备基本参数检定方法 温度试验设备

GB/T 5170.13—1985 电工电子产品环境试验设备基本参数检定方法 振动(正弦)试验用机械振动台

GB/T 5170.14—1985 电工电子产品环境试验设备基本参数检定方法 振动(正弦)试验用电动振动台

GB/T 5170.15—1985 电工电子产品环境试验设备基本参数检定方法 振动(正弦)试验用液压振动台

3 检定项目

本部分规定的检定项目如下:

——温度偏差；
——温度变化速率；
——频率指示偏差；
——振幅指示偏差；
——加速度波形失真度；
——横向振动；
——台面幅值均匀度。

4 检定用主要仪器及要求

检定用主要仪器应符合 GB/T 5170.2—1996 和 GB/T 5170.13～GB/T 5170.15—1985 的有关规定。

5 检定条件

5.1 试验设备在周期检定时的气候条件、电源条件、用水条件和其他条件应符合 GB/T 5170.1—1995 第 4 章的规定。
5.2 受检试验设备的外观和安全要求应符合 GB/T 5170.1—1995 第 8 章的规定。

6 测量点数量及位置

温度箱(室)和振动台的测量点数量及布放应符合 GB/T 5170.2—1996 和 GB/T 5170.13～GB/T 5170.15—1985 的有关规定。

7 检定步骤

7.1 布放传感器

将温度箱(室)与振动台组成综合试验设备，并按本部分第 6 章的要求，将一定数量的传感器布放在试验设备工作空间及振动台台面的规定位置上，连接好测量系统。

7.2 安装负载

检定在空载条件下进行。

7.3 检定程序图

低温/振动综合检定程序图按照图 1，高温/振动综合检定程序图按照图 2，高低温/振动综合检定程序图按照图 3。

7.4 选择温度标称值与检定频率值

7.4.1 选择温度标称值

检定温度标称值为 2 个：第一个是温度箱(室)的极限标称低温值或按 GB/T 2423.1—2001 标准中规定的具有代表性的标称温度值；第二个是温度箱(室)的极限标称高温值或按 GB/T 2423.2—2001 标准中规定的具有代表性的标称温度值。根据试验和检定的需要，亦可选取其他标称温度值。

7.4.2 选择检定频率值

检定频率值的选取应符合 GB/T 5170.13～GB/T 5170.15—1985 的有关规定。

7.5 常温下的振动检定

使试验设备工作空间内的温度保持在 15℃～35℃ 条件下，启动振动台，并按 GB/T 5170.13～GB/T 5170.15—1985 的规定对振动台的频率指示偏差、振幅指示偏差、加速度波形失真度、横向振动和台面幅值均匀度进行测量。

7.6 无振动时升降温速率与温度偏差的检定

7.6.1 把试验设备的温度控制器调节到所要求的标称温度值。

7.6.2 使试验设备降温或升温，在试验设备升降温的过程中，每 5 min 记录工作空间指示点的温度值。

7.6.3 当工作空间指示点的温度第一次达到标称温度值后稳定 1 h，然后测量试验设备工作空间的温度偏差。测量时，每 2 min 记录一次各测量点的温度，在 30 min 内共测量 15 次。

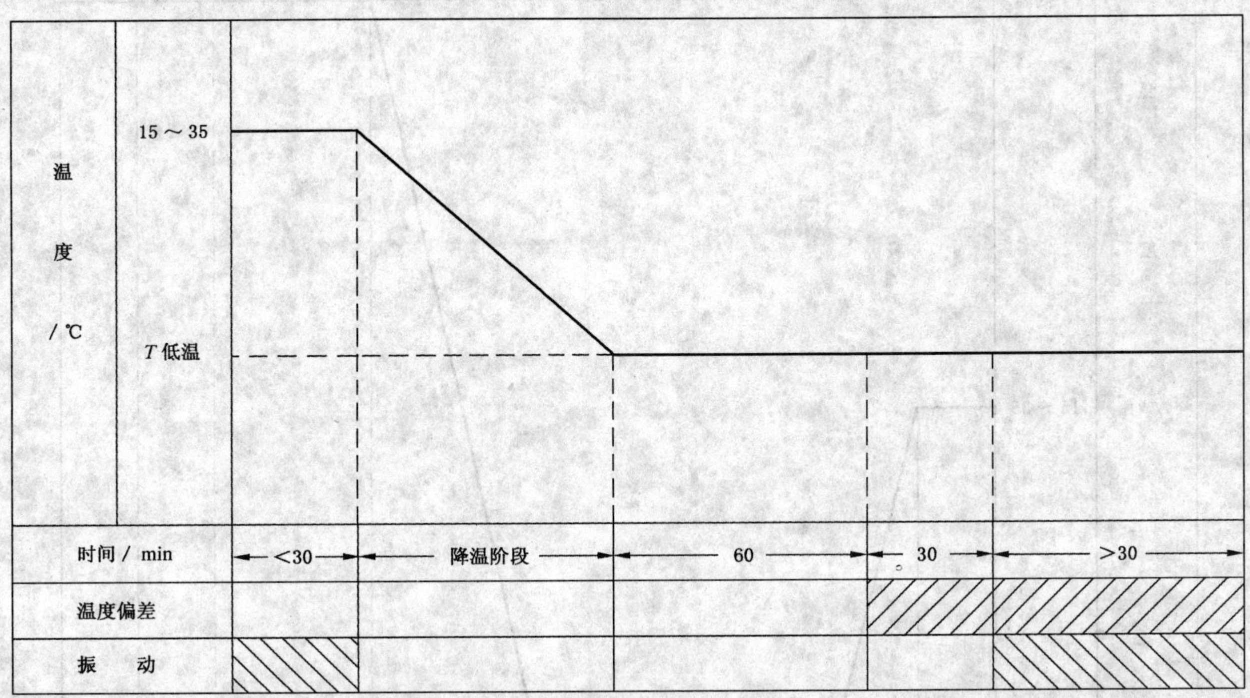

图 1 低温/振动综合检定程序图

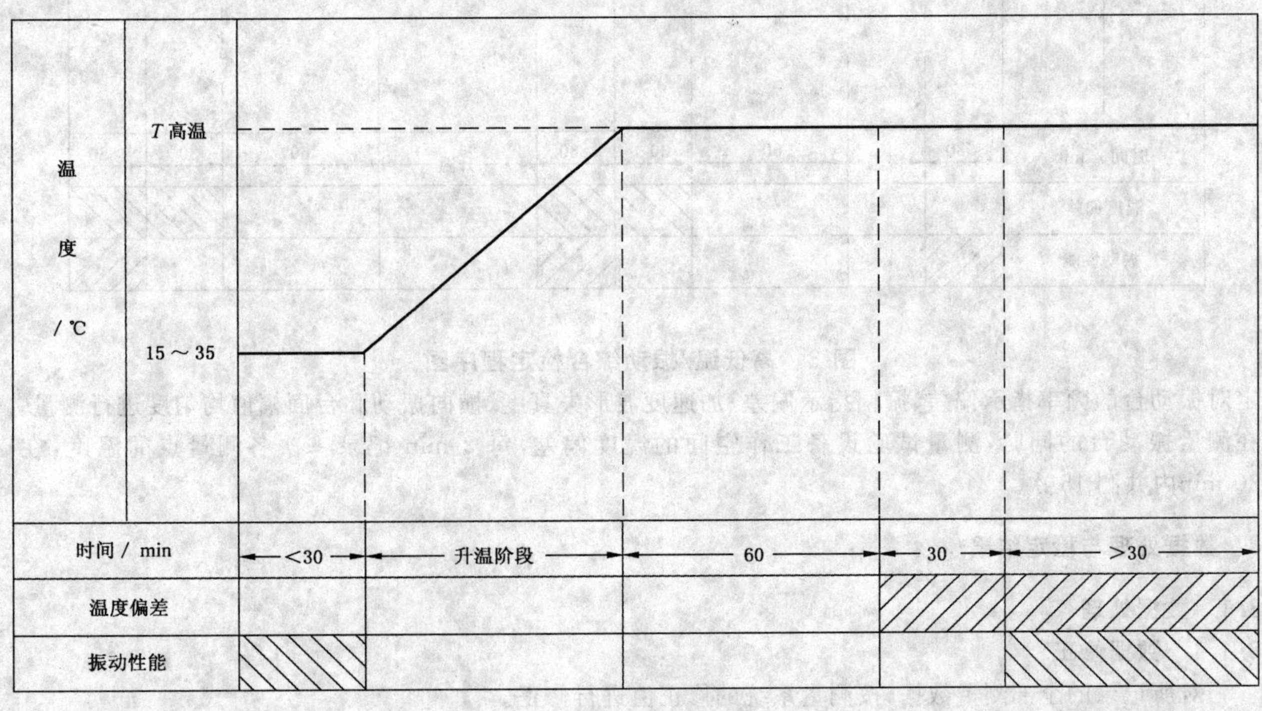

图 2 高温/振动综合检定程序图

7.7 温度、振动综合检定

在进行本部分第 7.6 条的检定后，启动振动台，并按 GB/T 5170.13～GB/T 5170.15—1985 的规

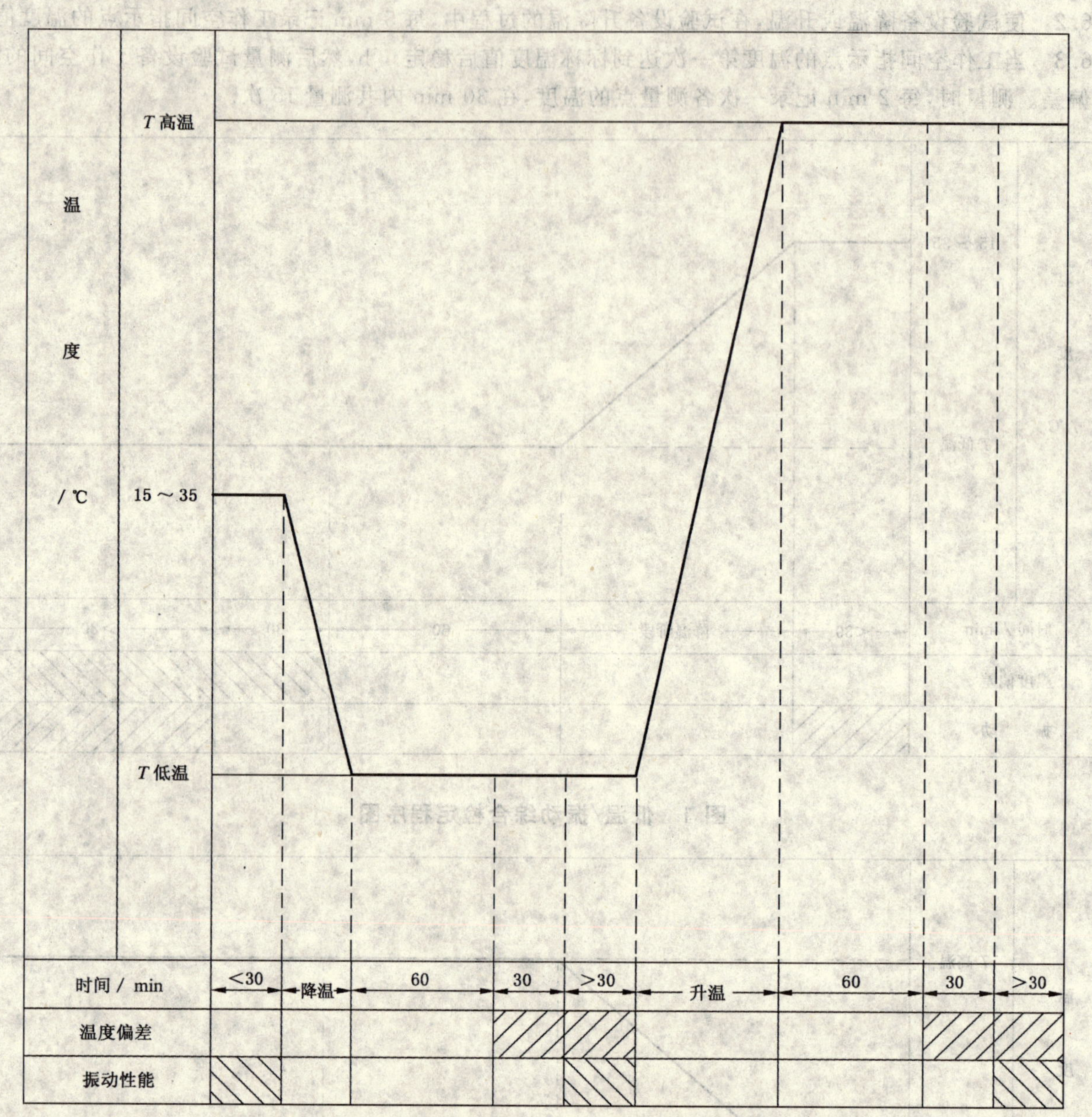

图 3　高低温/振动综合检定程序图

定对振动台的频率指示偏差、振幅指示偏差、加速度波形失真度、横向振动和台面幅值均匀度进行测量。在测量振动台的同时，测量试验设备工作空间的温度偏差，每 2 min 记录一次各测量点的温度，在 30 min内共测 15 次。

8　数据处理与检定结果

8.1　数据处理

8.1.1　数据修正

对所记录的全部测量数据，按测量系统的修正值进行修正。

8.1.2　数据计算方法

试验设备工作空间的温度偏差、温度变化速率以及振动台的频率指示偏差、振幅指示偏差、加速度波形失真度、横向振动和台面幅值均匀度等的数据处理方法符合 GB/T 5170.2—1996 和 GB/T 5170.13～GB/T 5170.15—1985 的有关规定。

8.1.3 **数据处理结果**

上述各项数据处理结果应符合 GB/T 2423.35—1986 和 GB/T 2423.36—1986 的有关要求。

8.2 检定过程中的处理

8.2.1 试验设备温度场的调整

在检定过程中,如果发现工作空间温度上下偏差超出允许偏差值,应对试验设备温度场进行调整。

8.2.2 试验设备温度指示仪表的修正值一般不应超过温度允许偏差值,并且应在检定报告中注明。

8.3 检定结果

8.3.1 检定合格的试验设备应发给"检定证书"。

8.3.2 检定不合格的试验设备应发给"检定结果通知书"。

8.3.3 当受检试验设备的个别测量点和个别参数点的检定结果不能满足技术指标的要求时,允许适当缩小试验设备的工作空间和检定参数范围,在缩小后的工作空间和相应的参数范围内,应满足全部技术指标要求,检定结果为限用,发给"检定证书",同时注明限用范围。

ICS 19.040
K 04

中华人民共和国国家标准

GB/T 5170.20—2005
代替 GB/T 5170.20—1990

电工电子产品环境试验设备 基本参数检定方法 水试验设备

Inspection methods for basic parameters of environmental testing equipments for electric and electronic products—Water testing equipments

2005-08-26 发布　　2006-04-01 实施

中华人民共和国国家质量监督检验检疫总局
中国国家标准化管理委员会　发布

前　言

本部分是 GB/T 5170《电工电子产品环境试验设备基本参数检定方法》的第 20 部分。

本部分代替 GB/T 5170.20—1990，与 GB/T 5170.20—1990 相比技术内容主要有如下变化：

a) 明确本部分适用于环境试验设备在使用期间的周期检定，以区别产品的型式检验、出厂检验等；

b) 增加了“规范性引用文件”一章；

c) 在“检定用主要仪器及要求”一章中，给出了仪器的扩展不确定度($k=2$)要求；

d) 增加了“检定条件”一章；

e) 在“数据处理与检定结果”中，给出了“降雨强度偏差、雨滴直径偏差、水压偏差”的计算公式；增加了“环境参数场的调整”和“试验设备仪表修正值的范围”，并且对限用的范围给予了必要的说明。

本部分由中国电器工业协会提出。

本部分由全国电工电子产品环境技术标准化技术委员会归口。

本部分起草单位：信息产业部电子第五研究所。

本部分主要起草人：谢晨浩、赖文光。

本部分所代替标准的历次版本发布情况：

——GB 5170.20—1990。

电工电子产品环境试验设备
基本参数检定方法
水试验设备

1 范围

1.1 本部分规定了水试验设备在进行周期检定时的检定项目、检定用主要仪器及要求、检定条件、测量点数量及位置、检定步骤、数据处理与检定结果等内容。

1.2 本部分适用于对GB/T 2423.38—2005《电工电子产品环境试验 第2部分:试验方法 试验R:水试验方法和导则》所用试验设备(以下简称设备)的周期检定。

本部分也适用于类似试验设备的周期检定。

2 规范性引用文件

下列文件中的条款通过GB/T 5170的本部分的引用而成为本部分的条款。凡是注日期的引用文件,其随后所有的修改单(不包括勘误的内容)或修订版均不适用于本部分,然而,鼓励根据本部分达成协议的各方研究是否可使用这些文件的最新版本。凡是不注日期的引用文件,其最新版本适用于本部分。

GB/T 2423.38—2005 电工电子产品环境试验 第2部分:试验方法 试验R:水试验方法和导则(IEC 60068-2-18:2000,IDT)

GB/T 5170.1—1995 电工电子产品环境试验设备基本参数检定方法 总则

3 检定项目

本部分规定的检定项目如下:

——降雨强度偏差;

——雨滴直径偏差;

——水压力偏差;

——水流量偏差。

4 检定用主要仪器及要求

4.1 降雨强度测量仪器

可采用气象用标准雨量杯,杯上应配备有可以转动的盖板,降雨强度测量仪器的扩展不确定度($k=2$)不大于降雨强度允许偏差的1/3。

4.2 雨滴直径测量仪器

可采用雨滴直径测量装置或GB/T 2423.38—2005推荐的其他仪器,雨滴直径测量仪器的扩展不确定度($k=2$)不大于雨滴直径允许偏差的1/3。

4.3 水压测量仪器

可采用标准水压表或其他类式的水压力传感器,水压测量仪器的扩展不确定度($k=2$)不大于水压允许偏差的1/3。

4.4 水流量测量仪器

可采用标准水流量表或其他类式的流量传感器,水流量测量仪器的扩展不确定度($k=2$)不大于水流量允许偏差的 1/3。

5 检定条件

5.1 设备在周期检定时的气候条件、电源条件应符合 GB/T 5170.1—1995 第 4 章的规定；用水条件应符合 GB/T 2423.38—2005 的规定。

5.2 受检设备的外观和安全要求应符合 GB/T 5170.1—1995 第 8 章的规定。

6 测量点数量及位置

6.1 Ra1 人造雨法降雨强度测量点数量及位置

将雨量杯于喷水嘴下方排成一列，以 300 mm～500 mm 的间距均匀布放，但雨量杯数量不能少于 3 个；各杯面与喷水嘴之间距离约为 2 500 mm。

6.2 Ra2 滴水箱法降雨强度测量点数量及位置

6.2.1 滴水箱底部面积小于或等于 2 m^2 时，降雨强度测量点为 5 个。除中心测量点 3 外，其他测量点的位置与滴水箱滴水面积外延的距离为各自边长的 1/10，但最大距离不能大于 500 mm，最小距离不能小于 150 mm。布放位置如图 1 所示。

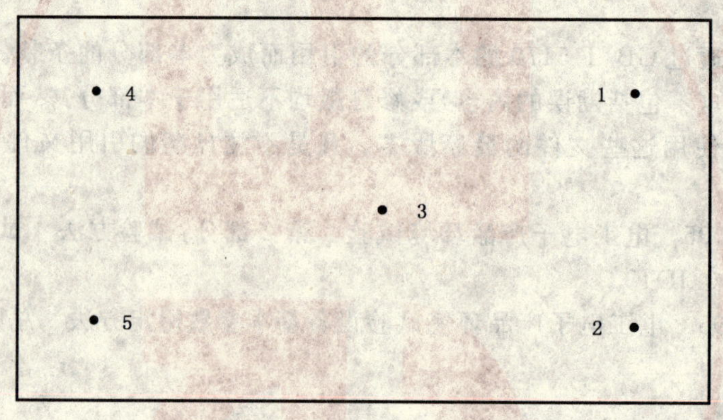

图 1

6.2.2 滴水箱底部面积大于 2 m^2 时，降雨强度测量点为 9 个。除中心测量点 5 外，其他测量点的位置与滴水箱滴水面积外延的距离为各自边长的 1/10，但最大距离不能大于 500 mm，最小距离不能小于 170 mm。布放位置如图 2 所示。

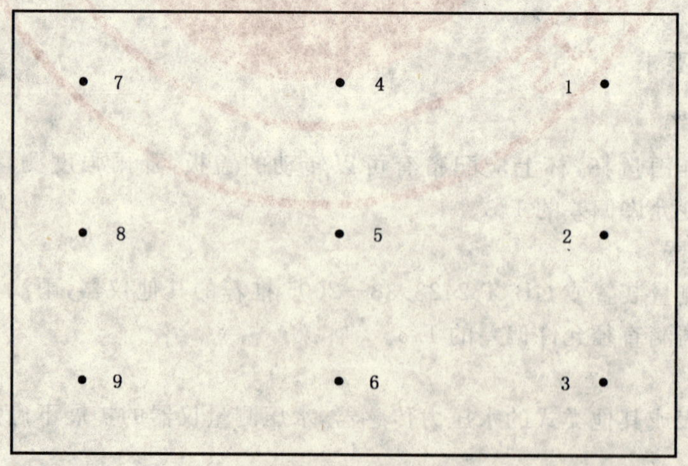

图 2

6.2.3 当滴水箱底部面积大于 10 m^2 时，可适当增加测量点。

6.2.4 根据试验和检定的需要，可在设备工作面增加对疑点的测量。

6.2.5 雨量杯布置于测量点上，杯面离试验水箱滴嘴 200 mm～2 000 mm。

7 检定步骤

7.1 Ra1 人造雨法降雨强度和雨滴直径检定

7.1.1 降雨强度偏差检定

7.1.1.1 按本部分第 6 章的要求，将雨量杯布放在规定的位置。

7.1.1.2 选择检定降雨强度标称值

在试验设备降雨强度可调范围内，一般选取 GB/T 2423.38—2005 标准中规定的具有代表性的降雨强度标称值。根据试验和检定的需要，亦可选取其他降雨强度标称值。

7.1.1.3 把试验设备的降雨强度调节到所要求的标称降雨强度值。

7.1.1.4 在滴水嘴开始滴雨前，雨量杯的盖板盖好，待滴雨稳定 5 min 后，立即将各杯盖依次打开收集雨滴，收集 5 min 后，立即将各杯盖依次盖好，取出雨量杯，将收集到的雨水倒入量筒测出体积；如果是标准雨量杯，可分别直接记录，再把标准雨量杯里的水倒掉。再将盖好盖板的雨量杯放置在原来的位置，重复前面的步骤，每次间隔 10 min，共测 3 次。

7.1.2 雨滴直径偏差检定

雨滴直径的检定与降雨强度的检定同时进行。可直接采用雨滴直径测量装置来进行检定，检定次数为 3 次。

7.2 Ra2 滴水箱法降雨强度偏差检定

7.2.1 按本部分第 6 章的要求，将一定数量的雨量杯布放在规定的位置。

7.2.2 见 7.1.1.2～7.1.1.4 的规定。

7.3 Rb1 高强度滴水强度偏差检定

7.3.1 见 7.1.1.1～7.1.1.4 的规定。

7.4 Rb2.1 摆动管法水流量和水压力检定

7.4.1 测量点为摆动管进口处水流量和水压指示点。

7.4.2 将流量计连接到摆动管的进口处，将压力计连接到摆动管的压力取样口。

7.4.3 将喷嘴的压力调到(80～100) kPa[(0.8～1.0)bar]，记录下压力计的压力值及摆动管的压力表示值，记录下流量计的水流量值。然后将喷嘴的压力调到 70 kPa(0.7 bar)以下，再将喷嘴的压力调到(80～100) kPa[(0.8～1.0)bar]，记录下压力计的压力值及摆动管的压力表示值，记录下流量计的水流量值。重复测量 3 次。

7.5 Rb2.2 手持洒水器法水流量和水压力检定

见 7.4.1～7.4.3 的规定。

7.6 Rb3 软管法水流量和水压力检定

见 7.4.1～7.4.3 的规定。

7.7 Rc1 水箱法的检定

水箱法试验设备的检定项目为水箱容器的几何尺寸，要求水箱容器有固定试验样品的装置，且能够将试验样品保持在一定的深度。

7.8 Rc2 加压水箱法水压力偏差检定

7.8.1 测量点为加压水箱的水压指示点。

7.8.2 选择检定压力标称值

在加压水箱的水压可调范围内，一般选取 GB/T 2423.38—2005 标准中规定的具有代表性的压力标称值，根据试验和检定的需要，亦可选取其他压力标称值。

7.8.3 在测量前关闭加压水箱密封盖和所有密封部位。

7.8.4 把加压水箱的压力控制器调节到所要求的标称压力值，并开始加压。在压力升至标称压力值并稳定 30 min 后，每 2 min 测量一次，共测 15 次。

8 数据处理与检定结果

8.1 数据处理

8.1.1 数据修正

对所记录的全部测量数据，按测量系统的修正值进行修正。

8.1.2 降雨强度计算方法

采用雨量杯测量降雨强度时，任一量杯的降雨强度按下式计算：

$$R = 6\,V/(At) \qquad \cdots\cdots(1)$$

式中：

R——降雨强度，单位为毫米每小时(mm/h)；

V——取样体积，单位为立方厘米(cm^3)；

A——杯子面积，单位为平方厘米(dm^2)；

t——取样时间，单位为分钟(min)。

平均降雨强度计算公式如下：

$$\overline{R} = \sum_{i=1}^{3} R_i/3 \qquad \cdots\cdots(2)$$

式中：

$\overline{R}$——降雨强度，单位为毫米每小时(mm/h)；

R_i——各次降雨强度，单位为毫米每小时(mm/h)。

8.1.3 雨滴直径计算方法

平均雨滴直径计算公式如下：

$$\overline{D} = \sum_{i=1}^{3} D_i/3 \qquad \cdots\cdots(3)$$

式中：

$\overline{D}$——雨滴直径，单位为毫米(mm)；

D_i——各次雨滴直径测量值，单位为毫米(mm)。

8.1.4 水压偏差计算方法

加压水箱在稳定状态下，水压指示点的实测最高水压值和实测最低水压值与标称水压值的上下偏差，即为设备在该标称压力下的水压偏差。计算公式如下：

$$\Delta P_{max} = P_{max} - P_N \qquad \cdots\cdots(4)$$

$$\Delta P_{min} = P_{min} - P_N \qquad \cdots\cdots(5)$$

式中：

ΔP_{max}——水压上偏差，单位为千帕(kPa)；

ΔP_{min}——水压下偏差，单位为千帕(kPa)；

P_{max}——指示点在 30 min 内的实测最高压力值，单位为千帕(kPa)；

P_{min}——指示点在 30 min 内的实测最低压力值，单位为千帕(kPa)；

P_N——标称压力值，单位为千帕(kPa)。

8.1.5 数据处理结果

上述各项数据处理结果应符合 GB/T 2423.38—2005 的有关要求。

8.2 检定过程中的处理

8.2.1 试验设备环境参数场的调整

在检定过程中，如果发现工作空间环境参数上下偏差超出允许偏差值时，应对试验设备环境参数场进行调整。

8.2.2 试验设备环境参数指示仪表的修正值一般不应超过环境参数允许偏差值，并且应在检定报告中注明。

8.3 检定结果

8.3.1 检定合格的试验设备应发给“检定证书”。

8.3.2 检定不合格的试验设备应发给“检定结果通知书”。

8.3.3 当受检试验设备的个别测量点的检定结果不能满足技术指标的要求时，允许适当缩小试验设备的工作空间，在缩小后的工作空间范围内，应满足全部技术指标要求，检定结果为限用，发给“检定证书”，同时注明限用范围。

ICS 53.060
J 83

中华人民共和国国家标准

GB/T 5183—2005
代替 GB/T 5183—1985

叉车　货叉　尺寸

Fork lift trucks—Fork arms—Dimensions

2005-10-24 发布　　2006-05-01 实施

中华人民共和国国家质量监督检验检疫总局
中国国家标准化管理委员会　发布

前　言

本标准代替 GB/T 5183—1985《叉车　货叉的尺寸》。

本标准与 GB/T 5183—1985 相比主要变化如下：

——增加了标准的前言；

——增加了“规范性引用文件”一章；

——按照 GB/T 1.1—2000《标准化工作导则　第 1 部分：标准的结构和编写规则》的要求，进行了编排格式上的修改（如简化了正文首页格式等）；

——删除了原标准中的“3.3 基本尺寸”。

本标准由中国机械工业联合会提出。

本标准由北京起重运输机械研究所归口。

本标准起草单位：北京起重运输机械研究所。

本标准主要起草人：赵春晖。

本标准于 1985 年 5 月 11 日首次发布。

本标准第一次修订。

叉车　货叉　尺寸

1　范围

本标准对 GB/T 5184 中所给出的挂钩型货叉，规定了横截面和货叉水平段长度的推荐尺寸。

2　规范性引用文件

下列文件中的条款通过本标准的引用而成为本标准的条款。凡是注日期的引用文件，其随后所有的修改单(不包括勘误的内容)或修订版均不适用于本标准，然而，鼓励根据本标准达成协议的各方研究是否可使用这些文件的最新版本。凡是不注日期的引用文件，其最新版本适用于本标准。

GB/T 5182　叉车　货叉　技术要求和试验(GB/T 5182—1996，idt ISO 2330:1995)

GB/T 5184—1996　叉车　挂钩型货叉和货叉架　安装尺寸(idt ISO 2328:1993)

3　尺寸

图 1　挂钩型货叉

3.1　宽度和厚度

只要有可能，都应从表 1、表 2 推荐的系列尺寸中，选取货叉的宽度 b 和厚度 a(见图 1)，并使整个货叉符合 GB/T 5182 的要求。

表 1　　单位为毫米

宽度 b	80	100	120	130	140	150	160	180	200

表 2　　单位为毫米

厚度 a	25	30	35	40	45	50	60	70	80	90

3.2 横截面

表 3 给出了推荐的横截面尺寸。

表 3

单位为毫米

a	b								
	80	100	120	130	140	150	160	180	200
25	×								
30	×	×							
35		×	×	×					
40		×	×	×	×				
45			×	×	×	×	×		
50			×	×	×	×	×	×	
60					×	×	×	×	×
70							×	×	×
80								×	×
90									×
注：×为推荐的横截面尺寸。									

3.3 其他详细尺寸

挂钩尺寸和挂钩在货叉垂直段上的位置，见 GB/T 5184 中的规定。

ICS 25.160.10
J 33

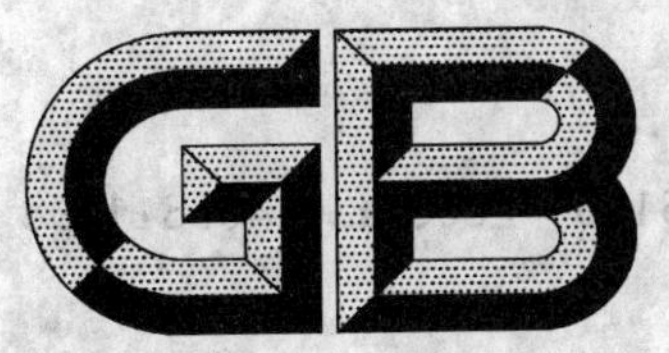

中华人民共和国国家标准

GB/T 5185—2005/ISO 4063:1998
代替 GB/T 5185—1985

焊接及相关工艺方法代号

Welding and allied processes—Nomenclature of processes and reference numbers

(ISO 4063:1998,IDT)

2005-08-10 发布　　2006-04-01 实施

中华人民共和国国家质量监督检验检疫总局
中国国家标准化管理委员会　发布

前言

本标准等同采用ISO 4063:1998《焊接及相关工艺方法　焊接方法名称和代号》(英文版)。

为了保证标准的协调性和可操作性,本标准在等同转化国际标准时做了必要的编辑性改动。

与ISO 4063标准相比,本标准在内容方面主要有如下变化:

——直接采用了GB/T 3375《焊接术语》的定义;

——在正常的标注方法基础上,增加了代号的简化标注方法和示例。

本标准是对GB/T 5185—1985《金属焊接及钎焊方法在图样上的表示代号》的修订,与GB/T 5185—1985相比,主要有两方面变化:

——增加了新型的焊接方法;

——删除了一些陈旧、落后的焊接方法代号。

本标准自实施之日起代替GB/T 5185—1985。

本标准的附录A为资料性附录。

本标准由中国机械工业联合会提出。

本标准由全国焊接标准化技术委员会归口。

本标准负责起草单位:哈尔滨焊接研究所。

本标准主要起草人:朴东光。

本标准于1985年首次制定,本次系首次修订。

焊接及相关工艺方法代号

1 范围

本标准规定了焊接及相关工艺方法代号。

本标准规定的这种代号体系可用于计算机、图样、工作文件和焊接工艺规程等。

2 规范性引用文件

下列文件中的条款通过本标准的引用而成为本标准的条款。凡是注日期的引用文件，其随后所有的修改单(不包括勘误的内容)或修订版均不适用于本标准，然而，鼓励根据本标准达成协议的各方研究是否可使用这些文件的最新版本。凡是不注日期的引用文件，其最新版本适用于本标准。

GB/T 3375　焊接术语

3 标注方法

本标准所涉及的焊接及相关工艺方法，其定义按照 GB/T 3375 标准的相关规定。

需要对某种工艺方法做完整的标注时，应采用完整的标注方法，即"工艺方法＋标准编号＋工艺方法代号"。如"摩擦焊方法"可采用如下方法：

工艺方法　GB/T 5185—42

在不会产生误解的情况下，一般可以采用简化的方法，即仅标注代号。如"摩擦焊方法"可采用"42"表示。

4 焊接及相关工艺方法代号

每种工艺方法可通过代号加以识别。焊接及相关工艺方法一般采用三位数代号表示。其中，一位数代号表示工艺方法大类，二位数代号表示工艺方法分类，而三位数代号表示某种工艺方法。

焊接及相关工艺方法代号如下：

1　电弧焊

101　金属电弧焊

11　无气体保护的电弧焊
111　焊条电弧焊
112　重力焊
114　自保护药芯焊丝电弧焊

12　埋弧焊
121　单丝埋弧焊
122　带极埋弧焊
123　多丝埋弧焊
124　添加金属粉末的埋弧焊
125　药芯焊丝埋弧焊

13　熔化极气体保护电弧焊
131　熔化极惰性气体保护电弧焊(MIG)
135　熔化极非惰性气体保护电弧焊(MAG)
136　非惰性气体保护的药芯焊丝电弧焊
137　惰性气体保护的药芯焊丝电弧焊

14　非熔化极气体保护电弧焊
141　钨极惰性气体保护电弧焊(TIG)

15　等离子弧焊
151　等离子 MIG 焊
152　等离子粉末堆焊

18　其他电弧焊方法
185　磁激弧对焊

2 电阻焊

21 点焊
211 单面点焊
212 双面点焊

22 缝焊
221 搭接缝焊
222 压平缝焊
225 薄膜对接缝焊
226 加带缝焊

23 凸焊
231 单面凸焊
232 双面凸焊

24 闪光焊
241 预热闪光焊
242 无预热闪光焊

25 电阻对焊

29 其他电阻焊方法
291 高频电阻焊

3 气焊

31 氧燃气焊
311 氧乙炔焊
312 氧丙烷焊
313 氢氧焊

4 压力焊

41 超声波焊
42 摩擦焊
44 高机械能焊
441 爆炸焊
45 扩散焊
47 气压焊
48 冷压焊

5 高能束焊

51 电子束焊
511 真空电子束焊
512 非真空电子束焊

52 激光焊
521 固体激光焊
522 气体激光焊

7 其他焊接方法

71 铝热焊
72 电渣焊
73 气电立焊

74 感应焊
741 感应对焊
742 感应缝焊

75 光辐射焊
753 红外线焊

77 冲击电阻焊

78 螺柱焊
782 电阻螺柱焊
783 带瓷箍或保护气体的电弧螺柱焊
784 短路电弧螺柱焊
785 电容放电螺柱焊
786 带点火嘴的电容放电螺柱焊
787 带易熔颈箍的电弧螺柱焊
788 摩擦螺柱焊

8 切割和气刨

81 火焰切割

82 电弧切割
821 空气电弧切割
822 氧电弧切割

83 等离子弧切割
84 激光切割
86 火焰气刨

87 电弧气刨
871 空气电弧气刨
872 氧电弧气刨

88 等离子气刨

9 硬钎焊、软钎焊及钎接焊

91 硬钎焊
911 红外线硬纤焊
912 火焰硬钎焊
913 炉中硬钎焊
914 浸渍硬钎焊
915 盐浴硬钎焊
916 感应硬钎焊
918 电阻硬钎焊
919 扩散硬钎焊
924 真空硬钎焊

93 其他硬钎焊

94 软钎焊

941 红外线软钎焊
942 火焰软钎焊
943 炉中软钎焊
944 浸渍软钎焊
945 盐浴软钎焊
946 感应软钎焊
947 超声波软钎焊
948 电阻软钎焊
949 扩散软钎焊

951 波峰软钎焊
952 烙铁软钎焊
954 真空软钎焊
956 拖焊

96 其他软钎焊

97 钎接焊
971 气体钎接焊
972 电弧钎接焊

附 录 A
（资料性附录）
其他焊接方法

本附录给出了一些在旧标准(GB/T 5185—1985)中规定的焊接方法代号。这些焊接方法由于在技术上比较陈旧、落后，在标准更新时被删除了。但这些焊接方法仍可能用于某些特定场合，或者出现在以前的各种文件中。

这些焊接方法代号如下：

113 光焊丝电弧焊
115 涂层焊丝电弧焊
118 躺焊
149 原子氢焊
181 碳弧焊
32 空气燃气焊
321 空气乙炔焊
322 空气丙烷焊
43 锻焊
752 弧光光束焊
781 电弧螺柱焊
917 超声波硬钎焊
923 摩擦硬钎焊
953 刮擦软钎焊

ICS 77.140.15
H 49

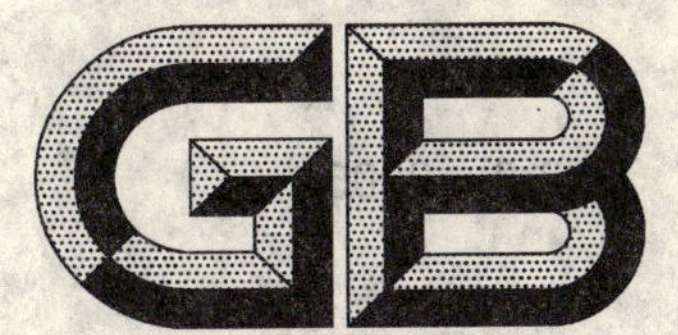

中华人民共和国国家标准

GB/T 5223.3—2005
代替 GB 4463—1984

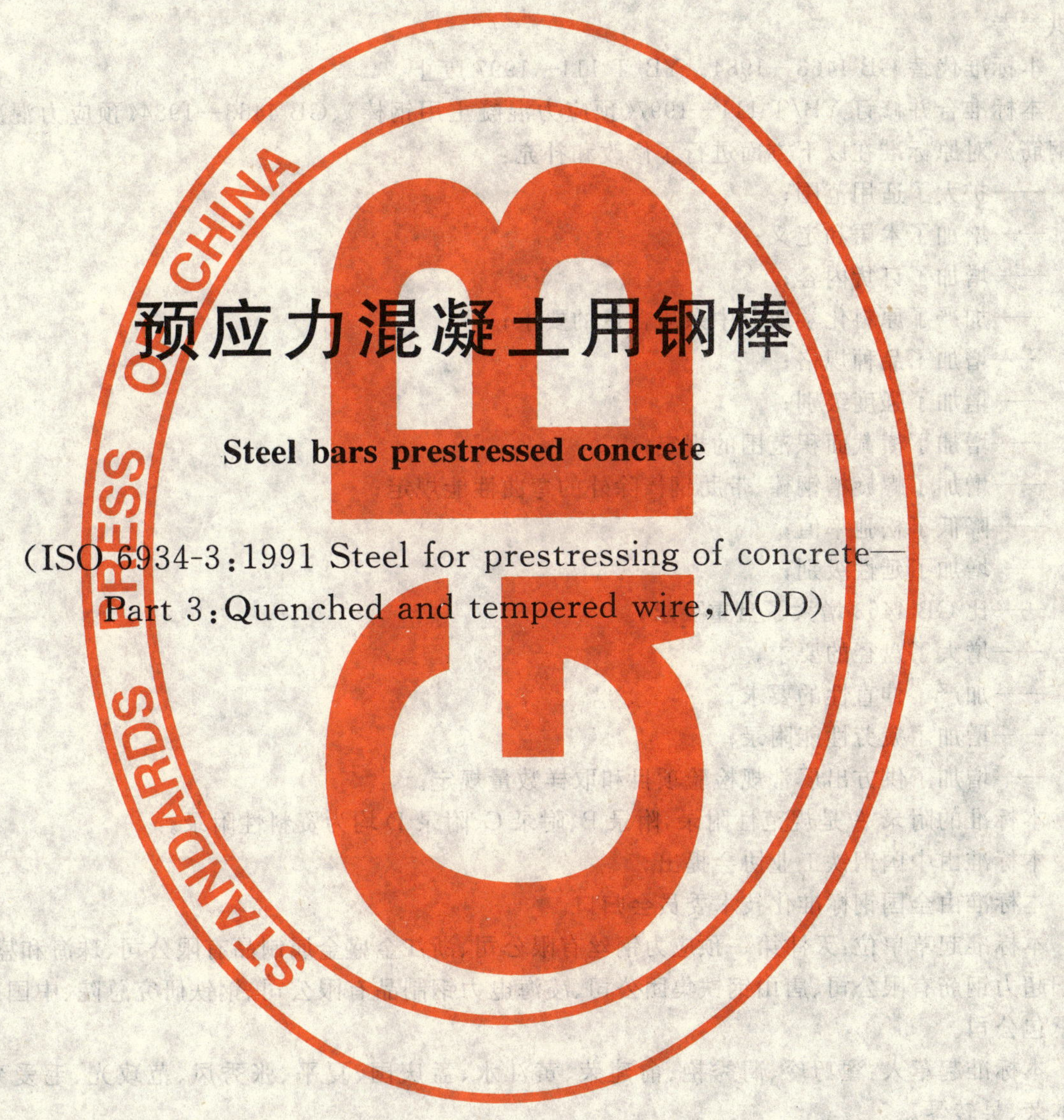

预应力混凝土用钢棒

Steel bars prestressed concrete

(ISO 6934-3:1991 Steel for prestressing of concrete—Part 3:Quenched and tempered wire,MOD)

2005-05-13 发布　　　　2005-10-01 实施

中华人民共和国国家质量监督检验检疫总局
中国国家标准化管理委员会　发布

前 言

本标准修改采用ISO 6934-3:1991《预应力混凝土用钢 第三部分 淬火和回火钢丝》。本标准的编写结构采用GB 1.1的格式,与ISO标准结构不完全对应。有关技术性差异已编入正文中并在它们所涉及的条款的页边空白处用垂直单线标识。在附录D中给出了这些技术性差异及其原因的一览表以供参考。

本标准代替GB 4463—1984。YB/T 111—1997废止。

本标准合并修订YB/T 111—1997《预应力混凝土用钢棒》、GB 4463—1984《预应力混凝土用热处理钢筋》,对原标准在以下方面进行了修改和补充:

——扩大了适用范围;

——增加了术语和定义;

——增加了订货内容;

——加严了原料化学成分中杂质含量的要求;

——增加了品种规格;

——增加了强度级别;

——增加了横截面积范围的规定;

——增加了螺旋槽钢棒、带肋钢棒除外的弯曲性能规定;

——降低了松弛率值;

——增加了延性级别;

——比GB 4463增大了盘重要求;

——增大了盘径的要求;

——加严了伸直性的要求;

——增加了疲劳性能附录;

——增加了供方出厂常规检验项目和取样数量规定。

本标准的附录A是规范性附录,附录B、附录C、附录D均为资料性附录。

本标准由中国钢铁工业协会提出。

本标准由全国钢标准化技术委员会归口。

本标准起草单位:天津第一预应力钢丝有限公司、浙江金盛金属制品有限公司、珠海和盛特材公司、沈阳超力钢筋有限公司、唐山钢铁集团公司、凌海电力钢制品有限公司、钢铁研究总院、中国京冶建设工程承包公司。

本标准起草人:翟巧玲、蔺秀艳、俞建荣、黄江水、孟庆国、夏平、张秀凤、范玫光、毛爱菊、邓翠青、孙本荣、吴转琴。

本标准所代替标准的历次版本发布情况为:GB/T 4463—1984。

预应力混凝土用钢棒

1 范围

本标准规定了圆形预应力混凝土用钢棒(以下简称钢棒)的定义、分类、代号和标记、订货内容、技术要求、试验方法、检验规则、包装标志及质量证明书。

本标准适用于预应力混凝土用光圆、螺旋槽、螺旋肋、带肋钢棒。

2 规范性引用文件

下列文件中的条款通过本标准的引用而成为本标准的条款。凡是注日期的引用文件,其随后所有的修改单(不包括勘误的内容)或修订版均不适用于本标准,然而,鼓励根据本标准达成协议的各方研究是否可使用这些文件的最新版本。凡是不注日期的引用文件,其最新版本适用于本标准。

GB/T 228 金属材料 室温拉伸试验方法(GB/T 228—2002 eqv ISO 6892:1998)

GB/T 232 金属弯曲试验方法

GB/T 238 金属材料 线材 反复弯曲试验方法

GB 1499 钢筋混凝土用热轧带肋钢筋(GB 1499—1998 neq ISO 6935-2:1991)

GB/T 2101 型钢验收、包装、标志及质量证明书的一般规定

GB/T 2103 钢丝验收、包装、标志及质量证明书的一般规定

GB/T 4354 优质碳素钢热轧盘条

GB/T 10120 金属应力松弛试验方法

GB/T 14981 热轧盘条尺寸、外形、重量及允许偏差(GB/T 14981—2004 MOD ISO/DIS 16142:2002)

GB/T 17505 钢及钢产品交货一般技术要求(GB/T 17505—1998 eqv ISO 404:1992)

3 术语和定义

下列术语和定义适用于本标准。

3.1

光圆钢棒 plain bar

横截面为圆形的钢棒。

3.2

螺旋槽钢棒 helical grooved bar

沿着表面纵向,具有规则间隔的连续螺旋凹槽的钢棒。(图 B.1)

3.3

螺旋肋钢棒 helical ribbed bar

沿着表面纵向,具有规则间隔的连续螺旋凸肋的钢棒。(图 B.2)

3.4

带肋钢棒 ribbed bar

沿着表面纵向,具有规则间隔的横肋的钢棒。(图 B.3)

3.5

横肋 transverse rib

与纵肋不平行的其他肋。

3.6

淬火和回火钢棒 quenched & tempered bar

热轧盘条经加热到奥氏体化温度后快速冷却,然后在相变温度以下加热进行回火所得钢棒。

4 分类、代号和标记

4.1 分类

按钢棒表面形状分为光圆钢棒、螺旋槽钢棒、螺旋肋钢棒、带肋钢棒四种。表面形状、类型按用户要求选定。

4.2 代号

预应力混凝土用钢棒	PCB
光圆钢棒	P
螺旋槽钢棒	HG
螺旋肋钢棒	HR
带肋钢棒	R
普通松弛	N
低松弛	L

4.3 标记

4.3.1 标记内容

按 GB/T 5223.3—2005 交货的产品标记应含下列内容：

预应力钢棒、公称直径、公称抗拉强度、代号、延性级别（延性 35 或延性 25）、松弛（N 或 L）、标准号。

4.3.2 标记示例

示例：公称直径为 9 mm，公称抗拉强度为 1 420 MPa，35 级延性，低松弛预应力混凝土用螺旋槽钢棒，其标记为：PCB 9-1420-35-L-HG-GB/T 5223.3

5 订货内容

按本标准订货的合同可包括以下内容：

a） 产品名称；

b） 产品代号；

c） 公称直径；

d） 强度、延性级别、松弛级别；

e） 本标准编号；

f） 数量；

g） 用途；

h） 需方提出的其他特殊要求。

6 技术要求

6.1 原材料

制造钢棒用原材料为低合金钢热轧圆盘条，其尺寸、外形及允许偏差应符合 GB/T 14981 及 GB 1499标准相应规定，表面质量应符合 GB/T 4354 标准相应规定。各牌号化学成分熔炼分析中的杂质含量应符合表 1 的规定。

表 1 原材料成分有害杂质含量（质量分数） %

P 不大于	S 不大于	Cu 不大于
0.025	0.025	0.25

6.2 制造方法

6.2.1 热轧盘条经冷加工后（或不经冷加工）淬火和回火所得。

6.2.2 成品钢棒不得存在电接头，在生产时为了连续作业而焊接的电接头应切除掉。

6.3 尺寸、重量和性能

6.3.1 钢棒的公称直径、横截面积、重量应符合表2的规定。

6.3.2 钢棒应进行拉伸试验，其抗拉强度、延伸强度应符合表2的规定；伸长特性要求(包括延性级别和相应伸长率)应符合表3的规定。

经拉伸试验后，目视观察，钢棒应显出缩颈韧性断口。

6.3.3 钢棒应进行弯曲试验(螺旋槽钢棒、带肋钢棒除外)，其性能符合表2的规定。

表2 钢棒的公称直径、横截面积、重量及性能

表面形状类型	公称直径 D_n/mm	公称横截面积 S_n/mm^2	横截面积 S/mm^2 最小	横截面积 S/mm^2 最大	每米参考重量/(g/m)	抗拉强度 R_m 不小于/MPa	规定非比例延伸强度 $R_{p0.2}$ 不小于 MPa	弯曲性能 性能要求	弯曲性能 弯曲半径/mm
光圆	6	28.3	26.8	29.0	222	对所有规格钢棒 1 080 1 230 1 420 1 570	对所有规格钢棒 930 1 080 1 280 1 420	反复弯曲不小于4次/180°	15
	7	38.5	36.3	39.5	302				20
	8	50.3	47.5	51.5	394				20
	10	78.5	74.1	80.4	616				25
	11	95.0	93.1	97.4	746			弯曲160°～180°后弯曲处无裂纹	弯芯直径为钢棒公称直径的10倍
	12	113	106.8	115.8	887				
	13	133	130.3	136.3	1 044				
	14	154	145.6	157.8	1 209				
	16	201	190.2	206.0	1 578				
螺旋槽	7.1	40	39.0	41.7	314			—	
	9	64	62.4	66.5	502				
	10.7	90	87.5	93.6	707				
	12.6	125	121.5	129.9	981				
螺旋肋	6	28.3	26.8	29.0	222			反复弯曲不小于4次/180°	15
	7	38.5	36.3	39.5	302				20
	8	50.3	47.5	51.5	394				20
	10	78.5	74.1	80.4	616				25
	12	113	106.8	115.8	888			弯曲160°～180°后弯曲处无裂纹	弯芯直径为钢棒公称直径的10倍
	14	154	145.6	157.8	1 209				
带肋	6	28.3	26.8	29.0	222			—	
	8	50.3	47.5	51.5	394				
	10	78.5	74.1	80.4	616				
	12	113	106.8	115.8	887				
	14	154	145.6	157.8	1 209				
	16	201	190.2	206.0	1 578				

6.3.4 钢棒应进行初始应力为70%公称抗拉强度时1 000 h的松弛试验。假如需方有要求,也应测定初始应力为60%和80%公称抗拉强度时1 000 h的松弛值,其松弛值符合表4的规定。

6.3.5 经供需双方协商,合同中注明,可对钢棒进行疲劳试验,数值遵照附录A的规定。

6.3.6 除非生产厂家另有规定,弹性模量为200 GPa±10 GPa,但不做为交货条件。

表3 伸长特性要求

延性级别	最大力总伸长率,Agt/%	断后伸长率($L_0=8d_n$) A/% 不小于
延性35	3.5	7.0
延性25	2.5	5.0

注1:日常检验可用断后伸长率,仲裁试验以最大力总伸长率为准。

注2:最大力伸长率标距 $L_0=200$ mm。

注3:断后伸长率标距 L_0 为钢棒公称直径的8倍,$L_0=8d_n$。

表4 最大松弛值

初始应力为公称抗拉强度的百分数/%	1 000 h松弛值/%	
	普通松弛(N)	低松弛(L)
70	4.0	2.0
60	2.0	1.0
80	9.0	4.5

6.4 如用户需要也可提供其他规格的产品,其性能应符合本标准的规定。

6.5 外形

6.5.1 钢棒的尺寸外形参见附录B。

6.5.2 盘径 内圈盘径应不小于2 000 mm。直条长度及允许偏差按供需双方协议要求。

6.5.3 盘重 每盘钢棒由一根组成,盘重一般应不小于500 kg,每批允许有10%的盘数小于500 kg但不小于200 kg。

6.5.4 产品可以盘卷或直条交货。

6.6 表面质量

钢棒表面不得有影响使用的有害损伤和缺陷,允许有浮锈。

6.7 伸直性

取弦长为1 m的钢棒,放在一平面上,其弦与弧内侧最大自然矢高应不大于5 mm。仲裁时以每盘去掉一圈时的试样为准。

7 试验方法

7.1 表面检验

表面质量用目测检查。

7.2 横截面积测量

横截面积测量应采用如下方法:

取一根长度不小于300 mm的钢棒,钢棒长度测量精确到1 mm。称量钢棒的重量,精确到0.1 g,按(1)式计算钢棒横截面积。

$$S = m \times 1\,000/(L \times 7.85) \quad \cdots\cdots(1)$$

式中:

m——称得的钢棒重量，单位为克（g）；

L——钢棒实测长度，单位为毫米（mm）；

S——钢棒的横截面积，单位为平方毫米（mm^2）；

7.85——钢的密度，单位为克/立方厘米（g/cm^3）。

7.3 拉伸试验

7.3.1 抗拉强度

钢棒的拉伸试验按 GB/T 228 的规定进行。计算抗拉强度时，取钢棒的公称横截面积值。

7.3.2 规定非比例延伸强度

规定非比例延伸强度的测定按 GB/T 228 的规定进行。

钢棒的规定非比例延伸强度 $R_{p0.2}$ 也可以用规定总延伸率为 1% 时的应力 R_{t1} 来代替，其值符合本标准规定时可以交货，但仲裁试验时应测定 $R_{p0.2}$。测量时预加负荷为公称非比例延伸负荷的 10%。

7.3.3 伸长率

7.3.3.1 最大力伸长率的测定按 GB/T 228 的规定进行。

使用计算机采集数据或使用电子拉伸设备的，测量伸长率时预加负荷对试样所产生的伸长应加在总伸长内，测得的伸长率应修约到 0.5%。

7.3.3.2 断后伸长率的测定按 GB/T 228 的规定进行，标距规定见表 3。

试样的标距划痕不得导致断裂发生在划痕处。

试样长度应保证试验机上下钳口之间的距离超过原始标距 50 mm 以上。

7.4 弯曲试验

公称直径不大于 10 mm 的钢棒（带肋钢棒、螺旋槽钢棒除外）的反复弯曲试验，按 GB/T 238 标准进行。弯曲半径应符合表 2 的相应规定。公称直径大于 10 mm 的钢棒（带肋、螺旋槽钢棒除外）的弯曲试验按 GB/T 232 标准执行。

7.5 应力松弛试验

钢棒的应力松弛性能试验应按 GB/T 10120 规定进行。环境温度保持在 20℃±2℃ 的范围内。试样标距长度不小于公称直径的 60 倍，试样制备后不得进行任何热处理和冷加工。

初始负荷应在 3 min～5 min 内均匀施加完毕，并保持负荷 1 min 后开始记录。

可以采用试验数据的线性回归分析方法对不少于 100 h 的试验数据推算 1 000 h 的松弛值。

7.6 疲劳试验

钢棒疲劳性能试验可按附录 A 的规定进行。

8 检验规则

钢棒的检验按 GB/T 2101、GB/T 2103 及 GB/T 17505 的规定进行。

8.1 检查和验收

产品的出厂检验由供方技术监督部门按表 5 进行，需方可按本标准的规定进行检查验收。

8.2 组批规则

钢棒应成批检查和验收，每批钢棒由同一牌号、同一规格、同一加工状态的钢棒组成，每批重量不大于 60 t。

8.3 检验项目及取样数量

每批钢棒检验项目的取样数量和取样部位及试验方法按表 5 的规定。

8.4 复验与判定规则

钢棒的复验与判定按 GB/T 2101 及 GB/T 2103 的规定执行。

9 包装、标志及质量证明书

钢棒的包装、标志及质量证明书等一般要求应参照 GB/T 2101 及 GB/T 2103 的规定执行。

9.1 包装

钢棒按 GB/T 2103 中Ⅰ类包装。特殊要求应在合同中注明。

9.2 标志

钢棒应逐盘或逐捆加拴标牌，其上注明供方名称、商标、产品名称、标记、长度、净重及出厂编号。

9.3 质量证明书

每一合同批应附有质量证明书，其中应注明：供方名称、地址和商标、需方名称、合同号、重量、产品标记、编号、出厂日期、技术监督部门印记。

表 5 检验项目、取样数量、取样部位及检验方法

序号	检验项目	取样数量	取样部位	检验方法
1	表面	逐盘	在每(任一)盘中任意一端截取	目视
2	横截面积	1 根/5 盘		用分度值为 0.1 g 的天平测量
3	伸直性	1 根/5 盘		用分度值为 1 mm 的量具测量
4	抗拉强度	1 根/盘		按 GB/T 228 规定执行
5	规定非比例延伸强度	3 根/每批		按 GB/T 228 规定执行
6	最大力总伸长率	3 根/每批		按 GB/T 228 规定执行
7	断后伸长率	1 根/盘		按 GB/T 228 规定执行
8	弯曲性能	3 根/每批		按 GB/T 238、GB/T 232 规定执行
9	应力松弛性能	不少于 1 根/每条生产线每个月		按 GB/T 10120 规定执行

注 1：当更换原料牌号、规格及不同厂家的原料时，均要做松弛试验。

注 2：对于直条钢棒，以切断盘条的盘数为依据，并应按盘状的取样规则。

附 录 A
（规范性附录）
疲 劳 试 验

A.1 疲劳试验所用试样应从成品钢棒上直接截取，试样长度应保证两夹具之间的距离不小于140 mm。

A.2 钢棒应能经受 2×10^{6} 次 $0.7F_{b}\sim(0.7F_{b}-2\Delta F_{a})$ 脉动负荷后而不断裂。

光圆钢棒：$2\Delta F_{a}/S_{g}=200$ MPa

螺旋槽、螺旋肋钢棒及带肋钢棒：$2\Delta F_{a}/S_{n}=180$ MPa

式中：

F_{b}——钢棒的公称破断力，单位为牛顿（N）；

$2\Delta F_{a}$——应力范围（两倍应力幅）的等效负荷值，单位为牛顿（N）；

S_{n}——钢棒的公称截面积，单位为平方毫米（mm^{2}）。

A.3 在试验全过程中脉动拉伸的最大应力保持恒定应力的静态测量精度应达到±1%。

A.4 应力循环频率不能超过 120 Hz。

A.5 所有应力都沿轴向传递给试样，应无钳口和缺口影响，且应由一个相应的装置台限定夹头中试样的任何滑移。

A.6 由于缺口影响或局部过热引起试样在夹头内和夹持区域内（2 倍钢棒公称直径）断裂时试验无效。

A.7 试验过程中，试件温度不能超过 40℃，试验室环境温度在 18℃～25℃范围内。

附　录　B
（资料性附录）
表面形状及尺寸

B.1　螺旋槽钢棒的尺寸及偏差应符合表 B.1 的规定，外形见图 B.1。

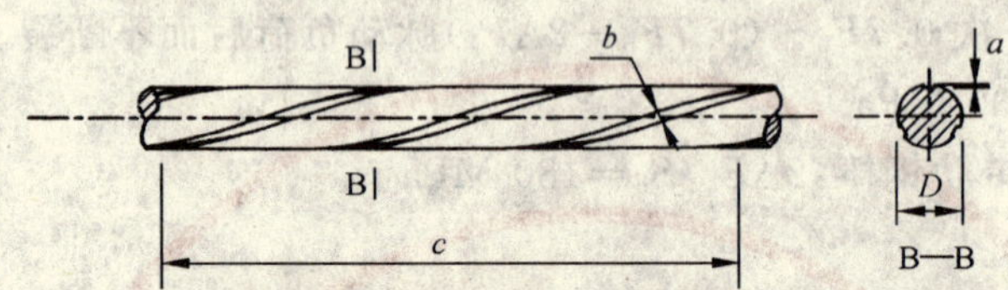

图 B.1a　3 条螺旋槽钢棒外形示意图

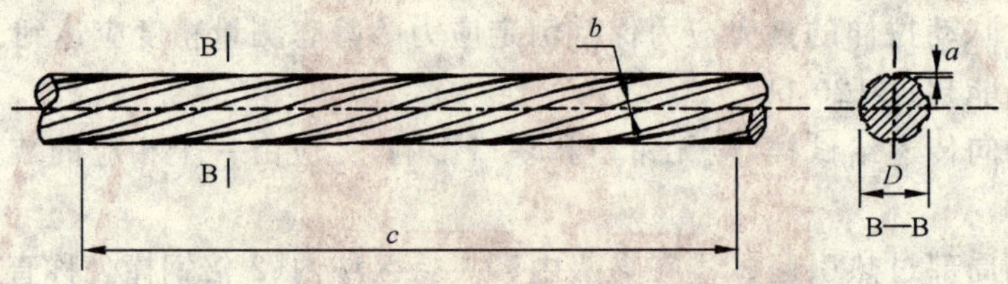

图 B.1b　6 条螺旋槽钢棒外形示意图

图 B.1　螺旋槽钢棒外形示意图

表 B.1　螺旋槽钢棒的尺寸及偏差

公称直径 D_n/mm	螺旋槽数量/（条）	外轮廓直径及偏差		螺旋槽尺寸				导程及偏差	
		直径 D/mm	偏差/mm	深度 a/mm	偏差/mm	宽度 b/mm	偏差/mm	导程/mm	偏差/mm
7.1	3	7.25	±0.15	0.20	±0.10	1.70	±0.10	公称直径的 10 倍。	±10
9	6	9.15	±0.20	0.30		1.50			
10.7	6	11.10		0.30		2.00			
12.6	6	13.10		0.45	±0.15	2.20			

B.2　螺旋肋钢棒的尺寸及偏差应符合表 B.2 的规定，外形见图 B.2。

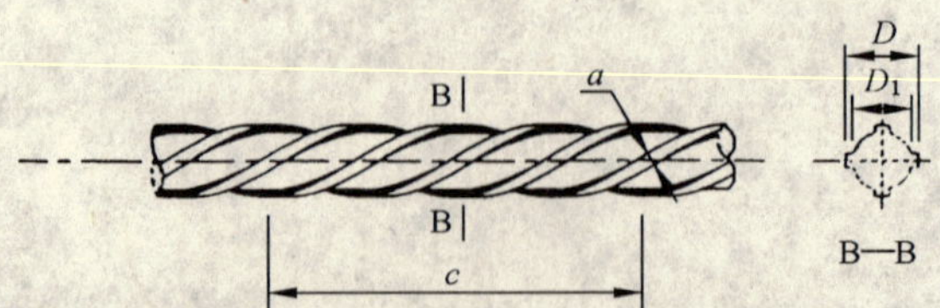

图 B.2　螺旋肋钢棒外形示意图

表 B.2 螺旋肋钢棒的尺寸及偏差

公称直径 D_n/mm	螺旋肋数量/(条)	基圆尺寸		外轮廓尺寸		单肋尺寸	螺旋肋导程 c/mm
		基圆直径 D_1/mm	偏差/mm	外轮廓直径 D/mm	偏差/mm	宽度 a/mm	
6	4	5.80	±0.10	6.30	±0.15	2.20～2.60	40～50
7		6.73		7.46		2.60～3.00	50～60
8		7.75		8.45		3.00～3.40	60～70
10		9.75		10.45	±0.20	3.60～4.20	70～85
12		11.70	±0.15	12.50		4.20～5.00	85～100
14		13.75		14.40		5.00～5.80	100～115

B.3 带肋钢棒的尺寸及偏差应符合表 B.3.1、表 B.3.2 的规定，外形见图 B.3.1、图 B.3.2。

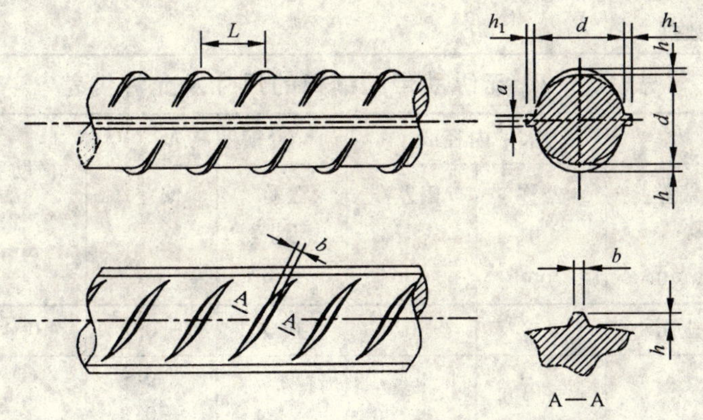

图 B.3.1 有纵肋带肋钢棒外形示意图

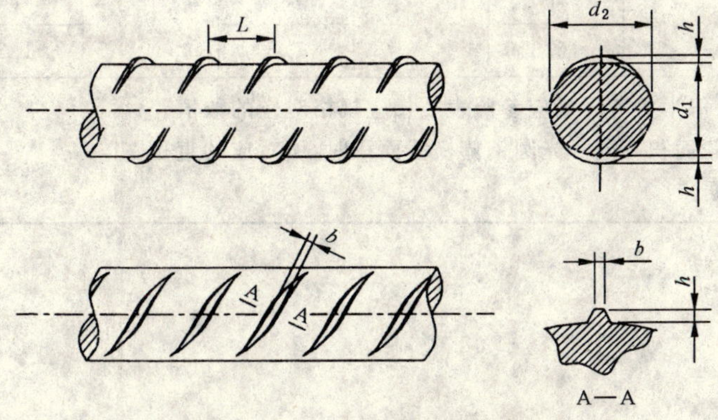

图 B.3.2 无纵肋带肋钢棒外形示意图

表 B.3.1　有纵肋带肋钢棒的尺寸及允许偏差

<table>
<tr><th rowspan="2">公称直径 D_n/mm</th><th colspan="2">内径 d</th><th colspan="2">横肋高 h</th><th colspan="2">纵肋高 h_1</th><th rowspan="2">横肋宽 b/mm</th><th rowspan="2">纵肋宽 a/mm</th><th colspan="2">间距 L</th><th rowspan="2">横肋末端最大间隙(公称周长的10%弦长)/mm</th></tr>
<tr><th>公称尺寸/mm</th><th>偏差/mm</th><th>公称尺寸/mm</th><th>偏差/mm</th><th>公称尺寸/mm</th><th>偏差/mm</th><th>公称尺寸/mm</th><th>偏差/mm</th></tr>
<tr><td>6</td><td>5.8</td><td>±0.4</td><td>0.5</td><td>±0.3</td><td>0.6</td><td>±0.3</td><td>0.4</td><td>1.0</td><td>4</td><td rowspan="6">±0.5</td><td>1.8</td></tr>
<tr><td>8</td><td>7.7</td><td rowspan="5">±0.5</td><td>0.7</td><td>+0.4
−0.3</td><td>0.8</td><td>±0.5</td><td>0.6</td><td>1.2</td><td>5.5</td><td>2.5</td></tr>
<tr><td>10</td><td>9.6</td><td>1.0</td><td>±0.4</td><td>1</td><td>±0.6</td><td>1.0</td><td>1.5</td><td>7</td><td>3.1</td></tr>
<tr><td>12</td><td>11.5</td><td>1.2</td><td rowspan="3">+0.4
−0.5</td><td>1.2</td><td rowspan="3">±0.8</td><td>1.2</td><td>1.5</td><td>8</td><td>3.7</td></tr>
<tr><td>14</td><td>13.4</td><td>1.4</td><td>1.4</td><td>1.2</td><td>1.8</td><td>9</td><td>4.3</td></tr>
<tr><td>16</td><td>15.4</td><td>1.5</td><td>1.5</td><td>1.2</td><td>1.8</td><td>10</td><td>5.0</td></tr>
<tr><td colspan="12">注 1：钢棒的横截面积、每米参考质量应参照表 2 中相应规格对应的数值。
注 2：公称直径是指横截面积等同于光圆钢棒横截面积时所对应的直径。
注 3：纵肋斜角 θ 为 0°～30°。
注 4：尺寸 a、b 为参考数据。</td></tr>
</table>

表 B.3.2　无纵肋带肋钢棒的尺寸及允许偏差

<table>
<tr><th rowspan="2">公称直径 D_n/mm</th><th colspan="2">垂直内径 d_1</th><th colspan="2">水平内径 d_2</th><th colspan="2">横肋高 h</th><th rowspan="2">横肋宽 b/mm</th><th colspan="2">间距 L</th></tr>
<tr><th>公称尺寸/mm</th><th>偏差/mm</th><th>公称尺寸/mm</th><th>偏差/mm</th><th>公称尺寸/mm</th><th>偏差/mm</th><th>公称尺寸/mm</th><th>偏差/mm</th></tr>
<tr><td>6</td><td>5.7</td><td>±0.4</td><td>6.2</td><td>±0.4</td><td>0.5</td><td>±0.3</td><td>0.4</td><td>4</td><td rowspan="6">±0.5</td></tr>
<tr><td>8</td><td>7.5</td><td rowspan="5">±0.5</td><td>8.3</td><td rowspan="5">±0.5</td><td>0.7</td><td>+0.4
−0.3</td><td>0.6</td><td>5.5</td></tr>
<tr><td>10</td><td>9.4</td><td>10.3</td><td>1.0</td><td>±0.4</td><td>1.0</td><td>7</td></tr>
<tr><td>12</td><td>11.3</td><td>12.3</td><td>1.2</td><td rowspan="3">+0.4
−0.5</td><td>1.2</td><td>8</td></tr>
<tr><td>14</td><td>13</td><td>14.3</td><td>1.4</td><td>1.2</td><td>9</td></tr>
<tr><td>16</td><td>15</td><td>16.3</td><td>1.5</td><td>1.2</td><td>10</td></tr>
<tr><td colspan="10">注 1：钢棒的横截面积、每米参考质量应参照表 2 相应规格对应的数值。
注 2：公称直径是指横截面积等同于光圆钢棒横截面积时，所对应的直径。
注 3：尺寸 b 为参考数据。</td></tr>
</table>

附　录　C
（资料性附录）
本标准章条编号与 ISO 6934/3：1991 章条编号对照

表 C.1 给出了本标准章条编号与 ISO 6934/3：1991 章条编号对照一览表。

表 C.1　本标准章条编号与 ISO 6934/3：1991 章条编号对照

本标准章条编号	ISO 6934/3：1991 章条编号
1	1
2	2
3	3
4	7
4.1	5
4.2	7 b)
4.3	7 c)、d)、f)
5	—
6.1	—
6.2	—
6.2.1	—
6.2.2	—
6.3	6
6.3.1	6.1
6.3.2	6.2 第二句
6.3.3	6.2 第四句
6.3.4	6.3
6.3.5	6.4
6.3.6	—
6.4	—
6.5	5
6.5.1	—
6.5.2	8.2
6.5.3	1. 第二句
6.5.4	—
6.6	8.1

表 C.1(续)

本标准章条编号	ISO 6934/3:1991 章条编号
6.7	8.3
7	—
7.1	—
7.2	—
7.3	—
7.3.1	—
7.3.2	—
7.3.3	6.2
7.3.3.1	—
7.3.3.2	—
7.4	6.2 第三句和第四句
7.5	6.3
7.6	6.4
8	—
9	—
10	—
附录 A	—
附录 B.1	附录 A.2
附录 B.2	—
附录 B.3	附录 A.1

附 录 D
（资料性附录）
本标准与 ISO 6934/3:1991 技术性差异及其原因

表 D.1 给出了本标准与 ISO 6934/3:1991 的技术性差异及其原因的一览表

表 D.1 本标准与 ISO 6934/3:1991 的技术性差异及其原因

本标准的章条编号	技术性差异	原 因
1	将淬火和回火钢丝改为预应力混凝土用钢棒	ISO 6934 系列标准是按加工方法分类命名的，而我国预应力钢材标准是按用途分类命名的
2	引用了采用国际标准的我国标准，而非国际标准。增加引用了 GB/T 1499，GB/T 14981，GB/T 2103，GB/T 17505，GB/T 10120	以适合我国国情。 保持与 GB/T 1.1 的一致性
3	增加了光圆钢棒、螺旋肋钢棒、带肋钢棒、淬火和回火的定义	ISO 6934 在第一部分中做了规定
4.1	将 ISO 6934/3 中刻槽的分成螺旋槽和螺旋肋两种，共分成四大类，去掉了刻痕钢棒	参照 YB/T 111 标准螺旋槽外形和尺寸及 GB/T 5223 标准螺旋肋外形和尺寸制定，有利于产品的推广应用。刻痕钢棒已属于淘汰产品，ISO 6934 刻痕钢棒国内没有此类产品
4.2	重新规定了产品代号	符合 GB/T 15575《钢产品标记代号》标准
4.3.2	在标记方法中将产品名称写在前，标准号写在后	与 GB/T 5223、GB/T 5224 标准一致
5	增加了“订货内容”部分	符合国情。与 GB/T 5223、GB/T 5224 一致
6.3.1(表 2)	取消了光圆 ϕ12.2、带肋 ϕ6.2、ϕ7.2 规格。增加了光圆 ϕ11.0、ϕ13.0 两种规格。 增加了强度级别。 增加了公称截面积的最大和最小值。 增加了每米参考质量。 取消了 0.1%条件屈服。 增加了弯曲半径和弯芯直径	符合国情。推荐的优先采用规格。 有利于标准的推广运用。 将截面积作为日常检验指标。 便于用户参考。与 GB/T 5223 一致。符合国情。与 GB/T 5223、GB/T 5224 一致。 便于标准的使用
6.3.2(表 3)	增加了断后伸长率指标，作为日常检验项目	便于生产企业大生产时逐盘检验。与 GB/T 5223一致
6.3.5	将疲劳试验要求放在附录 A 中	便于标准的执行，与 GB/T 5223 一致。ISO 6934/3标准 6.4 条款表述的不够详细
6.3.6	增加了弹性模量值	方便用户使用。与 GB/T 5223 一致
6.2	增加了制造方法。	ISO 6934 在第一部分做了规定
6.1	将磷硫含量改为不大于 0.025%。 增加了铜含量指标要求	ISO 6934 在第一部分 ISO 6934/1 里做了规定(6.1)磷硫含量不大于 0.04%，水平太低，影响产品的性能。 参照 YB/T 111 规定，加严对原料的要求

表 D.1(续)

本标准的章条编号	技术性差异	原　因
6.5.2	增加了盘重要求	与 GB/T 5223、GB/T 5224 一致
6.5.3	增加了盘卷尺寸要求	与 GB/T 5223、GB/T 5224 一致
6.7	将钢棒伸直性由每米矢高 30 mm 改为每米矢高 5 mm	ISO 6934/3 水平太低,用户不能接受
7.5	增加了松弛值外推法	与 GB/T 5223 一致
8	增加了检验规则	ISO 6934 在第一部分 ISO 6934/1 里做了规定(7.1 表 1)
8.4	增加了复验与判定规则	与 GB/T 5223、GB/T 5224 一致
9	增加了包装、标志及质量证明书	与 GB/T 5223、GB/T 5224 一致。ISO 6934 在第一部分 ISO 6934/1 里对标志做了规定(8.1)
附录 A	增加了附录 A	与 GB/T 5223—2002 一致
附录 B	增加了螺旋槽钢棒外形、尺寸及偏差。 增加了螺旋肋钢棒外形、尺寸及偏差。 将带肋钢棒分成有纵筋带肋和无纵筋带肋两种。并增加了外形、尺寸及偏差	有利于生产厂家参考执行。有利于钢棒的推广使用。 参照 GB/T 1499《钢筋混凝土用热轧带肋钢筋》的规定

ICS 29.020
J 09

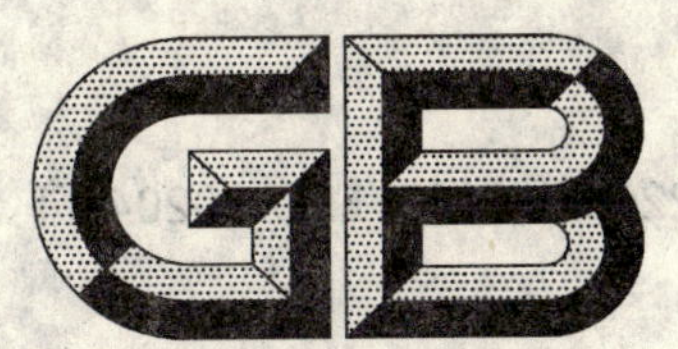

中华人民共和国国家标准

GB 5226.3—2005/IEC 60204-11:2000

机械安全 机械电气设备 第11部分：电压高于1 000 Va.c.或1 500 Vd.c.但不超过36 kV的高压设备的技术条件

Safety of machinery—Electrical equipment of machines—Part 11: Requirements for HV equipment for voltages above 1 000 Va.c. or 1 500 Vd.c. and not exceeding 36 kV

(IEC 60204-11:2000,IDT)

2005-09-09 发布　　　　2006-09-01 实施

中华人民共和国国家质量监督检验检疫总局
中国国家标准化管理委员会　发布

前 言

本部分的第1章、第2章、第3章、4.5、12.3、第18章为推荐性的，其余为强制性的。

GB 5226《机械安全 机械电气设备》分为如下几部分：

——第1部分：通用技术条件；

——第11部分：电压高于1 000Va.c.或1 500Vd.c.但不超过36 kV的高压设备技术条件；

——第31部分：缝纫机械、单元和系统的特殊要求；

——第32部分：起重机械通用技术条件。

本部分为GB 5226的第11部分，等用采用IEC 60204-11:2000《机械安全 机械电气设备 第11部分：电压高于1 000Va.c.或1 500Vd.c.但不超过36 kV的高压设备技术条件》(英文版)。

本部分等同翻译IEC 60204-11:2000。

本部分的附录A、附录B、附录C、附录D和附录E为资料性附录。

本部分由中国机械工业联合会提出。

本部分由全国工业机械电气系统标准化技术委员会(SAC/TC 231)归口。

本部分起草单位：北京联合大学机械工程学院、北京北开电气股份有限公司。

本部分主要起草人：薛立军、吕德增、黄平、龚道雄、刘欢。

引　言

本部分对机械高压电气设备(HV equipment)及相关低压电气设备(LV equipment)提出技术要求和建议,以便促进提高:

——人员和财产的安全性;

——控制响应的一致性;

——维护的便利性。

不宜牺牲上述基本要素来获取高性能。

用于材料加工的机械或机械组是可能应用到这些要求的一个例子,该机械或机械组一旦发生故障可能导致严重的经济后果。

图1是一台机械和相关设备的方框图,该图表明了本部分中提及的电气设备的不同组件。括号中的数字代表本部分的条款和子条款。通常至少是在一级监控下,包括安全防护装置、软件和文件的所有因素一起构成机械或一起工作的机械组。

本部分的使用指南见GB 5226.1—2002的附录F。

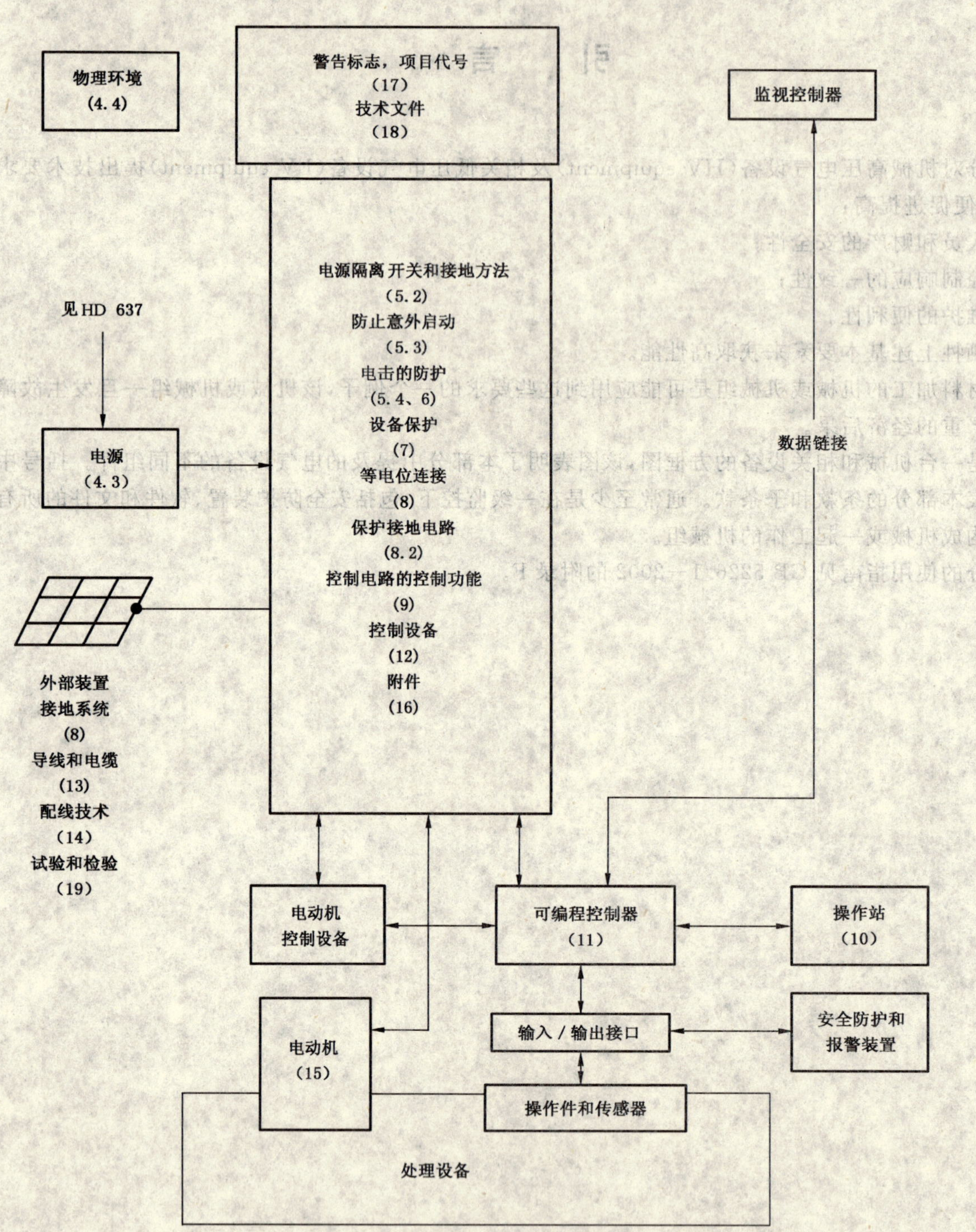

图1　包含高压设备机械的方框图

机械安全 机械电气设备 第11部分：电压高于1 000 Va.c.或1 500 Vd.c.但不超过36 kV的高压设备的技术条件

1 范围

GB 5226的本部分适用于电气和电子设备与机械系统，包括以协同方式在一起工作的一组机械，但不包括系统更高层次的方面(例：系统之间的通信)。

本部分可应用于额定电压高于1 000Va.c.或1 500Vd.c.。但不超过36 kV和额定频率不超过200 Hz的情况下工作的设备或设备的部件，对较高的电压或频率，需满足特殊要求。

在本部分中"高压设备"一词也覆盖了作为在高压下工作的设备整体中部分的低压设备。除非特别注明，本部分中的技术条件主要适用于高压下工作的部分。这些技术条件引用GB 5226.1—2002，亦适用于高压设备。

注1：其他不作为高压设备的一部分和定义的工作电压不超过1 000 Va.c.或1 500Vd.c.的低压设备由GB 5226.1所覆盖。

注2：在本部分中，"电气"一词包括电气的和电子的两方面。(如电气设备是指电气设备和电子设备)。

本部分所覆盖的电气设备是从电源到机械电气设备的连接点处开始的(见5.1)。

注3：关于电源安装的要求见HD 637:1999。

本部分是一个应用标准，不限制或约束技术进步。它不包括所有技术要求(如保护、联锁或控制)，这些要求是其他标准或规则为保障人身免受非电气伤害所需要的。有特殊要求的各种类型机械对安全性可提出特殊要求。

注4：在本部分的上下文中，"人员"表示任何个人，"职员"指的是由用户或其代理指定和受过训练负责使用和管理所讨论的机械的人员。

本部分具体适用于，但不限于3.26所定义的机械。(附录A列出的机械，其电气设备属本部分范围)

下述机械的电气设备可以附加特殊技术要求：

——露天使用(例：在户外或其他的保护性建筑之外)的机械；

——使用、处理和生产易爆炸的物质(例：油漆或锯屑)的机械；

——在易燃和易爆的环境中使用的机械；

——在使用或加工某种物质时存在着特殊危险的机械；

——矿山机械。

直接用电能作为加工手段的动力电路不属于本部分的范围。

2 规范性引用文件

下列文件中的条款通过GB 5226本部分的引用而成为本部分的条款。凡是注日期的引用文件，其随后所有的修改单(不包括勘误的内容)或修订版均不适用于本部分，然而，鼓励根据本部分达成协议的各方研究是否可使用这些文件的最新版本。凡是不注日期的引用文件，其最新版本适用于本部分。

GB 755—2000 旋转电机 定额和性能(idt IEC 60034-1:1996)

GB/T 2900.18—1992 电工术语 低压电器(eqv IEC 60050(441):1984)

GB 4208—1993 外壳防护等级(IP代码) (eqv IEC 60529:1989)

GB 5226.1—2002 机械安全 机械电气设备 第1部分：通用技术条件(IEC 60204-1:2000,IDT)

GB/T 5465.2—1996 电气设备用图形符号(idt IEC 60417:1994)

GB 16895.21—2004 建筑物电气装置 第 4-41 部分:安全防护 电击防护(IEC 60364-4-4.1:2001,IDT)

GB/T 15706.1—1995 机械安全 基本概念与设计通则 第 1 部分:基本术语、方法学(eqv ISO/TR 12100-1:1992)

GB 16895.3—2004 建筑物电气装置 第 5-54 部分:电气设备的选择和安装 接地配置、保护导体和保护联结导体(IEC 60364-5-54:2002,IDT)

GB 18209.1—2000 机械安全 指示、标志和操作 第 1 部分:关于视觉、听觉和触觉信号的要求(idt IEC 61310-1:1995)

GB 18209.3—2002 机械安全 指示、标志和操作 第 3 部分:操作件的位置和操作要求(idt IEC 61310-3:1999)

ISO 3864:1984 安全色和安全标志

IEC 60050(191):1995 国际电工词汇(IEV) 191 章:可靠性和维修质量

IEC 60050(195):1998 国际电工词汇(IEV) 195 章:接地和电击防护

IEC 60050(826):1982 国际电工词汇(IEV) 826 章:建筑物的电气装置

IEC 60050(826):1995 修订 NO.2

IEC 60071-1:1993 绝缘配合 第 1 部分:定义、原理和规则

IEC 60071-2:1996 绝缘配合 第 2 部分:应用指南

IEC 60076-5:1976 电力变压器 第 5 部分:承受短路的能力

IEC 60129:1984 交流断路器和接地开关

IEC 60298:1990 A.C.额定电压高于 1 kV 至 52 kV 金属外壳的开关设备和控制设备

IEC 60364-4-42:1980 建筑物电气装置 第 4 部分:安全保护 42 章:对热效应的保护

IEC 60420:1990 高压交流开关 熔断器连接组件

IEC 60445:1999 人机接口、标志和标识的基本和安全原则 电气设备接线端子和特定导线端的识别及应用字母数字系统的通则

IEC 60466:1987 A.C.额定电压高于 1 kV 至 38 kV 带绝缘外壳的开关设备和控制设备

IEC 60621-3:1979 户外严酷条件下(包括露天矿和采石场)用电设施 第 3 部分:设备和辅助设备一般要求

IEC 60694:1996 一般规格高压开关设备和控制设备的标准

IEC 60865-1:1993 短路电流 效应的计算 第 1 部分:定义和计算方法

IEC 61230:1993 带电工作 接地或接地和短路用便携设备

IEC 61243-1:1993 带电工作 电压探测器 第 1 部分:电压超过 1 kVa.c.时使用的电容类型

EN 50178:1997 电站用电子设备

HD 637:1999 超过 1 kVa.c.的电源装置

3 定义

注:索引按字母顺序排列了 GB 5226 本部分所定义的术语。并指出了它们在本部分中的使用章节。

本部分采用下列定义。

3.1

环境温度 ambient temperature

应用电气设备处的空气或其他介质的温度。

[IEV 826-01-04]

3.2

遮拦 barrier

从各正常通道的方向预防直接触电的部件。

[IEV 826-03-13]

3.3

电缆托架　cable tray

一种底部为连续条状略向上折边但无罩的电缆支架。

注：电缆托架可穿孔或不穿孔。

[IEV 826-06-07,修订 2]

3.4

(机械的)控制电路　control circuit (of a machine)

用于控制机械和动力保护电路的电路。

3.5

控制器件　control device

连接在控制电路中用来控制机械工作的器件(例:位置传感器,手控开关,继电器,电磁阀等)。

3.6

控制设备　controlgear

控制设备是一个通用术语,包括开关器件及其相关控制、测量、保护和调节设备的组合,也包括这些器件及设备与相关内部连接、辅助装置、外壳和支撑结构的组合,一般用于消耗电能的设备的控制。

[GB/T 2900.18—1992 中 3.1.6]

3.7

直接接触　direct contact

人或牲畜与带电部分的接触。

[IEV 826-03-05]

3.8

管道　duct

专用于放置和保护电线、电缆及母线的封闭管道。

注：通道类型包括导线管、电缆管道装置和地下线槽。

3.9

接地系统　earthing system

接地电极或等效的金属部件(如:塔架或建筑基础,壳,金属电缆护套),接地导体和连接导线构成的局部范围的导电系统。

[HD 637:1999 中 2.7.6]

3.10

电气工作区　electrical operating area

电气设备用的隔间或位置,只限于熟练的或经培训的人员不用钥匙或工具就可以打开门或移去隔板而靠近,电气工作区标有清晰的警告标志。

注:电气受训人员:在电气熟练人员的充分指导或监督下,能预见由电引发的风险并避免其危险的人。

电气熟练人员:具有相关教育和经验,能够觉察电产生的危险并避免其伤害的人。

3.11

电子设备　electronic equipment

主要由电子器件和元件构成电路的电气设备部件。

3.12

封闭的电气工作区　enclosed electrical operating area

电气设备用的隔间或位置,只限于熟练的或经培训的人员用钥匙或工具打开门或移去隔板而靠近。

注：见 3.10 注的定义。

3.13

外壳 enclosure

为防护某些外部影响和防止任何方向直接触电而提供的设备防护部件。

[IEV 826-03-12]

注：引自现行 IEV 的定义，在本部分范围内需作出如下解释。（见 GB 4208 中 3.1）

a) 外壳为人或牲畜触及危险件提供保护。

b) 隔板，孔型通道或用于防止或限制专用测试探头进入的任何其他装置，不论是附着于外壳上的还是由封闭的设备构成的，均可视为护壳的组成部分，除非它们不用钥匙或工具能移去。

外壳可以是：

——安装在机械之上或独立于机械的柜体或箱体。

——由机械结构上的封闭空间构成的壁龛。

3.14

设备 equipment

设备是一个通用术语，包括材料、装置、器件、用具、卡具、仪器以及涉及电气装置或用于电气装置的零件。

3.15

等电位连接 equipotendal bonding

把各个外露可导电部分和外部可导电部分电气上压接，达到实质的相等电位。

[IEV 195-01-10]

3.16

等电位连接导线 equipotential bonding conductor

（保护连接导线）

为保护性等电位连接而提供的保护导线。

[IEV 195-02-10]

3.17

外露可导电部分 exposed-conductive-part

易触及、平时不带电、但在故障情况下可能带电的电气设备可导电部分。

[IEV 195-06-10]

3.18

外部可导电部分 extraneous-conductive-part

不是电气装置的组成部分且易引入电位（通常是地电位）的导电部分。

[IEV 195-06-11]

3.19

失效 failure

执行某项规定能力的终结。

注1：失效后，该功能项有故障。

注2：失效是一个事件，而区别于作为一种状态的“故障”。

注3：本概念作为定义，不适用于仅有软件组成的功能项目。[IEV 191-04-1]

注4：实际上，故障和失效这两个术语经常作同位语用。

3.20

故障 fault

不能执行某规定功能的一种特征状态。它不包括在预防性维护和其他有计划的行动期间，以及因缺乏外部资源条件下不能执行规定功能。

注 1：故障经常作为功能项本身失效的结果，但也许在失效前就已经存在。

注 2：英语用的术语“fault”及其定义与 IEV 191-05-01 给出的等同。在机械领域，这一术语法语用“defaut”，德语用‘Fehler’而不用术语“panne”和“Fehlzustand”。

3.21

危险　hazard

可能损伤或危害健康的起源。

[GB/T 15706.1—1995 中 3.5]

3.22

间接接触　indirect contact

人或牲畜触及故障情况下变为带电的外露可导电部分。

[IEV 195-06-04]

3.23

联锁(安全防护用)　interlock (for safeguarding)

将防护装置或器件与控制系统互连和/或将全部或部分电能分配给机械的一种电路。

3.24

带电部分　live part

正常工作时带电的导线或导电体，包括中性导体 N，但规定不包括 PEN，PEM 或 PEL 导体件。

[IEV 195-02-19]

注：本术语不一定含有电击危险的意思。

3.25

机械接地导线　machine bonding conductor

将机械与接地系统等电位连接的导线

注：本接地导线的定义和使用分别见 IEV 826-04-07 和 HD 637:1999。

3.26

机械(机器)　machinery (machine)

a)　由若干零、部件组合而成，其中至少有一个零件是可以运动的，并具有适当的机械操作致动机构、控制和动力电路等。它们的组合具有一定应用目的，如物料的加工，处理，搬运或包装等。

b)　机械这一术语也包括机器的组合，既将同一应用目的的若干台机器安排、控制得如同一台完整机器那样发挥它们的功能。

c)　机械也指可改变机械功能的可替换装置，这些装置投放市场(供应)的目的在于由操作者自己用一台机械或一些不同的机械或用牵引设备与其装配在一起，这种装置不是备件或工具。

3.27

标记　marking

元器件生产厂用于区分元器件类型的符号或铭牌。

3.28

中性导体　neutral conductor

连接到系统中性点的导体，它能有助于电能的分配。

[IEV 195-02-06]

3.29

阻挡物　obstacle

用于防止无意的直接接触，但不能防止故意直接接触的一种部件。

[IEV 826-03-14]

3.30

过电流　overcurrent

超过额定值的各种电流。就导线而言额定值指载流容量。

[IEV 826-05-06]

3.31

(电路的)过载　overload (of a circuit)

过载是指无故障情况下电路超过满载值时,电路内时间与电流的关系。

注:过载不宜作过电流的同义语。

3.32

插头/插座组合　plug/socket combination

电源插头和插座,电缆耦合器或器具耦合器。

3.33

动力电路　power circuit

从电网向生产性操作的电气设备单元和控制电路变压器等供电的电路。

3.34

保护接地电路　protective bonding circuit

参与防护接地故障不良后果的完整的保护导线和导体件系统。

3.35

保护性导线　protective conductor

防止电击措施中所需用的一种导线,用于下列部分之间的电气连接:

——外露可导电部分;

——外部可导电部分;

——总接地端子。

[IEV 826-04-05 已修改]

3.36

项目代号　reference designation

用于标识简图中的项目、表格、表图及设备的可区别开的代码。

3.37

风险　risk

在危险状态下,可能损伤或危害健康的概率和程度的综合。

[GB/T 15706.1—1995]

3.38

安全工作步骤　safe working procedure

一种减少风险的工作方法。

3.39

安全防护装置　sefeguard

在安全功能中保护人们免受现存或即将发生的危害所使用的防护装置或保护器件。

3.40

安全防护　sefeguarding

由专门安全防护装置构成的那些安全措施,当危险不能在设计上合理排除或充分限制时,起保护人身安全作用。

3.41

维修站台　servicing level

操作或维修电气设备时,维护人员通常站立的台面。

3.42

短路电流　short-circuit current

由于电路中的故障或连接错误造成的短路而引起的过电流。

(GB/T 2900.18—1992 中 6.1.26]

3.43

供方　supplier

提供电气设备或与机械有关的辅助装置的一个实体(如制造厂、承包商、安装者、组装者)。

注：用户自己也可作为供方。

3.44

开关电器　switching device

用于接通或断开一个或几个电路电流的电器。

[GB/T 2900.18—1992 中 3.1.7]

注：开关电器可执行一个或两个这样的动作。

3.45

端子　terminal

提供器件与外部电路进行电气连接的一种导体件。

3.46

用户　user

使用机械及其相关电气设备的实体。

4　基本要求

4.1　一般原则

GB 5226 的本部分适用于各种机械和协同工作的一组机械的电气设备。

在评估机械总的风险时，与高压电气设备有关的危险相伴随的风险应作为机械的总风险的一部分加以考虑。这将确定可接受的风险水平，以及面临这些危险的人员所必需的保护措施，并要求机械和电气设备的性能保持在令人满意的水平。

危险可起因于，但不局限于以下因素：

——因电气设备的失效或故障导致可能的电击或电火花；

——因控制电路的失效或故障(或控制电路相关的元器件)从而导致机械的误动作；

——因电源的扰动或中断以及电源电路的失效、故障导致机械的误动作；

——因滑动或滚动接触所导致的电路失去连续性所引起安全功能失效；

——来自电气设备外部或由其内部产生的电骚扰(如电磁、静电或射频干扰)；

——能量的储存(电气或机械的)；

——噪声达到能危害人员健康的程度。

安全措施包括设计阶段和要求由用户配置的综合设施。

在设计和研制中应首先考虑到降低风险性，如仅此还不够，就应考虑安全防护措施和安全作业规程。安全防护包括采用安全防护装置和警示措施。

推荐使用本部分附录 B 中的查询表，以便于在用户和供方之间就基本条件和用户关于高压电气设备的附加要求达成适当的协议。这些附加的要求是为了：

——提供取决于机械(或机械组)类型和应用的附加特征；

——方便维护和维修；

——提高可靠性和便于操作。

4.2　电气设备的选择

电气元件和器件应适应于它们预期的用途，并且应符合相应的国家和 IEC 标准。例如，在建立工厂时，若采用了型式试验高电压开关设备，就应选择那些制造和测试都符合相应标准如IEC 60298:1990、IEC 60466:1997和IEC 60694:1996的产品。

4.3 电源

4.3.1 概述

电气设备应设计成能在下列电源条件下正常运行：

——按4.3.2规定的电源条件；

——按附录B由用户规定的电源条件；

——专用电源(如车载发电机)由供方规定。

4.3.2 电源

电压　稳态电压：0.9～1.1倍额定电压。

频率　0.99～1.01倍额定频率(连续)。

0.98～1.02倍额定频率(短时工作)。

注：短时工作的频率偏差值可由用户指定(见附录B)

谐波　2次～5次畸变谐波总和不能超过线电压方均根值的10%，对于6次～30次畸变谐波的总和允许最多附加线电压方均根值的2%。

不平衡电压　三相电源电压负序和零序成分都不应超过正序成分的2%。

电压中断　在电源周期的任意时间，电源中断或零电压持续时间不超过3 ms，相继中断间隔时间应大于1 s。

电压降　电压降不应超过大于1周期的电源峰值电压的20%，相继降落间隔时间应大于1 s。

4.3.3 车载电源

专用电源系统(如车载发电机)可以超过4.3.2所规定的限值，设备应设计成在所提供条件下能正常运行。

4.4 实际环境和运行条件

高压电气设备应适合在GB 5226.1—2002的4.4.2～4.4.8规定的实际环境和运行条件中使用。当实际环境和运行条件与上述规定范围不符时，供方和用户可能有必要达成协议(见附录B)。

4.5 运输和存放

电气设备应通过设计或采取适当的预防措施，以保障能经受得住在−25℃～+55℃的温度范围的运输和存放，并能经受温度高达+70℃、时间不超过24 h的运输和存放。应采取防潮、防振和抗冲击措施，以免损坏电气设备。

注：电气设备在低温下易受损坏，包括PVC绝缘电缆。

4.6 设备搬运

由于运输需要与主机分开的、或独立于机械的重大电气设备，应提供合适的手段，以供起重机或类似设备进行搬运。(见14.5)

4.7 安装

应按照供方说明书安装电气设备，并建议考虑人类工效学原则。

5 引入电源线端接法、隔离和切断开关及接地措施

5.1 引入电源线端接法

所有的引入电源线端接法都应按IEC 60445:1995的规定做出清晰的标记。

5.2 电源隔离(绝缘)开关和接地措施

5.2.1 概述

电源隔离开关应该提供给：

——机械的每一个输入电源。

——使用汇流线，汇流排，汇流环的馈电系统电源，连接一台或多台机械的软电缆系统(盘绕，花彩形)。

——每个机载电源。

在需要时(如：机械工作期间)，电源隔离开关将隔离(绝缘)机械电气设备的电源。

如果有两个或多个电源隔离开关，工作过程中若有可能对机械或工作造成损害或危险，则应采取保证其正确工作的保护性联锁措施。

对每个高压输入电源(如：工作于高压设备上)，应采取接地和短路所有的带电导体至接地系统的措施。

5.2.2 **类型**

电源隔离开关应为以下类型之一：

a) 带或不带熔断器的隔离开关。

b) 隔离开关被联锁以确保只有相关开关电器切断负载电路后，才能操作。

c) 以下情况下插头/插座口或软电缆供电(如：盘绕，花彩形)的器具耦合器(见 3.32)可连接至移动机械：

——在有载情况下，不可能连接或断开插头-插座口或器具耦合器，应考虑负荷电流的影响；

——插头/插座口或器具耦合器连接至引入电源部分，当位于封闭的电气工作区域之内时，至少防护等级为 IP2XH 或 IPXXBH，当位于封闭的电气工作区域之外时，至少防护等级为 IP4XH 或 IPXXDH。

使用时，接地开关的构造和选择应符合 IEC 60129:1984。建议将电源隔离开关和相关的接地开关组合成一个功能单元(见 IEC 60298:1990 的 3.104 部分)。若没有根据 IEC 60298:1990 或 IEC 60466:1987 与相关的隔离开关组合，就应联锁以保证：

——只有当隔离开关处于断开位置时接地开关才能断开和接通；

——只有当接地开关处于断开位置时隔离开关才能断开和接通。

5.2.3 **要求**

5.2.3.1 **隔离(绝缘)开关**

当电源隔离开关是 5.2.2a)或 5.2.2b)所规定的一种型号时，应能满足以下全部要求：

——使电气设备与高压电源隔离且只有一个接通位置和一个断开(隔离)位置，清楚地标记为"0"和"|"(GB 5465.2—1996 的 5008 和 GB 5465.2—1996 的 5007 规定的符号，见 GB 5226.1—2002 的 10.2.2)，操作的方向符合 GB 18209.3—2002 的规定。

——有可见的间隙或位置指示器，只当所有的触头实际上都已断开且有充分的绝缘距离时才能够指示断开(隔离)。

——提供有允许其锁住在断开(隔离)位置的机构(如挂锁)，当锁住后，可防止遥控和就地手动将其接通。

——切断电源电路的所有带电导线。

——有足以切断最大电动机堵转电流及所有其他电动机和/或负载的正常运转电流总和的分断能力，分断能力的计算可以用经过验证的差异因数加以降低。

——有外部操作装置(如手柄)，手柄应为黑色或灰色。

——例外：见 GB 5226.1—2002 的 10.7.4。

5.2.3.2 **接地和短路的方法**

接地方法应能经受得住电源的预期短路电流。

所使用的接地开关应满足下列要求：

——具有可靠的位置指示。

——具有实现接地功能的外部手柄(该手柄也可以用于操作隔离器件)。

——使所有的带电导体接地或短路到接地系统。

——应提供允许锁住在接通位置的方法，如果有必要（见附录B16），在断开位置，最好采取扣锁。

为短路和接地使用相关联的断路器时，当其锁定在接通位置（接地）时，可防止就地手动和遥控断开。

5.2.4 **操作手柄**

电源隔离开关和接地开关手柄应容易接近，应安装在维修站台以上0.6 m～1.9 m间。

5.3 防止意外起动的断开器件

应配备防止意外起动的断开器件（如维修间机械的起动可能发生危险）。5.2.2中所述的断开器件可满足这种功能要求。隔离器可取出熔丝或移开连接线也可起断开器件的作用，但只限于安装在封闭的电气工作区（见3.12）。

这些器件应方便、适用，安装位置合适并易于识别（如必要时用耐久标记）。

应采取措施防止隔离开关未经允许或疏忽操作（见5.5）。

当采用符合5.2.2规定的非电源隔离开关做断开器件时（如使用控制电路切断接触器），这种切断方法应仅用于下述场所：

——无重大拆卸的机械；

——需要较短时间的调整；

——不在电气设备的高压部分上或附近操作。

5.4 隔离开关和高压电气设备的接地措施

应配备隔离（绝缘）开关和高压电气设备的接地措施，使工作避免电击和灼伤的危险。

电源隔离开关和相关电路的接地措施（见5.2）一起可以实现此功能。由一个公用汇流排或汇流线系统向机械电气设备的单独高压部分或向多台机械馈电时，应该为需要单独隔离和接地的每个部分或每台机械配备隔离开关和接地措施。若高压电容是电气设备的一部分，应提供放电方法。

5.2中所述的器件可实现这些功能。其他隔离方法如可取出熔丝或移开连接的隔离器，与接地措施一起也可达到断开的目的，但只限安装在封闭电气工作区。这种隔离开关和接地措施应满足以下条件：

——对预期使用适当而方便；

——安排合适；

——当对电气设备的高压部分或高压电路进行维修时可以快速识别（如在必要处设置耐久标志）；

——有足够的措施防止未经允许或疏忽和/或错误接通隔离开关和断开接地装置（5.5除外）。

诸如高压变压器或高压电容器这类设备在其附近应配备有该设备的附加的接地和短路装置，除非其位置与关联的开关设备直接相邻。

注：若高压设备是电源装置的一部分，可应用HD 637:1999的7.3。

5.5 防止未经允许、疏忽和错误的操作

5.3和5.4中所述的隔离（绝缘）器件和接地措施在其断开位置或断开状态提供能锁住的机构（如挂锁）。为防止未经允许、疏忽和错误的操作，应该装有这样的机构。在封闭电气工作区内采用非锁定方法时，可采用其他措施防止这类操作（即警告标志）。

但是，当符合5.2.2c的器件（如插头/插座组件）和/或接地装置其位置处于工作人员的即时监督之下，不需要使用锁住机构。

6 电击的防护

6.1 概述

电气设备的高压部分应具备在下列情况下保护人们免受电击的能力：

——直接接触；

——间接接触。

6.2 和 6.3 中已给出了推荐的防护措施，它们源自 GB 16895.21—2004 和 HD 637:1999。这些防护措施不适合的场合，可采用 HD 637:1999 中的其他措施。

6.2 直接接触的防护

为防止直接接触到带电导体，带有只为实现功能目的的绝缘体的导体，以及被认为具有危险电位的导体(例见 HD 637:1999 中 7.1.1)，可采取如下措施：

a) 安装于封闭电气工作区外

对直接接触的防护应根据 GB 4208—1993，配备具有 IPXXDH 最低防护等级的外壳。

b) 安装于封闭的电气工作区内

对直接接触的防护应根据 GB 4208—1993，配备具有 IPXXAH 最低防护等级的外壳或门或网状栅或遮拦。门、网状栅、遮拦和带电导体的间隙应符合 HD 637:1999 中 6.3。

只有用钥匙和工具才能接近电气设备的高压部分。

在这些措施不适合的场合，可采用 HD 637:1999 中 7.1 中规定的其他防护直接接触的措施(如置于伸臂范围之外，使用阻挡物)。

注：有关汇流线，汇流排和汇流环的防护措施见 13.8.1。

6.3 间接接触的防护

6.3.1 概述

间接接触(3.22)防护用来防止带电体与外露导电部分之间绝缘失效时所产生的危险情况。

对电气设备的每个高压电路或高压部分，至少应采用 6.3.2、6.3.3 规定的措施之一。

间接接触的防护采用下列措施：

——采取措施防止在无限的故障持续时间内，出现触摸电压超过允许值。

——对于较高的，但在有限的故障持续时间内没有危险的触摸电压，采取在该时间内自动切断电源的方法。

这些措施以下列因素之间的协调为条件：

——电源和中性线接地的类型；

——保护接地电路不同部分的阻抗值；

——用于检测绝缘失效的装置的特性。

6.3.2 在无限的故障持续时间内防止出现危险触摸电压的措施

在无限的故障持续时间内，防止出现危险触摸电压有下列措施：

——依据 HD 637:1999 中 3.1 选择或设计电源系统和中性线接地。

——根据 HD 637:1999 中 9 设计接地系统。

建议使用与地隔离的，或设计成中性点对地有高阻抗的电源系统。应提供接地故障检测设备，以便在检测到接地故障时发出报警。

注：与地隔离的电源系统包括没有中性点的系统，如单相系统，三角形连接系统和直流系统。

6.3.3 在有限的故障持续时间内用自动切断电源作防护

在有限时间内自动切断任何受绝缘失效影响的电路的电源，用来防止在无限故障持续时间内因触摸电压高于允许值而产生的危险情况。

保护措施包括两个方面：

——把外露可导电部分连接到保护接地电路(见第 8 章)。

——下列任一种方法：

a) 在低阻抗中性点接地或中性点直接接地的电源系统的绝缘失效时，使用自动切断电源的保护器件。

b) 使用接地故障检测来自动切断与地绝缘的，或设计成中性点对地有高阻抗的电源系统保护器件的选择/安装应保证在因绝缘失效产生的触摸电压变得危险之前自动断开电源。

注：关于危险触摸电压，见 HD 637:1999 中 9。

6.3.4 可移动机械的保护

选择 6.3.2 和 6.3.3 中的措施时应考虑：

——系统的电压；

——电源电缆的长度；

——连接到供电点的机械数量；

影响很小的其他因素：

——电缆的类型；

——中性点接地的类型；

——低阻抗中性点接地电源系统的接地故障电流值。

取决于电源系统类型的一般限制如下：

——直接中性点接地只适合于电压低于 2 kV 的系统。要求自动切断电源；

——低阻抗中性点接地可适用于系统电压高于 36 kV 和电缆长达 4 km 的情况。通常要求自动切断电源；

——绝缘中性点接地或高阻抗中性点接地适用于系统电压高达 36 kV 和电缆长达 8 km(该长度取决于连接到电源的所有电缆的容抗)，通常不要求自动切断电源。

7 高压设备的保护

7.1 概述

本章详述了电气设备高压部件的保护措施：

——过电流(7.2)；

——接地故障(7.3)；

——闪电和开关浪涌引起的过电压(7.4)；

——其他异常情况(7.5)。

GB 5226.1—2002 详述了用于保护设备免受以下影响采取的措施：

——电动机过载电流(GB 5226.1—2002 中 7.3)；

——电源失压或欠压(GB 5226.1—2002 中 7.5)；

——机械或机械部件超速(GB 5226.1—2002 中 7.6)；

——相序错误(GB 5226.1—2002 中 7.8)。

7.2 过电流保护

7.2.1 概述

在机械电路中的电流超过元器件的额定值或导线的载流容量时(按其中的较小值)，应采取过电流保护，使用的额定值或整定值详见 7.2.6。

7.2.2 电源线

除非用户特别指定，高压电气设备供方不负责为高压电气设备的电源线提供过电流保护器件。

高压电气设备供方应在安装图上表明这种过电流保护器件的必要数据。(见 7.2.6 和 GB 5226.1—2002 中 18.5)(见附录 B 的 15)。

7.2.3 动力电路

按 7.2.6 选择的检测和中断过电流的器件，被应用于所有带电导线。

7.2.4 变压器

变压器应按照 IEC 60076-5:1976 的规定防护过电流。该保护措施(见 7.2.6)应：

——避免因变压器合闸电流引起误跳闸；

——避免受二次侧短路的影响使绕组温升超过变压器绝缘等级允许的温升值。

过电流保护器件的类型和整定值应按照变压器供方的推荐值。

关于其他异常条件下的保护规定见 7.5。

7.2.5 过电流保护器件

额定短路分断能力应不小于保护器件安装处的预期故障电流。流经过电流保护器件的短路电流除了来自电源的电流还包括附加电流(如来自电动机,功率因数补偿电容器),这些电流均应考虑进去。

动力电路的过电流保护器件包括熔断器和断路器。

7.2.6 过电流保护器件的额定值和整定值

熔断器的额定电流或其他过电流保护器件的整定电流应选择得尽可能小,但要满足预期的过电流通过(如电动机起动或变压器合闸期间)。选择这些器件时应考虑到控制开关器件由于过电流引起损坏的保护问题(如防备控制开关器件触点的熔焊)。

过电流保护器件的额定电流或整定电流值按 13.4 规定的受该器件保护的导线的载流量确定。应考虑到与保护电路中其他电器件协调的要求。应遵照电器件供方的推荐。

7.3 接地故障保护

当接地故障电流低于过电流保护器件的整定值,且对电气设备将造成不可接受的损坏时,接地故障保护应按下述提供。

应提供一个适合于所用高压供电系统(如与地绝缘的系统,接地系统)的接地故障监测系统。若接地故障超过给定的电流/时间值时,电气设备或电气设备的适当部分应该切断。

接地故障保护器件的整定值应尽可能的低,从而与电气设备适当的运行一致。

除非用户另有要求,高压电气设备的供方不负责为电气设备的高压电源线提供接地故障保护措施。

高压电气设备的供方应在安装图上表明选择接地故障保护设备所必要的数据(7.2.6 和 GB 5226.1—2002 中 18.5)(见附录 B)。

7.4 闪电和开关浪涌引起过电压的防护

闪电和开关浪涌引起的过电压效应可用保护器件防护。

开关浪涌过电压抑制器应连接到所有要求这种保护的电气设备的高压端子。

7.5 其他异常情况的防护

必要时,按照 HD 637:1999 的规定,对充油电气设备、变压器、电抗器和开关设备应提供如温度异常、过压和漏电情况的防护,以防出现危险情况。

注:见 HD 637:1999 中 7.6。

8 等电位连接

8.1 概述

本章给出等电位连接的要求:

——电气设备的外露可导电部分;

——机械的外部可导电部分;

——接地系统。

要求采用辅助等电位连接(见 8.2.7),以确保对间接接触的防护。图 2 说明了这些概念。

在本部分使用的与接地和保护性连接有关的术语有些方面不同于它们在 HD 637:1999 中的意义(见附录 E)。

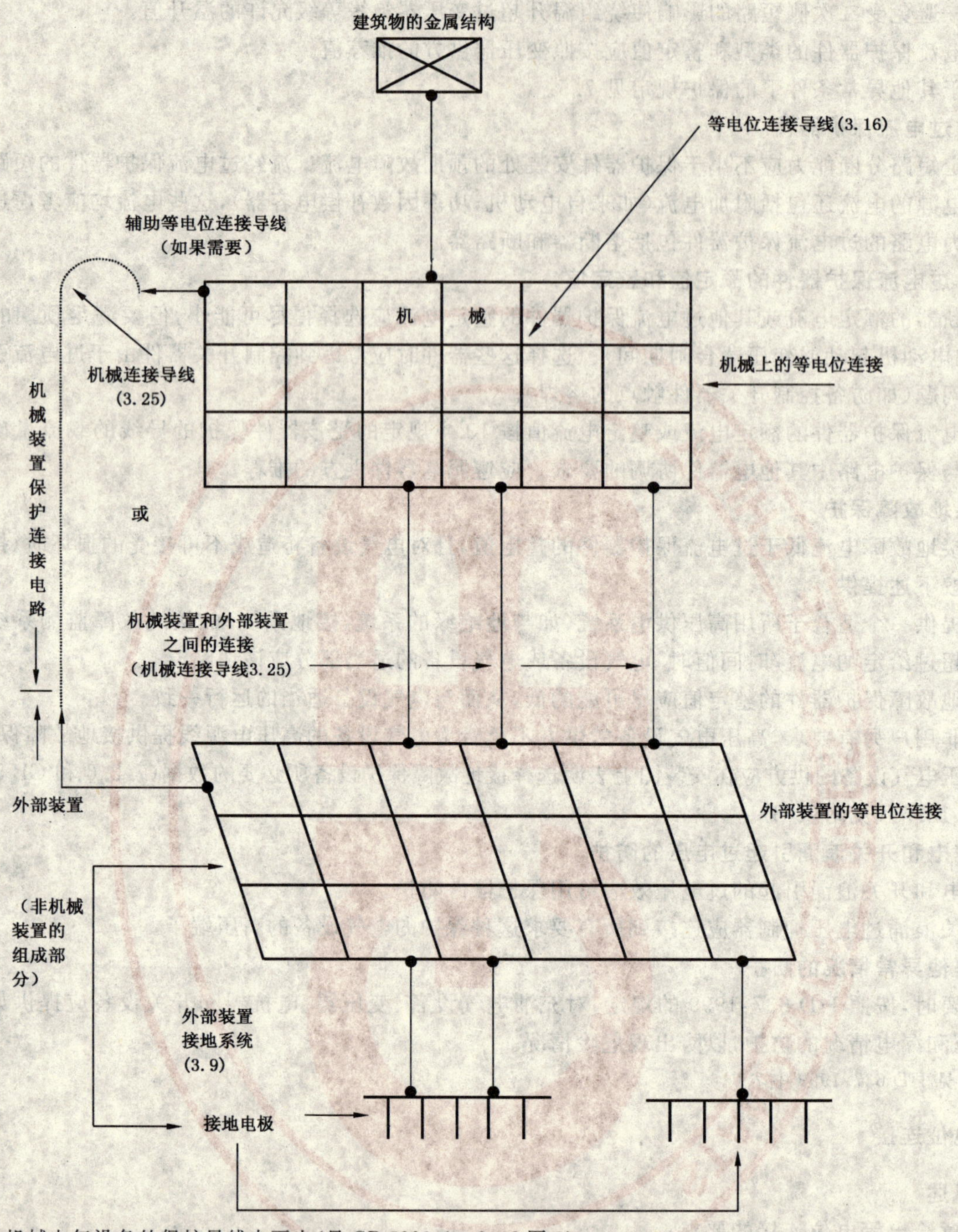

注：机械电气设备的保护导线未画出(见 GB 5226.1—2002 图 3)。

图 2　机械的电气设备等电位连接示例(见 3.15)

8.2　保护连接电路

8.2.1　概述

保护性连接电路由下列部分组成(见图 2)：

——机械连接导线；

——机械电气设备的保护性导线,包括作为电路一部分的滑动触点；

——连接到电气设备和机械的结构部分的等电位连接导线(机械上的等电位连接)。

带车载电源的活动机械、保护电路、外露可导电部分和外部可导电部分均应接到保护连接端子以提供电击防护。活动机械也能连接到外部引入电源时,保护连接端子应该是外部保护导体的连接点。

注：当电能是由装在固定的,活动的机械,或机械的可移动部分的自备电源供给时,且没有连接外部电源(如没有连

接车载电池充电器时)，没必要将这些设备与外部保护导线连接。

低压设备和高压设备的所有互连保护连接电路，都应设计成能经受住保护连接电路中由于流过接地故障电流所造成的最高熟应力和机械应力。HD 637:1999 中 9.4 给出了如何满足这些要求的详细资料。

机械的结构部分应各自连接到保护连接电路中。

电气设备或机械的结构部分可以用作保护连接电路部分，只要满足 GB 16895.3—1997 的要求。

8.2.2 保护导线

保护性导线应按 14.2 做出标记。

应采用铜导线。在使用非铜质导体的场合，其单位长度电阻不应超过允许的铜导体单位长度电阻。选择导体材料时应考虑可能的腐蚀的影响。

裸露保护导线的截面积 S 应不小于表 1。机械到外部装置接地系统的连接在使用该值尚不足以对间接接触提供保护的情况下，裸露导体的截面积应符合 HD 637:1999 中 9.2 的规定。

表 1 裸露的保护导线的截面积

要　　求	S/mm^2
机械强度	$S_{min}=16\ mm^2$，铜 $=35\ mm^2$，铝 $=50\ mm^2$，镀钢
由于连续的接地故障电流 $I_e<100$ A 产生的热应力	
由于连续的接地故障电流 $I_e>100$ A 产生的热应力	$S=S_{min}[I_e/100]^2$
由于长达 5 s 短时接地故障电流产生的热应力	S 见附录 C

注：基于符合 IEC 60364-4-42 表 42A 要求的最大允许可接触温度 80℃，最小截面积 S_{min} 也足以承受裸露导体高达 100 A 的连续接地故障电流产生的机械强度。

8.2.3 保护连接电路的连续性

电气设备和机械的所有外露可导电部分都应连接到保护连接电路上。无论什么原因(如维修)拆卸部件时，不应使余留部件的保护连接电路连续性中断。

连接件和连接点的设计应确保不受机械、化学或电化学的作用而削弱其导电能力。当外壳和导体采用铝材或铝合金材料时，应特别考虑电蚀问题。

金属软管、硬管和电缆护套不应用作保护导线。这些金属导线管和护套自身(如电缆铠甲，铅护套)也应连接到保护连接电路上。

电气设备安装在门、盖或面板上时(如操作接口装置)，应通过保护导线连接到保护连接电路。

对于通过软电缆单独提供接地系统(机械连接导线)连接的机械，比如可移动机械，应通过适当的电缆设计保证保护导线的连续性(见 13.7)。在存在着电缆及机械连接导线可能被损坏的地方(如拖在地上的拖曳电缆)，应监视保护连接电路的连续性(见附录 B 中 13)。在以下情况下，连接到机械的电气设备或机械的相关部分的高压电源应被切断：

——当检测到保护连接电路失去连续性时；

——当发生监控方式失效时。

使用汇流线，汇流排和汇流环的保护连接电路的连续性要求见 13.8.2。

8.2.4 禁止开关电器接入保护连接电路

保护连接电路中不应接有开关或过电流保护电器(如开关，熔断器)，也不应接有这些电器的电流检测装置。

注：允许接入不中断保护性连接电路的电器，这些电器在任何情况下具有确保能防止电路的任何部分产生危险的电压的电气性能，并且不消弱该电路性能。

8.2.5 保护连接电路的断开

当保护连接电路的连续性可用移动式集流器或接插件断开时，保护联接电路只应在通电导线全部断开之后再断开，且保护连接电路连续性的重新建立应在所有通电导线重新接通之前。该条规定也适应于可移动的或可插拔的插入式器件(见 14.4)。

接插件的金属壳应接到保护连接电路上。

8.2.6 保护连接电路的连接点

所有的保护导线应根据 14.1.1 进行端子连接。保护导线连接点不应有其他的作用如缚系或连接到用具或零件上。

对下述情况的每个连接点：

——机械的电气设备内部的保护性导线；

——机械的等电位连接导线(见图 2)；

——机械连接导线(见图 2)。

应使用 GB/T 5465.2—1996 中 5019 的符号进行标记：

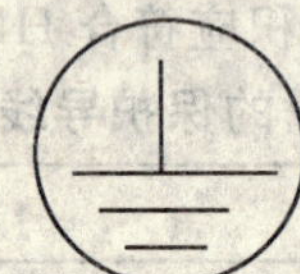

8.2.7 辅助等电位连接导线

当建筑物的金属结构离机械非常近(如小于 2.5 m)时，辅助等电位连接导线应用于将机械的保护连接电路连接到该金属结构。这些导线应符合 GB 16895.3—1997 中 547.1.2 的规定。辅助等电位连接导线的截面积应不小于相关的机械连接导线截面积的一半，但不应小于 8.2.2 中的说明。

9 控制电路和控制功能

除了被其他标准所包含的低压控制电路外，GB 5226.1—2002 中第 9 章的要求均适用。应采用光耦合或变压器耦合等接口技术，在电气上将直接连接到高压电路的控制电路(如晶闸管门电路)与低压电路隔离。

10 操作板和安装在机械上的控制器件

应采用 GB 5226.1—2002 中第 10 章的要求，但操作板和安装在机械上的控制器件(见 6.2，对直接接触的防护)对直接接触的最低防护等级应为 IPXXDH。

11 电子设备

应采用 GB 5226.1—2002 中第 11 章的要求。

注：EN 50178:1997 包含了电力电子设备的基本要求，对静态变换器的要求见 HD 637:1999 中 5.2.12。

12 控制设备：位置、安装和电柜

12.1 一般要求

所有控制设备的位置和安装应易于：

——接近和维护；

——防御外界影响和不限制机构的操作；

——机械及有关设备的操作和维修。

12.2 位置和安装

12.2.1 易接近性和维修

控制设备的所有元件的设置和排列应使得不用移动它们或其配线就能清楚识别。对于为了正确运行而需要检验或需要易于更换的元件，应在不拆卸机械的其他设备或部件情况下就能进行(开门或卸罩盖除外)。与控制设备无关的接线座也应符合这些要求。

所有控制设备的安装都应易于从正面操作和维修。当需要用专用工具拆卸某器件时,应提供这些专用工具。为了常规维修或调整而需接近的有关器件,应安设于维修站台以上 0.4 m～2.0 m 的范围之间。建议接线座至少在维修站台以上 0.2 m,且使导线和电缆与其容易连接。

只有用于操作接口(如操作,指示,测量)和冷却的器件才可安装到门上和通常可拆卸的外壳孔盖上。

当控制器件是通过插接方式连接时,它们的插接应通过型号(形状)、标记或标志(单个或组合使用)清楚区分(见 GB 5226.1—2002 中 14.4.5)。

当具有测试点时应:

——在安装上提供畅通无阻的通道;

——有符合技术文件的醒目标记(见 GB 5226.1—2002 中 18.3);

——有足够的绝缘;

——提供连接测试设备或装置的充分空间。

12.2.2 实际隔离

除非它们形成一个高压设备的完整部分或是实现正确操作所必须,否则,低压设备和非电气部分不应安装于包含高压设备的外壳之内。

邻近低压设备安装的高压开关设备隔间应有金属外壳,并能经受住内部的电弧故障,且有清晰的标记与低压设备相区分。

在布置器件的位置时(包括互连),为它们规定的间隙和爬电距离应考虑实际环境条件或外部影响(见 IEC 60071-1:1993,IEC 60071-2:1996)。

12.3 防护等级

控制设备应有足够的能力防止外界固体物和液体的侵入,并要考虑到机械运行时的外界影响(即位置和实际环境条件),且应充分防止粉尘、冷却液和切屑。

注 1:防止水侵入的防护等级按 GB 4208—1993 的规定。防护其他液体需要附加保护措施。

控制设备的外壳的防护等级应不低于 IP22(见 GB 4208—1993)。

例外:在电气工作区用外壳提供适当的防护等级以防止固体和液体的侵入。

注 2:防电击的其他防护等级也是必要的。见第 6 章。

注 3:应用实例及由其外壳提供的典型的防护等级如下:

——仅装有电动机起动电阻和其他大型设备的通风电柜 IP10;

——装有其他设备的通风电柜 IP32;

——一般工业用电柜 IP32、IP43 和 IP54;

——低压喷水清洗场(用软管冲、洗)的电柜 IP55;

——防细粉尘的电柜 IP65;

——汇流环装置的电柜 IP2X。

根据安装条件可采用其他适当的防护等级。

12.4 电柜、门和通孔

制造电柜的材料应能承受机械、电气和热应力以及正常工作中碰到的湿度影响。

紧固门和盖的紧固件应为系留式。检视窗材料的耐化学腐蚀和机械应力的能力应能与外壳材料相等同。应采取措施,用足够的间隙或静电屏蔽(如置于窗口内侧和连接到外壳的导线网),以防止窗口静电的形成,因为静电会导致危险的情况。

建议电柜门使用垂直铰链,最好是提升拆卸形式,开角最小 95°。

门、罩盖与护壳的结合面和密封垫应能经受住机构所用的侵蚀性液体,油、雾或气体的化学影响。为了运行或维修而需要开启或移动的电柜上的门、罩和盖,应采取保持其防护等级的措施:

——它们应牢靠紧固到门、盖或电柜上;

——不应由于门、盖的移开或复位而损坏和使防护等级降低。

外壳上所有通孔,包括通向地板或地基和通向机械的其他部件的通孔,均应由供方封住以确保获得设备规定的防护等级。电缆的进口在现场应容易再打开。机械内部装有电器件的壁龛底部可提供适当的通孔,以便排除冷凝水。

在装有电气设备的壁龛和装有冷却液、润滑剂或液压油的隔间或可能进入油液、其他液体以及粉尘的隔间之间不应有通孔。这个要求不适用于专门设计的在油中工作的电器(如电磁离合器),也不适用于需要施用冷却液的电气设备。

如果电柜中有安装用孔,应注意使安装后这些孔不致削弱所要求的防护等级。

电气设备在正常或异常工作中,表面温度足以引起燃烧危险或对外壳材质有损害时:

——应将设备装入能承受这种温度的外壳中,而没有燃烧或损害的危险。

——设备的安装和位置应与最靠近的设备有足够的距离以便安全散热(见 GB 5226.1—2002 中 12.2.3),或用能耐受设备发热的材料屏蔽。

12.5 接近高压设备的通道

接近高压设备的通道应符合 HD 637:1999 中 6.5 的要求。

13 导线和电缆

13.1 一般要求

导线和电缆的选择应适合于工作条件(如电压、电流、谐波的存在,电击的防护,电缆分组和敷设方法)和外部影响(如环境温度,存在水和腐蚀物质燃烧危险和机械应力(包括安装期间的应力))。

具有中性线直接或低阻抗接地的电源系统,如果接地故障在 1 s 以内终止,所有电缆都可适用。

在中性点对地绝缘或谐振接地的电源系统中,所有的径向场电缆,只要接地故障的估算持续时间不超过 8 h 都可用。若接地故障的估算持续时间超过 8 h,径向场电缆应采用高一级的额定电压等级(见附录 D)。应遵从电缆供应厂的建议。

这些要求不适用于按相关标准制造和试验的集成配线。

13.2 导线

一般情况,导线应为铜质。任何其他材质的导线都应具有承载相同电流的标称截面积,导线最高温度应不超过表 2 规定的值。

表 2 在正常和短路情况下导线的最高允许温度

绝缘类型	正常条件下最高允许温度/℃	短路条件下短时极限温度[a]/℃
聚氯乙烯(PVC)	70	160(<300 mm^2)
交联聚乙烯(XLPE)	90	250
乙烯丙烯混合橡胶(EPR/HEPR)	80～90[b]	250[b]
注:对短路极限温度超过 200℃,铜导线应镀银或镀镍。因为无论镀锡或裸导线,铜导线都不能适应超过 200℃的温度。		
a 这些值基于短路时间不超过 5s 的假定绝热性能。 b 要求向电缆制造商咨询。		

为了承受短路电流的电动力的和热效应的影响,应根据 IEC 60865-1:1993 计算导线的截面尺寸。

13.3 绝缘和护套材料

绝缘类别包括(但不限于):

——聚氯乙烯(PVC);

——交联聚乙烯(XLPE);

——乙烯丙烯橡胶(EPR/HEPR)。

由于火的蔓延或者有毒或腐蚀性烟雾扩散,电缆的绝缘或护套物质(如 PVC)可能构成火灾危险时,应寻求电缆供方的指导。

绝缘的机械强度和厚度应使得工作或敷设时,尤其在电缆装入通道时不受被损伤。

在可能的情况下,应符合 HD 637:1999 中 5.2.9 的要求。

13.4 正常工作时的载流容量

导线和电缆的载流容量由下面两个因素来确定:

——正常条件下,通过最大可能的稳态电流或间歇性负载的热等效方均根值电流时导线的最高允许温度;

——短路条件下,允许的短时导体极限温度。

导体的截面积应使得在这种情况下,导线温度不超过表 2 中的规定值,除非电缆供方另有规定。

所有应用于连续性和间歇性负载的电缆,应向电缆供方咨询有关电缆的额定载流量。

13.5 导线和电缆的电压降

从电源端到负载的电压降应使电气设备不受欠压影响而能正确工作,且空载条件下的过电压不应损坏电气设备。

13.6 最小截面积

导线的截面积应根据 13.1 和 8.2.2 进行选择。

13.7 软电缆

13.7.1 概述

要承受恶劣工作条件的电缆应有适当的措施以防止电缆:

——由于机械输送及拖过粗糙表面擦伤电缆;

——由于没有导向装置操纵引起电缆扭折;

——由于导向轮和强迫导向使正在电缆盘上缠绕或重新缠绕的电缆产生应力。

注 1:对这情况的电缆见国家有关标准。

注 2:在不利的工作条件下,如高拉应力,弯曲半径小,弯入另一个平面或频繁重复工作循环的场合,将降低电缆的工作寿命。

可移动机械电气设备高压电源的每个柔性电缆都应包含保护性导线,见 8.2.3。保护性导线的截面积应根据第 8 章确定。如果截面积至少为 25 mm^2,在软电缆内保护性导线可采用由具有相同截面积的多根导线组成。

13.7.2 机械性能

机械的电缆输送系统应设计得在机械工作期间使导线的拉应力保持最小。使用铜导线的场合,铜导线截面的拉应力不应超过 15 N/mm^2。使用要求拉应力超过 15 N/mm^2 极限时,应选用有特殊结构特点的电缆,允许的最大拉力强度应与电缆制造厂达成协议。

软电缆导体采用非铜材质时,允许的最大拉应力应与电缆制造厂达成协议。

注:下列条件影响导体的拉应力:

——加速力;

——运动速度;

——电缆的自重(悬挂);

——导向方法;

——电缆盘系统的设计。

13.7.3 绕在电缆盘上电缆的载流容量

若电缆要绕在电缆盘上,电缆应同导体一起选择,即当电缆完全缠绕在电缆盘上并携带正常工作负载时,导体具有不超过最高允许温度的截面。

安装在电缆盘上的圆截面电缆,在空气中的最大载流容量应根据表 3 减额(见 IEC 60621-3:1979

的第 44 章)。

注:空气中电缆的载流容量可在制造厂技术手册或有关国家标准查出。

表 3 绕于电缆盘上的电缆的减额系数

电缆盘的类型	电缆的层数				
	任一层数	1	2	3	4
圆柱状通风	—	0.85	0.65	0.45	0.35
径向通风	0.85	—	—	—	—
径向不通风	0.75	—	—	—	—

注 1:径向电缆盘是在靠近的法兰之间调节电缆的螺旋层;如果电缆盘装有实心法兰是非通风式的,如果法兰有合适的孔则是通风式的。

注 2:圆柱形通风电缆盘是在大间距法兰之间调节电缆层,电缆盘与法兰端面有通风孔。

注 3:使用减额系数,建议同电缆和电缆盘的制造厂讨论。这可能涉及正在使用的其他因素。

13.8 汇流线、汇流排和汇流环

13.8.1 直接接触的防护

汇流线,汇流排和汇流环应这样的安装和防护,即当正常接近机械期间,通过采用下列一种保护措施将获得直接接触的防护:

——按 GB 4208—1993 采用至少 IPXXDH 的外壳或遮拦(见 GB 14821.1—1993 中 6.2)。

——置于伸臂范围以外的地方(见 HD 637:1999 的 7.1.2,GB 14821.1—1993 中 6.4)。

在通过将带电部分置于伸臂范围以外实现防护时,应按 GB 5226.1—2002 中 9.2.5.4.3 采用紧急断开。

汇流线,汇流排应按下列要求放置和保护:

——防止接触,尤其是无防护的汇流线和汇流排与拉线开关的绳、卸荷装置和传动链等导电物体要防止接触。

——防止负载摆动的危害。

13.8.2 保护接地电路

如果汇流线、汇流排和汇流环作为保护接地电路的一部分安装时,它们在正常工作时不应流过电流。

采用滑动连接的保护接地电路部分的连续性,应采取适当的措施(如复式集流器,连续性监视)予以保证。

13.8.3 保护导体集流器

保护导体集流器的形状或结构应使得与其它的集流器不可互换,这样的集流器应是滑动触点式。

13.8.4 电气间隙

汇流线,汇流排和汇流环及它们的集流器的各导体之间,各邻近的系统之间的电气间隙应能适合 IEC 60071-1:1993 的表 2 所列的(与 HD 637:1999 的表 1 相同)短期电源频率耐受电压额定值和较低电平放电脉冲耐压额定值。

13.8.5 爬电距离

汇流线、汇流排和汇流环及它们的集流器的各导体之间,各邻近系统之间的爬电距离应适合于 IEC 60071-2:1996 的表 2 所规定的Ⅱ,Ⅲ或Ⅳ级污染环境中工作(也见 HD637:1999 的 3.3.5.2 注 2)。

关于防止绝缘值因为不利的周围环境(例:导电粉尘的沉积,接触化学药品)而逐渐减小的特殊方法应遵循制造厂的建议。

13.8.6 导体系统分段

汇流线或汇流排可以采用适当的设计方法分段敷设,防止由于靠近集流器本身使邻近部分带电。

13.8.7 汇流线、汇流排系统和汇流环的结构及安装

用于高压动力电路和低压电路的汇流线、汇流排和汇流环应分开成组。

汇流线、汇流排和汇流环应能承受机械力和短路电流的热效应而不受损害。

敷设地下或地板下的汇流线、汇流排系统用的活动盖应设计得使一个人不用工具就不能打开。

如果汇流排安装于普通的金属外壳内，外壳的单独部分应连在一起并按照它们的长度有几点接地。埋于地下或地板下的汇流排的金属壳体也应连在一起并接地。

注：对于连接金属外壳或地下管道的盖及盖板的等电位连接或保护导体连接，要考虑使通常的金属铰链被确保接地连续性。

地下或地板下的汇流排管道应有排水设施。

14 配线技术

14.1 连接和布线

14.1.1 一般要求

带有密封套管的高压电缆进入电柜的方法，应确保电柜的防护等级不致降低(见12.3)。

所有的连接应能防止意外的松动。连接方法应与被连接导线的截面积及导线的性质相适应。对铝或铝合金导线，应特别考虑到其内在的可塑性(变形)和电蚀问题。导线的螺丝和压紧连接以及连接到机械的设计应能保证其在负载和短路电动力作用下保持要求的压力。电缆供方关于密封管、盒和端接方法的推荐应得到遵循。

识别标牌应清晰、耐久，适合于实际环境，且固定于电缆的终端处。

14.1.2 电缆敷设

电缆的安装和保护应尽量减少因机械使用或可预见的误用而增加机械损伤的可能性。

电缆的弯曲半径和布线条件应与电缆供方的意见相符。

为满足连接和拆卸的需要(如更换电机)，电缆应留有足够的附加长度。

导线和电缆应有足够的支撑。特别是电缆的端部应有足够的支撑以防止导线端部的机械应力。

电缆的敷设应使两端子之间无接头或拼结点。只在无法实现的情况下(如可移式机械，机械带长软电缆)，才使用接头或拼结点。

高、低压电缆应分开敷设。

14.2 导线的标识

导线应根据技术文件的要求(见第18章)在每个端部做出标记。附录B的第28项可作为供方和用户之间关于最好标识方法的协议。

如果保护导线不易通过其形状、位置或结构识别，就应在易接近的位置清楚地标示GB/T 5465.2—1996中5019图形符号或用绿-黄双色组合标记。

14.3 软电缆

可移动的软电缆采取的支撑方法，应能使其在连接点没有机械应力也没有急弯。弯曲回环应有足够的长度，以便使电缆的弯曲半径至少十倍于电缆的直径。

电缆的连接终端应不受压力和冲击力。电缆的护套应能可靠的防止剥离，电缆的端部应能抗拒扭矩。

连接电缆的安置方式应保证电缆不致扭结。

机械的软电缆的安装或防护应使得电缆因使用不合理等因素引起的外部损坏的可能性减到最小，软电缆应防止：

——被机械自身碾过；

——被搬运车或其他机械碾过；

——运动过程中与机械的构件接触；

——在电缆吊篮中敷入和敷出，接通或断开电缆盘；
——对花彩式或悬挂电缆施加速力和风力；
——电缆收集器过度摩擦；
——暴露于过度辐射热之中。

电缆护套应能耐受：
——因移动而引起的正常磨损；
——大气污染物质(如油，水，冷却液，粉尘)的影响。

电缆输送系统的设计应使得侧向电缆角度不超过 5°，电缆进行下列操作时应避免挠曲：
——正在电缆盘上缠绕或放开；
——正接近或离开导向装置

应有措施确保至少总有 2 圈软电缆缠绕在电缆盘上。

除非得到了电缆制造厂特殊同意，应保证电缆所允许的弯曲半径如下：
——使用电缆盘和卷筒应保证有效的盘绕直径至少为电缆直径的 25 倍。导向和偏斜滑轮以及朝向固定电缆端点的弯曲半径，在任何方向上都不应低于电缆直径的 15 倍。S 型或弯入另一平面的两个弯曲之间的直线段应至少为电缆直径的 20 倍。在输送途中转折点的最小弯曲半径应至少为电缆直径的 15。
——对于卷筒输送机，单个卷筒之间的距离应设置为能避免在卷筒上过多的弯曲。这点特别适用于高传送速度、频繁的反向弯曲以及在导线的最大允许张力下工作的情况。

这些要求也应用于类似的设备，比如可移动电缆支撑架，电缆车。

14.4 插头/插座组合

在正常工作时，保持连接的插头/插座组合应为：
——使用钥匙或工具的保持式，以防止意外的断开；
——用开关实现联锁以防止有载情况下断开。

在需要插头/插座组合的场合，比如延长的软电源电缆，它们就需要使用钥匙或工具以某种方式保持，另外，建议将其与开关联锁。

插头/插座组合应符合 5.2.2c 的要求。符合 17.2 的警告符号应粘贴于插头/插座组合上，并应根据第 18 章提供安全使用说明。

14.5 为了装运的拆卸

为了装箱运输需要拆断布线时，应在分断处提供接线座或插头/插座组合附件。这些接线座应适当封装，插头/插座组合应能防护运输和存储期间实际环境的影响。

14.6 电缆托架

电缆托架必须有刚性支撑并远离移动部件定位，从而尽量减少损坏和磨损的可能性。在有人员通过的区域，电缆托架应安装在工作表面以上至少 2 m。

15 电动机及相关设备

15.1 概述

应符合 GB 5226.1—2002 中第 15 章的要求。

注：在具有绝缘中性点或共振接地的电源系统中使用的电动机有时需要更高的绝缘等级。见 GB 755—2000 中 12.4。

15.2 电动机的接线盒

安装于电动机上的器件，如制动器，温度传感器，反接制动开关，测速发电机，应按以下方式端接：
——在与电动机接线盒分开的接线盒中；
——在电动机连接盒内与高压接线端子分开的隔间中。

16 附件

16.1 接地和短路带电导体的附件

适于高压设备将所有带电部分接地和短路到接地系统的附件(见 5.5),应提供足够的数量以便在机械的高压电气设备的带电部分实现安全操作(见附录 B),附件应符合 IEC 61230:1993 的要求。

16.2 电压检测器

应提供符合 IEC 61243-1:1993 适合于检验机械带电部分的电压检测器。这些电压检测器应具有指示其所处工作状态的功能(见附录 B)。亦见 HD 637:1999 的 7.3.3。

16.3 安全工作附件

带电高压设备附近的安全工作附件(如移动屏幕,可插入绝缘隔离物)应根据 HD 637:1999 的 7.3.5 提供(见附录 B)。

17 标记、警告标志和项目代号

17.1 概述

电气设备应标出供方名称、商标或其他识别符号。

警告标志、铭牌、标记和识别牌应经久耐用,经得起复杂的实际环境影响。

标记和项目代号应符合 GB 5226.1—2002 中 17。

17.2 警告标志

不能清楚表明其中装有电气器件的外壳,应根据 GB 18209.1—2000 的图 10 标注组合符号。都应标出形状符合 GB/T 5465.2—1996 中 5036 图形符号的黑色三角形边、黄底、黑色闪电符号。其整体与 ISO 3864:1984 的符号 13 一致,并应将相应的电压值标注于补充标志上。

警告标志应在外壳的门或盖子上清晰可见。

18 技术文件

应符合 GB 5226.1—2002 中第 18 章的要求。此外,在文件中,特别是在操作说明书中,应包括本部分中第 16 章所列出附件的正确使用方法。

19 试验和检验

19.1 概述

本部分规定机械高压电气设备通用技术条件。特殊机械型式的有关试验在专用产品标准中规定。如果该机械尚无专用产品标准,则可从下列各项试验中选一项或多项适合的试验,但都应包括接地系统的试验(见 19.2):

——高压电气设备的检验与技术文件一致;

——接地系统的试验(见 19.2);

——绝缘电阻试验(见 19.3);

——耐压试验(见 19.4);

——功能试验(见 19.5)；

——对高压设备外部的电气工作区的 IP 试验(见 19.6)。

进行试验时，建议遵循列出的顺序。

19.2 接地系统的试验

应对下列部位进行试验：

——机械装置；

——机械装置和外部装置之间的连接(机械连接导线)；

——作为机械电气装置的一部分提供的接地系统。

以检验接地系统满足 6.3 规定的对间接接触防护的要求。

检验应根据 HD 637:1999 的 9.6 进行。

19.3 绝缘电阻试验

在动力电路导线和保护接地电路之间施加等于高压设备的额定电压或 5kV 时测得的绝缘电阻不应小于 1 MΩ。绝缘电阻检验可在整台高压电气设备的单独部件上进行。

例外：对于高压电气设备的某些部件，如母线、汇流线、汇流排系统或汇流环装置，在制造商的同意下，可允许有较低的最小绝缘电阻值。

19.4 耐压试验

关于耐压试验的细节应在供方和用户之间达成一致。在 IEC 60298:1990 的附录 DD 中给出了现场安装后的耐压试验指南。

19.5 功能试验

电气设备的各种功能，尤其有关安全和安全防护的功能，都应进行试验。

19.6 高压设备外部电气工作区的 IP 检验

对提供 IPXXDH 直接接触最低防护等级型式试验的高压设备 IP 试验不是必须的。

对于其他电气设备，应进行 GB 4208—1993 所规定的适当的检验。

19.7 重新试验

如果机械及其有关设备的一些部分有变动或改进，这些部分应进行重新试验(见 19.1)。

附 录 A
（资料性附录）
GB 5226 本部分所包括的机械示例

下列机械的高压设备应遵守 GB 5226 本部分的要求：

——造纸和制板机；

——内部搅拌器(橡胶和塑料)；

——隧道机械；

——采矿和采石机；

——输送机；

——起重机；

——装船机/卸船机；

——物料(例:煤)存取机械。

附 录 B
（资料性附录）
机械的高压电气设备调查表

注：GB 5226.1—2002 附录 B 中机械的低压设备有一个单独查询表。

建议以下信息由定购设备的用户提供。它便于在用户和供方之间就基本条件和用户附加要求达成一致协议，以确保机械的高压电气设备的正确设计，应用和使用。（见 4.1）

制造厂/供方名称________

最终用户名称________

投标/定购号________日期________

机械类型/序列号________

1. 对本部分中的规定有无更改考虑？有________无________

工作条件——特殊要求（见 4.4）

2. 环境温度范围________
3. 湿度范围________
4. 海拔高度________
5. 环境条件（如腐蚀性气体，尘埃，电磁兼容性）________
6. 辐射________
7. 振动和冲击________
8. 特殊安装和工作要求（如电缆和电线的阻燃要求）________

电源供应和相关条件（见 4.3）

9. 预期的电压波动（如果高于±10%）________
10. 预期的频率波动（如果超过 4.3.2 的规定）________

    短期值规定________
11. 指明电气设备中未来可能的变化，这种变化对电源方面增加的要求________
12. 指示需要的各种电源：

    额定电压（V）________ a. c. ________ d. c. ________

    如果是 AC，相数________频率________Hz

    电源到机械接入点处的预期短路电流________ kAr. m. s.（亦见 15）

    波动超出 4.3.2 中规定值________
13. 采用多大的和什么型号的电缆连接电源与机械？

    电缆的截面积________

    导线的材料________

    电缆的类型________
14. 高压供电系统预期的单相接地故障电流？

    大小：________ 持续时间：________

    接地的类型：

    ——中性线隔离，

    ——谐振接地，

    ——低阻抗中性线接地，

    ——谐振接地和临时低阻抗中性线接地？

    在有绝缘中性点或谐振接地的系统中预期的双接地故障电流？

    大小：________ 持续时间：________

15. 用户或供方提供了供电线路的过电流和接地故障保护吗？(见 7.2.2)

____

类型和设置：

——过电流保护装置__________

——接地故障保护装置__________

16. 电源切断和接地装置

提供的切断装置类型？__________

接地开关要求锁定设备锁定在断开位置吗？是__________ 否__________

17. 可直接起动三相交流电动机的电源输入线路功率限值？__________kW

18. 电动机

参照 GB 5226 的第 1 部分的 7.3(电动机的过载保护)

——电动机过载的检测装置数可以减少吗？是__________ 否__________

——缺相情况下要求保护吗？是__________ 否__________

——在堵转的情况下要求保护吗？是__________ 否__________

其他需考虑的事项

19. 功能标识(见 17.1)__________

20. 铭牌/专用标记

——认证标记 是__________ 否__________如果有，是哪种？__________

——在高压电气设备上吗？__________使用何种语言？__________

21. 技术文件(见 GB 5226.1—2002 中 18.1)

在何种载体上？__________使用何种语言？__________

22. 由用户提供的管道、开式电缆托架，或电缆支撑的尺寸、位置和用途(见 GB 5226.1—2002 中 18.5)(若有需要，应提供附加表单。)

23. 若提供双手控制，说明其类型__________

若是类型Ⅲ，说明每对按钮的操作时间极限差(最大为 0.5 s)__________

24. 如果体积或重量的特殊限制影响到特定机械运输或控制设备组件到达安装位置，要做出说明：

——最大尺寸__________

——最大重量__________

25. 对于用手动控制的频繁重复工作循环，工作循环会重复频度是多少？

__________每小时。

机械以该速度工作预期无连续间歇的时间是多长？__________分钟。

26. 如果是专用机械，是否需要提供负载下机械的运行型式试验证书

是__________否__________

若是其他机械，是否需要提供负载下机械的运行型式试验证书？

是__________否__________

27. 对于无线控制系统，当缺少有效信号时，自动引发机械关机前，规定延迟时间吗？(见 GB 5226.1—2002 中 9.2.7.3)__________s。

28. 对于 14.2 中所涉及的导线，需要使用导线标识的专门方法吗？

是__________否__________型式__________

29. 附件的类型和数量：

——接地和短路(见 16.1)类型__________编号__________

——电压检测器(见 16.2)类型__________编号__________

——安全工作(见 16.3)类型__________编号__________

附 录 C
（资料性附录）
在带有直接接地或中性点低阻抗接地的电源系统中裸露保护性导体截面积的计算方法

因为在短时接地故障期间接触保护性导体而烧灼的可能性很小，截面积的大小按 200℃的温度设计。使用下列公式计算，可满足用于在长达 5 s 的时间内传导接地故障电流，而导体温度不超过 200℃的要求。假设绝热的裸露导体的截面积的大小：

$$S=(I_e/K)t^{\frac{1}{2}}$$

其中：

S 为所要求的截面积，单位(mm^2)；

I_e 为有效的接地故障电流，单位(A)，表示交流方均根值；

t 为故障电流的时间，单位 s；

K 为因子，单位 $As^{\frac{1}{2}}mm^{-2}$，对于裸露导体最大允许温度为 200℃，基于初始温度 40℃。铜为 153；铝为 99；电镀钢为 56。

附 录 D
（资料性附录）
电缆额定电压和高压设备最高电压的关系

电缆的电压指示用 $U_0/U(U_m)$ 表示，其中：

U_0 是电缆的导线和接地或金属屏蔽之间额定电源频率的电压；

U 是电缆的导线之间额定电源频率的电压（亦用作额定系统电压）；

U_m 是高压设备的最高系统电压的最大值（见 IEC 60038）。

电缆和相关装置的额定电压		高压设备的最高电压
U_0/kV	U/kV	U_m/kV
1.8	3	3.6
3.6	6	7.2
6	10	12
8.7	15	17.5
12	20	24
18	30	36

附 录 E
（资料性附录）
关于接地和保护性的术语的合理使用

GB 5226.3—2005	HD 637:1999
接地电极 未定义。 不作特殊要求。 3.9 中使用	**接地电极** 在 2.7.3 中定义为： 一种与大地传导性连接的导体，或内置于混凝土中，通过大的表面与地连接的导体（比如地基接地电极）。（IEV 604-04-05，IEV 826-04-02）
接地系统 在 3.9 中定义为： 接地电极或等效的金属部件（如：塔架或建筑基础，护壳铠装，金属电缆护套），接地导线和连接导线构成的局部范围的导电系统	**接地系统** 在 2.7.6 中定义为： 由接地电极或等效的金属部件（比如塔脚(tower footings)，铠装，金属电缆鞘），接地导体和连接导体形成导电性连接的一种局部限制系统。（IEV 604-04-01）
接地导体 未定义。 不作特殊要求。 在 3.9，3.25 中使用	**接地导体** 在 2.7.4 中定义为： 与必须联接到接地电极的一部分安装相连接，或连接接地电极且放置在泥土外面或埋置在泥土之中并与之绝缘的导体。 （IEV 826-04-07） 注：在安装部分和接地电极之间的连接通过一个断开链接，断开开关，涌流捕获计算器，涌流捕获控制间距等构成，只有在线路的该部分永久的与接地电极相连接时才成为接地导体
机械接地导线 在 3.25 中定义为： 将机械与接地系统等电位连接的导线。 注：本接地导线的定义和使用分别见 IEV 826-04-07 和 HD 637:1999。 不作特殊要求。 在 8.2.1，8.2.3，8.2.6，8.2.7，19.2 中使用。	**机械接地导线** 未使用

<table>
<tr><th>GB 5226.3—2005</th><th>HD 637:1999</th></tr>
<tr><td>保护性导线
在 3.35 中定义为：
防止电击措施中所需用的一种导线，用于下列部分之间的电气连接：
——外露可导电部分；
——外部可导电部分；
——总接地端子。
[源自 IEV 826-04-05]
在 8.2.2,13.7.1 中有要求。
用于 3.16,3.34,8.2.1,8.2.3,8.2.6,13.8.3,13.8.7,14.2,附录 C</td><td>保护性导线
未定义。
只用于低压设备和高压接地系统之间的连接</td></tr>
<tr><td>等电位连接：
在 3.15 中定义为：
把各个外露可导电部分和外部可导电部分电气上压接，达到实质的相等电位。
在 8 中有要求。
见于 3.16,3.25,8.1,8.2.1,13.8.7</td><td>等电位连接：
在 2.7.14.1 中定义为：
在传导部分之间的传导性连接，目的是减少这些点之间的电位差</td></tr>
<tr><td>等电位连接导线
在 3.16 中定义为：
为保护性等电位连接而提供的保护导线。(IEV 826-04-10)
未作特殊要求。
用于 8.2.1,8.2.6</td><td>等电位连接导线
在 2.7.5 中定义为：
提供等电位连接的导体</td></tr>
<tr><td>辅助等电位连接导体
未定义。
要求见于 8.2.7。
用于 8.2.7</td><td>辅助等电位连接导体
未使用</td></tr>
<tr><td>保护性连接电路
在 3.34 中定义为：在绝缘失效时用于防电击的全部保护性导体和传导部分。
未作特殊要求。
用于 8.2,16.3.1,6.3.3,8.2.1,8.2.3,8.2.4,8.2.5,8.2.6,8.2.7,13.8.2,19.3</td><td>保护性连接电路
未使用</td></tr>
</table>

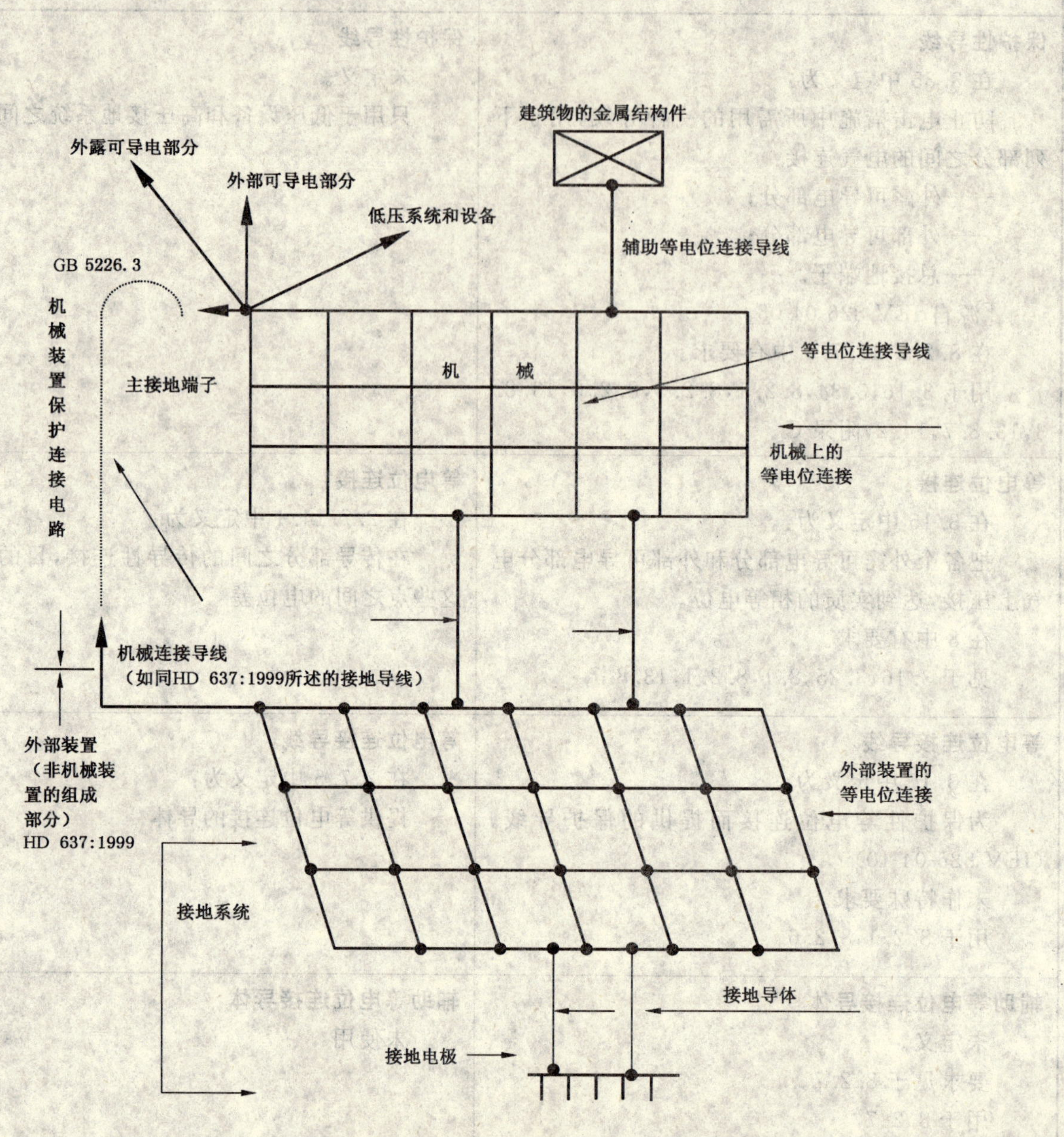

图 E-1　与接地和保护性连接有关术语的说明

索　引

本索引按术语英文字母顺序排列，并指明该术语在本部分正文中出现的位置，术语在第3章中说明。

P	
插头/插座组合 plug/socket combination	3.32,5.5,8.2.5,14.4,14.5
动力电路 power circuit	3.33,1,3.4,3.26,4.1,7.2.3,7.2.5,13.8.7,19.3
保护接地电路 protective bonding circuit	3.34,6.3.1,6.3.3,8.2.1,8.2.3,8.2.4,8.2.5,8.2.6,8.2.7,13.8.2,19.3
保护性导线 protectiveconductor	3.35,3.16,3.34,8.2.1,8.2.3,8.2.6,13.7.1,13.8.3,13.8.7,14.2,附录 C
R	
项目代号 reference designation	3.36,12.2.1,17,17.1
风险 risk	3.37,1,3.24,3.38,4.1,12.4
S	
安全工作步骤 safe working procedure	3.38,4.1
安全防护装置 safeguard	3.39,1,3.40,4.1
安全防护 safeguarding	3.40,3.23,4.1,19.5
维修站台 servicing level	3.41,5.2.4,12.2.1
短路电流 short-circuit current	3.42,5.2.3.2,7.2.5,13.2,13.8.7,附录 B
供方 supplier	3.43,4.1,4.3.1,4.4,4.7,7.2.2,7.2.4,7.2.6,7.3,12.4,13.1,13.3,13.4,14.1.1,14.2,17.1,19.4,附录 B
开关电器 switching device	3.44,3.6,5.2.2,7.2.6,8.2.4
T	
端子 terminal	3.45,3.35,5.1,7.2.4,7.4,8.2.1,12.2.1
U	
用户 user	3.46,1,3.43,4.1,4.3.1,4.3.2,4.4,7.2.2,7.3,14.2,19.4,B

ICS 29.020;61.080
J 09

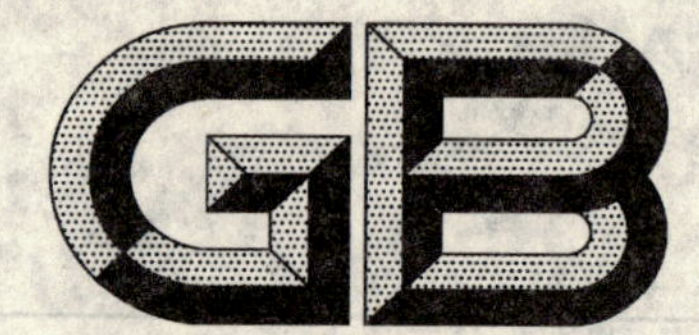

中华人民共和国国家标准

GB 5226.4—2005/IEC 60204-31:2001

机械安全　机械电气设备 第31部分:缝纫机、缝制单元和缝制系统的特殊安全和EMC要求

Safety of machinery—Electrical equipment of machines—Part 31: Particular safety and EMC requirements for sewing machines, units and systems

(IEC 60204-31:2001,IDT)

2005-09-09 发布　　2006-09-01 实施

中华人民共和国国家质量监督检验检疫总局
中国国家标准化管理委员会　发布

前　言

本部分的第1章、第2章、第3章、4.4.2、第11章、第19章(不含19.2)、20.6为推荐性条文,其余为强制性条文。

GB 5226《机械安全　机械电气设备》分为如下几个部分:

——第1部分:通用技术条件;

——第11部分:电压高于1 000 V a.c.或1 500 V d.c.但不超过36 kV的高压设备技术条件;

——第31部分:缝纫机、缝制单元和缝制系统的特殊安全和EMC要求;

——第32部分:起重机械技术条件。

本部分为GB 5226的第31部分,等同采用IEC 60204-31:2001《机械安全　机械电气设备　第31部分:缝纫机、缝制单元和缝制系统的特殊安全和EMC要求》(第3.0版)。

本部分等同翻译IEC 60204-31:2001。由于IEC 60204-31:2001(第3版)标准是在IEC 60204-1:1992(第3版)的基础上"补充"、"修改"和"替换"后形成的,故IEC 60204-31:2001(第3版)应与IEC 60204-1:1992配套使用。但IEC 60204-1:1992(第3版)现已修订为IEC 60204-1:2000(第4.1版)。与IEC 60204-1:1992对应的GB/T 5226.1—1996(eqv IEC 60204-1:1992)也已修订为GB 5226.1—2002(idt IEC 60204-1:2000),所以本部分应与GB 5226.1—2002配套使用。GB/T 5226.1—1996第11章控制接口在GB 5226.1—2002中虽已取消,但因本部分是等同采用IEC 60204-31:2001,故仍按推荐性条款保留。

本部分从第12章开始与比其小1的GB 5226.1—2002章号对应,节号不变。例如:本部分第12章对应GB 5226.1—2002的第11章,本部分13.1、13.2……分别对应GB 5226.1—2002的12.1、12.2……,其余类推。

本部分的附录AA为规范性附录,附录BB为资料性附录。

本部分由中国机械工业联合会提出。

本部分由全国工业机械电气系统标准化技术委员会(SAC/TC231)归口。

本部分由北京机床研究所和上海市缝纫机研究所负责起草,全国缝纫机标准化中心、国家缝纫机质量监督检验中心、北京兴大豪科技开发有限公司、西安标准工业股份有限公司、上工股份有限公司参加起草。

本部分主要起草人:黄祖广、雷杰、张维青、张兴国、解怀玉、张敏、姜淑忠。

引　　言

本部分是对 GB 5226.1—2002 相应条款的修改和补充，本部分应与 GB 5226.1—2002《机械安全 机械电气设备　第1部分：通用技术条件》配套使用。

本部分适用于缝纫机、缝制单元和缝制系统电气设备的特殊安全和 EMC 要求。

在本部分中未提到的 GB 5226.1 中的特殊条款，应尽可能的合理使用。本部分中的“补充”、“修改”或“替换”是对 GB 5226.1 相关章节的修改。

对 GB 5226.1 补充的附录编号为附录 AA 和附录 BB。

机械安全　机械电气设备
第31部分：缝纫机、缝制单元和缝制
系统的特殊安全和EMC要求

1　范围

GB 5226.1—2002 中第1章由以下内容替换：

本部分适用于为工业用途专门设计的缝纫机、缝制单元和缝制系统的电气和电子设备。

注：家用或类似用途的缝纫机的要求见 IEC 60335-2-28。

本部分所论及的设备是从机械电气设备的电源引入端开始的(见5.1)。本部分适用的电气设备或电气设备部件，其额定电压不超过1 000 V a.c或1 500 V d.c.，额定频率不超过200 Hz。

本部分不包括所有要求(如防护、联锁或控制)，这些要求是其他标准为保障人身免遭非电气伤害所需要的。

本部分适用于安装在干燥和干净场所的缝纫机单元和系统，例如，缝制干式缝料(如工业布料)。对于在非干燥和干净场所使用的缝纫机单元和系统应采取更严格的措施。

2　规范性引用文件

下列文件中的条款通过 GB 5226 的本部分引用而成为本部分的条款。凡是注日期的引用文件，其随后所有的修改单(不包括勘误的内容)或修订版均不适用于本部分，然而，鼓励根据本部分达成协议的各方研究是否可使用这些文件的最新版本。凡是不注日期的引用文件，其最新版本适用于本部分。

GB 5226.1—2002 确定的规范性引用文件按下列补充后都适用于本部分。

GB 4824—2004　工业、科学和医疗(ISM)射频设备　电磁骚扰特性　限值和测量方法(CISPR11：1999,IDT)

GB 15092.1—2004　器具开关　第1部分：通用要求(IEC 61058-1:2001,IDT)

GB/T 17626.2—1998　电磁兼容　试验和测量技术　静电放电抗扰度试验(idt IEC 61000-4-2：1995)

GB/T 17626.3—1998　电磁兼容　试验和测量技术　射频电磁场辐射抗扰度试验(idt IEC 61000-4-3：1995)

GB/T 17626.4—1998　电磁兼容　试验和测量技术　电快速瞬变脉冲群抗扰度试验(idt IEC 61000-4-4：1995)

FZ/T 80003—1994　纺织品与服装　缝纫型式　分类和术语(idt ISO 4916:1991 纺织品　缝式　分类和术语)

ISO 4915:1991　纺织品　线迹型式　分类和术语

IEC 60721-3-3:1994　环境条件分类　第3部分：环境参数组及其严酷程度的分类　有气候防护场所的固定使用

ENV 50204:1995　数字无线电话辐射电磁场　抗扰度试验

3　术语和定义

GB 5226.1 确立的以及下列术语和定义适用于本部分。

3.101

缝纫机　sewing machine

使用一根或多根缝线产生一种或多种线迹的机械(见 ISO 4915)，在生成一个接缝时(见 ISO 4916)机械可以完成一种或多种缝纫功能。

注：以前，曾用"缝纫机头"术语代替"缝纫机"。

3.102

缝纫机台板与机架　sewing machine stand

类似于桌子，在其上放置缝纫机以使能最佳操作。

3.103

缝纫机驱动器　sewing machine drive

可带或不带定位装置和缝纫机功能控制，速度可用电气和(或)机械装置控制的缝纫机驱动器件，例如：电动机。

3.104

缝制单元　sewing unit

至少由一台缝纫机、缝纫机台板与机架和缝纫机驱动器组成的设备。缝纫机或缝制单元一般应配备和(或)接在一台或多台(例如：缝纫、切线、送料等)装置上，缝料以及缝纫机本身由人工或自动控制。

3.105

缝制系统　sewing system

至少由两台功能互连的缝制单元或缝制单元的部件组成的设备。

4　基本要求

GB 5226.1—2002 的第 4 章按下列修改后适用于本部分。

4.4.2　电磁兼容性

修改：

见附录 AA。

4.4.4　湿度

修改：

第一段由下列内容替换：

在 IEC 60721-3-3：1994 中规定的 3K3 严酷等级的湿度条件下，电气设备以预期方式应能正常工作。

5　引入电源线端接法和切断(隔离)开关

GB 5226.1—2002 的第 5 章按下列修改后适用于本部分。

5.1　引入电源线端接法

修改：

在第一段第一句(即"建议把机械电气设备连接到单一电源上")后补充：

每台缝制单元应连接到单一的引入电源。

由至少两个缝制单元组成的缝制系统中，每个缝制单元可有独自连接的引入电源。但是如果其中一个缝制单元出现故障会产生危险，则缝制系统应连接到单一的引入电源。

替换第三段第一句：

可以使用中线。

5.3 电源切断(隔离)开关

5.3.1 概述

补充:

当用控制系统将缝制单元互联形成缝制系统时,只应有一个电源切断开关。

5.3.2 型式

d)条款中补充:

当通过操动"保持—运转"控制器件(例如:脚踏板)起动和停止缝制单元和缝制系统激励时,则应使用符合 GB 14048.3—1993 中使用类别 AC-3 或 DC-3 的隔离开关,或符合 GB 15092.1—2004 规定的内装式开关。

5.3.3 要求

5.3.3.1 概述

补充:

当电源切断(隔离)开关采用 5.3.2d)规定的型式时,5.3.3 的要求不再适用。

5.3.4 操作手柄

补充:

为坐着使用的"通"/"断"开关的操作手柄,应安装在维修站台以上 0.5m~1.5m 间。

6 电击的防护

GB 5226.1—2002 的第 6 章按下列修改后适用于本部分。

6.1 概述

补充:

电击的防护也可按 GB 16895.21—2004 采用 SELV 防护措施,特别是按 GB 16895.21—2004 中的 411.1.4.3 要求进行。

6.4 采用 PELV 保护

修改:

b)条款不适用于本部分。

7 电气设备的防护

GB 5226.1—2002 的第 7 章按下列修改后适用于本部分。

7.5 对电源中断或电压降落随后复原的保护

补充:

对通过操动时为"起动"、释放时为"停止"的"保持—运转"控制器件(例如:脚踏板)的缝制单元和缝制系统,无需设置用以防止电源中断或电压降落随后意外重新起动和电压复原的装置。

8 等电位接地

GB 5226.1—2002 的第 8 章按下列补充后适用于本部分。

8.2.5 不必连接到保护接地电路上的零件

补充:

下列情况不必将缝纫机台板与机架或其易接近的导电部分连接到保护接地电路上。

——缝纫机台板与机架上未装电气设备;或

——缝纫机台板与机架上只装有在 SELV 和(或)PELV 下工作的电气设备(见 GB 14821.1—1993)。

9 控制电路和控制功能

GB 5226.1—2002 中的第 9 章按下列修改后适用于本部分。

9.1.1 控制电路电源

替换：

缝制单元和缝制系统的控制电路应符合 PELV(见 6.4)或 SELV(见 GB 14821.1—1993)的要求，控制电路电源采用的变压器应符合 GB 13028—1991 的规定。

9.1.4 控制器件的连接

修改：

该条款不适用于带定位装置缝纫机驱动器的控制。

9.2.5.2 起动

补充：

GB 5226.1—2002 的 9.2.5.2 不适用于下列情况：

——采用操作时为“起动”的“保持—运转”控制器件(例如：脚踏板)的缝制单元和缝制系统；

——缝制周期短的缝制单元和缝制系统，例如：自动加固缝、锁眼、钉扣等设备。

9.2.5.3 停止

补充：

采用“保持—运转”控制器件(例如：脚踏板)，满足缝制单元和缝制系统停止功能的要求。对于缝纫周期短的缝制单元和缝制系统(例如：自动加固缝、锁眼、钉扣等设备)，采用符合 GB 14048.3—1993 或 GB 15092.1—2000 规定的“通”、“断”开关，满足其停止功能要求。

9.4 故障情况的控制功能

9.4.1 一般要求

补充：

注：缝制单元和缝制系统上部件的危险运动，仅限于缝纫机本身的部件(例如：线迹形成、送料等机构)，一般单一故障由于机械防护装置的存在不会引起危险状态。因此，对这些机械不必采用电路的保护联锁。

9.4.2 故障情况下降低风险的措施 9.4.2.2 采用冗余技术

补充：

注：缝制单元和缝制系统上部件的危险运动，仅限于缝纫机本身的部件(例如：线迹形成、送料等机构)，无需采用冗余技术。

9.4.2.3 采用相异技术

补充：

注：缝制单元和缝制系统上部件的危险运动，仅限于缝纫机部件的本身(例如：线迹形成、送料等机构)，无需采用相异技术。

9.4.3.1 接地故障

补充：

在缝制单元和缝制系统中，在接地故障可能引起机械意外起动、机械的危险运动或妨碍机械停止的情况下，涉及的导体可采用特殊安全措施。而不将控制电路与保护接地电路或配备的绝缘监控装置相连接。

特殊安全措施用以下方式实现，例如：

——将绝缘导线置于绝缘材料的管道中；

——使用双重绝缘技术；

——将部件和器件封装起来。

10 操作板和安装在机械上的控制器件

GB 5226.1—2002 的第 10 章按下列修改后适用于本部分。

10.1.2 位置和安装

修改：

第一段的第一项（即"——操动器不低于维修站台以上 0.6 m，并处于操作者在正常工作位置上易够得着的范围内；"）用以下两项替换：

——用于正常操作的操动器不低于维修站台以上 0.6 m，并处于操作者在正常工作位置上易够得着的范围内（也见 5.3.4）；

——用于调试和维修的操动器不低于维修站台以上 0.3 m，并处于在正常操作（例如：定位、锁定）期间不会被意外操作的位置。

10.1.3 防护

替换：

安装在操作板和机械上的控制器件应能承受规定的使用应力，并应具有至少 IP40 的最低防护等级（见 GB 4208—1993）。缝制单元和缝制系统工作在无污染物（如：侵蚀性液体、气体，大量粉尘和碎片）的环境中，具有 IP40 的防护等级是足够的。

10.2 按钮

10.2.1 颜色

修改：

第一段用以下内容替换：

应用时，按钮操动器的颜色代码应符合表 2 的要求，并受限于按钮操动器及其内装式罩壳和结构尺寸。

10.3 指示灯和显示器

10.3.2 颜色

修改：

第一句用以下内容替换：

应用时，指示灯玻璃的颜色代码应根据机械的状态符合表 3 的要求，并受限于指示灯及其内装式罩壳和结构尺寸。

10.4 光标按钮

修改：

第一句用以下内容替换：

应用时，光标按钮的颜色代码应符合表 2 和表 3 的要求，并受限于光标按钮及其内装式罩壳和结构尺寸。

10.7.5 切断装置的应用

补充：

在自动控制的缝制单元和缝制系统中电源切断开关可起到急停器件的功能（见 GB 5226.1—2002 中 5.3.3），无须考虑 GB 5226.1—2002 中 10.7.2 所述的急停器件。

对通过操动时为"起动"的"保持—运转"控制器件（例如：脚踏板）的缝制单元和缝制系统，无须配置急停器件。另外，对于缝纫周期短的自动控制缝制单元和缝制系统，例如：自动加固缝、锁眼、钉扣等设备，也无须配置急停器件。

这些缝制单元和缝制系统可按 GB 14048.3—1993 或 GB 15092.1—2000 要求配置"通"、"断"转换开关。

11 控制接口

11.1 概述

本章涉及数控或可编程序控制器与各种外部装置间，尤其是与数字输入和输出器件以及速度和伺服驱动装置之间的信号要求。数控或可编程序控制器与外部装置之间的布线应符合 GB 5226.1—2002 中第 13 章和第 14 章的规定。

如果风险评价表明不存在较大伤害风险(例如:用机械防护装置把危险部件防护起来)，则缝制单元和缝制系统的输入或输出电路不必部分或全部与数字控制或可编程控制单元的内部电路隔离，并且控制电压不必接地。

11.2 数字输入/输出接口

对于每个数字(I/O)信号，数控或可编程序控制器应至少有一个适合的端接装置(如插销连接器、螺钉接线端子座)，同时具有足够数量的公用和屏蔽端接装置。建议用单独的公用连接配置每个信号终端。

控制电路和信号电路所用的连接器应设计得使它们不能和其他插头互换。

11.2.1 输入

每个输入器件的一端应连接到输入电压电源电路的一边，其另一端连到适当的输入端子上。输入电压电源的另一边应连接到保护接地电路的电源公共端子上。输入电路应通过使用变压器、光耦合器或其他高阻抗器件以及隔离导线，使其与数控或可编程序控制器的内部电路隔开。

除非考虑故障情况下需要使用常闭触头(如停止功能)，否则输入器件应通过常开触头连接。

11.2.2 输出

每个输出模块或电路应只连接到一个输出器件上。

当把电感性负载连接到数控或可编程序控制器输出端时，应确保电感性负载的切换符合数控或可编程序控制器供方的推荐。此外应在电动机绕组间提供干扰抑制，以抑制电动机起动或停止时对工作中的数控或可编程序控制器的干扰。

11.3 具有模拟量输入的驱动接口

11.3.1 控制装置和电力驱动装置之间的隔离

除与保护接地电路的公共端子连接外，驱动装置供方应确保在数控装置和驱动控制电路之间采用差动输入。这包括测量电动机电枢电流的一些装置。驱动装置不应对输入端子和机架之间的共模信号敏感。

11.3.2 液压伺服阀

当需要时，数控装置供方应对液压伺服阀提供与受控轴速度成比例的输出电流，或应把对电流变换器件适用的电压告知机械制造者。

11.3.3 电动伺服和速度驱动装置

从数控装置到电动伺服或速度驱动装置的速度指令或跟踪误差信号为模拟量时，建议选用±10 V 与电动机最高转速或最大转矩相对应。

11.4 外围设备

外围器件(如显示终端，打印机)应按照供方的建议连接和使用。

11.5 通信系统

通信系统和网络应按相应的 IEC 和 ISO 标准进行接入。当机械及其有关设备需要连接到通信网络(即机械和遥控器之间的指令和数据传输)时，网络接口应最好是符合 IEC 和 ISO 标准以及供方的建议。在此情况下，设备应设置键控开关或类似的装置，它将“锁住”来自遥控器的任何可能引起危险情况的指令。由开关控制的电路应只允许由人紧靠近机械控制其功能。

12 电子设备

GB 5226.1—2002 第 11 章适用本部分[a]。

13 控制设备:位置、安装和电柜

GB 5226.1—2002 的第 12 章按下列修改后适用于本部分。

13.2 位置和安装

13.2.1 易接近性和维修

修改:

第 2 段用以下内容替换:

为了常规维修或调整而需接近的有关器件,应安设于维修站台以上 0.3 m~2.0 m 之间。

13.2.2 隔离

补充:

防护外壳应符合 GB 5226.1—2002 中 6.2.1 的规定,其外壳与带电部分的电气间隙和爬电距离应不小于 GB 14048.4—1993 表 C.1 中 L-L 列的规定。

对于印制电路组件和其他所有电气设备和装置(例如:开关、电动机等),均应符合GB/T 16935.1—1997 表 4 中第 2 级污染的规定。

13.3 防护等级

替换:

缝制单元和缝制系统的开关器件外壳的防护等级应不低于 IP40。例外,如果所有的器件和电路均符合 6.1 的要求,则允许最低防护等级为 IP20。

14 导线和电缆

GB 5226.1—2002 的第 13 章适用于本部分。

15 配线技术

GB 5226.1—2002 的第 14 章按下列修改后适用于本部分。

15.2.4 其他导线的标识

补充:

——用于功能接地的导线应标识为灰色。

——公用导线(例如用于消除静电的导线)应标识为灰色。

15.5.8 接线盒与其他线盒

修改:

第一段第二句用以下内容替换:

缝制单元和缝制系统的接线盒与分线盒的防护等级应不低于 IP40。例外,如果电气设备的所有电路和器件均符合 6.1 的要求,则允许最低防护等级为 IP20。

16 电动机和有关设备

GB 5226.1—2002 的第 15 章按下列修改后适用于本部分。

---

[a] GB 5226 的本部分从第 12 章开始与比其小 1 的 GB 5226.1—2002 章号对应,节号不变。例如:本部分第 12 章对应 GB 5226.1—2002 的第 11 章,本部分 13.1、13.2……分别对应 GB 5226.1—2002 的 12.1、12.2……,其余类推,下同。

16.1 一般要求

补充：

用电动机定子绕组的抽头为外部消耗装置(负载)供电的电压变换是不允许的。

16.2 电动机外壳

补充：

缝纫机驱动器(包括其可能附加的控制装置)的防护等级不应低于IP40。

16.3 电动机尺寸

补充：

缝纫机驱动器的尺寸不需要与GB/T 4772.1—1999和GB/T 4772.2—1999相符合。

17 附件和照明

GB 5226.1—2002的第16章按下列修改后适用于本部分。

17.2 机械和电气设备的局部照明

应符合GB 5226.1—2002中16.2(其中16.2.1、16.2.2除外)的规定。

17.2.1 概述

补充：

缝制单元和缝制系统的局部照明(缝纫灯)额定交流电压不超过50 V时，其通/断开关可装在软导线上。

17.2.2 电源

补充：

低电压的缝纫灯应配备内置式变压器或符合GB 13028—1991规定的外置式超低压变压器。

用于穿线、更换缝制装置、维护等局部照明(缝纫灯)电路，应连接到缝制单元(或系统)的通/断开关器件的电源输入端。

18 警告标志和项目代号

GB 5226.1—2002的第17章适用于本部分。

19 技术文件

GB 5226.1—2002中第18章按下列修改后适用于本部分。

19.8 操作说明书

补充：

说明书应对需要经常断开的缝制单元或系统(例如：通过操作通/断开关或从电源输入端拔下插头)进行说明：

——更换缝制器具(例如：缝纫机针、压脚、线筒或针板)；

——缝纫机针、钩圈和布料器等需要穿线；

——工作面无人看管时；

——进行维护工作。

20 试验

GB 5226.1—2002中第19章按下列修改后适用于本部分。

20.1 概述

补充：

20.2、20.3、20.4和20.7为例行试验；20.5和20.6为型式试验。

20.3　绝缘电阻检验

补充：

当试验其他电路时，所包含电子器件的控制和信号电路应连接到保护导线上。测量控制和信号电路对地绝缘电阻时，断开与其相连的保护导线，在其与接地电路间应至少施加 100 V d.c，时间为 1 s。对地绝缘电阻测量时，为避免对电子电路造成损害，试验电压应逐渐增加。

20.4　耐压试验

补充：

整流器、电容、电子器件和额定功率小于 1 kW 的电动机试验时应断开。

电动机应按 GB 755—2000 的规定进行试验。额定电压低于 50 V 的电子电路不应进行耐压试验。

20.6　电磁兼容性试验

见本部分附录 AA.5。

附　　录

GB 5226.1 的附录按下列修改后适用于本部分。

补充：

附　录　AA
（规范性附录）
电磁兼容性要求

注：本附录的目的是规定缝制单元、缝制系统及其缝纫机驱动器、控制器等设备对其他设备可引起干扰的电磁发射限值，以及有关快速瞬变脉冲群、传导和辐射骚扰、静电放电的限值。

AA.1　电磁相容性试验等级

可能受电磁现象影响的端口有：

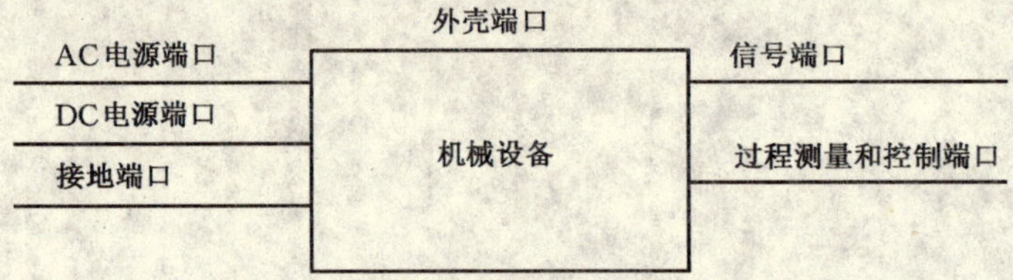

在表 AA.1～表 AA.2 中规定的电磁兼容性限值，对下列情况有效：

——关于发射限值，预期在居住环境中使用的缝纫设备；

——关于抗扰度限值，使用在具有工业环境特征的工业缝纫设备；

因此，这些限值适用于在任何环境中预期使用的工业缝纫设备。

AA.2　发射

缝纫机或设备所产生的电骚扰不应超过表 AA.1 规定的水平。

对于连接设备的屏蔽部件的屏蔽线不需要测量骚扰电压，但屏蔽装置应相互连接。

对于长度小于 2 m 且不能延长的设备部件的连接导线不需要测量骚扰电压。

AA.3　抗扰度

所用电子设备的设计应至少能承受表 AA.2 到表 AA.7 规定的试验值。

本部分涉及的缝纫机和设备抗扰度试验要求是按端口逐一给出的。

AA.4　性能判据

按本部分的规定进行试验，缝纫机和设备不应出现危险。

在 EMC 试验期间或由于试验结果的需要，应给出功能描述和性能判据的定义，并根据以下判据在试验报告中注明。

——性能判据 A：缝纫机和设备应按预期方式连续工作。当缝纫机和设备按预期使用时，性能降低或功能丧失不允许低于制造商规定的性能水平。有些场合，性能水平可以用允许的性能丧失来代替。

——性能判据 B：试验后，缝纫机和设备应按预期方式连续工作。当缝纫机和设备按预期使用时，性能降低或功能丧失不允许低于制造商规定的性能水平。有些场合，性能水平可以用允许的性能丧失来代替。在试验期间，性能降低是允许的。实际工作状态或存贮数据是不允许有任何改变。

如果供方没有规定最低的性能水平或允许的性能丧失，那么这些要求可以从产品说明、技术文件或用户在按预期方式使用缝纫机和设备时得到。

AA.5 电磁兼容试验

AA.5.1 电磁兼容通用试验条件

EMC 试验应按下列条件进行：

——缝制单元、系统或设备在规定的工作条件范围内和标称供电电压的条件下；

——完全配备好和准备好使用的缝制单元和系统，或单个机器按工作顺序组成完整的缝制系统。

——按最大扩展范围配置的缝制单元和系统或设备(例如具有最大输入/输出数和功能最多的控制系统，所有符合标准的配置较少的缝纫机和设备)。

——按顺序单试验，试验顺序是随意的。

试验期间的配置和工作模式应正确记入试验报告。对缝纫机每个功能进行试验不可行的情况下，应该选取最重要的工作模式进行试验。

从特殊缝纫机和设备的电气特性和使用考虑，可以确定有些试验是不恰当的，因此是不必要的。在这种情况下，应将不试验的决定记录在试验报告中。

缝纫机的驱动器和附加设备应按图 AA.1 所示的标准缝制单元的配置进行试验。

这样试验的缝纫机驱动器和设备是为 EMC 配置的，特殊的试验方法应与供方协商。

注：配备的 EMC 设备不能完全保证缝制单元或缝制系统的 EMC 兼容性。

对每一种 EMC 现象，测量应在定义明确和可重复条件下进行。

AA.5.2 EMC 的发射试验条件

试验和试验设备应按 GB 4824—2001 中第 7、8 章的要求进行。

应按图 AA.1 所示的试验配置进行试验。接地板应符合 GB 4824—2001 中第 8 章的要求。

AA.5.3 EMC 的抗扰度试验条件

试验的描述、试验方法及试验设备在本部分表 AA.2～表 AA.7 给出。

应按图 AA.1 所示的试验配置进行试验。

缝制系统的试验可与图 AA.1 所示的配置不同。

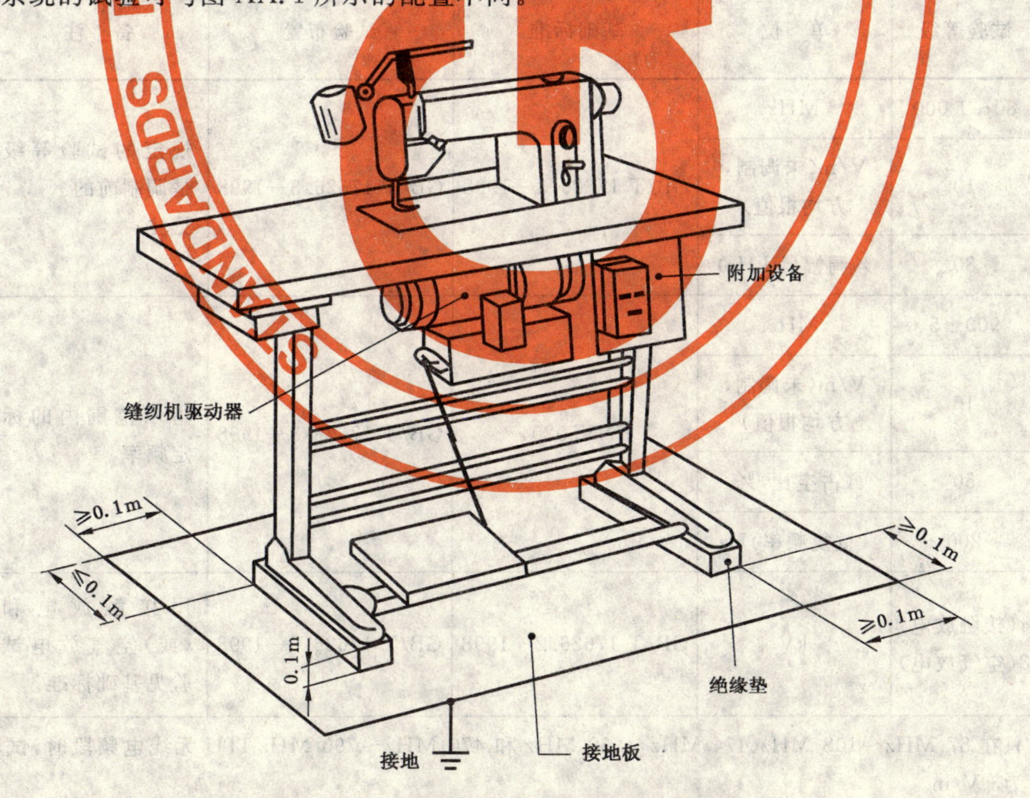

图 AA.1 标准缝制单元 EMC 试验配置

表 AA.1 传导(交流电源端口)和发射限值(外壳端口)

端口	频率范围/MHz	限值	基础标准	适用性
外壳	30～230	30 dB(μV/m)准峰值,测量距离 10 m	GB 4824—2001	见注 1
	230～1 000	37 dB(μV/m)准峰值,测量距离 10 m		
交流电源	0.15～0.50	66 dB(μV)～56 dB(μV)准峰值		见注 2、注 3 和注 4
		56 dB(μV)～46 dB(μV)平均值 限值随频率对数线性降低		
	0.5～5	56 dB(μV)准峰值 46 dB(μV)平均值		见注 2、注 3 和注 4
	5～30	60 dB(μV)准峰值 50 dB(μV)平均值		见注 2、注 3 和注 4

注 1:本标准不包括现场测量;

注 2:脉冲噪声(喀呖声)小于 5 次/min 时将不考虑其限值;对于经常大于 30 次/min 的喀呖声采用表 AA.1 的所列的限值;而对于 5 次/min～10 次/min 的喀呖声,表 AA.1 所列限值允许放宽 20lg(30/*N*)dB(*N* 指每分钟的喀呖声数)。

注 3:仅适用于工作在低于交流电压有效值 1 000 V 以下的机械和设备。

注 4:这些限值是 GB 4824—2001 的一部分。

表 AA.2 外壳端口的抗扰度

环境现象	试验等级	单位	基础标准	试验布置	备注	性能判据
射频电磁场调幅	80～1 000	MHz	GB/T 17626.3—1998	GB/T 17626.3—1998	规定的试验等级是调制前的 见注	A
	10	V/m(未调制,方均根值)				
	80	%调幅(1 kHz)				
射频电磁场脉冲调制	900±5	MHz	ENV50204	GB/T 17626.3—1998	指示范围内的标定频率	A
	10	V/m(未调制,方均根值)				
	50	(占空比)%				
	200	(重复频率)Hz				
静电放电	4(接触放电) 8(空气放电)	kV	GB/T 17626.2—1998	GB/T 17626.2—1998	用接触放电和(或)空气放电试验见基础标准	B

注:只在 87 MHz～108 MHz、174 MHz～230 MHz 和 470 MHz～790 MHz ITU 无线电频段时,试验等级应为3 V/m。

表 AA.3　信号线和数据总线(不包括过程控制)端口的抗扰度

环境现象	试验等级	单　位	基础标准	试验布置	备　注	性能判据
射频共模调幅	0.15～80	MHz	GB/T 17626.6—1998	GB/T 17626.6—1998	见注1、注2和注3规定的试验参数是调制前的	A
	10	V/m(未调制，方均根值)				
	80	%调幅(1 kHz)				
	150	(电源阻抗)Ω				
快速瞬变	1	kV(峰值)	GB/T 17626.4—1998	GB/T 17626.4—1998(容性耦合夹)	见注3	B
	5/50	(T_r/T_h)ns				
	5	(重复频率)kHz				

注1：试验等级被定义为接入150 Ω负载的等效电流。

注2：另外，在47 MHz～68 MHz ITU无线电频段时，试验等级应为3 V。

注3：仅适于按制造商规定的功能规范总长度超过3 m的电缆端口。

表 AA.4　过程、测量和控制线、长控制总线端口的抗扰度

环境现象	试验等级	单　位	基础标准	试验布置	备　注	性能判据
射频传导共模调幅	0.15～80	MHz	GB/T 17626.6—1998	GB/T 17626.6—1998	见注1和注2规定的试验等级是调制前的	A
	10	V/m(未调制，方均根值)				
	80	%调幅(1 kHz)				
	150	(电源阻抗)Ω				
快速瞬变	2	kV(峰值)	GB/T 17626.4—1998	GB/T 17626.4—1998(容性耦合夹)		B
	5/50	(T_r/T_h)ns				
	5	(重复频率)kHz				

注1：试验等级被定义为接入150 Ω负载的等效电流。

注2：只在47 MHz～68 MHz ITU无线电频段时，试验等级应为3 V。

表 AA.5 直流电源输入/输出端口的抗扰度

环境现象	试验等级	单位	基础标准	试验布置	备注	性能判据
射频共模调幅	0.15～80	MHz	GB/T 17626.6—1998	GB/T 17626.6—1998	见注1和注2规定的试验等级是调制前的	A
	10	V/m(未调制，方均根值)				
	80	%调幅(1 kHz)				
	150	(电源阻抗)Ω				
快速瞬变	2	kV(峰值)	GB/T 17626.4—1998	GB/T 17626.4—1998（直接注入）	见注3	B
	5/50	(T_r/T_h)ns				
	5	重复频率 kHz				

注1：试验等级被定义为接入150 Ω负载的等效电流。
注2：只在47 MHz～68 MHz ITU无线电频段时，试验等级应为3 V。
注3：对于连接电池的输入端口不适用，对于可充电电池应从充电装置移开或断开。

表 AA.6 交流电源输入/输出端口的抗扰度

环境现象	试验等级	单位	基础标准	试验布置	备注	性能判据
射频共模调幅	0.15～80	MHz	GB/T 17626.6—1998	GB/T 17626.6—1998	见注1和注2规定的试验等级是调制前的	A
	10	V/m(未调制，方均根值)				
	80	%调幅(1 kHz)				
	150	(电源阻抗)Ω				
快速瞬变脉冲群	2	kV(峰值)	GB/T 17626.4—1998	GB/T 17626.4—1998（直接注入）		B
	5/50	(T_r/T_h)ns				
	5	(重复频率)kHz				

注1：试验等级被定义为接入150 Ω负载的等效电流。
注2：只在47 MHz～68 MHz ITU无线电频段时，试验等级应为3 V。

表 AA.7 接地端口的抗扰度

环境现象	试验等级	单位	基础标准	试验布置	备注	性能判据
射频共模调幅	0.15～80	MHz	GB/T 17626.6—1998	GB/T 17626.6—1998	见注1和注2规定的试验等级是调制前的	A
	10	V/m(未调制，方均根值)				
	80	%调幅(1 kHz)				
	150	(电源阻抗)Ω				

注1：试验等级被定义为接入150 Ω负载的等效电流。
注2：只在47 MHz～68 MHz ITU无线电频段时，试验等级应为3 V。

附 录 BB
（资料性附录）
参 考 文 献

GB 14048.4—1993 低压开关设备和控制设备 低压机电式接触器和起动器

GB/T 17626.6—1998 电磁兼容 试验和测量技术 射频场感应的传导骚扰抗扰度

IEC 60335-2-28 家用和类似用途电器的安全 第2-28部分 缝纫机的特殊要求

ICS 25.220.20
A 29

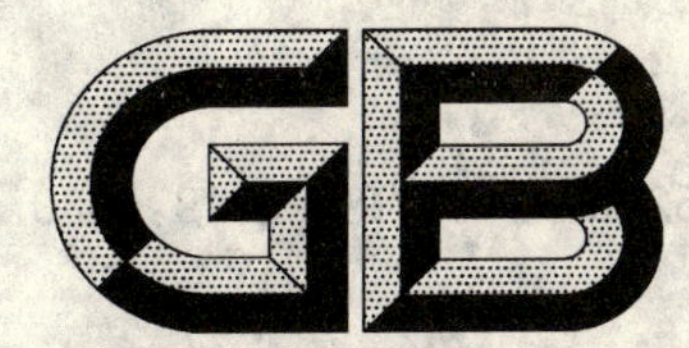

中华人民共和国国家标准

GB/T 5270—2005/ISO 2819:1980
代替 GB/T 5270—1985

金属基体上的金属覆盖层　电沉积和化学沉积层　附着强度试验方法评述

Metallic coatings on metallic substrates—Electrodeposited and chemically deposited coatings—Review of methods available for testing adhesion

(ISO 2819:1980,IDT)

2005-06-23 发布　　2005-12-01 实施

中华人民共和国国家质量监督检验检疫总局
中国国家标准化管理委员会　发布

前　言

本标准是对 GB/T 5270—1985 标准的修订,本标准等同采用 ISO 2819:1980(E)《金属基体上的金属覆盖层　电沉积和化学沉积层　附着强度试验方法评述》(英文版)。

本标准按 GB/T 1.1 的编辑要求根据 ISO 2819 重新起草。本标准对 ISO 2819 作了如下修改:

——取消了 ISO 2819 的前言,补充了目次;

——用"本标准"代替"本国际标准";

——为便于使用,引用了采用国际标准的我国标准。

本标准的附录 A 是资料性附录。

本标准由中国机械工业联合会提出。

本标准由全国金属与非金属覆盖层标准化技术委员会归口。

本标准起草单位:机械工业表面覆盖层产品质量监督检测中心。

本标准主要起草人:宋智玲、钟立畅、姜新华。

本标准所代替标准的历次版本发布情况为:

——GB/T 5270—1985。

金属基体上的金属覆盖层 电沉积和化学沉积层 附着强度试验方法评述

1 范围

本标准叙述了检查电沉积和化学沉积覆盖层附着强度的几种试验方法。它们仅限于定性试验。表2说明了每种试验对常用的一些金属覆盖层的适应性。其中大多数试验都会破坏覆盖层和零件，而一些试验则只破坏覆盖层，即使试验试件在非破坏试验中覆盖层的附着强度是合格的，也不应认为该试件未受损伤。例如摩擦抛光试验(见2.1)可能使试件不能再用，热震试验(见2.12)可能产生不允许的金相变化。

本标准未述及各时期制订的金属覆盖层与基体金属附着强度的一些定量试验方法。因为，这样的试验在实践中需要特殊的仪器和相当熟练的技术，这使之不适用于作产品零件的质量控制试验。然而，某些定量试验方法对研究开发工作可能有用。

把附着强度试验的特殊方法规定于具体覆盖层的国家标准中时，应优先采用本标准所述及的方法，并应征得供需双方的事先同意。

2 试验方法

2.1 摩擦抛光试验

如果镀件局部进行擦光，则其沉积层倾向于加工硬化并吸收摩擦热。如果覆盖层较薄，则在这些试验条件下，其附着强度差的区域的覆盖层与基体金属间将呈起皮分离。

在镀件的形状和尺寸许可时，可利用光滑的工具在已镀覆的面积不大于6 cm^2 的表面上摩擦大约15 s。直径为6 mm、末端为光滑半球形的钢棒是一种适宜的摩擦工具。

摩擦时用的压力应足以使得在每次行程中能擦去覆盖层，而又要不能大到削割覆盖层，随着摩擦的继续，鼓泡不断增大，便说明该覆盖层的附着强度较差。

如果覆盖层的机械性能较差，则鼓泡可能破裂，且从基体上剥离。此试验应限于较薄的沉积层。

2.2 钢球摩擦抛光试验

钢球磨光往往用于抛光。但是，也可以用于测试附着强度。采用直径约为3 mm的钢球、用皂液作润滑剂在滚筒或振动磨光器中进行。当覆盖层的附着强度很差时，可能产生鼓泡。此方法适用于较薄的沉积层。

2.3 喷丸试验

利用重力或压缩空气，把铁球或钢球喷于受试验的表面上，钢球的撞击导致沉积层发生变形。

如果覆盖层的附着强度差，则会发生鼓泡。一般来讲，引起非附着覆盖层起皮的喷丸强度随着覆盖层的厚度变化而改变，薄覆盖层比厚覆盖层需要的喷丸强度小。

用长度150 mm、内径为19 mm的管子将喷嘴与发射铁或钢丸(直径约0.75 mm)的容器相连进行此试验，把压力为0.07 MPa～0.21 MPa的压缩空气送入上述装置中，喷嘴和试样之间的距离为3 mm～12 mm。

另一种方法最适用于检查电镀生产中厚度为100 μm～600 μm的电镀层的附着强度(见附录A)。它采用一种标准气动箱来喷钢丸。

如果银镀层的附着强度差，则会延展或滑动而鼓泡。

2.4 剥离试验

本试验适用于基本平整、表面厚度小于125 μm的覆盖层。将一种大约75 mm×10 mm×0.5 mm

的镀锡中碳钢带或镀锡黄铜带，在距一端 10 mm 处弯成直角，将较短的一边平焊于覆盖层表面上。将一载荷施加于未焊接的一边，并垂直于焊接点的表面，如果覆盖层的附着强度比焊接点弱，则覆盖层将从基体上剥落。如果覆盖层的附着强度比焊接点大，则将在焊接点或覆盖层内发生断裂。

本方法未被广泛应用。因为在焊接操作过程中所到达的温度可能改变附着强度。另外，可利用一种具有适当抗拉强度的硬化合成树脂粘合剂代替钎焊完成这种试验。

另一种试验(胶带试验)是利用一种纤维粘胶带，其每 25 mm 宽度的附着力值约为 8 N。利用一个固定重量的辊子把胶带的粘附面贴于要试验的覆盖层，并要仔细地排除掉所有的空气泡。间隔 10 s 以后，在带上施加一个垂直于覆盖层表面的稳定拉力，以把胶带拉去。若覆盖层的附着强度高则不会分离覆盖层。此试验特别用于印刷线路的导线和触点上覆盖层的附着力试验，镀覆的导线试验面积应大于 30 mm^2。

2.5 锉刀试验

锯下一块有覆盖层的工件，夹在台钳上，用一种粗的研磨锉(只有一排锯齿)进行锉削，以期锉起覆盖层。沿从基体金属到覆盖层的方向，与镀覆表面约呈 45°的夹角进行锉削，覆盖层应不出现分离。本试验不适用于很薄的覆盖层，以及像锌或镉之类的软镀层。

2.6 磨、锯试验

沿基体金属到沉积层的切割方向，利用砂轮磨削已镀覆的试样边缘。如果覆盖层的附着强度差，则沉积层将从基体金属上裂开。可以利用一种钢锯来代替砂轮机。重要的是锯子锯动的方向，使施加的力倾向于使覆盖层从基体金属上分离。磨、锯试验对镍和铬之类的较硬镀层特别有效。

2.7 凿子试验

通常情况下，可以把凿子试验应用于较厚(大于 125 μm)的覆盖层。

一种试验方法是把一种锐利的凿子放在覆盖层伸出部分的背面，给以猛烈的锤击。如果覆盖层的附着强度高，则覆盖层会裂开或被切断而不影响基体金属和覆盖层之间的结合。

另一种“凿子试验”是与“钢锯试验”结合进行。此试验是垂直于覆盖层锯试样。如果覆盖层的附着强度不很好，则会明显断裂。在断口处未发现分离的情况下，则用一锐利的凿子尽力凿起边缘的覆盖层，如果覆盖层能以相当大的距离从边缘剥离，便说明其附着强度较差或较弱，在每次试验之前，凿子的锋刃应当磨得锐利。

以刀代替凿子可以用于较薄覆盖层的试验，可用或者不用锤子轻轻敲打试样。凿子试验不适用锌或镉之类的软镀层。

2.8 划线和划格试验

采用磨为 30°锐刃的硬质钢划刀，相距约 2 mm 划两根平行线。在划两根平行线时，应当以足够的压力一次刻线即穿过覆盖层切割到基体金属。如果在各线之间的任一部分的覆盖层从基体金属上剥落，则认为覆盖层未通过此试验。

另一种试验是划边长为 1 mm 的方格，同时，观察在此区域内的覆盖层是否从基体金属上剥落。

2.9 弯曲试验

弯曲试验就是弯曲挠折具有覆盖层的产品。其变形的程度和特性随基体金属、形状和覆盖层的特性及两层的相对厚度而改变。

试验一般是用手或夹钳把试样尽可能快地弯曲，先向一边弯曲，然后，再向另一边弯曲，直到把试样弯断为止。弯曲的速度和半径可以利用适当的机器进行控制。此试验在基体金属和沉积层间产生了明显的剪切应力，如果沉积层是延展性的，则剪切应力大大降低，由于覆盖层的塑性流动，甚至当基体金属已经断裂时，覆盖层仍未破坏。

脆性的沉积层会发生裂纹，但是，即使是如此，此试验也能获得关于附着强度的一些数据。必须检查断口，以确定沉积层是否剥离或者沉积层能否用刀或凿子除去。

剥离、碎屑剥离或片状剥离的任何迹象都可作为其附着强度差的象征。

具有内覆盖层或外覆盖层的试样都可能发生破坏。虽然，在某些情况下，检查弯曲的内边可能得到更多的数据，但是，一般都是在试样的外边观察覆盖层的性能。

2.10 缠绕试验

在此试验中，把试样(一般是带或线)绕一心轴进行缠绕，此试验的每一部分都能标准化，即：带的长度和宽度、缠绕速度、缠绕动作的均匀性和试样所缠绕的棒(心轴)的直径。

剥离、碎屑剥离和片状剥离的任何迹象都可作为附着强度差的象征。

具有内覆盖层或外覆盖层的试样都可能发生变化。虽然在某些情况下，检查弯曲的内边可能得到更多的数据，但是，一般都是在试样的外边观察到覆盖层的性能。

2.11 拉力试验

这只适用于某些类型的镀覆零件。对零件施加拉伸应力直至断裂。断口附近的覆盖层一般都会显现出一些开裂。不应有覆盖层从基体金属上明显脱落的现象。

2.12 热震试验

把具有覆盖层的试样加热，而后骤然冷却，便可以测定许多沉积层的附着强度。此试验原理是覆盖层和基体金属之间的热膨胀系数不同所致。

因此，该试验适用于覆盖层与基体金属之间的膨胀系数明显不同的情况。试验是在炉中把试样加热足够的时间，使之达到表1所列的适当温度。此温度应保持在±10℃的公差范围内。对易氧化的金属应当在惰性气氛、还原性气氛中或在适当的液体中加热。

然后，把试样放入水或室温中骤冷。覆盖层应没有发生从基体金属上分离的现象，例如，鼓泡、片状剥离或分层剥离。

应当注意，加热一般都会提高电沉积层的附着强度[1)]。所以，需要把试样加热的任何试验方法都不能正确地指示电镀状态的附着强度。

表1 热震试验温度

基体金属	镀层金属	
	铬，镍，镍+铬，铜和锡-镍	锡
钢	300℃	150℃
锌合金	150℃	150℃
铜和铜合金	250℃	150℃
铝和铝合金	220℃	150℃

2.13 深引试验

最常用于镀覆金属薄板的深引实验是埃里克森杯凸试验[2)]和罗曼诺夫凸缘帽试验。

它们是借助于几种柱塞使沉积层和基体金属发生杯状或凸缘帽状的变形。

在埃里克森试验中，采用适当的液压装置把一个直径为20 mm的球形柱塞以0.2 mm/s～6 mm/s的速度推进试样中，一直推到所需要的深度为止。

附着强度差的沉积层经几毫米的变形，便从基体金属上呈片状剥离。然而，由于冲头的穿透作用，即使基体金属已发生开裂，附着良好的沉积层仍不会出现剥离。

罗曼诺夫试验仪器是由一般冲床和附有一套与凸缘帽配合使用的可调模具所组成。其凸缘直径为63.5 mm，帽的直径为38 mm，帽的深度从0 mm～12.7 mm，可以调节。一般把试样测试到使帽发生断裂的程度为止。深引件的未损伤部分说明深引效应影响沉积层的结构。这些方法特别适用于较硬金属的沉积层，例如，镍或铬。

1) 在其他情况下，镀层同基体的扩散可能产生脆性层，因此引起剥离的是断裂，而不是无附着性。

2) 此法详见 GB/T 9753 色漆和清漆　杯凸试验。

在所有的情况下，必须仔细地分析所得到的结果。因为它包括了沉积层和基体金属的延展性。

2.14 阴极试验

将镀覆的试件在溶液中作为阴极，在阴极上仅有氢析出。由于氢气通过一定覆盖层进行扩散时在覆盖层与基体金属之间的任何不连续处积累产生压力，致使覆盖层发生鼓泡。

在5%的氢氧化钠（密度1.054 g/mL）溶液中，以10 A/dm^2 电流密度、90℃处理试样2 min。在覆盖层中附着强度差的点便形成小的鼓泡。如果在经过15 min之后，镀层仍无鼓泡发生，则可以认为，覆盖层的附着强度良好。另外，可以采用硫酸（5%重量比）溶液，在60℃、电流密度为10 A/dm^2、经5 min～15 min后，附着强度差的覆盖层会发生鼓泡。

电解试验只限于可透过阴极释放氢的镀层。镍或镍-铬镀层的附着强度差时，用此试验比较适宜。像铅、锡、锌、铜或镉之类金属镀层，则不适用于这种试验方法。

表2 适用于各种金属镀层的附着强度试验

覆盖层金属 / 附着强度试验	镉	铬	铜	镍	镍＋铬	银	锡	锡-镍合金	锌	金
摩擦抛光	·		·	·	·	·	·	·	·	·
钢球磨光	·	·	·	·	·	·	·	·	·	·
剥离（钎焊法）			·	·		·		·		
剥离（粘结法）	·		·	·		·	·	·	·	·
锉刀			·	·	·			·		
凿子		·		·	·	·		·		
划痕	·		·	·	·	·	·		·	·
弯曲和缠绕		·	·	·	·			·		
磨与锯		·		·	·			·		
拉力	·		·	·	·	·		·	·	
热震		·	·	·	·		·	·		
深引（埃里克森）		·	·	·	·			·		
深引（凸缘帽）		·	·	·	·	·		·		
喷钢丸				·		·				
阴极处理		·		·	·					

注：黑点·表示覆盖层所适用的试验方法。

附　录　A
（资料性附录）
喷丸法测定银沉积层(100 μm～600 μm)附着强度

A.1　范围

此试验方法适用于评价钢上的厚度为 0.10 mm～0.60 mm 之间的银沉积层的附着强度。其试验结果只是定性的。此方法不破坏零件。由此方法所得覆盖层的附着强度是满意的。

A.2　参考文献

GB/T 4956 磁性金属基体上非磁性覆盖层厚度测量　磁性方法

A.3　试验设备

A.3.1　喷丸设备

一般的压缩空气或离心式喷丸设备。

A.3.2　钢丸

平均直径为 0.4 mm、硬度不小于 350HV30 的钢球。用筛网法测量其尺寸。并且，必须具备相当于表 A.1 所列的尺寸。

表 A.1

筛孔/mm	丸的控制率/%
0.707	≤10
0.420	≥85
0.354	≥97

必须至少每周从喷嘴中取出 100 g 钢丸试样来筛选一次，以检查丸的尺寸。

A.4　程序

在进行喷丸之前，所有的零件先在 190℃±10℃加热 2 h，以消除应力。

遮掩不需喷丸的所有表面。

采用非破坏性方法(例如，按 GB/T 4956)测定银镀层的厚度。弃掉银镀层厚度小于 0.10 mm 或大于 0.60 mm 的及最大和最小厚度之间的差大于 0.125 mm 的零件，对所有的合格件都标上最大厚度的记号，并把试样按批分组，其中合格产品的厚度差应不大于 0.125 mm。

以图 A.1 中所表示的相对于最厚的测量厚度的最低喷丸强度，向银镀层表面喷丸。在每批处理开始之前，必须根据亚尔门 A 试样试验来调节喷丸强度(见 A.6)。

至少每小时做一次亚尔门试样测定，以控制喷丸强度。

从已经喷丸的零件上除去表面遮掩物。

目察喷过丸的表面，它应当受到全部喷射，若有漏喷的区域，则必须重喷。

检查镀层中有没有夹嵌钢丸的部位。用空气吹去任何残存的丸。

A.5　评定

用肉眼仔细检查镀银层的表面。在试验过程中，附着强度差的银沉积层上会形成泡或起皮，或者镀层本身脱落。

A.6 喷丸强度的调节

采用硬度为 400HV30～500HV30，厚度为 1.6 mm 的碳素钢板，切成尺寸为(76±0.2)mm×(19±0.1)mm 并磨到厚度为(1.30±0.02)mm(亚尔门 A 试样)。

在按下述规定测量时，其平整度偏差不应超过 38 μm 的弧高度。

把试样紧固于图 A.2 所示的夹具上，对暴露的一面进行喷丸。

喷丸后，从夹具上卸下试样，并用深度计测试未喷丸面的曲率，把试样支撑在形成 32 mm×16 mm 的长方形的 4 个直径为 5 mm 的球上，把深度计的中心指针指在试样的中心，使试样对称地对准深度计，在深度计指示的 32 mm 以上的深度，测定试样中心的弧高度，精确至 25 μm 为止。按需要调整喷丸的条件，以得到所要求的弧高度。

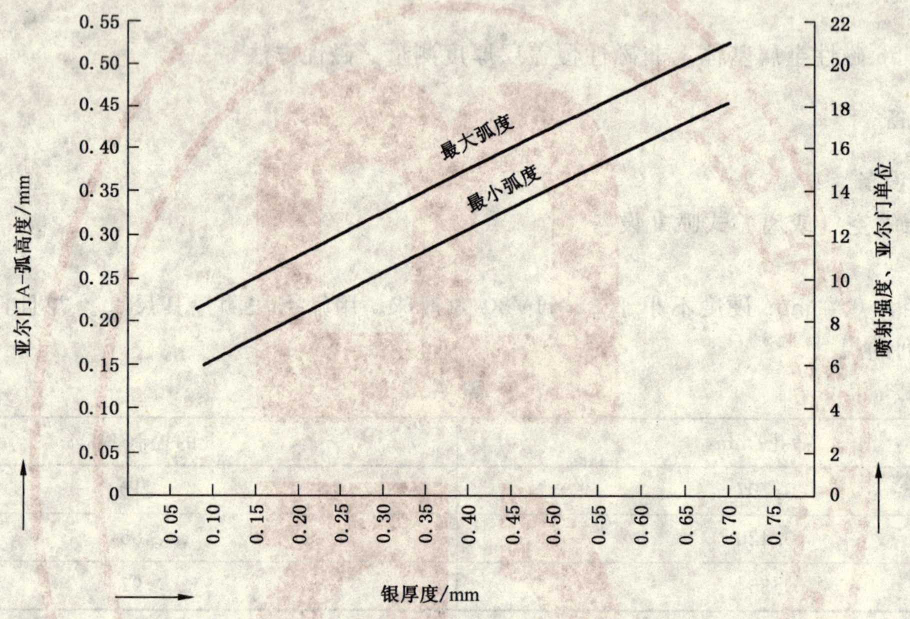

图 A.1 银镀层厚度与喷丸强度关系

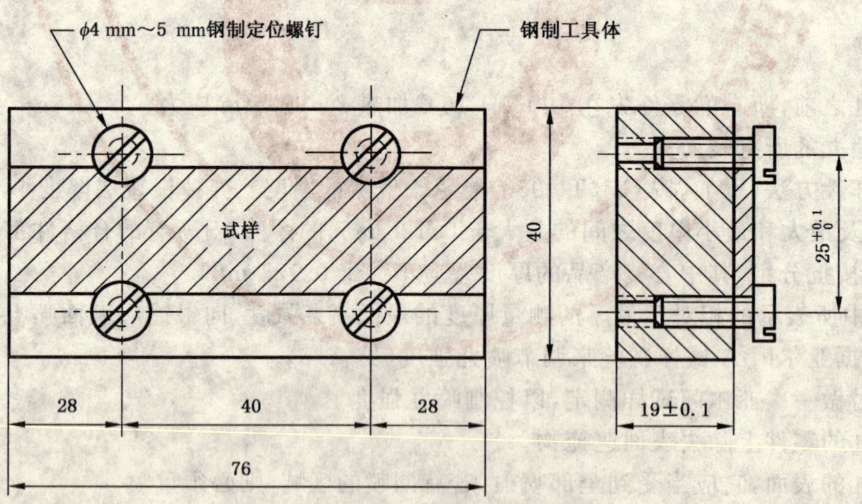

图 A.2 喷丸试验的试样夹具

ICS 71.040.40
N 50

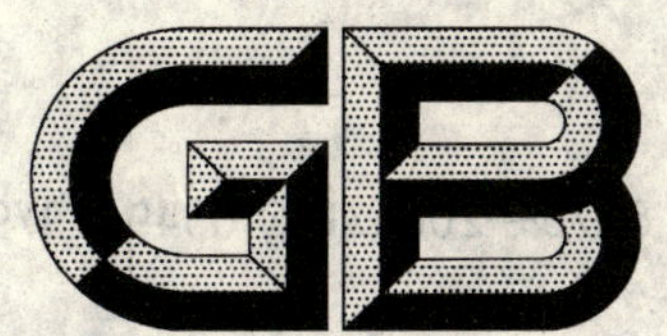

中华人民共和国国家标准

GB/T 5275—2005/ISO 6349:1979
代替 GB/T 5275—1985

气体分析　校准用混合气体的制备　渗透法

Gas analysis—Preparation of calibration gas mixtures—Permeation method

(ISO 6349:1979,IDT)

2005-05-18 发布　　2005-12-01 实施

中华人民共和国国家质量监督检验检疫总局
中国国家标准化管理委员会　发布

前　言

本标准等同采用 ISO 6349:1979《气体分析　校准用混合气体制备　渗透法》(英文版)。

本标准代替 GB/T 5275—1985《气体分析　校准用混合气体制备　渗透法》。

本标准等同翻译 ISO 6349:1979(E)。

为便于使用,本标准做了下列编辑性修改:

a)　"本国际标准"一词改为"本标准";

b)　用小数点"."代替作为小数点的逗号",";

c)　用"渗透"代替"扩散(diffusion)";

d)　公式(2)中用 C_m 代替 C,并增加注解;

e)　公式(3)中用 C_v 代替 C,用 K 代替常数 0.38×10^{-9},并增加注解。

本标准与 GB/T 5275—1985 相比主要变化如下:

a)　增加了"范围";

b)　取消原标准中附录 B、附录 C;

c)　将附录 A 改为参考文献。

本标准由中国机械工业联合会提出。

本标准由北京分析仪器研究所归口。

本标准起草单位:北京氦普北分气体工业有限公司。

本标准主要起草人:朱济兴、赵俊秀、简红。

本标准所代替标准的历次版本发布情况为:

——GB/T 5275—1985。

气体分析　校准用混合气体的制备　渗透法

1　范围

本标准规定了用渗透原理制备校准用混合气体的方法。它是一种动态配气方法。通常所需组分在混合气体中的浓度范围为 10^{-9}～10^{-5}（体积分数），组分浓度的准确度可以达到 2%（实际上，浓度单位也可以用 $\mu g/m^3$ 表示）。由于在这样低的浓度范围内要保持混合气体的浓度稳定不变是困难的，因此校准用混合气体应在临用时制备，并且输送混合气体的管路应尽可能短。

2　原理

该方法的原理是利用组分气体（SO_2、NO_2、NH_3 等）的渗透作用，通过一个适当的膜渗透到载气流中，该载气构成混合气体的背景气体。纯的组分物质装在渗透管[1]内（见第 3 章）。经过控制为已知流量的载气部分或全部地流过渗透管，它起着载带渗出的组分气体分子的作用。载气是经过处理的纯净气体，尤其不允许含有痕量的组分气体。应选择那些不与构成渗透管的材料发生任何作用的气体作载气。

通过渗透膜的渗透速率取决于组分物质本身的性质、渗透膜的结构和面积、温度以及渗透管内外气体的分压差。只要对渗透管进行正确操作，这些因素能保持恒定。

以目前的知识水平，还没有一个能准确描述这种渗透现象的公式。

如果渗透速率保持恒定，则可在适当的时间间隔内，用称量的方法来测定渗透管的渗透率（本标准不涉及最近的文献中提到了称量法以外的其他测定方法）（见参考文献[1]、[2]）。考虑到有各种参数影响渗透率，所以对一个含有已知组分物质的渗透管测定时，要求满足以下条件：

a)　渗透管在两次称量之间温度应尽量保持恒定；

b)　渗透管应不断地用载气气流吹洗，以保持渗透管外部的组分分压小到可以忽略的程度；

c)　两次称量期间渗透管内部气体压力应保持恒定，也就是说，渗透管内应存在有液相组分物质，或者渗透管内组分物质的量应远远大于因渗透损失的量。

所制备的校准用混合气体的浓度 C，是渗透管的渗透率和背景气体流量的函数，由下式给出：

$$C=\frac{q_m}{q_v} \qquad \cdots\cdots(1)$$

式中：

q_m——在给定条件下校准组分的渗透率（质量流量）；

q_v——载气（背景气体）流量（以合适的单位表示）。

3　方法应用实例

3.1　渗透管的示例（见图 1）

渗透管内包含有气相和液相两种状态。管内组分分子向外渗透的膜，可以是只与液相接触；或只与气相接触；或与两相都接触。不管是哪种情况，除非已确定接触相对渗透率没有影响，否则渗透管在使用和测定渗透率时，与渗透膜的接触相应相同。

1）管，是指容器和它所盛装的物质（除 3.3.4 之外），而不论其形状如何。

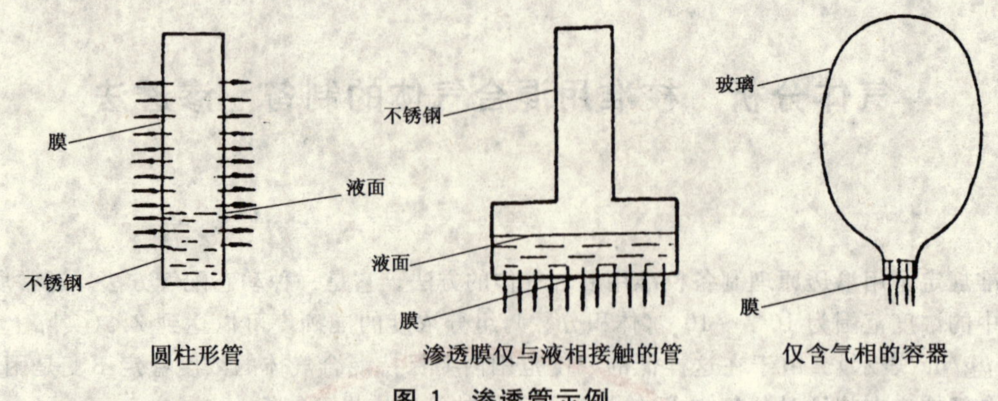

图 1 渗透管示例

3.2 渗透配气装置示例(见图 2 和图 3)

在使用前,建议将渗透管存放在干燥的密闭容器中并置于温度较低的地方(约 5℃,如放在冰箱底部),以降低渗透速率,使组分物质的损失减到最小,以及避免有任何物质在管上凝结。

使用时,把渗透管放在气流系统中,用载气(如瓶装纯氮气)吹洗渗透膜的外表。放有渗透管的整个装置放在一个恒温浴中(气浴,最好是液体恒温浴中)。

可通过一个控制系统使载气流量稳定不变,并用一个流量计来监测,其流量值用气体计量器来测定。

分析仪器的校准和检验所需的适量的气体从采样口输出,多余的气体从排空口排出。

对一些特殊的应用,可能把几个装有不同组分物质的渗透管放在同一恒温浴中,前提是要避免它们发生任何相互作用。

3.3 操作注意事项

3.3.1 渗透管的使用

渗透管在首次称量之前,应在恒温系统中平衡 48 h 以上,以确保渗透率达到稳定。

温度对渗透率有很大影响。例如当温度升高 7 K 左右,渗透率可能增加一倍。所以恒温浴的温度波动应控制在 0.1 K 以内。

注:在某些情况下,渗透的气体容易溶于渗透膜聚合物中,这时温度升高有可能引起渗透率降低。

每两次称量的时间间隔(约数日)取决于所要求的准确度。建议对渗透管进行定期称量(特别是渗透管趋于耗尽的阶段),以确保渗透率是恒定不变的。称量的时间间隔通常应保证称量时的质量损失至少有 10 mg。

称量时的环境条件应与使用时相同,在称量过程中,必须避免水的吸附和温度急骤变化引起的热冲击。

渗透管在使用期间应始终把它放在恒温温度下,以减少恢复平衡的时间。应尽可能避免热冲击作用。

3.3.2 用载气吹洗渗透管

所用的渗透管,有时需要使用高纯和干燥的载气。

吹洗用载气在到达渗透管之前必须预热到渗透管所用的温度;事先使载气在恒温浴中预热足够时间的系统能满足要求(参见图 2)。

配气系统可以是一级稀释(参见图 2)或二级稀释。后一种情况中载气能始终以恒定的流量吹洗渗透管。

为了改变校准用混合气体的浓度,建议通过调节稀释气体的流量来实现(避免采用改变温度的办法来改变渗透率),在这种情况下系统可以迅速地达到平衡。

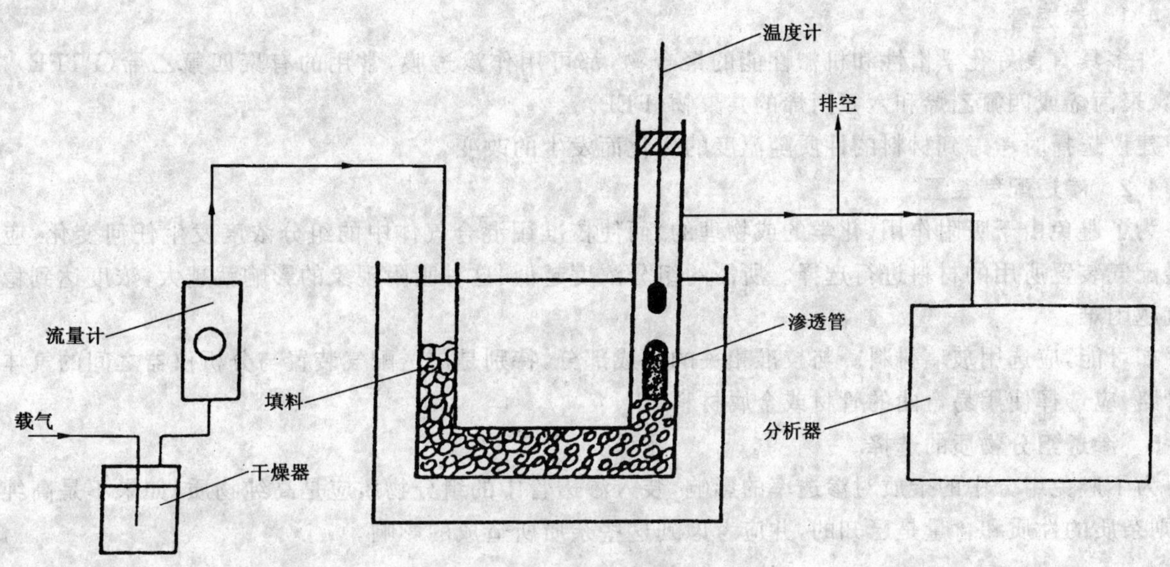

图 2　渗透配气装置示例之一

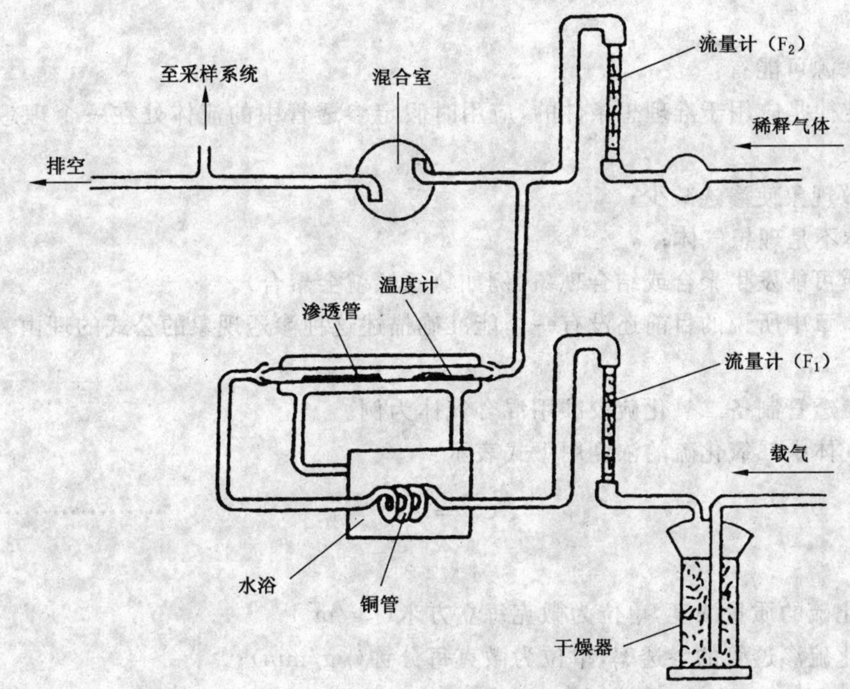

图 3　渗透配气装置示例之二

3.3.3　温度的选择

温度的选择，取决于渗透管的特性和所需要的渗透率。在实际操作时宜按下列原则对温度进行控制：

a）　如果仅用加热的方法控制温度，恒温温度应高于环境温度，以使其不受环境温度变化的影响，如 40℃；

b）　如果同时也用冷却的方法控制温度，恒温温度可选择接近或低于环境温度。

恒温温度接近环境温度有以下两个优点：

1）　避免了在称量时渗透管的温度有明显的变化；

2）　载气温度的控制更容易。

3.3.4 材料的选择

3.3.4.1 渗透管

许多具有良好化学惰性和机械性能的聚合物，都可用作渗透膜，常用的有聚四氟乙烯(PTFE)、聚乙烯、聚丙烯或四氟乙烯和六氟丙烯的共聚物(FEP)。

建议选择时考虑到材料的性质随温度的变化而发生的改变。

3.3.4.2 渗透配气装置

为了避免由于吸附作用(化学的或物理的)而使校准用混合气体中的组分浓度发生任何变化，应对渗透配气装置所用的材料进行选择。所需的组分浓度越低，这种吸附现象的影响就越大，浓度达到稳定值就越困难。

如可能，应选用玻璃材料。与校准相关的组成部分，特别是渗透配气装置与分析仪器之间的气体输送管路，应选择使用易弯曲的管材或金属材料[2)]。

3.3.5 渗透组分物质的选择

为了避免组分中的杂质对渗透率的影响，装入渗透管中的组分物质应是高纯物质；如果不是高纯物质，则杂质的性质和含量是已知的，并应考虑到这些杂质所造成的影响。

4 准确度

4.1 误差的来源

主要误差的来源可能有：

a) 已知的定律是应用于准理想条件的，应用时假定渗透管中的流体处在一个理想的热力学平衡状态；

b) 反向扩散现象使渗透减少；

c) 所用气体不是理想气体；

d) 某些物质可能发生聚合或结合现象(例如氯乙烯就会聚合)。

这就是在第2章中所说的目前还没有一个能准确描述这种渗透现象的公式的理由。

4.2 浓度计算

以二氧化硫渗透管制备二氧化硫校准用混合气体为例。

校准用混合气体中二氧化硫的浓度用下式表示：

$$C_m = \frac{q_m}{q_v} \qquad \cdots\cdots(2)$$

式中：

C_m——二氧化硫的质量浓度，单位为微克每立方米($\mu g/m^3$)；

q_m——二氧化硫渗透管的渗透率，单位为微克每分钟($\mu g/min$)；

q_v——载气的流量，单位为立方米每分钟(m^3/min)。

若用体积分数来表示浓度，则必须考虑二氧化硫的摩尔体积，从而得到以下关系式：

$$C_v = K \times \frac{q_m}{q_v} \qquad \cdots\cdots(3)$$

式中：

C_v——二氧化硫的体积分数；

K——为常数：0.38×10^{-9}，单位为立方米每微克($m^3/\mu g$)。

例如通入分析仪器的流量为18 L/h，二氧化硫渗透管的渗透率为1 $\mu g/min$，则校准用混合气体的体积分数浓度约为10^{-6}。

2) 参见ISO 6712:1982。

4.3 渗透率

对于一个特定的渗透管,平均渗透率的测定误差取决于天平的准确度和两次称量之间的时间间隔(在称量期间产生的误差可以忽略)。

例如一支渗透率为 1 μg/min 的渗透管,它的两次称量时间间隔为 10 000 min(约 7 d)时渗透管损失量为 10 mg。如果天平的准确度为±0.1 mg,则(在这一时间间隔内)由天平称量所引起的误差为 2%。

关于温度控制的准确度对渗透率短时间内的稳定性的影响只能作一个大概的估计。例如一支渗透率为 1 μg/min 的渗透管,假定温度升高 7 K 时渗透率增加一倍。如果温度控制达±0.1 K,则所引起的误差约为 1%。

因此,在这种情况下,瞬时渗透率的最大测量误差为 3%以内(2%+1%)。

4.4 背景气体的流量

背景气体流量的准确度,根据所用的配气装置而定,可估算为 1%~2%。在一级稀释的情况下,误差要小些。

4.5 准确度

校准用混合气体的浓度,其准确度取决于两个已知参数:渗透管的渗透率和背景气体的流量。

在上述例子中,校准用混合气体的瞬时浓度的准确度约为±5%(4.3 中 3%加上 4.4 中 2%)。

参考文献

所列文献仅供参考,它只是一些与渗透率测定有关的文章,本书目并不详尽,它不是本标准的内容。

[1] 体积置换法

Saltzman,B. E. Feldmann,C. R. and O'Keeffe,A. E. Environ,Sci. Technol. 3. 1275(1969)

Saltzman,B. E. Burg W. R. and Ramaswamy,G. Environ. Sci. Technol. 5. 1121 (1971)

[2] 分压测定法

McKinley. J. J. A. Calibration system for trace analyzers. 16th National Symposium,Instrument Society of America, Pitts burg, Pa. (May 1970)

Dietz, R. N. Cote,E. A. and Smith,J. D. Anal,chem. 46,No. 2. 315(1974)

ICS 29.160.01
K 20

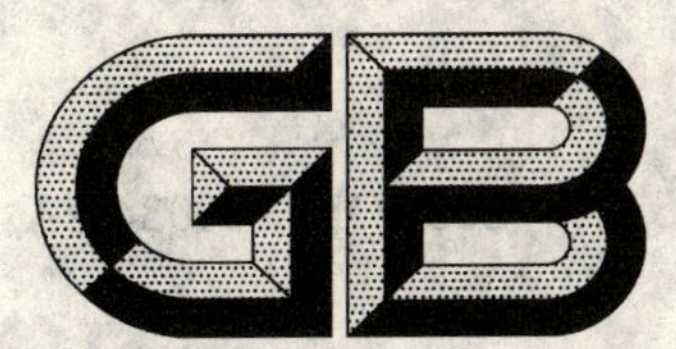

中华人民共和国国家标准

GB/T 5321—2005/IEC 60034-2A:1974
代替 GB/T 5321—1985

量热法测定电机的损耗和效率

Measurement of loss and efficiency for electrical machine by the calorimetric method

(IEC 60034-2A (1974):First supplement to Publication 60034-2(1972) Rotating electrical machines—Part 2:Methods for determining losses and efficiency of rotating electrical machinery from tests (excluding machines for traction vehidies)—Measurement of losses by the calorimetric method,IDT)

2005-01-18 发布　　2005-08-01 实施

中华人民共和国国家质量监督检验检疫总局
中国国家标准化管理委员会　发布

前　言

本标准是对GB/T 5321—1985《用量热法测定大型交流电机的损耗和效率》的修订。本标准等同采用IEC 60034-2A:1974《旋转电机　第一次补充　用量热法测量损耗》,对原标准按GB/T 1.1—2000进行了编辑性修改,增加第2章:规范性引用文件。补充原标准删去的第5章温升稳定标准,删除原标准第2章符号,测量误差进一步明确等。

本标准与其他旋转电机标准协调一致。

本标准由中国电器工业协会提出。

本标准由全国旋转电机标准化技术委员会发电机分技术委员会归口。

本标准由哈尔滨大电机研究所负责起草。

本标准主要起草人:杨明。

本标准由哈尔滨大电机研究所负责解释。

本标准首次制定日期1985年。

量热法测定电机的损耗和效率

1 范围

本标准等同采用 IEC 60034-2A《旋转电机 第一次补充 用量热法测定损耗》。

本标准适用于大型交流电机的型式试验和检查试验，但其原则也适用于其他电机。

本标准未作规定的事项，均应符合 GB 755《旋转电机 定额和性能》。

2 规范性引用文件

下列文件中的条款通过本标准的引用而成为本标准的条款。凡是注日期的引用文件，其随后所有的修改单(不包括勘误的内容)或修订版均不适用于本标准，然而，鼓励根据本标准达成协议的各方研究是否可使用这些文件的最新版本。凡是不注日期的引用文件，其最新版本适用于本标准。

GB 755—2000 旋转电机定额和性能(idt IEC 60034-1:1996)。

3 术语

量热法 calorimetric method

在电机内部产生的各类损耗最终都将变成热量，传给冷却介质，使冷却介质温度上升。用测量电机所产生的热量来推算电机损耗的方法，简称量热法。

4 测量方法

4.1 损耗测定

视条件不同，可采用下列任一方式测定热量，以确定损耗。

4.1.1 测量冷却介质的流量和温升

4.1.2 校正冷却介质温升

4.2 效率测定

视条件不同，可采用下列任一方式测定损耗，以确定效率。

4.2.1 测定额定负载下的总损耗

4.2.2 分别测定各种损耗，然后相加求得总损耗

5 确定损耗的公式

5.1 基准表面

为了对总损耗进行分类；给电机规定一个基准表面。这是一个将电机全部包在里面的基准表面，这个表面内产生的所有损耗，都通过该表面散发出去，(见图 1)。

电机总损耗包括：

基准表面内损耗 P_i

基准表面外损耗 P_e

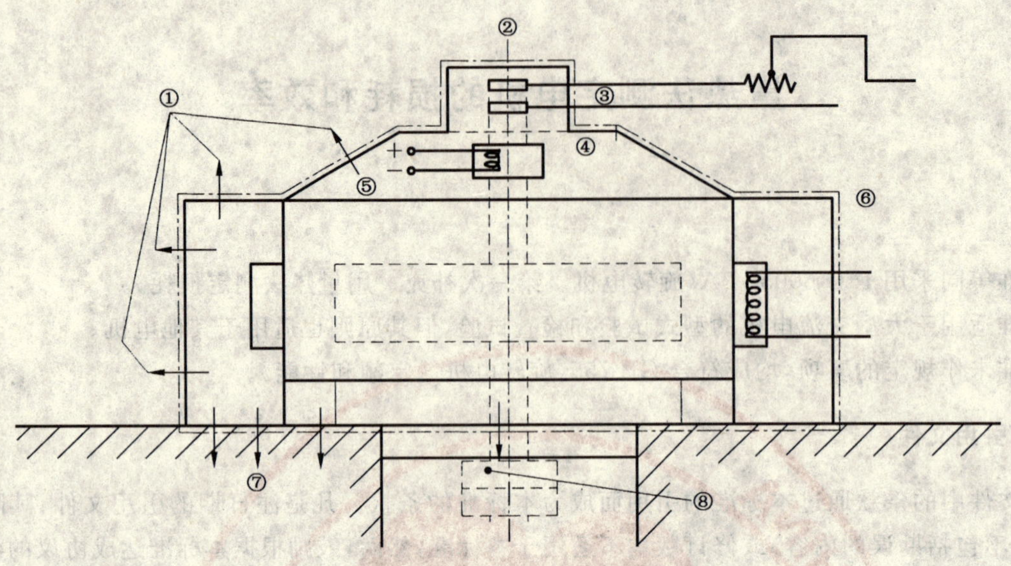

①——辐射至墙壁,对流至周围空气；
②——控制装置表面；
③——励磁；
④——推力轴承冷却器；
⑤——冷却空气；
⑥——主冷却器；
⑦——传至基础；
⑧——传至水轮机转子。

图 1 基础表面

基准表面内损耗又可分成两类：

$$P_i = P_1 + P_2$$

式中：

P_1——以热量的型式由冷却系统带走,并可用量热法测量的损耗。这是基准表面内损耗的主要部分。

P_2——不传递给冷却介质,而以传导、对流、辐射、渗漏等形式通过基准表面散发的损耗。它占总损耗的一小部分,可以用量热法测量,也可以用计算方法求得。

基准表面外部损耗 P_e 主要由下列部分的损耗组成：

a) 在基准表面外部的辅助设备损耗。

b) 在基准表面外部的轴承摩擦损耗。

5.2 用测量冷却介质流量与温升的方法确定损耗

电机各部温升达到热稳定后,冷却介质带走的损耗为：

$$P_1 = C_P Q \rho \Delta t$$

式中：

P_1——在基准表面内部,被冷却介质带走的损耗,kW；

C_P——冷却介质的比热,kJ/(kg·K)；

Q——冷却介质的流量,m^3/s；

ρ——冷却介质的密度,kg/m^3；

Δt——冷却介质的温升,K。

若冷却介质为水,则其测量方法见第 7 章。

若冷却介质为空气,则其测量方法见第 8 章。

5.3 未传递给冷却介质的损耗

5.3.1 由于热传导传到电机基础及轴上的损耗

这些损耗数量很小,可以忽略不计。

5.3.2 开启式通风的电机中,由于空气动能变化而带走的损耗

这些损耗很小，其损耗可用下式计算：

$$P_2 = \frac{\rho Q}{2\,000} v^2$$

式中：

P_2——冷却空气动能变化带走的损耗，kW；

Q——空气流量，m^3/s；

ρ——空气密度，kg/m^3；

v——出口风速度，m/s。

5.3.3 电机外表面与周围空气对流和向厂房辐射的损耗

因为电机表面向厂房的辐射损耗数量很小，可以忽略不计。测量时，只考虑电机外表面与周围空气对流散热的损耗就行。其损耗计算公式为：

$$P_2 = hA\Delta t$$

式中：

P_2——电机外表面散出的损耗，kW；

A——散热表面积，m^2；

Δt——电机外表温度与外部环境温度之差，K；

h——表面散热系数，$W/(m^2 \cdot K)$。

表面散热系数 h，一般数值范围在(10～20)$W/(m^2 \cdot K)$之间。

与空气接触的表面散热系数 h 的数值，可用以下公式计算：

a) 对于外表面：

$$h = 11 + 3v$$

式中：

h——外表面散热系数，$W/(m^2 \cdot K)$；

v——环境空气流速，m/s。

b) 对于电机外表面内侧的各表面：

$$h = 5 + 3v$$

式中：

h——内表面散热系数，$W/(m^2 \cdot K)$；

v——冷却空气流速，m/s。

5.4 基准表面外部损耗 P_e 的求取

5.4.1 在基准表面外部的辅助设备损耗

外部辅助设备只包括由被试电机供电的辅助设备，辅助设备的损耗按 GB 755 及相应产品标准规定的试验方法进行测量，若测试条件有困难。允许用计算值代替该项损耗的试验值。

5.4.2 应计入被试电机中轴承摩擦损耗

轴承损耗用量热法测量。

对于带有水冷却器的轴承其损耗可以用油作为冷却介质来测量，也可以用水作为冷却介质来测量。但因为对水的热特性了解得比较清楚，最好在“油-水”冷却器的水的一侧测量。

5.5 用电气热量校准法测量基准表面内部的损耗 P_i

5.5.1 一般说明

当冷却回路的冷却介质流量不能直接测量，或直接测量有困难时，可采用校正冷却介质温升的方式测定损耗。在本方法中，被试电机基准表面内部损耗，由已知的电热源供给，使冷却介质温度上升。测定“冷却介质温升与电机损耗”的校准曲线。被试电机的实际损耗，可由校准曲线外推求得。

5.5.2 校准法的损耗产生方式

校准试验时，供给电机的损耗，可由下列方式之一，在被试电机内部产生。

a) 按正常运行方式产生损耗,并按需要使电机在空载或负载下运行。

b) 在试验时,在电机内装入专用电热器来产生损耗,此时损耗产生的热流图与电机正常工况下的热流图相似。

为了尽可能准确地绘制校准曲线,所用损耗值应接近设计给定的额定损耗值,否则应通过协商确定采用校正曲线的外推值。

5.5.3 作校准曲线与试验时应满足的条件

电机在这两种情况下运行时,应该具有相同的物质条件,即外罩、冷却和安装方式都相同。环境温度与周围情况应尽可能相似,冷却介质流量及其稳定温度应尽可能相符。

5.5.4 实际损耗的测量

获得校准曲线后,使电机在相同条件下运行,且内部产生需要测量的损耗,测量冷却介质的温升,然后利用冷却介质温升与电机损耗校准曲线,即可确定实际损耗。

6 稳定标准

6.1 总损耗和各种损耗均在电机达到各种工况的热平衡稳定状态下测量。

6.2 稳定条件:

6.2.1 电机发热部件的温升在一小时内的变化均不超过 2 K。

6.2.2 冷却介质进口温度稳定,并且冷却介质温升和流量在两小时内变化不超过±1%,或冷却介质流量不变、冷却介质温升在一小时内变化不超过±1%时,认为达到热平衡稳定状态。

7 用水作为冷却介质的测量方法

7.1 应用范围和基本关系

本方法适用于具有封闭式初级冷却系统和用水作次级冷却介质的电机。

冷却器并联和串联的典型连接图见图 2 和图 3。

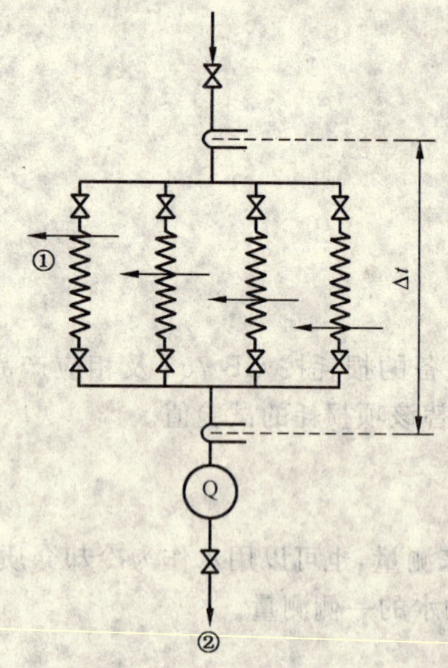

①——气体;
②——生水。

图 2 并联冷却器

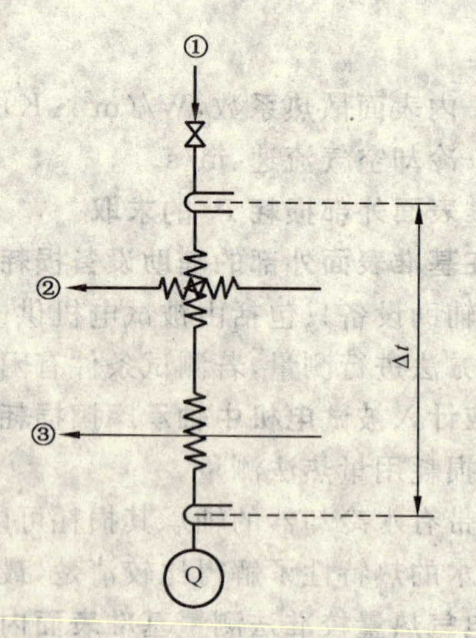

①——生水;
②——纯水;
③——气体。

图 3 串联冷却器

按照 5.2 给出的损耗公式来推算被试电机的损耗。被试电机达到热稳定状态,测定以下各项:

a) 水的比热 C_P

b) 水的密度 ρ

c) 水的流量 Q

d) 水的温升 Δt

7.2 水的比热 C_P 测量

水的比热 C_P(kJ/(kg·K))用图4曲线确定。其温度为出、入口水温度 t_1、t_2 间的平均温度。

7.3 水的密度 ρ 测定

水的密度 ρ(kg/m³)用图4曲线确定,其温度为测定水流量处的温度。

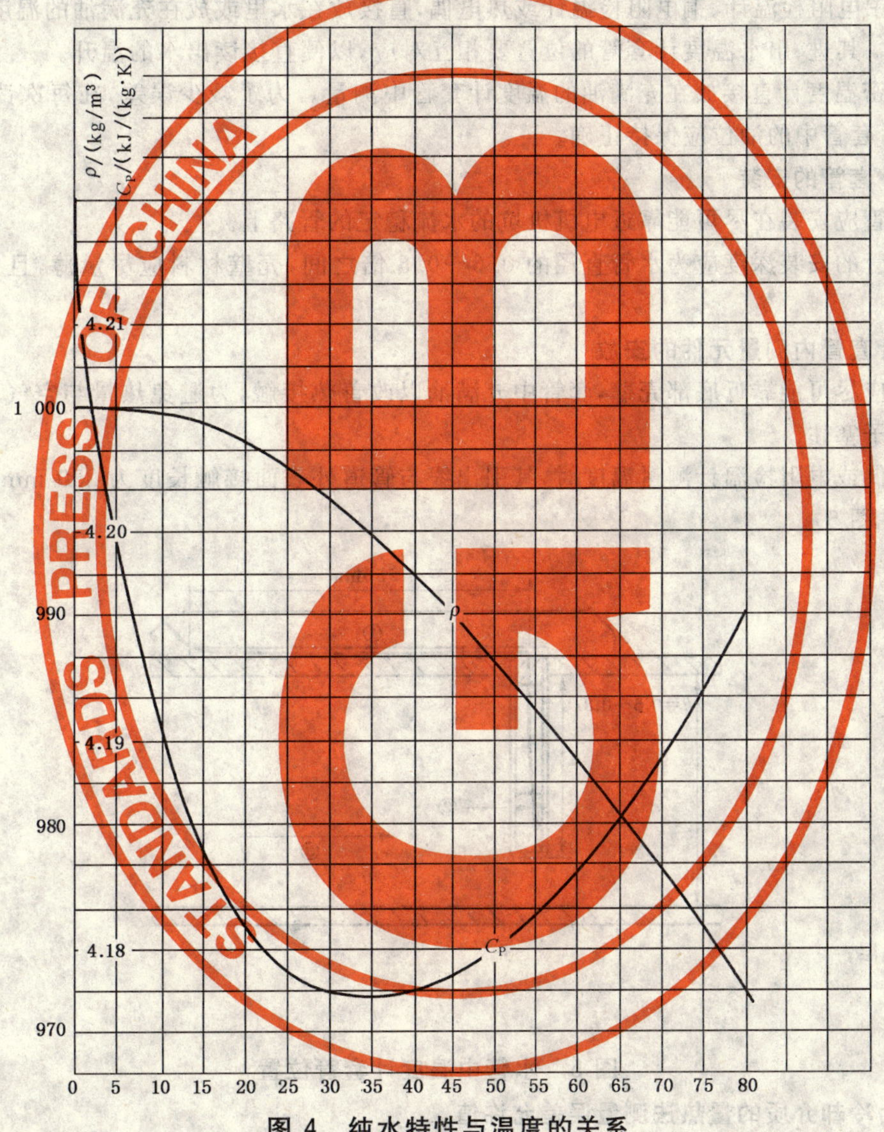

图4 纯水特性与温度的关系

7.4 水的流量 Q 测量

水的流量 Q(kg/m³)可用下列方法测量:

a) 刻度水箱;

b) 电磁式或翼轮式流量计;

c) ISO-R541 标准推荐的孔板,文吐里管或喷嘴。

7.4.1 刻度水箱

水箱体积选取,必须使充满水的时间至少为1 min。

用计算方法确定水箱容积时，水压引起的水箱容积的变化不应超过 0.02%。

测量时，应使通过冷却系统的水流量不受影响。

时间可用两块秒表同时测量，或用一只电气计时装置测量。

7.4.2 用容积式或流速式流量计测量

应按仪表制造厂的使用说明书操作。

如果用直读式的流量计进行测量时，应读取近 20 个读数，然后取平均值。

7.5 水的温升 Δt 测量

可用下列任一种方法进行测量：

a) 可用铂电阻检温计、铜电阻检温计或热电偶，直接放在水里或放在充满油的温度计套管中进行测量。其进、出水温度计套管的位置要相互对应，以便直接读出水的温升。

b) 用精密温度计直接放在充满油的温度计套管中测量。为了减少误差，在每次读数后要交换温度计，套管中的油位应保持正确。

7.5.1 温度计套管的安装

温度计套管应安装在尽可能靠近电机机坑的水流稳定的管路上。

温度计套管的安装深度应为水管直径的 0.6～0.8 倍之间，壳壁材料应尽量薄，且导热性要好(见图 5)。

7.5.2 温度计套管内测量元件的安放

测温元件应尽可能靠近底部壳壁，套管中充满油以改善热接触，为避免热量与空气交换，套管口用一个隔热的塞子塞住。

当用热电偶或电阻检温计测量温度时，其引出线与管道外表面接触长度为 250 mm，外部包以隔热层以防散热(见图 5)。

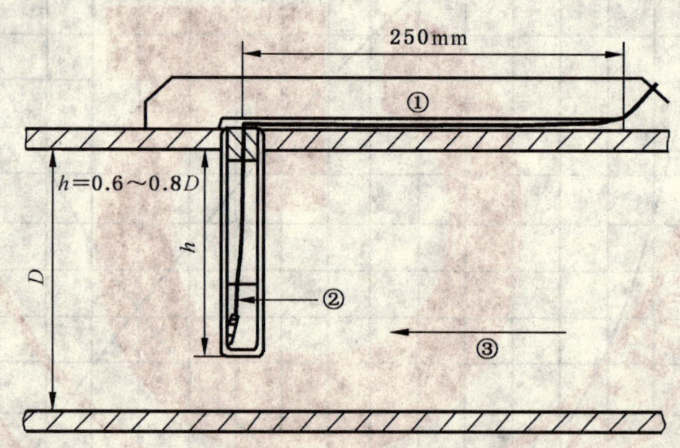

①——隔热层；

②——油；

③——水源。

图 5 水管中温度计套管位置

7.6 用水作为冷却介质的量热法测量误差允许值

用水作为冷却介质的量热法测量误差允许值应满足表 1 要求。

表 1 测量误差允许值

测定参数	相对误差/%
水的比热 C_P	≤1
水的密度 ρ	≤1
水流量 Q	≤1
水温升 Δt	≤1

在置信水平95%下,损耗 P_i 标准差 $\sqrt{\sum e^2}<5\%$。

8 用空气作为冷却介质的测量方法

8.1 应用范围和基本方法

本方法适用于各种通风系统的电机。

下列情况应推荐采用空气冷却介质测量:

a) 电机通风系统是开启式的,也就是说没有次级冷却水系统。

b) 次级冷却系统中虽然是水,但水质不纯,不能准确测量水量。

c) 次级冷却水系统中没有供测量水量及温度的仪表,并且把这些仪表补装上去又不可能。

被试电机必须达到热稳定状态,并需测定下列各项:

a) 空气的质量流量 ρQ。

b) 空气的温升 Δt。

c) 恒压下空气的比热 C_P。

按照5.2给出的损耗公式来推算被试电机的损耗。

8.2 空气质量流量 ρQ 的测量

为确定空气的质量流量 ρQ,应测量其体积流量 Q,并从图7曲线上求得空气密度 ρ。

8.2.1 体积流量 Q 的测量

确定体积流量 Q,可以用叶片风速计、电热风速计、毕托管,吸入孔任意一种仪表来测量。

在空气冷却系统中,全部空气经过的截面上,测量空气的速度。所测风速乘以该处截面积,则求得体积流量 Q。

a) 用叶片风速计、电热风速计、毕托管测量。

按该仪表使用说明操作。

b) 用吸入孔测量

冷却电机的空气体积流量 Q,可以在空气入口处用吸入孔测量。用吸入孔(图6)时可按下式计算:

$$Q = aA\sqrt{\frac{2\Delta P}{\rho}}$$

式中:

Q——体积流量,m^3/s;

a——吸入孔系数,用标准吸入孔时,$a=0.98$;

A——吸入孔的截面积,m^2;

ΔP——吸入孔静压力与环境压力差,N/m^2,压力最佳数值范围为100 N/m^2。

ρ——空气密度,kg/m^3。

8.2.2 空气密度 ρ 的测量

空气密度 ρ 是按所测量处的大气压力 b、空气温度 t、空气相对湿度来确定的,图7表示干湿空气密度与空气温度的关系曲线。

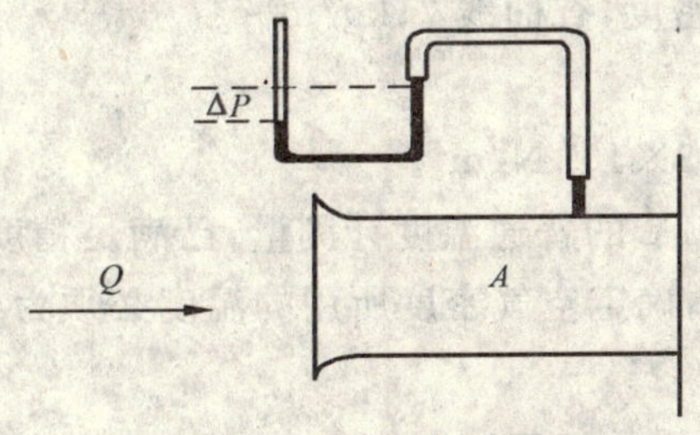

图6 吸入孔测量

测量流量处的大气压力与电机安装地区的大气压力无明显差别。这些压力值可用气压计测得,或是由当地气象局提供。大气压力使用实测值，不必修正到标准海平面值。

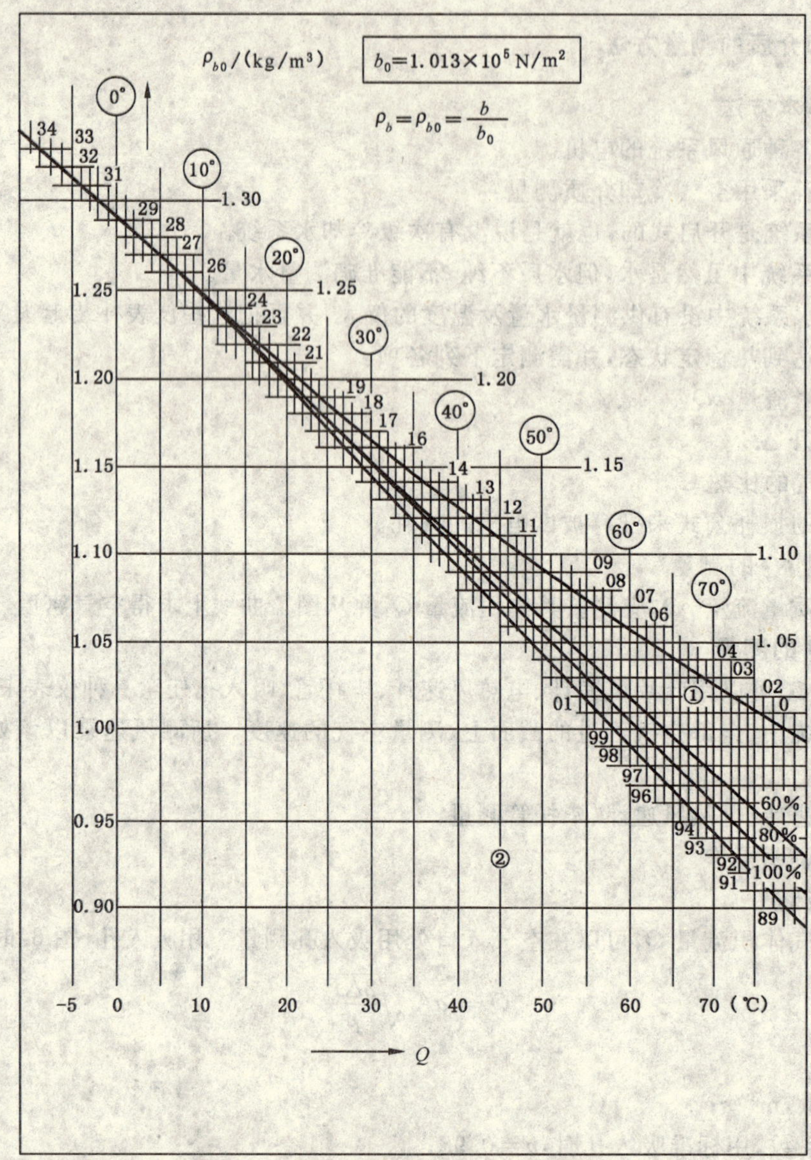

图 7 湿度和温度不同时的空气密度

大气压力的影响可用下式计算：

$$\rho_b=\rho_{b0}\frac{b}{b_0}$$

式中：

ρ_b——实测压力下的空气密度，kg/m³；

ρ_{b0}——标准大气压力下的空气密度，查曲线 7，kg/m³；

b——实测大气压力，N/m²；

b_0——标准大气压力，$b_0=1.013\times10^5$ N/m²。

流量测量处的空气温度 t，用±1℃的普通温度计测量，已满足精度要求。

若在冷却器出口处测定流量时，确定空气密度所用的温度必须为各冷却器出口温度的算术平均值。

测定湿度必须用湿度计。

8.3 空气温升 Δt 的测量

可用电阻温度计、热电偶、热敏电阻或精度达到 1/10℃的水银温度计测。

8.3.1 开启式通风系统的测量

开启式通风系统电机的空气温升，是用进、出口空气温度差来确定的。为了提高测量精度，出风口应采用分格测量法，每格面积约为$(0.1\times0.1)\mathrm{m}^2$，每格温度都要测量，取各出风口的测量平均值。

8.3.2 封闭循环通风系统的测量

封闭循环通风系统电机的空气温升，是用空气冷却器的进、出口空气温度差来确定的。

若测试人员可以接近空气冷却器热空气侧，则可用水银温度计测量温度。若测试人员不可接近空气冷却器热空气侧，则热空气温度应用电器检温计测定，但电器检温计不要接触空气冷却器。

出口空气温度应在若干点进行测量，取各测点的平均值，为出口空气温度。

8.4 空气比热 C_P 的测量

在压力恒定的情况下，空气比热 C_P 在有关温度范围内(7～70)℃，几乎不变，对于干空气的比热值为：

$$C_P = 1.01\mathrm{kJ/(kg\cdot K)}$$

湿空气的空气比热数值查图 8。

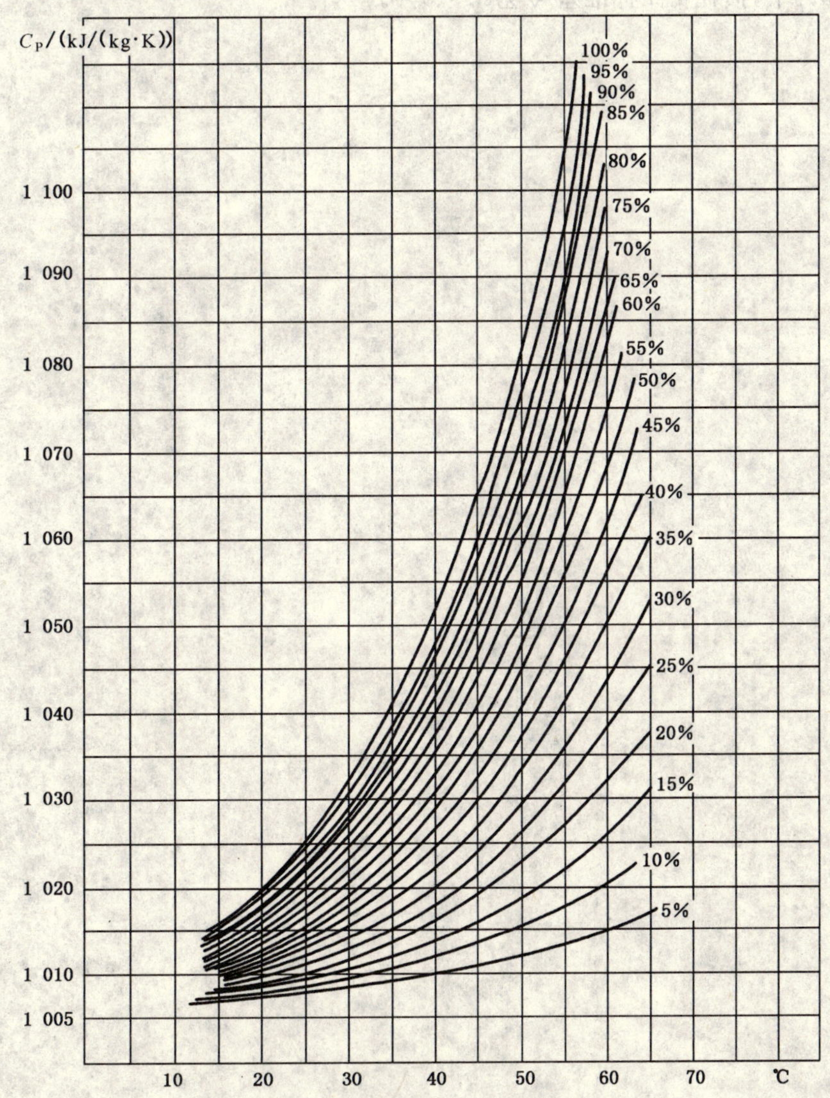

图 8 不同湿度、温度下空气的比热 C_P

8.5 用空气作为冷却介质的量热法测量误差允许值

用空气作为冷却介质的量热法测量误差允许值应满足表 2 要求。

表 2　测量允许值

测定参数与测定方法		相对误差%
比热 C_P		±0.5
空气密度 ρ		±0.5
空气流量 Q		
——风速计或电器装置		±3.0
——皮脱管		±3.0
——吸入孔		±1.5
温升 Δt		
	5℃＜Δt＜10℃	±2.0
用水银温度计	10℃＜Δt＜20℃	±1.0
或电气检温计	20℃＜Δt	±0.8

在置信水平95%下，损耗 $P_1 i$ 标准差 $\sqrt{\sum e^2}<5\%$。

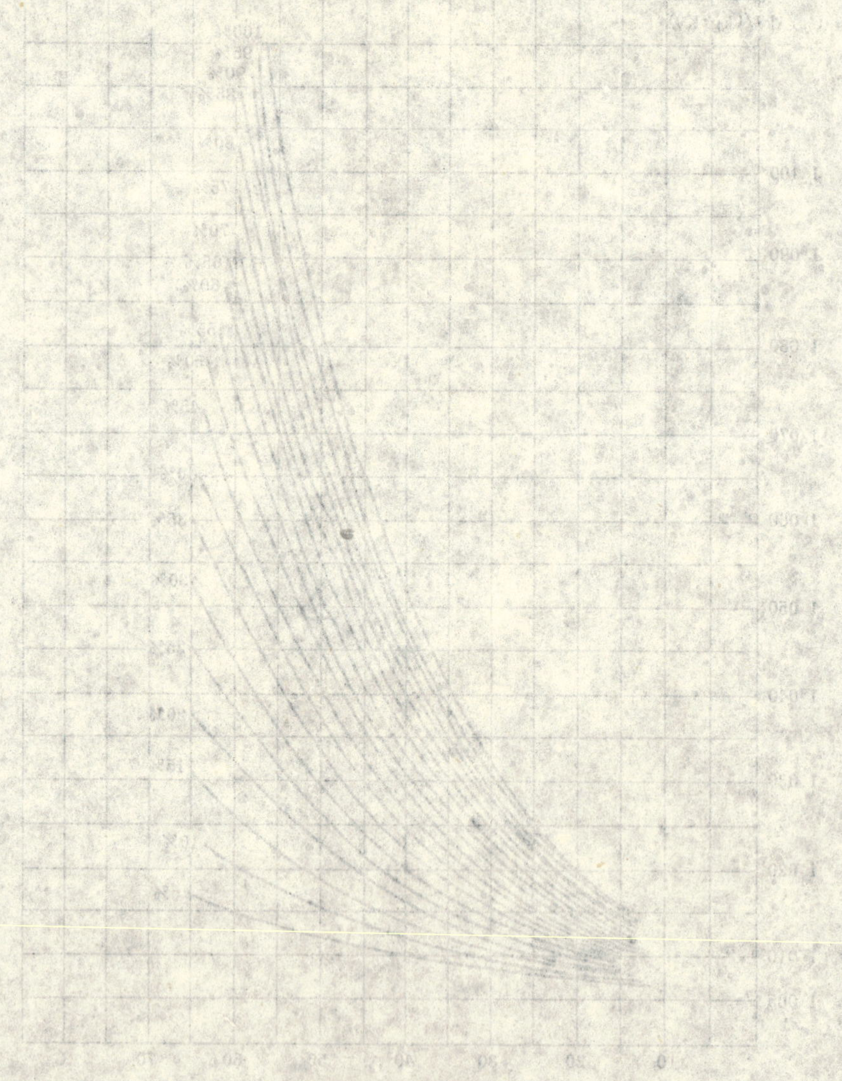

附 录 A
（资料性附录）
测量准备事项

A.1 用液体冷却介质时量热法测定的准备工作

每一冷却回路的量热法测定应分别进行。

若只有一种冷却液体，则每条管路只需装一套测量仪表(见图2示例)。

若初级冷却介质有两种或以上，例如水水氢冷汽轮发电机，有氢气冷却器和纯水冷却器两条管路，则应视冷却器连接方法与测定范围，决定仪表数量(见图3示例)。

若试验选用翼轮式流量计，因在普通水中含有沉淀物，会使其很快失去应有的精度，故应在测量时才投入使用。为了在不影响管路正常运行的情况下安装或拆除起见，可采用图A.1所示的两端能关闭的并联管路。

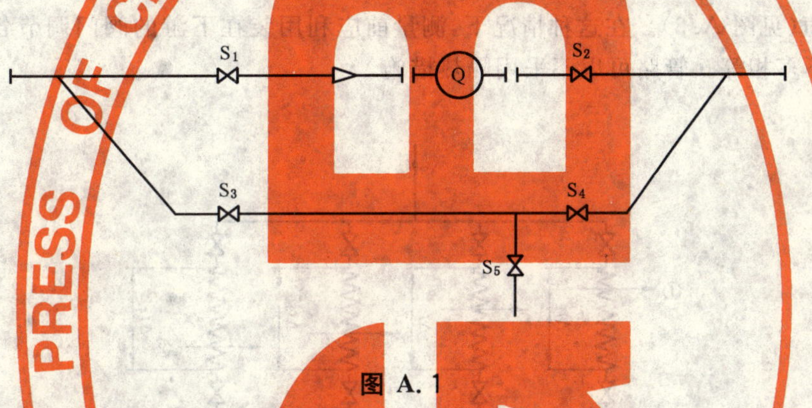

图 A.1

在阀门与流量计之间稳定段的最小长度如下：

入口 S_1 处管路 $l>10$ 倍水管直径；

出口 S_2 处管路 $l>5$ 倍水管直径；

小型的筏门 S_5 是用来验证有没有水通过流量计 Q 用的。

A.2 用液体冷却介质时量热法测定管路的连接方法

为提高冷却介质温度的测量精度，试验时应使冷却介质的温升愈高愈好。为此，冷却介质流量应尽可能小些，只要不超过温升限值就可以。

当冷却介质温升太小，又不能改变流量(例如轴承冷却油量)时，测量最好按图A.2示例求出循环液体在旁通管路内的部分损耗，该部分旁通管路可能得到一个较大的温差，从而能提高温差的测量精度，并联支路上的流量利用节流装置调节分配。

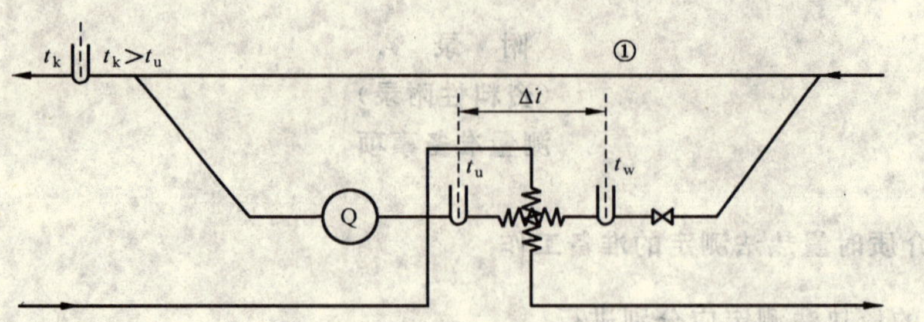

Q——流量计；

t_u——在旁路管道内部冷却介质降温后的温度；

t_w——热冷却介质温度；

t_k——t_u 和 t_w 的混合温度；

①——截流装置

图 A.2

例如图 2 所示连接方式不能实现，则可采用综合量热法，即所测得的总流量乘以每个冷却器单独测得的温升的平均值(见图 A.3)。在这种情况下，测量前应利用装在下游的阀门调节各支路流量，使 Δt_1 到 Δt_4 各温升差不多相等。管路可以不采用隔热措施。

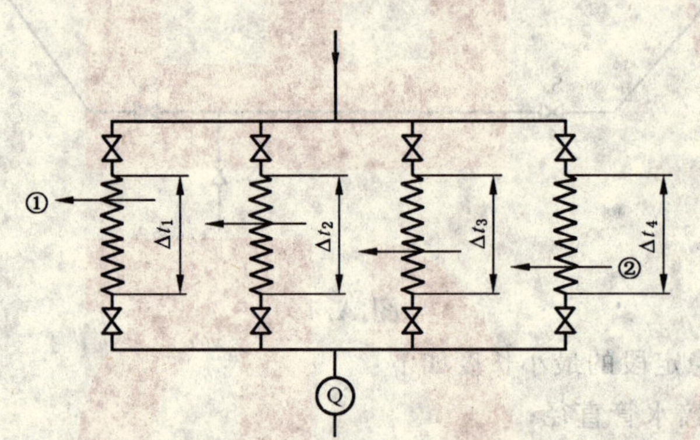

①——气体；

②——气体。

图 A.3

ICS 43.040.50
T 22

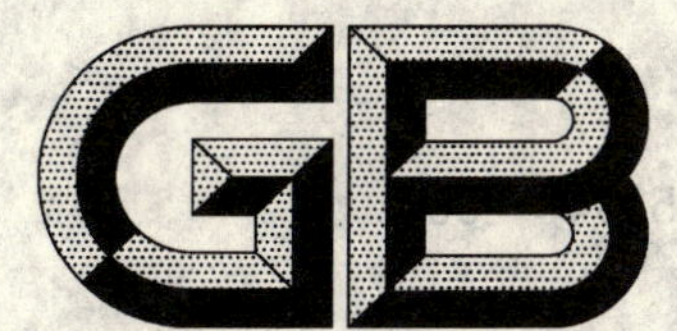

中华人民共和国国家标准

GB/T 5334—2005
代替 GB/T 5334—1995

乘用车车轮性能要求和试验方法

Performance requirements and test methods of passenger car wheels

2005-10-08 发布 2006-04-01 实施

中华人民共和国国家质量监督检验检疫总局
中国国家标准化管理委员会 发布

前言

本标准代替 GB/T 5334—1995《轿车钢制车轮性能要求和试验方法》及 QC/T 221—1997《汽车轻合金车轮性能要求和试验方法》。

本标准与 GB/T 5334—1995 的主要差异如下：

——固定车轮装夹方式对钢铝两种车轮做了统一，固定位置和方式都完全相同，即固定车轮长肩轮缘部位，通过试验连接盘与车轮辐底和螺栓孔相连，再通过加载臂对车轮施加弯矩。(1995 版的 4.2.1；本版的 4.3.2.1)

——在动态弯曲疲劳试验中，增加了失效判断依据，与 ISO 及 JIS 标准完全不同，主要是考虑车轮采用低强度材料，使其刚性较弱，导致车轮早期失效。增加该项判断依据后可有效地防止由于该原因造成车轮的失效。[见本版的 4.3.3.1c)]

——动态径向疲劳试验的性能要求做了少许改变，钢车轮保留了原来的两个强化试验系数 K，轻合金取消了轮辋名义直径代码的分类，钢、铝车轮最低循环次数做了提高和统一。(1995 版的 5.3 和附录 A 表 A2；本版的 3.2)

本标准由国家发展和改革委员会提出。

本标准由全国汽车标准化技术委员会归口。

本标准由长春一汽四环汽车股份公司车轮分公司负责起草。

本标准主要起草人：张世江、邵云凯。

本标准所代替标准历次版本发布情况为：

——GB 5334—1985、GB/T 5334—1995

乘用车车轮性能要求和试验方法

1 范围

本标准规定了乘用车车轮的疲劳试验性能要求和试验方法。

本标准适用于乘用车钢制辐板式车轮和全部或部分轻合金制造的汽车车轮。

2 规范性引用文件

下列文件中的条款通过本标准的引用而成为本标准的条款。凡是注日期的引用文件，其随后所有的修改单(不包括勘误的内容)或修订版均不适用于本标准，然而，鼓励根据本标准达成协议的各方研究是否可使用这些文件的最新版本。凡是不注日期的引用文件，其最新版本适用于本标准。

GB/T 2933 充气轮胎用车轮和轮辋的术语、规格代号和标志

3 要求

3.1 动态弯曲疲劳试验性能要求(见表1)

表1 动态弯曲疲劳试验要求

材 料	强化系数 S	最低循环次数	摩擦系数 μ
钢车轮	1.60	30 000	0.7
	1.33	150 000	
轻合金	1.60[a]	100 000	
	1.33	270 000	
注：钢车轮认证试验时两种系数均要选用，轻合金只选用其中的一种系数。			
[a] 为优先选用的试验系数。			

3.2 动态径向疲劳试验性能要求(见表2)

表2 动态径向疲劳试验要求(钢车轮或轻合金车轮)

强化试验系数 K	最低循环次数
2.25[a]	500 000
2.00	1 000 000
注：对每种产品的认证试验可根据汽车生产厂的要求只选用其中的一种系数。	
[a] 为优先选用的试验系数。	

4 试验方法

4.1 试验项目

4.1.1 动态弯曲疲劳试验。

4.1.2 动态径向疲劳试验。

4.2 试验样品

试验样品应是代表准备装车使用的、经过了完整加工过程的全新车轮，每个车轮只能做一次试验。

4.3 动态弯曲疲劳试验

4.3.1 试验设备

试验台应有一个被驱动的旋转装置，车轮可在固定不动的弯矩下旋转，或者车轮固定不动，而承受一个旋转的弯矩(见图1和图2)。

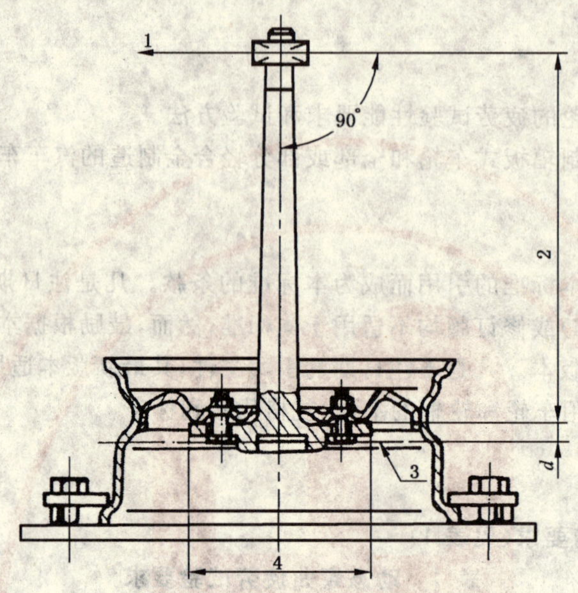

1——试验载荷；
2——力臂；
3——轮辋中心线；
4——直径。

图1 弯曲疲劳试验

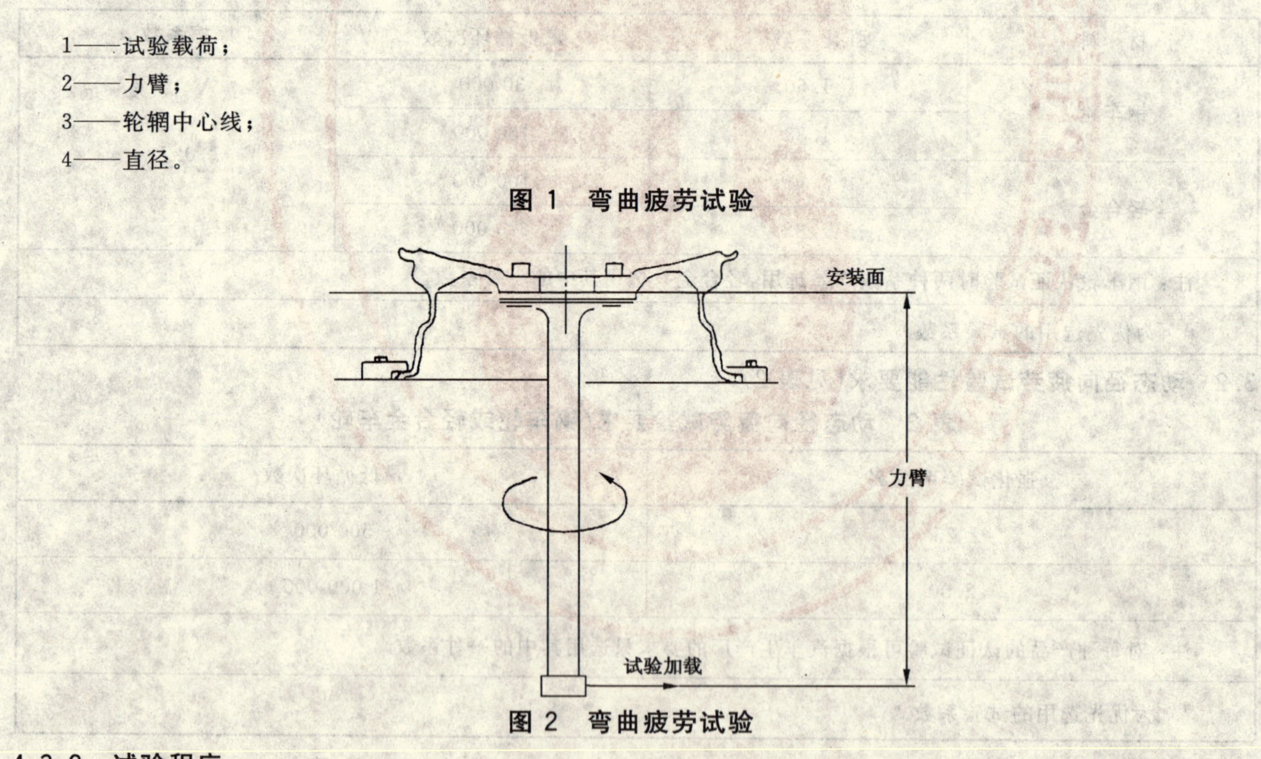

图2 弯曲疲劳试验

4.3.2 试验程序

4.3.2.1 准备工作

按图将车轮牢固地夹紧在试验夹具上，试验装置的连接面应当与被试验品用在车辆上的车轮安装装置相当。试验连接件安装面和车轮安装面均应光洁、平整。

加载力臂和连接件用无润滑的双头螺栓和螺母(或螺栓)连接到车轮的安装平面上，安装情况应与装于车辆上的实际使用工况相当。在试验开始时，把车轮螺母(或螺栓)拧紧至汽车制造厂所规定的扭矩值。

车轮螺栓和螺母在试验过程中可再次紧固。

加载系统应保持规定的载荷，误差不超过±2.5%。

4.3.2.2 弯矩

为了对车轮施加弯矩，以规定的0.5～1.04 m距离（力臂）处施加一个平行于车轮安装面的力。

4.3.2.3 弯矩的确定

按下式确定弯矩M（力×力臂），单位为牛顿·米（N·m）：

$$M=(\mu R+d)F_{v}S$$

式中：

μ——轮胎与路面间的设定摩擦系数；

R——轮胎静负荷半径，是汽车制造厂或车轮厂规定的用在该车轮上的最大轮胎静半径，单位为米（m）；

d——车轮内偏距或外偏距（内偏距为正值，外偏距为负值），单位为米（m）；

F_{v}——车轮或汽车制造厂规定的车轮上的最大垂直静负荷或车轮的额定负荷，单位为牛顿（N）；

S——强化试验系数。

注：关于μ值和S值见表1。

4.3.3 失效判定依据

4.3.3.1 钢车轮失效判定依据

a) 车轮不能继续承受载荷；

b) 原始裂纹产生扩展或出现应力导致侵入车轮断面的可见裂纹；

c) 如果在达到要求的循环次数之前，加载点的偏移量已超过初始全加载偏移量10%，应认为车轮试验已经失效。

4.3.3.2 轻合金车轮失效判定依据

a) 车轮不能继续承受载荷；

b) 车轮任何部位出现的新可见裂纹（用着色渗透法或其他可接受的方法如萤光探伤法检查）；

c) 如果在达到要求的循环次数之前，加载点的偏移量已超过初始全加载偏移量20%，应认为车轮试验已经失效。

4.4 动态径向疲劳试验

4.4.1 试验设备

试验台应当具有在车轮转动时向其传递恒定径向负荷的能力，设备有一个转鼓，转鼓有比承载轮胎断面要宽的光滑表面，加载方向垂直于转鼓表面且与车轮和转鼓的中心连线在径向方向上一致，转鼓轴线和车轮轴线应平行，推荐转鼓直径为1 700 mm。

试验连接件安装面和车轮安装面均应光洁、平整。

4.4.2 试验程序

4.4.2.1 准备工作

试验车轮所选用的轮胎，应该符合车轮的额定负荷或是车轮厂或汽车制造厂规定的最大负荷能力的轮胎。

根据车轮厂或汽车制造厂规定的该车轮可以配用的最大轮胎的使用气压来确定试验时轮胎气压。试验轮胎的冷充气气压应符合表3的数值：

表3 试验的充气气压

使用气压/kPa	试验气压/kPa
≤160	280
161～280	450
281～450	550

在试验期间，压力将升高，这种升高是正常的，且无需调整。

加载系统应保持规定的载荷，误差不超过±2.5%。

4.4.2.2 径向载荷的确定

按照下式确定径向负荷 F_r，单位为牛顿(N)：

$$F_r = F_v K$$

式中：

F_v——车轮或汽车制造厂规定的车轮上的最大垂直静负荷或车轮的额定负荷，单位为牛顿(N)；

K——强化试验系数(见表2)。

4.4.3 失效判定依据

4.4.3.1 钢车轮失效判定依据

a) 车轮不能继续承受载荷；

b) 原始裂纹产生扩展或出现应力导致侵入车轮断面的可见裂纹。

4.4.3.2 轻合金车轮失效判定依据

a) 车轮不能继续承受载荷；

b) 车轮任何部位出现的新可见裂纹(用着色渗透法或其他可接受的方法如萤光探伤法检查)。

ICS 43.080.20
R 16

中华人民共和国国家标准

GB/T 5336—2005
代替 GB/T 5336—1985

大客车车身修理技术条件

Repair specification for large passenger vehicle body

2005-03-21 发布 2005-08-01 实施

中华人民共和国国家质量监督检验检疫总局
中国国家标准化管理委员会 发布

前言

本标准代替 GB/T 5336—1985《大客车车身修理技术条件》。

本标准与 GB/T 5336—1985 相比主要变化如下：

——增加了对换气装置、空调系统、售票装置、车内卫生间等的规定；

——取消了对无轨电车、木质地板、手工电弧焊等的规定。

本标准由中华人民共和国交通部提出。

本标准由全国汽车维修标准化技术委员会(SAC/TC 247)归口。

本标准起草单位：交通部公路科学研究所，北京市汽车修理公司，北京市运输管理局，广西公路运输管理局，湖北省交通厅，云南省交通厅。

本标准主要起草人：张学利、蔡凤田、冯桂芹、魏俊强、渠桦、陈少娟、杨运娥、黎建勋、钟明生。

本标准于 1985 年 8 月首次发布。

大客车车身修理技术条件

1 范围

本标准规定了大客车车身修理的技术要求、附件及电器的安装与使用要求、竣工检验及质量保证要求。

本标准适用于大客车车身修理。

2 规范性引用文件

下列文件中的条款通过本标准的引用而成为本标准的条款。凡是注日期的引用文件，其随后所有的修改单(不包括勘误的内容)或修订版均不适用于本标准，然而，鼓励根据本标准达成协议的各方研究是否可使用这些文件的最新版本。凡是不注日期的引用文件，其最新版本适用于本标准。

GB/T 4780 汽车车身术语

GB 4785 汽车及挂车外部照明和信号装置的安装规定

GB 8410 汽车内饰材料的燃烧特性

GB 9656 汽车安全玻璃

GB 15084 汽车后视镜的性能和安装要求

QC/T 484 汽车油漆涂层

3 术语和定义

GB/T 4780 确立的以及下列术语和定义适用于本标准。

3.1

大客车 large passenger vehicle

在设计和技术特性上用于载运乘客及其随身行李的包括驾驶员座位在内座位数超过 16 座的汽车。

4 车身修理技术要求

4.1 骨架

4.1.1 骨架各构件局部损伤、断裂或严重锈蚀时，允许加固修复或更换新件。更新件应符合原设计要求。

4.1.2 立柱下端锈蚀面积与其总面积之比达 1/3 以上应局部截换，如有上述损坏并断裂的，应整件更新。

4.1.3 立柱间距公差及相邻两侧框架间距累积公差均应符合原设计要求。

4.1.4 顶盖横梁弧度分 3 段用样板检查，其面轮廓度公差值为 4 mm。检查用样板的重叠长度应超过检查部位长度 100 mm 以上，保证 3 段接合圆顺。

4.1.5 骨架整形后，外形平整、曲面衔接变化均匀，侧窗下沿及地板围衬处用样板检查，其面轮廓度公差值为 4 mm。

4.1.6 车架纵梁上平面及侧面的纵向直线度公差，在任意 1000 mm 长度上为 3 mm，在全长上为其长度的 1‰。

4.1.7 车架总成左、右纵梁上平面应在同一平面内，其平面度公差为被测平面长度的 1.5 ‰。

4.1.8 车架分段(前钢板前支架销孔轴线—前钢板后支架销孔轴线—后钢板前支架销孔轴线—后钢板后支架销孔轴线)检查，各段对角线长度差不大于 5 mm。

4.1.9 各装置支架应无脱焊、裂损，安装牢固。

4.1.10 车身横断面框架对角线长度差不大于 8 mm。

4.1.11 乘客门框对角线长度差不大于 4 mm，或用专用检具测量，允差符合设计要求。

4.1.12 驾驶员门框用样板检查，其线轮廓度公差值为 4 mm。

4.1.13 前后风挡窗框整形后用样板检验，其形状、尺寸及止口弧度、止口深度应符合原设计要求。止口弧度的面轮廓度公差值为 4 mm。

4.1.14 无骨架的风挡窗框，允许分段挖补，其要求同 4.1.13。

4.1.15 侧窗框对角线长度差不大于 3 mm。

4.2 内外蒙皮及饰件

4.2.1 外蒙皮外表平整，外形曲面过渡均匀，无裂损，无严重锈蚀。更换外蒙皮时，对外蒙皮应做预应力拉伸和除锈、防锈、防腐处理；有加强折线的外蒙皮，折线应平齐，前后一致；外蒙皮内表面应与立柱骨架和衬板紧密贴合，应进行隔热、隔音处理。

4.2.2 外装饰带与蒙皮贴合良好，平直圆顺，分段接口处平齐，接口间隙不大于 0.50 mm。

4.2.3 内蒙皮(围板)应无裂损、翘曲。软质内顶蓬不得折皱、松弛、破损。

4.2.4 内饰材料的阻燃性能应符合 GB 8410 的规定。

4.2.5 内饰板、内外装饰件外观应平顺贴合，曲面过渡均匀，表面无凸凹变形、裂损、皱叠、划痕等。内饰板的面轮廓度公差值为 1.5 mm。压条与各板之间应密合，紧固件排列整齐，安装牢固。

4.2.6 玻璃钢制件局部裂损允许用玻璃钢材料修复。

4.2.7 电镀装饰件、不锈钢件应光亮，无锈斑、脱层、凹凸、划痕。

4.2.8 铝质装饰件应进行表面抛光、氧化或电化学处理。

4.3 铆接与焊接

4.3.1 铆接

4.3.1.1 铆接应坚实牢固，所有铆钉应平贴紧固，排列整齐，间距均匀。铆钉头不应有破损、歪斜、压伤、头部残缺等现象。

4.3.1.2 蒙皮铆钉排列平直整齐，间隔均匀，位置度公差值为 ϕ4 mm。

4.3.2 焊接

4.3.2.1 车身骨架焊接应牢固、可靠、安全。

4.3.2.2 焊缝表面平整，宽度均匀，焊点应平整光滑，无咬边、弧坑、烧蚀、飞边、虚焊、夹渣、裂纹、焊瘤等缺陷。

4.4 油漆

4.4.1 车身骨架、底架及蒙皮内表面应进行除锈及防锈、防腐处理。

4.4.2 对可利用的旧外蒙皮、零部件，涂漆前应清除旧漆皮、腻子、底漆及铁锈。

4.4.3 油漆涂层外观应色泽均匀，表面漆膜附着牢固，漆面和漆层无流痕、脱层、裂纹、起泡、皱纹和漏漆等现象。油漆涂层应符合 QC/T 484 的有关规定。

4.4.4 不需涂漆的部位，不应有漆痕。

4.5 其他

4.5.1 地板应安装严密，排列均匀，表面平伏，无裂损。与各操作件不相干涉，各种操作机构与地板穿孔处应安装防尘罩或防尘垫。

4.5.2 车门(安全门)及车窗应完好，无翘曲变形和渗水现象，开关灵活，锁止可靠，门把、摇把齐全完好、灵活有效。安全门的技术性能应符合原设计规定。

4.5.3 门窗玻璃应采用安全玻璃，并符合 GB 9656 的规定；前挡风玻璃应不眩目且应采用夹层玻璃或部分区域钢化玻璃；其他门窗可采用钢化玻璃，并应齐全、完好、透明。

4.5.4 门泵托板牢固，罩盖无翘曲，铰链灵活，锁止后不振响。门泵连动机构动作正常、柔和。

4.5.5 扶手杆及托座(包括三通)无锈蚀、弯曲、松动,表面光洁。

4.5.6 行李舱应保持原设计结构,舱门无翘曲变形,关闭严密、启闭灵活、锁止可靠。

4.5.7 发动机罩应无裂损、变形,盖合严密,附件齐全有效,灵活可靠,支撑牢固。

4.5.8 铰接车车身铰接装置、连接机构牢固、灵活,十字轴、铰接机构球头销应进行探伤检查,各配合件应符合原车技术要求。

4.5.9 铰接机构的安全装置应符合原设计要求。半圆板无翘曲、锈蚀及严重磨损,铰链完好,半圆板与月形转动护板之间最大间隙不大于 6 mm。

4.5.10 蓬骨无锈蚀、断裂、扭曲。伸缩蓬应换新,安装平伏牢固。防尘装置应齐全、完好,气弹簧安装适中、可靠,有防锈、防尘措施。

4.5.11 换气装置应工作正常,安装牢固,符合原设计要求。

4.5.12 空调系统的各管路接头应无泄漏,冷凝器应清洁通畅,风道结构及出风口应符合原设计要求。

4.5.13 售票台及踏脚板应无裂损、锈蚀、凹瘪变形等缺陷,安装牢固。自动售票收款装置灵活可靠。

4.5.14 车内卫生间密封良好,卫生间内设施功能正常,符合原设计要求。

5 附件及电器的安装要求

5.1 附件

5.1.1 座椅架及卧铺架无裂损、变形及严重锈蚀,安装牢固,排列整齐,间距符合原车设计规定。驾驶员及乘客座椅、卧具及车内具有调节装置的部位,应装备齐全、灵活可靠,定位锁止机构有效。座椅、卧具靠背及垫铺应缝制均匀牢固,色调一致。原设计安全带应牢固有效。

5.1.2 仪表板无裂损、凹瘪、松动,仪表齐全,各开关、指示灯完好,刻度清晰,标志分明。

5.1.3 刮水器工作可靠,有效刮水面达到原设计要求。

5.1.4 后视镜成像清晰,调节灵活,支架无裂损及锈蚀,安装牢固并应满足 GB 15084 的规定。

5.1.5 遮阳板无翘曲、裂损,板面清洁,支架松紧适宜,作用良好。

5.1.6 保险杠、散热器面罩、灭火器完好可靠,安装牢固。

5.1.7 燃油箱安装牢固,支架、夹箍与油箱之间应装衬垫,不允许有摩擦或碰撞现象。出油管不松动,放油螺塞无渗油。

5.2 电器

5.2.1 电器设备及线路安装应符合原设计要求,安装牢固,工作正常。

5.2.2 各仪表、车内外照明灯、影音装置、信号监控、报警装置及各调节控制装置和电器设备齐全完好,工作有效。

5.2.3 外部照明位置和光色符合 GB 4785 的规定。

5.2.4 低压线外表绝缘层无老化、破损,穿线孔处应装有护线圈,包扎紧密,固定牢靠。

6 竣工检验

6.1 外观整洁周正,装备齐全,表面无玷污、漏漆及机械损伤。

6.2 外形尺寸符合原设计规定。

6.3 整备质量及各轴负荷分配的最大值所增加的质量不得超过原设计质量的 3%。

6.4 各操纵机构的安装应符合原设计规定,各部连接牢固,密封良好,操纵灵活有效,无相互干涉碰撞现象。

6.5 顶窗应开启到位,行车时不自行落下;安全门应工作有效。

6.6 车窗玻璃清洁、完整、不松动,可开窗应开关灵活,锁止可靠,行程符合要求。

6.7 车辆行驶时蒙皮不应有抖动声。

6.8 电器设备及各种仪表运行中工作正常。

7 质量保证

承修单位对修竣客车车身应给予质量保证，质量保证期自出厂之日起，不少于半年或行驶里程不少于20 000 km(以先到者为准)。

参 考 文 献

JT/T 103 汽车车架修理技术条件

ICS 83.120
Q 23

中华人民共和国国家标准

GB/T 5349—2005
代替 GB/T 5349—1985

纤维增强热固性塑料管轴向拉伸性能试验方法

Fiber-reinforced thermosetting plastic composites pipe—Determination of longitudinal tensile properties

2005-05-18 发布 2005-12-01 实施

中华人民共和国国家质量监督检验检疫总局
中国国家标准化管理委员会 发布

前　言

本标准代替 GB/T 5349—1985《纤维增强热固性塑料管轴向拉伸性能试验方法》。

本标准与 GB/T 5349—1985 相比主要变化如下：

——增加规范性引用文件一章(见第 2 章)；

——将拉伸试验分为整体拉伸试验和取样拉伸试验(见第 4 章和第 5 章)；

——采用国际单位制。

本标准由中国建筑材料工业协会提出。

本标准由全国纤维增强塑料标准化技术委员会归口。

本标准主要起草单位：北京玻璃钢研究设计院。

本标准参加起草单位：哈尔滨工业大学、浙江东方豪博管业有限公司、河北成达玻璃钢有限公司。

本标准主要起草人：李建成、张海雁、刘庆云、李玉清。

本标准于 1985 年 9 月首次发布，2005 年 5 月第一次修订。

纤维增强热固性塑料管轴向拉伸性能试验方法

1 范围

本标准规定了纤维增强热固性塑料管轴向整体拉伸试验和取样拉伸试验的试样、试验条件、试验步骤、试验结果及试验报告。

本标准适用于测定纤维增强热固性塑料管轴向拉伸强度、拉伸模量和断裂伸长率。其他复合材料管也可参照使用。

注：整体拉伸试验方法适用于公称直径不大于 100 mm 的管材试样；取样拉伸试验方法适用于公称直径大于 150 mm的管材试样；公称直径 100 mm～150 mm 的管可参照使用。

2 规范性引用文件

下列文件中的条款通过本标准的引用而成为本标准的条款。凡是注日期的引用文件，其随后所有的修改单(不包括勘误的内容)或修订版均不适用于本标准，然而，鼓励根据本标准达成协议的各方研究是否可使用这些文件的最新版本。凡是不注日期的引用文件，其最新版本适用于本标准。

GB/T 1446—2005 纤维增强塑料性能试验方法总则

GB/T 1447—2005 纤维增强塑料拉伸性能试验方法

3 术语和定义

下列术语和定义适用于本标准。

3.1

纤维增强热固性塑料管 fiber reinforced thermosetting plastic composites pipe

以无机或有机纤维(或其制品)为增强材料，以热固性树脂为基体的管状制品。

4 整体拉伸试验方法

4.1 试样

4.1.1 试样型式和尺寸见图1、表1。

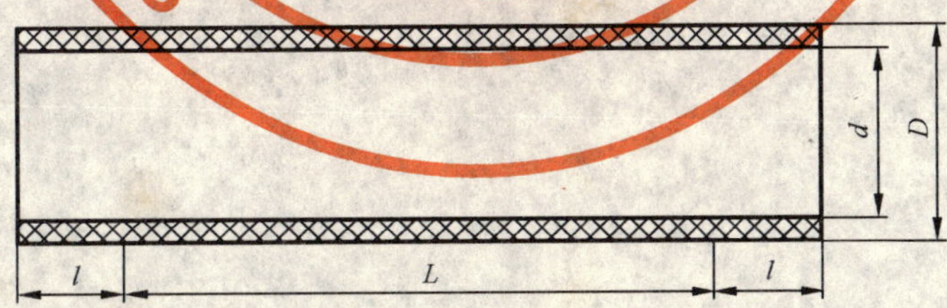

D——试样外径；

d——试样内径；

L——两夹持段间长度；

l——夹持段长度。

图1 试样型式

表 1 试样尺寸

单位为毫米

两夹持段间长度 L	夹持段长度 l
≥450	50～100

4.1.2 试样制备

4.1.2.1 试样端面应与其轴线垂直，且平整、无分层、撕裂等现象。其余表面无损伤。若夹持段表面存在胶瘤或其他突起物，应予修平，但尽量避免损伤增强纤维。

4.1.2.2 试样数量按 GB/T 1446—2005 中 4.3 的规定。

4.2 试验条件及设备

4.2.1 试验环境条件按 GB/T 1446—2005 第 3 章的规定。

4.2.2 具备条件时试样至少在温度(23±2)℃环境中放置 4 h，并在相同环境下进行试验；不具备条件时在实验室环境温度下进行试验。

4.2.3 仲裁试验时，试样至少在温度(23±2)℃和相对湿度(50±10)%的环境中存放 40 h，并在同样环境下进行试验。

4.2.4 夹持装置应具有足够的强度、刚度和尺寸加工精度。在拉力作用下，不使试样在夹持段内破坏，且应尽量避免与试样产生相对位移。图 2 为适用于公称直径不大于 100 mm 试样的夹持装置结构图。

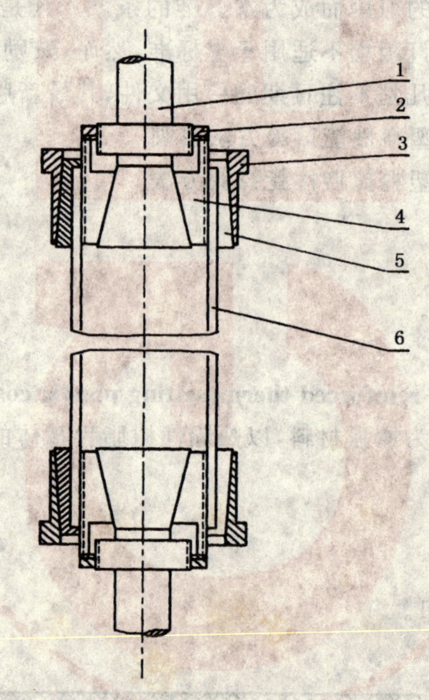

1——芯杆；

2——预紧螺母和垫圈；

3——刚性外套；

4——瓣形摩擦内套；

5——弹性开口衬套；

6——试样。

图 2 试样的夹持装置

4.2.5 试验设备按 GB/T 1446—2005 第 5 章的规定。

4.2.6 加载速度按 GB/T 1447—2005 中 7.2 的规定。

4.3 试验步骤

4.3.1 试样制备按 4.1.2 的规定。

4.3.2 试样状态调节按 4.2.2 和 4.2.3 的规定。

4.3.3 将合格试样编号并测量尺寸，测量精度按 GB/T 1446—2005 中 4.5 的规定。

4.3.4 在试样夹持段间三个不同截面的位置上，分别测量相互垂直两个方向上外径，取其平均值为平均外径。

4.3.5 在试样任一端面的八个等间隔处测量壁厚，舍弃其中最大值和最小值，取其余各点的平均值为平均壁厚。对有非增强层的管材，应采用同样方法测量增强层厚度，并计算平均值。

4.3.6 将装好试样的夹持装置安装在试验机的两夹头间。安装时，应使夹持装置的芯杆与试验机上、下夹头的中心线对准。

4.3.7 均匀、连续加载，直至试样破坏。加载速度按 4.2.6 的规定。记录破坏载荷(或最大载荷)与试样的破坏情况。

4.3.8 若试样破坏在夹持段内或有明显缺陷处，应予作废。同批有效试样不足 5 个时，应重新做试验。

4.3.9 测定弹性模量时，有自动记录装置可连续加载，否则，应分级加载。测量仪表的标距应不小于 50 mm。加载速度按 4.2.6 的规定。当采用分级加载测定弹性模量时，应至少分为五级，施加的最大载荷不应超过材料的弹性变形范围，记录各级载荷及相应的变形值。若测定断裂伸长率，应连续加载，记录试样断裂时测量标距内总的伸长量。

4.4 计算

4.4.1 轴向拉伸强度按式(1)计算：

$$\sigma_t = \frac{F}{\pi(D-t)t} \qquad \cdots\cdots(1)$$

式中：

σ_t——轴向拉伸强度，单位为兆帕(MPa)；

F——破坏载荷(或最大载荷)，单位为牛顿(N)；

D——试样平均外径，单位为毫米(mm)；

t——试样平均壁厚(对有非增强层的管材，应为平均增强层厚度)，单位为毫米(mm)。

4.4.2 轴向拉伸弹性模量按式(2)计算：

$$E_t = \frac{L_0 \Delta F}{\pi(D-t)t\Delta L} \qquad \cdots\cdots(2)$$

式中：

E_t——轴向弹性拉伸模量，单位为兆帕(MPa)；

L_0——仪表测量标距，单位为毫米(mm)；

ΔF——材料弹性范围内的载荷增量，单位为牛顿(N)；

ΔL——与载荷增量 ΔF 对应的标距 L_0 内的变形增量，单位为毫米(mm)；

D、t 同式(1)。

4.4.3 断裂伸长率按(3)计算：

$$\varepsilon_t = \frac{\Delta L_b}{L_0} \times 100 \qquad \cdots\cdots(3)$$

式中：

ε_t——试样断裂伸长率，%；

ΔL_b——试样断裂时标距 L_0 内总的伸长量，单位为毫米(mm)；

L_0 同式(2)。

5 取样拉伸试验方法

5.1 试样

5.1.1 试样型式和尺寸见图 3 和表 2。

单位为毫米

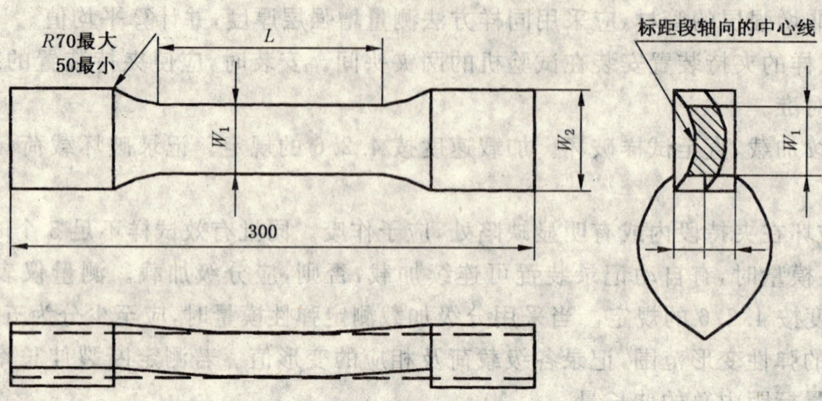

L——标距段长度，取 100 mm～150 mm；

W_1——标距段宽度；

W_2——端部宽度。

图 3 试样型式

表 2 试样尺寸

单位为毫米

公称直径	W_1	W_2
≤150	10±1	18±2
＞150	25±1	40±2

5.1.2 试样制备

5.1.2.1 试样加工方向应保证试样轴线和管轴线一致。

5.1.2.2 夹持段两端用热固性树脂涂平。

5.1.2.3 试样数量按 GB/T 1446—2005 中 4.3 的规定。

5.2 试验条件及设备

5.2.1 试验环境条件按 GB/T 1446—2005 第 3 章的规定。

5.2.2 试样状态调节按 GB/T 1446—2005 中 4.4 的规定。

5.2.3 试验设备按 GB/T 1446—2005 第 5 章的规定。

5.2.4 加载速度按 GB/T 1447—2005 中 7.2 的规定。

5.3 试验步骤

按 GB/T 1447—2005 第 8 章的规定。

5.4 计算

5.4.1 轴向拉伸强度计算按 GB/T 1447—2005 中 9.1 的规定。

5.4.2 轴向拉伸弹性模量按 GB/T 1447—2005 中 9.3 的规定。

6 试验结果

按 GB/T 1446—2005 第 6 章的规定。

7 试验报告

按 GB/T 1446—2005 第 7 章的规定。